H. Schröder
Mehrdimensionale Signalverarbeitung 1
Algorithmische Grundlagen für Bilder
und Bildsequenzen

Mehrdimensionale Signalverarbeitung

Band 1
Algorithmische Grundlagen für Bilder und Bildsequenzen

Von Professor Dr.-Ing. Hartmut Schröder
Universität Dortmund

unter Mitarbeit von Dr.-Ing. Holger Blume
Universität Dortmund

Mit 290 Bildern und 18 Tafeln

B. G. Teubner Stuttgart 1998

Die Deutsche Bibliothek – CIP-Einheitsaufnahme

Schröder, Hartmut:
Mehrdimensionale Signalverarbeitung / von Hartmut Schröder.
Unter Mitarb. von Holger Blume. – Stuttgart : Teubner, 1998
Bd.1. Algorithmische Grundlagen für Bilder und Bildsequenzen :
mit 18 Tabellen – 1998
   ISBN 978-3-663-05680-5   ISBN 978-3-663-05679-9 (eBook)
   DOI 10.1007/978-3-663-05679-9

Gesamtherstellung: Präzis-Druck GmbH, Karlsruhe
Umschlaggestaltung: Peter Pfitz, Stuttgart

Vorwort

Die mehrdimensionale Signalverarbeitung spielt eine immer wichtigere Rolle, insbesondere für moderne bildverarbeitende Systeme und Endgeräte. Dies gilt beispielsweise für Systeme der Bild- und Videokommunikation, aber auch etwa für die bildsensorgestützte Automatisierungs- und Robotertechnik. Das vorliegende Lehrbuch ist der erste Band der zweibändigen Darstellung "Mehrdimensionale Signalverarbeitung" und soll mit der Vermittlung von Grundlagen und Anwendungen zu diesem Fachgebiet einen Beitrag leisten. Dabei wird das prinzipielle Konzept verfolgt, von Anfang an eine gemeinsame Darstellung der ein- und mehrdimensionalen Signalverarbeitung zu vermitteln, d.h. Kenntnisse der eindimensionalen Signalverarbeitung sind hilfreich, werden aber nicht vorausgesetzt. Dies trägt der heute oft anzutreffenden Situation Rechnung, daß Ingenieure und Studenten unmittelbar zwei- und mehrdimensionale Konzepte für bildverarbeitende Systeme entwerfen sollen - aber noch geringe Erfahrungen in der 1D-Signalverarbeitung vorliegen.

In diesem ersten Band werden algorithmische Grundlagen beschrieben. Dabei werden Grundbegriffe wie z.B. Ortsfrequenz, zeitlich-räumliche Bildabtastung und Filterung anschaulich und mit vielen anwendungsbezogenen Beispielen erläutert, ohne zugleich auf eine theoretische Beschreibung zu verzichten. Vertiefende Darstellungen sind den Themen "Optimierte Filterung von Bildern" und "Bildsignalverarbeitung" gewidmet, dies stets mit Blick auf die beschriebenen Schwerpunkte des Buches. Der zweite Band beschreibt dann stärker die Anwendungen und Schaltungsarchitekturen für eine Realisierung mehrdimensional signalverarbeitender Systeme.

Das zweibändige Werk wendet sich gleichermaßen an Studierende der Elektrotechnik und Informatik wie an Ingenieure dieser Fachrichtungen in der Praxis. Inhalt und Darstellung sind in Vorlesungen und in Weiterbildungskursen für die Industrie mehrfach erprobt.

Kein Buch entsteht ohne Hilfe und Zutun anderer, bei denen sich der Autor herzlich bedanken möchte.

Zuallererst gilt ein ganz besonderer Dank Herrn Prof. Dr.-Ing. Broder Wendland, dem Leiter des Lehrstuhls für Nachrichtentechnik der Universität Dortmund, dem der Autor nicht nur die Öffnung dieses Fachgebietes über die Einladung zur Mitarbeit an einem zu jenem Zeitpunkt zentralen Forschungsschwerpunkt des Lehrstuhls, sondern auch vielfältige Anregungen und Hinweise verdankt.

Ohne die tatkräftige Mitarbeit von Herrn Dr.-Ing. Holger Blume an diesem Buch wäre es sicherlich nicht entstanden. Von Herrn Blume wurden die Kapitel 10 "Operatoren zur Bildbearbeitung" und Kapitel 11 "Grundlagen nichtlinearer Filter" entworfen bzw. überarbeitet. Herr Blume hat auch das gesamte Manuskript redaktionell und inhaltlich überarbeitet und ist Mitverfasser des zweiten Bandes. Ihm möchte ich hier sehr herzlich danken.

Dieses Buch ist einerseits aus einer Vorlesung zu den "Algorithmen und Architekturen der digitalen Signalverarbeitung" entstanden, andererseits wurden viele Bausteine für einen seit einigen Jahren laufenden Industrie-Weiterbildungskursus "Multidimensional Signal Processing" bzw. "Advanced Video Signal Processing" entwickelt und dort erprobt. Hier gebührt ebenfalls ein herzlicher Dank den Herren Ir. Hans Vink und Ir. Peter van Leeuwen aus dem Bereich "Center for Technical Training" des Hauses Philips, Eindhoven, für ihre Betreuung und für viele Hinweise, die den Kurs wesentlich mitgestalteten.

Danken möchte der Autor auch zahlreichen anderen Helfern, die immer wieder neue Diskussionen, Hinweise und Verbesserungen zu Inhalt und Darstellung einbrachten, besonders den Herren Dr.-Ing. Martin Botteck, Dr.-Ing. Xiaofeng Wu, Dr.-Ing. Ludwig Schwoerer, Dipl.-Ing. Peter Appelhans, Dipl.-Ing. Matthias Lück, Dipl.-Ing. Klaus Jostschulte, Dipl.-Ing. Ortwin Franzen und Frau Dipl.-Inform. Aishy Amer für ihre Beiträge.

Für ihre Mithilfe bei der redaktionellen Arbeit (Layout, Zeichnungen etc.) gilt ein herzlicher Dank Frau Wilhelmine Mill, Herrn cand. ing. Björn Dietrich, Herrn cand. ing. Jürgen Häring, Herrn cand. ing. Michael Köhler, Frau cand. ing. Daniela Temovic und Herrn cand. ing. Sascha Ziemann.

Mein Dank gilt (last but not least) auch Herrn Dr. J. Schlembach vom Teubner Verlag für seine Geduld und die gute Zusammenarbeit.

Dortmund, im Januar 1998

Hartmut Schröder

Inhaltsverzeichnis

1 Einführung

Zielsetzung dieses Buches

Das vorliegende Buch, der erste Band einer zweibändigen Darstellung, behandelt die Grundlagen und Anwendungen der mehrdimensionalen Signalverarbeitung insbesondere für den Anwendungsbereich "Bilder und Bildsequenzen", (wobei Bildsequenzen sich u.a. dadurch auszeichnen, daß sie bewegte Bildobjekte darstellen können). Dabei ist der vorliegende erste Band den algorithmischen Grundlagen und der zweite Band den Schaltungsarchitekturen und Anwendungen gewidmet.

Die Theorie und Technik der mehrdimensionalen Signalverarbeitung ist dabei ein zunehmend wichtiges, teilweise zentrales Gebiet neuer informationsverarbeitender Systeme in ganz verschiedenen *Anwendungsbereichen*, die alle Gebrauch von bildübertragenden und bildverarbeitenden Elementen machen, wie etwa

- Bildkommunikationssysteme (z.B. Bildkonferenz im Internet oder über ISDN),

- bild(-folgen) gestützte Automatisierungssysteme, autonome bildgeführte Roboter- und Überwachungssysteme,

- medizinische Systeme mit Verfahren der Bildsignalverarbeitung zur Unterstützung der Diagnostik (z.B. der Computertomographie),

- Systeme der Fernsehtechnik mit integrierten TV- bzw. Multimedia-Elementen.

Die Bausteine der gegenwärtigen elektronischen Systeme sind dabei (abgesehen von der analogen Peripherie zur Signalaufnahme und -wiedergabe) digitale Schaltungen und hier zunehmend programmierbare entweder anwendungsspezifisch festgelegte oder standardisierte mikro-elektronisch integrierte Schaltungen.

Bedingt durch die *stürmische Entwicklung der Mikroelektronik* ist in den letzten Jahrzehnten ein enormer Fortschritt, besonders bei der Weiter-entwicklung der informationsverarbeitenden bzw. bildverarbeitenden Systeme zu beobachten.

Motor für diese Entwicklung ist die Mikroelektronik, die von Jahr zu Jahr immer feinere, komplexere und auch schnellere Strukturen hervor-bringt. Bild 1.1 zeigt über der Zeitachse den Anstieg des Komplexitäts-grades für RAM-Speicher und Mikroprozessoren einschließlich einiger herausragender signalverarbeitender Schlüsselbausteine.

Es sind dabei inzwischen Integrationsdichten erreicht worden, die es ge-statten, nicht mehr nur einzelne Schaltungen, sondern ganze Systeme bzw. Schaltungskomplexe mit einigen Millionen Transistoren zu inte-grieren. Dabei sind Taktraten von einigen 100 MHz erreichbar, die auch sehr schnelle Signalverarbeitungsstrukturen (z.B. für die digitale Echt-zeit-Bildsignalverarbeitung) realisierbar machen.

Gleichzeitig gilt aber auch, daß die Kosten einer (Vollkunden-) VLSI-Entwicklung außerordentlich hoch sind, so daß ein strukturierter Entwurf (bzw. automatisierter Entwurf) notwendig ist. Insbesondere werden etwa Semikundenschaltungen auf Gate-Array-Basis bzw. mit standardisierten Schaltungen (bzw. Zellen), aber auch anwenderspezifisch konfigurier-bare und programmierbare Multiprozessoranordnungen verwendet. Die *Leistungsfähigkeit und der kostengünstige Entwurf informationsverar-beitender Systeme* hängt dabei ab

- von der Leistungsfähigkeit der das System bildenden Schaltungen,

- vor allem aber auch von Komplexität, Geschwindigkeit, Verlust-leistung sowie der einfachen anwendungsspezifischen Arrangierbar-keit zu größeren Zellen-Komplexen bzw. der flexiblen anwenderspe-zifischen Programmierbarkeit der einzelnen Prozessorelemente.

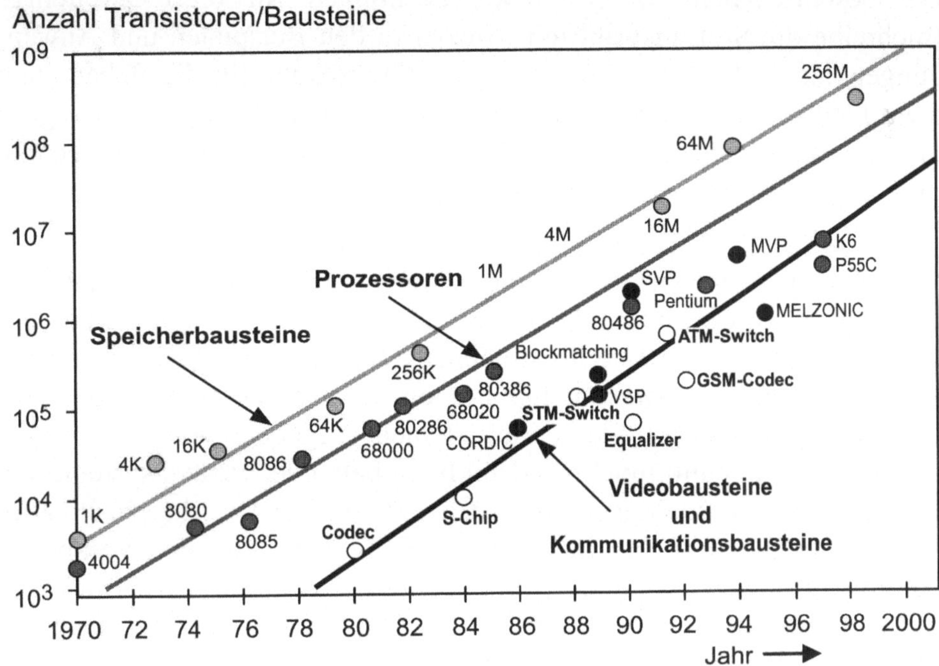

Bild 1.1:   Integrationsgrad der Mikroelektronik
VSP, SVP, MVP: Multiprozessorbausteine zur Videosignalverarbeitung
Melzonic, Blockmatching: IC's zur Bewegungsschätzung in Bildsequenzen
CORDIC: IC zur Bildkoordinatentransformation (z.B. Rotation)
Codec, S-Chip, STM- u. ATM-Switch, Equalizer, GSM-Codec: Bausteine
digitaler Kommunikationssysteme
Pentium, K6, P55C: Prozessoren für PCs

Von außerordentlicher Bedeutung sind in diesem Zusammenhang

- ein *VLSI-gerechter Systementwurf*, d.h. die Berücksichtigung reali-
  sierbarer VLSI-Architekturen bei der Auswahl und Gestaltung der Algorithmen, insbesondere mit der Möglichkeit der Parallelisierbarkeit
  und der Erzeugung regulärer, wiederholbarer Strukturen.

- eine *systemorientierte Schaltungsentwicklung*, d.h. die Entwicklung
  von standardisierten oder anwenderdefinierten Prozessoren (Modulen,
  Zellen) für die Aneinanderreihung zu echtzeitfähigen Vielprozessor-
  systemen.

Die beschriebenen Gesichtspunkte bestimmen für diese zweiteilige Buchreihe die Stoffauswahl mit, sowohl in den Beispielen und Anwendungen, als auch in der Darstellung der Grundlagen für die Behandlung mehrdimensionaler Schaltungen und Systeme. Die Buchreihe verfolgt in diesem Zusammenhang das Ziel, die algorithmische Entwurfstechnik digitaler, bildsignalverarbeitender Systeme mit der VLSI-orientierten Entwurfstechnik zu verbinden.

Betrachtet man weiterhin die Entwicklung und die Einsatzgebiete der digitalen Signalverarbeitung, so sieht man, daß ausgehend von einer langen Entwicklung im Bereich verhältnismäßig langsamer z.B. akustischer Anwendungen, die etwa mit klassischen Mikroprozessoren, Signalprozessoren oder anderen Standardbausteinen aufgebaut werden konnten, im letzten Jahrzehnt zunehmend bildverarbeitende Echtzeitsysteme mit immer komplexeren Algorithmen realisiert werden. Dies legt heute auch Lehrbücher der digitalen Signalverarbeitung nahe, die von vornherein mehrdimensionale Schaltungen und Systeme schon bei den Grundlagen mit einbeziehen. Noch vielmehr gilt dies für die Auswahl der Beispiele und Anwendungen, die hier diesem curricularen Konzept folgend konsequent aus dem Bereich der digitalen (Bewegt-) Bildsignalverarbeitung gewählt sind.

Zur Einteilung des Buches

Die Einteilung des Buches und die Abgrenzung zum zweiten Band kann gut auf der Basis einer üblichen Signalklassendefinition beschrieben werden. Es lassen sich in diesem Zusammenhang *Klassen für kontinuierliche und diskrete Signalmodelle* bezüglich des Ortes, der Amplitude oder beidem angeben, die hier am Beispiel eines Einzelbildes (Bild 1.2) mit einem ortsabhängigen Grauwertsignal dargestellt werden.

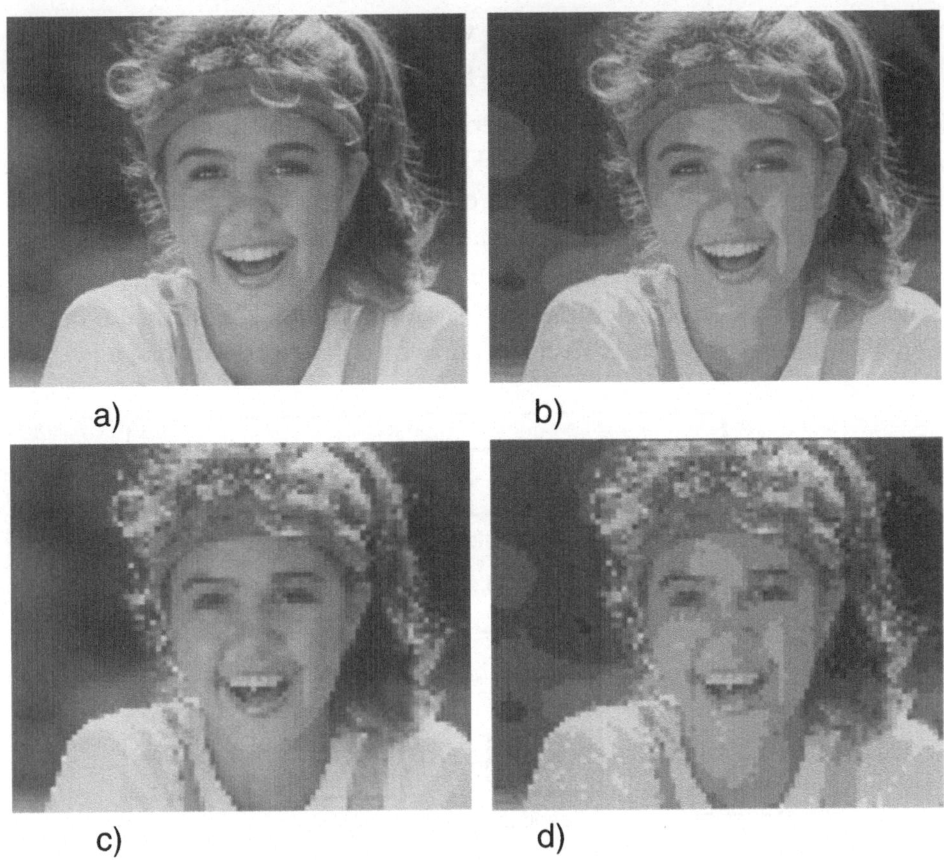

Bild 1.2:   Diskrete und kontinuierliche Bildsignaldarstellung
a) orts- und wertekontinuierlich[1] b) ortskontinuierlich, wertediskret
c) ortsdiskret, wertekontinuierlich d) orts- und wertediskret

Selbstverständlich lassen sich entsprechende Signalklassen auch für zeitabhängige Signale bilden. Dann kann etwa ein zeitdiskretes wertekontinuierliches Zeitsignal z.B. ein zeilenweise serialisiertes Bild (z.B. TV-Bild, das dann gleichzeitig auch vertikal diskret ist) oder auch eine Bilderfolge (z.B. Film, der nur zeitdiskret ist) repräsentieren. Ersichtlich

---

[1] natürlich im Rahmen der bei einem Druck zur Verfügung stehenden Graustufen und Bildpunkte

sind für zeitlich-räumliche Signale verschiedene Mischformen möglich
und in technischen Anwendungen gegeben.

Das prinzipielle Modell eines zeitseriell arbeitenden Systems mit digitaler Signalverarbeitung ist in Bild 1.3 dargestellt. Zur Analog-Digital-
Wandlung wird das Signal $s_1(t)$ mit einem geeigneten Tiefpaß (TP-) Filter bandbegrenzt. Das Ausgangssignal $s_2(t)$ hat einen werte- und zeitkon-
tinuierlichen Verlauf (Bild 1.2 a) und wird im Abtaster diskretisiert
(Bild 1.2 c). Das abgetastete Signal $s_3(t)$ wird dann im ideal angenommenen Haltekreis gehalten. Den Verlauf von $s_4(t)$ zeigt Bild 1.4 a.

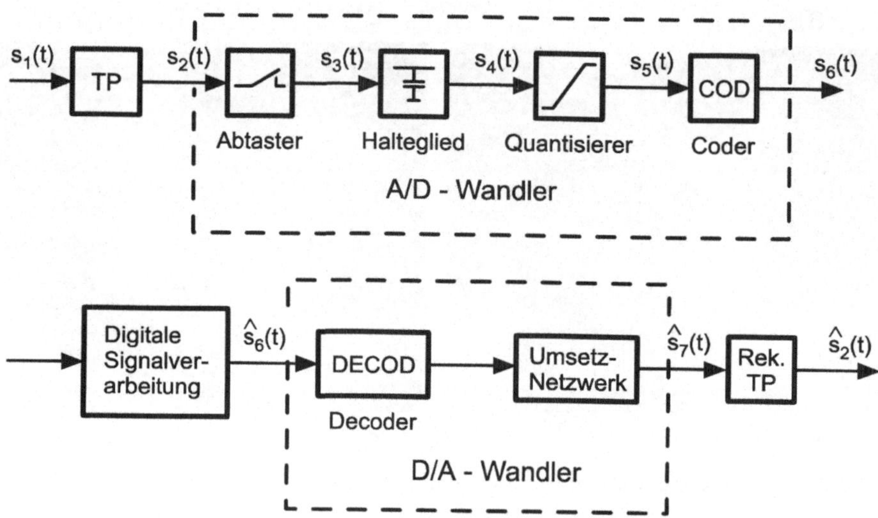

Bild 1.3:   Modell eines Systems mit digitaler Signalverarbeitung

Durch den Quantisierer erfolgt dabei eine wertediskrete Signaldarstellung mit endlich vielen Amplitudenstufen. Es entsteht $s_5(t)$ entsprechend
Bild 1.4 b. Die diskreten Amplitudenstufen können durch Digitalzahlen
in einem geeigneten Zahlenformat (z.B. als Dualzahl) dargestellt werden.
Das Signal $s_6(t)$ ist also eine Sequenz von Zahlen, eine reine Wertefolge.

Diese wird vom Coder abgegeben. Das ursprünglich kontinuierliche Signal wird in diesem Modell zur Zahlenfolge. In der Regel sind die Operationen "Quantisieren" und "Codieren" zusammengefaßt. Oft ist auch die

komplette A/D-Wandlung incl. Abtastung und Haltung in einem integrierten Schaltkreis realisiert (z.B. Flash-Wandler, s. Band II).

Im oben betrachteten Modell (Bild 1.3) erfolgt nach der digitalen Signalverarbeitung eine D/A-Umsetzung mit geeigneter Umwandlung des Zahlenformates (DECOD) und Signalwandlung in einem Umsetznetzwerk. Es entsteht ein werte- und zeitdiskretes Treppensignal $\hat{s}_7(t)$. Für eine vollständige analoge Rekonstruktion - dabei entsteht $\hat{s}_2(t)$ als Näherung für das übertragene Signal $s_2(t)$ - erfolgt eine TP-Filterung mit Bandbegrenzung und Ausgleich der spektralen Absenkung aufgrund der Halteoperation.

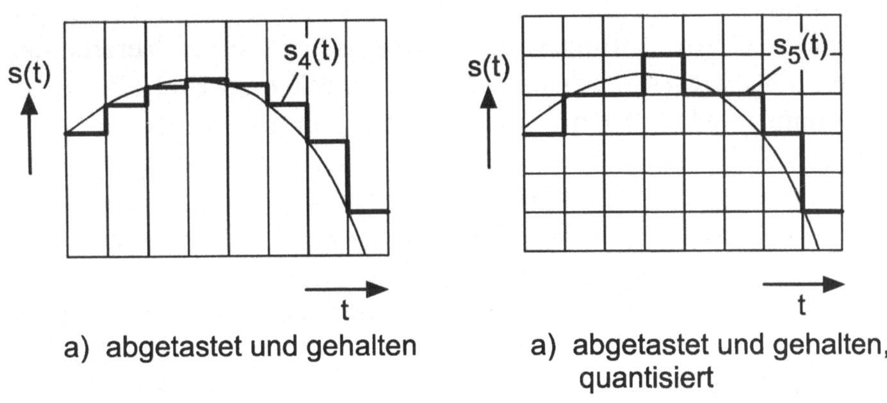

a) abgetastet und gehalten   a) abgetastet und gehalten,
                                      quantisiert

Bild 1.4:   Abtasten und Halten eines Signals, Wertediskretisierung

Gegenstand dieses Kurses ist die Behandlung von algorithmischen Grundlagen (Band I) und Schaltungsarchitekturen (Band II) für die mehrdimensionale digitale Signalverarbeitung. Es werden dabei prinzipiell stets *werte- und zeitdiskrete Signale (quantisierte Wertefolgen)* verarbeitet. Eine Behandlung der Quantisierung, d.h. einer endlichen Datenwortlänge und ihrer Einflüsse auf Signale, Koeffizienten etc. erfolgt zweckmäßig allerdings erst bei der Behandlung der Schaltungsarchitekturen (in Band II).

Im Kapitel 2 dieses Bandes wird zunächst eine Darstellung der kontinuierlichen mehrdimensionalen Signale und Systeme gegeben. Dem Übergang in den diskreten Signalraum ist das Kapitel 3 "Zeitlich-räumliche

Abtastung mehrdimensionaler Signale" gewidmet und Kapitel 4 stellt die Grundlagen für eine Darstellung von diskreten Signalen (Sequenzen) und linearen Systemen zusammen. Kapitel 5 und 6 setzen den Grundlagenteil mit der "z-Transformation" und der "Diskreten Fouriertransformation" für zweidimensionale Signale und Systeme fort. Die Kapitel 7 bis 9 schließlich sind der ein- und zweidimensionalen Filterung (mit einem Schwerpunkt bei Entwurf und Eigenschaften für Bildsignalfilter), die Kapitel 10 und 11 der immer wichtiger werdenden Bildsignalverarbeitung im Rahmen mehrdimensionaler Systeme gewidmet.

Grundsätzlich soll hier noch auf die *Möglichkeit einer wirklichen mehrdimensionalen Signalverarbeitung und einer zeitseriellen Verarbeitung* (bei zweckmäßig mehrdimensionaler Repräsentation der Verarbeitungsschritte) hingewiesen werden. Zu diesem Zweck zeigt Bild 1.5 das linear angenommene Modell eines Systems mit mehrdimensionaler (zeitlich-räumlicher) Signalverarbeitung. Aufnahmeseitig wird dabei eine Bildszene über ein Objektiv auf den Bildsensor abgebildet. Dabei wird die Anzahl der unabhängigen Variablen bei Verzicht auf eine dreidimensionale räumliche, d.h. stereoskopische Bilddarstellung, auf drei begrenzt. Für jeden Farbauszug[2] (z.B. R,G,B) bzw. für die Luminanz- oder Chrominanzrepräsentation (Y,U,V) gilt dann jeweils eine separate Signaldarstellung nach Bild 1.3.

An dieser Stelle kann unmittelbar eine parallele Signalverarbeitung z.B. im Sensor ansetzen. Objektiv und Sensor bewerten das Signal mit der zusammengefaßten (Kamera-) Übertragungsfunktion $H_K(f^x,f^y,f^t)$. Durch das bildpunkt-, zeilen- und bildweise Abtastschema entsteht ein zeitserielles Signal, das so in einem eindimensionalen Kanal verarbeitet und übertragen werden kann. Diese vom Bildaufnahmesystem vorgenommene Serialisierung wird durch eine entsprechende Multiplexbildung repräsentiert. Empfängerseitig erfolgen entsprechende inverse Umsetzungen: die Parallelisierung (Demultiplex) auf einem Display, das ebenfalls wieder

---

[2] R, G, B: Rot-, Grün-, Blau-Komponente

Y, U, V: TV-basierte Komponenten, Y: Luminanz, U, V: Chrominanzkomponenten

mit einer Übertragungsfunktion $H_M(f^x,f^y,f^t)$ wirksam ist. Auch der Wahrnehmungsvorgang im Auge kann grob durch einen Frequenzgang $H_A(f^x,f^y,f^t)$ angenähert werden.

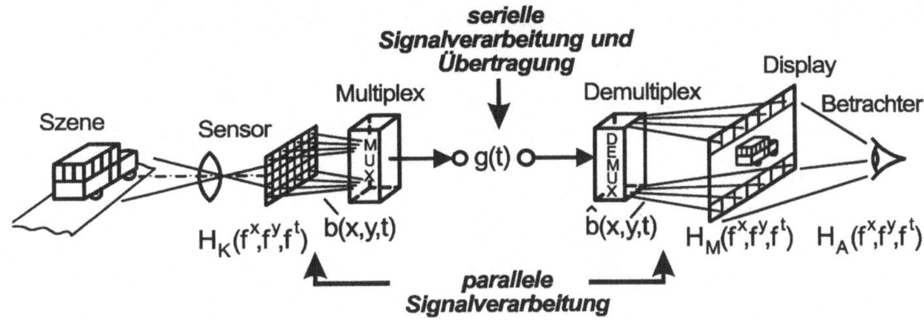

Bild 1.5: Modell einer mehrdimensionalen Signalverarbeitung von Bildsequenzen, serielle und parallele Verarbeitung

Eine parallele mehrdimensionale Signalverarbeitung kann dabei aus zwei verschiedenen Gesichtspunkten heraus angenommen werden:

- als reale parallele Signalverarbeitung, z.B. im Sensor oder anderen parallel arbeitenden Bausteinen, mit wirklichem wahlfreien Zugriff auf jeden Bildpunkt bzw. eine Bildpunktgruppe in einem Verarbeitungsfenster,

- oder als scheinbar parallele Signalverarbeitung (um die Wirkung auf Bild oder Bildsequenz unmittelbar beschreiben zu können), die aber in Wirklichkeit entsprechend dem Zeitsignal seriell ausgeführt wird.

Letztere Vorgehensweise wird aber erst im Rahmen von Schaltungsarchitekturen und Anwendungen im zweiten Band deutlich werden.

2 Mehrdimensionale Signale und Systeme

In diesem Kapitel werden die Grundbegriffe für mehrdimensionale Signale und deren Verhalten bei entsprechenden mehrdimensionalen linearen Systemen zusammengestellt. Im Mittelpunkt steht dabei ein zeitlich-räumliches Signalmodell, das es gestattet, Einzelbilder und Bildsequenzen mit bewegten Objekten darzustellen. Ziel ist es dabei, entsprechende Eigenschaften und Beschreibungsmethoden für zwei- und mehrdimensionale Signale herauszustellen.

2.1 Eindimensionale Signale und Systeme

Signale und lineare Systeme

Das Ausgangssignal g(t) als Reaktion auf ein Eingangssignal s(t) eines linearen zeitinvarianten Systems (LTI-System: **L**inear **T**ime **I**nvariant-System) mit der Impulsantwort h(t) kann mit Hilfe des Faltungsintegrals (siehe [Lüke95]) berechnet werden:

$$g(t) = s(t) * h(t) = \int_{-\infty}^{\infty} s(\tau) \cdot h(t - \tau) \, d\tau \quad . \tag{2.1}$$

Für die Beschreibung eindimensionaler Signale im Spektralbereich (Spektrum) mit Hilfe der Fouriertransformation gelten die Transformationsgleichungen

$$S(\omega) = \mathcal{F}\big[s(t)\big] = \int\limits_{-\infty}^{\infty} s(t)\cdot e^{-j\omega t}\, dt$$

$$s(t) = \mathcal{F}^{-1}\big[S(\omega)\big] = \frac{1}{2\pi} \int\limits_{-\infty}^{\infty} S(\omega)\cdot e^{j\omega t}\, d\omega \quad .$$

(2.2)

Hinreichende (aber nicht notwendige) Existenzbedingung der Fouriertransformation ist die absolute Integrierbarkeit. Mit Hilfe der Delta-Distribution $\delta(t)$ kann die über eine Grenzwertbetrachtung zu zeigende Existenz für stationäre Vorgänge, die nicht absolut integrierbar sind, auch formal entsprechend erweitert werden.

Üblich zur Kennzeichnung einer Fourier-Korrespondenz ist das allgemeine Korrespondenzsymbol

$$s(t) \circ\!\!-\!\!\bullet\, S(\omega) \quad .$$

(2.3)

Mit Hilfe der Fouriertransformation kann für ein Eingangssignal s(t) eines Systems das zugehörige Ausgangssignal g(t) berechnet werden. Dies gelingt durch Bildung der Fouriertransformierten für das Eingangssignal, für die Impulsantwort (wodurch die Übertragungsfunktion H(ω) entsteht), Produktbildung und Rücktransformation Die Vorgehensweise dabei ist in Bild 2.5 dargestellt. Für eine detaillierte Betrachtung der Zusammenhänge sei auf die einschlägige Literatur verwiesen (siehe z.B. [Lüke95], [Wendland88]).

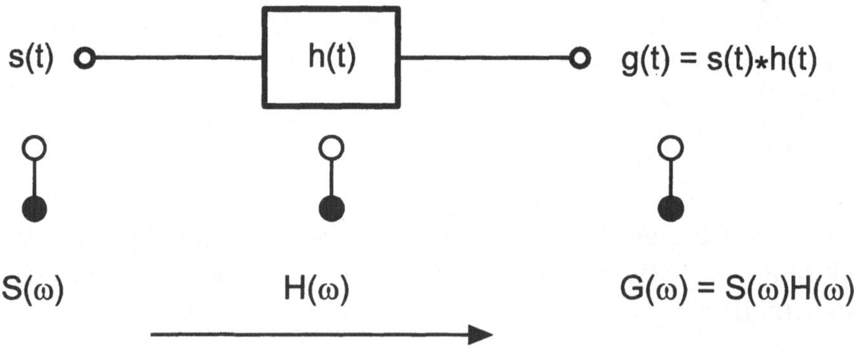

Bild 2.1:   LTI-System-Beschreibung durch Faltung und Fouriertransformation

Einige wichtige Eigenschaften und Korrespondenzen der 1D-Fourier-transformation sind in den beiden Tabellen 2.1 und 2.2 zusammenge-stellt.

Tabelle 2.1: Eigenschaften der Fouriertransformation

Eigenschaft	Zeitbereich	Frequenzbereich
Linearität	$\sum_i a_i\, s_i(t)$	$\sum_i a_i\, S_i(\omega)$
Frequenzverschiebung	$s(t)\, e^{jw_0 t}$	$S(\omega - \omega_0)$
Zeitverschiebung	$s(t - t_0)$	$S(\omega)\, e^{-j\omega t_0}$
Symmetrie	$S(t)$	$2\pi s(-\omega)$
Faltung im Zeitbereich	$s_1(t) * s_2(t)$	$S_1(\omega) \cdot S_2(\omega)$
Faltung im Frequenzbereich	$s_1(t) \cdot s_2(t)$	$\dfrac{1}{2\pi}\left(S_1(\omega) * S_2(\omega)\right)$
Skalierung, Maßstabsänderung	$s(a\,t),\, a > 0$	$\dfrac{1}{a} S(\omega / a),\, a > 0$
Differentiation im Zeitbereich	$\dfrac{d^n}{dt^n}(s(t))$	$(j\omega)^n S(\omega)$
Differentiation im Frequenzbereich	$(-j t)^n s(t)$	$\dfrac{d^n}{dt^n}(S(\omega))$

Wichtige und häufig verwendete Testsignale sind neben der Delta-Distribution auch die Sprungfunktion $\int(t)$ und die Rechteckfunktion $\sqcap_T(t)$ (siehe Bild 2.2)

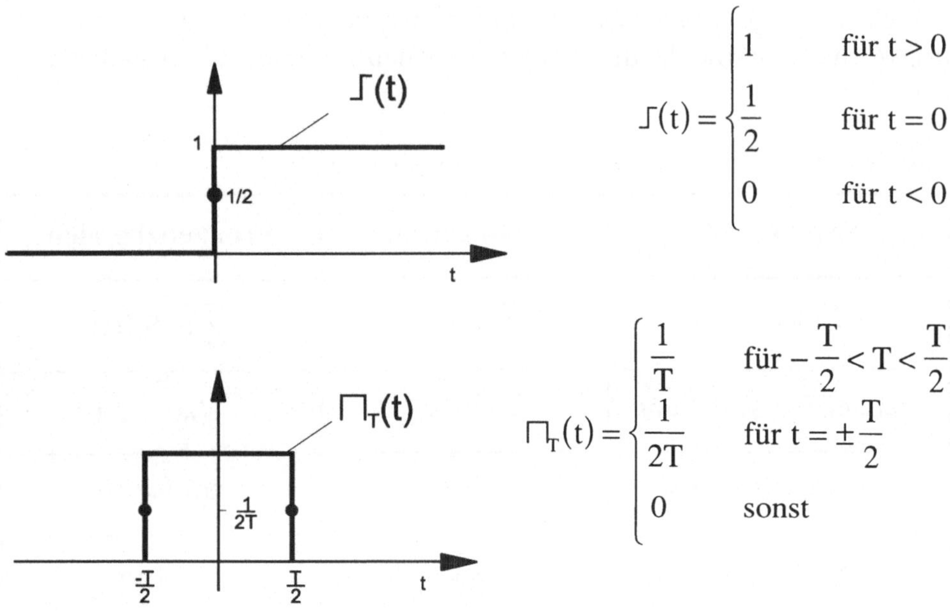

$$\Gamma(t) = \begin{cases} 1 & \text{für } t > 0 \\ \dfrac{1}{2} & \text{für } t = 0 \\ 0 & \text{für } t < 0 \end{cases}$$

$$\Pi_T(t) = \begin{cases} \dfrac{1}{T} & \text{für } -\dfrac{T}{2} < T < \dfrac{T}{2} \\ \dfrac{1}{2T} & \text{für } t = \pm\dfrac{T}{2} \\ 0 & \text{sonst} \end{cases}$$

Bild 2.2:   Häufig verwendete Testsignale

Tabelle 2.2:   Korrespondenzen der Fouriertransformation

Zeitbereich	Frequenzbereich
$\delta(t)$	1
$\delta(t - t_0)$	$e^{-j\omega\tau}$
$\sum \delta(t - nT)$	$\sum e^{-jn\omega T}$
$\Gamma_T(t)$	$\dfrac{1}{j\omega} + \pi\delta(\omega)$
$e^{j\omega_0 t}$	$2\pi\,\delta(\omega - \omega_0)$
$\sin(\omega_0 t)$	$j\pi\left[\delta(\omega + \omega_0) - \delta(\omega - \omega_0)\right]$
$\cos(\omega_0 t)$	$\pi\left[\delta(\omega + \omega_0) + \delta(\omega - \omega_0)\right]$

1	$2\pi\delta(\omega)$
$\sqcap_T(t)$	$\operatorname{si}\!\left(\dfrac{\omega T}{2}\right) = \dfrac{\sin\!\left(\dfrac{\omega T}{2}\right)}{\dfrac{\omega T}{2}}$ [1]
$\wedge_T(t) = \begin{cases} \dfrac{1}{T}\left(1-\lvert t\rvert/T\right) & \text{für } \lvert t\rvert \le T \\ 0 & \text{sonst} \end{cases}$	$\left[\operatorname{si}\!\left(\dfrac{\omega T}{2}\right)\right]^2$
$\wedge_{TC}(t) = \begin{cases} \dfrac{1}{T}\cos^2\!\left(\dfrac{\pi t}{2T}\right) & \text{für } \lvert t\rvert \le T \\ 0 & \text{sonst} \end{cases}$	$\dfrac{\operatorname{si}(\omega T)}{1-\left(\dfrac{\omega T}{\pi}\right)^2}$
$\wedge_{TG}(t) = \dfrac{1}{T}e^{-\pi t^2/T^2}$	$e^{-(\omega T)^2/(4\pi)}$
$e^{-at^2},\, a>0$	$\sqrt{\dfrac{\pi}{a}}\,e^{-\omega^2/4a}$
$e^{-a\lvert t\rvert}$	$\dfrac{2a}{a^2+\omega^2}$
$\dfrac{1}{t^2+a^2},\, a>0$	$\dfrac{\pi}{a}e^{-a\lvert\omega\rvert}$
$\dfrac{\sqrt{\pi}}{a}e^{-t^2/4a},\, a>0$	$2\pi\,e^{-a\omega^2}$

δ-Distribution als Grundlage der Signalabtastung

Mit Hilfe der δ-Distribution lassen sich verschiedene Signalverarbeitungsschritte einfach und übersichtlich beschreiben. Dies gilt z.B. für die

---

[1] In der englischsprachigen Literatur wird die si-Funktion als sinc-Funktion bezeichnet.

Ausblendung, die Faltung und vor allem auch die Signalabtastung. Das Konzept einer δ-Distribution im Sinne einer verallgemeinerten Funktion wird ausführlich in der Literatur behandelt [Lüke95], [Wendland88]. Es soll hier nur ein kurzer Überblick gegeben werden, der für ein rasches Verständnis der in diesem Buch dargestellten Zusammenhänge notwendig ist.

Prinzipiell läßt sich eine δ-Distribution z.B. als Grenzwert einer Folge $\{f_n(t)\}$ gewöhnlicher Funktionen definieren und es kann die δ-Distribution als verallgemeinerte Grenzwertfunktion dieser Folge betrachtet werden. Die mathematischen Gesetze stetiger Funktionen lassen sich dann auf die Distribution übertragen. Bild 2.3 skizziert diesen Grenzübergang für die δ-Distribution.

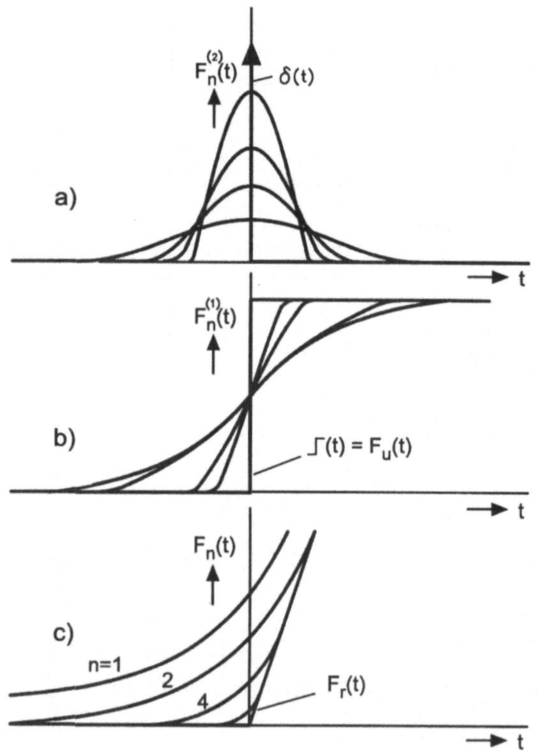

Bild 2.3: δ-Distribution als verallgemeinerte Grenzwertfunktion

Hierin gelten für die Grenzwerte der entsprechenden durch Ableitung bzw. Bildung der Stammfunktionen miteinander verbundenen Funktionenfolgen (für die es offensichtlich weitere mögliche Verläufe gibt) in Bild 2.3.

$$\text{a) } \left\{F_n^{(2)}(t)\right\} \to \delta(t) \qquad \text{Delta-Impuls}$$

$$\text{b) } \left\{F_n^{(1)}(t)\right\} \to F_u(t) \qquad \text{Sprungfunktion}$$

$$\text{c) } \left\{F_n(t)\right\} \to F_r(t) \qquad \text{Rampenfunktion}$$

Für die δ-Distribution als verallgemeinerte Grenzwertfunktion gilt dann für eine ganze Klasse äquivalenter Funktionenfolgen $\{f_n(t)\}$, d.h. nicht nur für die skizzierte Funktionenfolge $\{F_n(t)\}$

$$\lim_{n \to \infty} \int_{-\infty}^{\infty} f_n(t) \cdot \Phi(t)\,dt = \Phi(0) \qquad (2.4)$$

und es gilt die Ausblendeigenschaft oder Abtasteigenschaft der δ-Distribution

$$\int_{-\infty}^{\infty} s(t) \cdot \delta(t - t_i)\,dt = s(t_i) \quad . \qquad (2.5)$$

Ersichtlich (Bild 2.3) gehen unter Zuhilfenahme einer geeigneten an gewöhnliche Funktionen angelehnten Definition der Differentiation Delta-, Sprung- und Rampenfunktion durch Differentiation bzw. Integration auseinander hervor, wobei der entsprechende Gleichanteil zu beachten ist.

Weiter folgen hieraus unmittelbar folgende Eigenschaften

$$\bullet \quad \text{Impulsgewicht} \qquad \int_{-\infty}^{\infty} \delta(t)\,dt = 1 \quad , \qquad (2.6)$$

$$\bullet \quad \text{Faltung} \qquad \int_{-\infty}^{\infty} s(\tau) \cdot \delta(t - \tau)\,d\tau = s(t) \quad , \qquad (2.7)$$

- Fouriertransformation

$$\int_{-\infty}^{\infty} \delta(t) \cdot e^{-j\omega t}\, dt = 1 \quad , \tag{2.8}$$

$$\int_{-\infty}^{\infty} \delta(t - t_0) \cdot e^{-j\omega t}\, dt = e^{-j\omega t_0} \quad , \tag{2.9}$$

- Fourierrücktransformation

$$\frac{1}{2\pi} \int_{-\infty}^{\infty} e^{+j\omega(t - t_0)}\, d\omega = \delta(t - t_0) \quad . \tag{2.10}$$

Schließlich kann der für die Signalabtastung wichtige "Dirackamm" (auch Diracreihe genannt) definiert werden (Bild 2.4)

$$\text{Ш}_T(t) = \sum_{n=-\infty}^{\infty} \delta(t - n \cdot T) \quad , \tag{2.11}$$

dessen Fouriertransformierte ebenfalls auf Basis der Distributionentheorie ermittelt wird zu

$$\text{Ш}_T(t) \circ\!\!-\!\!\bullet\ \omega_0\, \text{Ш}_{\omega_0}(\omega) \quad . \tag{2.12}$$

Es ergibt sich entsprechend Bild 2.4 wiederum ein Dirackamm (näheres siehe Literatur, z.B. [Lüke95], [Wendland88]).

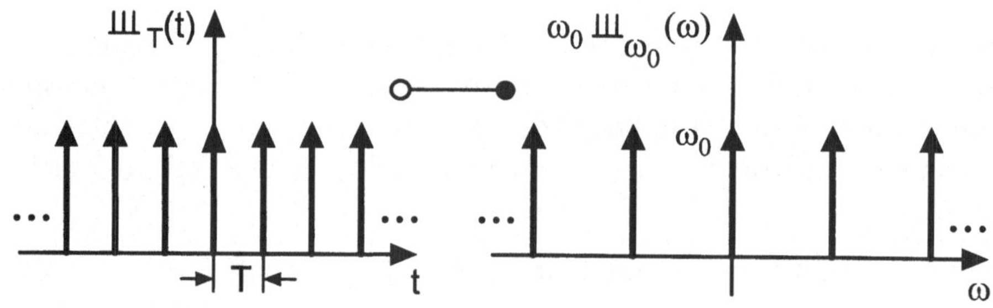

Bild 2.4: Dirackamm, Fouriertransformierte, $\omega_0 = 2\pi/T$

Signalabtastung zur Bildung diskreter Signale

Verschiedene Abtastmodelle sind zur Beschreibung unterschiedlicher physikalischer Abtastvorgänge gebräuchlich. Hier werden in Tabelle 2.3 drei verschiedene Modelle zusammengestellt:

- das theoretische Modell einer Abtastung als mathematisch-formale Grundlage

- die Abtasthaltetechnik als Modell für die digitale Signalverarbeitung mit nachfolgender D/A-Wandlung

- die Torabtastung als Modell für viele optische Abtastsysteme z.B. Bildschirme

Tabelle 2.3: Zeitsignale und zugehörige Spektren für verschiedene Abtastmodelle

Theoretisches Modell zur Abtastung	Abtasthaltetechnik "Sample&Hold"	Torabtastung
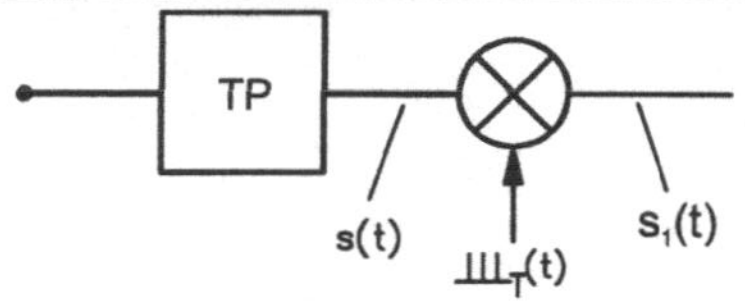	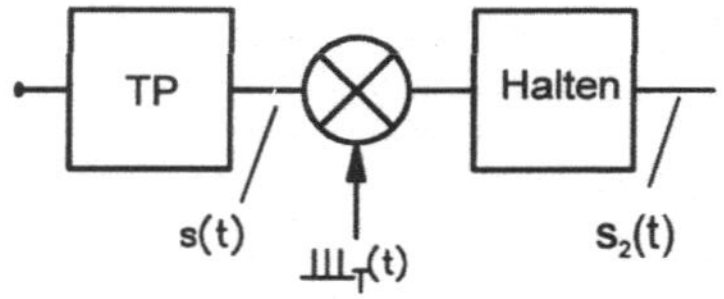	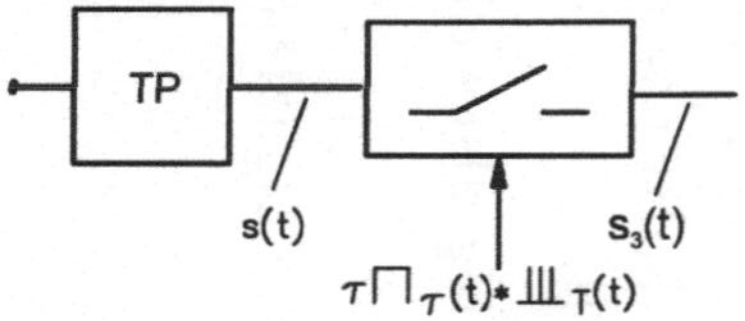
$s_1(t) = s(t)\, \amalg_T(t)$ $= \sum_{n=-\infty}^{\infty} s(nT)\, \delta(t - nT)$	$s_2(t) = \left[s(t)\, \amalg_T(t) \right] * T \sqcap_T\!\left(t - \dfrac{T}{2} \right)$ $= \sum_{n=-\infty}^{\infty} s(nT)\, T \sqcap_T\!\left(t - nT - \dfrac{T}{2} \right)$	$s_3(t) = s(t) \left[\tau \sqcap_\tau(t) * \amalg_T(t) \right]$ $= s(t) \sum_{n=-\infty}^{\infty} \tau \sqcap_\tau(t - nT)$
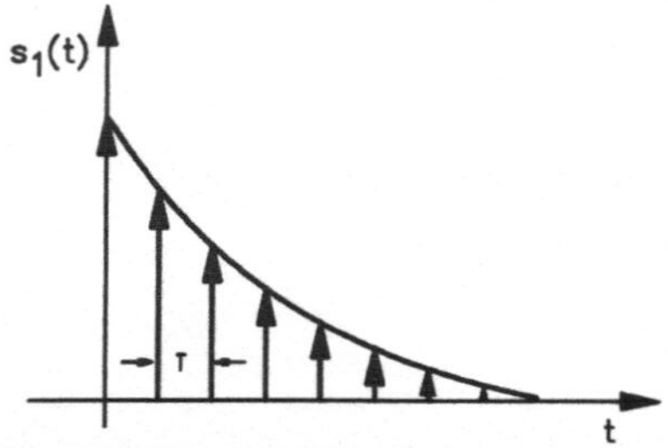	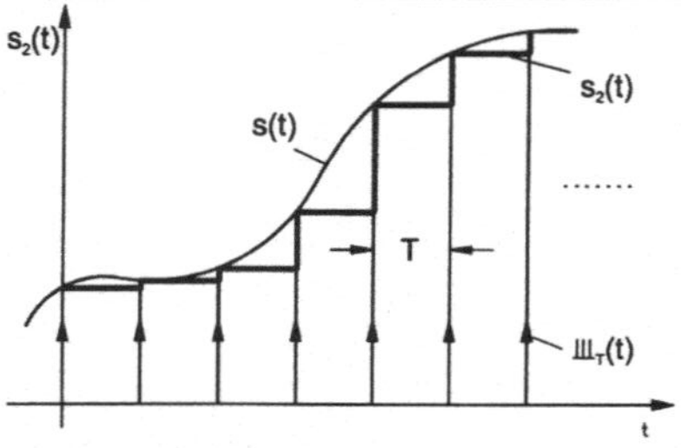	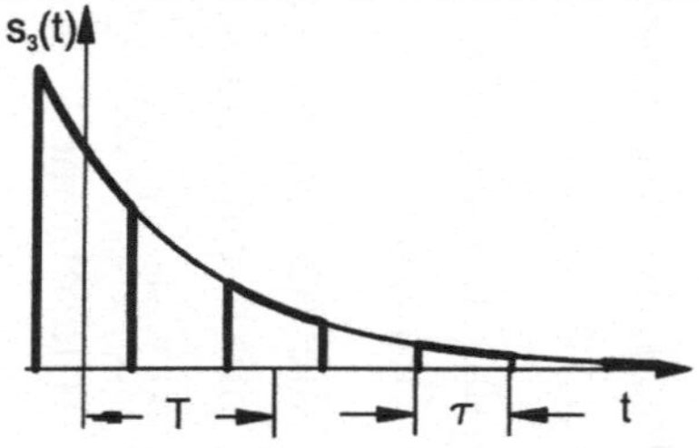

$S_1(\omega) = \dfrac{1}{2\pi} S(\omega) * \omega_0 \text{Ш}_{\omega_0}(\omega)$ $= \dfrac{\omega_0}{2\pi} \sum_{n=-\infty}^{\infty} S(\omega - n\omega_0)$	$S_2(\omega) = \dfrac{1}{2\pi}\Big[S(\omega) * \omega_0\text{Ш}_{\omega_0}(\omega)\Big] \cdot$ $\cdot T \cdot \text{si}\!\left(\dfrac{\omega T}{2}\right) e^{-j\omega\frac{T}{2}}$ $= \dfrac{\omega_0 T}{2\pi} \sum_{n=-\infty}^{\infty} S(\omega - n\omega_0)\cdot$ $\cdot \text{si}\!\left(\dfrac{\omega T}{2}\right) e^{-j\omega\frac{T}{2}}$	$S_3(\omega) = S(\omega) *$ $* \left[\tau \cdot \text{si}\!\left(\dfrac{\omega T}{2}\right) \omega_0\text{Ш}_{\omega_0}(\omega)\right]$ $= \tau\omega_0 \cdot$ $\cdot \sum_{n=-\infty}^{\infty} \text{si}\!\left(\dfrac{n\omega_0 \tau}{2}\right) S(\omega - n\omega_0)$

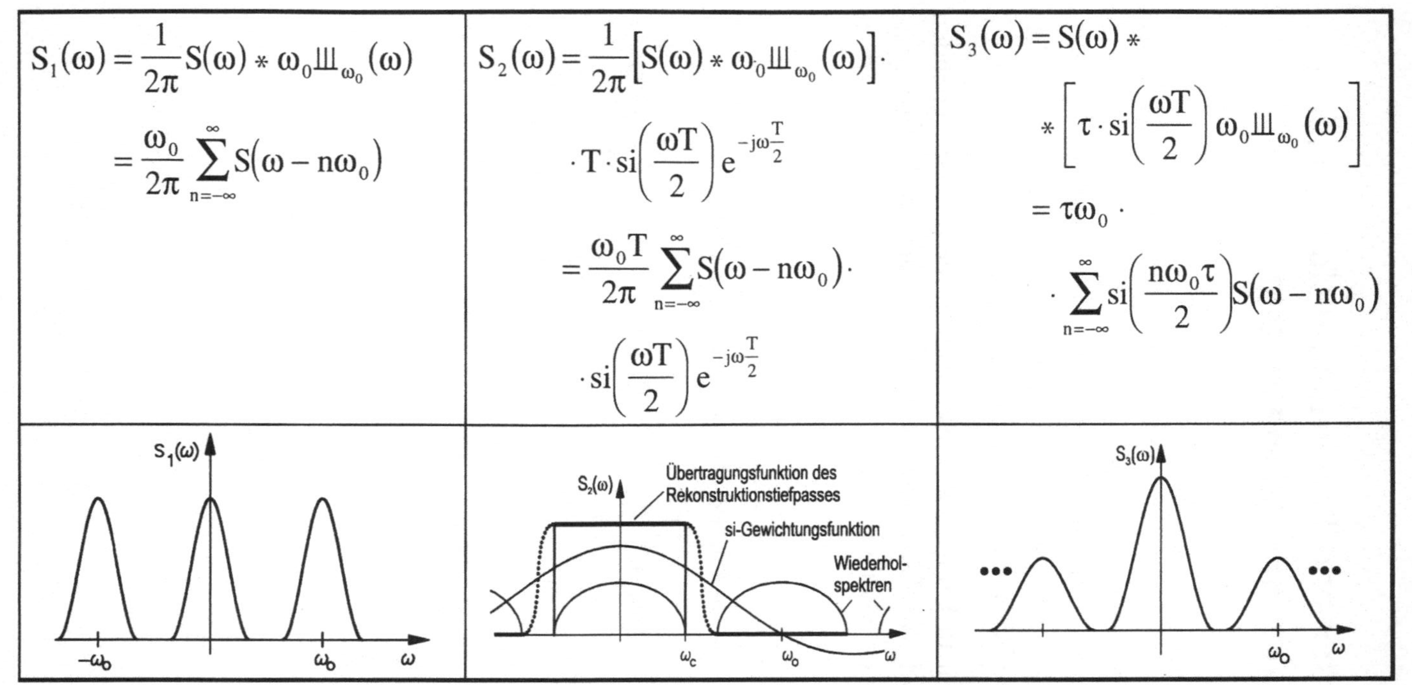

2.2   Eigenschaften und Beschreibungsformen mehr-dimensionaler Signale und Systeme

Viele Anwendungen erfordern eine mehrdimensionale Definition von Signalen und Systemen [Papoulis68], [Wendland88]. Wegen des hier gewählten Bezuges zur mehrdimensionalen Signalverarbeitung von Bildern und Bildsequenzen ist eine Beschränkung auf räumliche (örtliche) und zeitlich-räumliche Signale und Systeme zweckmäßig.

Ein Beispiel ist hierzu in Bild 2.5 dargestellt mit einem entsprechenden 3D-System mit $s(x,y,t)$ als Eingangs- und $g(x,y,t)$ als Ausgangssignal. Der Operator $f[s(x,y,t)]$ symbolisiert die systemeigene Signalverarbeitung.

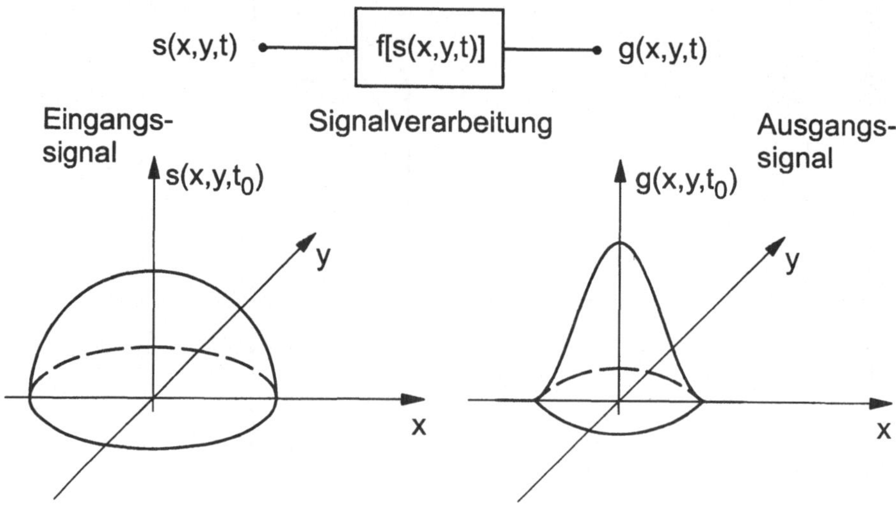

Bild 2.5:   Modell eines 3D-(zeitlich-räumlichen) Systems

Lineare räumlich verschiebungsinvariante und zeitinvariante Systeme (LSTI[1]-Systeme) lassen sich hierzu mit folgenden Eigenschaften definieren:

(1) Linearität

Für ein LSTI-System seien (ggf. überlappende) zeitlich-räumliche Eingangssignale und ihre korrespondierenden Ausgangssignale gegeben:

$$\text{Eingangssignale} \qquad\qquad s_i(x,y,t)$$

$$\text{korrespondierende Ausgangssignale} \qquad g_i(x,y,t) = f\big[s_i(x,y,t)\big] \quad .$$

Ein MD-System[2] ist linear, wenn gilt (Superpositionsgesetz):

$$g(x,y,t) = f\left[\sum_i a_i s_i(x,y,t)\right] = \sum_i a_i f\big[s_i(x,y,t)\big] \quad . \tag{2.13}$$

(2) Stabilität

Ein System ist "bounded input - bounded output stabil" (BIBO Stabilität), falls für ein beschränktes Eingangssignal

$$\big|s(x,y,t)\big| < M < \infty \tag{2.14}$$

auch ein beschränktes Ausgangssignal folgt

$$\big|g(x,y,t)\big| < M \cdot N < \infty \tag{2.15}$$

wobei M, N beschränkte Konstanten sind.

(3) Zeitinvarianz und Rauminvarianz

Ein System ist zeitinvariant bei Gültigkeit von

$$g(x,y,t-\tau) = f\big[s(x,y,t-\tau)\big] \tag{2.16}$$

---

[1] Aus dem Englischen: "linear shift and time invariant"

[2] MD: mehrdimensional

was bedeutet, daß für beliebige Zeitverschiebungen τ des Eingangssignals eine entsprechende Zeitverschiebung des Ausgangssignals folgt.

In ähnlicher Weise kann eine *räumliche Verschiebungsinvarianz* angegeben werden, bei der eine räumliche Verschiebung um ξ, η am Eingang auch ein entsprechend verschobenes Ausgangssignal bewirkt:

$$g(x - \xi, y - \eta, t) = f\big[s(x - \xi, y - \eta, t)\big] \quad . \tag{2.17}$$

Das heißt für ein mehrdimensionales System ist es dann gleichgültig, ob eine räumliche (zeitliche) Verschiebung am Eingang oder Ausgang eines Systems vorgenommen wird (Bild 2.6).

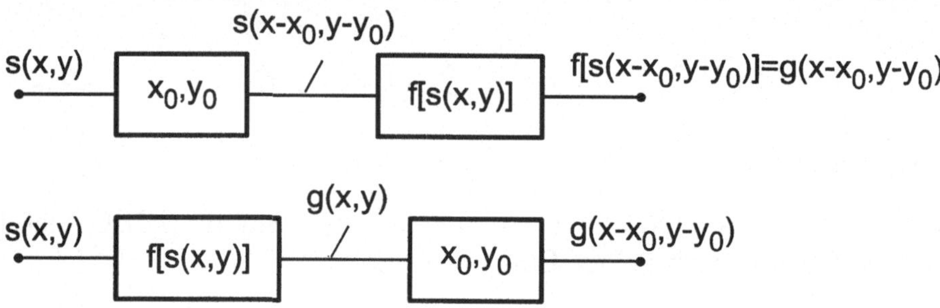

Bild 2.6:   Räumliche Verschiebung bei einem verschiebungsinvarianten System

Zu bemerken ist, daß Zeitinvarianz eine in physikalischen Systemen häufig gegebene Annahme ist, dagegen z.B. bildaufnehmende Systeme stets mit der Voraussetzung räumlich verschiebungsinvariant angenommen werden, daß die aufgenommene Bildszene im Aufnahmebereich des Objektivs bleibt.

(4) Kausalität

Ein LSTI-System wird dann als kausal bezeichnet, wenn für eine bestimmte Zeit τ die Systemantwort nur von Eingangssignalen vor dieser Zeit τ abhängt. Dieses Prinzip markiert ein *beobachtbares physikalisches Wirkungsprinzip*, das besagt, daß die Wirkung eines Systems nicht vor der Ursache eintritt. Formal läßt es sich auch für räumliche Koordinaten definieren. Es kommt bei räumlichen Filtern aber erst in Verbindung mit bestimmten Abläufen zur Wirkung z.B. bei räumlich rekursiven Filtern, bei denen zu beachten ist, daß im rekursiven Zweig tatsächlich nur bereits gefilterte Werte enthalten sind (siehe Abschnitt 5.7). Kausale (Zeit-) Signale sind nur für $t \geq 0$ definiert.

2D-(MD) Delta-Distributionen

Für eine Beschreibung zeitlich-räumlicher Systeme ist eine Einführung von Punkt-, Linien- und Ebenen-Distributionen mit δ-Eigenschaften zweckmäßig. Hier sind dann in einem Punkt, einer Linie bzw. einer Ebene unendlich hohe Massen (Amplituden) konzentriert. Eine zweidimensionale (räumliche) Liniendistribution oder Liniensingularität kann wie folgt eingeführt werden

$$\delta(x) = \delta(x) \cdot 1(y)$$

$$\delta(y) = \delta(y) \cdot 1(x) \quad . \tag{2.18}$$

Hierbei sind $\delta(x)$, $\delta(y)$ zweidimensionale Distributionen mit δ-Verhalten in der einen y- (x-) Richtung und konstanter Amplitude in der anderen x- (y-) Richtung (siehe Bild 2.7).

Eine 2D-Punktsingularität erhält man durch das Produkt zweier Liniensingularitäten:

$$\delta(x, y) = \delta(x) \cdot \delta(y)$$

$$\delta(x - x_0, y - y_0) = \delta(x - x_0) \cdot \delta(y - y_0) \tag{2.19}$$

wodurch man für 2D-Systeme eine Punkterregung äquivalent zum 1D-Delta-Impuls für eindimensionale Systeme definieren kann (vgl. Bild 2.8).

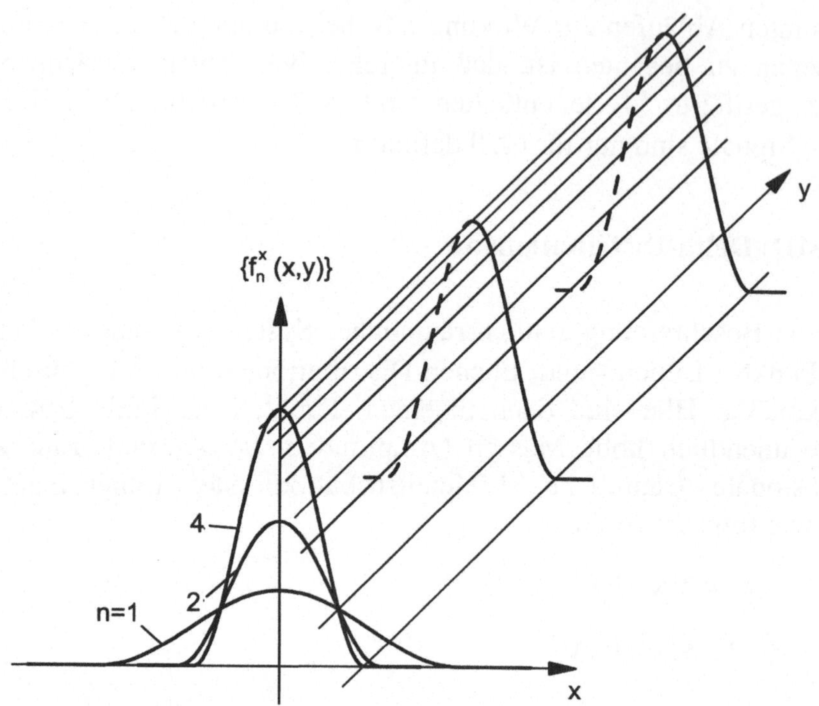

Bild 2.7:   2D-Distribution, Liniensingularität als Grenzwert einer Funktionenfolge $\{f^x_n(x,y)\}$

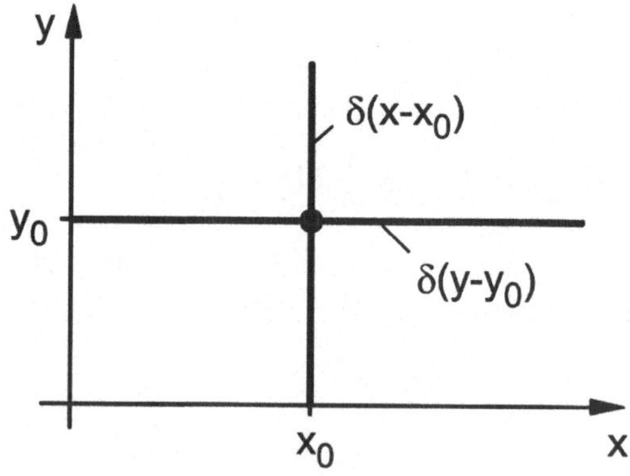

Bild 2.8:   Punktsingularität $\delta(x-x_0,y-y_0) = \delta(x-x_0)\,\delta(y-y_0)$

In ähnlicher Weise können höherdimensionale Distributionen durch entsprechende Erweiterung gebildet werden. Beispielsweise entsteht eine raum- und zeitabhängige 3D-Punktsingularität durch den Ausdruck

$$\delta\left(x - x_0, y - y_0, t - t_0\right) = \delta\left(x - x_0\right)\delta\left(y - y_0\right)\delta\left(t - t_0\right) \quad . \tag{2.20}$$

Dieses Produkt kann somit als Punkterregung dreidimensionaler Systeme verwendet werden. Jeder einzelne Term $\delta(x-x_0)$, $\delta(y-y_0)$, $\delta(t-t_0)$, repräsentiert hier je eine von drei orthogonalen Flächendistributionen.

Wie im eindimensionalen Fall können äquivalente Eigenschaften der MD-Distributionen abgeleitet werden, z.B. Integration (die dann zu einer geeignet definierten MD-Sprungfunktion führt), Ableitung, Ausblendung, Abtastung, Impulsgewicht etc. Beispielsweise ist das Impulsgewicht der 3D-Punktsingularität durch folgendes Integral gegeben:

$$\int\limits_{-\infty}^{\infty}\!\!\int\!\int \delta(x, y, t)\ dx\ dy\ dt = \int\limits_{-\infty}^{\infty}\left\{\int\limits_{-\infty}^{\infty}\left[\int\limits_{-\infty}^{\infty}\delta(x)dx\right]\delta(y)dy\right\}\delta(t)dt = 1. \tag{2.21}$$

·Ersichtlich ist die obige MD-Distributionen-Definition in den Koordinaten x, y, t separierbar und gestattet Integraleigenschaften (z.B. auch die Fouriertransformation) separierbar zu lösen.

2D (MD)-Impulsantwort, 2D (MD)-Faltung

Auf Basis der so eingeführten Punktsingularitäten lassen sich nun einfach die entsprechenden Impulsantworten definieren (siehe Bild 2.9).

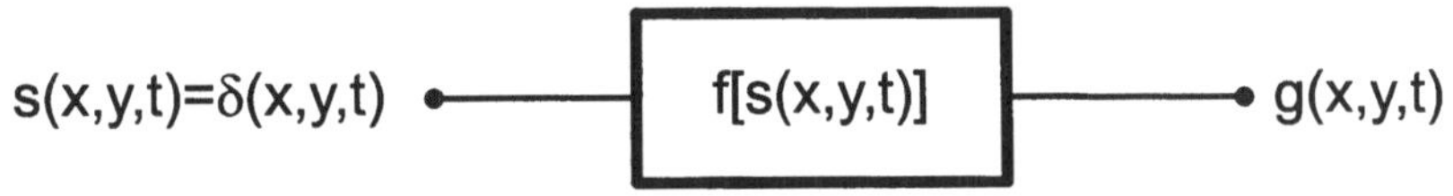

$$s(x,y,t)=\delta(x,y,t) \longrightarrow \boxed{f[s(x,y,t)]} \longrightarrow g(x,y,t)$$

Bild 2.9:   3D-Impulsantwort

Für ein Eingangssignal $s(x,y,t) = \delta(x,y,t)$ eines LSTI-Systems folgt das Ausgangssignal, die Impulsantwort, mit

$$h(x, y, t) = f\big[\delta(x, y, t)\big] \quad . \tag{2.22}$$

Selbstverständlich kann die MD-Impulsantwort mit realen hinreichend kurzen Eingangsimpulsen gemessen werden. Mit abnehmender Impulsdauer (-länge) und ansteigender Impulsamplitude wird die Form der Impulsantwort von der Impulsausdehnung unabhängig. Dann approximiert das Eingangssignal den MD-Delta-Impuls durch eine technische Realisierung z.B. durch einen Signalquader unter der Nebenbedingung, daß das Volumen des Signalquaders für jedes Tripel a, d, T gleich eins ist:

$$\lim_{a,d,T \to 0} \sqcap_a(x)\, \sqcap_d(y)\, \sqcap_T(t) = \delta(x)\, \delta(y)\, \delta(t) \quad . \tag{2.23}$$

Für lineare verschiebungsinvariante Systeme kann auf der Basis der eingeführten MD-Impulsantwort mit Hilfe der 2D-Faltung (siehe z.B. [Papoulis68], [Wendland88]) die Systemreaktion für andere Eingangssignale ermittelt werden.

Gegeben sei der Einfachheit halber ein räumliches lineares verschiebungsinvariantes System mit der Impulsantwort h(x,y) als Reaktion auf $\delta(x)\,\delta(y)$ und mit s(x,y) als Eingangssignal. Betrachtet werde ein einzelner Abtastwert des Eingangssignales

$$s(x, y)\, \delta(x - \xi, y - \eta) = s(\xi, \eta)\, \delta(x - \xi, y - \eta) \quad . \tag{2.24}$$

Das System reagiert hierauf wegen der Linearität und Verschiebungsinvarianz mit der gewichteten Impulsantwort (Bild 2.10):

$$g(x, y) = f\big[s(x, y)\big] \qquad = f\big[s(\xi, \eta)\, \delta(x - \xi, y - \eta)\big]$$

$$\text{(weg. Linearität:)} \qquad = s(\xi, \eta)\, f\big[\delta(x - \xi, y - \eta)\big]$$

$$\text{(wg. Verschiebungsinvarianz:)} \qquad = s(\xi, \eta)\, h(x - \xi, y - \eta) \quad . \tag{2.25}$$

Mit der 2D-Ausblendeigenschaft kann s(x,y) durch Integration (bzw. Summation) aller Abtastwerte der gesamten ξ,η-Ebene gebildet werden:

$$s(x, y) = \int\!\!\int_{-\infty}^{\infty} s(\xi, \eta)\, \delta(x - \xi, y - \eta)\, d\xi\, d\eta \quad . \tag{2.26}$$

Hiervon kann das korrespondierende Ausgangssignal abgeleitet werden

$$g(x,y) = f\big[s(x,y)\big] \qquad = f\left[\int\limits_{-\infty}^{\infty}\!\!\int s(\xi,\eta)\,\delta(x-\xi,y-\eta)\,d\xi\,d\eta\right]$$

(wg. Linearität:)
$$= \int\limits_{-\infty}^{\infty}\!\!\int f\big[s(\xi,\eta)\,\delta(x-\xi,y-\eta)\big]\,d\xi\,d\eta$$

(wg. Verschiebungsinvarianz:)

$$= \int\limits_{-\infty}^{\infty}\!\!\int s(\xi,\eta)\,h(x-\xi,y-\eta)\,d\xi\,d\eta \ . \quad (2.27)$$

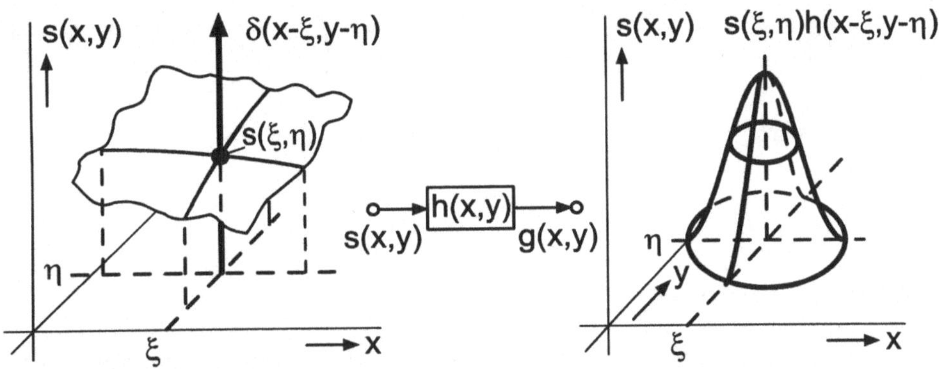

Bild 2.10: 2D-Faltung

Damit ergibt sich die zweidimensionale Faltung (siehe Bild 2.11) mit ähnlichen Eigenschaften wie im 1D-Fall, z.B. Kommutativität, Distributivität, etc:

$$g(x,y) = \int\limits_{-\infty}^{\infty}\!\!\int s(x,y)\,h(x-\xi,y-\eta)\,d\xi\,d\eta$$

$$= \int\limits_{-\infty}^{\infty}\!\!\int h(x,y)\,s(x-\xi,y-\eta)\,d\xi\,d\eta \qquad (2.28)$$

und der zugehörigen Operator-Notation

$$g(x,y) = s(x,y) ** h(x,y)$$
$$= h(x,y) ** s(x,y)$$

(2.29)

Eine graphische Interpretation der Faltung zeigt Bild 2.11 mit den verschiedenen Schritten der Faltung: Spiegelung von $h(\xi,\eta)$, Multiplikation mit $s(\xi,\eta)$, Verschiebung und Integration über die ganze ξ,η-Ebene.

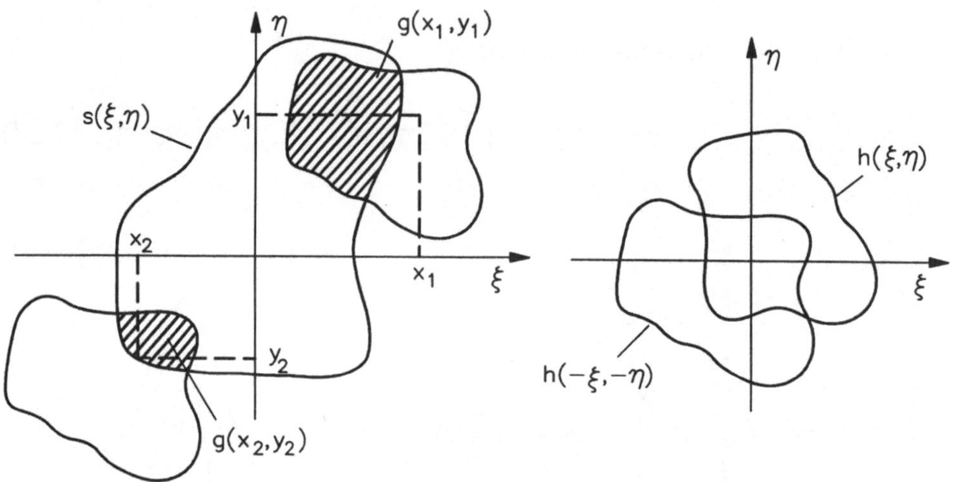

Bild 2.11:   Verarbeitungsschritte bei der 2D-Faltung

Für den höherdimensionalen Fall ergibt sich durch entsprechende Erweiterung die MD-Faltung:

$$g(x,y,t,...) = \int\limits_{-\infty}^{\infty} \int \int ... s(\xi,\eta,\tau,...) \cdot h(x-\xi, y-\eta, t-\tau,...) \, d\xi \, d\eta \, d\tau ...$$

$$= s(x,y,t,...) \overset{n}{*} h(x,y,t,...)$$

(2.30)

2D (MD)-Fouriertransformation

Die MD-Fouriertransformation kann aus der 1D-Transformation durch eine mehrdimensionale Erweiterung entwickelt werden (siehe z.B. [Papoulis68]). Die zweidimensionale Version ist z.B. wie folgt gegeben:

$$S(u,v) = \int\limits_{-\infty}^{\infty}\int s(x,y)\, e^{-j(ux+vy)} dx\, dy \tag{2.31}$$

$$\text{bzw.}\quad S(f^x,f^y) = \int\limits_{-\infty}^{\infty}\int s(x,y)\, e^{-j(2\pi f^x x + 2\pi f^y y)} dx\, dy$$

$$s(x,y) = \frac{1}{4\pi^2}\int\limits_{-\infty}^{\infty}\int S(u,v)\, e^{j(ux+vy)} du\, dv \tag{2.32}$$

$$\text{bzw.}\quad s(x,y) = \int\limits_{-\infty}^{\infty}\int S(f^x,f^y)\, e^{j(2\pi f^x x + 2\pi f^y y)} df^x\, df^x \quad .$$

Mit Hilfe der 2D-Fouriertransformation kann ein 2D-Fourier Spektrum $S(u,v)$ zur spektralen Bildbeschreibung auf der Basis von Ortsfrequenzen definiert werden. Für die Existenz gelten wie im 1D-Fall die sogenannten Dirichlet-Bedingungen mit:

- $s(x,y)$ ist absolut integrierbar (als hinreichende aber nicht notwendige Bedingung),

- $s(x,y)$ besitzt eine endliche Zahl von Extrema und eine endliche Anzahl von Diskontinuitäten in einem begrenzten Intervall.

Gebräuchlich ist die Korrespondenznotation

$$s(x,y) \circ\!\!-\!\!\bullet S(u,v)\quad \text{bzw.}\ s(x,y) \circ\!\!-\!\!\bullet S(u,v)\quad . \tag{2.33}$$

Die 2D-Fouriertransformation kann durch zwei aufeinanderfolgende 1D-Fouriertransformationsschritte in beliebiger Reihenfolge ausgeführt werden, wobei $s(x,y)$ zunächst in den u-Bildbereich und dann in den v-Bildbereich überführt wird:

$$S_x(u,y) = \int\limits_{-\infty}^{\infty} s(x,y)\, e^{-jux}\, dx \quad , \tag{2.34}$$

$$S_x(u,v) = \int\limits_{-\infty}^{\infty} S_x(u,y)\, e^{-jvy}\, dy \quad . \tag{2.35}$$

Dieses Vorgehen kann durch geeignete 1D-Korrespondenzen dargestellt werden

$$s(x,y) \overset{x}{\circ\!\!-\!\!\bullet} S_x(u,y) \overset{y}{\circ\!\!-\!\!\bullet} S(u,v) \quad , \tag{2.36}$$

$$s(x,y) \overset{y}{\circ\!\!-\!\!\bullet} S_y(x,v) \overset{x}{\circ\!\!-\!\!\bullet} S(u,v) \quad , \tag{2.37}$$

wobei schließlich das oben angegebene Resultat (2.33)erzielt wird.

Mit der ortsfrequenten 2D-Fouriertransformation werden entsprechende Raumfrequenzen oder Ortsfrequenzen (mit hochgestellten Indizes) eingeführt. Es gilt:

- $u = 2\pi f^x$ ist die Orts*kreis*frequenz in x-Richtung

- f^x ist die Ortsfrequenz in x-Richtung

- $v = 2\pi f^y$ ist die Orts*kreis*frequenz in y-Richtung

- f^y ist die Ortsfrequenz in y-Richtung

Mit der Zeitkoordinate t und der zugehörigen Frequenz f^t folgen die in der Tabelle 2.4 angegebenen äquivalenten Frequenzdefinitionen. Es sei darauf hingewiesen, daß hier f^t verwendet wird anstelle des einfachen f im eindimensionalen Fall, um einfacher f^t, f^x, f^y unterscheiden zu können. Zweckmäßig werden dabei die Ortsfrequenzen in "Schwingungen/Längeneinheit" bzw. "cycles/Längeneinheit" auf eine feste Bezugslänge normiert, z.B. "cycles/picture width" in horizontaler und "cycles/ picture height" in vertikaler Richtung. Es empfiehlt sich aber in *allen Ortsrichtungen* die gleiche Bezugslänge zu verwenden also stets z.B. "cycles/picture height" anzugeben. Die Abkürzung hierfür lautet c/ph. Es empfiehlt sich nicht, die Einheit "Linien/Längeneinheit" zu verwenden, da hier schwarze und weiße Linien separat gezählt werden und dies nicht mit den systemtheoretischen Frequenzgrößen korrespondiert.

Tabelle 2.4:   Äquivalente Frequenzdefinitionen für Raum und Zeit

	zeitliche Koordinaten	Maßeinheiten		räumliche Koordinaten	Maßeinheiten
Zeit	t	s	örtliche (gerichtete) Länge	x, y	m
zeitliche Frequenz	f, f^t	Hz	Orts-(Raum-) frequenz	f^x, f^y	1/m
zeitliche Kreis-frequenz	ω	1/s	Orts-(Raum-) kreis-frequenz	u, v	1/m

Ein häufig benutztes Testbild kann hier zur Verdeutlichung einer Raumfrequenz angegeben werden. Das sogenannte "Zoneplate"-Testbild (Bild 2.12) enthält eine in der Raumfrequenz radial ansteigende Cosinusschwingung. Es ist als Abbildung einer zirkularen Schwingung mit ansteigenden Ortsfrequenzen auf die x,y-Ortsebene gewissermaßen ein ortsfrequentes "Sweep"-Signal oder "Wobbel"-Signal zur Messung eines 2D-Amplituden-Frequenzganges für Ortsfrequenzen.

Bild 2.12:   "Zoneplate"-Testbild mit radial ansteigender Raumfrequenz f^r

Wichtige ausgewählte Eigenschaften und Regeln der 2D-Fouriertransformation sind in der Tabelle 2.5 zusammengestellt.

Tabelle 2.5:   Eigenschaften der 2D-Fouriertransformation

	$s(x,y)$	$S(u,v)$
Linearität	$\sum_i a_i\, s_i(x,y)$	$\sum_i a_i\, S_i(u,v)$
Frequenzver-schiebung	$s(x,y)\, e^{j(u_0 x + v_0 y)}$	$S(u-u_0, v-v_0)$
Ortsverschiebung	$s(x-\xi, y-\eta)$	$S(u,v)\, e^{-j(u\xi + v\eta)}$
Symmetrie	$S(x,y)$	$4\pi^2\, s(-u,-v)$
räumliche Faltung	$s_1(x,y) ** s_2(x,y)$	$S_1(u,v)\cdot S_2(u,v)$
ortsfrequente Faltung	$s_1(x,y)\cdot s_2(x,y)$	$\dfrac{1}{4\pi^2} S_1(x,y) ** S_2(x,y)$
Skalierung	$s(ax,by),\ a>0, b>0$	$\dfrac{1}{ab} S\left(\dfrac{u}{a}, \dfrac{v}{b}\right),$ $a>0, b>0$
räumliche Differentiation	$\dfrac{d^n}{dx^n} s(x,y)$ $\dfrac{d^m}{dx^m}\left(\dfrac{d^n}{dx^n} s(x,y)\right)$	$(ju)^n S(u,v)$ $(ju)^m (ju)^n S(u,v)$
ortsfrequente Differentiation	$(-jx)^n (-jy)^m s(x,y)$	$\dfrac{d^n}{dx^n}\left(\dfrac{d^m}{dx^m} S(u,v)\right)$

Eine mehrdimensionale Erweiterung der 2D-Fouriertransformation ist, wie erwähnt, unmittelbar ersichtlich und hier für einen dreidimensionalen Fall, die zeitlich-räumliche Fouriertransformation, angegeben.

$$S(u,v,\omega) = \int\!\!\int\limits_{-\infty}^{\infty}\!\!\int s(x,y,t)\,e^{-j(ux+vy+\omega t)}\,dx\,dy\,dt \qquad (2.38)$$

$$s(x,y,t) = \frac{1}{8\pi^3}\int\!\!\int\limits_{-\infty}^{\infty}\!\!\int S(u,v,\omega)\,e^{j(ux+vy+\omega t)}\,du\,dv\,d\omega \qquad (2.39)$$

Hiermit wird eine 3D-Spektralbeschreibung für eine zeitlich-räumliche Signalverarbeitung, wie sie für die Verarbeitung von Bildsequenzen mit bewegten Objekten notwendig ist, möglich.

2D (MD)-Übertragungsfunktion

Angenommen sei ein lineares verschiebungsinvariantes (LSI) 2D-System (Bild 2.13) mit einem Eingangssignal als komplexe Exponentialfunktion, die als 2D sinusförmige Erregung mit entsprechenden Ortsfrequenzen interpretiert werden kann

$$s(x,y) = e^{j(ux+vy)} = e^{jux}e^{jvy} \qquad (2.40)$$

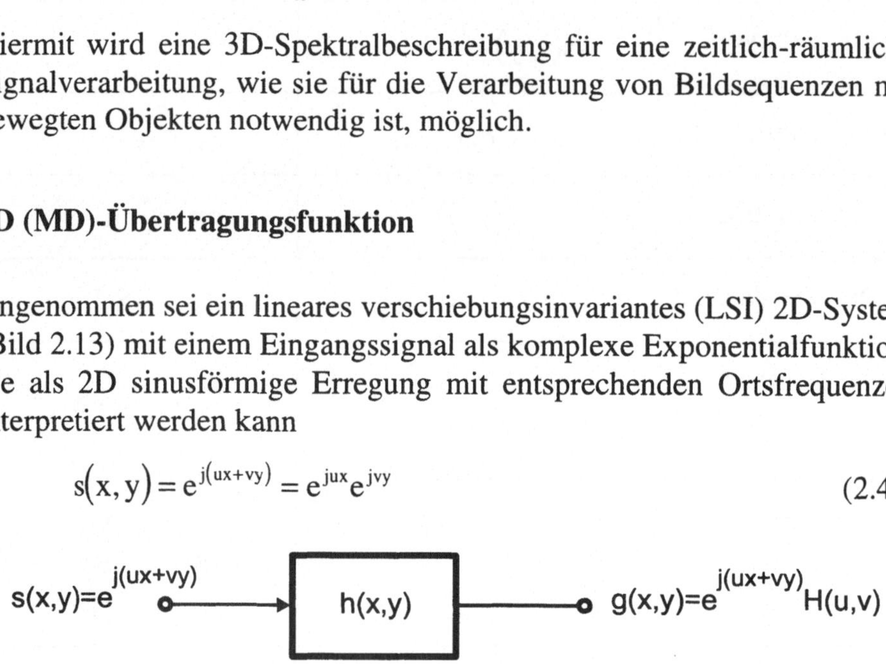

Bild 2.13:   Übertragungsfunktion des 2D-LSI Systems

Aufgrund der LSI-Eigenschaft kann das Ausgangssignal mit Hilfe der 2D-Faltung bestimmt werden, es ergibt sich

$$\begin{aligned}
g(x,y) &= \int\!\!\int\limits_{-\infty}^{\infty} s(x-\xi,y-\eta)\,h(\xi,\eta)\,d\xi\,d\eta \\[2mm]
&= \int\!\!\int\limits_{-\infty}^{\infty} e^{ju(x-\xi)}e^{jv(y-\eta)}h(\xi,\eta)\,d\xi\,d\eta \qquad (2.41) \\[2mm]
&= e^{j(ux+vy)}H(u,v)
\end{aligned}$$

Hierin wird $H(u,v)$ als 2D-Übertragungsfunktion des 2D-Systems eingeführt. Das Ausgangssignal ist somit für eine exponentielle Erregung mit Ortsfrequenzen u,v unmittelbar durch das mit der komplexen von u, v abhängigen Übertragungsfunktion $H(u,v)$ gewichtete Eingangssignal gegeben.

Entsprechend der eindimensionalen Systemtheorie wird diese komplexe Exponentialfunktion $e^{j(ux+vy)}$ als "Eigenfunktion" bezeichnet. Diese Eigenfunkionen sind eine spezifische Eigenschaft von LSTI-Systemen und gelten für alle entsprechende mehrdimensionale Erweiterungen.

Aus der Definition folgt, daß die Übertragungsfunktion $H(u,v)$ und die Impulsantwort $h(x,y)$ über eine Fourierkorrespondenz miteinander verknüpft sind.

$$H(u,v) = \int\int_{-\infty}^{\infty} h(x,y)\, e^{-j(ux+vy)}\, dx\, dy$$

$$H(u,v) \;\bullet^{2}\!\!\!-\!\!\circ\; h(x,y)$$

$$(2.42)$$

Für eine Kettenschaltung zweier 2D- (MD-) Systeme (Bild 2.14) kann leicht gezeigt werden, daß die resultierende gesamte Übertragungsfunktion sich als Produkt der einzelnen Übertragungsfunktionen ergibt.

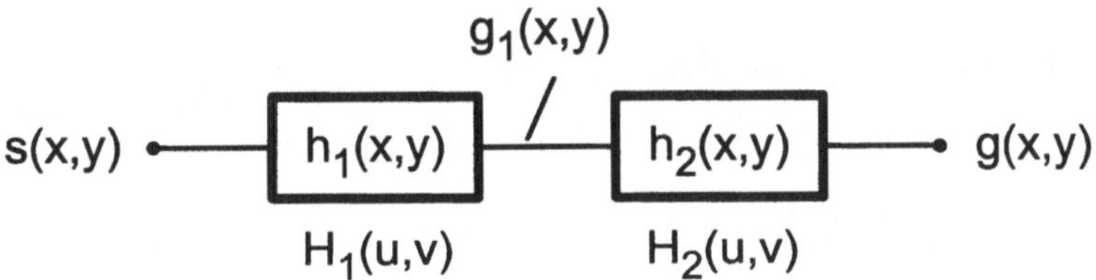

Bild 2.14:   Reihenschaltung von 2D-Systemen

Angenommen sei wiederum ein Eingangssignal mit Exponentialverlauf:

$$s(x,y) = e^{j(ux+vy)} \quad .$$

$$(2.43)$$

Dann kann das Ausgangssignal nach jeder Stufe durch schrittweise 2D-Faltung ermittelt werden. Hierdurch ergibt sich das Ausgangssignal am Ende der Kette und damit auch die resultierende Übertragungsfunktion:

$$g_1(x, y) = e^{j(ux+vy)} H_1(u, v) \tag{2.44}$$

$$g(x, y) = e^{j(ux+vy)} H_1(u, v)\, H_2(u, v)$$

$$g(x, y) = e^{j(ux+vy)} H_{res}(u, v) \quad . \tag{2.45}$$

Als Ergebnis folgt, daß die resultierende Übertragungsfunktion $H_{res}(u, v)$ einer Reihenschaltung von mehrdimensionalen LSTI-Systemen als Produkt der Einzelübertragungsfunktionen $H_i(u, v)$ ermittelt werden kann. Dabei können Teilsysteme sehr wohl von unterschiedlicher Dimensionalität (z.B. 1D-Systeme) sein, die in einzelnen Koordinaten konstante Eigenschaften haben

$$H_{res}(u, v) = H_1(u, v)\, H_2(u, v)\ldots = \prod_i H_i(u, v) \quad . \tag{2.46}$$

Als weiteres wichtiges Merkmal mehrdimensionaler Systeme (analog zu 1D-Systemen) sei noch der Produktsatz der Fouriertransformation erwähnt. Für ein beliebiges Eingangssignal des Systems kann das Ausgangssignal durch ggf. mehrdimensionale Faltung ermittelt werden. Wie in der Systemtheorie eindimensionaler Systeme existiert ein 2D-(MD) Produkt-Theorem, mit dessen Hilfe das Ausgangssignal eines Systems im Fourierbereich ermittelt werden kann, siehe Bild 2.15.

$$g(x, y) = s(x, y) ** h(x, y)$$

$$\updownarrow^2 \tag{2.47}$$

$$G(u, v) = S(u, v)\, H(u, v)$$

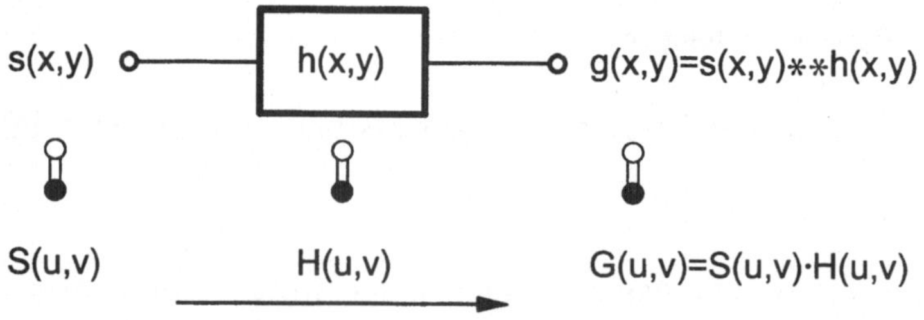

Bild 2.15:   2D-LSI System, Beschreibung im Orts- und im Ortsfrequenzbereich

Die Vorteile einer Spektralbeschreibung sind im mehrdimensionalen Fall äquivalent zur eindimensionalen Theorie z.B. für folgende Aufgabenstellungen (neben der eventuellen Vermeidung der Berechnung des Faltungsintegrals) zweckmäßig:

- Spektralanalyse und Ermittlung spektraler Parameter wie Bandbreite und Grenzfrequenzen,

- Beschreibung von Multiplex-, Modulations- Abtastverarbeitung etc.,

- Synthese digitaler Systeme.

Separierbare Signale und Systeme

Separierbare Systeme (Signale) haben eine in den unabhängigen Koordinaten separierbare Impulsantwort (Signalfunktion). Im mathematischen Sinn bedeutet dies, daß eine entsprechende Separierung durch Produktbildung z.B. der Variablen x, y als Produkt einzelner 1D-Funktionen in x,y erfolgt[3].

$$h(x, y) = h_x(x) \cdot h_y(y) \quad . \tag{2.48}$$

Das Ausgangssignal g(x,y) eines separierbaren Systems ergibt sich dann auf der Basis der 2D-Faltung:

---

[3] Es sei darauf hingewiesen, daß im technischen Sinne zuweilen auch eine Separierung durch Addition einzelner 1D-Funktionen $h(x,y)=h_x(x)+h_y(y)$ (dies entspricht einer Parallelschaltung statt einer Reihenschaltung) zweckmäßig ist.

$$g(x,y) = s(x,y) ** h(x,y)$$

$$= \int\limits_{-\infty}^{\infty}\int s(x-\xi, y-\eta)\, h(\xi,\eta)\, d\xi\, d\eta$$

$$= \int\limits_{-\infty}^{\infty}\left[\int\limits_{-\infty}^{\infty} s(x-\xi, y-\eta)\, h_x(\xi)\, d\xi\right] h_y(\eta)\, d\eta$$

$$= \left[s(x,y) \overset{x}{*} h_x(x)\right] \overset{y}{*} h_y(y)$$

$$g(x,y) = s(x,y) * h_x(x) * h_y(y) \quad . \tag{2.49}$$

Die 2D-Faltung separierbarer Funktionen ist somit als zweifache 1D-Faltung in beliebiger Reihenfolge ausführbar. Eine MD-Erweiterung ist offensichtlich.

Die korrespondierende Übertragungsfunktion separierbarer Systeme (bzw. auch das Spektrum separierbarer Signale) kann dann als einfaches Produkt ihrer 1D-Fouriertransformierten $H_x(u)$, $H_y(v)$ der separierten Signalanteile $h_x(x)$, $h_y(y)$ der Impulsantwort angegeben werden:

$$H(u,v) = \int\limits_{-\infty}^{\infty}\int h_x(x)\, h_y(y)\, e^{-j(ux+vy)} dx\, dy$$

$$= \int\limits_{-\infty}^{\infty} h_x(x)\, e^{-jux} dx \int\limits_{-\infty}^{\infty} h_y(y)\, e^{-jvy} dy \quad . \tag{2.50}$$

$$= H_x(u)\, H_y(v)$$

Wiederum ist eine MD-Erweiterung offensichtlich.

Die Regel für die Fouriertransformation separierbarer Signale gestattet eine einfache Ableitung der Fouriertransformation von Linien und Punktsingularitäten im mehrdimensionalen Raum. Mit Verwendung von (2.50) und der 1D-Korrespondenz der 1D-Delta-Distribution ergeben sich z.B. folgende Korrespondenzen (siehe auch [Papoulis68]):

2D-Punkt-Singularität

$$\delta(x,y) = \delta(x)\,\delta(y) \;\circ\!\!-\!\!\bullet\; 1(u)\,1(v) = 1 \tag{2.51}$$

$$\delta(x-x_0, y-y_0) = \delta(x-x_0)\,\delta(y-y_0) \;\circ\!\!-\!\!\bullet\; e^{-jux_0}e^{-jvy_0} \quad . \tag{2.52}$$

Somit korrespondiert eine 2D-Punktsingularität im Fourierbereich mit einer u,v-Ebene, die konstant mit der Amplitude 1 belegt ist.

2D-Linien-Singularität

$$\delta(x)\,1(y) \;\circ\!\!-\!\!\bullet\; 1(u)\,\delta(v)\,2\pi \tag{2.53}$$

$$\delta(x-x_0)\,1(y) \;\circ\!\!-\!\!\bullet\; e^{-jux_0}\,\delta(v)\,2\pi \tag{2.54}$$

$$\delta(y)\,1(x) \;\circ\!\!-\!\!\bullet\; 1(v)\,\delta(u)\,2\pi \tag{2.55}$$

$$\delta(y-y_0)\,1(x) \;\circ\!\!-\!\!\bullet\; e^{-juy_0}\,\delta(u)\,2\pi \tag{2.56}$$

Eine 2D-Linien-Singularität im Fourierbereich korrespondiert mit einer 2D-Linien-Singularität in der u,v-Ebene wobei deren Orientierung um 90° gedreht ist. Das heißt, daß eine Distribution in x- (y-) Richtung mit einer v- (u-) Richtung im Frequenzbereich korrespondiert (Bild 2.16).

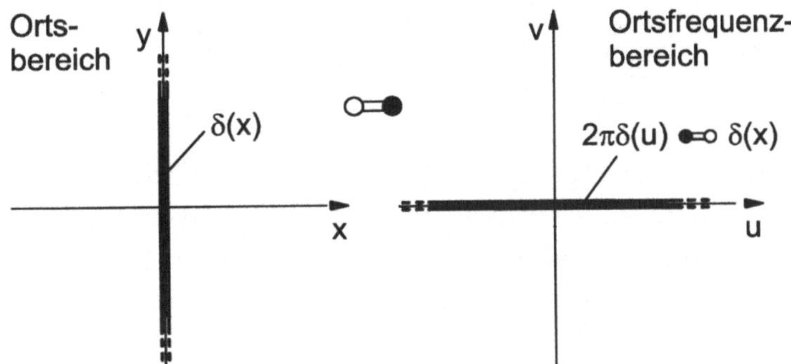

Bild 2.16:   2D-Fourier-Korrespondenzen von Liniensingularitäten

Auch hier ist eine MD-Erweiterung auf MD-Singularitäten mit Hilfe der Eigenschaft der Separierbarkeit leicht möglich. Es ist jedoch zu bemerken, daß bei mehrdimensionaler Transformation die Ausdehnung bzw. Ordnung der Distributionen bei der Transformation wechseln kann. Beispielsweise korrepondiert im dreidimensionalen Raum eine Punktsingularität als Produkt dreier Ebenen mit einem konstanten Amplitudenbelag im dreidimensionalen Frequenzbereich, und eine 3D-Flächendistribution korrespondiert mit einer 3D-Liniendistribution und umgekehrt:

$$\delta(x) \cdot 1(y) \cdot 1(t) \circ\!\!-\!\!\bullet \; 1(u) \cdot \delta(v) \cdot 2\pi \cdot \delta(\omega) \cdot 2\pi \tag{2.57}$$

$$\delta(x) \cdot \delta(y) \cdot 1(t) \circ\!\!-\!\!\bullet \; 1(u) \cdot \delta(v) \cdot \delta(\omega) \cdot 2\pi \tag{2.58}$$

Zur weiteren Vertiefung des Verständnisses werden im folgenden ausgewählte Anwendungsbeispiele zu räumlichen 2D-Signalen und Systemen dargestellt.

(1) Separierbarer idealerTiefpaß

Gegeben sei ein separierbarer idealer Tiefpaß mit einer entsprechend separierbaren Übertragungsfunktion H(u,v) und Impulsantwort h(x,y)

$$H(u,v) = u_0 \, \sqcap_{u_0}(u) \, v_0 \, \sqcap_{v_0}(v)$$

$$\circ\!\!-\!\!\bullet^{\,2}$$

$$h(x,y) = h_x(x) \, h_y(y) \tag{2.59}$$

$$= \frac{u_0 \, v_0}{4 \, \pi^2} \, \mathrm{si}\!\left(\frac{u_0 \, x}{2}\right) \mathrm{si}\!\left(\frac{v_0 \, y}{2}\right)$$

Dann kann das Ausgangssignal g(x,y) durch zweifache eindimensionale Faltung (horizontal and vertikal) und das Ausgangsspektrum G(u,v) als Produkt des Eingangsspektrums mit den beiden separierten Teilübertragungsfunktionen bestimmt werden.

$$g(x,y) = s(x,y) * \frac{u_0}{2\pi} \text{si}\left(\frac{u_0\, x}{2}\right) * \text{si}\left(\frac{v_0\, y}{2}\right)$$

$$\circ\!\!-\!\!\bullet_2$$

$$G(u,v) = S(u,v)\, H_x(u)\, H_y(v) \ . \tag{2.60}$$

Die vorgebene Konfiguration ist in Bild 2.17, die sich ergebende Übertragungsfunktion in Bild 2.18 dargestellt.

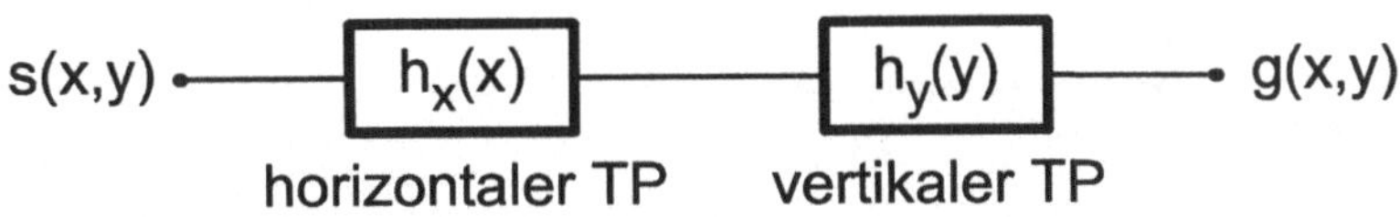

Bild 2.17:   Separierbarer idealer Tiefpaß

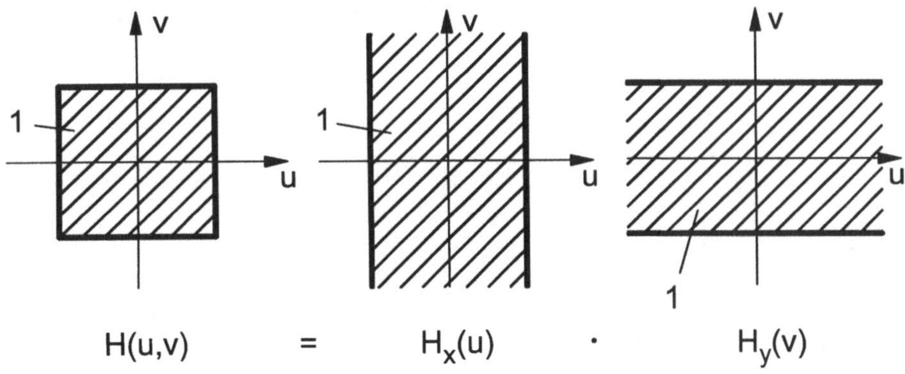

Bild 2.18:   Separierbarer idealer Tiefpaß, Übertragungsfunktion (Durchlaßbänder)

(2) 2D-Rechteck-Testimpuls

Ein 2D-Rechteck-Testimpuls kann als separiertes Produkt zweier eindimensionaler Rechteckimpulse definiert werden (siehe Bild 2.19).

$$s(x,y) = \sqcap_{x_0,y_0}(x,y) = \sqcap_{x_0}(x)\, \sqcap_{y_0}(y) \ . \tag{2.61}$$

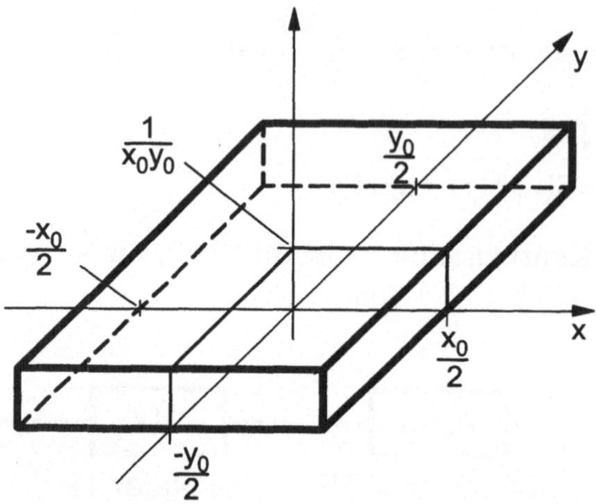

Bild 2.19:   2D-Rechteck-Testsignal

Das zugehörige Spektrum des 2D-Rechtecksignals erhält man aus der
2D-Fouriertransformation:

$$
S(u,v) = \int\limits_{-\infty}^{\infty} \int s(x,y)\, e^{-j(ux+vy)}\,dx\,dy
$$

$$
= \int\limits_{-\infty}^{\infty} \Pi_{x_0}(x)\, e^{-jux}\,dx \; \int\limits_{-\infty}^{\infty} \Pi_{y_0}(y)\, e^{-juy}\,dy
$$

$$
= \mathrm{si}\!\left(\frac{ux_0}{2}\right) \mathrm{si}\!\left(\frac{vy_0}{2}\right)
\tag{2.62}
$$

Die zugehörige spektrale Charakteristik ist als 3D-Skizze in Bild 2.20
angegeben. Entlang der u- und v-Achsen sind reine eindimensionale si-
Verläufe gegeben. Entlang der 45°-Diagonalen ist eine nicht negative
si^2-Charakteristik entsprechend der Multiplikation auf die Diagonalen
projizierter gleicher si-Funktionen zu erkennen. Diese Produktbildung
längs der Diagonalen ist für separierte Signale und ihre Spektren typisch
und zeigt die (abgesehen von den zwei unabhängigen Richtungen) nicht
frei einstellbare Richtungscharakteristik separierbarer Signale oder
Filter.

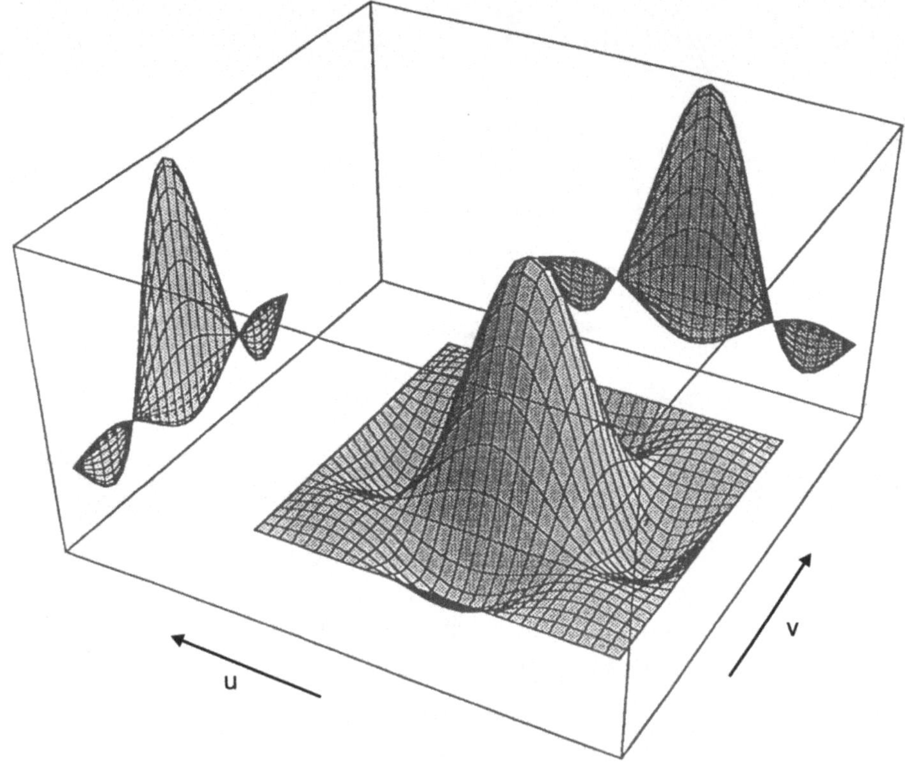

Bild 2.20:   2D-Rechteckimpuls, spektrale Characteristik, 3D-Plot und Projektionen

(3) 2D-Kreis-Testsignal

Gegeben sei ein zirkular-symmetrisches 2D-Testsignal mit einem Radius R und einem radialen 0,1-Amplitudenverhalten (siehe Bild 2.21). Dies ist durch den Ausdruck

$$s(r) = 2R\,\sqcap_{2R}(r) = \begin{cases} 1 & r^2 = x^2 + y^2 < R^2 \\ 0 & \text{sonst} \end{cases} \tag{2.63}$$

beschreibbar.

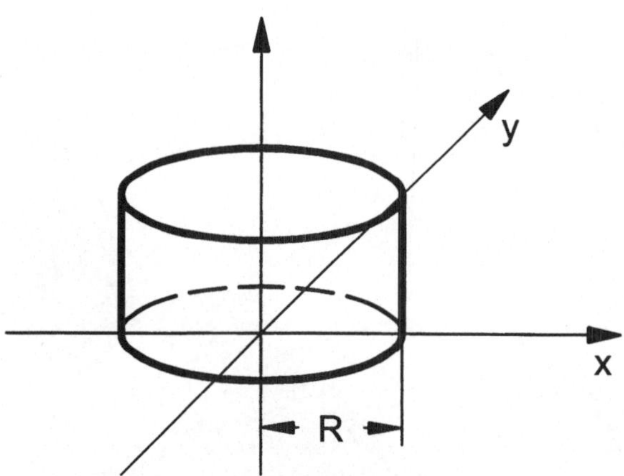

Bild 2.21:   2D zirkular-symmetrisches Testsignal

Dieses zylindrische Testsignal besitzt ein Spektrum, das mit Hilfe der
2D-Fouriertransformation unter Ausnutzung der zirkularen Symmetrie
ermittelt werden kann. Es ergibt sich (unter Auslassung verschiedener
Rechenschritte) folgendes Ergebnis

$$S(u,v) = \int\limits_{-\infty}^{\infty} \int s(x,y)\, e^{-j(ux+vy)} dx\, dy$$

$$= \int\limits_{-R}^{R} \int\limits_{-\sqrt{R^2-x^2}}^{\sqrt{R^2-x^2}} 1\, e^{-j(ux+vy)} dy\, dx$$

$$= 2\,\pi\,R\, \frac{J_1\!\left(\sqrt{u^2+v^2}\,R\right)}{\sqrt{u^2+v^2}} \quad , \tag{2.64}$$

mit $J_1(z)$ den Besselfunktionen (Zylinderfunktionen) 1. Art, 1. Ordnung.
Das zugehörige Spektrum ist in Bild 2.22 als 3D-Plot dargestellt. Offensichtlich ergibt sich aus der Zirkularsymmetrie im Ortsbereich ein zirku-
larsymmetrisches Verhalten im Ortsfrequenzbereich (was typisch ist für
beliebige zirkularsymmetrische Signale).

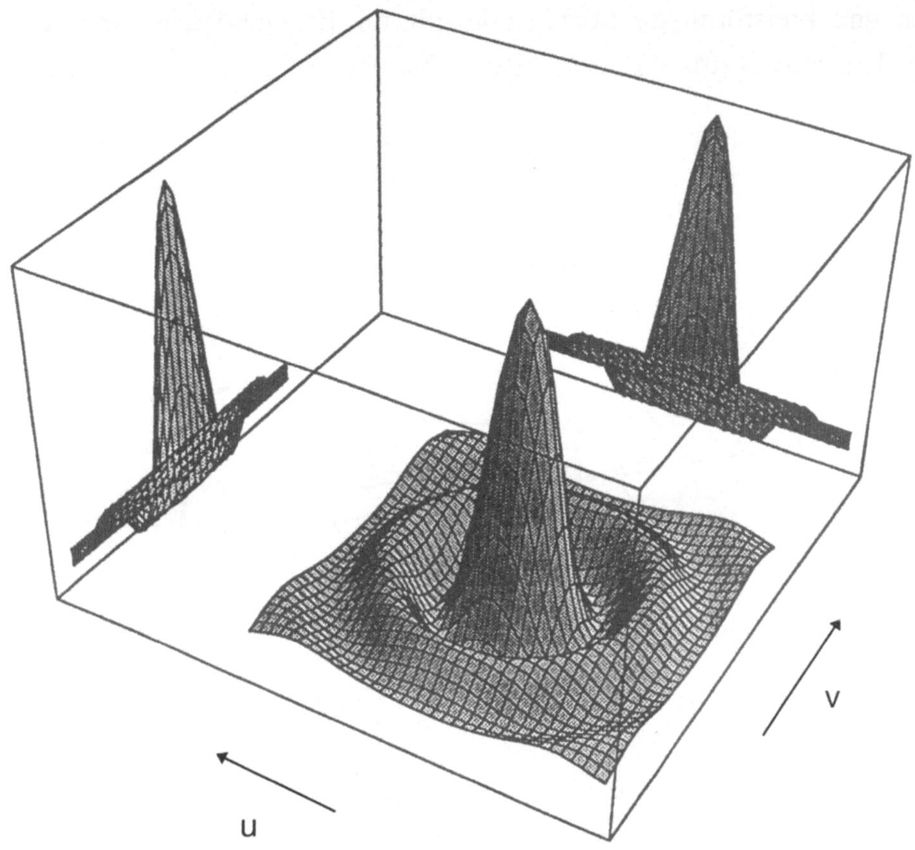

Bild 2.22:   Fourierspektrum eines 2D-Kreistestsignals, 3D-Plot und Projektionen

(4) 2D-Rechteck- und Kreis-Aperturen im Vergleich

Gegeben sei ein optisches Abbildungssystem (Bild 2.23) mit einer einfachen Lochblende (Apertur) in einem schwarzen Kasten und eine abbildende Fläche (Mattscheibe) gegnüber der Apertur, wodurch eine primitive Abbildung von Objekten möglich ist ("camera obscura") [Hauske94]. Dann ist die Impulsantwort dieser "Kamera" durch die formende Aperturblende gegeben. Für die beiden Fälle einer rechtecki-

gen und kreisförmigen Lochblende gilt für flächengleiche Aperturen,
d.h. Kreisradius R und Rechteckkante $R\sqrt{\pi}$:

$$h_{recht}(x,y) = R^2\,\pi\,\sqcap_{R\sqrt{\pi}}(x)\,\sqcap_{R\sqrt{\pi}}(y) \qquad (2.65)$$

$$h_{zirk}(x,y) = h_{zirk}(r) = R\,\sqcap_R(r) \quad . \qquad (2.66)$$

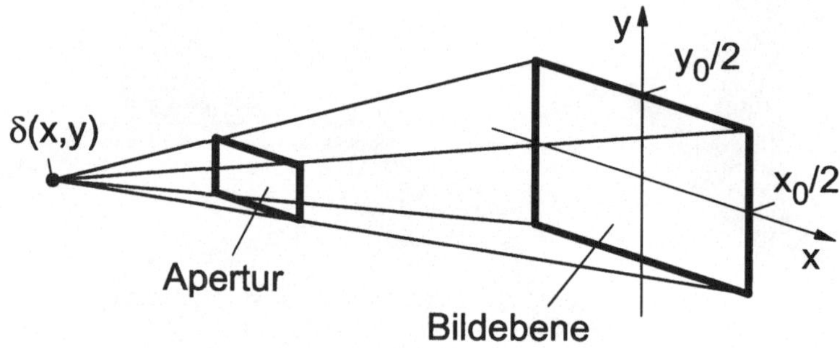

Bild 2.23:   Abbildung durch eine rechteckige Blende

Aus den obigen anderen Beispielen zu den Übertragungsfunktionen kann
direkt abgeleitet werden

$$S_{recht} = R^2\pi\,\mathrm{si}\!\left(\frac{u\,R\,\sqrt{\pi}}{2}\right)\mathrm{si}\!\left(\frac{v\,R\,\sqrt{\pi}}{2}\right) \qquad (2.67)$$

$$S_{Zirk}(u,v) = 2\,\pi\,R\,\frac{J_1\!\left(\sqrt{u^2+v^2}\,R\right)}{\sqrt{u^2+v^2}} \quad . \qquad (2.68)$$

Ein Vergleich dieser beiden normierten Frequenzgänge ist in Bild 2.24
skizziert. Angenommen ist dabei, daß Kreis- und Rechteckblende die
gleiche Aperturfläche besitzen. Ersichtlich ergibt sich ein verringertes
Überschwingverhalten für die rotationssymmetrische Kreisblende in den
Achsrichtungen u, v.

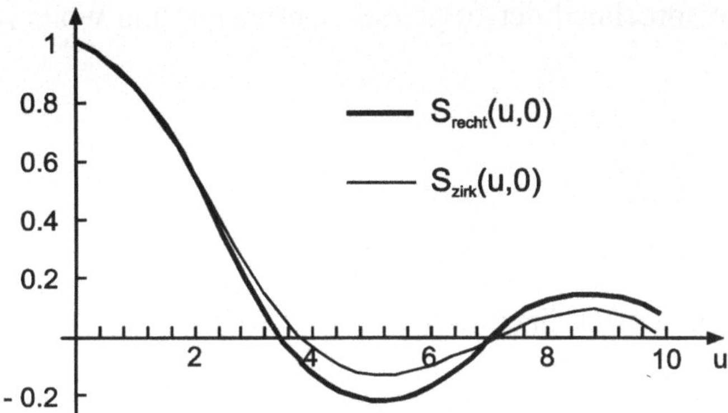

Bild 2.24:   Rechteck- und Kreisapertur, Frequenzgänge

(5) 2D-Gauß-Impuls

Ein 2D-Gaußimpuls ist einerseits rotationssymmetrisch und andererseits aber auch separierbar[4]. Dieses Testsignal kann folgendermaßen dargestellt werden:

$$s(x,y) = s_G(r) = \frac{1}{r_0^2} e^{-\pi(r/r_0)^2}$$

$$r^2 = x^2 + y^2 \quad . \tag{2.69}$$

Hieraus ergibt sich das zugehörige Fourierspektrum:

$$S(u,v) = S_G(u,v)$$

$$= \frac{1}{r_0^2} \int\limits_{-\infty}^{\infty}\!\!\int e^{-\pi(x^2+y^2)/r_0^2}\, e^{-j(ux+vy)} dx\, dy$$

$$= \frac{1}{r_0^2} \int\limits_{-\infty}^{\infty} e^{-\pi(x/r_0)^2}\, e^{-jux} dx \int\limits_{-\infty}^{\infty} e^{-\pi(y/r_0)^2}\, e^{-juy} dy$$

$$= e^{-\pi(u/u_0)^2}\, e^{-\pi(v/v_0)^2} \tag{2.70}$$

---

[4] Dies ist ein Sonderfall, i.a. treten diese Eigenschaften nicht gemeinsam auf.

mit u_0, v_0 entsprechned der folgenden Definition und w als radiale Ortsfrequenz:

$$u_0 = v_0 = \frac{2\pi}{r_0}$$

$$w^2 = u^2 + v^2 \quad \text{und} \quad w_0^2 = u_0^2 + v_0^2 \quad . \tag{2.71}$$

Das Spektrum des 2D-Gaußimpulses ist ebenfalls gaußförmig, Bild 2.25

$$S(w) = e^{-\pi\left(w/w_0\right)^2} \tag{2.72}$$

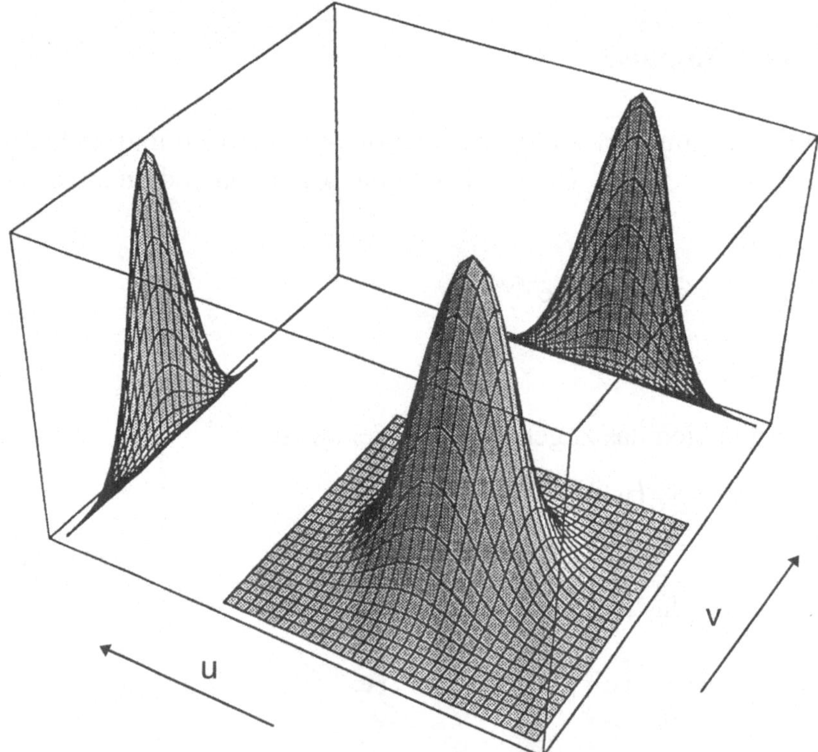

Bild 2.25:   Fourierspektrum eines 2D-Gaußimpulses, 3D-Plot und Projektionen

(6) Modulationsübertragungsfunktion bildaufnehmender und bild-
wiedergebender Systeme

In der technischen Optik ist zur Beschreibung des frequenzabhängigen Verhaltens optischer Systeme die Modulationsübertragungsfunktion eingeführt worden. Hierbei wird von einer sinusförmigen Eingangserregung (Auslenkung Δs um eine mittlere Leuchtdichte s_m) ausgegangen und die Auslenkung Δg des Ausgangssignals in Bezug auf die mittlere Ausgangsleuchtdichte g_m betrachtet (siehe z.B. [WendSchrö91]).

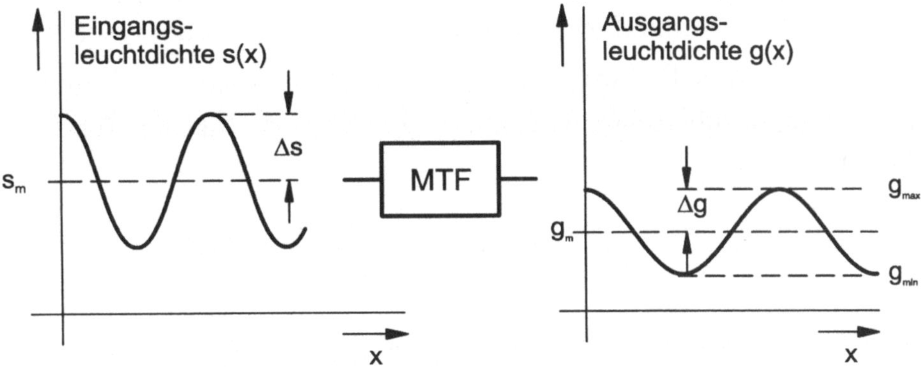

Bild 2.26:   Modulationsübertragungsfunktion und Sinusantwort

Die Leuchtdichteschwankung hat dann die Amplitude

$$\Delta g\left(f^x\right)=\frac{\left[g_{max}\left(f^x\right)-g_{min}\left(f^x\right)\right]}{2} \tag{2.73}$$

und moduliert die mittlere Leuchtdichte

$$g_m\left(f^x\right)=\frac{\left[g_{max}\left(f^x\right)+g_{min}\left(f^x\right)\right]}{2}. \tag{2.74}$$

Der Modulationsgrad des Augangssignals ist mit

$$m_a\left(f^x\right)=\frac{\Delta g\left(f^x\right)}{g_m\left(f^x\right)}=\frac{g_{max}\left(f^x\right)-g_{min}\left(f^x\right)}{g_{max}\left(f^x\right)+g_{min}\left(f^x\right)} \tag{2.75}$$

gegeben. In entsprechender Weise kann man einen eingangsseitigen Modulationsgrad $m_e(f^x)$ definieren.

Der Quotient der beiden Modulationsgrade beschreibt das frequenzabhängige Übertragungsverhalten des Wiedergabesystems. Zur Vereinfachung nimmt man den eingangsseitigen Modulationsgrad $m_e(f^x)$ konstant an. Ersichtlich ist dann bei linearen Systemen dieser Quotient proportional zu $\left|H_{opt}(f^x, f^y = 0)\right|$.

Um eine von Wandlerkonstanten und Arbeitspunkten unabhängige Aussage zu erhalten, normiert man zweckmäßig auf den Wert des Quotienten bei einer niedrigen Raumfrequenz (f_n^x) und führt folgende Definition der Modulationsübertragungsfunktion (**m**odulation **t**ransfer **f**unction, MTF) ein:

$$\mathrm{MTF}(f^x) = \frac{g_{max}(f^x) - g_{min}(f^x)}{g_{max}(f^x) + g_{min}(f^x)} \bigg/ \frac{g_{max}(f_n^x) - g_{min}(f_n^x)}{g_{max}(f_n^x) + g_{min}(f_n^x)} \tag{2.76}$$

Der Bezug auf den Mittelwert, der in dieser Definition auftritt, führt allerdings bei Nichtlinearitäten zu einer Verfälschung (z.B. steigt scheinbar bei frequenzabhängig absinkender mittlerer Helligkeit die Auflösung [Schröder85]). Vergleicht man die MTF eines linearen optischen Systems mit der optischen (oder räumlichen) Übertragungsfunktion, so ergibt sich der einfache Zusammenhang

$$\mathrm{MTF}(f^x) = \left|H_{opt}(f^x, f^y = 0)\right| \quad . \tag{2.77}$$

Als "point-spread-function" eines bildaufnehmenden Sensors kann dessen räumliche Impulsantwort aufgefaßt werden. Sie ergibt sich unter Annahme von Linearität als Fourierkorrespondenz zur Übertragungsfunktion (bzw. auch zur MTF) der wirkenden Aperturfilterung. In ähnlicher Weise kann einem Display eine rekonstruierende Interpolationsfilterung zugeordnet werden.

Eine zeilenweise Bildabtastung und Rekonstruktion kann dann entsprechend dem in Bild 2.27 dargestellten linearen Modell beschrieben werden. Diese Abtastung wird in Abschnitt 3.1 behandelt. Schon hier kann aber auf der Basis des linearen Modells eine räumliche auf das kontinuierliche Signal wirkende Vor- und Nachfilterung durch Sensor und Display festgestellt werden [Wendland82], [Wendland88].

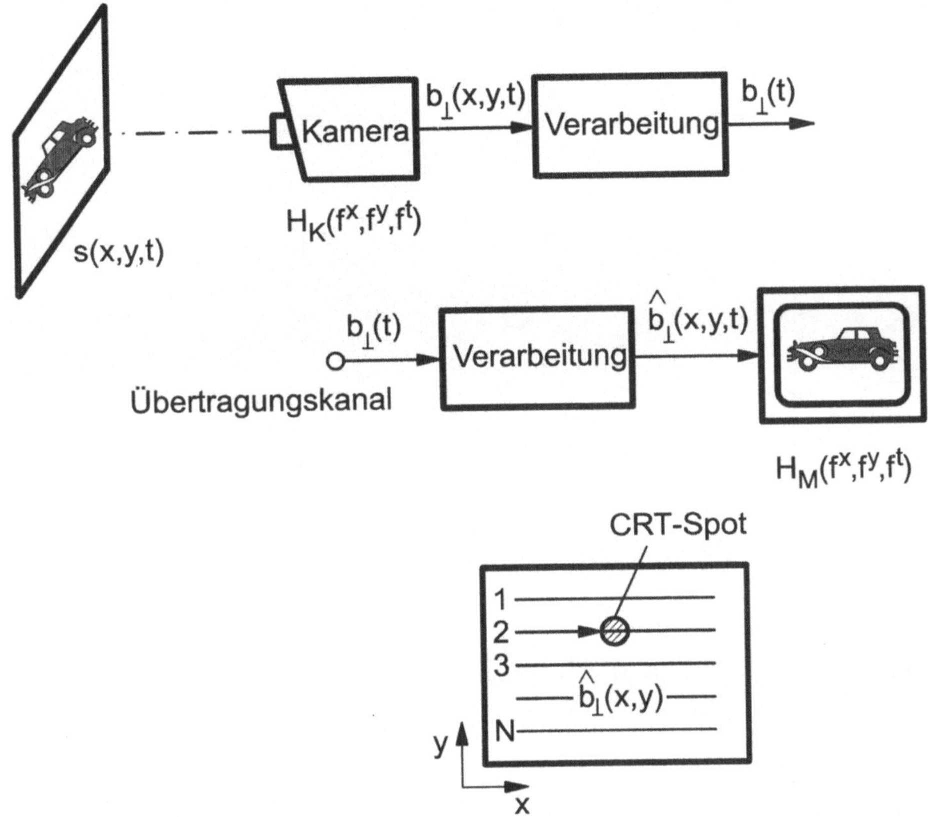

Bild 2.27: Lineares Modell als Schema für eine zeilenweise Bildabtastung, Abtast- und Rekonstruktionsschema

Für einen bildaufnehmenden Röhrensensor (Plumbicon, Saticon etc.) wird häufig in sehr grober Annäherung eine gaußförmige Apertur entsprechend der abtastenden Elektronenstrahldichte angenommen. Betrachtet man jedoch den sich horizontal fortbewegenden Elektronenstrahl und gewisse Wechselwirkungen benachbarter Zeilen, so ergibt sich eine

unsymmetrische diagonal orientierte etwa sichelförmige Apertur und ein
entsprechender Frequenzgang (Bild 2.28) [WendSchrö91].

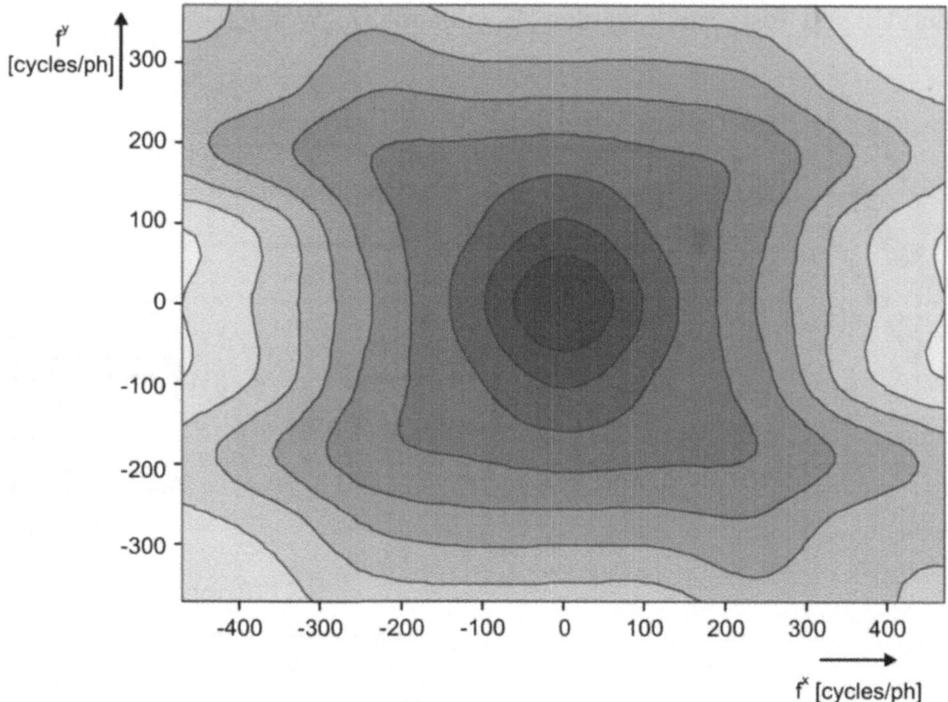

Bild 2.28:   Modulationsübertragungsfunktion (Frequenzgang) eines Bildröhrensensors
                (1 Zoll-Saticon)

Die   2D-Übertragungsfunktion   eines   bildwiedergebenden
Kathodenstrahlröhren-Displays kann dagegen mit verhältnismäßig guter
Näherung als gaußförmig angesehen werden.

2.3   Zeitlich-räumliche Signale und Systeme

Für die mehrdimensionale Signalverarbeitung von Bildsequenzen mit
Bildern aus verschiedenen Phasen sich bewegender Objekte sind die hier

beschriebenen zeitlich-räumlichen (3D) Signale und Systeme von besonderer Bedeutung, da in den unabhängigen Koordinaten x,y,t bewegte Bild-Objekte (z.B. jeweils in ihren Luminanz- oder Chrominanzkomponenten) beschreibbar sind. Die notwendige Beschränkung dabei auf flächenhafte Objekte ist für viele Anwendungen ausreichend, erst für eine stereoskopische Bilddarstellung wird eine weitere (räumliche Tiefen-) Koordinate benötigt.

Separierbare und nichtseparierbare zeitlich-räumliche Systeme

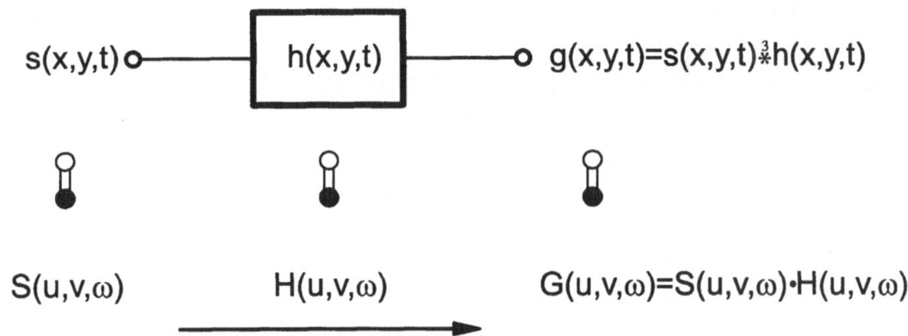

Bild 2.29:   Beschreibung zeitlich-räumlicher Systeme

Gegeben sei ein zeitlich-räumliches System entsprechend Bild 2.29. Dann ist dessen Impulsantwort h(x,y,t) als Antwort auf ein Eingangssignal $\delta(x,y,t) = \delta(x)\delta(y)\delta(t)$ gegeben, also als Reaktion auf eine 3D-Punktsingularität. Die 3D-Übertragungsfunktion ist durch die zugehörige Fourierkorrepondenz gegeben.

$$g(x,y,t) = f\big[s(x,y,t)\big] \tag{2.78}$$

$$h(x,y,t) = f\big[\delta(x,y,t)\big] = f\big[\delta(x)\,\delta(y)\,\delta(t)\,\big] \tag{2.79}$$

$$h(x,y,t) \circ\!\!\!-\!\!^3\!\!\bullet H(u,v,\omega) \quad \text{oder} \quad H\big(f^x, f^y, f^t\big) \tag{2.80}$$

In diesem Zusammenhang gibt es zwei Fälle von besonderem Interesse, die unterschiedlich zusammengesetzte separierbare Anteile der zeitlich-räumlichen Übertragungsfunktion besitzen (siehe Bild 2.30).

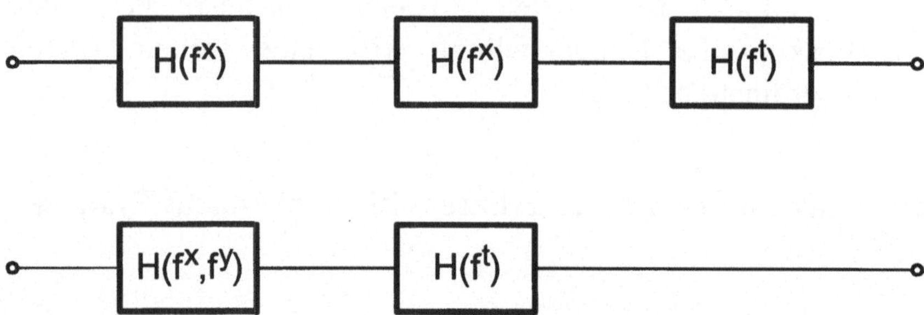

Bild 2.30:   Separierbare zeitlich-räumliche 3D-Systeme

So können etwa vollständig separierte zeitlich-räumliche Systeme mit folgender Impulsantwort und Übertragungsfunktion angegeben werden:

$$h(x,y,t) = h_x(x)\, h_y(y)\, h_t(t)$$

$$H(f^x,f^y,f^t) = H_x(f^x)\, H_y(f^y)\, H_t(f^t) \quad . \tag{2.81}$$

Dieses Modell beschreibt gut das (linear angenommene) Verhalten eines idealisierten CCD-Sensors oder eines LC- (**L**iquid **C**rystal-) oder auch DMD- (**D**igital **M**icromirror **D**evice-) Displays [Younse93]. Bei diesen kann deren zeitlich räumliche Apertur (das ist die integrierende Pixelfläche des Sensors oder die leuchtende Pixelfläche des Displays) mit guter Näherung durch eine quaderförmige Impulsantwort und die entsprechende Übertragungsfunktion beschrieben werden

$$h(x,y,t) = T\,\sqcap_T(t)\, d\,\sqcap_d(y)\, a\,\sqcap_a(x)$$

$$H(f^x,f^y,f^t) = T\,d\,a\,\text{si}(\pi\,f^t T)\,\text{si}(\pi\,f^y d)\,\text{si}(\pi\,f^x a) \quad . \tag{2.82}$$

T, d, a sind dabei die Ausdehnungen der Impulsantwort in t, y, x-Richtung (siehe hierzu auch die Beispiele im Abschnitt 2.2 "Rechteck-Testimpuls" und "Rechteck-Apertur").

Neben diesem vollständig separierten System können auch teilweise separierte zeitlich-räumliche Systeme gebildet werden, insbesondere solche mit zeitlich separiertem Verhalten aber zweidimensionaler räumlicher Definition:

$$h(x,y,t) = h_{x,y}(x,y)\,h_t(t)$$
$$\circ\!\!-\!\!\bullet_3$$
$$H(f^x,f^y,f^t) = H_{x,y}(f^x,f^y)\,H_t(f^t)\ . \tag{2.83}$$

Ein Beispiel hierzu ist eine (linear angenommene) Röhrenkamera mit nichtrotationssymmetrischer Apertur (wie sie sich aus einer dynamischen Analyse eines sich fortbewegenden Abtaststrahls und der Wechselwirkungen benachbarter Zeilen ergibt [WendSchrö91]). Die räumliche Apertur $h_r(x,y)$ ist dabei durch die Elektronenstrahldichte des Spots und gewissen räumlichen Entladungswechselwirkungen auf dem Target, die zu einer "schiefen" resultierenden Apertur führen, beschreibbar. Die zeitliche Apertur kann durch eine praktisch rechteckförmige zeitliche Entladung durch das aufs Target auftreffende Licht und sehr rasche Wiederaufladung durch den Strahl gut angenähert werden. Häufig wird die räumliche Aperturwirkung hierbei allerdings aus Grüden der einfachen Darstellung durch eine Gaußfunktion idealisiert, wodurch sich dann ein rotationssymmetrisches und wiederum separierbares örtliches Verhalten ergäbe (vgl. Beispiel "2D-Gauß-Impuls" im Abschnitt 2.2) [Wendland88]

$$h_k(x,y,t) = h_r(x,y)\,T\,\sqcap_T(t)$$
$$\circ\!\!-\!\!\bullet_3$$
$$H_k(f^x,f^y,f^t) = H_r(f^x,f^y,f^t)\,T\,\mathrm{si}(\pi\,f^t\,T)\ . \tag{2.84}$$

Bild 2.31 und 2.32 zeigen den prinzipiell zugehörigen Verlauf mit schiefsymmetrischer räumlicher Apertur und separierter si-förmiger zeitlicher Apertur (3D-Plot und Höhenliniendarstellung). Ersichtlich ist

in räumlicher Richtung nur ein weich abklingender und in zeitlicher
Richtung sogar ein wegen der si-Überschwinger phasenalternierender
Verlauf gegeben.

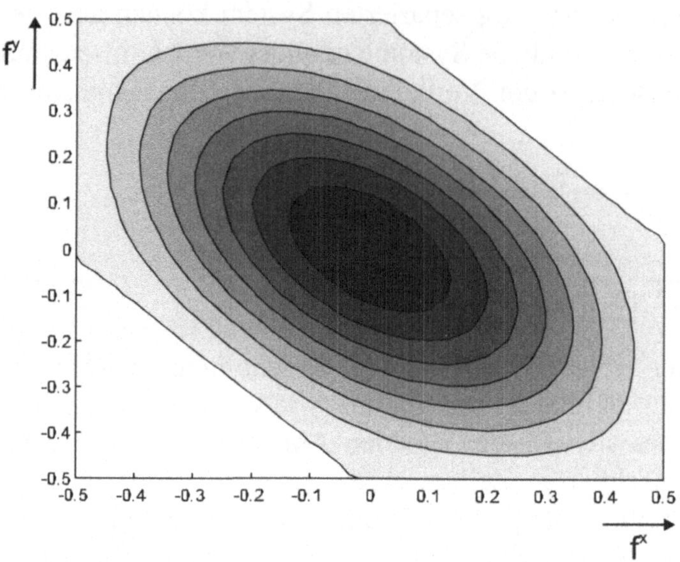

Bild 2.31:   Modell für das zeitlich-räumliche Verhalten einer Röhrenkamera,
                 räumlicher Frequenzgang

Ein weiteres wichtiges Beispiel für nicht separierbare zeitlich räumliche
Systeme ist die wiederum durch ein lineares System angenäherte Charakteristik (Modulationsübertragungsfunktion) $H_{Auge}(f^x,f^y,f^t)$ der menschlichen visuellen Wahrnehmung (z.B. [Hauske94]). Vernachlässigt man
der Einfachheit halber alle eventuellen Astigmatismus-Eigenschaften,
setzt also gleiches Verhalten in jeder räumlichen Richtung voraus, so ergibt sich folgendes lineares Modell

$$H_{Auge}\left(f^x = 0, f^y, f^t\right) = H\left(f^x, f^y = 0, f^t\right) = H\left(f^r, f^t\right) \quad . \tag{2.85}$$

Dies wird häufig als Schnitt in einer räumlichen Ebene (f^x, f^t- oder f^y, f^t-
bzw. irgend einer anderen f^r, f^t-Ebene) z.B. als Konturplot dargestellt,
Bild 2.33. Ersichtlich gibt es hier ein Tiefpaßverhalten in örtlicher und
zeitlicher Richtung, d.h. es ist die räumliche Auflösung (z.B. für feine

Details) und die zeitliche Auflösung (für z.B. bewegungsabhängige Änderungen) begrenzt.

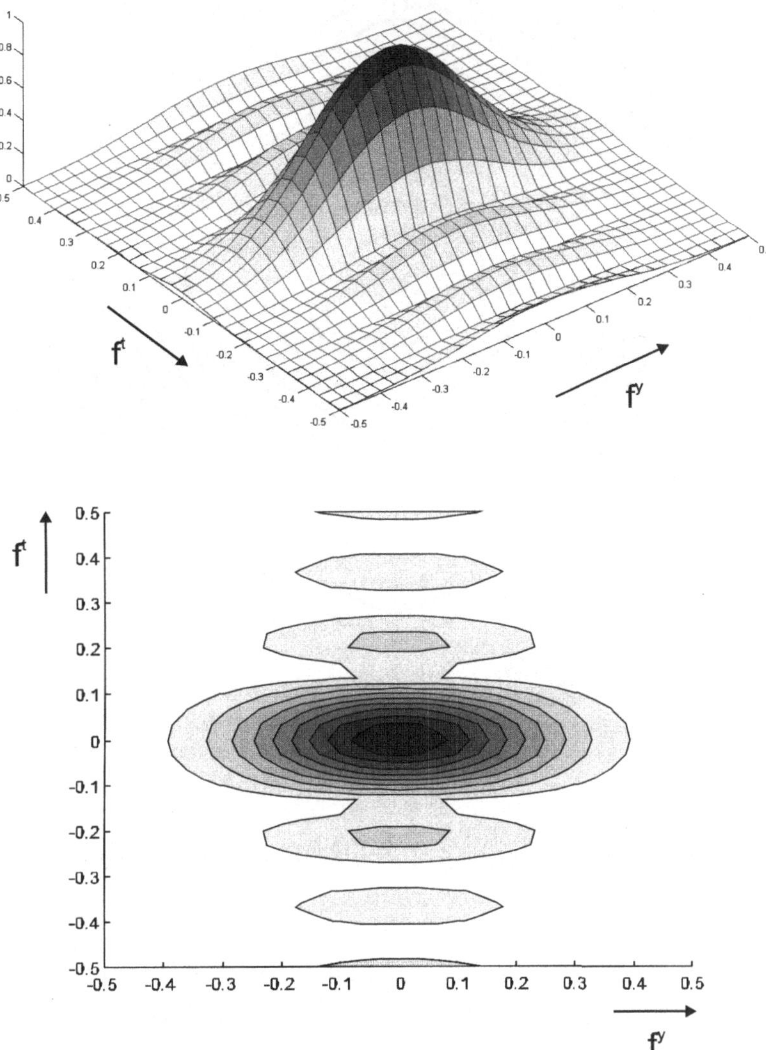

Bild 2.32: Modell für das zeitlich-räumliche Verhalten einer Röhrenkamera, vertikal-zeitlicher Frequenzgang

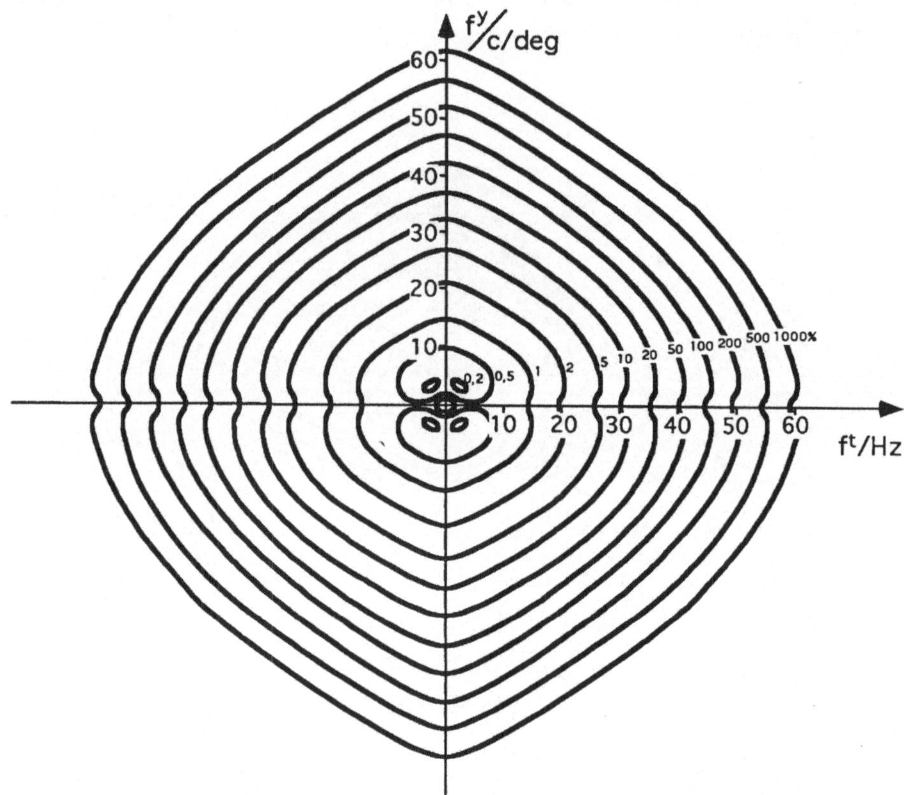

Bild 2.33:   Zeitlich-räumlicher Frequenzgang $H_{Auge}(f^r, f^t)$ des menschlichen Auges[1]

Bewegung und ihre zeitlich-räumliche Spektraldarstellung

Die Theorie der zeitlich-räumlichen Signale und Systeme gestattet eine systematische Beschreibung der Zusammenhänge und Interaktionen zwischen zeitlichen und räumlichen Effekten. Die gilt für eine Darstellung

---

[1] Hierbei werden Modulationsamplituden wie bei solchen Messungen üblich vom Betrachter bis zur Sichtbarkeitsschwelle eingestellt. Die hierfür notwendige Amplitude ist in % als Parameter eingetragen. Sie stellt den Reziprokwert der Sichtbarkeitsschwelle dar (siehe z.B. [Hauske94]).

sowohl im Originalbereich wie im Spektralbereich. Als ein erstes Beispiel hierfür sei ein horizontales Sinusmuster, das sich auch horizontal mit konstanter Geschwindigkeit v_x bewegt, betrachtet (siehe Bild 2.34). Dabei werde die resultierende Luminanzamplitude gerade an einer Stelle x_0 gemessen.

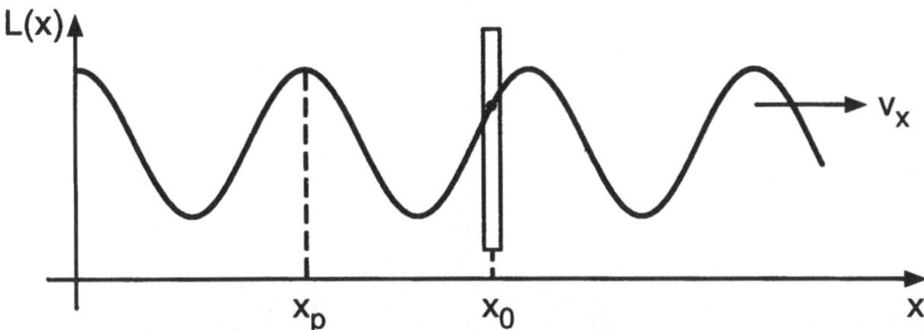

Bild 2.34:   Lokale Luminanzschwankung eines Sinusmusters aufgrund einer translatorischen Bewegung

Die lokale zeitliche Amplitudenänderung aufgrund der gleichmäßigen translatorischen Bewegung ist offensichtlich wiederum sinusförmig. Die zeitliche Oszillationsfrequenz ergibt sich aus der Geschwindigkeit und der Schwingungslänge des örtlichen Sinusmusters x_p mit Hilfe des Weg-Zeit Gesetzes. Beobachtbar gibt es eine Interaktion zwischen dem Muster und seinen räumlichen Parametern, der Bewegung und ihrer (hier gleichförmig angenommenen) Geschwindigkeit und der resultierenden örtlichen und zeitlichen Erscheinung. Dies allgemein zu beschreiben ist Aufgabe der zeitlich-örtlichen Signaltheorie.

Zur Analyse dieser zeitlich-örtlichen Zusammenhänge sei als Beispiel eine entsprechende horizontale sich horizontal bewegende Rechteckschwingung, wie in Bild 2.35 dargestellt, betrachtet. Da der Einfachheit halber ein eindimensionales Problem angenommen wird, kann eine einfache 3D-Erweiterung aus der 1D-Darstellung gewonnen werden. Für das zunächst unbewegte Muster gilt:

$$b_s(x) \circ\!\!-\!\!\bullet\, B(u,v,\omega) \tag{2.86}$$

$$b_s(x,y,t) = b_s(x)\,1(y)\,1(t) \circ\!\!\overset{3}{-}\!\!\bullet\, B_s(u)\,2\,\pi\,\delta(v)\,2\,\pi\,\delta(\omega) \quad . \tag{2.87}$$

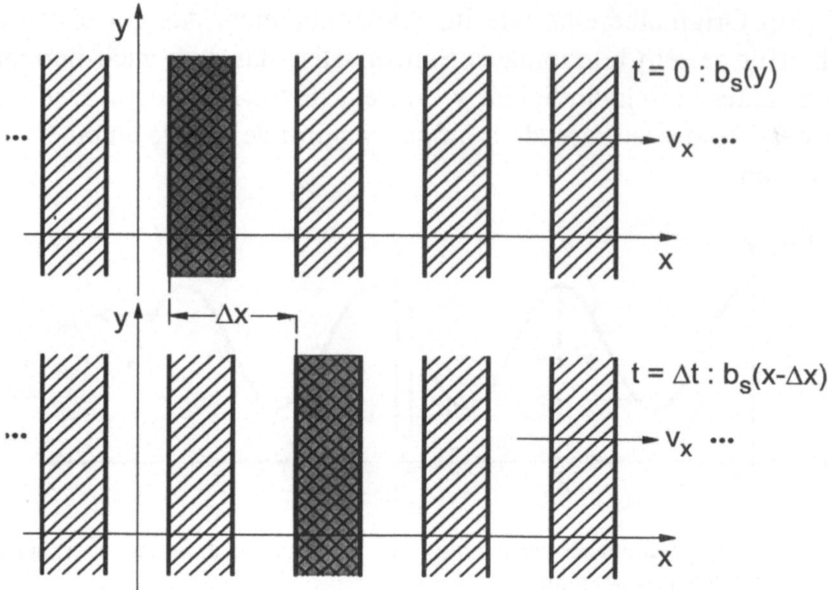

Bild 2.35:   Periodisches Rechteckmuster bei translatorischer Bewegung

Da $b_s(x,y,t)$ periodisch und von infiniter Ausdehnung in horizontaler Richtung ist, kann eine Fourierreihe in der folgenden Form angegeben werden:

$$b_s(x,y,t) = \sum_{n=0}^{N} c_n \left[\cos\left(2\pi n \frac{x}{x_0} \right) \right] 1(y)\, 1(t)$$

$$B_s(u,v,\omega) = (2\pi)^3 \cdot$$

$$\cdot \left\{ c_0\, \delta(u) + \sum_{n=1}^{N} \frac{c_n}{2} \left[\delta\left(u + \frac{2\pi n}{x_0} \right) + \delta\left(u - \frac{2\pi n}{x_0} \right) \right] \right\} \cdot$$

$$\cdot \delta(v)\, \delta(\omega) \quad .$$

$$(2.88)$$

Dieses Resultat kann als Reihe von gewichteten 3D-Punktdistributionen $\delta\left(u \pm \frac{2\pi n}{x_0}\right) \delta(v) \delta(\omega)$ entlang der u-Achse bei Vielfachen der räumlichen Grundfrequenz interpretiert werden. Das heißt für ein ruhendes Muster mit $v_x = 0$ ist kein spektraler Inhalt für $v = 0$ und $\omega = 0$ (siehe Bild 2.36) gegeben, ein Ergebnis, das in Einklang steht mit der spektralen Representation der Fourierkomponenten harmonischer Schwingungen und der zeitlich konstanten Situation.

Für eine horizontale Bewegung mit Geschwindigkeit v_x, siehe Bild 2.35, folgt für eine Zeitdifferenz $t = \Delta t$ eine Verschiebung des Musters um $\Delta x = v_x \Delta t = v_x t$. So folgt für das bewegte Rechteckmuster:

$$b_m(x,y,t) = b_s(x - v_x t, y, t)$$
$$b_m(x,y,t) = b_s(x,y) * \delta(x - v_x t) \tag{2.89}$$

$\circ\!\!\!\bullet$ x, y (2D-Fouriertransformation)

$$B_m(u,v,t) = B_s(u,v) e^{-j u v_x t} \tag{2.90}$$

$\circ\!\!\!\bullet$ t (1D-Fouriertransformation)

$$B_m(u,v,\omega) = B_s(u,v) \delta(\omega + v_x u) \quad . \tag{2.91}$$

Die zeitabhängige Verschiebung des Musters kann dabei durch eine Faltung mit einem entsprechend verschobenen Deltaimpuls gewonnen werden, wodurch das ruhende Muster $b_s(x,y)$ an der neuen Position des verschobenen Deltaimpulses $(x - v_x t)$ reproduziert wird (2.89). Durch zunächst zweidimensionale Fouriertransformation (in x,y-Richtung) wird ein zeitabhängiger Verschiebungsfaktor erzeugt (2.90). Die darauffolgende eindimensionale Fouriertransformation in t (von einer separierten Funktion) liefert das Ergebnis (2.91), eine gegenüber dem Originalsignal $b_s(x,y)$ gescherten Version, die durch den Abtastfaktor $\delta(f + v_x u)$ bestimmt wird. Dieses Ergebnis liefert das resultierende Spektrum der sich bewegenden Rechteckschwingung aus (2.88). Es ergibt sich erwartungsgemäß die gescherte Reihe der harmonischen Schwingungen aus der Fourierreihe der Rechteckschwingung, siehe Bild 2.36:

$$B_m(u,v,\omega) =$$

$$(2\pi)^3 \cdot \left\{ c_0\,\delta(u) + \sum_{n=1}^{N} \frac{c_n}{2}\left[\delta\left(u + \frac{2\pi n}{x_0}\right) + \delta\left(u - \frac{2\pi n}{x_0}\right)\right] \right\} \delta(\omega + v_x u)\,\delta(v) \ .$$

$$(2.92)$$

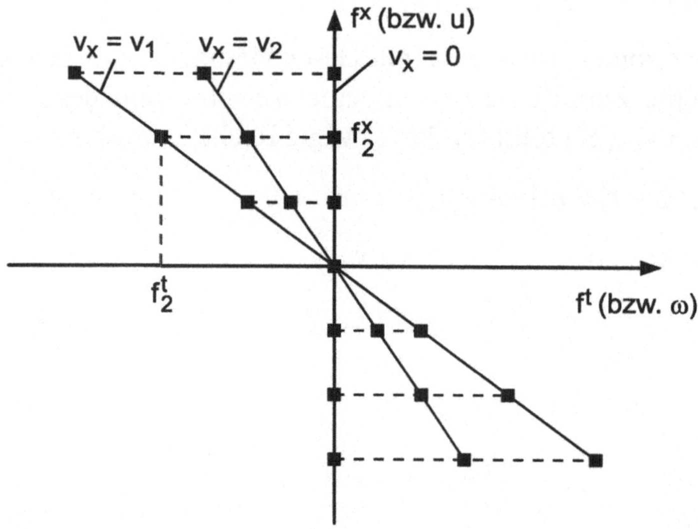

Bild 2.36:   Scherung des Spektrums für ein bewegtes periodisches Muster

Dieses Ergebnis macht deutlich, daß durch eine translatorische Bewegung die *räumlich* spektrale Ausdehnung nicht verändert wird. Die ortsfrequenten Komponenten verändern ihre ortsfrequente Position nicht. Jedoch erhalten diese Komponenten bei Bewegung eine in ω bzw. f^t neue spektrale Position. Der mathematische Zusammenhang zwischen Raum- und Zeitfrequenzen ist durch das Weg-Zeit-Gesetz beschrieben. Für eine gleichförmige Bewegung ist der spektrale Ort des Spektrums eine Gerade (beschrieben durch ihren Scherungsfaktor $\delta(\omega + v_x u)$)

$$\omega + v_x u = 0$$

$$v_x = -\frac{\omega}{u} \ .$$

$$(2.93)$$

Der beschriebene lineare Zusammenhang läßt sich auch für jede einzelne Schwingung mit ihrer Periodenlänge und zeitlicher Dauer verifizieren. Für kompliziertere Bewegungen ergeben sich entsprechende Trajektorien, z.B. für eine gleichmäßig beschleunigte Bewegung ergibt sich eine Parabel, denn die Geschwindigkeit nimmt hier zeitproportional zu.

Eine stärker formale Darstellung dieser spektralen Zeit-Ort-Abhängigkeit läßt sich durch formale Substitution ermitteln. Gegeben sei ein räumliches Muster s(x,y), z.B. eine vertikale Kante, die sich wiederum mit konstanter Geschwindigkeit v_x horizontal bewegt. Eine Erweiterung auf eine zweidimensionale Bewegung ist hier ohne weiteres durch Einführung einer entsprechenden Komponente v_y möglich. Dabei entsteht g(x,y) mit dem zugehörigen Spektrum (siehe z.B. [Bamler89])

$$s(x,t) \circ\!\!-\!\!\bullet S\left(f^x, f^t\right)$$

$$g(x,t) = s\left(x - v_x t, t\right) \circ\!\!-\!\!\bullet G\left(f^x, f^t\right) \tag{2.94}$$

$$G\left(f^x, f^t\right) = \int\!\!\!\int\limits_{-\infty}^{\infty} s\left(x - v_x t, t\right) e^{-j2\pi\left(f^x x + f^t t\right)} dx\, dt \quad . \tag{2.95}$$

Mit Hilfe einer geeigneten Substitution $\xi = x - v_x t$ erhält man das Spektrum

$$G\left(f^x, f^t\right) = \int\!\!\!\int\limits_{-\infty}^{\infty} s(\xi, t) e^{-j2\pi\left[f^x(\xi + v_x t) + f^t t\right]} d\xi\, dt$$

$$= \int\!\!\!\int\limits_{-\infty}^{\infty} s(\xi, t) e^{-j2\pi\left[f^x \xi + \left(f^t + f^t v_x\right) t\right]} d\xi\, dt \tag{2.96}$$

$$= S(f^x, f^t + f^x v_x) \quad ,$$

welches erwartungsgemäß das durch die Bewegung gescherte Spektrum beschreibt (siehe Bild 2.37).

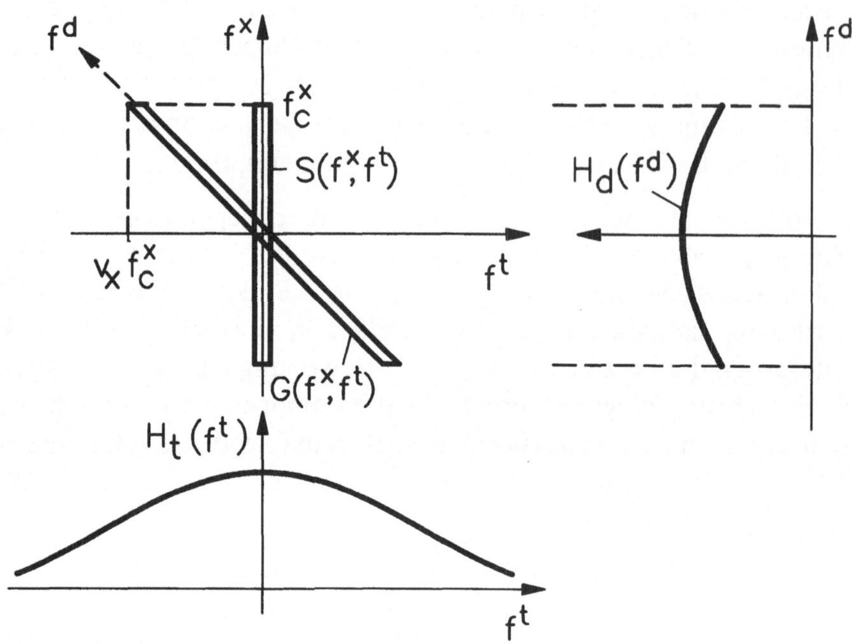

Bild 2.37:   Durch Bewegung geschertes Spektrum, Einfluß einer zeitlichen Filterung

Die Wechselwirkungen können nun anhand einer elementaren zeitlichen Filterung noch genauer studiert werden. Gegeben sei ein zeitlicher Frequenzgang mit $H_t(f^t)$ dargestellt in Bild 2.37. Ersichtlich ist kein Einfluß der zeitlichen Filterung auf das ruhende Bildmuster gegeben, jedoch sehr wohl eine Veränderung des gescherten Spektrums des bewegten Objektes. Diese Filterwirkung ist durch den effektiven Frequenzgang längs der Scherungsgeraden f^d (Bild 2.37), der durch Projektion von $H_t(f^t)$ auf diese Achse f^d entsteht, gegeben.

Dies bedeutet, daß eine beliebige zeitliche Filterung bei einem bewegten Objekt eine entsprechende Bewegungsverschleifung erzeugt, die aus der Wechselwirkung zwischen Orts- und Zeitfrequenz mit der Geschwindigkeit als Parameter entsteht. Dieser Effekt ist von grundlegender Natur und kann selbstverständlich auch unmittelbar im Ortsbereich studiert werden (Bild 2.38). Gegeben sei beispielsweise eine elementare zeitliche Interpolation mit Bildung des arithmetischen Mittelwertes. Für eine sich z.B. horizontal weiterbewegende Kante wird dann der Mittelwert zwischen zwei bestimmten Zeitpunkten (t_1 und t_2) also zwischen zwei Kanten an unterschiedlichen Positionen gebildet. Ersichtlich liefert das Ergebnis dieser Interpolation (oder Tiefpaßfilterung) einen weicheren Kantenübergang. Es entsteht eine Bewegungsunschärfe.

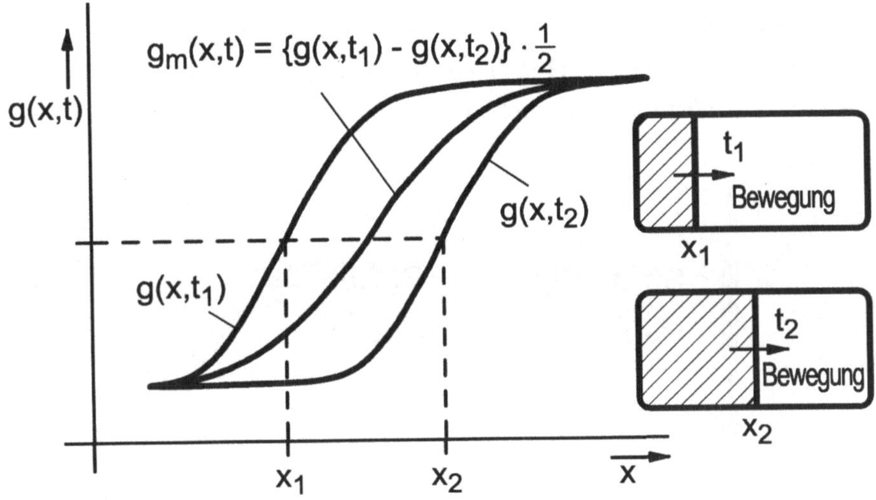

Bild 2.38:   Bewegungsunschärfe durch zeitliche Filterung einer bewegten Kante

Zeitlich-Räumliche Darstellung der Bewegungsverfolgung (Tracking)

Als "Tracking" oder Bewegungsverfolgung bezeichnet man die Fähigkeit des visuellen Systems oder auch technischer Systeme einem bewegten Objekt folgen zu können. Dabei ist die Bewegungsverfolgung des menschlichen Gesichtssinnes besonders bei gleichförmiger Bewegung hervorragend aber doch nicht perfekt. Ihre Präzision hängt von verschiedenen Parametern wie etwa der Geschwindigkeit, dem Kontrast des Objekts oder der Komplexität der Bewegungstrajektorie ab [Bonse95].

Hier wird nun ein perfekt folgendes visuelles Trackingsystem angenommen und dieses wird für eine gleichförmige Bewegung durch eine zeitliche-räumliche Systembeschreibung dargestellt. In diesem Fall wird das trackende System die Bewegung eines Objektes $v_{ob} = \{v_x, v_y\}$ perfekt kompensieren und kann also durch eine räumliche Übertragungsfunktion beschrieben werden, die eine zeitliche Komponente der Track-Geschwindigkeit $v_{tr} = \{v_x, v_y\}$ aufweist wobei, offensichtlich $v_{tr} = v_{ob}$ gilt.

Betrachtet sei wiederum eine vertikale sich horizontal bewegende Kante, Bild 2.37/38. Dann kann die ruhende (bandbegrenzte) Kante $S(f^x)$ durch einen idealen 1D-Tiefpaß $H_s(f^x)$ wie in Bild 2.39 dargestellt, "verfolgt" d.h. fehlerfrei rekonstruiert werden.

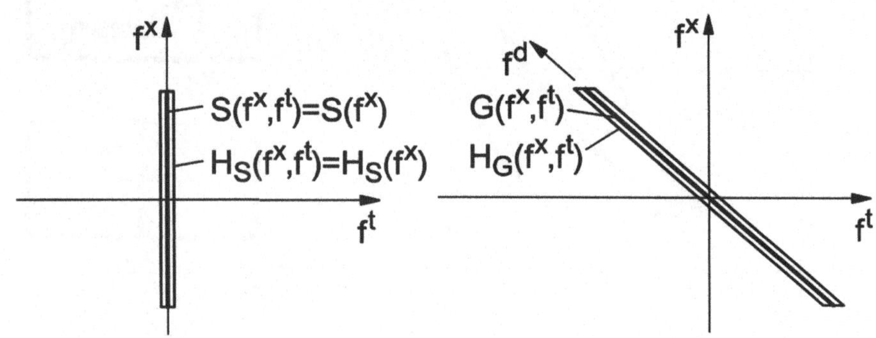

Bild 2.39:   Tracking Filter für bewegte Objekte, Übertragungsfunktion

Soll die sich nunmehr bewegende Kante mit dem gescherten Spektrum $G(f^x, f^t)$ verfolgt werden, so gelingt dies mit einem 1D-Tiefpaß, der entsprechend zeitlich-räumlich transformiert wird und dieselbe Bewegung ausführt, also eine entsprechend gescherte Übertragungsfunktion $H_G(f^x, f^t)$ besitzt:

$$G\left(f^x, f^t\right) = S\left(f^x, f^t + f^x v_x\right)$$
$$H_G\left(f^x, f^t\right) = H_s\left(f^x, f^t + f^x v_x\right) \ . \tag{2.97}$$

Diese Transformation bedeutet eine Dehnung (Bild 2.39) entlang der Scherachse f^d mit einem geschwindigkeitsabhängigen Faktor. Es gilt für einen idealen Tiefpaß etwa:

$$H_s\left(f^x, f^t\right) = H_s\left(f^x\right) \qquad = 2\, f_c^x \, \sqcap_{2f_c^x}\left(f^x\right)$$

$$H_G\left(f^d\right) = H_G\left(f^x, f^t\right) \qquad = 2\, f_c^d \, \sqcap_{2f_c^d}\left(f^d\right) \tag{2.98}$$

$$\text{mit } f^d = \sqrt{\left(f^x\right)^2 + \left(f^t\right)^2} = f^x \sqrt{1 + v_x^2} \quad .$$

Als weiteres Beispiel kann das einem bewegten Objekt folgende linear angenommene visuelle System studiert werden. Angenommen ist das Verfolgen eines Objektes wiederum bei gleichförmiger Bewegung. Der zeitlich-räumliche Frequenzgang war in Bild 2.33 skizziert worden und wird hier durch die entsprechende die Bewegung repräsentierende Transformation geschert, siehe Bild 2.40, wobei eine konstante Geschwindigkeit $v_y = -\left|v_1\right|$ als Beispiel angenommen ist.

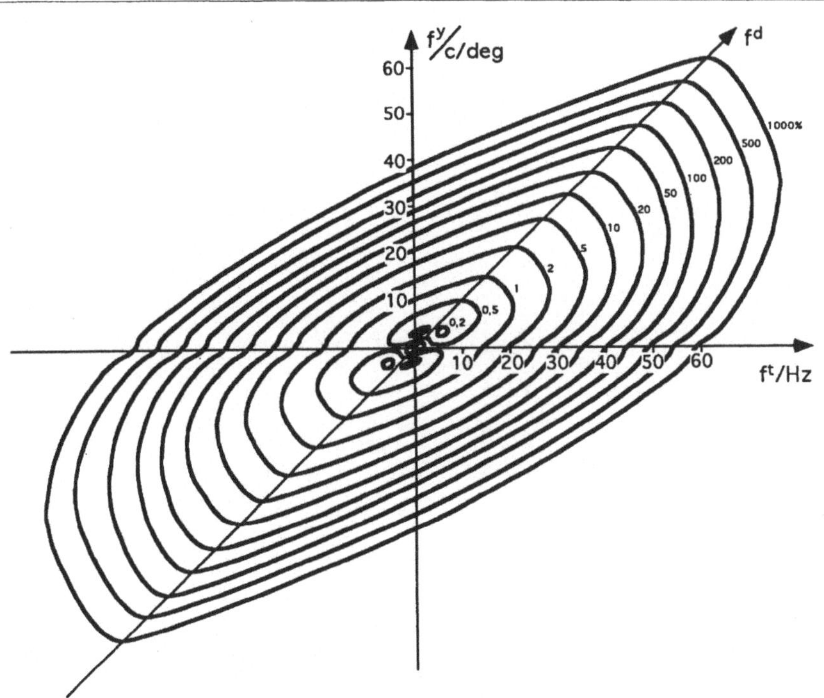

Bild 2.40: Zeitlich-räumliche Spektralcharakteristik des menschlichen Gesichtssinnes bei der Verfolgung eines bewegten Objektes.

Daher ist die vordergründige Annahme, daß bei Bewegung das Spektrum des bewegten Objektes aus dem Wahrnehmungsbereich des Auges (siehe Bild 2.33) "herausschert" also dann falsch, wenn - wie oben angenommen - das Auge dem Objekt folgen kann und der Augenfrequenzgang entsprechend mitgeschert wird. Dieser hier sichtbare Zusammenhang ist für die Verarbeitung oder Codierung von Bildsequenzen mit Bewegung von größter Bedeutung und begründet die Theorie und Technik der Bewegungskompensation (siehe z.B. [Musmann86]).

3 Zeitlich-Räumliche Abtastung mehrdimensionaler Signale

Die Theorie der zeitlich-räumlichen Abtastung ist für das Gebiet der Bildsignalverarbeitung von grundlegender Bedeutung. Hierdurch wird der Übergang von einem Szenenbild in eine diskrete Darstellung erschlossen und die Grundlage für eine mehrdimensionale Signalverarbeitung in unterschiedlichen Anwendungsbereichen gelegt (siehe hierzu z.B. [Papoulis68], [Pearson75], [Wendland82], [WendSchrö91]). Diesen verschiedenen Methoden liegen unterschiedliche Abtaststrategien zugrunde, die in der Tabelle 3.1 mit Beispielanwendungen zusammengestellt sind. In allen Fällen ist hier eine zweidimensionale (monoskopische) örtliche Darstellung angenommen.

Tabelle 3.1: Überblick zu zeitlich-räumlichen Abtaststrategien, Anwendungen

		Zeitliche Darstellung	
		Einzelbild	**Bildsequenz aus zeitlicher Abtastung**
Räumliche Darstellung	**kontinuierlich**	Foto	(Kino-) Film
	vertikale (zeilenweise) Abtastung	TV-Einzelbild	TV-Bildsequenz
	horizontale und vertikale (bildpunktweise) Abtastung	digitalisiertes TV-Einzelbild, CCD Sensor-Einzelbild	digitalisierte TV-Bildsequenz, CCD Sensor-Bildsequenz

3.1 Räumliche Abtastung zweidimensionaler Signale

2D-Delta Distributionen-Kamm

In Abschnitt 2.2 wurden zweidimensionale Linien- und Punktdistributionen eingeführt, mit deren Hilfe jetzt ein (vertikaler) 2D-Delta-Linienkamm und deren Fouriertransformierte als ein Werkzeug zur Beschreibung einer zeilenweisen Abtastung definiert werden kann.

$$\text{Ш}_d(y) = \sum_{n=-\infty}^{\infty} \delta(y - nd)\, 1(x) \tag{3.1}$$

$$\text{Ш}_d(y)\, 1(x) \circ\!\!-\!\!\bullet\ v_0 \text{Ш}_{v_0}(v)\, 2\pi\, \delta(u)$$

$$\text{mit } v_0 = \frac{2\pi}{d}: \ = \ \frac{2\pi}{d} \text{Ш}_{\frac{2\pi}{d}}(v)\, 2\pi\, \delta(u). \tag{3.2}$$

Das Ergebnis ist eine Fourierkorrespondenz zwischen dem vertikalen Linienkamm und einer zugehörigen Deltapunktreihe entlang der v-Achse im Fourierbereich, siehe Bild 3.1.

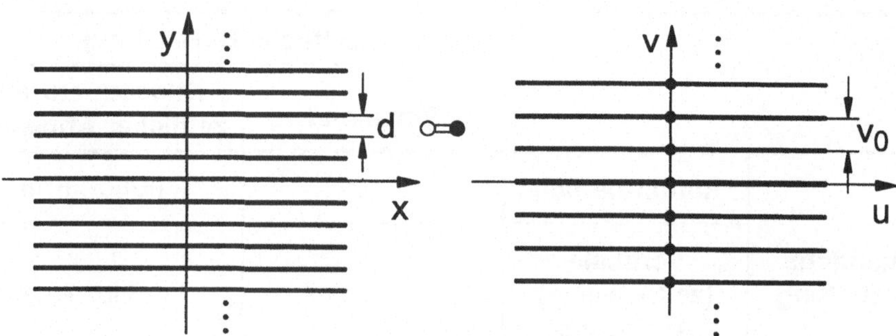

Bild 3.1:   Delta Linienkamm und dessen Fouriertransformierte

In ähnlicher Weise kann selbstverständlich auch ein horizontaler Linienkamm angegeben werden:

$$\mathrm{III}_a(x)\, 1(y) \;\circ\!\!-\!\!\bullet\; u_0 \mathrm{III}_{u_0}(u)\, 2\pi\, \delta(v)$$

$$\left(\text{mit } u_0 = \frac{2\pi}{a} :\right) = \frac{2\pi}{a}\mathrm{III}_{\frac{2\pi}{a}}(u)\, 2\pi\, \delta(v) \quad . \tag{3.3}$$

Zeilenweise (1D) Abtastung räumlicher Signale

Formal kann eine im mathematischen Sinne ideale Abtastung durch die Multiplikation mit einem geeigneten Delta-Abtastoperator, der das Abtastmuster festlegt, beschrieben werden. Vertikale zeilenweise (1D) Abtastung räumlicher (2D) Signale kann so formal als Produkt des Signals mit dem oben eingeführten Delta-Linienkamm ausgedrückt werden, siehe Bild 3.2.

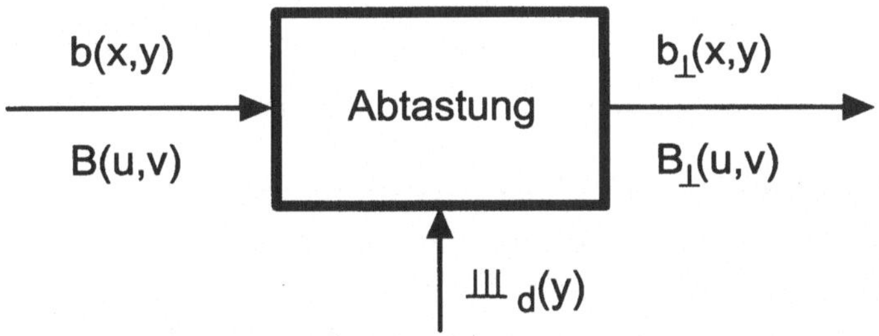

Bild 3.2:   Zeilenweise (vertikale) Abtastung

Diese Abtastform beschreibt die für einzelne Fernsehbilder typische zeilenweise Abtastung. Es gilt die folgende Beziehung für das abgetastete Signal und dessen Spektrum (wegen des Satzes separierbarer Funktionen):

$$b_\perp(x,y) = b(x,y)\, \mathrm{III}_d(y) \tag{3.4}$$

$$\circ\!\!-\!\!\bullet^2$$

$$B_\perp(u,v) = B(u,v) ** v_0 \mathrm{III}_{v_0}(v)\, 2\pi\, \delta(u)\frac{1}{4\pi^2}$$

$$= \frac{1}{2\pi} v_0 \sum_{n=-\infty}^{\infty} B\bigl(u, v - nv_0\bigr) \quad . \tag{3.5}$$

Dabei ergibt sich für das Spektrum eine periodische Wiederholung des originalen 2D-Basisbandes B(u,v) längs der v-Achse mit v_0 als Wiederholungsintervall (Bild 3.3).

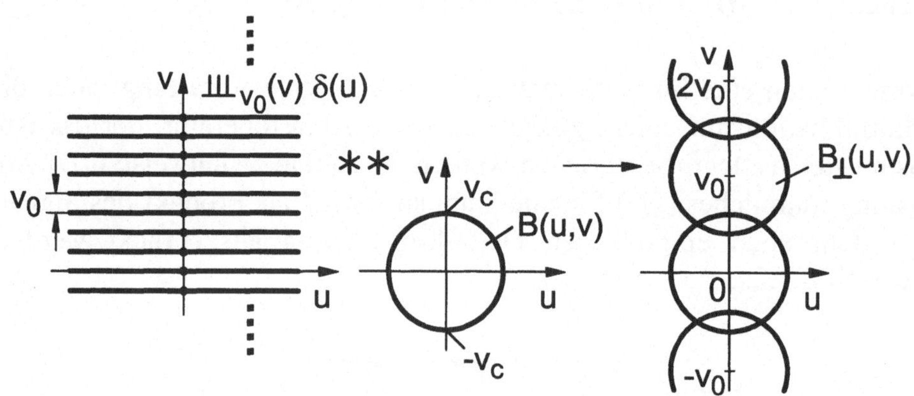

Bild 3.3:   Periodische Spektren bei vertikaler Abtastung

Ersichtlich ist für eine fehlerfreie Abtastung und Rekonstruktion eine geeignete Bandbegrenzung vorzusehen, um spektrale Überlappungen zu vermeiden und um das Basisband rekonstruieren zu können. Wie im 1D-Fall (Abschnitt 2.1) kann die bekannte Abtastbedingung hier für 2D-Signale formuliert werden:

$$v_0 \geq 2v_c \quad . \tag{3.6}$$

Ist diese verletzt (und das ist für die gegenwärtigen bildaufnehmenden Systeme praktisch generell der Fall), dann entsteht "Aliasing" (Aliasfehler).

2D-Delta Punkt-Gitter

Ähnlich wie beim Delta-Linienkamm kann ein Delta-Punktfeld definiert werden, um einen Abtastoperator für eine punktweise Bildabtastung zu gewinnen. Die zugehörige Fouriertransformierte kann wiederum durch Anwendung des Satzes separierbarer Funktionen angegeben werden:

$$\text{III}_{a,d}(x,y) = \text{III}_a(x)\,\text{III}_d(y) = \sum_{n=-\infty}^{\infty}\delta(x-na)\sum_{m=-\infty}^{\infty}\delta(y-md)$$

$$= \sum_{n=-\infty}^{\infty}\sum_{m=-\infty}^{\infty}\delta(x-na,y-md) \tag{3.7}$$

$$\text{III}_a(x)\,\text{III}_d(y) \;\circ\!\!-\!\!\bullet\; u_0 v_0 \text{III}_{u_0}(u)\,\text{III}_{v_0}(v) \quad . \tag{3.8}$$

Als Ergebnis resultiert im 2D-Fourierbereich ein zum Deltafeld im Ortsbereich korrespondierendes ortsfrequentes Deltafeld. Beide Deltafelder bzw. Abtastgitter sind in Bild 3.4 skizziert.

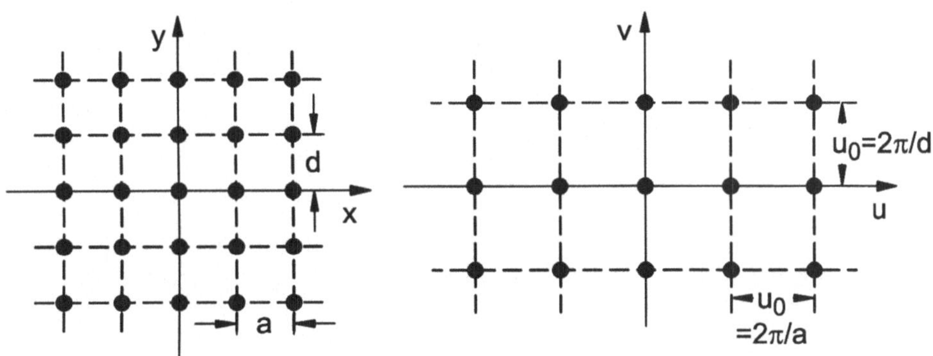

Bild 3.4:   Delta Punkt-Gitter, Fourierkorrespondenz

2D-Abtastung von 2D-(räumlichen) Signalen

Diese Abtastform ist fundamental für jede digitale Bilddarstellung. Technisch wird sie durch die Digitalisierung eines Fernsehbildes oder durch eine Bildaufnahme mit einem CCD-Sensor realisiert. Das räumliche Signal wird hier mit einem Delta-Punktfeld multipliziert. Hieraus folgt die zugehörige 2D-Fouriertransformierte als Faltung des originalen

Bildspektrums mit dem entsprechenden Delta-Punktfeld im Fourier-bereich:

$$b_\perp(x,y) = b(x,y)\, \underset{a}{\text{Ш}}(x)\, \underset{d}{\text{Ш}}(y)$$

$$= b(x,y) \sum_{n=-\infty}^{\infty} \sum_{m=-\infty}^{\infty} \delta(x-na)\,\delta(y-md) \tag{3.9}$$

$$= \sum_{n} \sum_{m} b(na,md)\,\delta(x-na)\,\delta(y-md)$$

$$B_\perp(u,v) = B(u,v) ** u_0 v_0\, \underset{u_0}{\text{Ш}}(u)\, \underset{v_0}{\text{Ш}}(v)\,\frac{1}{4\pi^2}$$

$$= B(u,v) ** \frac{u_0 v_0}{4\pi^2} \sum_{n} \sum_{m} \delta(u-nu_0)\,\delta(v-mv_0) \qquad . \tag{3.10}$$

$$= \frac{u_0 v_0}{4\pi^2} \sum_{n=-\infty}^{\infty} \sum_{m=-\infty}^{\infty} B(u-nu_0, v-mv_0)$$

Dieses Resultat beschreibt eine 2D-Wiederholung des 2D-Spektrums $B(u,v)$ in u,v-Richtung mit Wiederhol-Intervallen u_0, v_0 (Bild 3.5):

$$u_0 = \frac{2\pi}{a}, \quad v_0 = \frac{2\pi}{d} \qquad . \tag{3.11}$$

Auch hier ist ersichtlich zur Vermeidung spektraler Überlappungen, d.h. zur Vermeidung von Asliasfehlern, eine geeignete 2D-Bandbegrenzung einzuhalten, Bild 3.5.

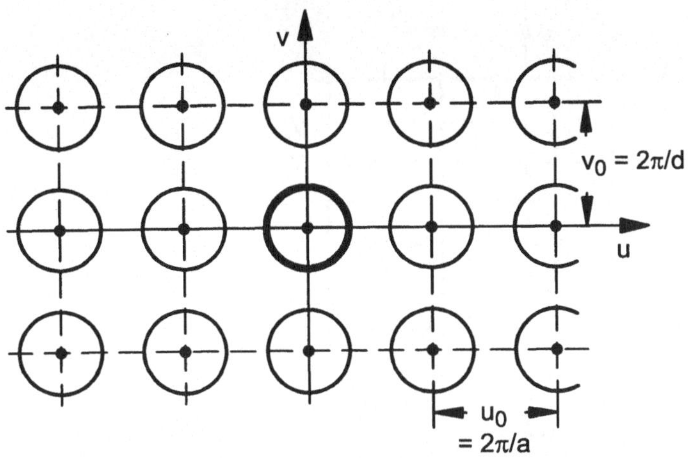

Bild 3.5: Periodische Spektren durch örtliche 2D-Abtastung

Für eine solche Bandbegrenzung gibt es im 2D-Fall prinzipiell eine beliebig große Anzahl von Möglichkeiten [Papoulis68], [DudgeMers84]. Die jeweilige belegte Fläche ("area of support") definiert dabei eine maximale Bandbegrenzung für überlappfreie periodische Fortsetzung in der gesamten u,v-Ebene ohne spektrale Lücken. Selbstverständlich bewegen sich technisch realisierbare Bandbegrenzungen nur innerhalb dieser belegten Flächen mit geeigneten endlichen Filterübergängen. Beispiele mit abschnittsweise geraden Begrenzungen sind in Bild 3.6 angegeben für rechteck-, rauten- und hexagonförmige Bandbegrenzungen.

Für den häufigen Fall einer rechteckförmigen Bandbegrenzung gilt das 2D-Abtasttheorem in der reduzierten Form zweier eindimensionaler Bedingungen

$$u_0 \geq 2u_c \quad \text{und} \quad v_0 \geq 2v_c \quad . \tag{3.12}$$

Fehlerfreie Rekonstruktion auf der Basis dieser Bedingung ist jedoch z.B. für optische Systeme (Objektive, Film etc.) unmöglich bzw. schwierig, da keine negativen Lichtamplituden erzeugt werden können und wegen der typischen weichen Auflösungsbegrenzungen optischer Systeme. Dies gelingt erst mit dem Übergang auf elektronische Signale und Systeme.

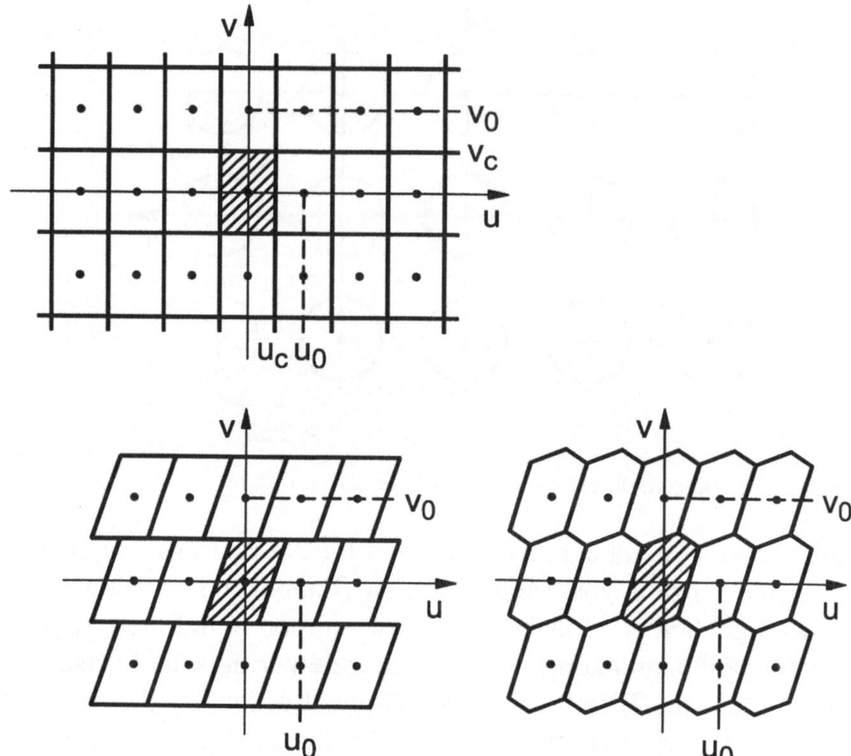

Bild 3.6: 2D-Abtastung, überlappfreie und lückenfreie periodische Fortsetzung mit verschiedenen Basisbandformen

3.2 Zeitlich-Räumliche Abtastung

3D-Delta-Punkt-Gitter

Eine Erweiterung des 2D-Delta-Punktfeldes auf einen 3D-Delta-(Massen-) Punktraum ist einfach möglich und kann durch ein Produkt von nunmehr drei 1D-Deltakämmen ausgedrückt werden. Zu beachten ist, daß im 3D-(x,y,t) Raum ein eindimensionaler $\delta(t)$ als Ebene in x,y-

Richtung mit Delta Eigenschaften entlang der t-Achse (Flächensingu-
larität) interpretiert werden muß. Ähnlich ist dann ein 2D-Delta $\delta(y,t)$ als
eine Liniensingularität längs der x-Achse, das heißt entlang der Schnitt-
linie der entsprechenden beteiligten Ebenen aufzufassen. Für den 3D-
Delta Punktraum ist dann nach der Regel separierbarer Funktionen die
Fouriertransformation entsprechend folgendem Ausdruck gegeben:

$$\text{III}_{a,d,T}(x,y,t) = \text{III}_a(x)\,\text{III}_d(y)\,\text{III}_T(t)$$

$$\circ\!\!-\!\!\bullet_3 \tag{3.13}$$

$$u_0 v_0 \omega_0 \text{III}_{u_0,v_0,\omega_0}(u,v,\omega) = u_0 v_0 \omega_0 \text{III}_{u_0}(u)\text{III}_{v_0}(v)\text{III}_{\omega_0}(\omega) \quad .$$

Es ergibt sich die zu erwartende Korrespondenz mit einem Delta-Punkt-
raum in beiden Räumen, dem originalen und dem 3D-Fourierbildbereich,
siehe Bild 3.7. Basisvektoren zur Beschreibung des Abtastrasters können
für beide Bereiche durch $\{a,d,T\}$, $\{u_0,v_0,\omega_0\}$ angegeben werden.

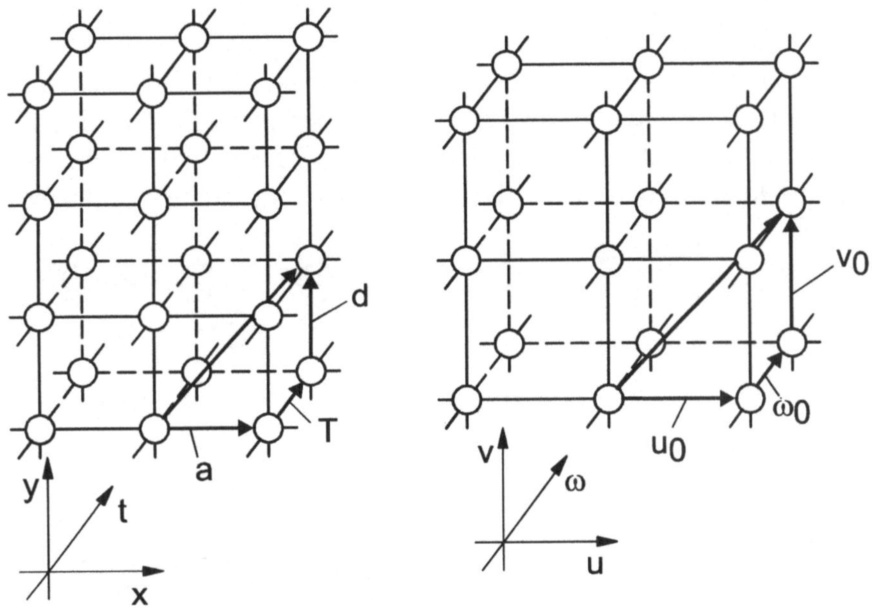

Bild 3.7:   Delta-(Massen) Punktraum, Fourierkorrespondenz

Zeitlich-räumliche Abtastung von 3D-Bildsignalen

Mit Hilfe des 3D-Delta-Gitters kann eine zeitlich-räumliche Abtastung [Wendland88] und das zugehörige 3D-Spektrum angegeben werden:

$$b_\perp(x,y,t) = b(x,y,t)\, \text{Ш}_{a,d,T}(x,y,t) \tag{3.14}$$

$$\downarrow 3$$

$$B_\perp(u,v,\omega) = B(u,v,\omega) *** \frac{u_0 v_0 \omega_0}{8\pi^3}\, \text{Ш}_{u_0 v_0 \omega_0}(u,v,\omega)$$

$$= \frac{u_0 v_0 \omega_0}{8\pi^3} \sum_{n=-\infty}^{\infty} \sum_{m=-\infty}^{\infty} \sum_{i=-\infty}^{\infty} B(u-nu_0, v-mv_0, t-i\omega_0),$$

$$\tag{3.15}$$

wobei sich aus der 3D-Faltung für das Spektrum eine 3D-Fortsetzung (Bild 3.8) mit $\{u_0, v_0, \omega_0\}$ als Fortsetzungsvektor ergibt. Ersichtlich kann jetzt ein 3D-Abtasttheorem für überlappfreie (aliasfreie) Spektren und für eine fehlerfreie Rekonstruktion entwickelt werden. Dies bedeutet im Prinzip eine 3D-Bandbegrenzung in räumlicher und zeitlicher Richtung. Dabei muß noch untersucht werden, welche Effekte in Verbindung mit bewegten Objekten und bei zeitlich-räumlichen Aliasfehlern entstehen.

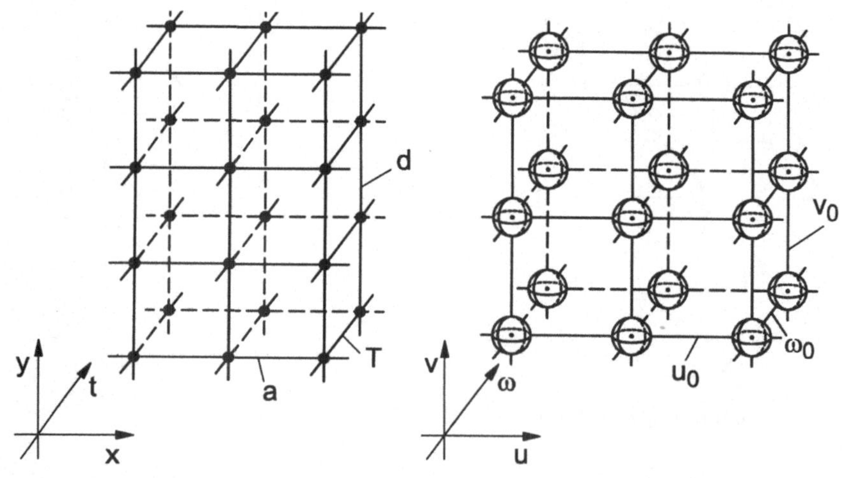

Bild 3.8:   3D-örtlich-zeitliche Abtastung, 3D-Fourierdarstellung

Zeitliche Abtastung räumlich diskreter Bildsignale

Bildsignale, die von einer TV-Kamera aufgenommen wurden, liegen als zeilenweise diskrete Signale vor. Dabei ist die zeilenweise Abtastung bei einer Röhrenkamera durch den scannenden Elektronenstrahl unmittelbar gegeben, während bei einem CCD-Sensor eine örtliche 2D-Abtastung vorliegt, die dann in der tiefpaßbegrenzten zeilenorientierten Signalauslesung der Kamera wiederum zu einer in Horizontalrichtung kontinuierlichen aber zeilendiskreten Darstellung führt. Dieses örtlich diskrete Bildsignal wird dann bildweise aufgenommen, also im Abtastmodell bildweise gescannt.

Die zugehörige 2D-Abtastung kann als Spezialfall der bereits dargestellten 3D-Abtastung nämlich als ein Produkt des 3D-Originalsignals mit einem 2D-Gitter von Liniendistributionen (Interpretation des 2D-Delta-Punktgitters im 3D-Raum) beschrieben werden, siehe Bild 3.9. Das resultierende Spektrum ist entsprechend eine periodische Fortsetzung des Basisband-Spektrums in v- and ω- Richtung:

$$
\begin{aligned}
b_{\perp}(x,y,t) &= b(x,y,t)\, \mathrm{III}_{d,T}(y,t)\, 1(x) \\[2mm]
&= b(x,y,t) \sum_{m=-\infty}^{\infty} \delta(y-md) \sum_{i=-\infty}^{\infty} \delta(t-iT) \\[2mm]
&= \sum_{m=-\infty}^{\infty} \sum_{i=-\infty}^{\infty} b(x,md,iT)\, \delta(y-md)\, \delta(t-iT)
\end{aligned}
\tag{3.16}
$$

$$
\begin{aligned}
B_{\perp}(u,v,\omega) &= B(u,v,\omega) *** \mathrm{III}(v,\omega)\, \delta(u)\, \frac{v_0 \omega_0}{4\pi^2} \\[2mm]
&= \frac{v_0 \omega_0}{4\pi^2} \sum_{m=-\infty}^{\infty} \sum_{i=-\infty}^{\infty} B(u, v-mv_0, \omega-i\omega_0) \quad .
\end{aligned}
\tag{3.17}
$$

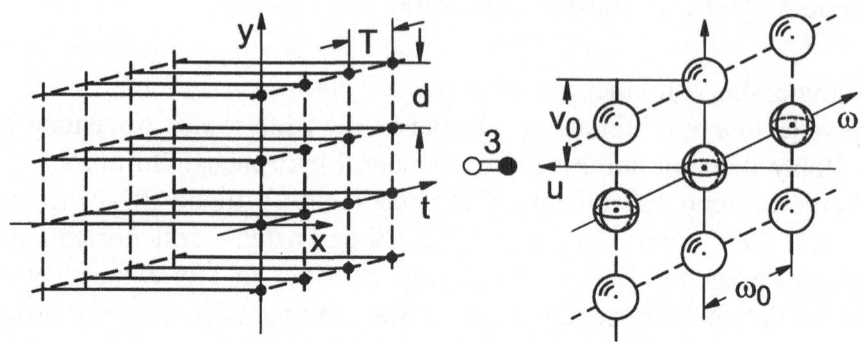

Bild 3.9:   Vertikal-zeitlich abgetastetes Signal, Fourierkorrespondenz

Offensichtlich ist für diesen Fall eine vertikal-zeitliche Bandbegrenzung
für eine fehlerfreie Rekonstruktion erforderlich.

Bewegungsdarstellung bei zeitlicher Abtastung

Es ergibt sich die Frage, welche Abtasteffekte auftreten, wenn neben der
örtlichen (zeilenweisen) auch eine zeitliche (bildweise) Abtastung vorliegt und dabei eine Szene mit bewegten Objekten aufgenommen wird.
Der Einfachheit halber wird dieses Problem anhand einer einfachen eindimensionalen Cosinusschwingung und deren Fouriertransformierten
erläutert (vgl. Abschnitt 2.2),

$$b_0(x,y) = \frac{1}{2}\left(1 + \cos\left(2\pi f_0^x x\right)\right) = b_0(x)$$

$$\circ\!\!\!\!\bullet \; x$$

$$B_0(f^x) = \frac{1}{2}\left[\delta(f^x) + \frac{1}{2}\delta(f^x - f_0^x) + \frac{1}{2}\delta(f^x + f_0^x)\right] \;.$$

$$(3.18)$$

Angenommen sei dabei wiederum eine translatorische gleichförmige
Bewegung in x-Richtung mit einer Geschwindigkeit v_x

$$b_m(x,t) \;=\; b_0(x - v_x t) \;=\; b_0(x) * \delta(x - v_x t)$$

$$\updownarrow x,t$$

$$B_m(f^x,f^t) = \frac{1}{2}\left[\delta(f^x) + \frac{1}{2}\delta(f^x - f_0^x) + \frac{1}{2}\delta(f^x + f_0^x) \right] \delta(f^t + v_x f^x) \quad .$$

$$(3.19)$$

Diese sich bewegende Schwingung wird nun zeitlich mit dem Abtast-intervall T und der Abtastfrequenz f_s^t abgetastet, um eine Bildsequenz zu erzeugen. Es ergeben sich periodisch wiederholt im f^x,f^t-Raum ge-scherte Spektren, die in Bild 3.10 für drei verschiedene Geschwindig-keiten v_{x1}, v_{x2}, v_{x3} skizziert sind. Die gewählten Geschwindigkeiten sind

$$\text{mit } |v_x| = \frac{f^t}{f^x}; \quad f_0^x = \frac{1}{x_0} \quad \text{und} \quad f_s^t = \frac{1}{T} \qquad (3.20)$$

$$|v_{xi}| = k\frac{x_0}{T} = k\frac{f_s^t}{f_0^x} \qquad k = 0, \frac{1}{4}, \frac{1}{2}, 1 \quad . \qquad (3.21)$$

Offensichtlich sind jetzt verschiedene Trackfilter möglich, denn die ver-setzten Spektralpunkte können mit unterschiedlichen Geschwindigkeiten interpretiert werden. Das bedeutet, daß das Auge jeweils in verschiedene Bewegungen (in beiden Richtungen) einfallen kann. Bei bestimmten Geschwindigkeiten k=1, 2, 3, ... kann auch ein stillstehender Bildein-druck entstehen (Blindgeschwindigkeit).

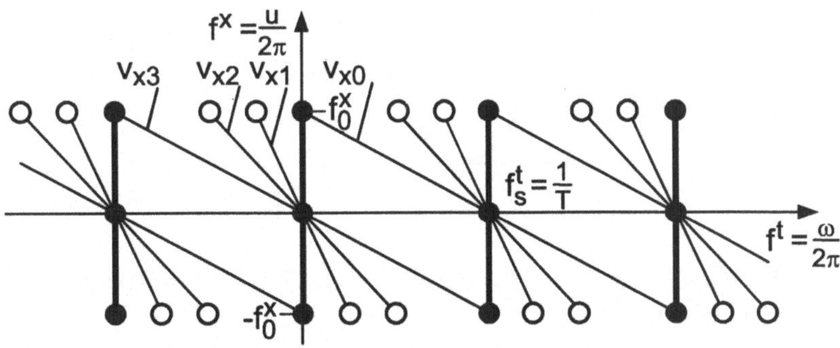

Bild 3.10:　　Zeitliche Abtastung einer bewegten Cosinusschwingung

Diese bekannten stroboskopischen Mehrdeutigkeiten können selbstverständlich auch im Originalbereich anhand der bewegten Schwingung erläutert werden. In Bild 3.11 sind für die gewählten Geschwindigkeiten die korrespondierenden Schwingungspositionen jeweils mit einer Zeitverschiebung T (das ist das Abtastintervall zu dem jeweils eine Momentaufnahme der Schwingung vorliegt) skizziert.

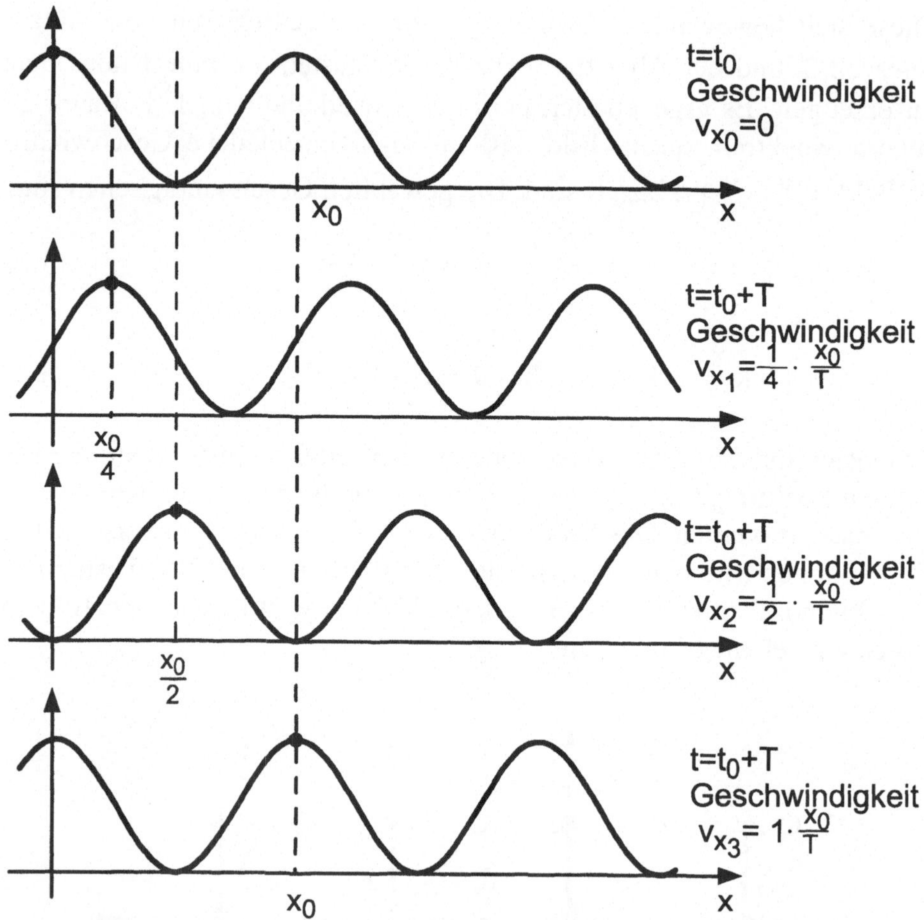

Bild 3.11:   Bewegte Cosinusschwingung für verschiedene Geschwindigkeiten zum Zeitpunkt t_0+T

Es wird auch hier deutlich, daß die Verfolgung signifikanter Punkte, z.B. eines Helligkeitsmaximums, das heißt das Einfallen in eine bestimmte Bewegung, zu vielen Bewegungsinterpretationen führen kann. Diese können im Spektralbereich unmittelbar aus den entstehenden Schergeraden abgelesen werden.

Das beschriebene elementare Beispiel ermöglicht einen einfachen theoretischen Ansatz für eine Beschreibung stroboskopischer Effekte, wie sie bei der Aufnahme von Bildsequenzen entstehen. Diese äußern sich in den bekannten merkwürdigen Effekten rückwärts drehender Wagenräder oder Propeller.

Grundsätzlich kann man für die Betrachtung einer mehrdimensionalen Signalverarbeitung dabei zwei wichtige Aspekte erkennen:

- Aus der technischen Sicht einer Bewegungsverfolgung gibt es prinzipiell eine unbeschränkte Anzahl möglicher Trackfilter. Es gibt offensichtlich für eine Erkennung der Geschwindigkeit translatorisch bewegter oder rotierender periodischer Muster mehrdeutige Lösungen bei verschiedenen Geschwindigkeiten. Prinzipiell treten diese Aliasstörungen bei allen (im allgemeinen nichtperiodischen) Objekten auf. Hier können u.U. formorientierte Objekterkennungsmethoden die Mehrdeutigkeiten vermeiden.

- Aus der Sicht der Bewegungswahrnehmung des menschlichen Gesichtssinnes sind ebenfalls verschiedene Trackmoden erkennbar. Welche davon sich einstellen, hängt stark von der Bewegung und vom Muster ab [Hauske94], [Bonse95]. Diese unterschiedliche Wahrnehmung wird durch entsprechende Mustererkennungsprozesse auf einer hohen Ebene des menschlichen visuellen Systems gesteuert. Beispielsweise ist die Verfolgung einer Rotation schwieriger (was beobachtbar ist, wenn Wagenräder sich rückwärts drehen oder stehen bleiben), während translatorisch bewegte Objekte leicht und auch noch bei höheren Geschwindigkeiten verfolgt werden können.

Für das obige Beispiel einer bewegten Schwingung sind zwei mögliche Frequenzgänge für Trackfilter bei den Geschwindigkeiten v_{x2}, $-v_{x2}$ skizziert, siehe Bild 3.12.

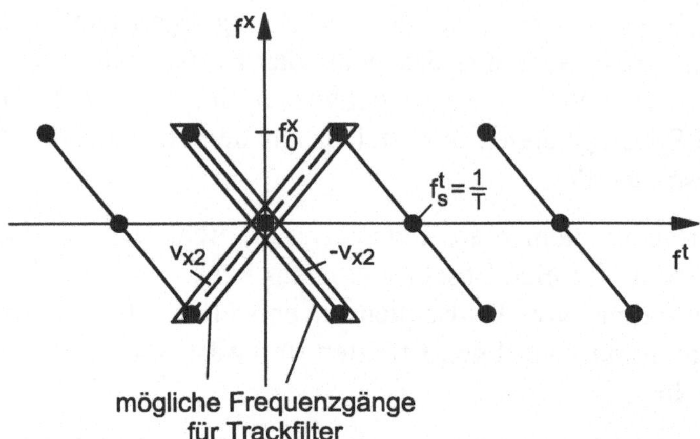

Bild 3.12: Verfolgung einer bewegten Schwingung (Schwingungsperiode x_0, Abtastintervall T) durch verschiedene Trackfilter

Das Einfallen ist dabei von vorhandenen periodischen Mehrdeutigkeiten abhängig. Gibt es diese nicht und das Auge kann einem bewegten Objekt folgen, dann sind die zeitlichen Aliasstörungen nicht sichtbar, auch wenn sie sich über mehrere Basisintervalle erstrecken.

Aus diesen Beispielen ist eine wichtige Schlußfolgerung abzuleiten: Für eine mehrdimensionale Signalverarbeitung ist eine *zeitliche Bandbegrenzung bewegter Objekte* auch dann störend, wenn die spektrale Ausdehnung des ruhenden Objektes durch die Bandbegrenzung nicht berührt ist. Die Objektverfolgung durch das menschliche Auge oder technische Systeme kann als eine Scherung des Empfangsfilters interpretiert werden (vgl. Abschnitt 2.2). Diese Scherung kann abhängig von Objekt- und Bewegungserkennungseigenschaften insbesondere des Gesichtssinnes offenbar mehrere periodische Wiederholungen überdecken. Zeitliche Aliaseffekte werden vom Auge oft nicht wahrgenommen, sie treten erst bei periodischen Mustern in Verbindung mit Verletzungen von logischen Bildzusammenhängen auf. Deshalb sollten aufgrund von zeitlichen Aliasstörungen möglichst nicht aliasverhütende einfache Tiefpaß-Vor- bzw. Nachfilterungen vorgenommen werden. Sie verhindern zwar Alias, führen aber auch unmittelbar Bewegungsverschleifung ein. Letztere wird oft sehr viel rascher insbesondere bei visuell verfolgten Objekten sichtbar als die zeitlichen Aliaseffekte.

3.3 Räumliche Bilddarstellung mit CCD-Sensoren und LC-Displays

Moderne Bildsignalverarbeitungsmethoden basieren auf der Digitalisierung von Kamerasignalen und insbesondere der Bildaufnahme mit Hilfe von CCD-Sensoren. Dabei ergeben sich für zwei Fälle ähnliche signaltheoretische Beschreibungsmethoden [Wendland88], [WendSchrö91]:

- 2D-Digitalisierung von (Röhren-) Kamerasignalen,

- 2D-Abtastung durch einen CCD-Sensor.

Angenommen ist eine Einzelbilddarstellung mit örtlicher 2D-Abtastung, so daß eine Abtastung in Bildpunkten, d.h. in Zeilen und Spalten vorliegt. Dabei zeigt sich, daß sogen. Auflösungsgrenzen (resolution boundaries) zu beachten sind. Das zugehörige Abtast- und Rekonstruktionsmodell sei wie in Bild 3.13 mit Sensor- bzw. Kameraübertragungsfunktion $H_K(f^x, f^y)$ und Displayübertragungsfunktion $H_M(f^x, f^y)$ gegeben.

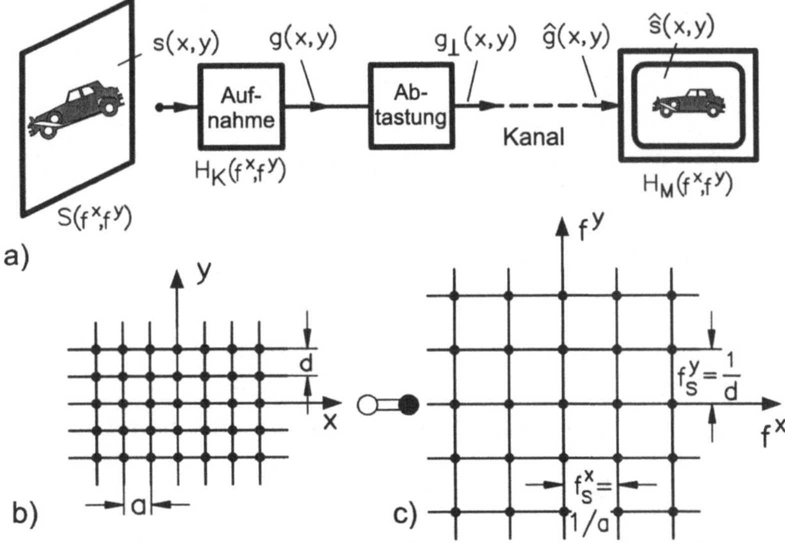

Bild 3.13:   a) 2D-Abtastung eines Bildsignales und seiner Rekonstruktion; b) räumliches Abtastgitter; c) Spektralgitter zur periodischen Wiederholung

Die 2D-Abtastung kann dabei in zwei Schritten getrennt zuerst vertikal (zeilenweise) und dann horizontal entlang der Zeile (entsprechend der Digitalisierung eines TV-Kamerasignals) oder auch auf der Basis eines CCD-Sensors sofort pixelweise erfolgen. Die Beschreibung dieser 2D-Abtastung erfolgt wie weiter vorn beschrieben mit Hilfe eines 2D-Delta-Gitters.

2D-Delta-Gitter:

$$\text{Ш}_{a,d}(x,y) = \text{Ш}_a(x) \cdot \text{Ш}_d(y) \tag{3.22}$$

mit Abtastfrequenzen:

$$u_0 = 2\pi f_s^x = \frac{2\pi}{a} \quad , \quad v_0 = 2\pi f_s^y = \frac{2\pi}{d} \tag{3.23}$$

Fourierkorrespondenz:

$$\text{Ш}_{a,d}(x,y) \circ\!\!-\!\!\bullet \frac{1}{ad} \text{Ш}_{\frac{1}{a},\frac{1}{d}}(f^x,f^y) \tag{3.24}$$

Das abgetastete Signal folgt als gewichtete 2D-Deltareihe mit einem Fourierspektrum aus der Faltung des orthogonalen Delta-Spektralgitters mit dem Basisbandspektrum. Dies führt wie oben ausgeführt aufgrund der Ausblendeigenschaft der Delta-Distribution zur spektralen periodischen Wiederholung:

$$g_\perp(x,y) \quad = g(x,y) \cdot \text{Ш}_{a,d}(x,y) \tag{3.25}$$

$$\circ\!\!-\!\!\bullet 2$$

$$G_\perp(f^x,f^y) = G(f^x,f^y) ** \frac{1}{ad} \text{Ш}_{\frac{1}{a},\frac{1}{d}}(f^x,f^y) \tag{3.26}$$

$$G_\perp(f^x,f^y) = \frac{1}{ad} \sum_{k=-\infty}^{\infty} \sum_{i=-\infty}^{\infty} G\left(f^x - \frac{k}{a}, \ f^y - \frac{i}{d}\right) \quad . \tag{3.27}$$

Dabei entsteht das periodisch zu wiederholende Basisbandspekrum aus der Aperturfilterung des aufnehmenden Sensors oder der Kamera und kann in einem linearen Modell als Filterung beschrieben werden

$$G(f^x,f^y) = S(f^x,f^y) \cdot H_k(f^x,f^y) \quad . \tag{3.28}$$

Resultierend ergibt sich aufgrund der örtlichen Abtastung ein 2D-periodisches Spektrum (Bild 3.14), bei dem die spektrale Überlappung

(Asliasfehler) durch die zumeist weiche Aperturfilterung bestimmt ist. Bild 3.14 zeigt diese periodische Wiederholung schematisch mit angenommenen zirkularen Auflösungsgrenzen oberhalb derer die Spektren als hinreichend gedämpft (bzw. gleich Null) betrachtet werden.

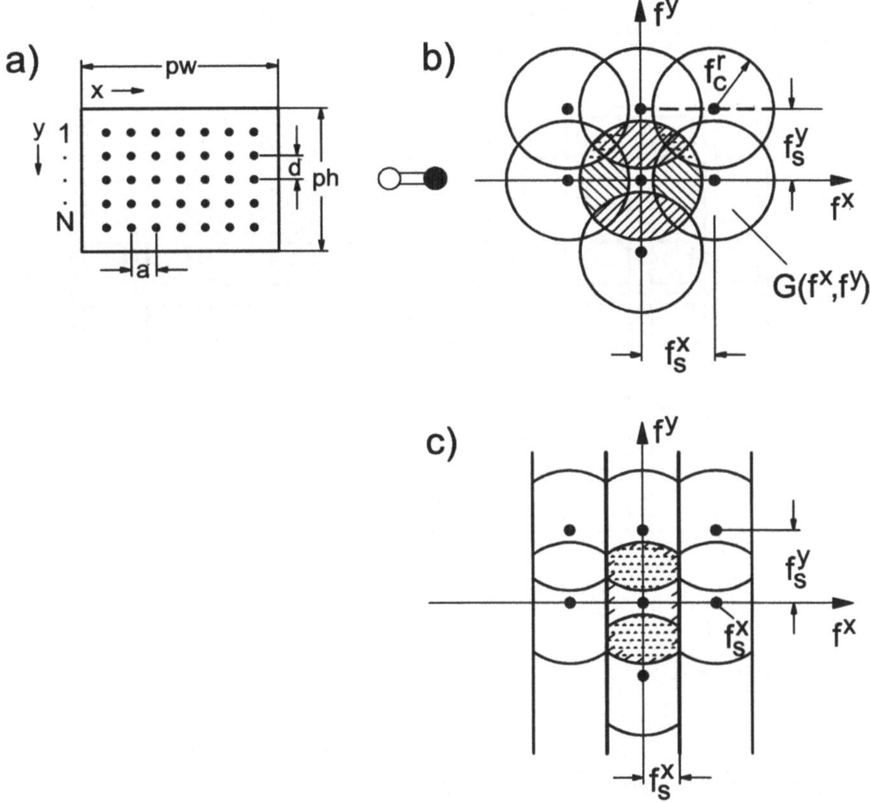

Bild 3.14:   a) örtlich abgetastetes 2D-Signal; b) Wiederholspektren für zirkulare Auflösungsgrenzen; c) horizontaler Tiefpaß zur Reduktion des horizontalen Alias

Ersichtlich kann wegen der spektralen Überlappungen aufgrund der fehlenden Bandbegrenzung heftiger Alias entstehen. Dadurch ist die Rekonstruktion des Basisbandes gestört. Im Falle einer - bei einem TV-Signal ja nur horizontal vorzunehmenden - Digitalisierung kann eine vorherige (elektronische) horizontale Tiefpaßfilterung erheblich die Aliasstörungen in horizontaler Richtung reduzieren (Bild 3.14c) [Wendland88].

Betrachet werde im nächsten Schritt die Aperturwirkung eines CCD-Sensors einschließlich eines häufig eingesetzten optischen Vorfilters (eine elektronische Vorfilterung ist bei einem CCD-Sensor nicht möglich). Die geometrischen Verhältnisse des (Luminanz-) CCD-Sensors seien wie in Bild 3.15 definiert [WendSchrö91].

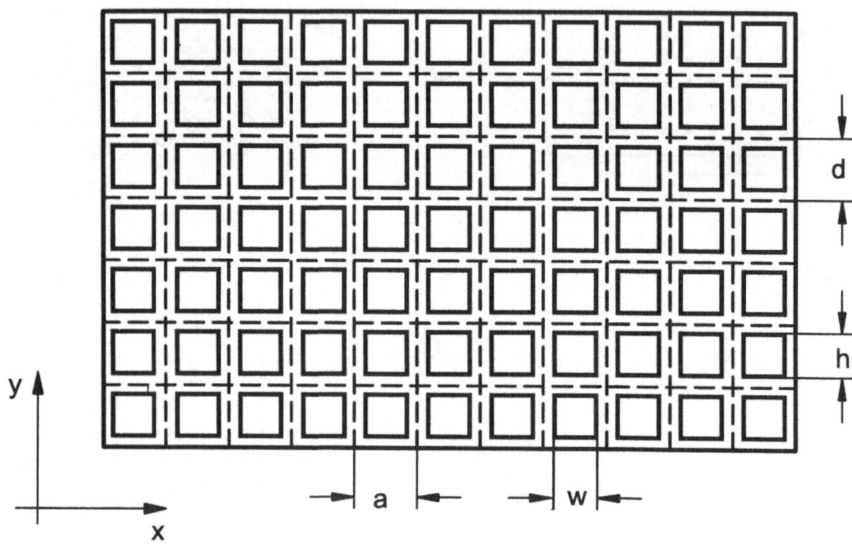

Bild 3.15:   CCD-Sensor, geometrisches Modell

Dabei ist eine quadratische Aperturform mit einer spektral korrespondierenden separierbaren 2D-si-Funktion in beiden Richtungen gegeben. Der resultierende Frequenzgang, der entstehende 2D-Alias und die verfügbare Lichtmenge (Signal-Geräusch-Verhältnis) hängen von der Geometrie des Sensors ab, wobei p das Verhältnis aus Aperturlänge w und Abtastintervall a bezeichnet. Für mehrere Aperturrelationen p sind in Bild 3.16. vergleichend die zugehörigen Apertur-Frequenzgänge zusammengestellt. Typische Werte sind etwa in vertikaler Richtung 75% und 100% (p=1) in horizontaler Richtung. Die Apertur wirkt also mit einer gewissen Vorfilterung vor der Abtastung, dennoch ist der Aliasanteil aufgrund der periodischen Fortsetzung bei f_A beträchtlich.

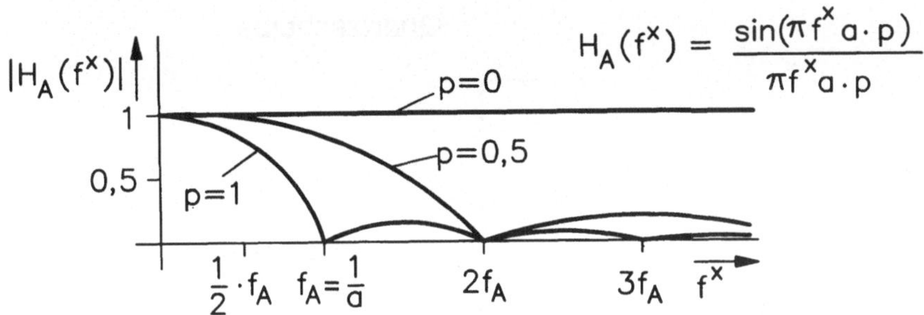

Bild 3.16: Frequenzgang bzgl. der Abtastaperturwirkung eines CCD-Sensors, p=w/a

Eine gewisse Aliasbeeinflussung wird häufig in Horizontalrichtung durch eine nachträgliche elektronische Filterung und in vertikaler Richtung durch eine optische Vorfilterung vorgenommen. (Letztere besonders auch wegen des bei TV-Signalen eingesetzten Zeilensprunges und der damit verbundenen Flickerstörungen, siehe nächstes Anwendungsbeispiel.) Ein solches optisches (1D) Vorfilter kann durch eine doppelbrechende planparallele Quartzplatte aufgebaut werden, bei der die parallelen Flächen als eindimensionale Verschiebung arbeiten (siehe hierzu [Greiven90]).

Ist das einfallende Licht so polarisiert, daß es Anteile senkrecht und parallel zum sogenannten Hauptschnitt des Quartzkristalls besitzt, wird es aufgespalten. Die sogenannte o-Welle (ordinäre Welle) besteht dann aus Anteilen, die senkrecht zum Hauptschnitt polarisiert waren. Diese Welle wird sowohl beim Eintritt als auch beim Austritt aus dem Kristall nicht gebrochen. Die sogenannte e-Welle (extraordinäre Welle) besteht aus Anteilen, die parallel zum Hauptschnitt polarisiert waren. Diese Welle wird beim Eintritt in den Kristall in Richtung der optischen Achse gebrochen. Beim Austritt erfolgt die Brechung in die andere Richtung. Aus diesen beiden Brechungsvorgängen ergibt sich ein Parallelversatz der e-Welle zur o-Welle. Mit Kenntnis der Brechungsindizes für e- und o-Welle sowie dem Winkel zwischen der optischen Achse und der Oberfläche des Kristalls und der Dicke des Kristalls läßt sich der resultierende Parallelversatz Δ zwischen den beiden Wellen berechnen [Greiven90].

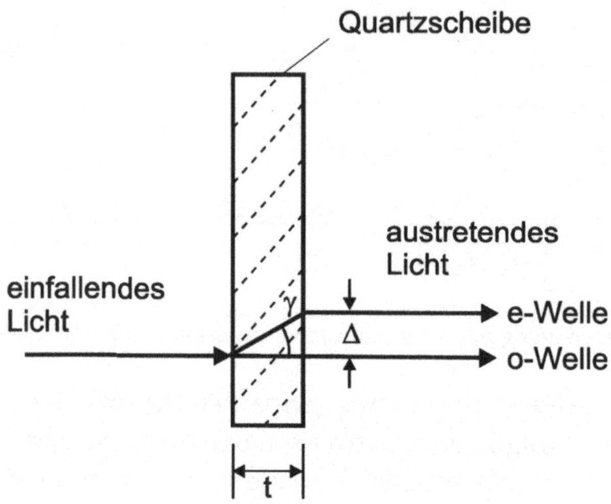

Bild 3.17:   Optisches Tiefpaßfilter

Die resultierende Aperturfunktion (Impulsantwort) für solch ein optisches Vorfilter kann aus dem Ersatzbild (Bild 3.18) modellhaft entwickelt werden.

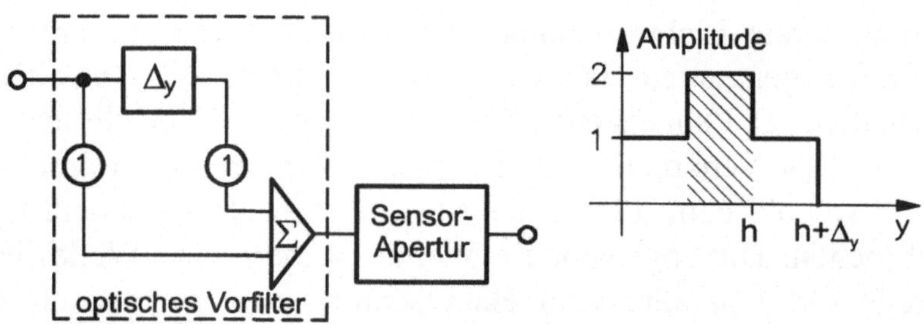

Bild 3.18:   Äquivalente CCD-Sensor-Apertur, Aperturwirkung des optischen
                 Vorfilters

Die eindimensionale vertikale Verschiebung wirkt zusammen mit dem
direkt durchgelassenen Bild als Transversalfilter mit einer Verschiebung
Δ_y und es folgt für die gesamte wirkende Aperturfilterung (Sensor + optisches Filter) mit einer vereinfacht angenommenen Geometrie h = w = 1.0
die folgende analytische Beschreibung:

$$h_c(x,y) = \left[w \cdot \sqcap_w \left(x - \frac{w}{2} \right) \cdot h \cdot \sqcap_h \left(y - \frac{h}{2} \right) \right] * \left[\delta(x,y) + \delta(x, y - \Delta_y) \right]$$

$$= w \cdot \sqcap_w \left(x - \frac{w}{2} \right) \cdot \left[h \cdot \sqcap_h \left(y - \frac{h}{2} \right) + h \cdot \sqcap_h \left(y - \frac{h}{2} - \Delta_y \right) \right]$$

$$\circ\!\!-\!\!\bullet\, 2 \tag{3.29}$$

$$H_c(u,v) = 2hw \cdot \mathrm{si}\left(u \frac{w}{2} \right) \cdot \mathrm{si}\left(v \frac{h}{2} \right) \cdot \cos\left(v \frac{\Delta_y}{2} \right) \cdot \tag{3.30}$$

$$\cdot\, e^{-ju(w/2)} e^{-jv(h/2)} e^{-jv(\Delta_y/2)} \quad .$$

Es ergibt sich somit eine zusätzliche Cosinus-Filterung in y-Richtung. Durch die gewählte Verschiebung Δ_y entsprechend dem vertikalen Abtastintervall ergibt sich die erste Nullstelle aufgrund des Cosinuseinflusses bei $v_z = u_0/2$. Einen Schnitt entlang der u-Achse zeigt Bild 3.19.

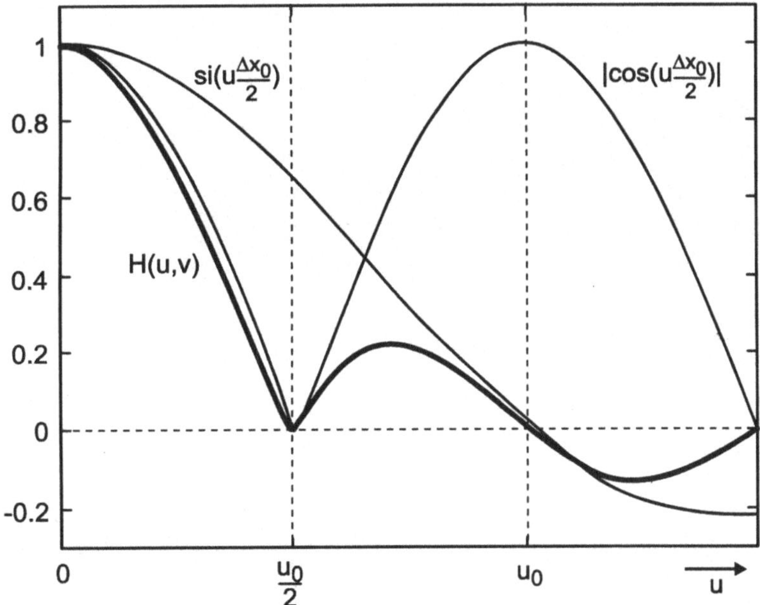

Bild 3.19: Äquivalente CCD-Apertur einschließlich optischem Tiefpaß, Frequenzgang entlang der u-Achse

Insgesamt führt die optische Vorfilterung zu einer deutlichen spektralen Absenkung.

Eine 3D-Darstellung der äquivalenten CCD-Sensor-Apertur ist in Bild 3.20 (wiederum mit h = w = 1.0) gezeigt.

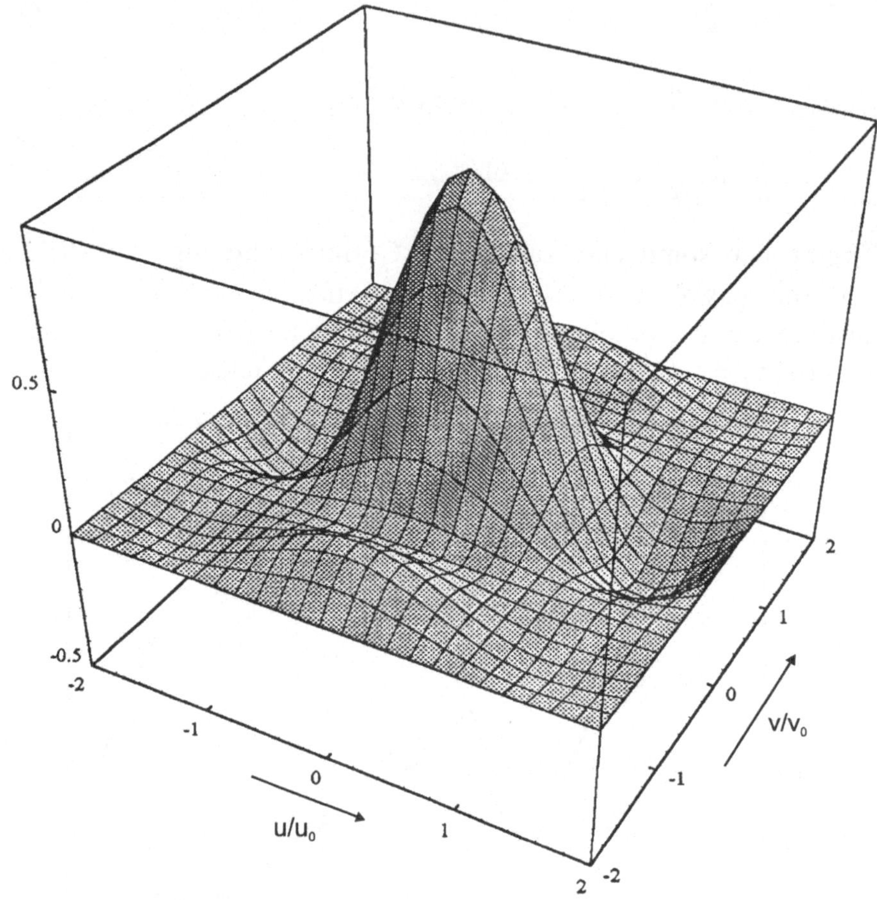

Bild 3.20:   Frequenzgang der äquivalenten CCD-Apertur einschließlich optischem Tiefpaß

Der CCD-Sensor erzeugt prinzipiell in beträchtlichem Umfang Aliasstörungen, denn die vorfilternde Apertur zeigt über die halbe Abtastfrequenz hinaus noch erhebliche Anteile. Diese sind allerdings durch das optische Vorfilter in y-Richtung reduziert. Aufgrund des Überschwingens der si-Funktion ergeben sich in x-Richtung auch spektrale Überlappstörungen höherer Ordnung, wenn auch mit deutlich gedämpften Amplituden.

Vereinfacht sind diese spektralen Überlappungen in Bild 3.21 für die Basisbereiche der periodisch wiederholten si-Funktionen und ohne optische Vorfilterung skizziert. Diese Störungen wirken sich als Treppenstufen besonders an geneigten Konturen aus. Bei periodischen Mustern entstehen sogen. Moirè- bzw. Interferenzmuster.

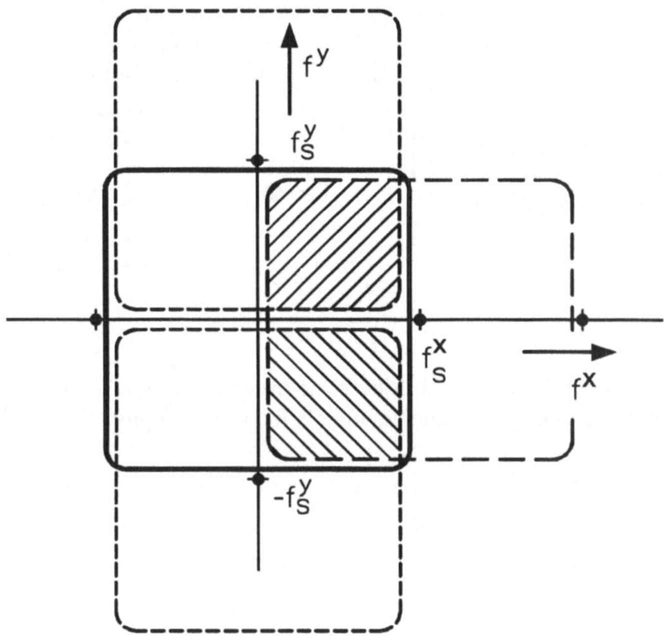

Bild 3.21:   Aliasstörungen eines 2D-CCD-Sensors, schematisch

Ähnlich wie in einem CCD-Sensor kann die Rekonstruktion eines Displays mit einer entsprechenden das periodische Spektrum nachfilternden Aperturfunktion beschrieben werden. Diese extrahiert mit ihrer Tiefpaßwirkung das Basisband des periodischen Spektrums. Als Beispiel wird hier eine pixelorientierte Rekonstruktion eines LC-Display-Modells betrachtet. Nimmt man dabei modellbezogen quadratische Pixel ohne Zwischenraum an, so ergeben sich die folgende Impulsantwort und die zugehörige Übertragungsfunktion (siehe Bild 3.22):

$$h_r(x, y) = a \cdot \sqcap_a\left(x - \frac{a}{2}\right) \cdot d \cdot \sqcap_d\left(y - \frac{d}{2}\right) \tag{3.31}$$

$$H_r(u, v) = ad \cdot \mathrm{si}\left(u\,\frac{a}{2}\right) \cdot \mathrm{si}\left(v\,\frac{d}{2}\right) \cdot e^{-ju(a/2)} e^{-jv(d/2)} \quad . \tag{3.32}$$

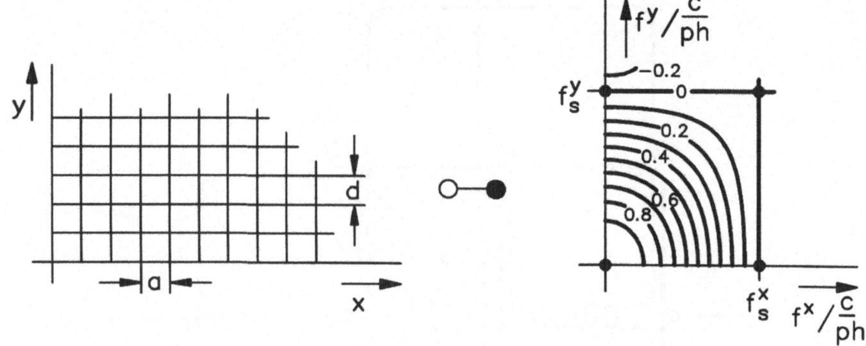

Bild 3.22:   Rekonstruktion durch bildpunktorientiertes Display (z.B. LCD), Geometrie und zugehöriger Frequenzgang als Konturlinienplot

Hieraus kann man einige interessante Schlüsse ziehen: Wegen der Nullstellen bei der horizontalen und vertikalen Abtastfrequenz sind die Zeilenstrukturen unterdrückt ("flatfield"-Bildschirm). Aliasstörungen bleiben präsent, aber in der Form weniger störender Komponenten mit höheren Frequenzen. Eine gewisse Degradation der Detailauflösung aufgrund des Einflusses der si-Funktionen ist gegeben.

3.4 Zeitlich-Räumliche Bilddarstellung mit CCD-Sensoren und LC-Displays

Gegeben sei ein Bildabtast- und Rekonstruktionssystem nach Bild 3.23 mit einem CCD-Sensor zur Bildaufnahme und einer pixelorientierten Bildrekonstruktion. Dabei sei jetzt eine 3D-zeitlich-räumliche Bilddarstellung betrachtet, so daß das zeitliche Verhalten des Sensors für eine Bildsequenzaufnahme mit erfaßt wird.

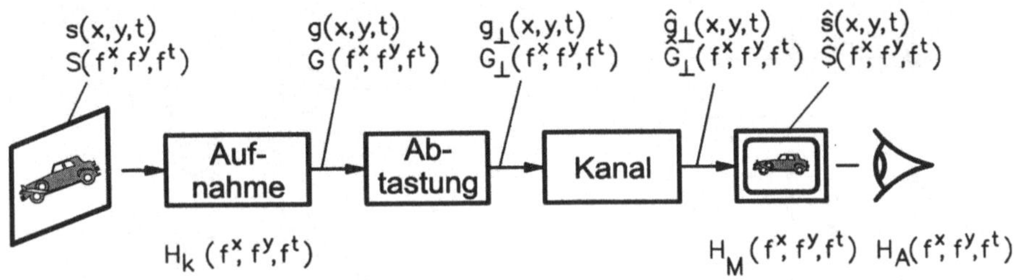

Bild 3.23:   Bildabtast- und Rekonstruktionssystem, zeitlich-räumliches lineares Modell

Die analytische Beschreibung des Aufnahme- und Wiedergabeprozesses läßt sich unter Zuhilfenahme der Sensor- und Displayaperturen wie folgt vornehmen [Wendland88]:

$$\hat{S}\left(f^x,f^y,f^t\right) = G_\perp\left(f^x,f^y,f^t\right) \cdot H_M\left(f^x,f^y,f^t\right)$$

$$= \frac{1}{adT}\left[G\left(f^x,f^y,f^t\right) *** \amalg_{\frac{1}{a}}\left(f^x\right) \cdot \amalg_{\frac{1}{d}}\left(f^y\right) \cdot \amalg_{\frac{1}{T}}\left(f^t\right)\right] \cdot$$

$$\cdot H_M\left(f^x,f^y,f^t\right)$$

$$(3.33)$$

$$\hat{S}\left(f^x, f^y, f^t\right) = \frac{1}{adT} H_M\left(f^x, f^y, f^t\right) \cdot$$

$$\cdot \sum_{n=-\infty}^{\infty} \sum_{m=-\infty}^{\infty} \sum_{i=-\infty}^{\infty} G\left(f^x - \tfrac{n}{a}, f^y - \tfrac{m}{b}, f^t - \tfrac{i}{T}\right)$$

mit

$$\dot{G}\left(f^x, f^y, f^t\right) = S\left(f^x, f^y, f^t\right) \cdot H_k\left(f^x, f^y, f^t\right) \quad .$$

$$(3.34)$$

Das resultierende 3D-Abtastgitter mit gewichteten Punktdistributionen und die 3D-wiederholten Spektren sind in Bild 3.24 skizziert. Es ergeben sich dieselben schematischen Verhältnisse wie in Bild 3.8.

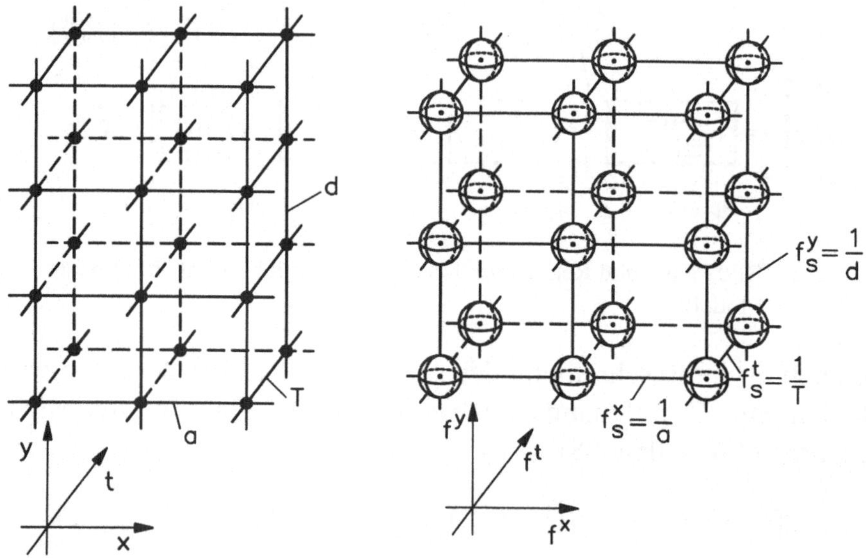

Bild 3.24:   3D-zeitlich-räumliche Abtastung für eine CCD-Sensor-Bildsequenz-aufnahme

Unter Annahme eines Zeitverhaltens des Sensors mit einer Lichtintegration über ein Abtastintervall kann näherungsweise das Abtastmodell der Abtasthalte-Funktion verwendet werden. (Dabei findet die Lichtintegration, d.h. die Aperturfilterung, hier vor der Diskretisierung statt, beim "Sample&Hold" danach, die signaltheoretische Wirkung ist in Bezug auf das gedämpfte Basisband dieselbe.) Es ergibt sich eine quaderförmige Aperturfunktion mit Parametern (a,d,T), die bei einem idealisiert angenommenen CCD mit 100 % aktiver Fläche (w=a, h=d, vgl. Bild 3.15) zu einer Aperturübertragungsfunktion wie folgt führen

$$H_k\left(f^x, f^y, f^t\right) = adT \cdot si\left(\pi \frac{f^x}{f_s^x}\right) \cdot si\left(\pi \frac{f^y}{f_s^y}\right) \cdot si\left(\pi \frac{f^t}{f_s^t}\right) \cdot$$
$$\cdot e^{-(\pi/2)\left(af^x + df^y + Tf^t\right)} \quad . \tag{3.35}$$

Wegen der hohen CCD-Sensorempfindlichkeit arbeiten diese auch im geshutterten Betrieb, d.h. mit einem mechanisch oder elektronisch gesteuerten zeitlich variablen Verschluß. Dies gestattet, die zeitliche Belichtung an die Bewegung anzupassen und damit eine wesentlich höhere zeitliche Auflösung zuzulassen (unter Inkaufnahme größerer zeitlicher Aliasstörungen). Für einige Aperturzeitdauern τ_{ap} zeigt Bild 3.25 die korrespondierenden zeitlichen Frequenzgänge.

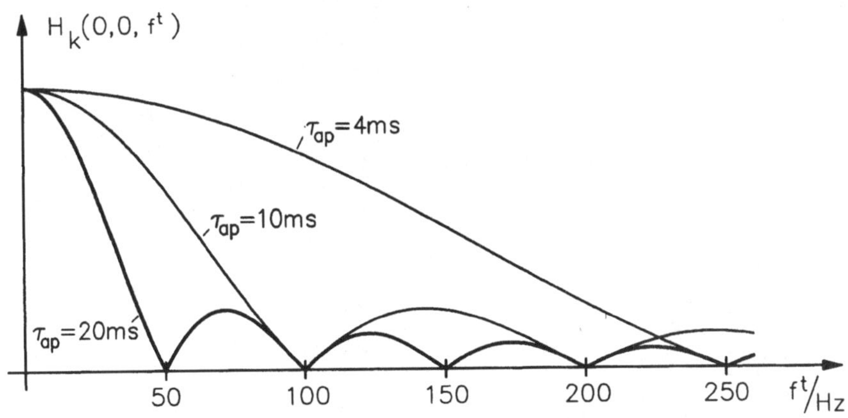

Bild 3.25: Zeitliche Frequenzgänge bei geshuttertem (τ_{ap}) CCD-Sensor

Eine pixelorientierte (LCD-) Rekonstruktion kann entsprechend dem vorherigen Anwendungsbeispiel folgendermaßen beschrieben werden:

$$H_M\left(f^x, f^y, f^t\right) = adT \cdot si\left(\pi \frac{f^x}{f_s^x}\right) \cdot si\left(\pi \frac{f^y}{f_s^y}\right) \cdot si\left(\pi \frac{f^t}{f_s^t}\right) \cdot$$

$$\cdot e^{-(\pi/2)\left(af^x + df^y + Tf^t\right)} \quad , \tag{3.36}$$

wobei wieder die Annahme gemacht wird, daß eine rein quaderförmige Apertur mit (a,d,T)-gegeben ist. Das bedeutet, daß in zeitlicher Richtung die Luminanzamplitude für eine Bilddauer gehalten wird (derzeitige LC-Displays halten eher über mindestens zwei Bilddauern, erst neuere z.B. DMD-Displays [Younse93] oder Plasma-Displays [Matsumoto90] sind entsprechend schnell) und dann unmittelbar den Amplitudenwert des nächsten Bildes erhält. Räumliche und zeitlich-räumliche Aperturen mit ihren Frequenzgängen sind in Bild 3.26 skizziert.

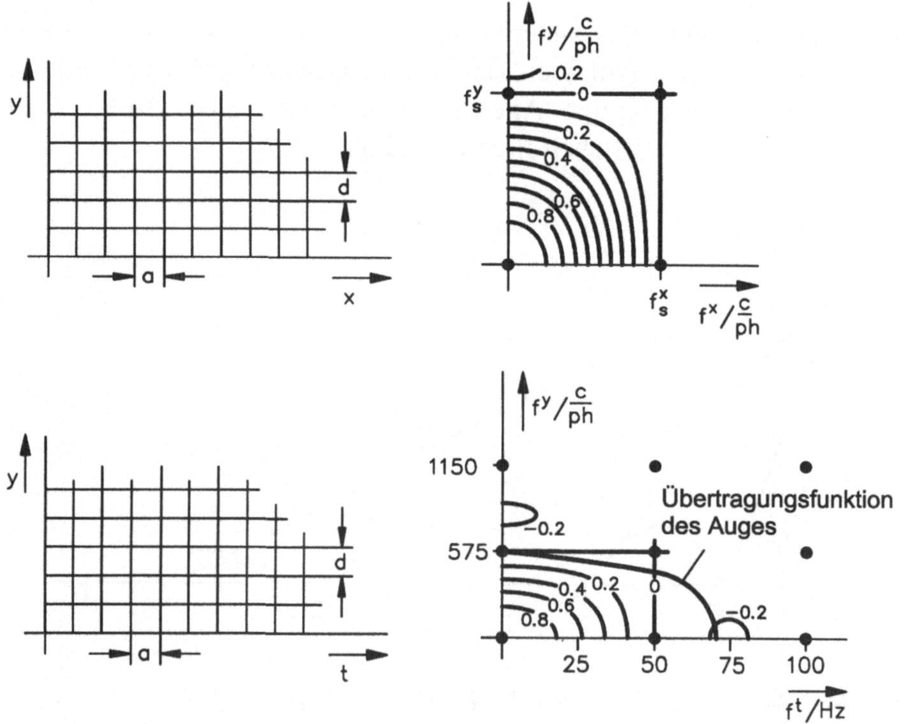

Bild 3.26:   Pixelorientierte zeitlich-räumliche Bildrekonstruktion

Schlußfolgerungen sind für die räumlichen Eigenschaften dieser Bildrekonstruktion bereits im vorigen Anwendungsbeispiel angegeben worden: wegen der Nullstellen ergibt sich eine praktisch zeilenfreie Bildrepräsentation mit gewissen Begrenzungen der räumlichen Auflösung, die in bestimmtem Umfang elektronisch kompensiert werden kann. Das zeitliche Verhalten ist aufgrund der Nullstellen der si-Funktion offensichtlich flimmerfrei, da die Komponenten bei 50 Hz und Vielfachen davon (Großflächenflimmern des hellen Bildschirms) unterdrückt sind. Allerdings ist hierdurch auch die Bewegungsauflösung wegen der si-Gewichtung reduziert.

3.5 Zeitlich-Räumliche Bildabtastung im Zeilensprung

Gegenwärtige TV-Systeme verwenden für Bildaufnahme und -rekonstruktion den Zeilensprung. Dieser wurde in der Frühzeit der Fernsehtechnik mit dem Ziel Bandbreite einzusparen eingeführt, denn hierbei wird jedes zeilenweise aufgenommene Bild in der Zeilenzahl halbiert (Teilbild) und für jedes zweite Teilbild das Zeilenraster um eine Zeile vertikal verschoben (Bild 3.27). Zwei aufeinander folgende Teilbilder (50 Hz) bilden zusammnen ein Vollbild (25 Hz). Der Vorteil der Bandbreitenreduktion wegen halbierter Anzahl an Zeilen wird dabei durch erhebliche durch den Zeilensprung bedingte Störungen erkauft wie Zeilenflackern, Zeilenwandern, Kantenflimmern an horizontalen Konturen besonders bei hohem Kontrast etc. [Wendland88].

Für eine analytische Darstellung dieses Abtastprozesses (siehe auch [Wendland82]) kann man folgende Eigenschaften zugrunde legen:

- die räumliche Abtastung ist hier auf Teilbild-Basis mit halber Zeilenzahl und dem Zeilenabstand 2d zu beschreiben,

- die vertikale Teilbildrasterlage ist von Teilbild zu Teilbild (Teilbildperiode T/2) um einen Zeilenabstand d verschoben.

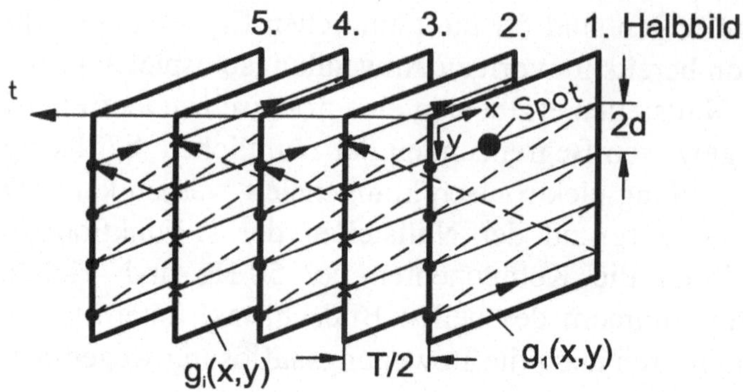

Bild 3.27:　TV-Abtastung im Zeilensprung, Abtastgitter

Es ergibt sich ein sogenanntes Offset-Gitter in der y,t-Ebene, das aus zwei orthogonalen Abtastrastern aufgebaut werden kann. Hieraus ergibt sich das resultierende y,t-Delta Feld und seine Fourierkorrespondenz nach

$$r_\perp(x,y,t) \;=\; Ш_{2d,T}(y,t) + Ш_{2d,T}\!\left(y-d,\,t-\frac{T}{2}\right)$$

$$R_\perp\!\left(f^x,f^y,f^t\right) = \frac{1}{dT}\delta\!\left(f^x\right)\cdot$$

$$\cdot\left[Ш_{\frac{1}{2d},\frac{1}{T}}\!\left(f^y,f^t\right) + Ш_{\frac{1}{2d},\frac{1}{T}}\!\left(f^y,f^t\right)\cdot e^{-j2\pi f^y d}\cdot e^{-j2\pi f^t \frac{T}{2}}\right]$$

$$=\frac{1}{dT}\delta\!\left(f^x\right)\cdot\left[Ш_{\frac{1}{2d},\frac{1}{T}}\!\left(f^y,f^t\right)\right]\cdot\left\{1+e^{-j2\pi\left(f^y d+f^t\frac{T}{2}\right)}\right\}\;.$$

$$(3.37)$$

Da die Phasenfaktoren nur für

$$f^y = \frac{n}{2d} \quad \text{und} \quad f^t = \frac{m}{T}$$

relevant sind, ergibt sich

$$R_\perp\left(f^x,f^y,f^t\right)=\frac{1}{dT}\delta\left(f^x\right)\cdot\left[\underset{\frac{1}{d},\frac{2}{T}}{\text{Ш}}\left(f^y,f^t\right)+\underset{\frac{1}{d},\frac{2}{T}}{\text{Ш}}\left(f^y-\frac{d}{2},f^t-\frac{1}{T}\right)\right]\,.$$

$$(3.38)$$

Diese Korrespondenz ist in Bild 3.28 skizziert. Es ist zu erkennen, daß das Offsetraster des originalen zeitlich-räumlichen Bereiches mit einem entsprechenden Offsetraster im Spektralbereich korrespondiert. Durch die Phasenfaktoren, die für (n+m) ungerade jeweils eine Auslöschung der Wiederholspektren bewirken, besteht dieses Offsetraster im Frequenzbereich aus der Summe zweier orthogonalen Raster, die jeweils die doppelte (Frequenz-) Periode aufweisen als die Raster der Fouriertransformierten in Glg. (3.37).

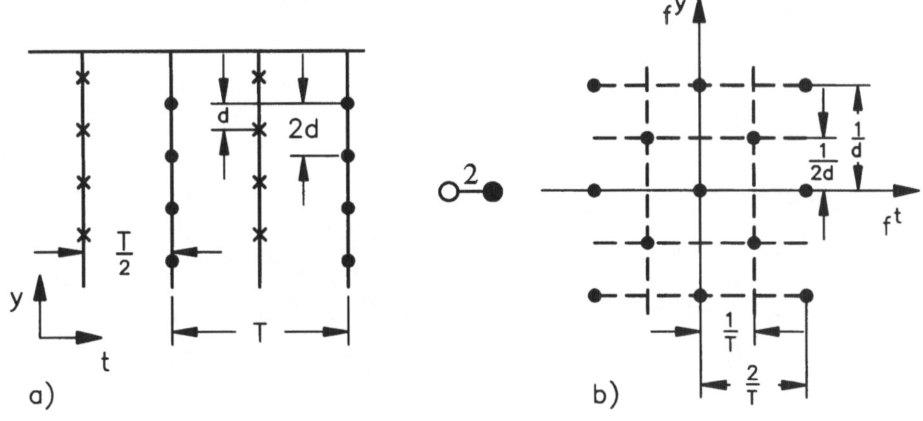

Bild 3.28: Abtastgitter der Zeilensprungabtastung(a), Fourierkorrespondenz (b)

Wird in die Betrachtungen nun eine 3D-Sensor-Apertur mit einbezogen, die die zeitlich-räumliche Filterung durch Objektiv und Sensor beschreibt, so gilt:

$$g\left(x,y,t\right)\quad=\quad s\left(x,y,t\right)***h_k\left(x,y,t\right)\qquad(3.39)$$

$$G\left(f^x,f^y,f^t\right)=S\left(f^x,f^y,f^t\right)\cdot H_k\left(f^x,f^y,f^t\right)\quad.\qquad(3.40)$$

Mit Hilfe dieser Annahmen für Abtastgitter und Apertur kann die eigentliche zeitlich-räumliche (3D) Bildsequenzabtastung im Original- und Fourierbereich beschrieben werden (Bild 3.29):

$$g_\perp(x,y,t) \quad = g(x,y,t)\cdot r_\perp(x,y,t)$$

$$\updownarrow_3 \tag{3.41}$$

$$G_\perp(f^x,f^y,f^t) = G(f^x,f^y,f^t) *** R_\perp(f^x,f^y,f^t)$$

$$G_\perp(f^x,f^y,f^t) = \frac{1}{dT} \sum_{\nu=-\infty}^{\infty} \sum_{\mu=-\infty}^{\infty} \Big[\, G\Big(f^x,f^y - \frac{\mu}{d}, f^t - \frac{2\nu}{T}\Big) +$$

$$G\Big(f^x,f^y - \frac{\mu}{d} - \frac{1}{2d}, f^t - \frac{2\nu}{T} - \frac{1}{T}\Big)\,\Big] \tag{3.42}$$

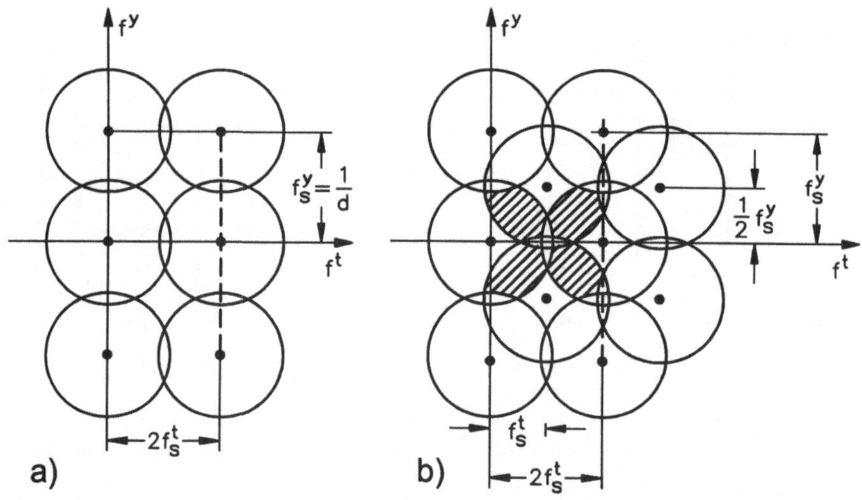

Bild 3.29:   Zeitlich-räumliches Spektrum einer progressiven Abtastung (a) im Vergleich zum zeitlich-räumlichen Spektrum einer Zeilensprungabtastung (b)

Die Orte der periodischen Spektralwiederholungen sind durch

$$f_s^x = \frac{1}{d}, \quad f_s^t = \frac{1}{T} \tag{3.43}$$

gegeben. Ein Vergleich mit den Spektralwiederholungen eines progressiven Abtastrasters (Zeilenabstand d) zeigt Bild 3.29 a). Ersichtlich sind für die Zeilensprungabtastung wegen der halbierten Zeilenzahl je Teilbild zusätzliche Spektren zu berücksichtigen mit einer Verschiebung um

$$\frac{1}{2}f_s^y = \frac{1}{2d}, \quad f_s^t = \frac{1}{T} \quad . \tag{3.44}$$

Die Rekonstruktionsfilterung zur zeitlich-räumlichen Interpolation der Abtastwerte wird vom Display und dem Gesichtssinn gemeinsam vollzogen. Nimmt man als Beispiel ein Kathodenstrahlröhrendisplay an, so wird von diesem im wesentlichen eine räumliche Bandbegrenzung (Strahlspot) vorgenommen, während die zeitliche Tiefpaßfilterung durch den menschlichen Gesichtssinn erfolgt. Legt man dabei vereinfachend lineare Filterungen zugrunde, so ergeben sich die in Bild 3.30 skizzierten spektralen Verhältnisse [Tonge84], [Schröder84] einschließlich der Auflösungsgrenzen des Gesichtssinnes und des Displays. Alle Spektren, die innerhalb dieser Auflösungsgrenzen liegen, werden gewichtet mit der resultierenden Rekonstruktionsfilteramplitude wahrgenommen. Folgende prinzipiell entstehenden Störungen können analysiert werden:

- **50 Hz Großflächenflimmern:** Diese Störung entsteht durch das Wiederholspektrum bei 50 Hz. Die Spektralbereiche um **A** wirken als Flimmern, da das gesamte Signal mit der Halbbildfrequenz (50 Hz) zeitlich moduliert wird. Besonders in Bereichen mit großer Helligkeit ist dieses Wiederholspektrum gut sichtbar.

- **25 Hz Detail-/Kantenflackern:** Insbesondere vertikal hochfrequente Signalanteile, die mit der Vollbildfrequenz (25 Hz) moduliert sind (Bereich **B**), erzeugen hier ein stark störendes Flackern, was die nutzbare Vertikalauflösung stark beeinträchtigt. Auch das 25 Hz Kantenflackern liegt im Frequenzbereich hoher Flimmerempfindlichkeit.

- **Zeilenwandern:** Das Wiederholspektrum bei 25 Hz führt weiterhin im Bereich um **C** (25 Hz, 1/2d) zum sogenannten Zeilenwandern. Hierbei wird ein wanderndes doppelt grobes Zeilenraster sichtbar. In hellen Bildbereichen werden insbesondere Vertikalbewegungen horizontaler Strukturen beeinträchtigt, da ihnen diese Wanderungsbewegung überlagert wird. (Hier kann der Spektralpunkt **C** mit einem korrespondierenden Spektralpunkt bei den gespiegelten negativen Frequenzen zum gescherten Spektrum der Abtastfrequenz selber interpretiert werden, vgl. Abschnitt 2.3.)

- **Vertikalalias:** Der Bereich **D** ist für den Vertikalalias verantwortlich. Diese Störungen entstehen durch eine ungenügende vertikale Vorfilterung vor der Abtastung. Sie können durch entsprechende Vor- und Nachfilterungstechniken [Wendland82], [Schröder83] beseitigt werden. Weiterhin werden diese Störstrukturen auch durch die Wiedergabeapertur vieler Bildröhren (breiter Elektronenstrahl) unterdrückt. Die angedeutete Auflösungsgrenze des Wiedergabemonitors sinkt dann hin zu niedrigeren Ortsfrequenzen. Da der Vertikalalias zeitlich unmoduliert ist, trägt er nicht zum Flimmereindruck bei.

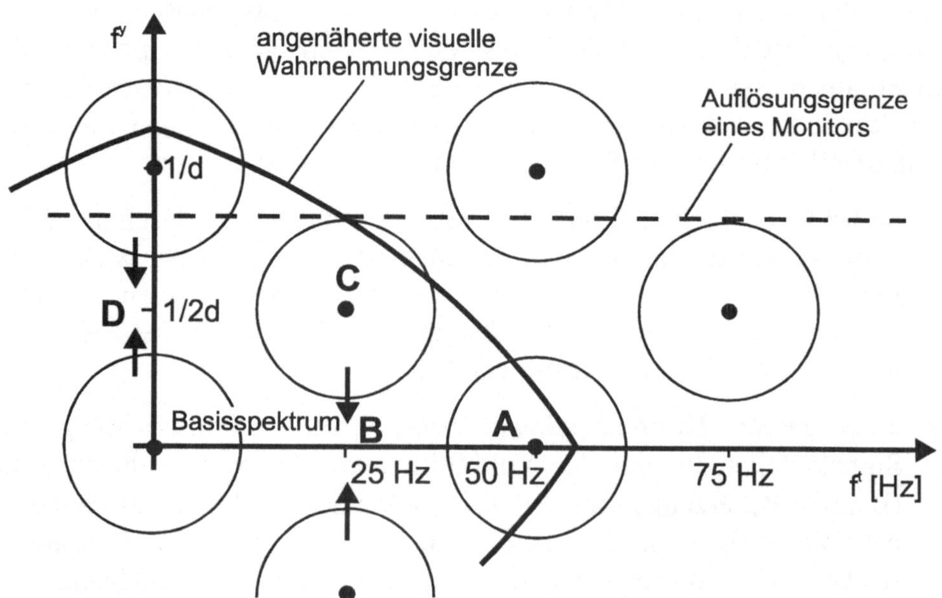

Bild 3.30:   Spektrum eines im Zeilensprung abgetasteten Signals in der f^y-f^t Ebene
[Schröder84]

Zu betrachten wäre noch der Einfluß des zeitlichen Alias bei Bewegung. Dieser ist durch die nicht exakte zeitliche Vorfilterung im (CCD- oder

Röhren-) Sensor bzw. der Kamera gegeben. Nimmt man eine effektive zeitliche Integrationsdauer (wie in den obigen Beispielen) mit T an, dann gilt für die wirkende zeitliche Aperturfilterung:

$$h_k(t) = \sqcap_T\left(t - \frac{T}{2}\right) \tag{3.45}$$

$$H_k\left(f^t\right) = \mathrm{si}\left(2\pi f^t\,\frac{T}{2}\right) \cdot e^{-j2\pi f^t(T/2)} \quad . \tag{3.46}$$

Für die Analyse der zeitlichen Aliasstörungen bei Zeilensprung sei wiederum der Grundbereich der si-Funktionen betrachtet. Mit einer Integrationsdauer über ein Teilbild folgt für die erste si-Nullstelle

$$f_0^t = \frac{1}{T} = f_s^t \quad . \tag{3.47}$$

Ersichtlich sind heftige Stroboskopeffekte bei bewegten Objekten insbesondere für periodische Muster aufgrund der erheblichen spektralen Überlappungen zu erwarten (siehe Bild 3.31).

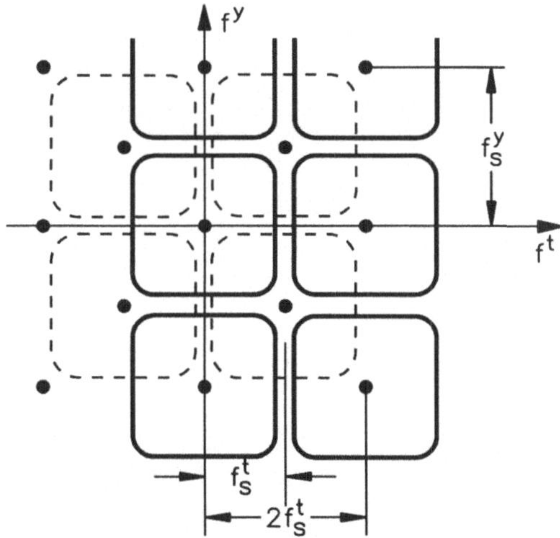

Bild 3.31: Schematische Darstellung der Spektren bei Zeilensprungsignalen, Überlappungen durch fehlende zeitlich-räumliche Vorfilterung

4 Diskrete Signale und lineare Systeme

4.1 Definition von diskreten Signalen, Wertefolgen

1D- und 2D-Wertefolgen

Diskrete Zeitsignale sind auf der Basis des in Kapitel 3 dargestellten Abtastmodells zu diskreten Zeiten $t = n \cdot T$ (T: Abtastintervall) definiert. Die dadurch gegebene (Abtast-) Wertefolge kann als Folge (bzw. Sequenz) der aufgrund der Abtastung gewichteten Diracimpulse (präziser deren Gewichte) aufgefaßt werden und wird durch

$$\{s(nT)\} \quad \text{bzw.} \quad s(nT) \quad N_1 \le n \le N_2 \, , \tag{4.1}$$

repräsentiert. Es wird häufig angenommen, daß $s(nT)$ nicht nur für $N_1 \le n \le N_2$ sondern für $-\infty < n < \infty$ definiert ist

$$\{s(nT)\} \quad \text{bzw.} \quad s(nT) \quad -\infty < n < \infty \quad . \tag{4.2}$$

Weiterhin gilt für eine im Intervall $[N_1, N_2]$ finite Sequenz (siehe Bild 4.1)

$$s(nT) = \begin{cases} s(nT) & N_1 \le n \le N_2 \\ 0 & \text{sonst} \end{cases}, \tag{4.3}$$

während eine infinite Sequenz keine endliche Bereichsdefinition aufweist (siehe Bild 4.1). In Fällen, in denen eine *Matrix- oder Vektordarstellung* der Sequenz nützlich ist, wird zur Fettschrift übergegangen:

$$\vec{s} = \{s(nT)\} \quad . \tag{4.4}$$

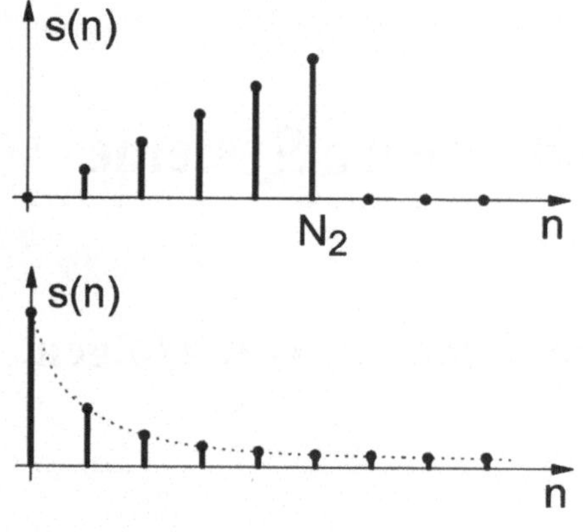

$$\{s(n)\} = \begin{cases} n & 0 \le n \le N_2 \\ 0 & \text{sonst} \end{cases} \tag{4.5}$$

$$\{s(n)\} = \begin{cases} a^n & n \ge 0 \\ 0 & \text{sonst} \end{cases} \tag{4.6}$$

$$\text{mit } 0 < a < 1$$

Bild 4.1:   Beispiele für Signalsequenzen

Prinzipiell kann eine Sequenz als Folge von Zahlen (Tabelle) oder durch ein Bildungsgesetz gegeben sein. Eine Sequenz kann ein abgetastetes *Nachrichtensignal* repräsentieren (z.B. ein akustisches Signal oder ein Bildsignal). Dann ist es selbstverständlich nicht deterministisch beschreibbar, sondern nur *mit Hilfe von stochastischen Signalmodellen*. Das zugrundeliegende Signal schließlich muß nicht notwendig ein Zeitsignal sein, sondern es können auch Abtastwerte der Funktion einer anderen unabhängigen Variablen (z.B. dem Ort bei zweidimensionalen Bildern) in gleicher Weise dargestellt werden.

Ein zweidimensionales diskretes Signal (2D-Sequenz, Feld, Array) ist als eine Funktion definiert, für eine Menge von Paaren ganzer Zahlen

$$\{s(n_x, n_y)\} \text{ oder } s(n_x, n_y), \quad -\infty < n_x, n_y < \infty \quad . \tag{4.7}$$

Eine Interpretation als Feld (vgl. Bild 4.1) von Abtastwerten an den Punkten (n_x, n_y) ist zur Beschreibung von abgetasteten Bildern[1] hilfreich. Häufig sind gerade zur Bildbeschreibung solche 2D-Sequenzen nur für

---

[1]Es wird hier für dieses Buch, soweit nicht anders vermerkt, ein orthogonales Abtastraster angenommen. Andere Abtastraster sind möglich und werden in der Bild- und Videosignalverarbeitung angewendet [DudgeMers84], [Wendland88].

einen bestimmten Bereich in der (n_x, n_y)-Ebene definiert ("area of support"). Es wird dann zweckmäßig angenommen, daß die Abtastwerte außerhalb dieses Bereiches zu Null werden, also eine finite 2D-Sequenz vorliegt und Glg. (4.7) Gültigkeit behält.

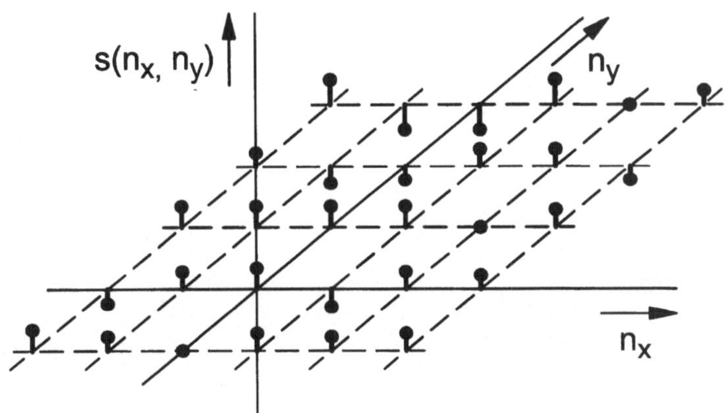

Bild 4.2:   Beispiel für 2D-Sequenz

1D-Elementarsequenzen: Einheitsimpulsfolge, Einheitssprungfolge, Exponentialfolge

Verschiedene Elementarsequenzen werden gerne zur Definition, Charakterisierung und Messung der Übertragungseigenschaften diskreter Netzwerke und Übertragungssysteme verwendet. 1D-Einheitsimpulsfolge und 1D-Einheitssprungfolge sind entsprechend Bild 4.3 definiert. Die Einheitsimpulsfolge hat in der Darstellung diskreter Signale ähnliche Funktionen wie bei analogen Signalen der δ-Impuls, z.B. zur Definition der (Einheits-) Impulsantwort (*point spread function*).

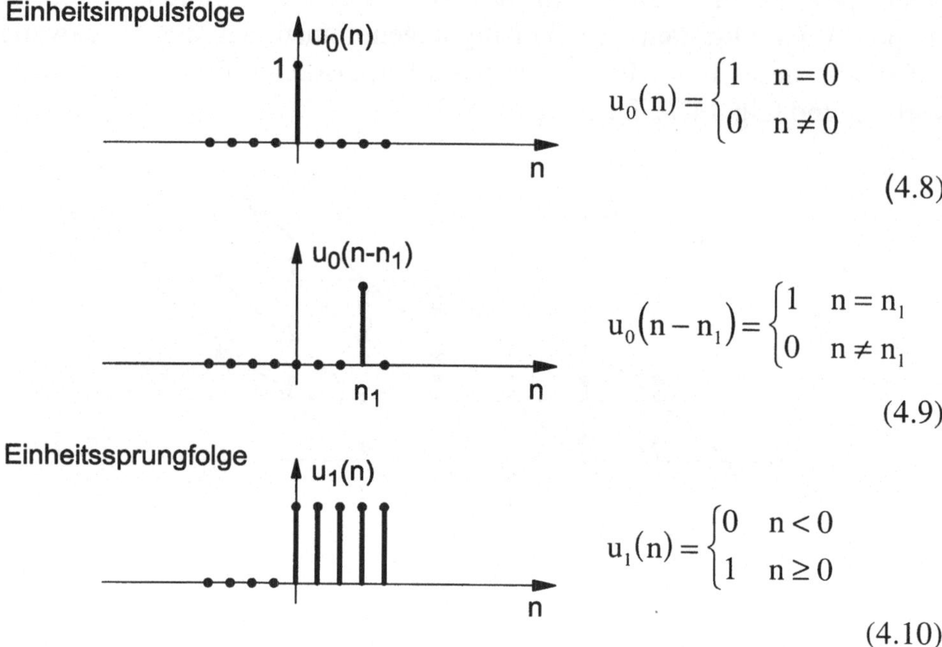

$$u_0(n) = \begin{cases} 1 & n = 0 \\ 0 & n \neq 0 \end{cases}$$

$$(4.8)$$

$$u_0(n - n_1) = \begin{cases} 1 & n = n_1 \\ 0 & n \neq n_1 \end{cases}$$

$$(4.9)$$

$$u_1(n) = \begin{cases} 0 & n < 0 \\ 1 & n \geq 0 \end{cases}$$

$$(4.10)$$

Bild 4.3:   Elementarsequenzen

Die Einheitsimpulsfolge und Einheitssprungfolge sind durch Summation

$$u_1(n) = \sum_{k=-\infty}^{n} u_0(k) \qquad (4.11)$$

verknüpft, so wie bei kontinuierlichen Signalen Sprungfunktion und Deltaimpuls durch Integration verbunden sind.

Weitere wichtige Elementarsequenzen sind die *Cosinusfolge* (Bild 4.4) und die *Exponentialfolge*.

Die Cosinusfolge ist ein Spezialfall der allgemeinen Exponentialfolge:

$$s(n) = \hat{s} \cdot e^{j\Theta_1 n} = \hat{s} \cdot \left(\cos\Theta_1 n + j\sin\Theta_1 n \right) \quad . \qquad (4.12)$$

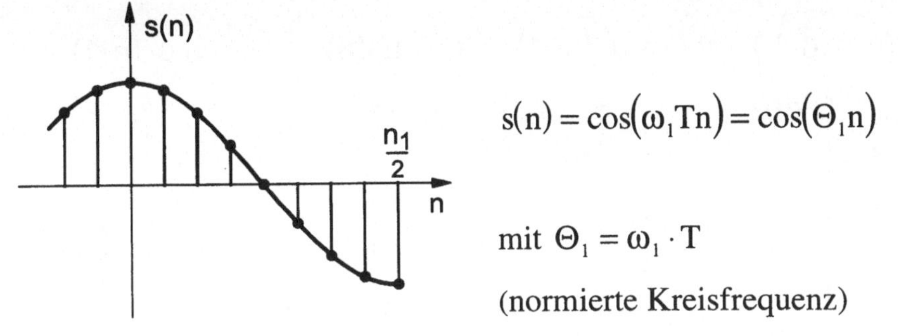

$$s(n) = \cos(\omega_1 T n) = \cos(\Theta_1 n) \quad (4.13)$$

$$\text{mit } \Theta_1 = \omega_1 \cdot T$$

(normierte Kreisfrequenz)

Bild 4.4:   Cosinusfolge

Zu beachten ist, daß $s(n) = \cos\Theta_1 n$ nur unter der Bedingung

$$\Theta_1 \cdot n_1 = k \cdot 2\pi \quad , \text{k ganzzahlig,} \qquad (4.14)$$

$$n_1 = \frac{k \cdot 2\pi}{\Theta_1} \quad ,$$

eine in 2π periodische Sequenz ist (wie in Bild 4.4 dargestellt). Offensichtlich muß Θ_1 ein rationales Vielfaches $\left(\frac{k}{n_1}\right)$ von 2π sein.

Darstellung von Sequenzen mit dem 1D-Einheitsimpuls

Eine Folge $s(n)$ kann als Summe skalar gewichteter Einheitsimpulse dargestellt werden. Es gilt die Identität (vgl. Bild 4.5):

$$s(n) = \sum_{m=-\infty}^{\infty} s(m) \cdot u_0(n - m) \quad . \qquad (4.15)$$

Beispiel

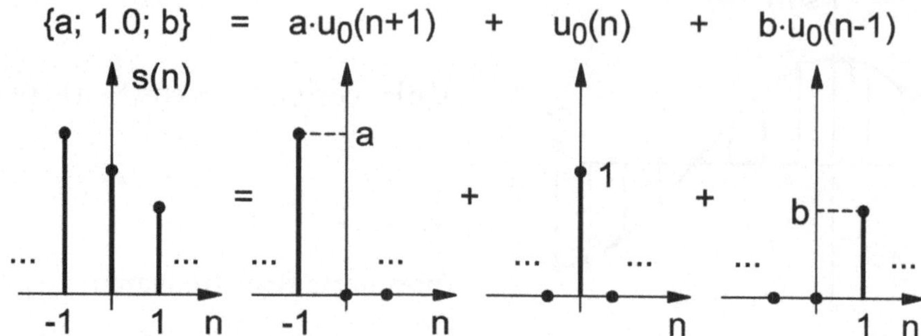

Bild 4.5:   Sequenzdarstellung mit Einheitsimpulsen

2D-Elementarsequenzen: Einheitsimpuls, Einheitssprung, Exponentialfolge

Die 2D-Einheitsimpuls-Sequenz ist definiert entsprechend Bild 4.6. Als Reaktion auf diesen 2D-Einheitsimpuls wird später die 2D-Impulsantwort diskreter Systeme definiert.

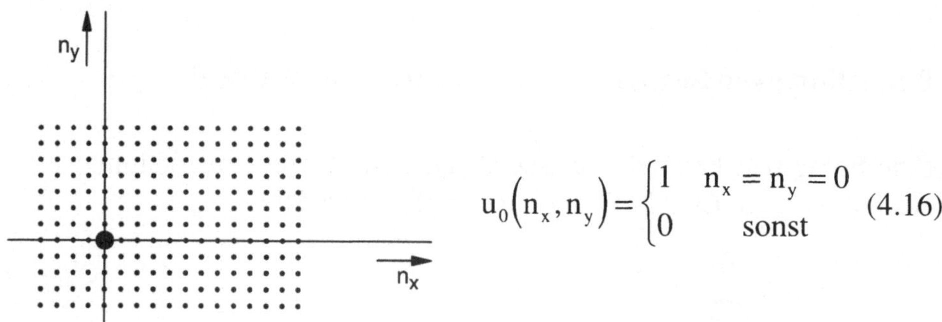

$$u_0\big(n_x, n_y\big) = \begin{cases} 1 & n_x = n_y = 0 \\ 0 & \text{sonst} \end{cases} \quad (4.16)$$

Bild 4.6:   2D-Einheitsimpuls (Aufsicht)

2D-Linienimpuls-Sequenz

Im zweidimensionalen Raum lassen sich 2D-Linienimpulsfolgen definieren (Bild 4.7):

$$u_0(n_x) = f(n_x, n_y) = \begin{cases} 1 & n_x = 0, \forall n_y \\ 0 & \text{sonst} \end{cases} , \qquad (4.17)$$

$$u_0(n_y) = f(n_x, n_y) = \begin{cases} 1 & n_y = 0, \forall n_x \\ 0 & \text{sonst} \end{cases} . \qquad (4.18)$$

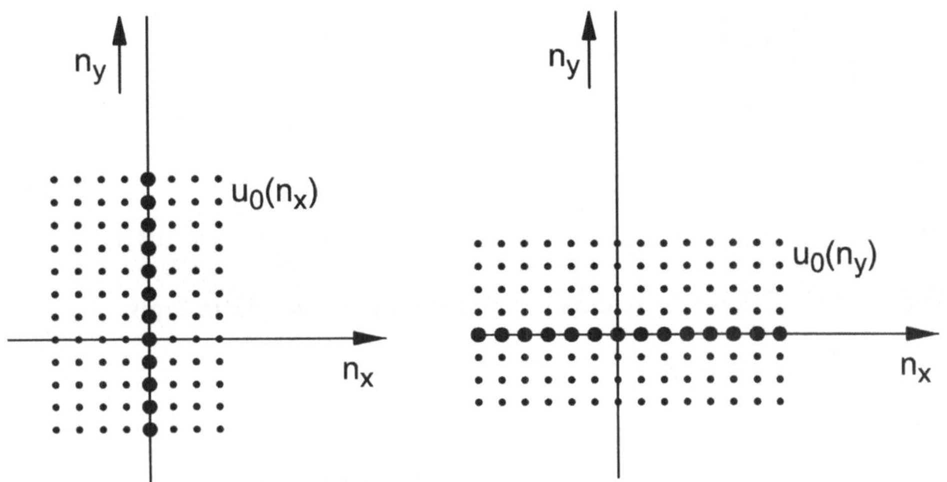

Bild 4.7:   2D-Linienimpulsfolgen

Diese 2D-Linienimpulsfolgen ermöglichen die Definition einer eindimensionalen Reaktion zweidimensionaler Systeme (*line spread function*). Der 2D-Einheitsimpuls (4.16) kann offensichtlich mit (4.17), (4.18) als Produkt zweier 1D-Einheitsimpulse dargestellt werden:

$$u_0(n_x, n_y) = u_0(n_x) \cdot u_0(n_y) \quad . \qquad (4.19)$$

Die 2D-Sprungfolge wird entsprechend Bild 4.8 gebildet. Sie kann ebenfalls als Produkt zweier 1D-Sprungfolgen dargestellt werden:

$$u_1(n_x, n_y) = u_1(n_x) \cdot u_1(n_y) \quad . \qquad (4.20)$$

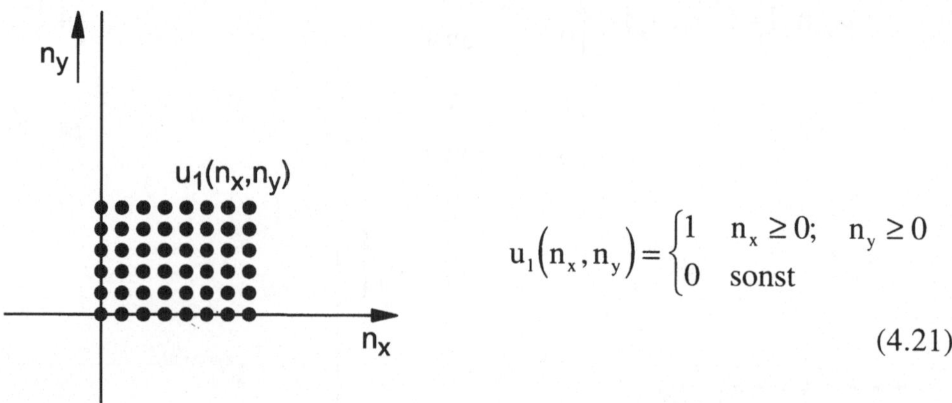

$$u_1\left(n_x, n_y\right) = \begin{cases} 1 & n_x \geq 0; \quad n_y \geq 0 \\ 0 & \text{sonst} \end{cases}$$

$$(4.21)$$

Bild 4.8:   Sprungfolge

Auch 2D-Exponentialsequenzen lassen sich geeignet definieren

$$s\left(n_x, n_y\right) = \hat{s} \cdot e^{j\Theta_x n_x} \cdot e^{j\Theta_y n_y}$$

$$(4.22)$$

$$= \hat{s} \cdot \left[\cos\left(\Theta_x n_x + \Theta_y n_y\right) + j \sin\left(\Theta_x n_x + \Theta_y n_y\right)\right]$$

$$\text{für} - \infty < n_x, n_y < \infty \quad .$$

Mit ihrer Hilfe läßt sich das Konzept einer diskreten ortsfrequenten Schwingung anschaulich darstellen. Es sei hierzu eine zweidimensionale Schwingung gegeben, die zur besseren Darstellbarkeit durch einen zusätzlichen Gleichanteil amplitudenverschoben ist (Bild 4.9)

$$s_1\left(n_x, n_y\right) = 1 + \cos\left[\Theta_{x1} n_x + \Theta_{y1} n_y\right] \quad -\infty < n_x, n_y < \infty \quad . \qquad (4.23)$$

Es sind hier Θ_{x1}, Θ_{y1} die normierten Kreisfrequenzkomponenten der Schwingung

$$\Theta_{x1} = u_1 \cdot x_0$$
$$\Theta_{y1} = v_1 \cdot y_0 \ ,$$

$$(4.24)$$

worin x_0, y_0 die Abtastintervalle sind.

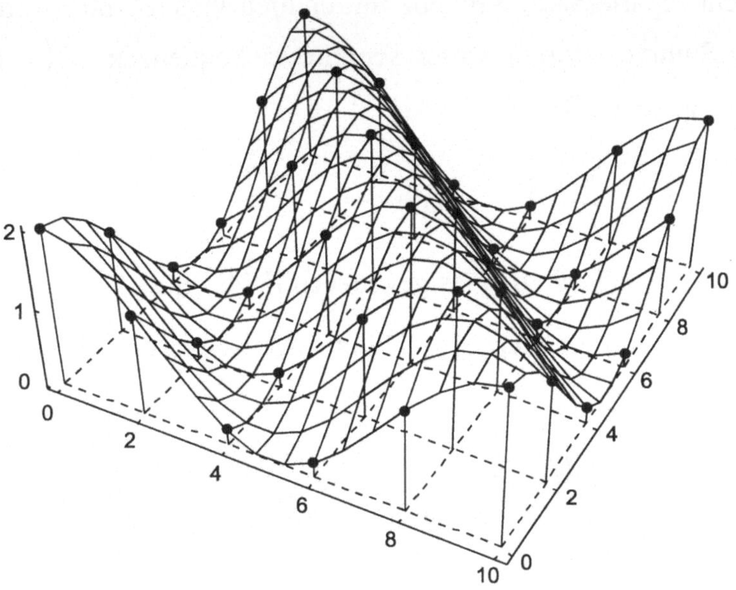

Bild 4.9: Diskrete ortsfrequente 2D-Schwingung

Mit

$$u_1 = 2\pi \cdot f_1^x$$
$$v_1 = 2\pi \cdot f_1^y$$

(4.25)

sind dann die zugehörigen Ortskreisfrequenzkomponenten der Schwingung gegeben.

Separierbare 2D-Sequenzen

Sequenzen heißen entsprechend der Definition kontinuierlicher 2D-Signale dann separierbar, wenn sie als Produkt zweier 1D-Sequenzen dargestellt werden können:

$$s\left(n_x, n_y\right) = s_x\left(n_x\right) \cdot s_y\left(n_y\right) \quad .$$

(4.26)

Jede (nicht separierbare) Sequenz mit endlich vielen Abtastwerten kann aber als Summe endlich vieler separierter Sequenzen $s_{ix}(n_x) \cdot s_{iy}(n_y)$ dargestellt werden [DudgeMers84]:

$$s(n_x, n_y) = \sum_{i=1}^{N} s_{ix}(n_x) \cdot s_{iy}(n_y) \quad , \tag{4.27}$$

z.B. Addition von Reihen eines gegebenen Feldes mit $u_0(n_y - i)$ der Einheitslinienimpulsfolge und $s_r(n_x, i)$ den jeweiligen Reihenimpulsfolgen:

$$s_{ix}(n_x) = s_r(n_x, i)$$
$$s_{iy}(n_y) = u_0(n_y - i) \tag{4.28}$$
$$s(n_x, n_y) = \sum_{i=1}^{N} s_r(n_x, i) \cdot u_0(n_y - i) \quad .$$

Finite 2D-Sequenzen

Finite 2D-Sequenzen mit rechteckig begrenzter Ausdehnung werden definiert als

$$s(n_x, n_y) = \begin{cases} s(n_x, n_y) & N_{x1} \le n_x \le N_{x2} , N_{y1} \le n_y \le N_{y2} \\ 0 & \text{sonst} \end{cases} \tag{4.29}$$

Diese rechteckige Flächendefinition ist ein Spezialfall. Allgemeine, beliebig geformte Ausdehnungsbereiche können verwendet werden.

Darstellung von 2D-Sequenzen durch den 2D-Einheitsimpuls

Ebenso wie im eindimensionalen Fall ist eine Darstellung von 2D-Sequenzen mit 2D-Einheitsimpulsen möglich

$$s(n_x, n_y) = \sum_{m_x=-\infty}^{\infty} \sum_{m_y=-\infty}^{\infty} s(m_x, m_y) \cdot u_0(n_x - m_x, n_y - m_y) \quad , \qquad (4.30)$$

mit $s(m_x, m_y)$ als skalaren Gewichtungen für die verschobenen Einheitsimpulse.

Elementare Operationen

Es lassen sich bei 2D-Sequenzen wie bei 1D-Sequenzen gleichartige elementare Operationen definieren. Diese werden als entsprechende elementare Komponenten für diskrete bzw. digitale Filter, die im nächsten Abschnitt beschrieben werden, realisiert:

- Addition zweier Sequenzen,

- skalare konstante Gewichtung einer Sequenz (Koeffizientenmultiplikation) und skalare zeit- oder ortsabhängige Gewichtung (variable Multiplikation, 1D- und 2D-Modulation),

- ein- und zweidimensionale Verschiebung.

Dabei ist zu beachten, daß als elementare Komponenten einer diskreten 2D-Schaltung neben Addierern und Multiplizierern *Einheitsverzögerungen in zwei Richtungen* bereitgestellt werden müssen (siehe Bild 4.10). Die Einheitsverzögerungen wirken auch als Zustandsspeicher, da die Menge aller Verzögerungselemente den aktuellen Zustand eines Filters speichert (siehe Bild 4.10).

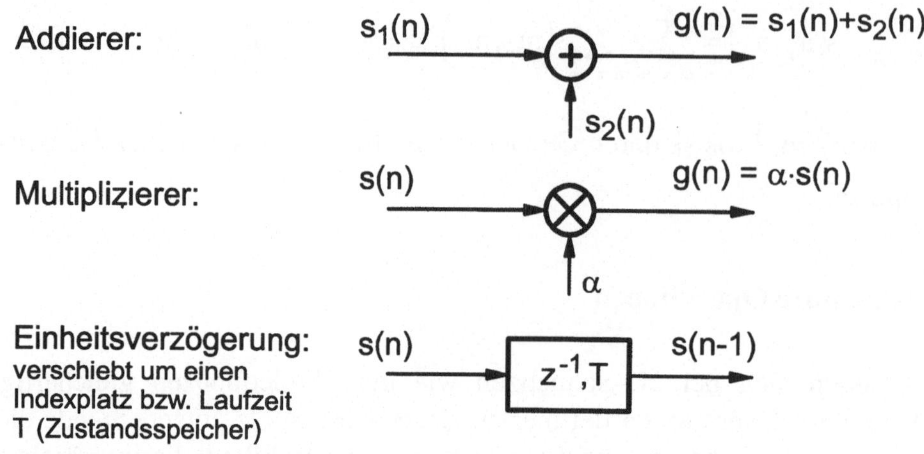

Bild 4.10:   Elemente eines digitalen Filters

4.2   Lineare, Verschiebungsinvariante 1D-Systeme (LVI-Systeme)

Eigenschaften

Ein diskretes System transformiert mit der Transformationsvorschrift

$$g(n) = f[s(n)] \tag{4.31}$$

eine Eingangsfolge s(n) in eine Ausgangsfolge g(n) (siehe Bild 4.11).

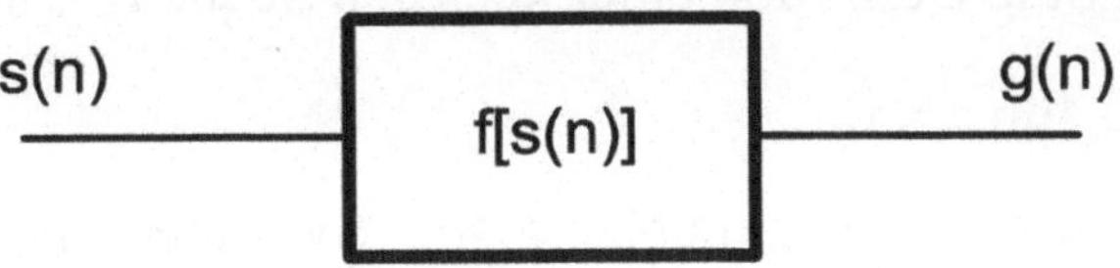

Bild 4.11:   Diskretes System

Die für lineare verschiebungsinvariante Systeme geltenden Eigenschaften
(Linearität, Verschiebungsinvarianz, Stabilität und Kausalität) können
unmittelbar aus der Definition für kontinuierliche Signale abgeleitet werden, indem diese nur zu diskreten Zeitpunkten betrachtet, also die kontinuierlichen unabhängigen Variablen durch entsprechende Zählindizes er-
setzt werden.

Beispielhaft sei hier die Kausalität noch einmal aufgegriffen. Für
$s(n) = 0$ für $n < n_1$ folgt bei einem kausalen System:

$$g(n) = 0 \quad \text{für} \quad n < n_1 \quad . \tag{4.32}$$

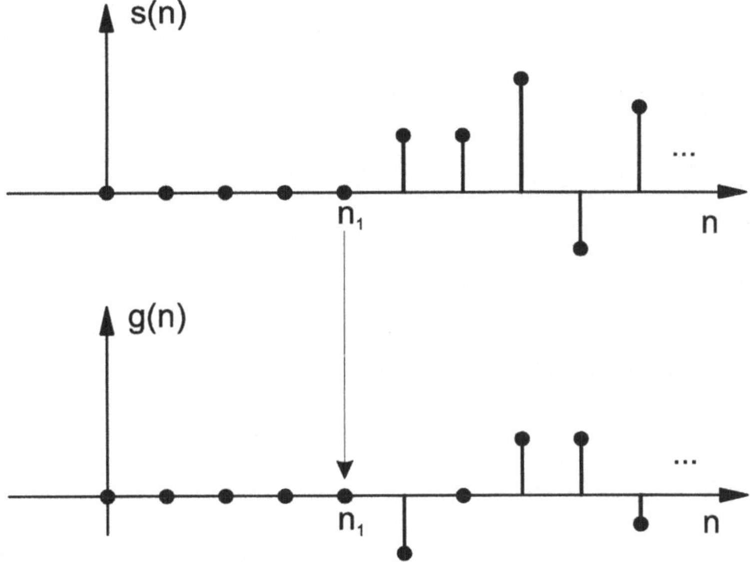

Bild 4.12:   Kausalität

Für $n_1 = 0$ folgt die Definition einer kausalen Sequenz

$$s(n) = 0 \text{ für } n < 0 \quad .$$ (4.33)

Kausalität beschreibt bei zeitabhängigen Systemen das physikalische Prinzip, daß die Wirkung nicht vor dem Eintreten ihrer Ursache entstehen kann (vgl. Abschnitt 2.2). Bei nicht zeitabhängigen (z.B. ortsabhängigen) Systemen kann man Kausalität zwar formal definieren, jedoch ohne den entsprechenden physikalischen Hintergrund.

Einheitsimpulsantwort, Diskrete Faltung

Zur Charakterisierung eines linearen verschiebungsinvarianten Systems kann zweckmäßig die Einheitsimpulsantwort verwendet werden (siehe Bild 4.13).

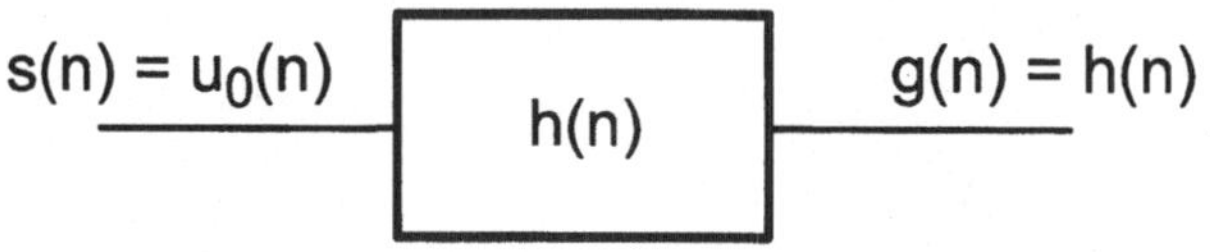

Bild 4.13:   Einheitsimpulsantwort, Definition

$$g(n) = f\big[s(n)\big] = f\big[u_0(n)\big] = h(n)$$ (4.34)

Zur Verkürzung wird h(n) auch einfach Impulsantwort genannt.

Die Systemantwort g(n) eines linearen verschiebungsinvarianten Systems (Impulsantwort h(n)) wird durch die diskrete Faltung ermittelt (siehe z.B. [RabGold75], [Schüßler94], [RobMull87]). Nach Glg. (4.15) gilt für die Eingangsfolge die Identität:

$$s(n) = \sum_{m=-\infty}^{\infty} s(m) \cdot u_0(n - m) \quad .$$ (4.35)

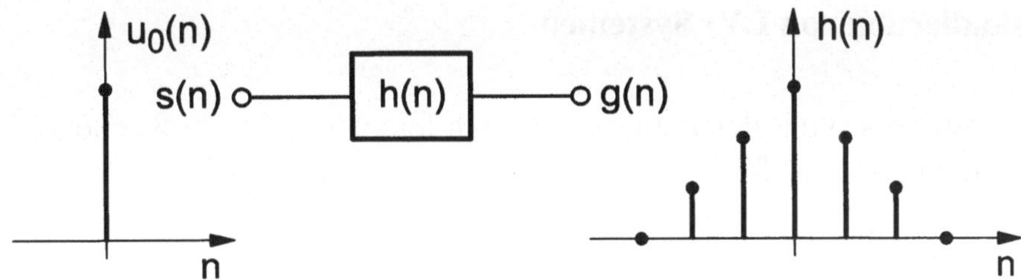

Bild 4.14: Impulsantwort

Ist h(n) die Impulsantwort, so findet man die allgemeine Systemantwort durch Überlagerung (Linearität!) der einzelnen, mit s(m) gewichteten, verschobenen (Verschiebungsinvarianz!) Impulsantworten. Kausalität muß nicht vorausgesetzt werden.

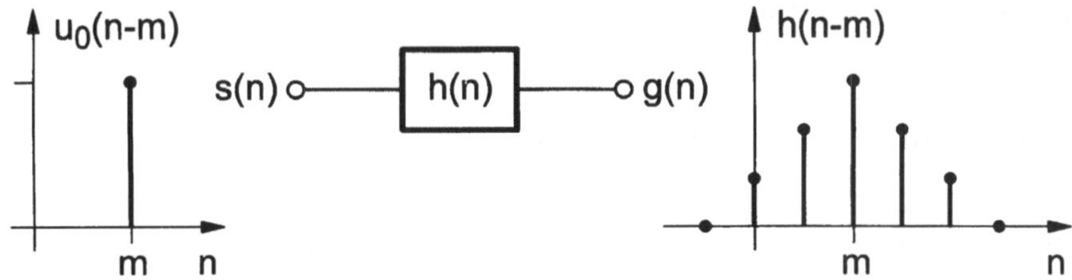

Bild 4.15: Verschobene Impulsantwort

Hieraus folgt das diskrete Faltungsgesetz ($*$ = Faltungsoperator)

$$g(n) = \sum_{m=-\infty}^{\infty} s(m) \cdot h(n-m) = s(n) * h(n) \quad , \tag{4.36}$$

bzw. nach Substitution die kommutative Form

$$g(n) = \sum_{m=-\infty}^{\infty} h(m) \cdot s(n-m) = h(n) * s(n) \quad . \tag{4.37}$$

Kaskadierung von LVI Systemen

Die Kommutativität der Faltung läßt sich leicht zeigen (4.38) ebenso das Assoziativgesetz (4.39)[1]

$$s * h = h * s \quad , \tag{4.38}$$

$$\left(s * h_1\right) * h_2 = s * \left(h_1 * h_2\right) \quad . \tag{4.39}$$

Graphische Darstellung der diskreten Faltung

Eine graphische Darstellung der diskreten Faltung ist in Bild 4.16 gezeigt. Offensichtlich besteht die Operation aus Verschiebungen, Multiplikationen und Additionen.

BIBO- Stabilität eines Netzwerkes

Zur Charakterisierung der "Größe", der "Mächtigkeit" eines Signals werden vorteilhaft die verschiedenen Normen (siehe z.B. [RobMull87]) verwendet:

- Tschebyscheff Norm:

$$\left\| \{s(n)\} \right\|_\infty = \mathrm{Max}\left\{ |s(n)| : -\infty < n < \infty \right\} \; , \tag{4.40}$$

- Lineare Norm:

$$\left\| \{s(n)\} \right\|_1 = \sum_{n=-\infty}^{\infty} |s(n)| \; , \tag{4.41}$$

- Quadratische Norm:

$$\left\| \{s(n)\} \right\|_2 = \sqrt{\sum_{n=-\infty}^{\infty} |s(n)|^2} \; . \tag{4.42}$$

---

[1] siehe auch die Darstellung der Faltung im Rahmen einer Faltungsalgebra [Lüke95]

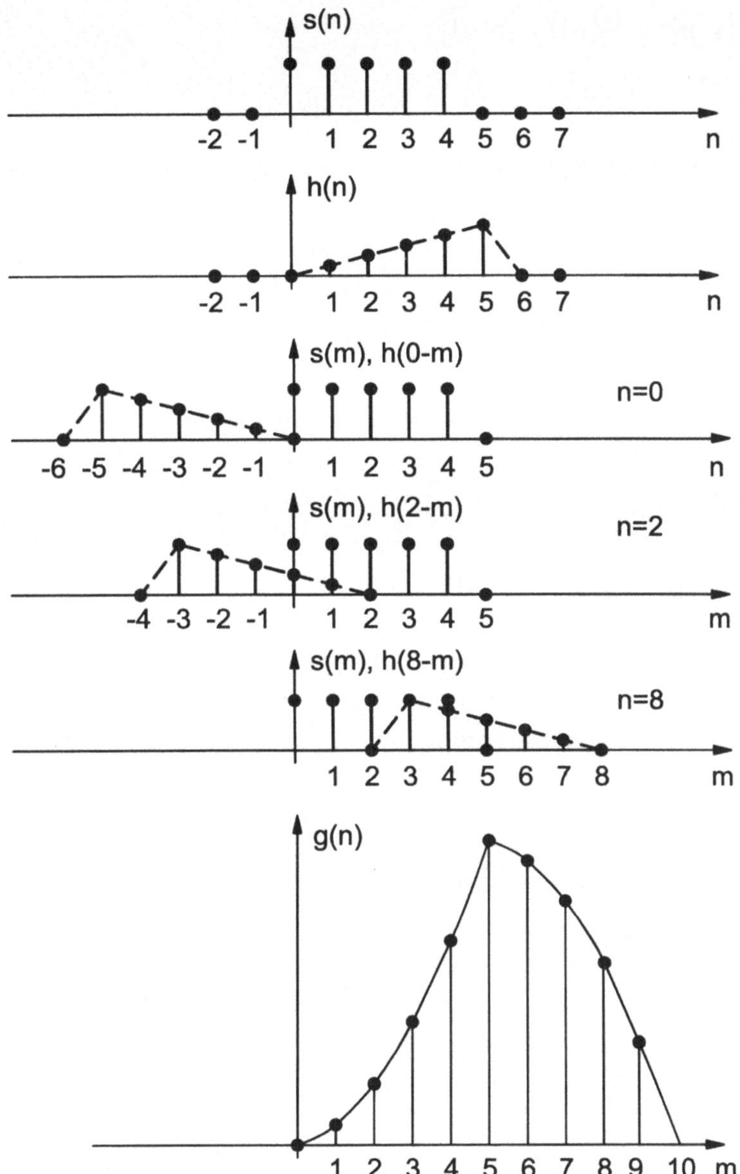

Bild 4.16: Graphische Darstellung der diskreten Faltung, Beispiel

Ist z.B. $\{s(n)\}$ beschränkt, so ist $\left\|\{s(n)\}\right\|_\infty \leq M_1 < \infty$. Für ein BIBO-stabiles System mit beschränktem Eingangssignal $s(n)$ gilt dann mit

$$\{g(n)\} = \{s(n)\} * \{h(n)\} \quad , \tag{4.43}$$

daß $\{g(n)\}$ ebenfalls beschränkt sein muß:

$$\|\{g(n)\}\|_\infty \leq M_g < \infty \quad . \tag{4.44}$$

Daraus folgt als Bedingung für BIBO-Stabilität

$$|g(n)| = \left| \sum_{m=-\infty}^{\infty} h(m) \cdot s(n-m) \right| \leq \sum_{m=-\infty}^{\infty} |h(m)| \cdot |s(n-m)|$$

$$\leq \sum_{m=-\infty}^{\infty} |h(m)| \cdot \|s(n-m)\|_\infty = \|h(m)\|_1 \cdot \|s(n)\|_\infty \tag{4.45}$$

und somit

$$\|h(n)\|_1 = \sum_{n=-\infty}^{\infty} |h(n)| \leq M_h < \infty \quad . \tag{4.46}$$

Daraus wiederum folgt, daß für ein BIBO-stabiles System die Summe der Beträge der Stützstellen der Impulsantwort beschränkt sein muß. Es läßt sich zeigen, daß diese Bedingung sowohl notwendig als auch hinreichend ist.

Nichtrekursive Filter (FIR-Filter)

Nichtrekursive Filter erzeugen endlich viele Werte der Impulsantwort, die nicht Null sind. Sie werden daher als finite impulse response (FIR-) Filter bezeichnet. Aus der Analogtechnik stammt der Begriff "Transversalfilter", der dort für Filter mit konzentrierten Verzögerungen für kontinuierliche Signale eingeführt ist.

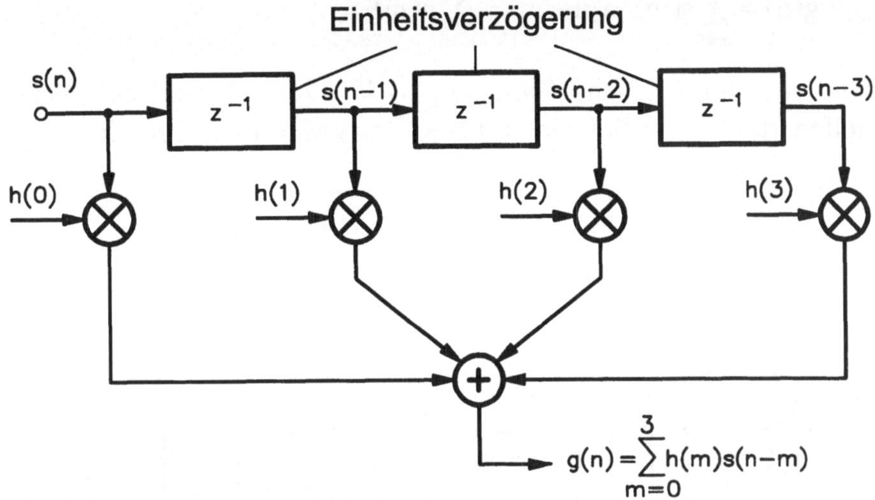

$$g(n) = \sum_{m=0}^{3} h(m)s(n-m)$$

Bild 4.17:   FIR-Filter mit vier Koeffizienten

Das Ausgangssignal des FIR-Filters berechnet sich allgemein nach der diskreten Faltung (4.37) zu

$$g(n) = \sum_{m=0}^{M-1} h(m) \cdot s(n-m) \quad . \tag{4.47}$$

Aufgrund des durch die Kette der Einheitsverzögerungen gebildeten "Fensters", wird zu jedem neuen Eingangswert s(n) ein neuer Ausgangswert g(n) abgegeben.

Für den Fall finiter Eingangs- und Koeffizientensequenz, d.h. endlich vieler (N bzw. M) Stützstellen, soll gelten:

$$s(n) = \begin{cases} s(n) & \text{für} \quad n = 0,1,...,N-1 \\ 0 & \text{sonst} \end{cases} \quad , \tag{4.48}$$

$$h(m) = \begin{cases} h(m) & \text{für} \quad m = 0,1,...,M-1 \\ 0 & \text{sonst} \end{cases} \quad , \tag{4.49}$$

d.h. es sind N Eingangswerte und M Koeffizienten gegeben. Die Berechnung erfolgt mit Hilfe der Faltungssumme (4.37):

$$g(n) = \sum_{m=0}^{N-1} s(m) \cdot h(n-m) = \sum_{m=0}^{M-1} h(m) \cdot s(n-m) \quad . \tag{4.50}$$

Anhand von Bild 4.17 und Gleichung (4.47) läßt sich ein Rechenschema aufstellen, das für ein Beispiel mit $N = 3$ und $M = 4$ gezeigt wird:

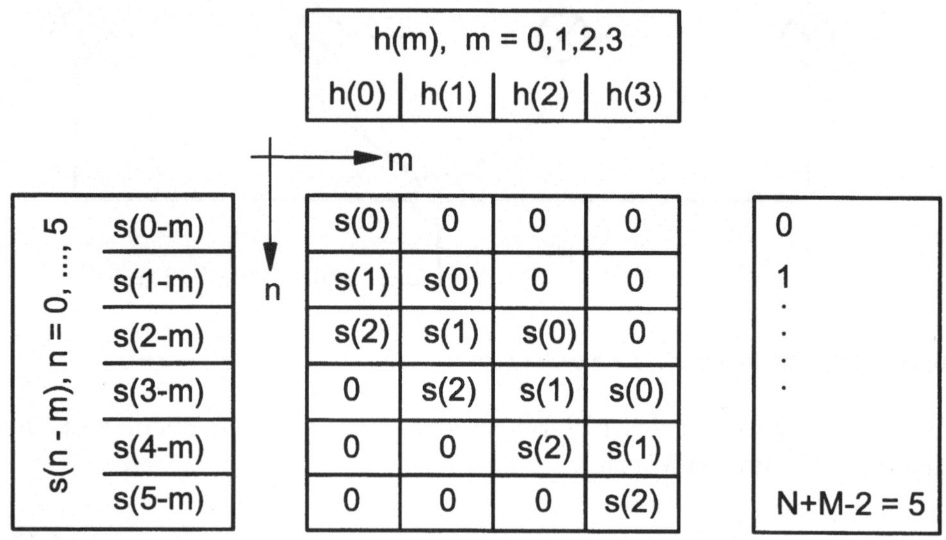

Bild 4.18:   Rechenschema zur diskreten Faltung

Es ergeben sich Werte des Ausgangssignals von $s(n-m) = s(0)$, d.h. $n = m$ bis $s(n-m) = s(2)$, d.h. $n = 2+m$.

Die Länge der Ausgangssequenz aus der Faltung zweier finiter Sequenzen ist allgemein bestimmt durch den Bereich der Zählvariablen und beträgt $N + M - 1$ Stützstellen. Im Beispiel ist die Länge gegeben durch:

Minimum des Index: $n - m = 0$ für $n, m = 0$ $\rightarrow n = 0$

Maximum des Index: $n - m = 2$ für $m = M - 1$ $\rightarrow n = N + M - 2 = 5$

Offensichtlich ist eine Matrixdarstellung der Faltungssumme für den Fall finiter Sequenzen zweckmäßig:

$$\vec{\mathbf{h}}_1 = \left\{h(m)\right\}_M^T = \begin{bmatrix} h(0) \\ h(1) \\ \vdots \\ h(M-1) \end{bmatrix} \quad , \quad \vec{\mathbf{g}} = \left\{g(n)\right\}_{N+M-1}^T = \begin{bmatrix} g(0) \\ g(1) \\ \vdots \\ g(N+M-2) \end{bmatrix}$$

$$\mathbf{s}_1 = \left[s(n-m)\right] = \begin{bmatrix} s(0) & 0 & \cdots\cdots & 0 \\ s(1) & s(0) & \cdots\cdots & 0 \\ \cdot & s(1) & \cdots\cdots & 0 \\ \cdot & \cdot & \cdots\cdots & 0 \\ s(N-1) & \cdot & \cdots\cdots & s(0) \\ 0 & s(N-1) & \cdots\cdots & s(1) \\ 0 & 0 & \cdots\cdots & \cdot \\ 0 & 0 & \cdots\cdots & \cdot \\ 0 & 0 & \cdots\cdots & s(N-1) \end{bmatrix}$$

Es gilt schließlich für die Faltung die Matrix-Vektor-Multiplikation:

$$\vec{\mathbf{g}} = \mathbf{s}_1 \cdot \vec{\mathbf{h}}_1 \quad . \tag{4.51}$$

Hierin ist $\mathbf{s}_1$ eine Matrix mit N+M-1 Zeilen entsprechend dem Ausgangs-signal und M Spalten entsprechend der Koeffizientenanzahl.

Ausgehend von der diskreten Faltung nach (4.50) findet man für finite Sequenzen die entsprechende kommutative Form der Matrix-Vektor-Darstellung mit

$$\vec{\mathbf{s}}_2 = \left\{s(m)\right\}_N^T = \begin{bmatrix} s(0) \\ s(1) \\ \vdots \\ s(N-1) \end{bmatrix}$$

$$\mathbf{h}_2 = \left[h(n-m)\right] = \begin{bmatrix} h(0) & 0 & \cdots\cdots & 0 \\ h(1) & h(0) & \cdots\cdots & 0 \\ \cdot & h(1) & \cdots\cdots & 0 \\ \cdot & \cdot & \cdots\cdots & 0 \\ h(M-1) & \cdot & \cdots\cdots & h(0) \\ 0 & h(M-1) & \cdots\cdots & h(1) \\ 0 & 0 & \cdots\cdots & \cdot \\ 0 & 0 & \cdots\cdots & \cdot \\ 0 & 0 & \cdots\cdots & h(M-1) \end{bmatrix} \quad .$$

Hiermit gilt für die Faltung entsprechend

$$\vec{\mathbf{g}} = \mathbf{h}_2 \cdot \vec{\mathbf{s}}_2 \quad . \tag{4.52}$$

Wesentliches Merkmal der entsprechenden, die Faltung beschreibenden, Matrizen ist die Besetzung von Diagonalen mit gleichen Werten (Toeplitz-Matrix, Streifenband-Matrix), bzw. die entsprechende zeilenweise Verschiebung der Matrixelemente [Jain89].

4.3 Lineare, Verschiebungsinvariante 2D-Systeme

Eigenschaften

Gegeben sei - entsprechend den eingeführten 1D-Systemen - ein LVI-System, das eine 2D-Eingangssequenz in eine 2D-Ausgangsfolge nach der Transformationsvorschrift f[ ] transformiert (Bild 4.19).

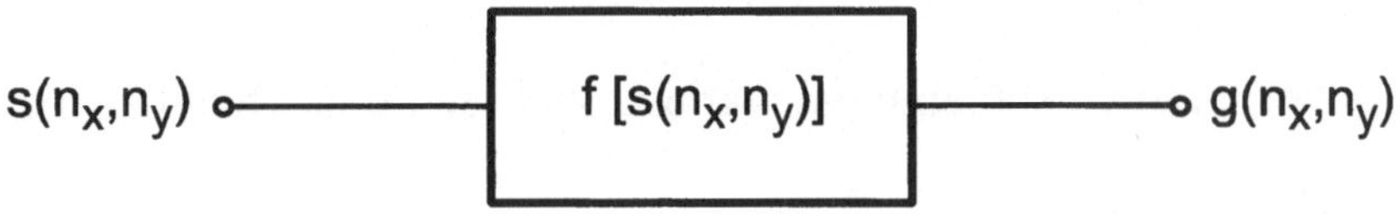

$$s(n_x,n_y) \quad \longrightarrow \quad \boxed{f\,[s(n_x,n_y)]} \quad \longrightarrow \quad g(n_x,n_y)$$

Bild 4.19: 2D-System

Es gelten wie bei den kontinuierlichen Systemen die entsprechenden Eigenschaften von LVI-Systemen (Linearität, Verschiebungsinvarianz, etc.).

Als 2D-Einheitsimpulsantwort wird hier entsprechend der Vorgehensweise im 1D-Fall die Antwort auf die 2D-Einheitsimpulssequenz definiert:

$$g\left(n_x,n_y\right) = f\left[s\left(n_x,n_y\right)\right] = f\left[u_0\left(n_x,n_y\right)\right] = h\left(n_x,n_y\right) \quad . \tag{4.53}$$

Für ein beliebiges Eingangssignal $s(n_x,n_y)$ kann mit (4.30) die Antwort eines linearen Systems durch Superposition der einzelnen, gewichteten Impulsantworten gefunden werden:

$$g\left(n_x,n_y\right) = \sum_{m_x=-\infty}^{\infty} \sum_{m_y=-\infty}^{\infty} s\left(n_x,n_y\right) \cdot h_{m_x,m_y}\left(n_x,n_y\right) \quad , \tag{4.54}$$

denn jede Eingangssequenz kann als Überlagerung gewichteter, verschobener Einheitsimpulse dargestellt werden.

Mit $g(n_x, n_y) = f[s(n_x, n_y)]$ der Antwort eines Systems auf $s(n_x, n_y)$ gilt schließlich für ein verschiebungsinvariantes System

$$f[s(n_x - m_x, n_y - m_y)] = g(n_x - m_x, n_y - m_y) \quad . \tag{4.55}$$

Das heißt, das System antwortet mit dem entsprechenden verschobenen Ausgangssignal (wie bei allen LVI-Systemen).

Die Eigenschaften Linearität und Verschiebungsinvarianz sind dabei voneinander unabhängig; z.B. ist eine skalare ortsabhängige Gewichtung

$$f[s(n_x, n_y)] = c(n_x, n_y) \cdot s(n_x, n_y) \tag{4.56}$$

linear, aber nicht verschiebungsinvariant, während eine Quadrierung

$$f[s(n_x, n_y)] = [s(n_x, n_y)]^2 \tag{4.57}$$

verschiebungsinvariant, aber nicht linear ist.

2D-Faltungsgesetz für diskrete Systeme

Aus (4.30), (4.54) folgt für lineare und verschiebungsinvariante Systeme die diskrete 2D-Faltung [DudgeMers84]. Es gilt zunächst für das Eingangssignal die Identität:

$$s(n_x, n_y) = \sum_{m_x} \sum_{m_y} s(m_x, m_y) \cdot u_0(n_x - m_x, n_y - m_y) \quad . \tag{4.58}$$

Es folgt hieraus wegen *Linearität* mit h_{m_x, m_y} als Impulsantwort an der Position (m_x, m_y)

$$g(n_x, n_y) = \sum_{m_x} \sum_{m_y} s(m_x, m_y) \cdot h_{m_x, m_y}(n_x, n_y) \quad , \tag{4.59}$$

und wegen *Verschiebungsinvarianz*

$$h_{m_x,m_y}\left(n_x,n_y\right) = h\left(n_x - m_x, n_y - m_y\right)$$

$$g\left(n_x,n_y\right) = \sum_{m_x}\sum_{m_y} s\left(m_x,m_y\right)\cdot h\left(n_x - m_x, n_y - m_y\right) \quad . \tag{4.60}$$

Gleichung (4.60) ist die diskrete 2D-Faltung, abgekürzt zur besseren Abgrenzung mit dem Doppeloperator ✶✶ :

$$g\left(n_x,n_y\right) = s\left(n_x,n_y\right) \mathbin{**} h\left(n_x,n_y\right) = h\left(n_x,n_y\right) \mathbin{**} s\left(n_x,n_y\right) \quad . \tag{4.61}$$

An einem einfachen Beispiel sei die diskrete 2D-Faltung anschaulich dargestellt. Gegeben seien zwei finite Sequenzen der Einfachheit halber mit konstanter Amplitude $s(n_x,n_y)$ und $h(n_x,n_y)$ entsprechend den dargestellten Mustern.

Die diskrete 2D-Faltung besteht dann aus den Schritten (siehe Bild 4.20):

- Spiegeln der Impulsantwort,

- Verschieben (zweidimensional) in jede Position,

- Multiplikation der platzgleichen Amplituden in jeder Position,

- und Addition der Teilprodukte zur Berechnung eines Ausgangswertes.

Separierbare Impulsantwort

Separierbare Systeme haben auch im diskreten Fall eine separierbare Impulsantwort

$$h\left(n_x,n_y\right) = h_x\left(n_x\right)\cdot h_y\left(n_y\right) \quad . \tag{4.62}$$

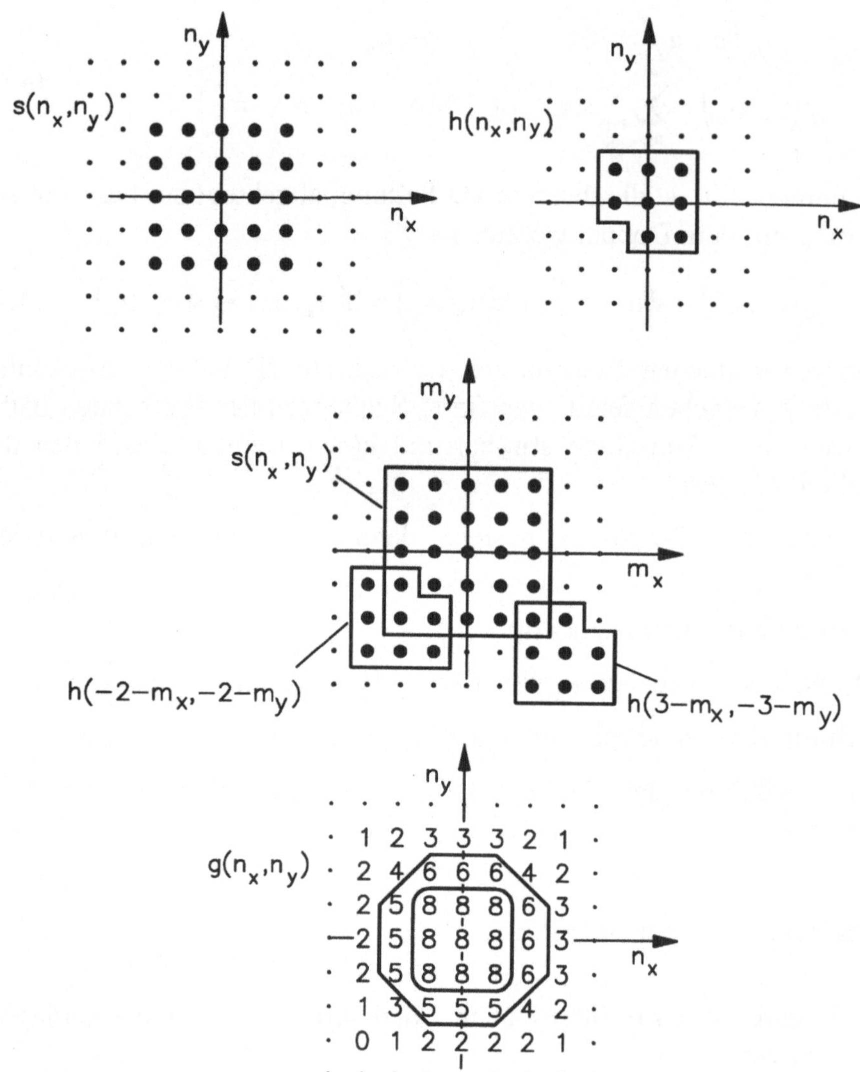

Bild 4.20:   2D-Faltung, Beispiel

Für die 2D-Faltung nach (4.61) gilt dann

$$g\left(n_x, n_y\right) = \sum_{m_x} \sum_{m_y} s\left(n_x - m_x, n_y - m_y\right) \cdot h_x\left(m_x\right) \cdot h_y\left(m_y\right)$$

$$= \sum_{m_x} h_x\left(m_x\right) \cdot \sum_{m_y} s\left(n_x - m_x, n_y - m_y\right) \cdot h_y\left(m_y\right) \qquad (4.63)$$

$$= h_x\left(n_x\right) * \left[s\left(n_x, n_y\right) * h_y\left(n_y\right)\right] \,,$$

und es ist wiederum die 2D-Faltung bei separierbarer Impulsantwort wie im kontinuierlichen Fall (siehe Abschnitt 2.2) als zweifache 1D-Faltung in beliebiger Reihenfolge durchführbar. Dabei ist die Faltungswirkung in diagonaler Richtung bei einer separierbaren Impulsantwort nicht frei bestimmbar, sondern aus den Impulsantworten in horizontaler und vertikaler Richtung bestimmt. Dies wird an einem einfachen Beispiel in Bild 4.21 deutlich. Ersichtlich ist *beim nicht separierbaren Tiefpaßfilter* in diagonaler Richtung die Filterwirkung *geeignet definierbar*, um z.B. eine rotationssymmetrische Impulsantwort zu erhalten.

0.25	0.5	**0.25**
0.5	1	0.5
0.25	0.5	**0.25**

separierbare
Impulsantwort
eines Tiefpasses

0.3	0.5	**0.3**
0.5	1	0.5
0.3	0.5	**0.3**

nicht separierbare
Impulsantwort
eines modifizierten
Tiefpasses

Bild 4.21:　Beispiel für eine separierbare und eine nicht separierbare Impulsantwort

Die 2D-Faltung mit separierbarer Impulsantwort besteht, wie oben ausgeführt, aus zwei eindimensionalen Faltungen in horizontaler und vertikaler Richtung. Dies wird an einem Beispiel in Bild 4.22 verdeutlicht.

$$\begin{bmatrix} 0.5 & 1 & 0.5 \end{bmatrix} \overset{\text{x-Richtung}}{*} \begin{bmatrix} 1 & 1 & 1 \\ 1 & 1 & 1 \\ 1 & 1 & 1 \end{bmatrix} = \begin{bmatrix} 0.5 & 1.5 & 2 & 1.5 & 0.5 \\ 0.5 & 1.5 & 2 & 1.5 & 0.5 \\ 0.5 & 1.5 & 2 & 1.5 & 0.5 \end{bmatrix}$$

$$\begin{bmatrix} 0.5 \\ 1 \\ 0.5 \end{bmatrix} \overset{\text{y-Richtung}}{*} \begin{bmatrix} 0.5 & 1.5 & 2 & 1.5 & 0.5 \\ 0.5 & 1.5 & 2 & 1.5 & 0.5 \\ 0.5 & 1.5 & 2 & 1.5 & 0.5 \end{bmatrix} = \begin{bmatrix} 0.25 & 0.75 & 1 & 0.75 & 0.25 \\ 0.75 & 2.25 & 3 & 2.25 & 0.75 \\ 1 & 3 & 4 & 3 & 1 \\ 0.75 & 2.25 & 3 & 2.25 & 0.75 \\ 0.25 & 0.75 & 1 & 0.75 & 0.25 \end{bmatrix}$$

Bild 4.22: Horizontale und vertikale Filterung

Zweidimensionale FIR-Filter

Eine direkte Realisierung eines 2D-FIR-Filters kann wiederum aus der diskreten 2D-Faltung bei finiter Impulsantwort entwickelt werden:

$$g(n_x, n_y) = \sum_{m_x=0}^{N_x-1} \sum_{m_y=0}^{N_y-1} h(m_x, m_y) \cdot s(n_x - m_x, n_y - m_y) \quad . \qquad (4.64)$$

Eine mögliche Schaltungsarchitektur[1], z.B. für ein zeilenweise organisiertes Bild, erhält man durch die Verbindung von N_x horizontalen Fil-

---

[1]Zur vereinfachten übersichtlichen Darstellung komplexer größerer Schaltungsnetzwerke werden üblicherweise vorteilhaft "Signalflußgraphen" verwendet. Hierbei werden Pfeile (gerichtete Kanten) als Operatoren und Knoten zur Signaldarstellung entsprechend folgenden Regeln verwendet (siehe z.B. [RobMull87]):

- Knoten repräsentieren Signale
- Pfeile repräsentieren Teilsysteme (Operatoren), die gerichtet mit Ein- und Ausgang definiert sind
- Für jeden Knoten kann eine Signalgleichung aufgestellt werden

Diese Nomenklatur dient nicht alleine zur übersichtlichen Darstellung sondern gestattet auch Berechnungen und Vereinfachungen mit Hilfe der Werkzeuge der Graphentheorie.

tern (die sämtlich parallel arbeiten können) mit vertikalen Verzögerungs-elementen an den Eingängen (siehe Bild 4.23) und mit einem gemein-samen Summenpunkt am Ausgang.

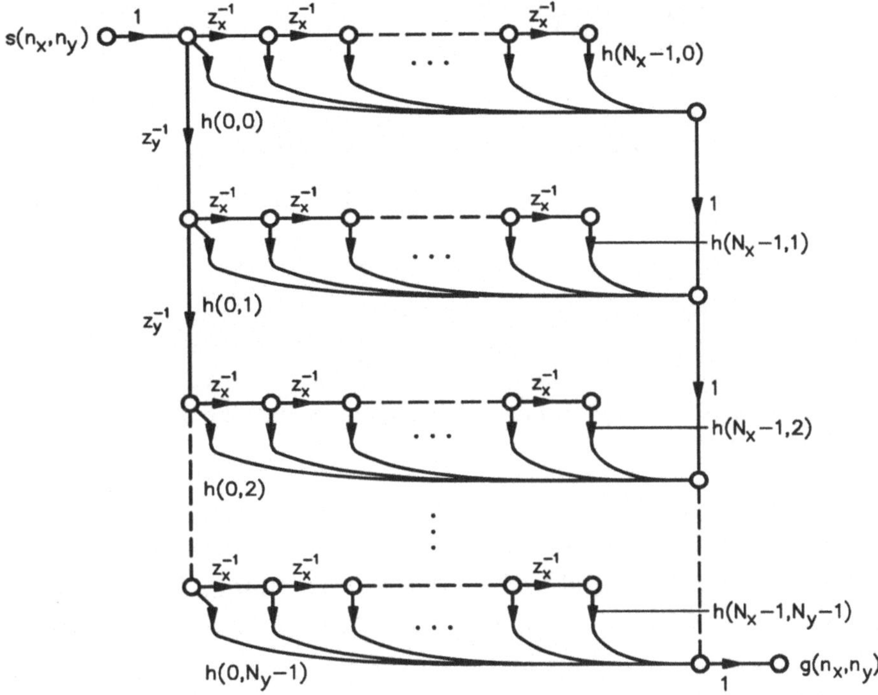

Bild 4.23: 2D-FIR-Filter, direkte Realisierung der 2D-Faltung

Für einen Ausgangswert sind hier $N_x \cdot N_y$ Multiplikationen zu berech-nen. Dies kann auf der Basis eines spezifischen Bausteins mit paralleler Signalverarbeitung, aber auch seriell mit Hilfe einer geeigneten prozes-sorbasierten Architektur ausgeführt werden.

Eine drastische Reduktion der Anzahl der nötigen Multiplikationen er-hält man mit Hilfe der separierten 2D-Faltung auf der Basis einer sepa-rierten Impulsantwort

$$g\big(n_x,n_y\big) = \sum_{m_x=0}^{N_x-1} h_x\big(n_x\big) \sum_{m_y=0}^{N_y-1} s\big(n_x-m_x,n_y-m_y\big)\cdot h_y\big(n_y\big) \quad . \tag{4.65}$$

Wie schon oben ausgeführt sind hier zwei eindimensionale diskrete Faltungen zu berechnen (siehe Bild 4.24).

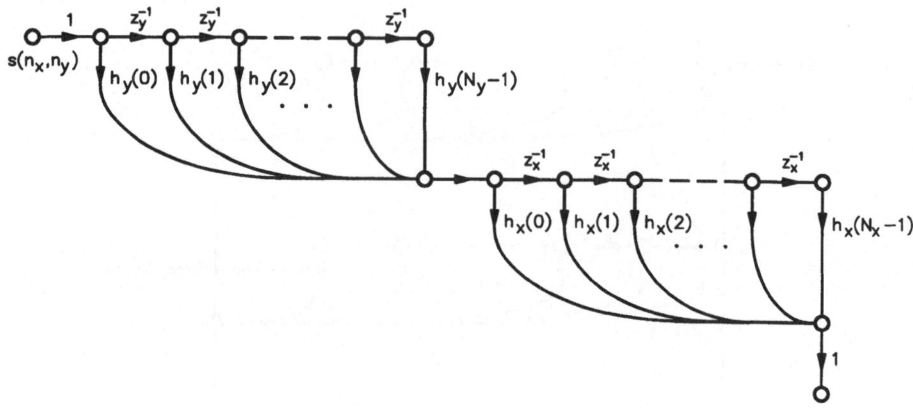

Bild 4.24:   Separierbares 2D-FIR-Filter, Serienschaltung eines Vertikal- und Horizontalfilters

Anstelle von $N_x \cdot N_y$ Multiplikationen sind hier offensichtlich N_x+N_y Multiplikationen auszuführen, allerdings wie schon erläutert, bei reduzierter diagonaler Beeinflußbarkeit der Filterwirkung. Es entsteht die diagonale Wirkung durch entsprechende Multiplikation der jeweils auf die Diagonale projizierten Verläufe.

4.4 1D-Übertragungsfunktion und Fouriertransformation

Definition der Übertragungsfunktion für diskrete 1D-Systeme

Für ein lineares verschiebungsinvariantes diskretes Netzwerk gilt die Faltungssumme (4.37) zur Berechnung des Ausgangssignals bei gegebener Impulsantwort und gegebener Eingangsfolge

$$g(n) = \sum_{m=-\infty}^{\infty} h(m) \cdot s(n-m) \quad . \tag{4.66}$$

Gegeben sei als Eingangssignal eine Exponentialfolge

$$s(n) = e^{j\Theta n} \quad . \tag{4.67}$$

Es folgt dann:

$$g(n) = \sum_{m=-\infty}^{\infty} h(m) \cdot e^{j\Theta(n-m)} = e^{j\Theta n} \left[\sum_{m=-\infty}^{\infty} h(m) \cdot e^{-j\Theta m} \right]$$
$$= e^{j\Theta n} \cdot H\left(e^{j\Theta}\right) \tag{4.68}$$

$$H\left(e^{j\Theta}\right) = \sum_{m=-\infty}^{\infty} h(m) \cdot e^{-j\Theta m} \quad . \tag{4.69}$$

Exponential*folgen* sind somit Eigenfunktionen bzw. Eigensequenzen *diskreter* LVI-Systeme. Sie werden unverändert in der Form übertragen und abhängig von Θ mit $H\left(e^{j\Theta}\right)$ gewichtet (ganz entsprechend den kontinuierlichen Systemen, für die in Abschnitt 2.2 bereits entsprechende Eigenfunktionen beschrieben wurden). $H\left(e^{j\Theta}\right)$ ist die Übertragungsfunktion des diskreten Systems (siehe auch z.B. [RabGold75], [RobMull87]). Sie ermittelt sich hier durch Fouriertransformation diskreter (abgetasteter) Originalsignale nach Glg. (4.69).

Einige Eigenschaften sind aus (4.68) und (4.69) direkt ablesbar:

- $$g(n) = \left|H\!\left(e^{j\Theta}\right)\right| \cdot e^{\,j\left(n\Theta + \arg\left[H\left(e^{j\Theta}\right)\right]\right)} \tag{4.70}$$

  Die Übertragungsfunktion bestimmt Amplitude und Phase des Ausgangssignals bei Erregung durch eine Eigenfunktionssequenz.

- Bei reellwertigem Eingangssignal gilt

  $$\acute{s}(n) = \cos(n\Theta) = \mathrm{Re}\!\left\{e^{jn\Theta}\right\} \quad,$$

  daraus folgt

  $$\begin{aligned} g(n) &= \mathrm{Re}\!\left\{e^{jn\Theta} \cdot H\!\left(e^{j\Theta}\right)\right\} \\ &= \left|H\!\left(e^{j\Theta}\right)\right| \cdot \cos\!\left\{n\Theta + \arg\!\left[H\!\left(e^{j\Theta}\right)\right]\right\} \quad. \end{aligned} \tag{4.71}$$

$H\!\left(e^{j\Theta}\right)$ ist eine komplexe Funktion der reellen Variablen Θ (bzw. $e^{j\Theta}$). Die Exponentialfolge ist periodisch in 2π (Zeiger rotiert gegen den Uhrzeigersinn auf dem Einheitskreis) und auch $H\!\left(e^{j\Theta}\right)$ ist periodisch in 2π. Die Beschreibung ist somit vollständig im Intervall $\left[0\,,2\pi\right]$.

- Für eine reellwertige (realisierbare) Impulsantwort h(n) gilt

  $$H^{*}\!\left(e^{j\Theta}\right) = H\!\left(e^{-j\Theta}\right).$$

  Damit ist $\left|H\!\left(e^{j\Theta}\right)\right|$ eine gerade Funktion in Θ und

  $\arg\!\left[H\!\left(e^{j\Theta}\right)\right]$ eine ungerade Funktion in Θ und die Beschreibung ist dann vollständig im Intervall $\left[0\,,\pi\right]$.

Übertragungsverhalten bei zeitabhängiger Erregung

Es sei $s(n) = s(nT_0) = \cos(\omega T_0 \cdot n)$ ein reellwertiges, zeitabhängiges Eingangssignal mit

ω — Kreisfrequenz,

T_0 — Abtastintervall,

f_0 — Abtastfrequenz,

n — Zählvariable.

Mit

$$\Theta = \omega T_0 = \frac{\omega}{f_0} \tag{4.72}$$

entsteht eine, auf die Abtastfrequenz bezogene, normierte Kreisfrequenz mit der Einheit eines Winkels, und es ergibt sich

$$s(n) = \cos(\omega T_0 \cdot n) = \cos(\Theta n) \quad . \tag{4.73}$$

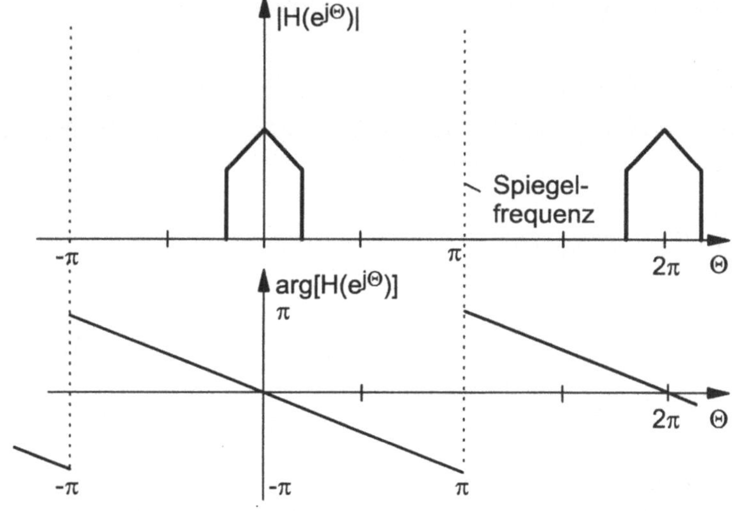

Bild 4.25: Übertragungsfunktion, schematische Darstellung mit angenommener linearer Phase

Nach (4.68) ist das Ausgangssignal g(n) gegeben durch

$$g(n) = \left|H\left(e^{j\Theta}\right)\right| \cdot \cos\left\{n\Theta + \arg\left[H\left(e^{j\Theta}\right)\right]\right\}$$
$$= \left|H\left(e^{j\omega T_0}\right)\right| \cdot \cos\left\{\omega T_0 n + \arg\left[H\left(e^{j\omega T_0}\right)\right]\right\} \quad .$$

(4.74)

Zur Beschreibung des Übertragungsverhaltens ist $H\left(e^{j\Theta}\right)$ ohne Berücksichtigung weiterer Symmetrieeigenschaften im Bereich (vgl. Bild 4.25)

$$-\pi \leq \Theta \leq \pi \quad \text{(radian)}$$

(4.75)

zu betrachten und es ist der korrespondierende ω, f - Bereich ($\omega = 2\pi{\cdot}f$) gegeben durch

$$-\frac{\pi}{T_0} \leq \omega \leq \frac{\pi}{T_0} \quad \left(\frac{\text{radian}}{s}\right) \quad \text{bzw.} \quad -\omega_0 \leq \omega \leq \omega_0 \ ,$$

(4.76)

$$-\frac{1}{2T_0} \leq f \leq \frac{1}{2T_0} \quad \text{(Hz)} \qquad \text{bzw.} \quad -f_0 \leq f \leq f_0 \quad .$$

(4.77)

Fouriertransformation diskreter Originalsignale

Gleichung (4.69) kann formal als Fouriertransformation diskreter Originalsignale (FTDO) verallgemeinert werden. Für die Sequenz s(n) entsteht dann das Transformationspaar

$$S\left(e^{j\Theta}\right) = \sum_{n=-\infty}^{\infty} s(n) \cdot e^{-j\Theta n}$$

$$\circ\!\!-\!\!\bullet$$

(4.78)

$$s(n) = \frac{1}{2\pi} \int_{-\pi}^{\pi} S\left(e^{j\Theta}\right) \cdot e^{j\Theta n} \, d\Theta \quad ,$$

mit $\circ\!\!-\!\!\bullet$ als Korrespondenzsymbol.

Eine signaltheoretische Interpretation bzw. Ableitung von (4.78) ist möglich als Fouriertransformationspaar abgetasteter Signale aus der Fouriertransformation kontinuierlicher Signale. Glg. (4.78) ist prinzipiell der Formalismus der Fouriersumme. Auf diese Zusammenhänge wird noch in Kapitel 6 näher eingegangen.

Zur Ableitung des Produktsatzes bei der Fouriertransformation diskreter Originalsignale sei ein LVI-System mit den Signalen entsprechend Bild 4.26 gegeben.

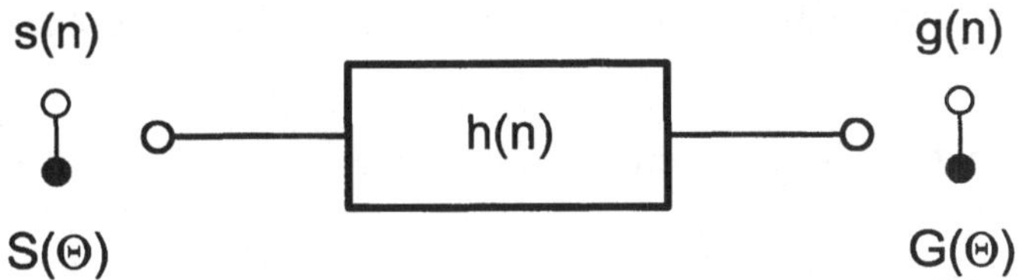

Bild 4.26: LVI-System

Betrachtet sei die Fouriertransformation (FTDO) des Ausgangssignals g(n) in Verbindung mit der Faltungssumme für g(n):

$$G\!\left(e^{j\Theta}\right) = \sum_{n=-\infty}^{\infty} g(n) \cdot e^{-j\Theta n} \quad . \tag{4.79}$$

$$
\begin{aligned}
G\!\left(e^{j\Theta}\right) &= \sum_{n}\sum_{m} h(m) \cdot s(n-m) \cdot e^{-j\Theta n} \\
&= \sum_{m} h(m) \cdot e^{-j\Theta m} \sum_{n} s(n-m) \cdot e^{-j\Theta(n-m)} \\
&= \quad H\!\left(e^{j\Theta}\right) \quad \cdot \quad S\!\left(e^{j\Theta}\right) \quad .
\end{aligned}
\tag{4.80}
$$

Daraus ergibt sich auch für diskrete LVI - Systeme der Produktsatz

$$G\!\left(e^{j\Theta}\right) = H\!\left(e^{j\Theta}\right) \cdot S\!\left(e^{j\Theta}\right) \quad , \tag{4.81}$$

der gegenüber der Faltungssumme u.U. eine vereinfachte Berechnung liefern kann und vor allem auch eine Systembeschreibung im Frequenzbereich ermöglicht.

Fouriertransformierte eines Produktes zweier Sequenzen, Ausschnittbildung bei einer Sequenz

Eine häufige Aufgabenstellung in der digitalen Signalverarbeitung ist die Ausschnittbildung bei einer Sequenz. Dieser Vorgang tritt z.B. bei dem Entwurf eines FIR-Filters auf, bei dem die Koeffizienten aus einer unendlichen abgebrochenen Impulsantwort erzeugt werden. Eine andere Anwendung ergibt sich bei der Entwicklung der diskreten Fouriertransformation.

Gegeben seien zwei Sequenzen mit ihren Fouriertransformierten

$$s(k) \circ\!\!-\!\!\bullet\, S\!\left(e^{j\Theta}\right) \;=\; \sum_{k=-\infty}^{\infty} s(k)\cdot e^{-jk\Theta} \quad,$$

$$w(k) \circ\!\!-\!\!\bullet\, W\!\left(e^{j\Theta}\right) = \sum_{k=-\infty}^{\infty} w(k)\cdot e^{-jk\Theta} \quad.$$

(4.82)

Es wird zunächst die Tansformierte des Produktes zweier Sequenzen gebildet, d.h. es wird eine neue Sequenz aus $s(k)$ und einer Gewichtungssequenz $w(k)$ gebildet. Diese gewichtete Sequenz kann z.B. eine Ausschnittbildung repräsentieren

$$g(k) = s(k)\cdot w(k)$$

$$G\!\left(e^{j\Theta}\right) = \sum_{k=-\infty}^{\infty} s(k)\cdot w(k)\cdot e^{-jk\Theta} \quad.$$

(4.83)

Mit der Rücktransformierten für die Fouriertransformierte

$$s(k) = \frac{1}{2\pi} \int_{-\pi}^{\pi} S\!\left(e^{j\Phi}\right)\cdot e^{jk\Phi}\, d\Phi \quad,$$

(4.84)

folgt

$$G\!\left(e^{j\Theta}\right) = \sum_{k=-\infty}^{\infty} \frac{1}{2\pi} \int_{-\pi}^{\pi} S\!\left(e^{j\Phi}\right)\cdot e^{jk\Phi}\, d\Phi \cdot w(k)\cdot e^{-jk\Theta} \quad.$$

(4.85)

Vertauschung von Summation und Integration (Konvergenz wird vorausgesetzt) liefert den Faltungssatz. Ein Produkt zweier Sequenzen entspricht somit der Faltung ihrer Fouriertransformierten

$$G(e^{j\Theta}) = \frac{1}{2\pi} \int_{-\pi}^{\pi} \sum_{k=-\infty}^{\infty} w(k) \cdot e^{-jk(\Theta-\Phi)} \cdot S(e^{j\Phi}) d\Phi$$

$$= \frac{1}{2\pi} \int_{-\pi}^{\pi} W(e^{j(\Theta-\Phi)}) \cdot S(e^{j\Phi}) d\Phi \quad , \tag{4.86}$$

wobei die Faltung zweier periodischer Sequenzen über eine Periode auszuführen ist.

Es sei nun das "Fenster" gegeben mit

$$w(k) = \begin{cases} 1 & -L \leq k \leq L \\ 0 & \text{sonst} \end{cases} \quad . \tag{4.87}$$

Dann gilt zunächst für die z-Transformierte von $w(k)$ mit der Summenformel für endliche Potenzreihen $S_n = \dfrac{1-q^{n+1}}{1-q}$

$$W(z) = \sum_{k=-L}^{L} z^{-k} = z^{-L} \cdot \sum_{k=0}^{2L} z^{k}$$

$$= z^{-L} \frac{1-z^{(2L+1)}}{1-z} = \frac{-z^{\frac{1}{2}} \cdot \left(z^{(2L+1)/2} - z^{-(2L+1)/2}\right)}{-z^{\frac{1}{2}} \cdot \left(z^{\frac{1}{2}} - z^{-\frac{1}{2}}\right)} \tag{4.88}$$

und hieraus folgt die Fouriertransformierte der "Fenstersequenz" durch Rücksubstitution mit $z = e^{j\Theta}$

$$W(e^{j\Theta}) = \frac{\sin\left[(L+\tfrac{1}{2}) \cdot \Theta\right]}{\sin\left[\tfrac{1}{2}\Theta\right]} \quad . \tag{4.89}$$

Ein entsprechendes Ergebnis ergibt sich aus der periodischen Fortsetzung der si-Funktion, denn dies entspricht ja der Abtastung einer zunächst kontinuierlichen Fensterfunktion.

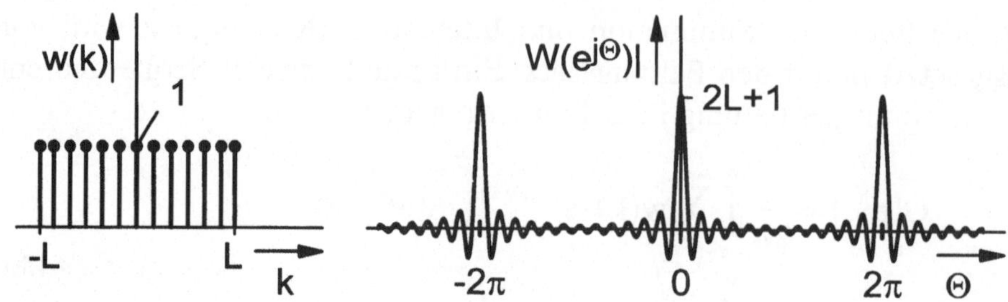

Bild 4.27:   "Fenstersequenz" und Fouriertransformierte

Es läßt sich erkennen, daß mit steigendem L, d.h. größerer Fensterbreite, die Höhe der Impulse von $W(e^{j\Theta})$ ansteigt und *für ein unendlich breites Fenster gegen eine Deltadistributionenfolge* strebt (Bild 4.27). In diesem Falle reproduziert die Faltung selbstverständlich $S(e^{j\Theta})$. Für endliche Fensterlängen dagegen führt der Fenstereinfluß zur Welligkeit des begrenzten Spektrums (Bild 4.28).

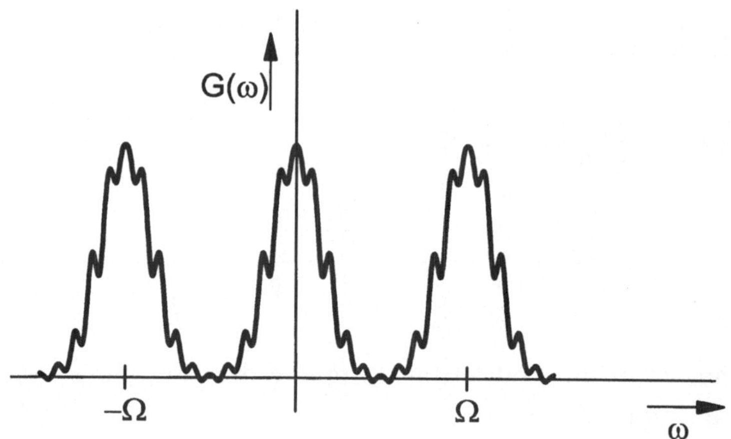

Bild 4.28:   Spektrum einer ausgeschnittenen Sequenz

Offensichtlich ergibt sich durch die Faltung ein "Übersprechen" zwischen den periodischen Spektren ("leakage-effect").

Beispiel Cosinus-Entzerrer

Als ein einfaches Beispiel zur 1D-Übertragungsfunktion sei ein FIR-Filter 2. Ordnung gemäß Bild 4.29 betrachtet.

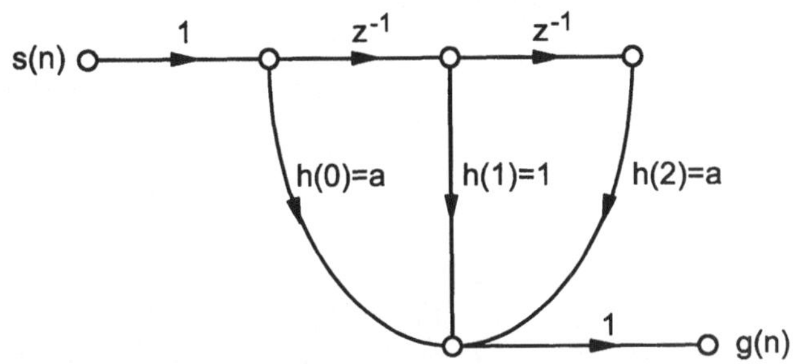

Bild 4.29:   Symmetrisches FIR-Filter 2. Ordnung

Aus der Faltungssumme (4.48) ergibt sich

$$g(n) = h(0) \cdot s(n) + h(1) \cdot s(n-1) + h(2) \cdot s(n-2) \quad . \tag{4.90}$$

Für die Übertragungsfunktion ergibt sich aus (4.69):

$$H\!\left(e^{j\Theta}\right) = \sum_{n=-\infty}^{\infty} h(n) \cdot e^{-j\Theta n}$$
$$= \sum_{n=0}^{2} h(n) \cdot e^{-j\Theta n} \quad . \tag{4.91}$$

Es liege ein symmetrisches FIR-Filter mit den Koeffizienten bzw. den Stützstellen der Impulsantwort (Bild 4.30) $h(0) = h(2) = a$ und $h(1) = 1$ vor.

Damit folgt für die Übertragungsfunktion des Netzwerkes

$$H\!\left(e^{j\Theta}\right) = a + e^{-j\Theta} + a \cdot e^{-j2\Theta}$$
$$= e^{-j\Theta}\left[1 + 2a\cos(\Theta)\right] \quad , \tag{4.92}$$

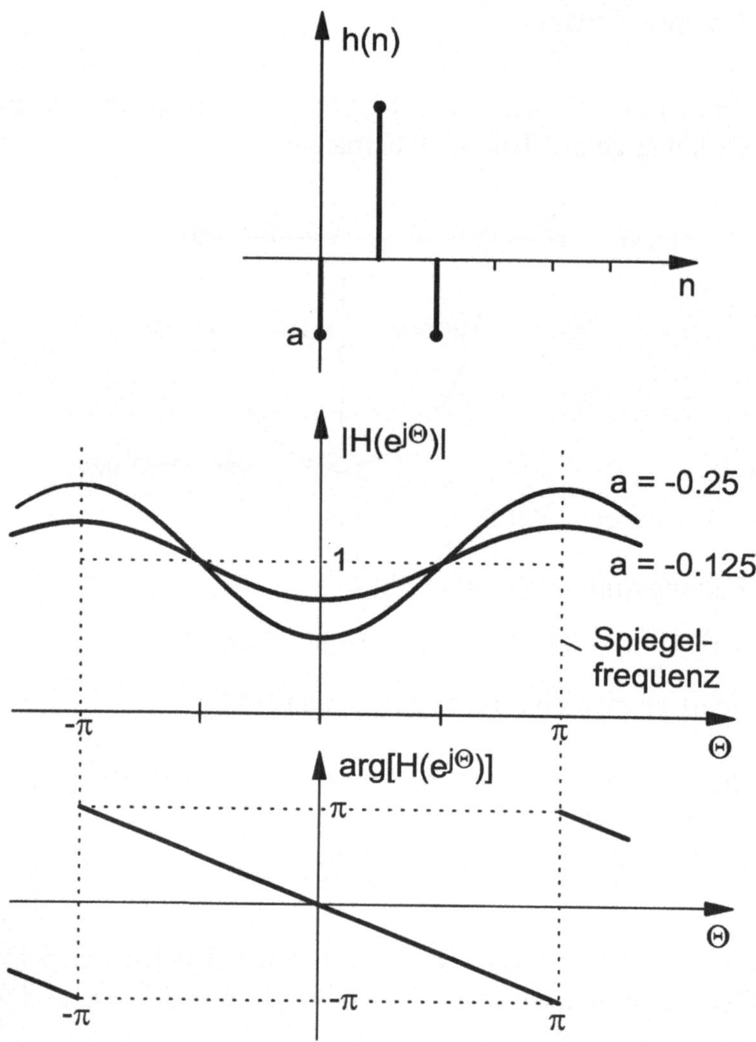

Bild 4.30:   Impulsantwort und Übertragungsfunktion des FIR-Filters 2. Ordnung für
a = -0,125 und a = -0,25

$$\left|H\left(e^{j\Theta}\right)\right| = 1 + 2a\cos(\Theta) \quad , \tag{4.93}$$

$$\arg\left[H\left(e^{j\Theta}\right)\right] = -\Theta \quad . \tag{4.94}$$

$H(e^{j\Theta})$ ist periodisch in 2π, $\left|H(e^{j\Theta})\right|$ ist geradsymmetrisch und der Phasengang ist wegen der Symmetrie der Impulsantwort *streng* linearphasig (vgl. Bild 4.30).

Mit negativen Koeffizienten z.B. a = -0.125 ergibt sich ein *"Anhebungsnetzwerk" für höhere Frequenzen*, das auch als "Cosinusentzerrer" bezeichnet wird. Dieses Anhebungsnetzwerk wird in TV-Kameras häufig zur aufwandarmen horizontalen oder vertikalen Bildschärfeverbesserung bzw. Detailanhebung verwendet.

4.5   2D-Übertragungsfunktion und Fouriertransformation

Definition der Übertragungsfunktion

Es war mit (4.60) das 2D-Faltungsgesetz für diskrete Systeme entwickelt worden (2D-Faltungssumme)

$$g(n_x,n_y) = \sum_{m_x=-\infty}^{\infty} \sum_{m_y=-\infty}^{\infty} s(m_x,m_y) \cdot h(n_x - m_x, n_y - m_y)$$

$$= \sum_{m_x=-\infty}^{\infty} \sum_{m_y=-\infty}^{\infty} h(m_x,m_y) \cdot s(n_x - m_x, n_y - m_y) \qquad (4.95)$$

$$= s(n_x,n_y) ** h(n_x,n_y) = h(n_x,n_y) ** s(n_x,n_y) \quad .$$

Wie für eindimensionale Systeme läßt sich zeigen, daß Eingangssignale der Form

$$s_0(n_x,n_y) = e^{j\Theta_x n_x} \cdot e^{j\Theta_y n_y} \qquad (4.96)$$

(diskrete ortsfrequente 2D-Schwingungen, siehe Bild 4.11) sich als Eigensequenzen eines zweidimensionalen LVI-Systems erweisen. Mit (4.95) und (4.96) ergibt sich ein Ausgangssignal der Form

$$g_0\left(n_x, n_y\right) = s_0\left(n_x, n_y\right) \cdot H\left(e^{j\Theta_x}, e^{j\Theta_y}\right)$$
$$= e^{j\Theta_x n_x} \cdot e^{j\Theta_y n_y} \cdot H\left(e^{j\Theta_x}, e^{j\Theta_y}\right) \quad . \tag{4.97}$$

Hierin ist $H\left(e^{j\Theta_x}, e^{j\Theta_y}\right)$ die zweidimensionale Übertragungsfunktion, für die gilt

$$H\left(e^{j\Theta_x}, e^{j\Theta_y}\right) = \sum_{n_x=-\infty}^{\infty} \sum_{n_y=-\infty}^{\infty} h\left(n_x, n_y\right) \cdot e^{-j\Theta_x n_x} \cdot e^{-j\Theta_y n_y} \quad . \tag{4.98}$$

Für diese Übertragungsfunktion gelten sinngemäß die dargestellten Eigenschaften z.B. Periodizität von Θ_x, Θ_y in 2π etc. (Bild 4.31).

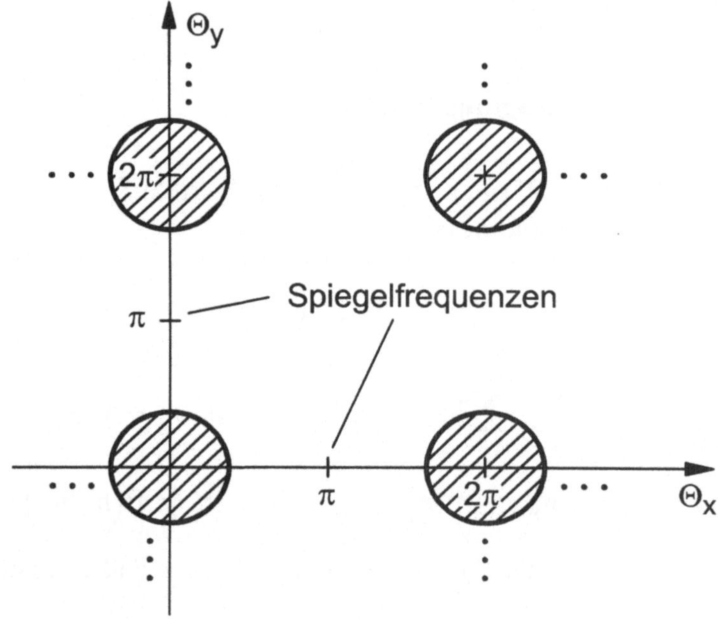

Bild 4.31:   2D-Übertragungsfunktion, schematische Aufsicht

Insbesondere sind Θ_x, Θ_y, wie schon weiter vorne am Beispiel einer Schwingung erläutert, die normierten Ortskreisfrequenzen mit (vgl. Abschnitt 2.2)

$$\Theta_x = u \cdot x_0 = 2\pi \frac{u}{u_0} = 2\pi \frac{f^x}{f_0^x} \quad ,$$

$$\Theta_y = v \cdot y_0 = 2\pi \frac{v}{v_0} = 2\pi \frac{f^y}{f_0^y} \quad .$$

$$(4.99)$$

u, v : Ortskreisfrequenzen $\quad (u = 2\pi \cdot f^x, \quad v = 2\pi \cdot f^y)$

f^x, f^y : Ortsfrequenzen

u_0, v_0: Ortskreisfrequenzen der Abtastung

f_0^x, f_0^y : Ortsfrequenzen der Abtastung

2D-Fouriertransformation diskreter Originalsignale

$H\!\left(e^{j\Theta_x}, e^{j\Theta_y}\right)$ ist die 2D-Fouriertransformierte von $h\!\left(n_x, n_y\right)$ und kann - mit den bekannten Existenzbedingungen der Fouriertransformation - für beliebige Sequenzen verallgemeinert werden

$$S\!\left(e^{j\Theta_x}, e^{j\Theta_y}\right) = \sum_{n_x=-\infty}^{\infty} \sum_{n_y=-\infty}^{\infty} s\!\left(n_x, n_y\right) \cdot e^{-j\Theta_x n_x} \cdot e^{-j\Theta_y n_y}$$

$$\updownarrow 2$$

$$(4.100)$$

$$s\!\left(n_x, n_y\right) = \frac{1}{4\pi^2} \int_{-\pi}^{\pi} \int_{-\pi}^{\pi} S\!\left(e^{j\Theta_x}, e^{j\Theta_y}\right) \cdot e^{j\Theta_x n_x} \cdot e^{j\Theta_y n_y} \, d\Theta_x \, d\Theta_y \quad .$$

Ebenfalls läßt sich wie im eindimensionalen Fall aus der Faltungssumme ein Produktsatz herleiten. Ausgehend von (4.95) gilt hier mit (4.100)

$$g\!\left(n_x, n_y\right) = \quad s\!\left(n_x, n_y\right) \quad ** \quad h\!\left(n_x, n_y\right)$$

$$\updownarrow 2$$

$$(4.101)$$

$$G\!\left(e^{j\Theta_x}, e^{j\Theta_y}\right) = S\!\left(e^{j\Theta_x}, e^{j\Theta_y}\right) \quad \cdot \quad H\!\left(e^{j\Theta_x}, e^{j\Theta_y}\right) \quad .$$

Einige wichtige Eigenschaften und Sätze der 2D-Fouriertransformation sind in folgender Tabelle aufgelistet.

Tabelle 4.1:   Eigenschaften und Sätze der 2D-Fouriertransformation

	Originalbereich	Bildbereich
Produktsatz	$s\bigl(n_x,n_y\bigr) ** h\bigl(n_x,n_y\bigr)$	$S\bigl(\Theta_x,\Theta y\bigr)\cdot H\bigl(\Theta_x,\Theta_y\bigr)$
Linearität	$s_1(n_x,n_y)$ $s_2(n_x,n_y)$ $a\cdot s_1(n_x,n_y)+$ $+b\cdot s_2(n_x,n_y)$	$S_1(\Theta_x,\Theta_y)$ $S_2(\Theta_x,\Theta_y)$ $a\cdot S_1(\Theta_x,\Theta_y)+$ $+b\cdot S_2(\Theta_x,\Theta_y)$
räumliche Verschiebung	$s\bigl(n_x,n_y\bigr)$ $s\bigl(n_x-n_1,n_y-n_2\bigr)$	$S\bigl(\Theta_x,\Theta_y\bigr)$ $e^{-jn_1\Theta_x}\cdot e^{-jn_2\Theta_y}\cdot S\bigl(\Theta_x,\Theta y\bigr)$
Modulation	$s\bigl(n_x,n_y\bigr)\cdot e^{jn_x\Theta_1}\cdot e^{jn_y\Theta_2}$	$S\bigl(\Theta_x-\Theta_1,\Theta_y-\Theta_2\bigr)$
Multiplikation	$s_1\bigl(n_x,n_y\bigr)\cdot s_2\bigl(n_x,n_y\bigr)$	$\dfrac{1}{4\pi^2}S_1\bigl(\Theta_x,\Theta_y\bigr) ** $ $** S_2\bigl(\Theta_x,\Theta_y\bigr)$
Differentiation	$-jn_x\cdot s\bigl(n_x,n_y\bigr)$ $-jn_y\cdot s\bigl(n_x,n_y\bigr)$	$\dfrac{\partial S\bigl(\Theta_x,\Theta_y\bigr)}{\partial\Theta_x}$ $\dfrac{\partial S\bigl(\Theta_x,\Theta_y\bigr)}{\partial\Theta_y}$
Transposition	$s\bigl(n_y,n_x\bigr)$	$S\bigl(\Theta_y,\Theta_x\bigr)$

<table>
<tr><td>Parseval-
Theorem</td><td>

$$s(n_x, n_y) \circ\!\!-\!\!\bullet\, S(\Theta_x, \Theta y)$$

$$g(n_x, n_y) \circ\!\!-\!\!\bullet\, G(\Theta_x, \Theta y)$$

$$\sum_{n_x} \sum_{n_y} s(n_x, n_y) \cdot g^*(n_x, n_y) =$$

$$= \frac{1}{4\pi^2} \iint S(\Theta_x, \Theta y) \cdot G^*(\Theta_x, \Theta y)\, d\Theta_x\, d\Theta_y$$

$$\text{bzw. für} \quad s(n_x, n_y) = g(n_x, n_y)$$

$$\sum_{n_x} \sum_{n_y} \left| s(n_x, n_y) \right|^2 = \frac{1}{4\pi^2} \iint \left| S(\Theta_x, \Theta y) \right|^2 d\Theta_x\, d\Theta_y$$

</td></tr>
</table>

2D-Fouriertransformierte separierbarer Sequenzen

Interessant ist noch ein Blick auf die in diesem Kapitel eingeführten separierbaren Sequenzen. Es gilt wie mit (4.63) gezeigt für eine separierbare Einheitsimpulsantwort $h_0(n_x, n_y)$

$$h_0(n_x, n_y) = h_x(n_x) \cdot h_y(n_y) \tag{4.102}$$

und für die Faltung hiermit

$$g(n_x, n_y) = s(n_x, n_y) ** h_0(n_x, n_y)$$
$$= s(n_x, n_y) * h_x(n_x) * h_y(n_y) \ , \tag{4.103}$$

also die zweifach eindimensionale Faltung mit den jeweiligen 1D-Impulsantworten. Für die Übertragungsfunktion (Fouriertransformierte) separierbarer 2D-Impulsantworten (Sequenzen) läßt sich mit (4.102), (4.103) leicht zeigen, daß gilt

$$H_0\left(e^{j\Theta_x}, e^{j\Theta_y}\right) = \sum_{n_x}\sum_{n_y} h_x\left(n_x\right) \cdot h_y\left(n_y\right) \cdot e^{-j\Theta_x n_x} \cdot e^{-j\Theta_y n_y}$$

$$= H_x\left(e^{j\Theta_x}\right) \cdot H_y\left(e^{j\Theta_y}\right) \; , \tag{4.104}$$

$$h_x\left(n_x\right) \quad \circ\!\!-\!\bullet \; H_x\left(e^{j\Theta_x}\right)$$

$$h_y\left(n_y\right) \quad \circ\!\!-\!\bullet \; H_y\left(e^{j\Theta_y}\right) \; . \tag{4.105}$$

Somit gilt für die Faltung die Produktkorrespondenz

$$g\left(n_x, n_y\right) = s\left(n_x, n_y\right) * h_x\left(n_x\right) * h_y\left(n_y\right)$$

$$\circ\!\!\overset{}{\underset{2}{\bullet}}$$

$$G\left(e^{j\Theta_x}, e^{j\Theta_y}\right) = S\left(e^{j\Theta_x}, e^{j\Theta_y}\right) \cdot H_x\left(e^{j\Theta_x}\right) \cdot H_y\left(e^{j\Theta_y}\right) \; . \tag{4.106}$$

Zur Realisierung eines allgemeinen 2D-FIR Filters war die Faltungssumme direkt herangezogen worden und es waren für N_x und N_y Koeffizienten $N_y \cdot N_y$ Multiplikationen zur Berechnung eines Ausgangswertes auszuführen. Zur Realisierung bei separierbarer Impulsantwort sind demgegenüber zwei einfache Faltungen, d.h. $N_y + N_y$ Multiplikationen für einen Ausgangswert durchzuführen. Diese zweifach eindimensionale Faltung kann ihrerseits nun im Frequenzbereich durch eine Produktbildung mit ebenfalls separierten Übertragungsfunktionen $H_x\left(e^{j\Theta_x}\right)$ und $H_y\left(e^{j\Theta_y}\right)$ beschrieben werden.

Anwendungsbeispiel: Frequenzgangkorrektur eines Bildaufnahmesensors (CCD-Sensor)

In einer Bildaufnahmekamera mit einem "charge coupled device" (CCD)-Sensor oder einer geeigneten Bildröhre wird durch den Sensor eine erste zweidimensionale Filterung bewirkt. Im Falle des CCD-Sensors ist die wirksame Apertur (2D-Impulsantwort) entsprechend der Bildpunktgeometrie näherungsweise rechteckig begrenzt und von konstanter Amplitude. Die zugehörige separierbare Übertragungsfunktion besteht dann aus dem Produkt zweier si-Funktionen. Um den hierdurch gegebenen Tiefpaß-Einfluß zu kompensieren, wird häufig eine sogenannte *Aperturkorrektur* nachgeschaltet, die in einem gewissen Frequenzbereich den zweidimensionalen Frequenzgangabfall kompensiert, d.h. einen inversen Frequenzgang realisiert (Bild 4.32). Dabei wird das Eingangssignal von vornherein diskret angenommen, so wie es der CCD-Sensor zur Verfügung stellt bzw. wie es nach einer Abtastung entsteht.

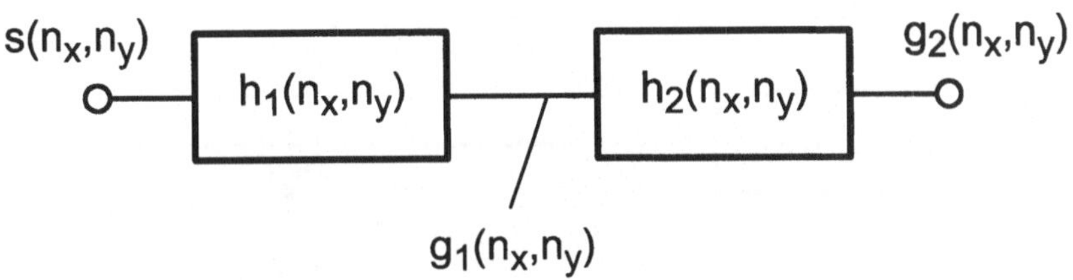

Bild 4.32:   Aperturkorrektur für eine Fernsehbildkamera

Es gilt

$$g_1\left(n_x,n_y\right)=s\left(n_x,n_y\right)**h_1\left(n_x,n_y\right)$$

$$g_2\left(n_x,n_y\right)=g_1\left(n_x,n_y\right)**h_2\left(n_x,n_y\right)$$

$$=s\left(n_x,n_y\right)**h_1\left(n_x,n_y\right)**h_2\left(n_x,n_y\right)$$

$$G_2\left(\Theta_x,\Theta_y\right)=S\left(\Theta_x,\Theta_y\right)\cdot H_1\left(\Theta_x,\Theta_y\right)\cdot H_2\left(\Theta_x,\Theta_y\right)\ .$$

(4.105)

Entzerrung bedeutet für das Nutzfrequenzband

$$G_2\left(\Theta_x,\Theta_y\right)\overset{!}{=}S\left(\Theta_x,\Theta_y\right)\qquad\text{für }\Theta_x,\Theta_y<\Theta_{xc},\Theta_{yc}$$

(4.106)

und es folgt für den Aperturentzerrer

$$H_2\left(\Theta_x,\Theta_y\right)=H_1^{-1}\left(\Theta_x,\Theta_y\right)\qquad\text{für }\Theta_x,\Theta_y<\Theta_{xc},\Theta_{yc}\ .$$

(4.107)

Dabei gilt für den CCD-Sensor mit $u_a=\frac{2\pi}{a}$, $v_d=\frac{2\pi}{d}$ und $a\cdot d$ den geometrischen Abmessungen des CCD-Sensors

$$H_1(u,v) = si\left(\pi\frac{u}{u_a}\right) \cdot si\left(\pi\frac{v}{v_d}\right) \quad . \tag{4.108}$$

Da die Entzerrung wegen der Nullstellen der si-Funktionen nur in einem begrenzten Nutzfrequenzband möglich ist, wird, um die entsprechende Bandbegrenzung nur auf das entzerrte Signal zu beschränken, zweckmäßig eine Entzerrung durch *Korrektursignal-Addition* nach Bild 4.33 durchgeführt.

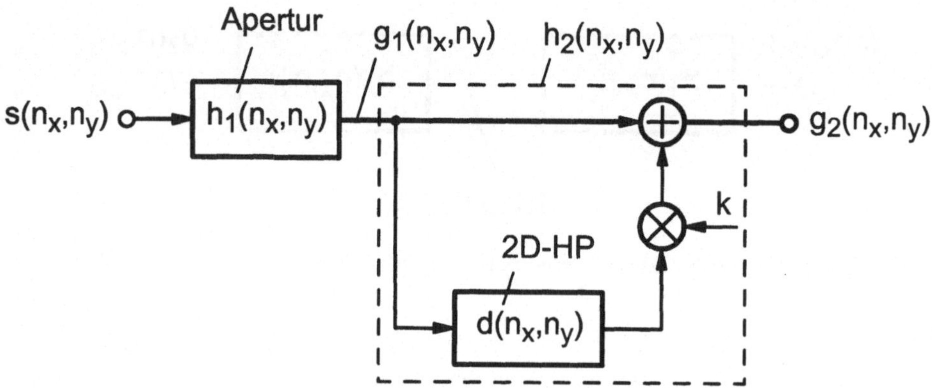

Bild 4.33:   Aperturkorrektur durch Korrektursignal-Addition

Da die Aperturfunktion des CCD-Sensors separierbar ist, ist auch eine separierbare Entzerrung adäquat:

$$h_c\left(n_x,n_y\right) = h_{cx}\left(n_x\right) \cdot h_{cy}\left(n_y\right)$$

$$H_c\left(\Theta_x,\Theta_y\right) = H_{cx}\left(\Theta_x\right) \cdot H_{cy}\left(\Theta_y\right) \quad . \tag{4.109}$$

Eine Realisierung des Entzerrer-Filters mit Hilfe von einfachen FIR-Filtern 2. Ordnung zeigt Bild 4.34.

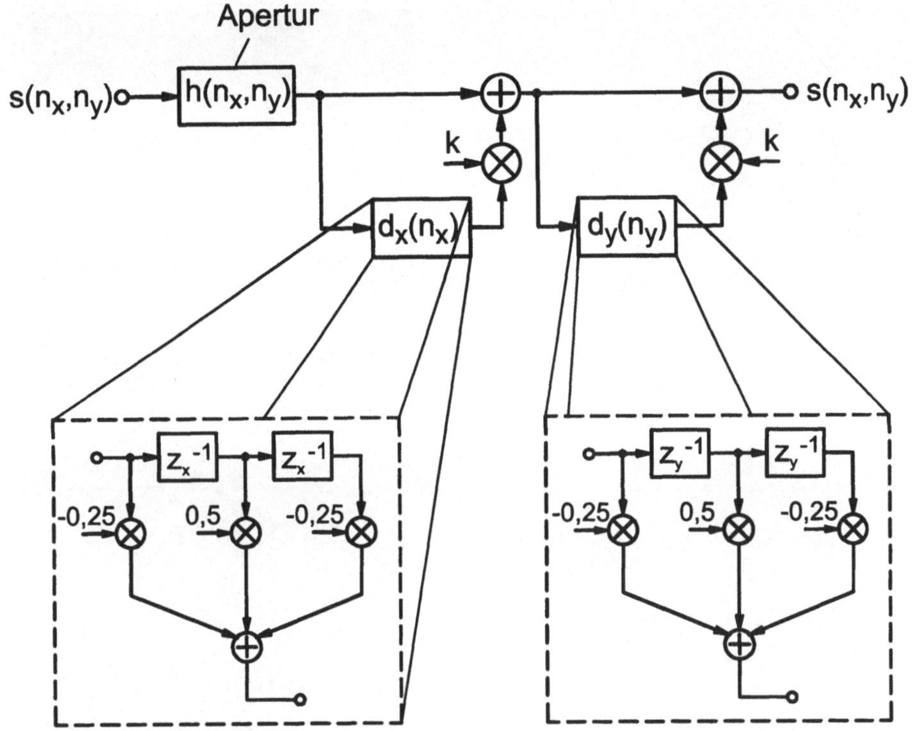

Bild 4.34:   Realisierung des Entzerrer-Filters

Es gilt dann

$$H_{cx}\left(\Theta_x\right) = 1 + k\,e^{-j\Theta_x}\left[\frac{1}{2} - \frac{1}{2}\cos\left(\Theta_x\right)\right] \ ,$$

$$H_{cy}\left(\Theta_y\right) = 1 + k\,e^{-j\Theta_y}\left[\frac{1}{2} - \frac{1}{2}\cos\left(\Theta_y\right)\right] \ .$$

$$(4.110)$$

Das Ergebnis einer solchen Entzerrung zeigt Bild 4.35.

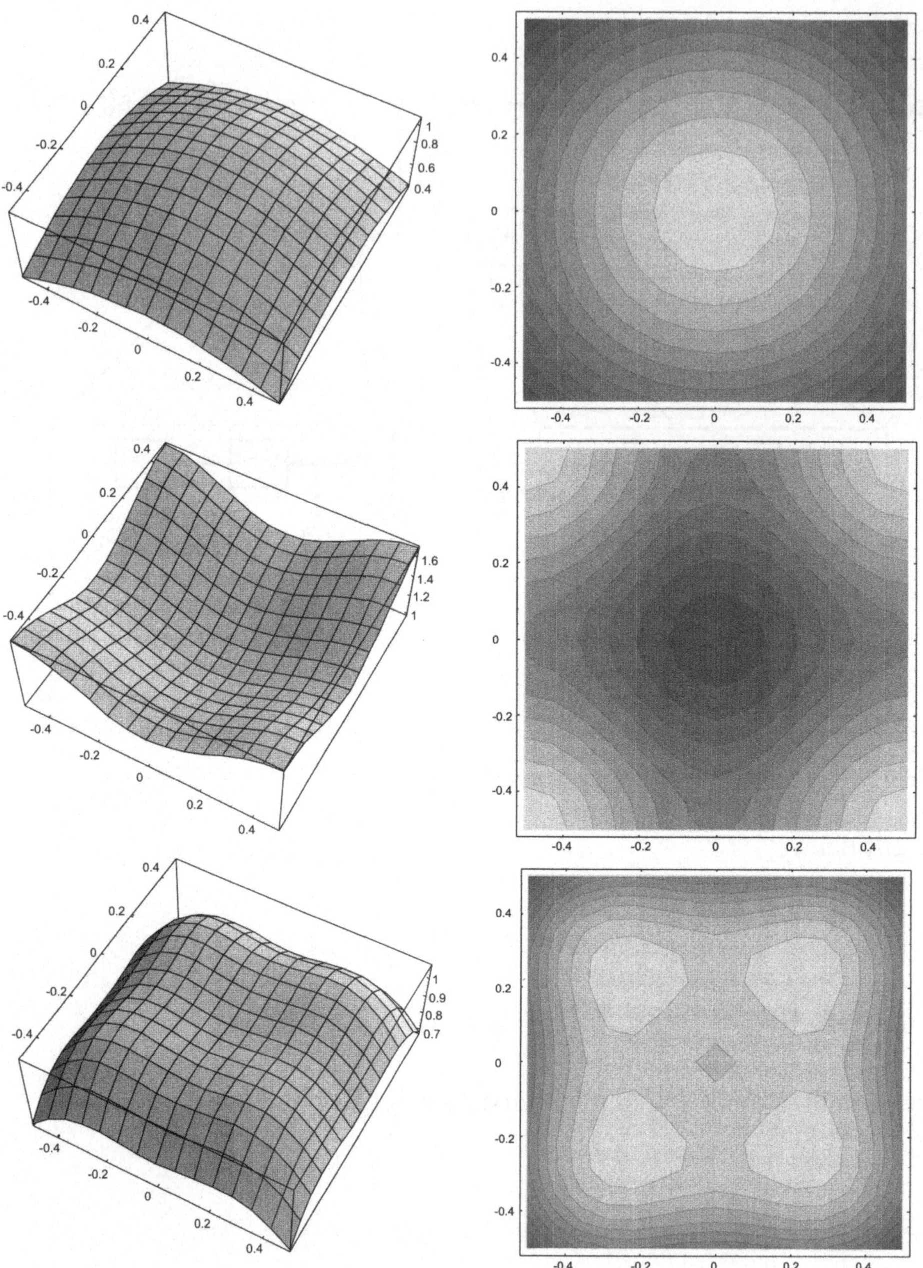

Bild 4.35:   Aperturkorrektur einer CCD-Kamera; 3D-Darstellung und Höhenlinienplot
der Übertragungsfunktion; oben: Sensor, mitte: Entzerrer, unten: Produkt

Dabei kann k nach Gesichtspunkten der Bildqualität, d.h. entsprechend einem Kompromiß zwischen Bildschärfe und zwangsläufig im CCD-Sensor-Signal enthaltenen Aliasstörungen eingestellt werden. Die Geometrieabmessungen des Sensors sind im Beispiel mit $a = x_0$ und $d = y_0$ entsprechend dem Abtastraster gewählt. Dabei hat k den Wert 0,3. Eine Bandbegrenzung mit optischen Filtern, wie sie in CCD-Kameras eingesetzt wird, ist hier vereinfachend nicht berücksichtigt. Ebenso werden hier die Effekte aus der Kameraabtastung (aliasing) nicht betrachtet.

Anwendungsbeispiel: Frequenzgangkorrektur einer Röhrenkamera mit unsymmetrischer Apertur

Im Falle einer Bildröhre als Aufnahmesensor ist im allgemeinen eine unsymmetrische Apertur gegeben, ähnlich wie sie z.B. in Bild 4.36 gezeigt ist. Vereinfachend ist eine in vertikaler Richtung nahezu aliasfreie Abtastung, d.h. $H_1(0,\pi) = 0,05$, angenommen. Hier ist natürlich mit einer separierten Entzerrung wie in Bild 4.34 nur eine unzureichende Aperturkorrektur möglich. Bild 4.36 zeigt das Ergebnis für $k = 1$.

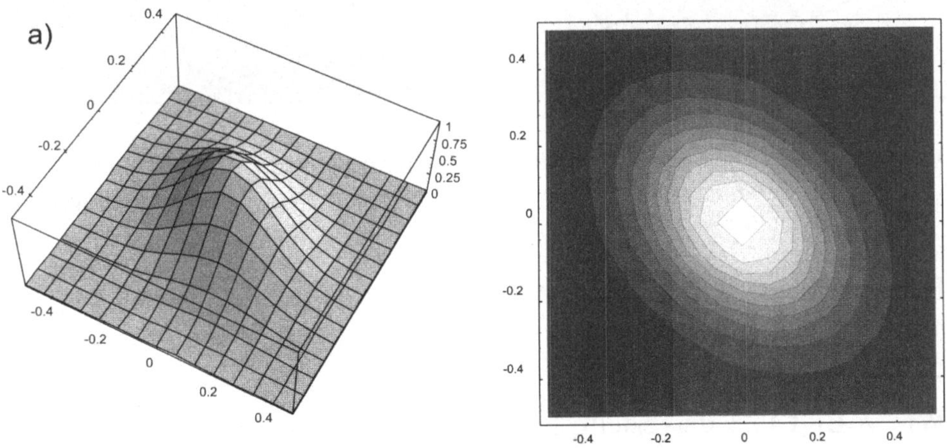

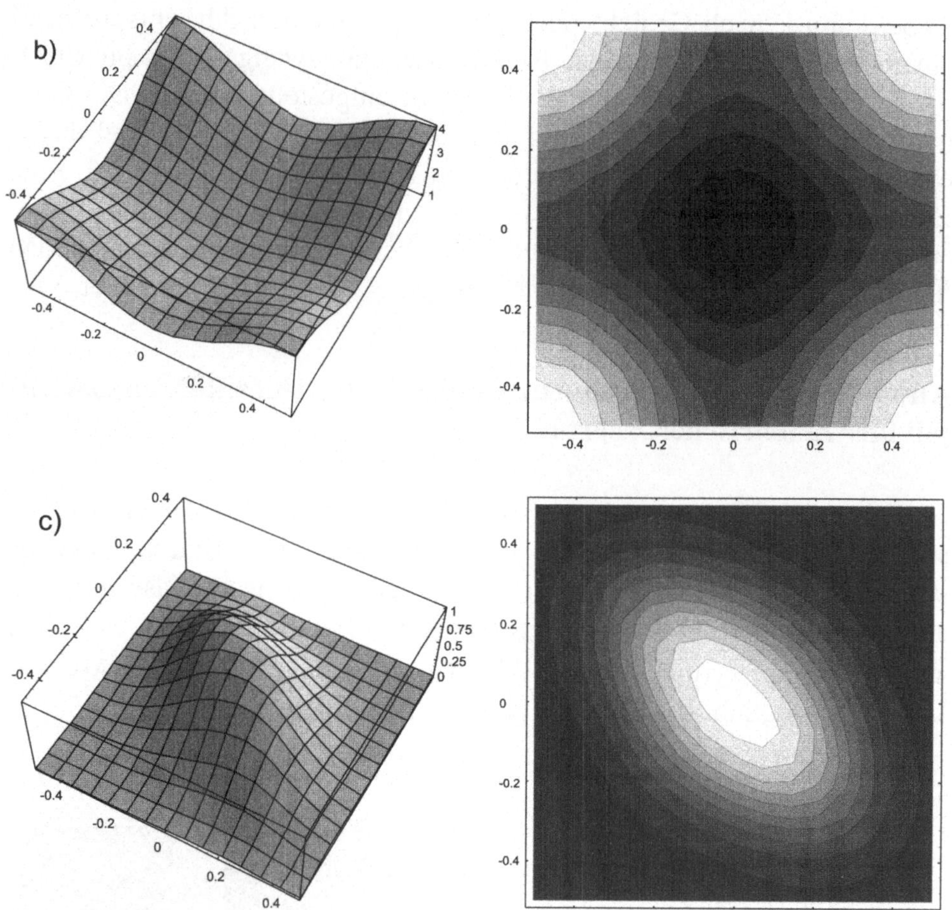

Bild 4.36:   Separierte Aperturkorrektur für eine Röhrenkamera; 3D-Darstellung und
Höhenlinienplot der Übertragungsfunktion; (a): Sensor, (b): Entzerrer,
(c): Produkt

Demgegenüber sind bei einer *echten zweidimensionalen Entzerrung* wesentlich mehr frei wählbare Koeffizienten gegeben, was zum Ausgleich
der Asymmetrien genutzt werden kann.

Wie in Bild 4.33 dargestellt, läßt sich die gesamte Aperturkorrektur als
$h_2\!\left(n_x, n_y\right)$ zusammenfassen. Bei eingeschränktem Hardware-Aufwand
($3 \cdot 3$ Tap-Filter) ergibt sich die folgende Impulsantwort

$$h_2(n_x, n_y) = \begin{bmatrix} h(-1,1) & h(0,1) & h(1,1) \\ h(-1,0) & h(0,0) & h(1,0) \\ h(-1,-1) & h(0,-1) & h(1,-1) \end{bmatrix} \quad . \tag{4.111}$$

Für Linearphasigkeit muß Punktsymmetrie gelten, es sind also nur die Koeffizienten im 1. und 4. Quadranten frei wählbar.

Die resultierende Übertragungsfunktion ergibt sich dann zu

$$\begin{aligned}
H(\Theta_x, \Theta_y) = {}& h(0,0) \\
& + h(0,1) \cdot \left(e^{-j\Theta_y} + e^{j\Theta_y} \right) \\
& + h(1,0) \cdot \left(e^{-j\Theta_x} + e^{j\Theta_x} \right) \\
& + h(1,1) \cdot \underbrace{\left(e^{-j\Theta_x} \cdot e^{-j\Theta_y} + e^{j\Theta_x} \cdot e^{j\Theta_y} \right)}_{e^{-j(\Theta_x + \Theta_y)} + e^{j(\Theta_x + \Theta_y)}} \\
& + h(1,-1) \cdot \underbrace{\left(e^{-j\Theta_x} \cdot e^{j\Theta_y} + e^{j\Theta_x} \cdot e^{-j\Theta_y} \right)}_{e^{-j(\Theta_x - \Theta_y)} + e^{j(\Theta_x - \Theta_y)}} \\
= {}& h(0,0) \\
& + h(0,1) \cdot 2 \cos(\Theta_y) \\
& + h(1,0) \cdot 2 \cos(\Theta_x) \\
& + h(1,1) \cdot 2 \cos(\Theta_x + \Theta_y) \\
& + h(1,-1) \cdot 2 \cos(\Theta_x - \Theta_y) \quad .
\end{aligned} \tag{4.112}$$

In Bild 4.37 ist die Aperturkorrektur dargestellt für

$$H_2(\Theta_x, \Theta_y) = 2{,}7 - 0{,}5 \cos(\Theta_x) - 0{,}5 \cos(\Theta_y) - 0{,}7 \cos(\Theta_x + \Theta_y). \tag{4.113}$$

Ersichtlich kann eine echte 2D-Entzerrung den unsymmetrischen Frequenzgang weit stärker kompensieren, als es durch eine einfache separierte Filterung möglich ist (Bild 4.42).

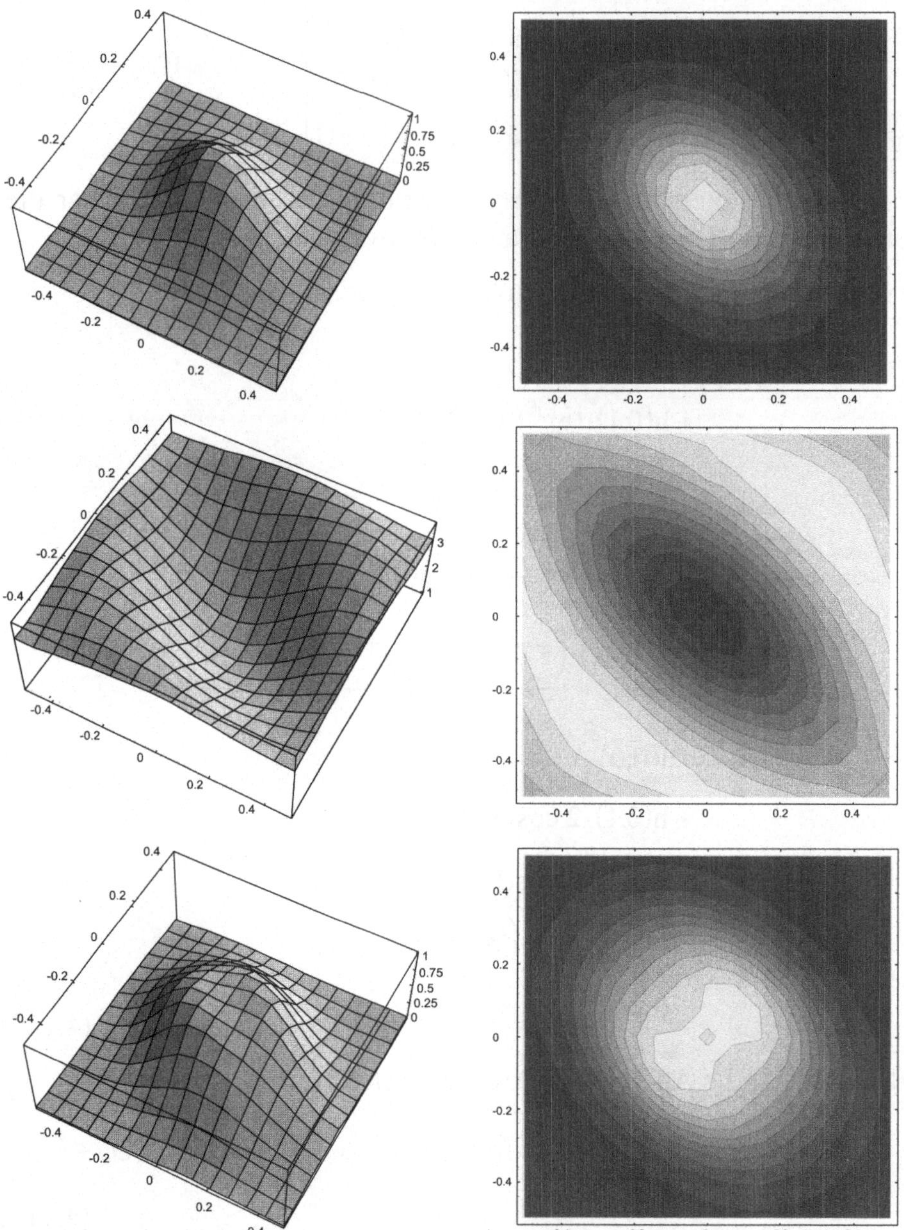

Bild 4.37: Zweidimensionale Aperturkorrektur für eine Röhrenkamera; 3D-Darstellung und Höhenlinienplot der Übertragungsfunktion; oben: Sensor, mitte: Entzerrer, unten: Produkt

5 Elementare Filterstrukturen und die z-Transformation

5.1 Differenzengleichungen zur Beschreibung von diskreten 1D-Systemen

Ein lineares verschiebungsinvariantes (LVI-) System kann durch eine lineare Differenzengleichung mit konstanten Koeffizienten beschrieben werden. Die "Standard-Differenzen-Gleichung" (SDG) verknüpft Eingangs- und Ausgangssequenz, s(n) und g(n), für ein bestimmtes n jeweils in der Form[1] (siehe z.B. [RobMull87])

$$\sum_{m=0}^{M} a_m \cdot g(n-m) = \sum_{m=0}^{M} b_m \cdot s(n-m) \quad , \qquad a_0 = 1, \quad n \geq 0 \; . \qquad (5.1)$$

Im nichtrekursiven Fall sind alle $a_m=0$ (aber $a_0=1$) und (5.1) geht in eine endliche diskrete Faltung über, vgl. (4.48). Mit den Koeffizientenfolgen $\{g(n)\}$, $\{s(n)\}$ der Differenzengleichung kann man (5.1) formal durch eine Faltung ausdrücken:

$$\{g(n)\} * \{a(n)\} = \{s(n)\} * \{b(n)\} \; . \qquad (5.2)$$

Mit Hilfe von Differenzengleichungen lassen sich prinzipiell

---

[1] Die Wahl einer gleichen Anzahl M von Koeffizienten $\{a_m\}$ für den rekursiven Antail und $\{b_n\}$ für den nichtrekursiven Anteil stellt dabei wegen der Möglichkeit von Koeffizienten, die gleich Null sind, keine Verletzung der Allgemeinheit dar. Diese Wahl dient nur der übersichtlicheren Darstellung.

- allgemeine rekursive und nichtrekursive Anteile enthaltende Filterstrukturen beschreiben, die im Allgemeinfall eine infinite Impulsantwort besitzen (IIR-Filter: Infinite Impulse Response-Filter),

- auf einfache Weise Realisierungsstrukturen entwickeln und

- Verhaltensbeschreibungen finden, wie dies mit Differentialgleichungen für kontinuierliche Systeme getan wird, um z.B. Resonanzfrequenzen, Nullstellen, Systemordnung etc. zu analysieren.

Mit Differenzengleichungen alleine ist allerdings die Beschreibung eines LVI-Systems im allgemeinen nicht eindeutig möglich. Es existiert in der Regel eine Familie von Lösungen und man benötigt zusätzliche Informationen (Initialwerte).

Beispiel für ein System 1. Ordnung

Ein allgemeines System 1. Ordnung hat beispielsweise folgende SDG

$$g(n) + a_1 \cdot g(n-1) = b_0 \cdot s(n) + b_1 \cdot s(n-1)$$
$$g(n) = -a_1 \cdot g(n-1) + b_0 \cdot s(n) + b_1 \cdot s(n-1) \quad . \tag{5.3}$$

Ihre Realisierung erfolgt durch folgende Schaltung.

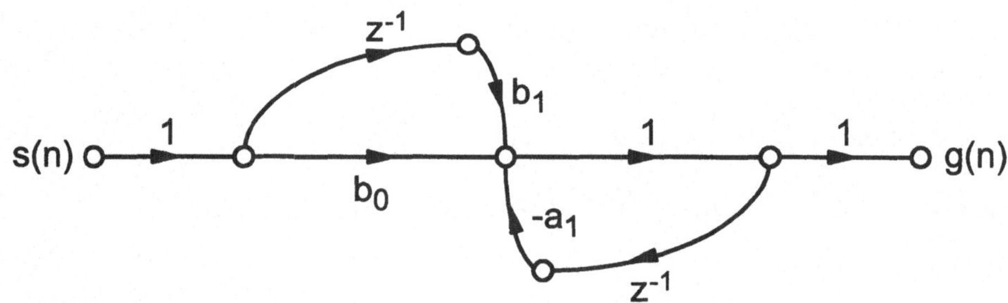

Bild 5.1:   System 1. Ordnung, direkte Realisierung

Weiter vereinfacht ergibt sich die SDG für ein rein rekursives System 1. Ordnung:

$$g(n) = s(n) + a_1 \cdot g(n-1) \qquad (5.4)$$

mit folgender Realisierungsstruktur:

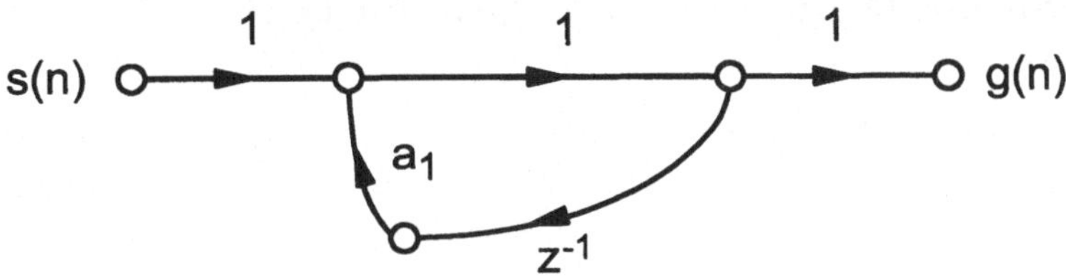

Bild 5.2:   Beispiel für ein rein rekursives System 1. Ordnung

Gesucht sei die Sprungantwort mit $s(n){=}u_1(n){=}1$ für $n \geq 0$. Es ergibt sich als direkte Lösung aus der SDG und dem Initialwert $g(-1){=}k$ (was bedeutet, daß im Verzögerungselement der Wert k gespeichert ist):

$$
\begin{aligned}
g(0) &= s(0) &&+ a_1 \cdot g(-1) &&= 1 &&+ a_1 \cdot k \\
g(1) &= s(1) &&+ a_1 \cdot g(0) &&= 1 &&+ a_1 &&+ a_1^2 \cdot k \\
\vdots \quad & \quad \vdots && \quad \vdots && \quad \vdots && \quad \vdots && \quad \vdots \\
g(n) &= s(n) &&+ a_1 \cdot g(n-1) &&= 1 &&+ a_1 &&+ a_1^2 &&+ \ldots + a_1^{n+1} \cdot k
\end{aligned}
$$

$$(5.5)$$

Ebenso folgt für die Impulsantwort mit $s(n){=}u_0(n)$ unmittelbar $g(n){=}h(n)$:

$$
\begin{aligned}
h(0) &= s(0) &&+ a_1 \cdot g(-1) &&= 1 &&+ a_1 \cdot k \\
h(1) &= s(1) &&+ a_1 \cdot g(0) &&= a_1 &&+ a_1^2 \cdot k \\
\vdots \quad & \quad \vdots && \quad \vdots && \quad \vdots && \quad \vdots \\
h(n) &= s(n) &&+ a_1 \cdot g(n-1) &&= a_1^n &&+ a_1^{n+1} \cdot k
\end{aligned}
$$

$$(5.6)$$

Für $k{=}0$, also ein inhaltfreies System für $n < 0$ folgt also

$$\{h(n)\} = \begin{cases} a_1^n & n \geq 0 \\ 0 & \text{sonst} \end{cases}. \qquad (5.7)$$

Offenbar besteht die Möglichkeit, die Differenzengleichung direkt numerisch auszuwerten, um das Systemverhalten zu bestimmen. Eine geschlossene Lösung entsteht dabei entgegen dem gewählten Beispiel aber nicht zwangsläufig.

Allgemeine Lösung für Differenzengleichungen

Wünschenswert ist eine Lösung der SDG in geschlossener Form und nicht wie angegeben eine iterative "Simulation". Die Theorie der Differenzengleichungen liefert diese allgemeine Lösung für eine Eingangsfolge $s(n)$ und gegebene Anfangsbedingungen $g(-n)$ (siehe z.B. [RabGold75], [RobMull87]).

Gegeben sei eine Standarddifferenzengleichung (SDG) nach Glg. (5.1) für ein LVI- System:

$$\sum_{m=0}^{M} a_m \cdot g(n-m) = \sum_{m=0}^{M} b_m \cdot s(n-m) \quad , \qquad a_0 = 1 \quad . \tag{5.8}$$

Dann ergibt sich die Lösung durch Überlagerung der Lösung der homogenen Gleichung:

$$\{g(n)\} * \{a(n)\} = 0 \quad , \tag{5.9}$$

mit einer partikulären Lösung der gesamten Gleichung

$$\{a(n)\} * \{g_{part}(n) + g_{hom}(n)\} = \{b(n)\} * \{s(n)\} \quad . \tag{5.10}$$

Die partikuläre Lösung kann manchmal einfach aus der SDG entwickelt werden (formale Ansätze z.B. in [OppWill83], [LevLess61]).

Die Lösung der homogenen Gleichung erfolgt über den Ansatz

$$g_{hom} \sim z^n \quad , \tag{5.11}$$

wodurch sich das charakteristische Polynom ergibt

$$a(z) = 1 + a_1 \cdot z^{-1} + \ldots + a_M \cdot z^{-M} \quad . \tag{5.12}$$

Die Lösungen der homogenen Gleichung ergeben sich aus den Wurzeln des charakteristischen Polynoms durch eine lineare Kombination der Lösungsfunktionen (einfache Wurzeln angenommen):

$$g_{hom}(n) = c_1 \cdot z_1^n + c_2 \cdot z_2^n + \ldots + c_M \cdot z_M^n$$

$$= \sum_{m=1}^{M} c_m \cdot z_m^n \quad . \tag{5.13}$$

Beispiel zur Lösung der SDG (System erster Ordnung)

Als Impulsantwort des Systems nach Bild 5.2 war ermittelt worden (für Anfangswerte Null):

$$h(n) = \begin{cases} 0 & n < 0 \\ a_1^n & n \geq 0 \end{cases} \quad . \tag{5.14}$$

Für die SDG galt:

$$g(n) = h(n) = s(n) + a_1 \cdot g(n-1)$$
$$h(n) = u_0(n) + a_1 \cdot h(n-1) \quad . \tag{5.15}$$

Für $0 \leq a_1 < 1$ folgt für die Impulsantwort ein Verlauf nach Bild 5.3:

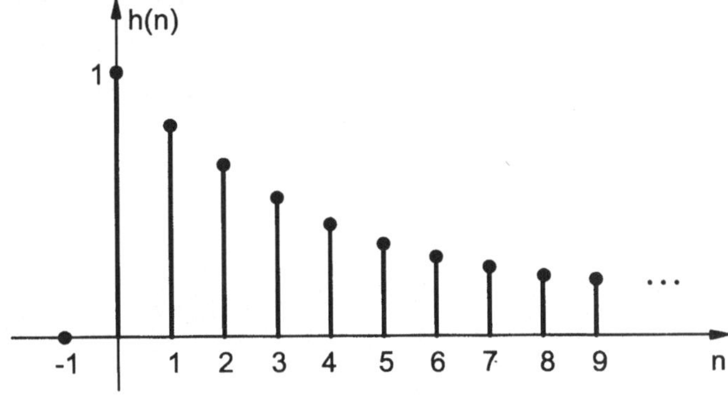

Bild 5.3:   Impulsantwort $0 \leq a_1 < 1$ des rein rekursiven Systems

Mit dem Ansatz $g_{hom} = c_1 \cdot z_1^n$ ergibt sich für die homogene Gleichung:

$$c_1 \cdot z_1^n - a_1 \cdot c_1 \cdot z_1^{n-1} = c_1 \cdot z_1^n \left(1 - a_1 \cdot z_1^{-1}\right) = 0 \quad . \tag{5.16}$$

Es wird zunächst angenommen $c_1 \cdot z_1 \neq 0$

$$\Rightarrow \quad \left(1 - a_1 \cdot z_1^{-1}\right) = 0$$
$$\Leftrightarrow \quad\quad\quad z_1 = a_1 \quad . \tag{5.17}$$

Mithin ist

$$g_{hom}(n) = c_1 \, a_1^n \tag{5.18}$$

eine Lösung der homogenen Gleichung. Eine Lösung der gesamten Gleichung ist beispielsweise möglich durch

$$\begin{aligned} g(n) &= g_{hom} + g_{part} \\ &= c_1 \, a_1^n + a_1^n \cdot u_1(n) \end{aligned} \tag{5.19}$$

mit $u_1(n)$ als Sprungfunktion und mit $c_1 = 0$:

$$h(n) = g(n) = a_1^n \cdot u_1(n) = \begin{cases} 0 & n < 0 \\ a_1^n & n \geq 0 \end{cases} \quad . \tag{5.20}$$

Dies entspricht einem inhaltfreien System mit der Anfangsbedingung $g(-n) = 0$ und der Annahme von Kausalität. Andererseits kann dieselbe Differenzengleichung auch mit $c_1 = -1$ gelöst werden, was den Anfangsbedingungen $g(0) = 0$, $g(+n) = 0$ und der Annahme von Antikausalität entspricht:

$$\begin{aligned} h(n) = g(n) &= c_1 \, a_1^n + a_1^n \cdot u_1(n) \\ &= -a_1^n + a_1^n \cdot u_1(n) = \begin{cases} -a_1^n & n < 0 \\ 0 & n \geq 0 \end{cases} \end{aligned} \tag{5.21}$$

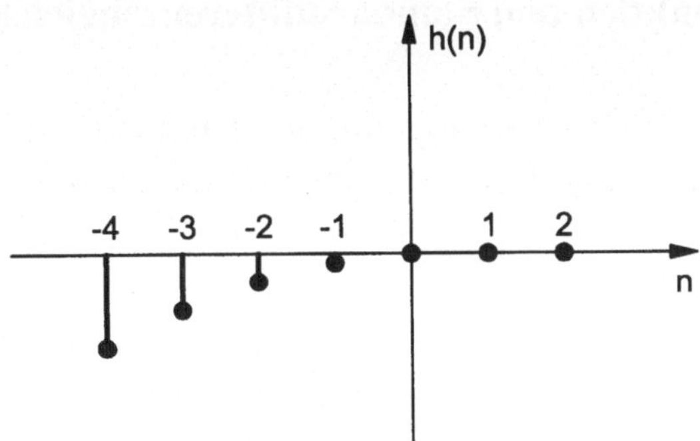

Bild 5.4:   Impulsantwort $\left(0 \le a_1 < 1\right)$

Zur eindeutigen Lösung der SDG müssen zusätzliche Anfangswerte und Systemeigenschaften (Kausalität, Antikausalität) definiert werden.

Impulsantwort und Differenzengleichung

Unter der Voraussetzung einer kausalen Impulsantwort kann allgemein die Einheitsimpulsantwort aus der Standarddifferenzengleichung wie folgt ermittelt werden:

$$\sum_{m=0}^{M} a_m \cdot h(n-m) = \sum_{m=0}^{M} b_m \cdot u_0(n-m) \quad , \qquad a_0 = 1, \quad n \ge 0. \quad (5.22)$$

Für $n = m$ ist die Lösung gleich b_0, für $n < m$ ist wegen der Kausalität die Impulsantwort gleich 0 und wegen des einmaligen Auftretens von $u_0(n-m)$ ist für $n > m$ eine homogene Differenzengleichung gegeben. Somit ist

$$h(n) = \begin{cases} 0 & n < 0 \\[2mm] b_0 & n = 0 \\[2mm] \sum_{m=1}^{M} c_m \cdot g(n) & n > 0 \end{cases} \quad . \qquad (5.23)$$

Übertragungsfunktion und Standarddifferenzengleichung

Eine Ermittlung der Übertragungsfunktion kann über die Beziehung zwischen Impulsantwort und Übertragungsfunktion nach (5.24) erfolgen

$$H\left(e^{j\Theta}\right) = \sum_{n=-\infty}^{\infty} h(n) \cdot e^{-j\Theta n} \quad . \tag{5.24}$$

Alternativ kann bei Kenntnis der SDG eine unmittelbare Untersuchung der SDG mit den Eigenfunktionen zum Ziel führen. Es sei die Eingangsfunktion gesetzt zu

$$s(n) = e^{jn\Theta} \quad . \tag{5.25}$$

Hierzu ist die Standarddifferenzengleichung auf die Form

$$g(n) = f\left(e^{j\Theta}\right) \cdot e^{jn\Theta} \tag{5.26}$$

zu bringen und es ist dann

$$H\left(e^{j\Theta}\right) = f\left(e^{j\Theta}\right) \quad . \tag{5.27}$$

Für das vereinfachte System erster Ordnung nach Bild 5.2 gilt die SDG mit $s(n) = e^{jn\Theta}$:

$$g(n) - a_1 \cdot g(n-1) = s(n) = e^{jn\Theta} \quad . \tag{5.28}$$

Mit Gleichung (5.26) eingesetzt in die SDG ergibt sich:

$$f\left(e^{j\Theta}\right)\left[e^{jn\Theta} - a_1 \cdot e^{j(n-1)\Theta}\right] = f\left(e^{j\Theta}\right) \cdot e^{jn\Theta}\left[1 - a_1 \cdot e^{-j\Theta}\right] = e^{jn\Theta}$$

$$\Rightarrow \quad H\left(e^{j\Theta}\right) = f\left(e^{j\Theta}\right) = \frac{1}{1 - a_1 \cdot e^{-j\Theta}} \quad . \tag{5.29}$$

Für Betrag und Phase folgt daraus

$$\left|H\left(e^{j\Theta}\right)\right| = \frac{1}{\sqrt{1 + a_1^2 - 2a_1 \cos(\Theta)}} \quad , \tag{5.30}$$

$$\arg\!\left[H\!\left(e^{j\Theta}\right)\right] = \Theta - \arctan\!\left\{\frac{\sin(\Theta)}{\cos(\Theta) - a_1}\right\} \quad . \tag{5.31}$$

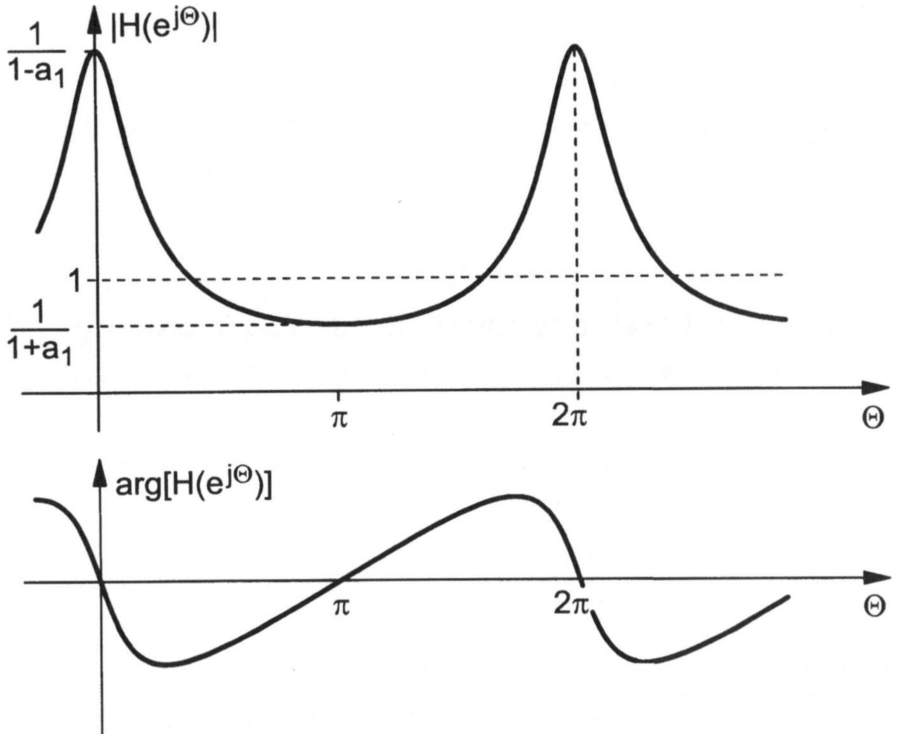

Bild 5.5:   Rein rekursives System 1. Ordnung, Frequenzgang und Phasengang für
$a = \tfrac{2}{3}$

5.2   Definition der z-Transformation

Für die 1D-Übertragungsfunktion $H\!\left(e^{j\Theta}\right)$ eines LVI-Systems gilt, wie
oben ausgeführt,

$$H\left(e^{j\Theta}\right) = \sum_{n=-\infty}^{\infty} h(n) \cdot e^{-j\Theta n} \qquad (5.32)$$

mit $h(n)$ als Impulsantwort des Systems. Durch zunächst formale Substitution

$$e^{j\Theta} = z \qquad (5.33)$$

gewinnt man die 1D-Übertragungsfunktion in z (z wird dabei als komplex angenommen):

$$H(z) = \sum_{n=-\infty}^{\infty} h(n) \cdot z^{-n} \quad . \qquad (5.34)$$

Verallgemeinert für beliebige z wird $H(z)$ als die z-Transformierte von $h(n)$ bezeichnet. Vorauszusetzen ist dabei absolute Konvergenz der Summe (5.34), die noch genauer zu diskutieren ist.

Entsprechend Glg. (5.34) kann allgemein für diskrete Sequenzen eine (bilaterale) z-Transformation definiert werden:

$$S(z) = Z[s(n)] = \sum_{n=-\infty}^{\infty} s(n) \cdot z^{-n} \quad . \qquad (5.35)$$

Aus der Substitution $\underline{z} = e^{j\Theta}$ und der Annahme, daß auch $|z| \neq 1$ zugelassen ist, ergibt sich eine Verallgemeinerung für anklingende Sequenzen. Die Fouriertransformierte diskreter Sequenzen, für die ja $\underline{z} = e^{j\Theta}$, also $|\underline{z}| = 1$ gilt (siehe Bild 5.6), hat in der komplexen z-Ebene einen Gültigkeitsort auf dem Einheitskreis $|\underline{z}| = 1$. Läßt man verallgemeinernd $\underline{z} = e^{\alpha} \cdot e^{j\Theta}$ zu, so erweitert man den Gültigkeitsbereich der Fouriertransformation diskreter Sequenzen, so wie die Laplace-Transformation den Gültigkeitsbereich der Fouriertransformation für anklingende Funktionen erweitert [Doetsch81], [Lüke95].

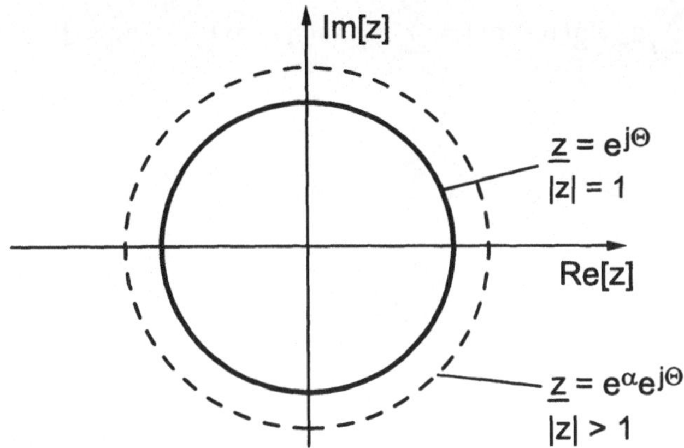

Bild 5.6: Zum Gültigkeitsbereich in der z-Ebene

Dabei sind zwei Fallunterscheidungen zu machen: Es führen

(1)   zweiseitige Sequenzen (positive und negative Indizes) zur bilateralen z-Transformation,

(2)   einseitige (kausale) Sequenzen zur unilateralen z-Transformation.

Da die *unilaterale z-Transformation in der bilateralen enthalten ist,* und da dem zweiseitigen Fall z.B. bei zweidimensionalen ortsabhängigen Sequenzen (z.B. Bildern) Bedeutung zukommt, wird hier vor allem die bilaterale Transformation behandelt. Soweit eine Beschränkung auf kausale Sequenzen vorgenommen wird, ist dies vermerkt.

Übertragungsfunktion H(z) für 1D-Systeme

Ein Filter mit definierter Ordnung M hat eine rationale Übertragungsfunktion, die durch Fouriertransformation der Standarddifferenzengleichung gewonnen werden kann. Es gilt mit (5.24)

$$\sum_{m=0}^{M} a_m \cdot g(n-m) = \sum_{m=0}^{M} b_m \cdot s(n-m) \qquad a_0 = 1$$

$$\sum_{m=0}^{M} a_m \cdot G\!\left(e^{j\Theta}\right) \cdot e^{-jm\Theta} = \sum_{m=0}^{M} b_m \cdot S\!\left(e^{j\Theta}\right) \cdot e^{-jm\Theta} \tag{5.36}$$

$$H\!\left(e^{j\Theta}\right) = \frac{G\!\left(e^{j\Theta}\right)}{S\!\left(e^{j\Theta}\right)} = \frac{\displaystyle\sum_{m=0}^{M} b_m \cdot e^{-jm\Theta}}{\displaystyle\sum_{m=0}^{M} a_m \cdot e^{-jm\Theta}}$$

und mit der Substitution $z = e^{j\Theta}$ erhält man[1]

$$H(z) = \frac{\displaystyle\sum_{m=0}^{M} b_m \cdot z^{-m}}{\displaystyle\sum_{m=0}^{M} a_m \cdot z^{-m}} \qquad a_0 = 1 \quad . \tag{5.37}$$

Die Wurzeln z_{0m} des Zählerpolynoms bestimmen die Nullstellen und die des Nennerpolynoms $\left(z_{\infty m}\right)$ die Pole von H(z). Bei Kenntnis von Polen und Nullstellen kann (5.37) durch seine Linearfaktoren dargestellt werden (C = Konstante):

$$H(z) = C \, \frac{\displaystyle\prod_{m=1}^{M}\left(z - z_{0m}\right)}{\displaystyle\prod_{m=1}^{M}\left(z - z_{\infty m}\right)} \quad , \tag{5.38}$$

---

[1] Die Festlegung gleicher Anzahlen M rekursiver und nichtrekursiver Koeffizienten stellt dabei keine Verletzung der Allgemeinheit dar. Zunächst kann Rationalität durch Division und Abteilung eines nennerfreien Polynoms hergestellt werden. Im rationalen Quotienten kann durch Einführung von Zählerkoeffizienten, die gleich Null sind, die Anzahl M in Zähler und Nenner erreicht werden.

und bei Kenntnis der faktorisierten Übertragungsfunktion (5.38) eines Filters können dann mit $z = e^{j\Theta}$ Betrag und Phase von $H(e^{j\Theta})$ (Frequenz- und Phasengang) angegeben werden:

$$H(e^{j\Theta}) = C \frac{\prod_{m=1}^{M}(e^{j\Theta} - z_{0m})}{\prod_{m=1}^{M}(e^{j\Theta} - z_{\infty m})} \quad , \tag{5.39}$$

$$\left|H(e^{j\Theta})\right| = C \frac{\prod_{m=1}^{M}\left|e^{j\Theta} - z_{0m}\right|}{\prod_{m=1}^{M}\left|e^{j\Theta} - z_{\infty m}\right|} \quad , \tag{5.40}$$

$$\arg\left[H(e^{j\Theta})\right] = \sum\left[\arg\left(e^{j\Theta} - z_{0m}\right) - \arg\left(e^{j\Theta} - z_{\infty m}\right)\right] \quad . \tag{5.41}$$

Das bedeutet, daß jeder Pol, jede Nullstelle mit einem bestimmten Anteil zur Übertragungsfunktion beitragen: multiplikativ zum Betrag, additiv zur Phase (siehe Bild 5.7).

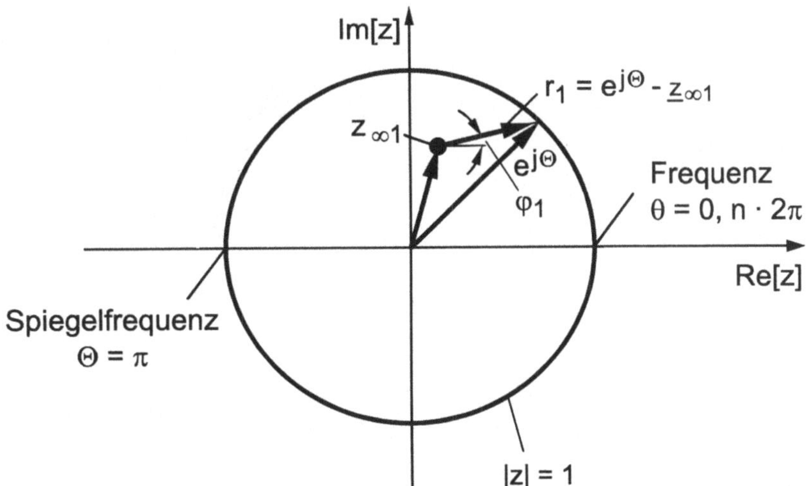

Bild 5.7: Wirkung eines Poles in der Übertragungsfunktion (zu beachten ist, daß ein solcher isolierter Pol nicht zu realisieren ist!)

Ersichtlich ist der Ort für $e^{j\Theta} = z$, (also $|\underline{z}| = 1$), der Einheitskreis, der für alle Frequenzen $\Theta = \omega T_0$, (T_0: Abtastintervall) von 0 über die Spiegelfrequenz bei $\Theta = \pi$ bis zum Wiederholpunkt $\Theta = 2\pi$ durchlaufen wird. Die Übertragungsfunktion $H(e^{j\Theta})$ ergibt sich somit aus der Übertragungsfunktion $H(z)$ für jeden einzelnen Punkt auf dem Einheitskreis.

Der Vektor $\underline{e}^{j\Theta} - \underline{z}_{\infty 1}$ trägt mit Betrag und Phase zum Ergebnis bei. Für den einzelnen Pol in Bild 5.7 ist die Wirkung wie folgt beschrieben:

$$\underline{e}^{j\Theta} - \underline{z}_{\infty 1} = r_1 \cdot e^{j\varphi_1} \quad , \tag{5.42}$$

$$\left| H(e^{j\Theta}) \right| \sim \frac{1}{r_1} \quad , \tag{5.43}$$

$$\arg\left[H(e^{j\Theta}) \right] = \varphi_0(\Theta) - \varphi_1 \quad . \tag{5.44}$$

Als Beispiel zur Übertragungsfunktion $H(z)$ sei eine Pol- Nullstellenkonfiguration nach Bild 5.8 gegeben:

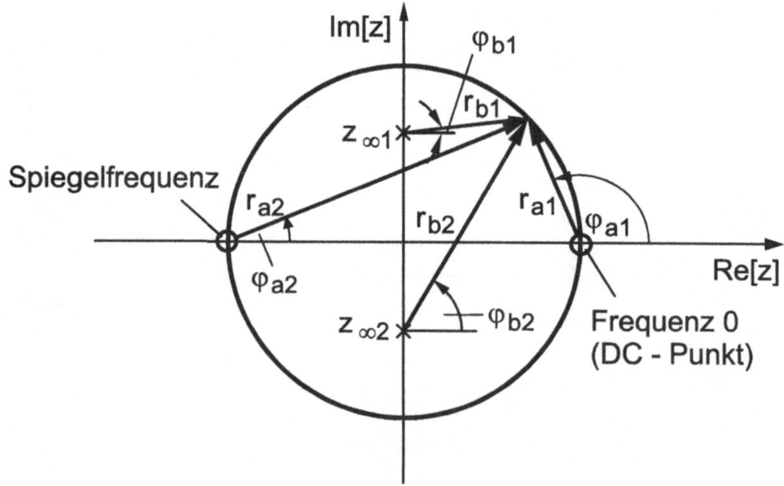

Bild 5.8:   Beispiel zur Übertragungsfunktion, Pol - Nullstellendiagramm

Jeder Pol und jede Nullstelle tragen unabhängig zur Übertragungsfunktion bei. Es sind im Beispiel Frequenz- und Phasengang gegeben durch

$$\left| H\!\left(e^{j\Theta}\right) \right| = c\,\frac{r_{a1} \cdot r_{a2}}{r_{b1} \cdot r_{b2}}$$

$$\arg\!\left[H\!\left(e^{j\Theta}\right) \right] = \varphi_{a1} + \varphi_{a2} - \varphi_{b1} - \varphi_{b2}$$

(5.45)

mit φ_{a1}, φ_{a2}, φ_{b1} und φ_{b2} den zugehörigen Winkeln der Zeiger von den Nullstellen und Polen zum betrachteten Punkt auf dem Einheitskreis. Damit können Betrag und Phase in Abhängigkeit von der Frequenz Θ angegeben werden (siehe Bild 5.9). Offensichtlich ergeben sich für den Betrag der Übertragungsfunktion Resonanzstellen für $\pi/2$ und $3\pi/2$ und Nullstellen bei 0 und π. Entsprechendes gilt für Vielfache von π. Aufgrund der Nullstellen im DC-Punkt und bei π *springt die Phase* jeweils in diesen Punkten um 180°. Das Vorhandensein solcher Resonanzen ist typisch für das Verhalten von Systemen zweiter Ordnung mit zwei konjugiert komplexen Polen.

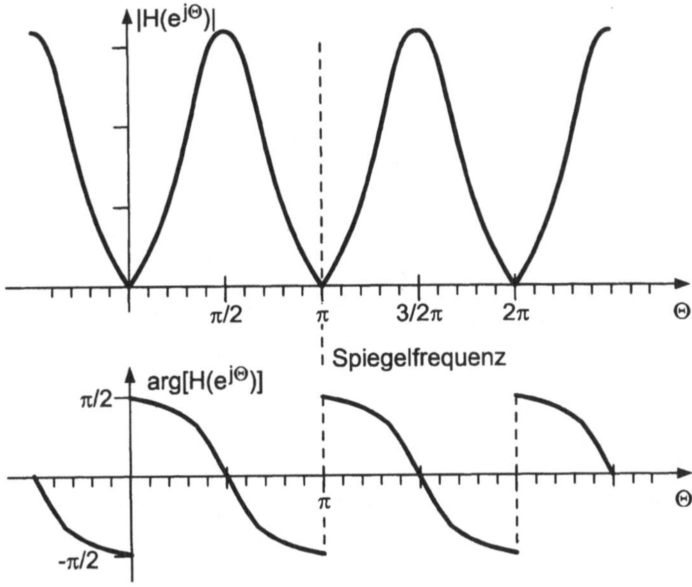

Bild 5.9:   Betrag und Phase der Übertragungsfunktion für das Pol- Nullstellendiagramm des Beispiels

5.3 Konvergenzgebiet der z-Transformation

Konvergenzgebiet der unilateralen z-Transformation

Die Definitionsgleichung für die z-Transformation (5.35) stellt eine Potenzreihe dar, für die es notwendig ist, zu wissen, in welchem Bereich der z-Ebene absolute Konvergenz gewährleistet ist, d.h. wo gilt:

$$\sum_{n=-\infty}^{\infty} \left| s(n) \cdot z^{-n} \right| < \infty \quad . \tag{5.46}$$

Betrachtet sei das Beispiel nach Gleichung (3.10) der Sprungfolge $u_1(n)$:

$$s(n) = b_1^n \cdot u_1(n) \quad , \tag{5.47}$$

also das Beispiel einer kausalen Sequenz. Die z-Transformierte dieser Sequenz ergibt sich zu

$$\begin{aligned} S(z) &= \sum_{n=-\infty}^{\infty} b_1^n \cdot u_1(n) \cdot z^{-n} \\ &= \sum_{n=0}^{\infty} b_1^n \cdot z^{-n} = \sum_{n=0}^{\infty} \left(\frac{b_1}{z} \right)^n \quad , \end{aligned} \tag{5.48}$$

woraus sich mit der Summenformel für Potenzreihen ergibt

$$S(z) = \frac{1}{1 - b_1 \cdot z^{-1}} \quad . \tag{5.49}$$

Diese Summe existiert, d.h. Konvergenz ist gewährleistet, (vgl. (5.48)) für

$$\left| b_1 \cdot z^{-1} \right| < 1 \quad , \tag{5.50}$$

d.h. für Werte der komplexen Variablen $|z| > b_1$. Der Pol bei $z_\infty = b_1$ liegt dabei außerhalb des Konvergenzbereiches.

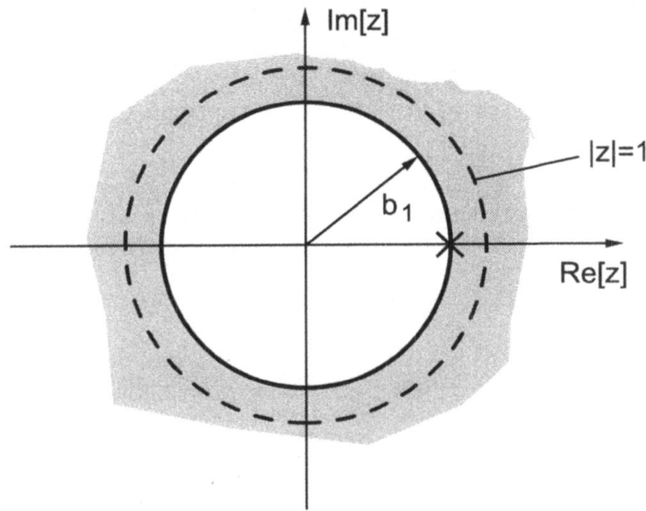

Bild 5.10:   Konvergenzbereich für eine kausale Sequenz

Da es sich in diesem Beispiel um eine kausale Sequenz handelt, wird (5.48) zur unilateralen z-Transformation. Die Fouriertransformierte für diskrete Signale (bzw. Systeme) ergibt sich für $|z| = 1$ bzw. $z = e^{j\Theta}$. Sie existiert nur, wenn

$$b_1 < |z| = 1 \quad , \tag{5.51}$$

also der Einheitskreis im Konvergenzbereich liegt. Formal läßt sich die Konvergenzbedingung für kausale Sequenzen, d.h. für die unilaterale z-Transformation folgendermaßen formulieren (siehe z.B. [RobMull87], [Schüßler94])

$$\sum_{n=0}^{\infty} \left| s(n) \cdot z^{-n} \right| = \sum_{n=0}^{\infty} \left| s(n) \left[r \cdot e^{j\Theta} \right]^{-n} \right| = \sum_{n=0}^{\infty} \left| s(n) \right| \cdot r^{-n} < \infty \quad . \tag{5.52}$$

Hier ist S(z) eine analytische Funktion. Es gilt dann für Konvergenz mit Hilfe der Majorisierung durch eine Exponentialfolge

$$\left| s(n) \right| \le MR^{n}$$

$$\sum \left| s(n) \right| \cdot r^{-n} \le \sum M \cdot R^{n} \cdot r^{-n} = \sum M \cdot \left(\frac{R}{r} \right)^{n} \tag{5.53}$$

und (5.53) konvergiert für $\frac{R}{r} < 1$, d.h. für

$$r = \left| z \right| > R \quad . \tag{5.54}$$

Das heißt, s(n) darf anklingen, aber nicht stärker als R^{n} und es folgt Konvergenz für

$$\left| s(n) \right| \le M \cdot R^{n} \qquad M, R \text{ positiv}, \ \forall \ n \ge 0$$

$$\left(\frac{R}{r} \right) < 1 \quad , \tag{5.55}$$

denn die Reihe r^{-n} bedämpft die anklingende Reihe $s(n)$ im Konvergenzgebiet bis maximal zu stationärem Verhalten (Quasistabilität). Im Konvergenzgebiet ist die zugehörige z-Transformierte dann eine analytische Funktion in z.

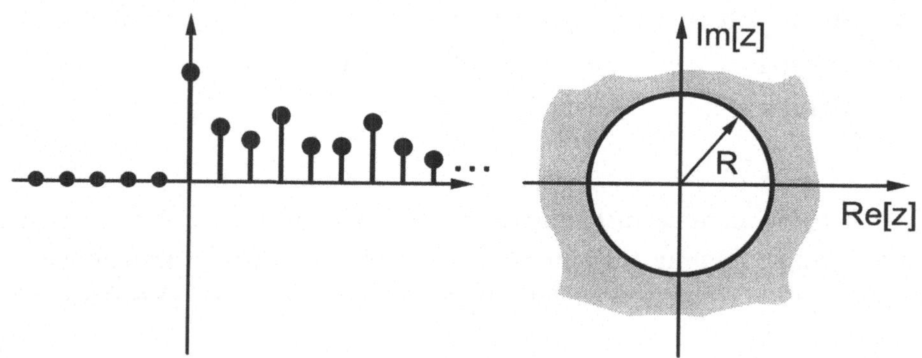

Bild 5.11:   Konvergenzbereich (grau) der unilateralen z-Transformation

Deutlich wird an dieser Stelle, daß die Bestimmung des Konvergenzgebietes nicht zugleich Aussagen zur Stabilität erlaubt. Hierzu sei anhand eines einfachen Beispiels folgender Gedankengang angenommen. Es sei:

$$s(n) = b_1^n \cdot u_1(n) \quad . \tag{5.56}$$

Ist $0 < b_1 < 1$, $b_1 = 1$ oder $b_1 > 1$, so ergibt sich entsprechend eine abklingende, stationäre oder aufklingende Folge (siehe Bild 5.12).

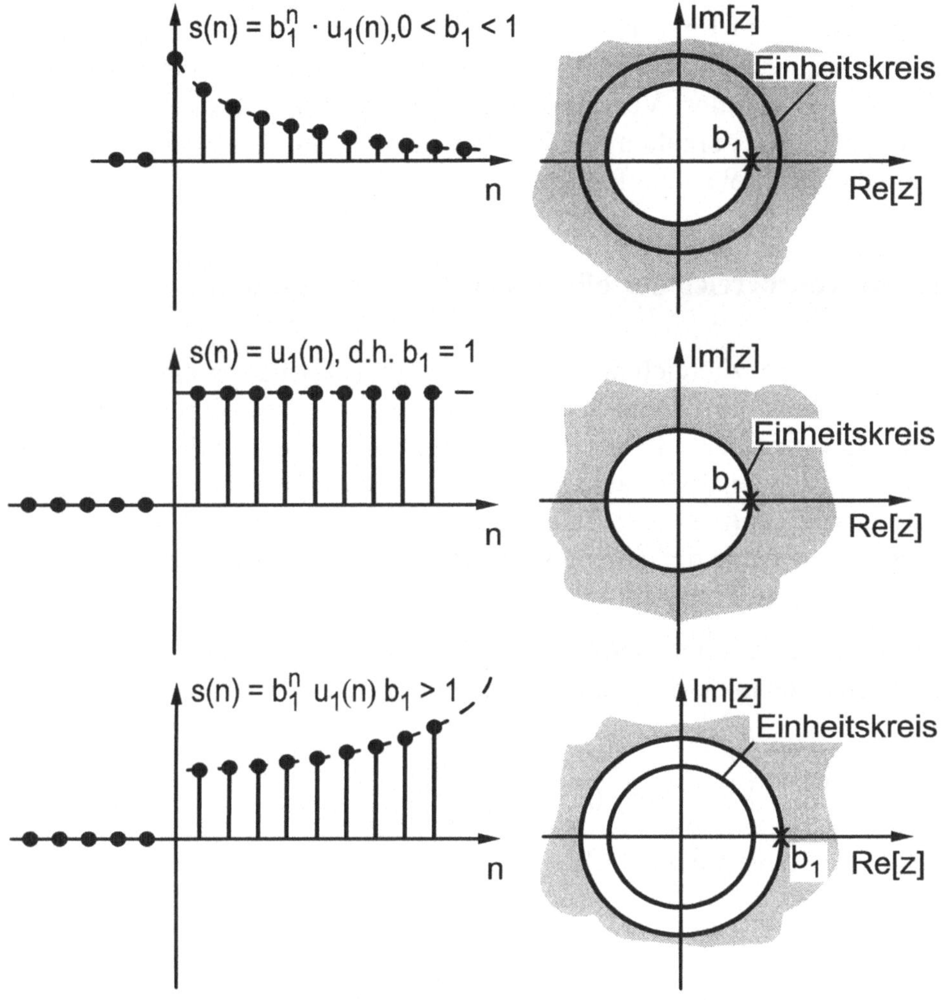

Bild 5.12: Abklingende, stationäre und anklingende Sequenz mit dazugehörigen Konvergenzgebieten

Die z-Transformierte ist gegeben durch

$$s(n) \circ\!\!-\!\!\bullet \frac{1}{1 - b_1 \cdot z^{-1}} \quad , \tag{5.57}$$

mit einem reellen Pol bei $z_p = b_1$, der für eine abklingende Folge innerhalb des Einheitskreises liegt (Bild 5.12). Für $b_1 = 1$ folgt die Sprungfolge mit einem Pol auf dem Einheitskreis und für $b_1 > 1$ eine anklingende Sequenz mit einem Pol außerhalb des Einheitskreises. Offenbar
ergibt sich stabiles Verhalten für Pole im Einheitskreis, stationäres
(quasistabiles) Verhalten für Pole auf dem Einheitskreis und instabiles
Verhalten für Pole außerhalb.

Konvergenzbereich der bilateralen z-Transformation

Der Konvergenzbereich der bilateralen z-Transformation kann nun durch
Zuhilfenahme der bereits vorliegenden Ergebnisse für den kausalen Fall
und des Linearitätsprinzips der z-Transformation ermittelt werden. Eine
beliebige Sequenz wird aufgeteilt in eine kausale (rechtsseitige) und eine
antikausale (linksseitige) Teilsequenz. Konvergenzbereich der Gesamt-
sequenz ist dann der gemeinsame Bereich der Konvergenzgebiete der
Teilsequenzen.

Es sei zunächst eine "antikausale" Sequenz entsprechend dem oben betrachteten Beispiel (5.47) angenommen mit

$$s(n) = \begin{cases} -b_1^n & n < 0 \\ 0 & n \geq 0 \end{cases} \qquad \text{und } b_1 > 0 \quad . \tag{5.58}$$

Für die z-Transformierte erhält man

$$S(z) = \sum_{n=-\infty}^{\infty} s(n) \cdot z^{-n} = \sum_{n=-\infty}^{-1} \left(-b_1^n \cdot z^{-n}\right) = \sum_{n=-\infty}^{-1} -\left(\frac{b_1}{z}\right)^n$$

$$= -\sum_{n=1}^{\infty}\left(\frac{z}{b_1}\right)^n = -\sum_{n=0}^{\infty}\left(\frac{z}{b_1}\right)^n + 1 = -\frac{1}{1-\dfrac{z}{b_1}} + 1 \quad \text{für } |z| < b_1$$

$$(5.59)$$

und nach Zwischenrechnung

$$S(z) = \frac{1}{1 - b_1 \cdot z^{-1}} \quad , \ |z| < b_1 \quad . \tag{5.60}$$

Offenbar entsteht formal dieselbe z-Transformierte wie im Falle der kausalen Sequenz, unterschiedlich ist aber der Bereich der Konvergenz (siehe Bild 5.13).

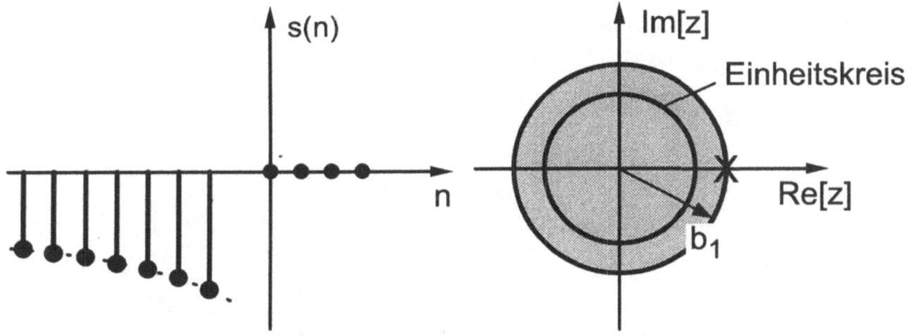

Bild 5.13:   Antikausale Sprungfolge (abklingend, d.h. $b_1 > 1$), z-Transformierte mit Konvergenzbereich (grau) und Polstelle

Für $b_1 > 1$ entsteht eine abklingende Sequenz, ein Pol ist bei $z_\infty = b_1$. Der Pol liegt außerhalb des Einheitskreises. Das Konvergenzgebiet enthält den Einheitskreis. Es liegt stabiles Verhalten vor! Allgemeiner läßt sich die Konvergenzbedingung für antikausale Sequenzen angeben durch:

$$\sum_{n=-\infty}^{0} \left|s(n) \cdot z^{-n}\right| = \sum_{n=0}^{\infty} \left|s(-n) \cdot \left[r \cdot e^{j\Theta}\right]^n\right| = \sum_{n=0}^{\infty} \left|s(-n)\right| \cdot r^n < \infty \quad . \tag{5.61}$$

Es gilt dann bei Konvergenz wieder durch Majorisierung mit einer Exponentialfolge

$$\sum_{n=0}^{\infty} |s(-n)| \cdot r^n \leq \sum_{n=0}^{\infty} M \cdot R^{-n} \cdot r^n = \sum_{n=0}^{\infty} M \cdot \left(\frac{r}{R}\right)^n \quad , \tag{5.62}$$

und (5.62) konvergiert für $\frac{r}{R} < 1$, d.h. für (vgl. Bild 5.13)

$$r = |z| < R \quad . \tag{5.63}$$

Somit ist Konvergenz gegeben für

$$|s(n)| \leq M \cdot R^n \qquad M, R \text{ positiv}, \forall\, n < 0$$

$$\left(\frac{r}{R}\right) < 1 \tag{5.64}$$

Aus diesen Überlegungen zur kausalen und antikausalen Sequenz ist unmittelbar der Konvergenzbereich der bilateralen z-Transformation ableitbar. Als gemeinsamer Bereich der beiden Konvergenzbereiche des kausalen und des antikausalen Anteils einer zweiseitigen Sequenz ergibt sich ein Kreisring (Bild 5.14), beschrieben durch

$$R_i < |z| < R_a \quad . \tag{5.65}$$

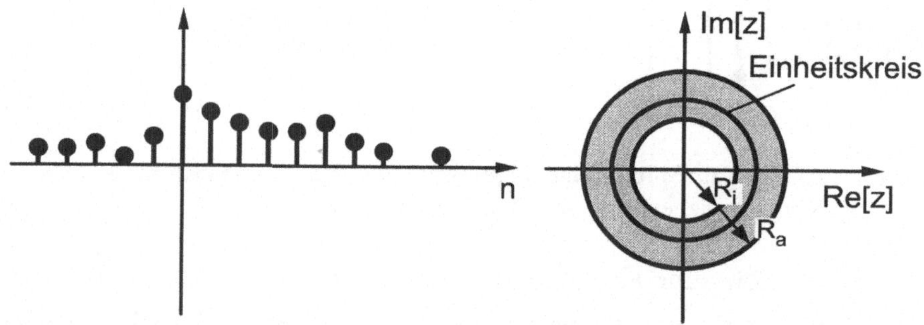

Bild 5.14:   Konvergenzbereich zweiseitiger Sequenzen bei bilateraler z-Transformation

Man kann leicht nachvollziehen, daß auch hier Stabilität nur dann gewährleistet ist, wenn der Einheitskreis im Konvergenzgebiet liegt. Liegt er stattdessen außerhalb, im äußeren Bereich $|z| > R_a$, so ist der linksseitige Anteil instabil, liegt er im inneren Bereich $|z| < R_i$, so ist der rechtsseitige Anteil anklingend.

Für das Beispiel eines Netzwerkes mit Polen p_1 und p_2 ergeben sich damit verschiedene Konvergenzgebietmöglichkeiten (Bild 5.15).

Drei Konvergenzbereiche sind möglich, entsprechend den jeweiligen Sequenzeigenschaften: (1) linksseitige Sequenz, (2) zweiseitige Sequenz, (3) rechtsseitige Sequenz.

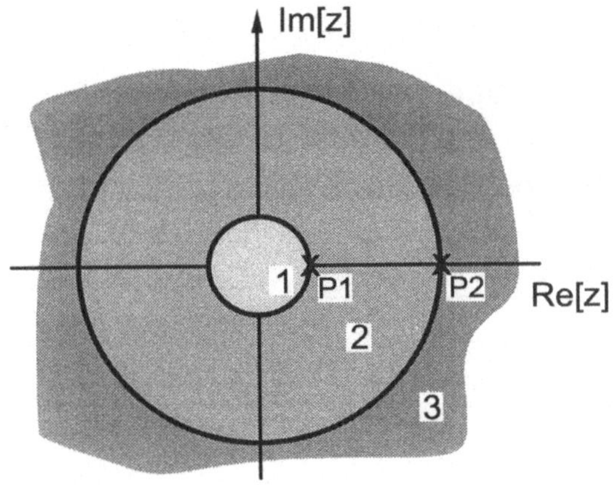

Bild 5.15:　　Mögliche Konvergenzgebiete eines Beispielnetzwerkes mit zwei Polstellen

5.4　Eigenschaften und Sätze der z-Transformation

In diesem Abschnitt werden einige wichtige Eigenschaften und Sätze zusammengestellt und an Beispielen erläutert (eine umfassende Übersicht findet man z.B. in [Doetsch81]). Die Darstellung bezieht sich wiederum, soweit nicht anders vermerkt, auf die allgemeinere bilaterale z-Transformation.

(1) Linearität

Ersichtlich gilt

$$Z\{a \cdot s(n) + b \cdot g(n)\} = \sum_{n=-\infty}^{\infty} a \cdot s(n) \cdot z^{-n} + \sum_{n=-\infty}^{\infty} b \cdot g(n) \cdot z^{-n}$$
$$= a \cdot S(z) + b \cdot G(z) \quad . \tag{5.66}$$

Als Beispiel sei die Sequenz (diskrete Werte einer an- bzw. abklingenden Schwingung)

$$s(n) = b^n \cdot u_1(n) \cdot \cos(n\Theta_0) \qquad 0 < b \le 1 \tag{5.67}$$

untersucht. Man erhält für deren z-Transformierte

$$S(z) = \sum_{n=0}^{\infty} b^n \cdot \cos(n\Theta_0) \cdot z^{-n}$$
$$= \sum_{n=0}^{\infty} \frac{b^n \cdot e^{j\Theta_0 n} + b^n \cdot e^{-j\Theta_0 n}}{2} \tag{5.68}$$
$$= \frac{1}{2} \sum_{n=0}^{\infty} \left(\frac{b \cdot e^{j\Theta_0}}{z} \right)^n + \frac{1}{2} \sum_{n=0}^{\infty} \left(\frac{b \cdot e^{-j\Theta_0}}{z} \right)^n \quad .$$

Da es sich um zwei geometrische Reihen handelt, folgt die Summe der Teiltransformierten als ein Ausdruck zweiter Ordnung:

$$S(z) = \frac{0{,}5}{1 - b \cdot e^{j\Theta_0} \cdot z^{-1}} + \frac{0{,}5}{1 - b \cdot e^{-j\Theta_0} \cdot z^{-1}}$$
$$= \frac{1 - b \cdot z^{-1} \cdot \cos(\Theta_0)}{1 - 2 b \cdot z^{-1} \cdot \cos(\Theta_0) + b^2 \cdot z^{-2}} \quad . \tag{5.69}$$

(2) Verschiebungssatz

Gegeben sei

$$s(n) \circ\!\!-\!\!\bullet S(z) \quad . \tag{5.70}$$

Gesucht sei die Transformierte von $s(n \pm m)$, also $S_m(z)$

$$Z\{s(n \pm m)\} = \sum_{n=-\infty}^{\infty} s(n \pm m) \cdot z^{-n}$$

$$= \sum_{k=-\infty}^{\infty} s(k) \cdot z^{-k} \cdot z^{\pm m} = z^{\pm m} \cdot S(z) \tag{5.71}$$

$$s(n \pm m) \circ\!\!-\!\!\bullet z^{\pm m} \cdot S(z) \quad . \tag{5.72}$$

Der Verschiebungssatz ist für die bilaterale z-Transformation besonders einfach darstellbar. Im Falle der unilateralen z-Transformation (Z_u) ist zu beachten, daß aufgrund der einseitigen Summen Zusatzterme entstehen.

<u>Rechtsverschiebung</u> (siehe auch Bild 5.16)

$$Z_u\{s(n - m)\} = \sum_{n=0}^{\infty} s(n - m) \cdot z^{-n} = \sum_{k=-m}^{\infty} s(k) \cdot z^{-k} \cdot z^{-m}$$

$$= s(-m) + s(-m + 1) \cdot z^{-1} + \ldots \tag{5.73}$$

$$+ s(-1) \cdot z^{-m+1} + z^{-m} \sum_{k=0}^{\infty} s(k) \cdot z^{-k}$$

$$s(n - m) \quad \circ\!\!-\!\!\bullet s(-m) + s(-m + 1) \cdot z^{-1} + \ldots$$

$$+ s(-1) \cdot z^{-m+1} + z^{-m} \cdot S_u(z) \tag{5.74}$$

mit $S_u(z)$ der unilateralen z-Transformierten von $\{s(n)\}$.

<u>Linksverschiebung</u> (siehe auch Bild 5.16)

$$Z_u\{s(n + m)\} = \sum_{n=0}^{\infty} s(n + m) \cdot z^{-n} = \sum_{k=m}^{\infty} s(k) \cdot z^{-k} \cdot z^{m} \tag{5.75}$$

$$s(n + m) \quad \circ\!\!-\!\!\bullet -s(0) \cdot z^{-m} - s(1) \cdot z^{m-1} - \ldots$$

$$- s(m - 1) \cdot z + z^{m} \cdot S_u(z) \tag{5.76}$$

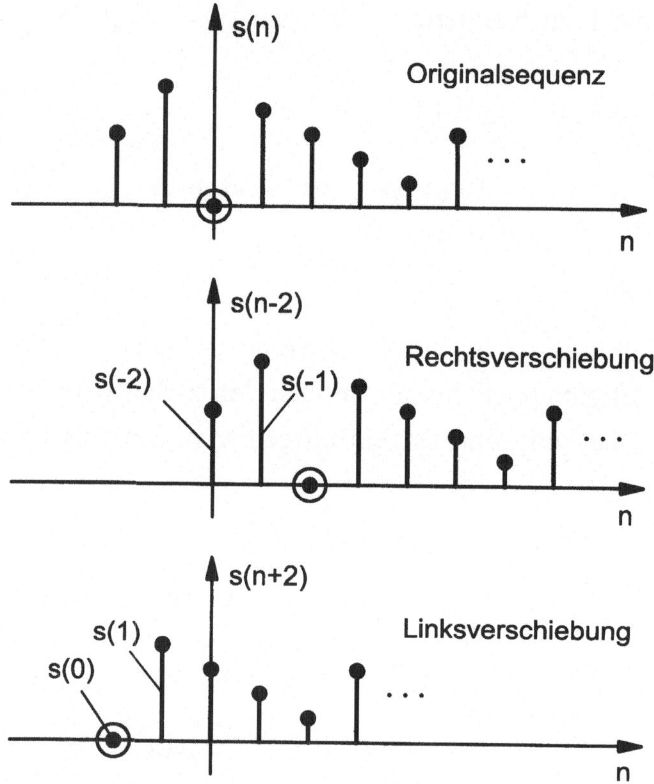

Bild 5.16:   Verschiebungssatz der z-Transformation

(3) Faltungssatz bzw. Produktsatz

Gegeben sei die Faltungssumme für ein System mit der Impulsantwort
h(n) und dem Eingangssignal s(n):

$$g(n) = \sum_{m=-\infty}^{\infty} s(m) \cdot h(n-m) \quad . \tag{5.77}$$

Für das Ausgangssignal und deren z-Transformierte gilt:

$$G(z) = \sum_{n=-\infty}^{\infty} g(n) \cdot z^{-n}$$

$$= \sum_{n=-\infty}^{\infty} \left\{ \sum_{m=-\infty}^{\infty} s(m) \cdot h(n-m) \right\} \cdot z^{-n} \tag{5.78}$$

$$= \sum_{m=-\infty}^{\infty} s(m) \cdot z^{-m} \cdot \sum_{n=-\infty}^{\infty} h(n-m) \cdot z^{-n} \cdot z^{+m} \quad ,$$

$$G(z) = S(z) \cdot H(z) \quad . \tag{5.79}$$

Der Faltungssatz überführt die Faltungssumme in ein Produkt der z-Transformierten und liefert eine Rechenvorschrift zur Lösung der Faltungssumme über die Hin- und Rücktransformation der Signale. Zu beachten ist der Konvergenzbereich von S(z) und H(z): G(z) kann nur im gemeinsamen Teil der beiden Konvergenzbereiche konvergieren.

(4) Gewichtung mit b^n (Skalierung)

Das oben gewählte Beispiel zur Linearität

$$Z\left\{ b^n \cdot u_1(n) \cdot \cos(n\Theta_0) \right\} \tag{5.80}$$

zeigt deutlich die Wirkung einer gewichtenden Funktion b^n. Die gesuchte z-Transformierte ist

$$S(z) = \frac{1 - \left(\dfrac{z}{b}\right)^{-1} \cdot \cos(\Theta_0)}{1 - 2\left(\dfrac{z}{b}\right)^{-1} \cdot \cos(\Theta_0) + \left(\dfrac{z}{b}\right)^{-2}} \quad . \tag{5.81}$$

Läßt man $b = 1$ werden und vergleicht die Ergebnisse, so sieht man, daß eine Skalierung bzw. Maßstabsänderung im z-Bereich stattfindet. Allgemein läßt sich mit $s(n) \circ\!\!-\!\!\bullet\, S(z)$ formulieren:

$$S_b(z) = Z\{b^n \cdot s(n)\}$$

$$= \sum_{n=-\infty}^{\infty} b^n \cdot s(n) \cdot z^{-n} \tag{5.82}$$

$$= \sum_{n=-\infty}^{\infty} s(n) \cdot \left(\frac{z}{b}\right)^{-n}$$

$$b^n \cdot s(n) \circ\!\!-\!\!\bullet\, S\left(\frac{z}{b}\right) \quad . \tag{5.83}$$

Die Gewichtung der Sequenz mit b^n führt zu einer Skalierung (Maßstabsänderung) in z. Zu beachten ist, daß sich auch der Konvergenzbereich mitverändert. Für die bilaterale z-Transformation gilt entsprechend (5.65)

$$R_i < \left|\frac{z}{b}\right| < R_a$$

$$|b| \cdot R_i < |z| < |b| \cdot R_a \quad . \tag{5.84}$$

(5) Multiplikation mit der Zählvariablen

Gegeben sei wiederum $s(n) \circ\!\!-\!\!\bullet\, S(z)$ und gesucht $S_n(z) = Z\{n \cdot s(n)\}$

$$S_n(z) = Z\{n \cdot s(n)\}$$

$$= \sum_{n=-\infty}^{\infty} n \cdot s(n) \cdot z^{-n} = -\sum_{n=-\infty}^{\infty} s(n) \cdot (-n) \cdot z^{-n-1} \cdot z \tag{5.85}$$

$$= -\sum_{n=-\infty}^{\infty} s(n) \cdot \frac{d}{dz}\left(z^{-n}\right) \cdot z \quad ,$$

das heißt, es ergibt sich eine Differentiation nach z. Für den Fall der Differentiation im Konvergenzbereich von S(z) können Summation und Differentiation vertauscht werden, dann gilt

$$n \cdot s(n) \;\circ\!\!-\!\!\bullet\; -z \cdot \frac{d}{dz} S(z) \quad . \qquad (5.86)$$

Sätze der z-Transformation (Auswahl)

$$\left.\begin{array}{lll} S(z) & - & \text{bilaterale} \\ S_u(z) & - & \text{unilaterale} \end{array}\right\} \; z-\text{Transformation}$$

Tabelle 5.1:   Sätze der z-Transformation

Satz	Originalbereich	Bildbereich
Linearität	$\displaystyle\sum_i a_i \cdot s_i(n)$	$\displaystyle\sum_i a_i \cdot S_i(z)$
Verschiebung	$s(n \pm m)$	$z^{\pm m} \cdot S(z)$
	$s(n - m)$	$z^{-m} \cdot S_u(z) + s(-1) \cdot z^{-m+1}$ $+ \cdots + s(-m)$
	$s(n + m)$	$z^{m} \cdot S_u(z) - s(0) \cdot z^{m}$ $- s(1) \cdot z^{m-1} - \cdots - s(m-1) \cdot z$
Faltung	$s(n) * h(n)$	$S(z) \cdot H(z)$
Sequenzmulti-plikation	$s(n) \cdot h(n)$	$\displaystyle\frac{1}{2\pi j} \oint \frac{S(\lambda) \cdot H\!\left(\dfrac{z}{\lambda}\right)}{\lambda} \, d\lambda$
Gewichtung	$b^n \cdot s(n)$	$S\!\left(\dfrac{z}{b}\right)$
Multiplikation mit n^m	$n^m \cdot s(n)$	$\left(-z \cdot \dfrac{d}{dz}\right)^m [S(z)]$

Korrespondenzen der unilateralen z-Transformation (Auswahl)

Tabelle 5.2:   Korrespondenzen der z-Transformation

$s(n)$	$S(z)$ bzw. $S_u(z)$	Konvergenz-bereich
$u_0(n)$	1	---
$u_1(n)$	$\dfrac{1}{1-z^{-1}}$	$\|z\| > 1$
$n \cdot u_1(n)$	$\dfrac{1}{\left(1-z^{-1}\right)^z}$	$\|z\| > 1$
$b^n \cdot u_1(n)$	$\dfrac{1}{1-b \cdot z^{-1}}$	$\|z\| > b$
$b^n \cdot \cos\left(\Theta_0\right) \cdot u_1(n)$	$\dfrac{1-b \cdot z^{-1} \cdot \cos\left(\Theta_0\right)}{1-2b \cdot z^{-1} \cdot \cos\left(\Theta_0\right)+b^2 \cdot z^{-2}}$	$\|z\| > b$
$b^{\|n\|}$	$\dfrac{1-b^z}{\left(1-b \cdot z\right)\left(1-b \cdot z^{-1}\right)}$	$\|b\| < \|z\| < \dfrac{1}{\|b\|}$
$\begin{cases} \dfrac{1}{n} & n > 0 \\ 0 & n \le 0 \end{cases}$	$-\ln\left(1-z^{-1}\right)$	$\|z\| > 1$

Anmerkung:

In den meisten Fällen enthalten die Korrespondenztafeln in der Literatur
nur die unilaterale z-Transformation. Werte für die bilaterale erhält man
durch Spiegelung und Überlagerung, wobei der Wert für $n = 0$ berücksichtigt werden muß.

5.5 Rücktransformation der z-Transformation

Es sind drei verschiedene Verfahren zur z-Rücktransformation gebräuchlich(siehe z.B. [Doetsch81], [Schüßler94], [RobMull87]):

- Polynomdivision, die in der Regel eine numerische, nicht geschlossene Lösung liefert,

- Partialbruchzerlegung für rationale Ausdrücke,

- Residuensatz zur Lösung des Inversionsintegrals.

Polynomdivision

Das Prinzip dieses Lösungsansatzes beruht darauf, bei der gegebenen rationalen Funktion S(z) den Zähler durch den Nenner zu teilen, um auf diese Weise zu einer Potenzreihe in z oder z^{-1} zu kommen. Zweckmäßig ist es, für einen Konvergenzbereich $|z| > R$ (kausale Signale) in z^{-1}, für einen Konvergenzbereich $|z| > R$ (antikausale Signale) in z zu entwikkeln. Für die bilaterale z-Transformation erfolgt eine Aufteilung in einen kausalen und antikausalen Anteil (eventuell mit der nachfolgend angegebenen Partialbruchzerlegung) und eine entsprechende Überlagerung.

Als Beispiel sei das rein rekursive Netzwerk 1. Ordnung mit einer Differenzengleichung nach Gleichung (5.87) betrachtet

$$g(n) = s(n) + a_1 \cdot g(n-1) \qquad , \qquad n \geq 0 \quad . \tag{5.87}$$

Überträgt man (5.87) in den z-Bereich, so folgt

$$G_u(z) = S_u(z) + a_1 \cdot G_u(z) \cdot z^{-1}$$

$$H(z) = \frac{G_u(z)}{S_u(z)} = \frac{1}{1 - a_1 \cdot z^{-1}} \quad . \tag{5.88}$$

Die Polynomdivision von (5.88) liefert eine Potenzreihenentwicklung für (5.88)

$$1 : \left(1 - a_1 \cdot z^{-1}\right) = 1 + a_1 \cdot z^{-1} + a_1^2 \cdot z^{-2} + \cdots$$

$$\underline{1 - a_1 \cdot z^{-1}}$$

$$a_1 \cdot z^{-1}$$

$$\underline{a_1 \cdot z^{-1} - a_1^2 \cdot z^{-2}}$$

$$a_1^2 \cdot z^{-2}$$

$$\underline{a_1^2 \cdot z^{-2} - a_1^3 \cdot z^{-3}}$$

$$a_1^3 \cdot z^{-3}$$

$$\vdots$$

$$(5.89)$$

Hieraus kann das bekannte Ergebnis für die Impulsantwort des Netzwerkes abgelesen werden (ebenfalls als numerische Entwicklung)

$$\{h(n)\} = \left\{1;\, a_1;\, a_1^2;\, \cdots\right\} \quad . \tag{5.90}$$

Partialbruchzerlegung

Eine Möglichkeit zur geschlossenen Lösung des Rücktransformationsproblems bietet die Partialbruchzerlegung, die für rationale z-Transformierte anwendbar ist. Die entstehenden Teilbrüche korrespondieren dann jeweils mit einer Teilsequenz, wobei die jeweiligen Konvergenzbereiche zu beachten sind.

Gegeben sei

$$S(z) = \frac{b_0 + b_1 \cdot z + \cdots + b_m \cdot z^m}{1 + a_1 \cdot z + \cdots + a_\ell \cdot z^\ell} = \frac{P_Z(z)}{P_N(z)} \quad , \quad m < \ell . \tag{5.91}$$

Ist $m \geq \ell$, so ist durch Division eine Form mit einem enthaltenen rationalen Ausdruck

$$S(z) = \sum_{k=0}^{m-\ell} c_k \cdot z^k + \frac{P_{Z1}(z)}{P_N(z)} \qquad (5.92)$$

zu ermitteln, mit $P_{Z1}(z)$ einem Zählerpolynom von geringerem Grad als das zugehörige Nennerpolynom $P_N(z)$. Betrachtet sei hier nur (5.91). Hierfür ergibt sich die Entwicklung

$$S(z) = c_0 + \sum_{j=1}^{\ell} \sum_{i=1}^{L_j} \frac{c_{ij} \cdot z^i}{\left(z - p_j\right)^i} \quad , \qquad (5.93)$$

mit L_j dem Grad des j-ten Poles. Nach der Ermittlung der Koeffizienten c_{ij} erfolgt die gliedweise Transformation unter Beachtung des (vorzugebenden) Konvergenzbereiches.

Dabei gelten folgende Korrespondenzen (einfache und zweifache Pole):

$$\frac{z}{z-p} \quad \begin{cases} \bullet\!\!-\!\!\circ\, p^n \cdot u_1(n) & \text{Konvergenz für } |z| > R_i \\ \bullet\!\!-\!\!\circ -p^n \cdot u_1(-n-1) & \text{Konvergenz für } |z| < R_a \end{cases} , \quad (5.94)$$

$$\frac{z^2}{(z-p)^2} \begin{cases} \bullet\!\!-\!\!\circ\, (n+1) \cdot p^n \cdot u_1(n) & \text{Konvergenz für } |z| > R_i \\ \bullet\!\!-\!\!\circ -(n+1) \cdot p^n \cdot u_1(-n-1) & \text{Konvergenz für } |z| < R_a \end{cases}$$

$$(5.95)$$

Sind nur einfache Pole gegeben, so reduziert sich (5.93) zu

$$S(z) = c_0 + \frac{c_1 \cdot z^1}{z - p_1} + \frac{c_2 \cdot z^1}{z - p_2} + \cdots + \frac{c_\ell \cdot z^1}{z - p_\ell} \quad . \qquad (5.96)$$

Inversionsintegral

Das Inversionsintegral der z-Transformation erhält man, wenn man von der Definitionsgleichung der z-Transformation für s(n) ausgeht

$$S(z) = \sum_{n=-\infty}^{\infty} s(n) \cdot z^{-n} \quad , \qquad (5.97)$$

und eine geschlossene zirkulare Kontur im Konvergenzgebiet auswählt, beide Seiten mit z^{i-1} multipliziert und über die gewählte Kontur integriert

$$\oint_c z^{i-1} \cdot S(z)\, dz = \sum_{n=-\infty}^{\infty} \oint_c s(n) \cdot z^{i-1-n}\, dz \quad . \tag{5.98}$$

Der Austausch der Summation und Integration ist zulässig, da im Konvergenzgebiet die Summe gleichmäßig konvergent ist. Nach dem Cauchy'schen Integralsatz gilt

$$\oint_c z^{\nu}\, dz = \begin{cases} 2\pi j & \text{für } \nu = -1 \\ 0 & \text{sonst} \end{cases} \quad . \tag{5.99}$$

Das bedeutet, nur für $i = n$ hat (5.98) eine Lösung und es gilt die Inversionsformel

$$s(n) = \frac{1}{2\pi j} \oint_c z^{n-1} \cdot S(z)\, dz \quad . \tag{5.100}$$

Die Lösung dieses Konturintegrals kann vorteilhaft mit Hilfe des Residuensatzes durchgeführt werden. Für die weitere Durchführung der Lösung sei auf die einschlägige Literatur (siehe z.B. [Schüßler94]) verwiesen.

Stabilitätsprüfung

Mit Hilfe der Rücktransformationsregeln lassen sich nun auf einfache Weise Stabilitätsprüfungen von Sequenzen bzw. Einheitsimpulsantworten von Netzwerken entwickeln. Ausgehend von der Standarddifferenzengleichung nach Gleichung (5.1)

$$\sum_{m=0}^{M} a_m \cdot g(n-m) = \sum_{m=0}^{M} b_m \cdot s(n-m) \quad , \qquad a_0 = 1 \quad , \tag{5.101}$$

folgt direkt die z-Transformierte, d.h. die Netzwerkübertragungsfunktion $H(z) = G(z)/S(z)$:

$$G(z) + \sum_{m=1}^{M} a_m \cdot G(z) \cdot z^{-m} = \sum_{m=0}^{M} b_m \cdot S(z) \cdot z^{-m} \quad . \tag{5.102}$$

Mit dem Einheitsimpuls als Eingangssignal folgt $S(z)=1$ und $G(z)$ ergibt sich als Übertragungsfunktion, $G(z)=H(z)$:

$$H(z) = \frac{\displaystyle\sum_{m=0}^{M} b_m \cdot z^{-m}}{1 + \displaystyle\sum_{m=1}^{M} a_m \cdot z^{-m}} = C \frac{\displaystyle\prod_{m=1}^{M}(z - z_m)}{\displaystyle\prod_{m=1}^{M}(z - p_m)} \quad , \tag{5.103}$$

mit p_m den Polstellen, d.h. den Wurzeln für das Nennerpolynom. Gleichung (5.103) kann mit Hilfe der Partialbruchzerlegung so umgeformt werden, daß $H(z)$ durch eine Summe von Partialbrüchen dargestellt werden kann.

<u>Rechtsseitige (kausale) Sequenzen:</u>

Die Partialbruchzerlegung erfolgt in Potenzen von z^{-n} und die z-Transformierte ergibt sich als Summe von Korrespondenzen der Form

$$\frac{c_m \cdot z}{z - p_m} \bullet\!\!-\!\!\circ c_m \cdot p_m^n \cdot u_1(n) \quad . \tag{5.104}$$

Stabilität ist gegeben für $|p_m| < 1, \quad m = 1, 2, \cdots, M$, d.h. die Pole p_m müssen innerhalb des Einheitskreises liegen.

<u>Zweiseitige Sequenzen:</u>

In diesem Falle ist die Stabilitätsbetrachtung etwas umständlicher. Die Prüfung der Stabilität anhand der z-Transformierten allein *ohne Kenntnis des Konvergenzgebietes* ist nicht möglich. Setzt man zunächst Stabilität voraus, so korrespondiert jeder Term der Form (5.104) mit einer stabilen Sequenz, d.h. die Teilsequenz klingt mit $n \rightarrow \pm\infty$ gegen 0 ab:

- Ist $|p_i| < 1$, dann gilt die Korrespondenz

$$\frac{c_m \cdot z}{z - p_m} \bullet\!\!-\!\!\circ c_m \cdot p_m^n \cdot u_1(n) \quad . \tag{5.105}$$

Für $n \to \infty$ klingt $c_m \cdot p_m^n \cdot u_1(n)$ ab $(\to 0)$ (kausale Teilsequenz).

- Ist $|p_i| > 1$, dann gilt die Korrespondenz (vgl. (5.94) und (5.95))

$$\frac{c_m \cdot z}{z - p_m} \bullet\!\!-\!\!\circ -c_m \cdot p_m^n \cdot u_1(-n-1) \quad , \tag{5.106}$$

und $-c_m \cdot p_m^n \cdot u_1(-n-1)$ ist linksseitig und klingt mit $n \to -\infty$ ab (antikausale Teilsequenz).

Ist andererseits das *Konvergenzgebiet gegeben*, so kann eine Stabilitätsprüfung stattfinden. Jedem Teilbereich mit der zugehörigen Polstelle kann dann eine rechtsseitige oder linksseitige Teilsequenz zugeordnet werden, die ihrerseits stabil ist oder nicht. Ersichtlich muß zur Forderung von Stabilität der Einheitskreis im Konvergenzgebiet liegen. Zusätzlich dürfen Pole nicht *auf* dem Einheitskreis liegen, um absolute Summierbarkeit zu garantieren, d.h. es ist dann

$$\sum_{n=-\infty}^{\infty} |h(n)| \le M_h < \infty \quad , \tag{5.107}$$

eine Eigenschaft, die zur BIBO-Stabilität erforderlich ist. Der Frequenzgang ergibt sich im übrigen für ein stabiles System aus der z-Transformierten (5.103), wie oben aufgeführt, für $z = e^{j\Theta}$ zu

$$H\!\left(e^{j\Theta}\right) = \sum_n h(n) \cdot e^{-jn\Theta} = \frac{\displaystyle\sum_{m=0}^{M} b_m \cdot e^{-jm\Theta}}{1 + \displaystyle\sum_{m=1}^{M} a_m \cdot e^{-jm\Theta}} \quad , \tag{5.108}$$

sofern der Einheitskreis im Konvergenzgebiet liegt und damit die Fouriertransformierte überhaupt existiert.

5.6 Elementare Strukturen eindimensionaler digitaler Filternetzwerke

Einige elementare Realisierungsstrukturen für digitale Filter lassen sich unmittelbar aus der gegebenen Übertragungsfunktion $H(z)$ und Gleichung (5.37), bzw. aus der Standarddifferenzengleichung (5.1), ableiten:

$$H(z) = \frac{G(z)}{S(z)} = \frac{\displaystyle\sum_{m=0}^{M} b_m \cdot z^{-m}}{1 + \displaystyle\sum_{m=1}^{M} a_m \cdot z^{-m}} \quad . \tag{5.109}$$

Hieraus folgt

$$G(z) \cdot \left[1 + \sum_{m=1}^{M} a_m \cdot z^{-m} \right] = S(z) \cdot \sum_{m=0}^{M} b_m \cdot z^{-m}$$

$$g(n) + \sum_{m=1}^{M} a_m \cdot g(n-m) = \sum_{m=0}^{M} b_m \cdot s(n-m) \quad . \tag{5.110}$$

Den zugehörigen Signalflußgraphen zeigt Bild 5.17. Es entsteht eine Realisierungsstruktur, die als "Direkte Form 1" bezeichnet wird [Schüßler94], [RabGold75], denn es wird die Gleichung (5.110) *direkt* in eine Schaltung umgesetzt.

Ersichtlich werden in der direkten Realisierungsform 1 zwei Verzögerungsleitungen benötigt, die sich allerdings zu einer gemeinsamen zusammenfassen lassen. Teilt man $H(z)$ in ein Produkt $H_1 \cdot H_2$ auf

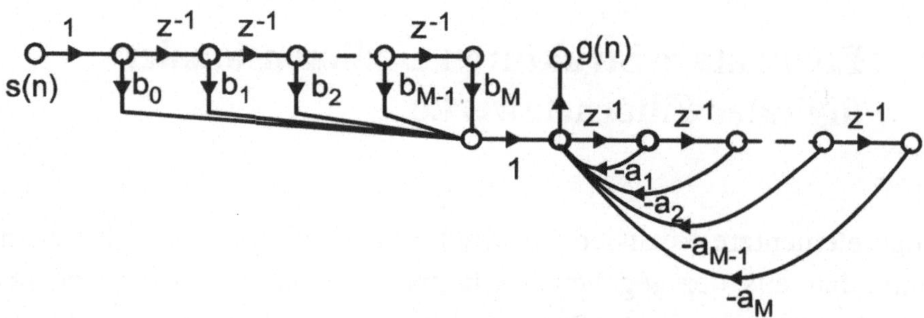

Bild 5.17: Signalflußgraph zu (5.110), direkte Form 1 zur Realisierung eines digitalen Filters

$$H(z) = H_1 \cdot H_2 = \left[\dfrac{1}{1 + \displaystyle\sum_{m=1}^{M} a_m \cdot z^{-m}} \right] \cdot \left[\sum_{m=0}^{M} b_m \cdot z^{-m} \right] \quad , \qquad (5.111)$$

so lassen sich beide Übertragungsfunktionen getrennt als Teilfilter darstellen, mit

$$H_1(z) = \frac{W(z)}{S(z)} \quad , \quad H_2(z) = \frac{G(z)}{W(z)} \quad . \qquad (5.112)$$

Die zugehörigen Differenzengleichungen sind

$$w(n) = s(n) - \sum_{m=1}^{M} a_m \cdot w(n-m)$$

$$g(n) = \sum_{m=0}^{M} b_m \cdot w(n-m) \quad . \qquad (5.113)$$

Beide Übertragungsfunktionen lassen sich jede getrennt im Sinne der direkten Form 1 realisieren (siehe Bild 5.18).

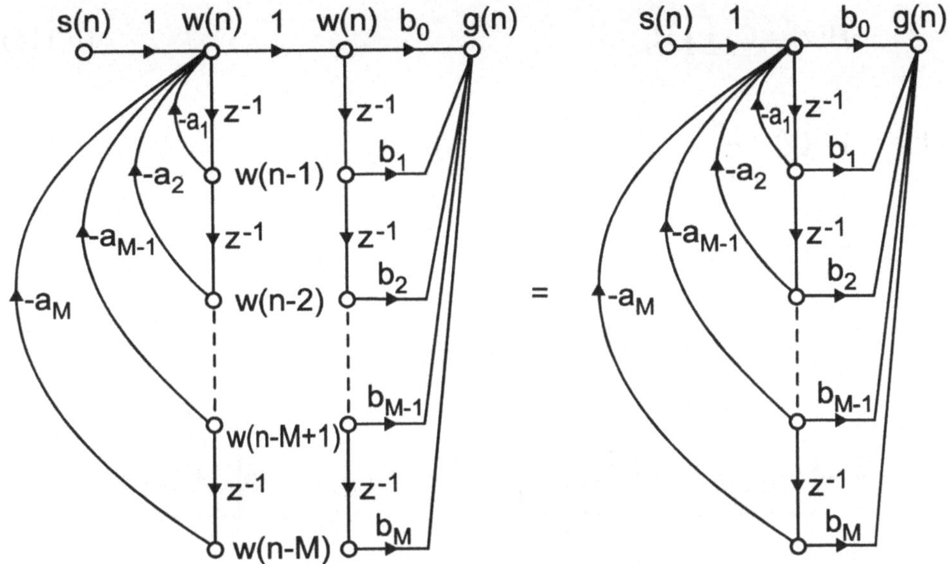

Bild 5.18: Signalflußgraphen zu Gleichung (5.111), direkte Realisierungsform 2 (kanonisch)

Durch gleichzeitige Verwendung der Verzögerungsleitung für beide Netzwerke $H_1(z)$ und $H_2(z)$ entsteht hierbei die Realisierung in der "direkten Form 2" [Schüßler94], [RabGold75]. Diese Struktur ist *kanonisch*, im Sinne einer minimalen Anzahl von Verzögerungselementen, Addierern und Multiplizierern (Koeffizienten).

Die direkten Realisierungsformen werden in der Regel aus praktischen Gründen nicht realisiert. Stattdessen werden vorzugsweise kaskadierte bzw. parallele Strukturen gewählt. In der Darstellung von $H(z)$ als ein Produkt von Linearkombinationen entsprechend Glg. (5.38)

$$H(z) = C \frac{\prod\limits_{m=1}^{M}\left(z - z_{0m}\right)}{\prod\limits_{m=1}^{M}\left(z - z_{\infty m}\right)} \quad , \tag{5.114}$$

kann $H(z)$ in ein Produkt von Teilnetzwerken erster oder zweiter Ordnung überführt werden

$$H(z) = C \cdot \prod_{k=1}^{K} H_k(z) \tag{5.115}$$

$$H_k(z) = \frac{1 + b_{1k} \cdot z^{-1} + b_{2k} \cdot z^{-2}}{1 + a_{1k} \cdot z^{-1} + a_{2k} \cdot z^{-2}} \quad \text{bzw.} \tag{5.116}$$

$$H_k(z) = \frac{1 + b_{1k} \cdot z^{-1}}{1 + a_{1k} \cdot z^{-1}} \quad . \tag{5.117}$$

Es entsteht eine Kaskadenstruktur nach Bild 5.19.

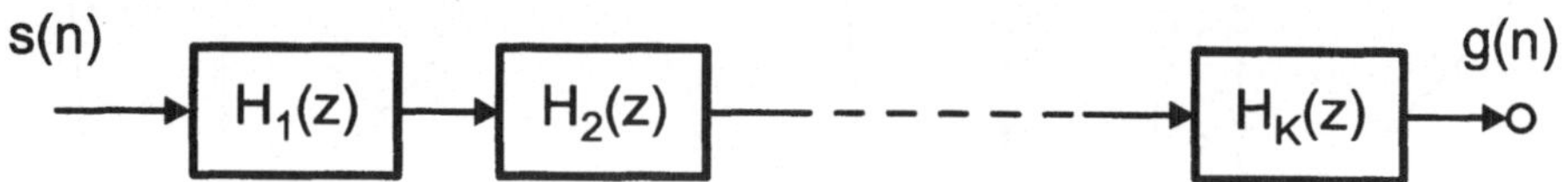

Bild 5.19:　Kaskadenstruktur

Dabei sind verschiedene Realisierungsvarianten für die Teilfilter 2. Grades möglich. Zwei Varianten sind im folgenden angegeben.

Die zugehörigen Differenzengleichungen sind gleich und durch

$$\begin{aligned} &g(n) + a_1 \cdot g(n-1) + a_2 \cdot g(n-2) \\ &= b_2 \cdot s(n-2) + b_1 \cdot s(n-1) + b_0 \cdot s(n) \end{aligned} \tag{5.118}$$

gegeben.

Es ist zu beachten, daß prinzipiell eine Vielzahl von Varianten in der Wahl der Teilelemente $H_k(z)$ und in der Reihenfolge der $H_k(z)$ möglich ist. Bei idealen Verhältnissen (unendliche Wortlängen etc.) ist dies beliebig, bei endlichen Wortlängen ist dies jedoch nicht gleichgültig. So lassen sich Module unterschiedlicher Wortlänge aneinanderreihen. Man ordnet Pole und Nullstellen einander so zu, daß die Wortlängen, d.h. die Rechengenauigkeit, kontinuierlich längs der Kette ansteigt. Eine solche Technik steht jedoch im Gegensatz zu einem modularen Ansatz unter Verwendung von nur gleichen Teilfiltern, die z.B. aus Entwurfsbibliotheken abgerufen werden können.

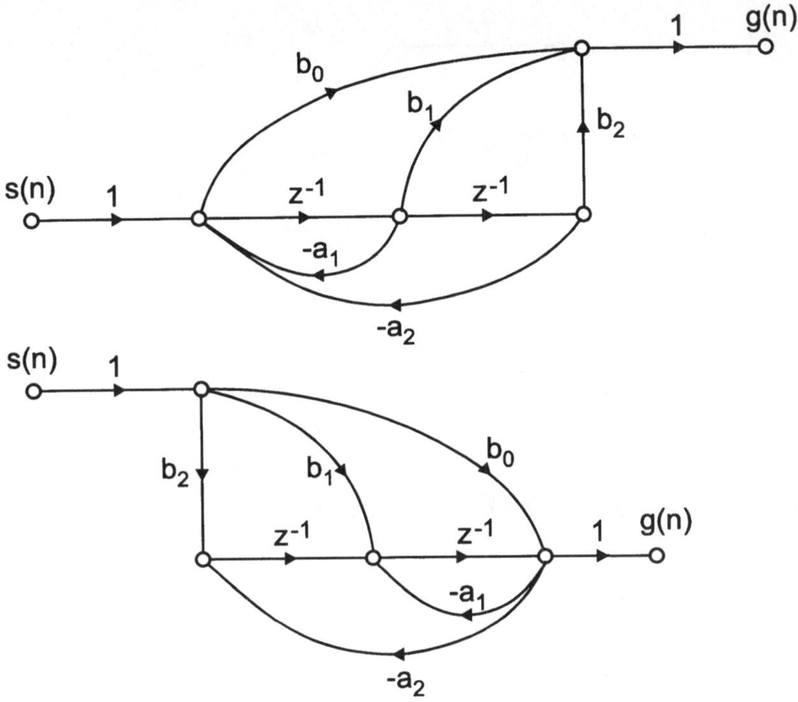

Bild 5.20: Varianten zur Realisierung von Teilfiltern 2. Grades in der Kaskaden- bzw. Parallelrealisierungsstruktur

Mit Hilfe einer Partialbruchzerlegung, wie behandelt, läßt sich H(z) auch als Summe von Teilübertragungsfunktionen darstellen

$$H(z) = g_0 + \sum_{k=1}^{K} H_k(z) \tag{5.119}$$

$$H_k(z) = \frac{b_{1k} \cdot z^{-1} + b_{2k} \cdot z^{-2}}{1 + a_{1k} \cdot z^{-1} + a_{2k} \cdot z^{-2}} \quad \text{bzw.} \tag{5.120}$$

$$H_k(z) = \frac{b_{1k} \cdot z^{-1}}{1 + a_{1k} \cdot z^{-1}} \quad , \tag{5.121}$$

und als sogenannte Parallelstruktur realisieren (siehe Bild 5.21)

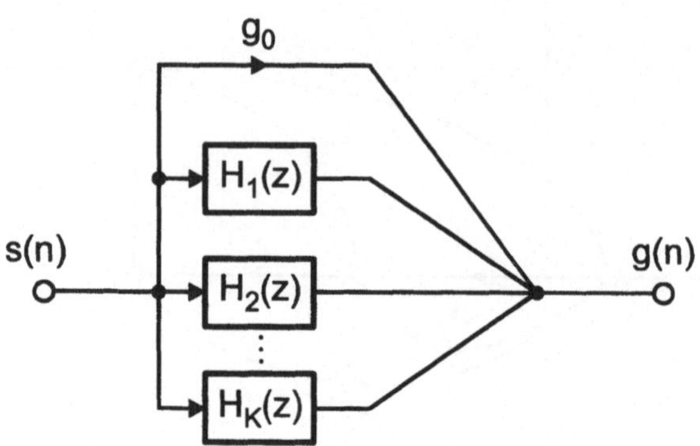

Bild 5.21:   Parallelstruktur

Kaskadenrealisierung eines FIR-Filters

Gegeben sei die Übertragungsfunktion eines FIR-Filters mit

$$H(z) = \sum_{n=0}^{M-1} h(n) \cdot z^{-n} \quad , \tag{5.122}$$

also mit M Koeffizienten. Die direkte Realisierungsform zeigt Bild 5.22 als Signalflußgraph.

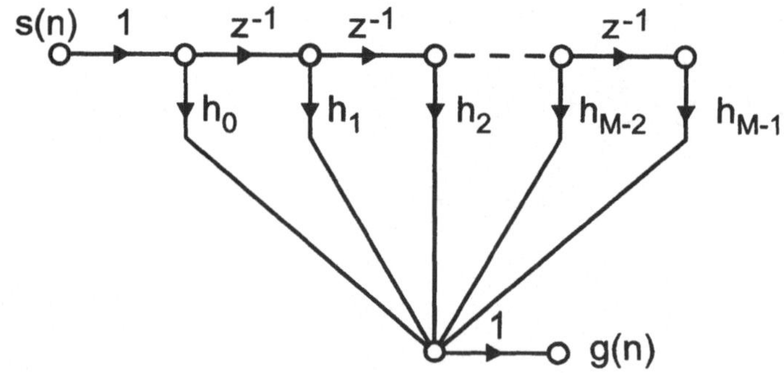

Bild 5.22:   Direkte Form der Transversalfilterrealisierung

Gleichung (5.122) läßt sich als Produkt darstellen in der Form

$$H(z) = \prod_{k=1}^{K} H_k(z) \tag{5.123}$$

$$H_k(z) = b_{0k} + b_{1k} \cdot z^{-1} + b_{2k} \cdot z^{-2} \quad \text{bzw.} \tag{5.124}$$

$$H_k(z) = b_{0k} + b_{1k} \cdot z^{-1} \quad . \tag{5.125}$$

Das zugehörige Netzwerk zeigt Bild 5.23.

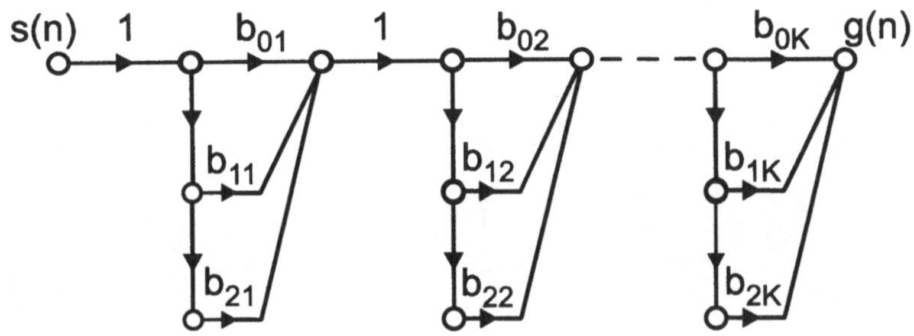

Bild 5.23: Kaskadenrealisierung eines Transversalfilters

Der Sinn einer solchen kaskadierten Realisierung ist häufig auch, einen weiteren Freiheitsgrad zur Reduzierung des Koeffizientenaufwandes durch die Wahl von stark gerundeten Koeffizienten (z.B. 1 oder 2 bit) zu gewinnen, was gerade bei schnellen Anwendungen (Bildverarbeitung) von besonderer Bedeutung ist.

Es sind z.B. Approximationen für FIR-Filter mit linearer Phase aus Teilfiltern n-ter Ordnung nach Bild 5.24 bekannt [Möhrmann83].

Bild 5.24 a) zeigt ein primitives Teilfilter mit Koeffizienten 1 bzw. ±1. Übertragungsfunktion bzw. Frequenzgang ist wie folgt gegeben

$$H(z) = 1 \pm z^{-n} = z^{-n/2}\left(z^{n/2} \pm z^{-n/2}\right) \tag{5.126}$$

$$\left|H_1\left(e^{j\Theta}\right)\right| = 2\left|\cos\left(\frac{n}{2}\Theta\right)\right| \quad \text{für positives Vorzeichen} \tag{5.127}$$

$$H_2\left(e^{j\Theta}\right) = 2j \cdot e^{-j\frac{n}{2}\Theta} \cdot \sin\left(\frac{n}{2}\Theta\right) \quad \text{für negatives Vorzeichen.} \tag{5.128}$$

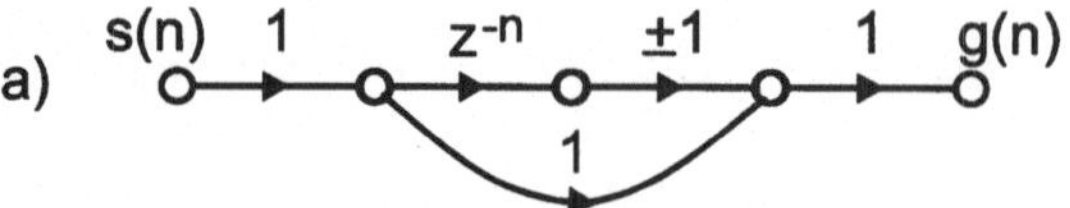
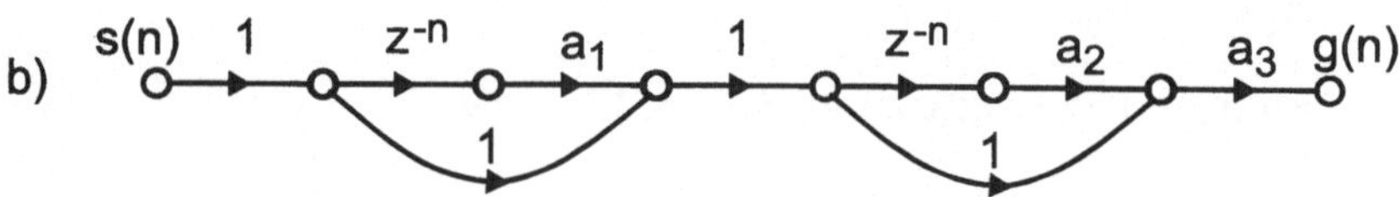
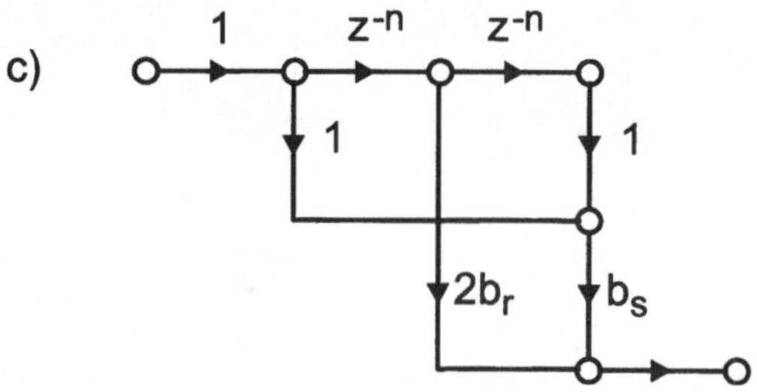

Bild 5.24:   Teilfilter zur Kaskadenrealisierung von FIR-Filtern

Bei negativem Vorzeichen sind offenbar stets zwei Teilfilter a) zusammenzufügen, um eine reelle Übertragungsfunktion zu erhalten. Eine allgemeinere Struktur zeigt Bild 5.24 b) mit Koeffizienten a_1, a_2, a_3. Es läßt sich zeigen, daß diese Schaltung äquivalent zu einer symmetrischen direkten Realisierung nach Bild 5.24 c) ist, wenn für die Koeffizienten gilt:

$$a_3 = b_s \tag{5.129}$$

$$a_2 = \frac{1}{a_1} = \frac{b_r}{b_s} \pm \sqrt{\left(\frac{b_r^2}{b_s^2} - 1\right)} \quad , \tag{5.130}$$

lösbar für $b_r^2 \geq b_s^2$. Die zugehörige Übertragungsfunktion lautet

$$H_3\left(e^{j\Theta}\right) = 2 b_r + 2 b_s \cdot \cos(n\Theta) \quad . \tag{5.131}$$

Die so definierten Teilfilter können wahlweise eingesetzt werden, je nach dem, ob die eine oder andere Variante einfachere Koeffizienten liefert (Wortlänge!).

Anwendungsbeispiel: Ein kaskadiertes Primitivfilter

Gegeben sei ein 2-Tap FIR-Filter mit den Koeffizienten 0,5 und 0,5, das ohne Multiplizierer realisiert werden kann. Dieses Filter hat den Frequenzgang (siehe auch Bild 5.25)

$$H\left(e^{j\Theta}\right) = 0,5 + 0,5 \cdot e^{-j\Theta} = 0,5 \cdot e^{-j\frac{\Theta}{2}}\left(e^{j\frac{\Theta}{2}} + e^{-j\frac{\Theta}{2}}\right)$$

$$= e^{-j\frac{\Theta}{2}} \cdot \cos\left(\frac{\Theta}{2}\right) \ . \tag{5.132}$$

Kaskadiert man nun mehrere Primitivfilter, so kann man (steilere) schmalere Frequenzgänge als Produkt der Einzelfrequenzgänge in (5.132) erhalten, die ohne Multiplizierer realisiert werden können. Derartige Filter werden z.B. in integrierten Schaltungen der Consumer-Elektronik bei großen Stückzahlen verwendet.

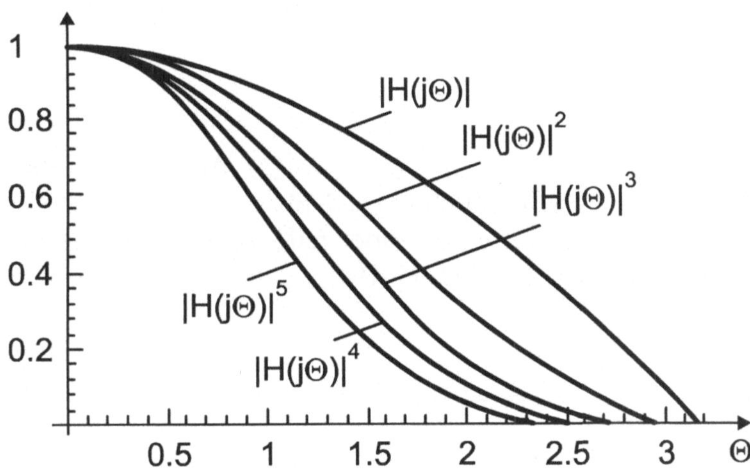

Bild 5.25: Frequenzgänge kaskadierter Primitivfilter

Aus der Sicht einer guten Netzwerkapproximation ist dieses Vorgehen, nur nichtrekursive Teilfilter erster Ordnung mit Koeffizienten +/- 1 zu verwenden, selbstverständlich höchst eingeschränkt.

Anwendungsbeispiel: Kaskadierung für einen Video-Signalprozessor

Als ein weiteres Beispiel sei hier die Realisierung eines 9-Tap FIR-Filters auf einem Video-Signalprozessor (SVP, [Miyaguchi90], [SVP94]) betrachtet. Vereinfacht stellt sich dieser Prozessor wie folgt dar:

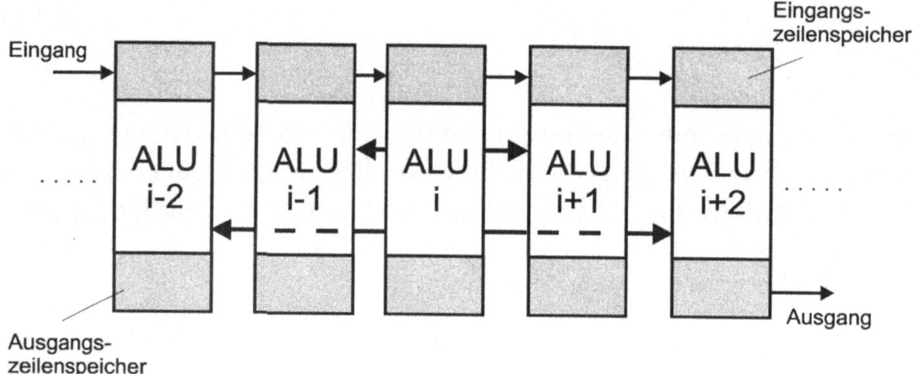

Bild 5.26:   Vereinfachte Strukturskizze des SVP

Der Prozessor enthält eine Kette gleichartiger ALU's[1], die alle parallel das gleiche Programm ausführen (SIMD-Struktur, siehe Band II). Dabei ist jede ALU einem Pixel einer Videozeile zugeordnet, so daß immer eine Bildzeile parallel bearbeitet wird[2].

---

[1] ALU = Arithmetic Logical Unit

[2] Grobe Funktionsweise:

In einen Eingangszeilenspeicher (Schieberegister) wird eine Videozeile Bildpunkt für Bildpunkt eingelesen. Gleichzeitig wird aus dem Ausgangszeilenspeicher eine Videozeile entsprechend ausgelesen. Zwischen zwei Zeilen wird rasch die eingelesene Zeile parallel in die lokalen Speicher der ALU's geschoben bzw. eine errechnete Zeile in das Ausgangsregister gebracht. So entsteht eine maximale Rechenzeit von der Dauer einer Videozeile für jede einzelne ALU. Durch Halten mehrerer Zeilen in den ALU's können auch vertikale Filter realisiert werden.

Innerhalb dieser ALU-Kette kann jede ALU mit ihren beiden rechten und linken Nachbarn kommunizieren, wie in Bild 5.26 angedeutet. Hierdurch ist eine direkte Realisierung von FIR-Filtern in horizontaler Richtung auf 5 Taps beschränkt. Filter mit mehr Taps müssen entsprechend einer Kaskadenstruktur aufgespaltet werden, um dann seriell nacheinander auf dem SVP abgearbeitet zu werden. Exemplarisch ist dies hier für ein linearphasiges 9-Tap FIR-Filter mit den Koeffizienten

$$h(n) = \{-0,01; -0,06; -0,05; 0,3; 0,64; 0,3; -0,05; -0,06; -0,01\}$$

$$(5.133)$$

dargestellt, das in die reellen Wurzeln

$$h_1(n) = h_2(n) = \{0,2; 0,6; 0,2\}$$

$$h_3(n) = \{-0,25; 0; 1,5; 0; -0,25\}$$

$$h(n) = h_1(n) * h_2(n) * h_3(n)$$

$$(5.134)$$

aufgespalten werden kann. Für den Frequenzgang ergibt sich dann

$$H(e^{j\Theta}) = H_1(e^{j\Theta}) \cdot H_2(e^{j\Theta}) \cdot H_3(e^{j\Theta}) \quad .$$

$$(5.135)$$

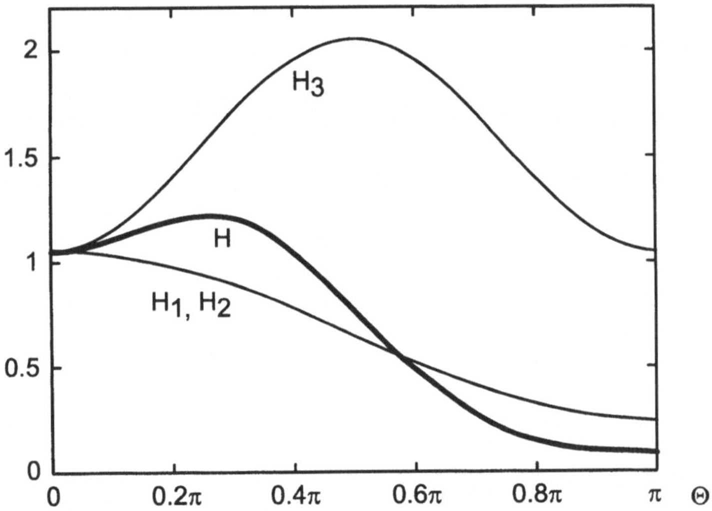

Bild 5.27: Gesamtfrequenzgang und Frequenzgang der Teilfilter

5.7 Zweidimensionaler Filter und ihre Beschreibungsgrundlagen

2D-Differenzengleichung

In Kapitel 4 war die diskrete zweidimensionale Faltung einer 2D-Eingangssequenz mit einer finiten 2D-Impulsantwort als Beschreibungsgleichung für ein 2D-FIR-Filter entwickelt worden

$$g\left(n_x, n_y\right) = \sum_{m_x=0}^{N_x-1} \sum_{m_y=0}^{N_y-1} h\left(m_x, m_y\right) \cdot s\left(n_x - m_x, n_y - m_y\right) \quad . \qquad (5.136)$$

Ein 2D-rekursives Filter (IIR-Filter) läßt sich aus der 1D-Standarddifferenzengleichung (5.1) durch entsprechende Erweiterung bilden

$$\begin{aligned} &\sum_{m_x=0}^{M_x} \sum_{m_y=0}^{M_y} a_{m_x m_y} \cdot g\left(n_x - m_x, n_y - m_y\right) \\ &= \sum_{m_x=0}^{M_x} \sum_{m_y=0}^{M_y} b_{m_x m_y} \cdot s\left(n_x - m_x, n_y - m_y\right) \quad . \end{aligned} \qquad (5.137)$$

Mit der Normalisierung $a_{00} = 1$ folgt

$$\begin{aligned} g\left(n_x, n_y\right) =\; &\sum_{m_x=0}^{M_x} \sum_{m_y=0}^{M_y} b_{m_x m_y} \cdot s\left(n_x - m_x, n_y - m_y\right) \\ &- \sum_{m_x=0}^{M_x} \sum_{m_y=0}^{M_y} a_{m_x m_y} \cdot g\left(n_x - m_x, n_y - m_y\right) \quad . \\ &\quad \left(m_x, m_y\right) \neq (0,0) \end{aligned} \qquad (5.138)$$

Für den Fall $a_{m_x m_y} = 0$, ist keine Rekursivität gegeben und es geht, wie im 1D-Fall, die Differenzengleichung in die diskrete Faltung über. Das IIR-Filter wird zum FIR-Filter.

Die Ordnung der Differenzengleichung ist durch $a_{m_x m_y}$, d.h. durch (M_x, M_y) festgelegt. In den hier angenommenen Darstellungen sind durch die Wahl der Zählindizes rechteckige Koeffizientenfelder $a_{m_x m_y}, b_{m_x m_y}$ angenommen, die obendrein für rekursive und nicht rekursive Koeffizienten gleich sind. Beides ist nicht zwingend, aber insofern keine Verletzung der Allgemeinheit, da ja Null-Koeffizienten entsprechend in die Koeffizientenfelder eingefügt sein können. In diesem Fall orientiert sich zweckmäßig die Filterordnung an der minimalen rechteckigen Form des Koeffizientenfeldes $a_{m_x m_y}$.

Die Realisierung der 2D-Differenzengleichung (5.137) kann man sich anhand des Schemas (Bild 5.28) (siehe z.B. [DudgeMers84]) für ein kausales Filter verdeutlichen, das mit kausaler Eingangssequenz ein entsprechendes Ausgangssignal im 1. Quadranten (n_x, n_y) errechnet.

Mit Hilfe der nichtrekursiven Koeffizientenmaske wird aus dem vorliegenden Eingangssignal zunächst die Summe der gewichteten im Fenster liegenden Werte gebildet. Dabei benötigt man im linken und unteren Randbereich (Einschwingbereich) mehr Werte als errechnet werden können. Dieser ersten Summe wird eine zweite hinzugefügt, nämlich die Summe der gewichteten im Fenster liegenden (und bereits errechneten!) Ausgangswerte. Die Gesamtsumme liefert einen neuen Abtastwert (oben rechts im Ausgangsfenster).

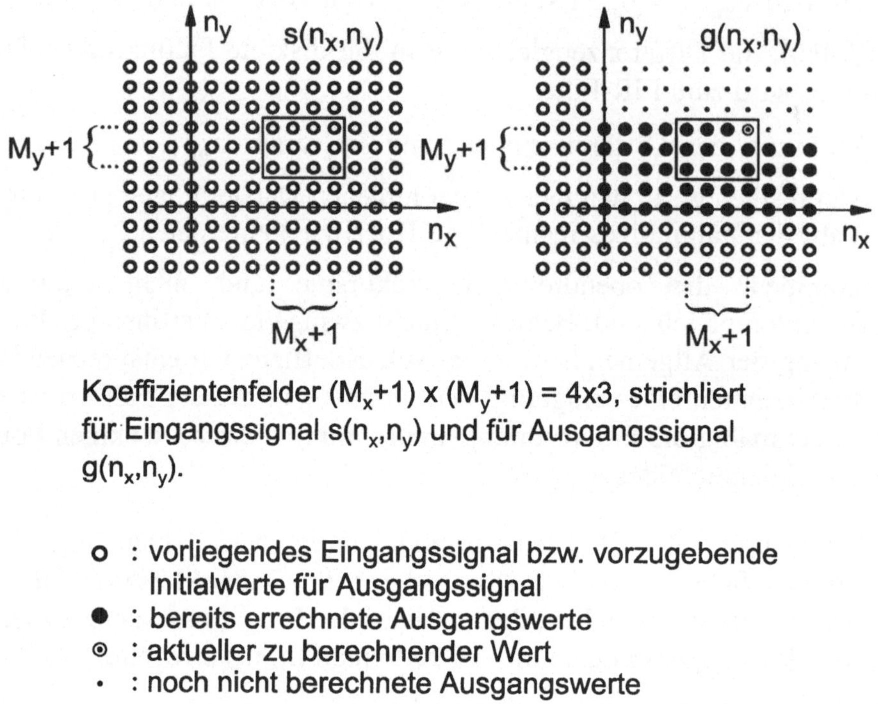

n_y
s(n_x,n_y)
M_y+1
n_x
M_x+1
n_y
g(n_x,n_y)
M_y+1
n_x
M_x+1
Koeffizientenfelder (M_x+1) x (M_y+1) = 4x3, strichliert für Eingangssignal s(n_x,n_y) und für Ausgangssignal g(n_x,n_y).
o : vorliegendes Eingangssignal bzw. vorzugebende Initialwerte für Ausgangssignal
● : bereits errechnete Ausgangswerte
⊙ : aktueller zu berechnender Wert
• : noch nicht berechnete Ausgangswerte

Bild 5.28: Rekursives kausales Filter, das im ersten Quadranten (n_x,n_y) Ausgangswerte bereitstellt, für das Eingangsfeld (links) und das Ausgangsfeld (rechts) sind die aktiven - gleich und rechteckig angenommenen - Fenster mit Koeffizienten eingetragen

z-Transformation für 2D-Signale und Systeme

Exponentialfolgen $s(n)=e^{j\Theta n}$ bzw. $s(n_x,n_y)=e^{j\Theta_x n_x}\cdot e^{j\Theta_y n_y}$ waren als Eigenfunktionen linearer, verschiebungsinvarianter Systeme nachgewiesen worden (5.26). Dann gilt für 2D-LVI-Systeme auch entsprechend mit dem 2D-Faltungsgesetz und für Eingangssignale der Form

$$s(n_x,n_y)=z_x^{n_x}\cdot z_y^{n_y}=e^{\alpha_x n_x}\cdot e^{j\Theta_x n_x}\cdot e^{\alpha_y n_y}\cdot e^{j\Theta_y n_y} \quad , \tag{5.139}$$

die Beziehung

$$g(n_x, n_y) = \sum_{m_x=-\infty}^{\infty} \sum_{m_y=-\infty}^{\infty} h(m_x, m_y) \cdot s(n_x - m_x, n_y - m_y)$$

$$= z_x^{n_x} \cdot z_y^{n_y} \cdot \underbrace{\sum_{m_x} \sum_{m_y} h(m_x, m_y) \cdot z_x^{-m_x} \cdot z_y^{-m_y}}_{H(z_x, z_y)} \qquad (5.140)$$

Es ist entsprechend dem 1D-Fall die 2D-Übertragungsfunktion $H(z_x, z_y)$ der Eigenwert, mit dem die Eigenfunktionen $z_x^{n_x}, z_y^{n_y}$, die vom System formgetreu übertragen werden, zu gewichten sind. Dabei können die Eingangssequenzen in Erweiterung des Fourieransatzes offensichtlich auch anklingen. Dies bedeutet, daß $H(z_x, z_y)$ nicht für alle z_x, z_y konvergieren muß. Jedoch müssen für stabile Filter $z_x = e^{j\Theta_x}, z_y = e^{j\Theta_y}$ im Konvergenzgebiet liegen. Im Konvergenzgebiet ist die Übertragungsfunktion dann *eine analytische Funktion der Variablen z_x, z_y*.

So wie oben die 2D-Übertragungsfunktion als z-Transformierte der 2D-Impulsantwort entwickelt worden ist, kann mit demselben Ansatz auch die z-Transformation für allgemeine 2D-Sequenzen definiert werden:

$$S(z_x, z_y) = \sum_{n_x=-\infty}^{\infty} \sum_{n_y=-\infty}^{\infty} s(n_x, n_y) \cdot z_x^{-n_x} \cdot z_y^{-n_y} \qquad (5.141)$$

Für $z_x = e^{j\Theta_x}, z_y = e^{j\Theta_y}$ ergibt sich wie im eindimensionalen Fall die 2D-Fouriertransformierte der Sequenz. Der damit angegebene vierdimensionale Raum ist die "2D-Einheitskreisoberfläche" oder der "zweifache Einheitskreisbereich" ("unit bidisk") entsprechend dem Einheitskreis für den 1D-Fall [DudgeMers84], [LuAntoni92].

Das Konvergenzgebiet für z_x, z_y, in dem die z-Transformierte absolut konvergiert, d.h. $S(z_x, z_y)$ eine analytische Funktion ist, ist definiert durch

$$\sum_{n_x} \sum_{n_y} |s(n_x, n_y)| \cdot |z_x|^{-n_x} \cdot |z_y|^{-n_y} = S_k < \infty \qquad (5.142)$$

Ersichtlich hängt die Zugehörigkeit eines Ortes z_x, z_y zum Konvergenzgebiet nur von $|z_x|, |z_y|$ ab (aber nicht von der Phasenlage der komplexen Variablen). Für den 1D-Fall war das Konvergenzgebiet der bilateralen z-Transformation ein Kreisring mit den Radien R_i, R_a (siehe Bild 5.29).

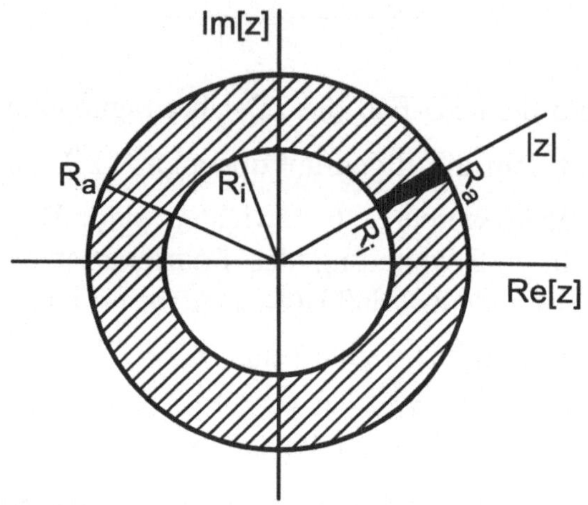

Bild 5.29:   Konvergenzgebiet der (bilateralen) 1D-z-Transformation

Ersichtlich ist eine eindimensionale Konvergenzgebietangabe in diesem Fall ausreichend

$$R_i < |z| < R_a \quad . \tag{5.143}$$

Das bedeutet für das Konvergenzgebiet der 2D-z-Transformation (ein vierdimensionaler Raum), daß eine zweidimensionale Darstellung in $|z_x|$, $|z_x|$ möglich ist. Bild 5.30 zeigt beispielsweise das Konvergenzgebiet einer zweidimensionalen Sequenz, für die separierbare Konvergenzbedingungen in z_x und z_y gelten.

Der vierdimensionale Konvergenzraum im komplexen z_x, z_y-System wird hier zum Quadrat. Es wird in diesem Zusammenhang auch eine logarithmische Darstellung verwendet (siehe z.B. [DudgeMers84]) (Reinhardt-Raum), bei der der Bereich $|z|<1$ negative Werte und der Bereich $|z|>1$ positive Werte erzeugt. Der Einheitskreis selber wird hier zum Ursprung.

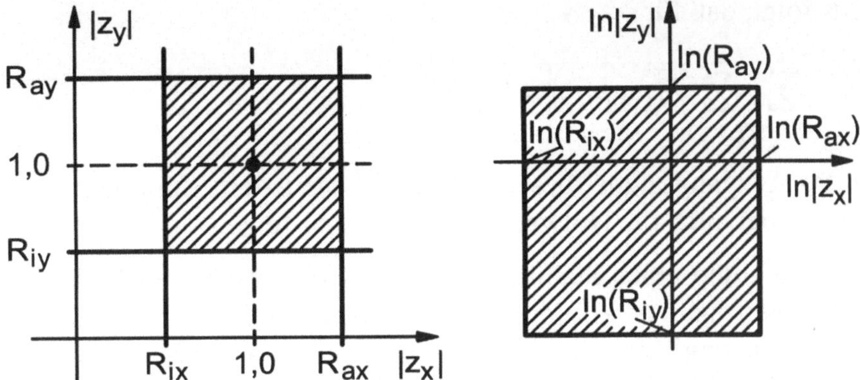

Bild 5.30: 2D-Konvergenzgebiet für separierbare Konvergenzbedingungen in $|z_x|$, $|z_y|$ und für $\ln|z_x|$, $\ln|z_y|$ -Darstellung der 2D-z-Transformation

Eine Angabe der BIBO-Stabilität eines 2D-Filters ist möglich, ähnlich wie beim eindimensionalen Filter. Ist das Eingangssignal beschränkt, also gilt

$$s\left(n_x, n_y\right) \le M_s < \infty \qquad \forall \quad n_x, n_y \quad , \tag{5.144}$$

ergibt sich für ein BIBO-stabiles System auch ein beschränktes Ausgangssignal

$$g\left(n_x, n_y\right) \le M_g < \infty \quad . \tag{5.145}$$

Das bedeutet für ein LVI-System, bei beschränktem Eingangssignal, mit der 2D-Faltung für das Ausgangssignal

$$\left|g\left(n_x, n_y\right)\right| = \left|\sum_{m_x=-\infty}^{\infty} \sum_{m_y=-\infty}^{\infty} h\left(m_x, m_y\right) \cdot s\left(n_x - m_x, n_y - m_y\right)\right|$$

$$\le \sum_{m_x=-\infty}^{\infty} \sum_{m_y=-\infty}^{\infty} \left|h\left(m_x, m_y\right)\right| \cdot \left|s\left(n_x - m_x, n_y - m_y\right)\right| \tag{5.146}$$

$$\le M_s \sum_{m_x=-\infty}^{\infty} \sum_{m_y=-\infty}^{\infty} \left|h\left(m_x, m_y\right)\right| \le M_s \cdot M_h < \infty \quad .$$

Daraus folgt, daß für

$$\sum_{m_x=-\infty}^{\infty} \sum_{m_y=-\infty}^{\infty} \left| h\!\left(m_x, m_y\right) \right| \le M_h < \infty \tag{5.147}$$

auch das Ausgangssignal beschränkt ist. (Dies ist eine hinreichende Bedingung, aber auch die Notwendigkeit läßt sich zeigen).

Die Entwicklung eines Stabilitätskriteriums für zweidimensionale Filter aus der Übertragungsfunktion $H(z_x, z_y)$ ist im Vergleich zu eindimensionalen Filtern ungleich komplexer. Dies liegt daran, daß die Singularitäten bzw. Pole der Übertragungsfunktion nicht allgemein nur als Punkte auftreten müssen, sondern, da zwei unabhängige Variable vorliegen, linienhafte Gebilde sein können. Hinzu kommt, daß es *Singularitäten geben kann, bei denen Zähler- und Nennerpolynom zugleich Null werden, die aber trotzdem keine gemeinsamen Teiler* bzw. Linearfaktoren haben. Ein einfaches Stabilitätskriterium für 2D-Filter sei hier kurz dargestellt. Für eine weitergehende, umfassende Stabilitätsanalyse siehe [LuAntoni92]. Überträgt man das 1D-Stabilitätskriterium für kausale Filter (Pole nur im Einheitskreis) auf kausale 2D-Filter, so erhält man "Shank's Theorem":

Ein kausales 2D-Digitalfilter mit der Übertragungsfunktion

$$H\!\left(z_x, z_y\right) = \frac{\displaystyle\sum_{i=0}^{N_x} \sum_{j=0}^{N_y} b_{ij} \cdot z_x^{-i} \cdot z_y^{-j}}{1 + \displaystyle\sum_{i=0}^{N_x} \sum_{j=0}^{N_y} a_{ij} \cdot z_x^{-i} \cdot z_y^{-j}} = \frac{Z\!\left(z_x^{-1}, z_y^{-1}\right)}{N\!\left(z_x^{-1}, z_y^{-1}\right)} \quad , \tag{5.148}$$

mit $a_{00} = 1$

ist dann BIBO-stabil, sofern $H(z_x, z_y)$ keine Pole für den zweifachen Einheitskreisbereich E ("unit bidisk")

$$E: \left\{ \left(z_x^{-1}, z_y^{-1}\right) : \quad \left| z_x^{-1} \right| \le 1, \left| z_y^{-1} \right| \le 1 \right\} \tag{5.149}$$

hat. Das bedeutet, daß

$$N\left(z_x^{-1}, z_y^{-1}\right) \neq 0 \qquad \text{für} \qquad \left(z_x^{-1}, z_y^{-1}\right) \in E \quad . \tag{5.150}$$

Es läßt sich zeigen, daß diese Stabilitätsbedingung für $H(z_x,z_y)$ der BIBO-Stabilitätsbedingung für $h(n_x,n_y)$ entspricht. Weiterhin ergibt sich, daß diese Bedingung für $H(z_x,z_y)$ wohl *stets hinreichend, aber nicht immer notwendig* ist. Es lassen sich 2D-Übertragungsfunktionen bilden, die in Zähler- und Nennerpolynom keinen gemeinsamen Teiler haben, aber dennoch Zähler und Nenner an derselben Position $\left(z_1^{-1}, z_2^{-1}\right)$ Nullstellen aufweisen, z.B.

$$H\left(z_x, z_y\right) = \frac{\left(1 - z_x^{-1}\right)^8 \left(1 - z_y^{-1}\right)^8}{2 - z_x^{-1} - z_y^{-1}} \quad . \tag{5.151}$$

Diese Übertragungsfunktion hat Polstellen im zweifachen Einheitskreisbereich, nämlich bei $\left(z_x^{-1}, z_y^{-1}\right) = (1,1)$, ist aber, wie sich aus einer Analyse der Impulsantwort ermitteln läßt, stabil. Sie wird aber mit Exponenten $= 1$ im Zähler anstelle 8 instabil ! Es müssen also in obiger Stabilitätsbedingung entsprechende Singularitäten auf dem zweifachen Einheitskreis ausgenommen werden ($z_1^{-1} = 1$, $z_2^{-1} = 1$), und in solchen Fällen eine weitere Stabilitätsprüfung vorgenommen werden (siehe hierzu [LuAntoni92]).

Elementare Schaltungsbeispiele

Es seien zunächst eindimensionale, rein rekursive Filter 1. Ordnung mit verschiedenen Richtungsorientierungen betrachtet (Bild 5.31). Ersichtlich ist hier die Reaktion auf einen 2D-Einheitsimpuls der Natur dieser Filter entsprechend eindimensional in horizontaler bzw. vertikaler Richtung.

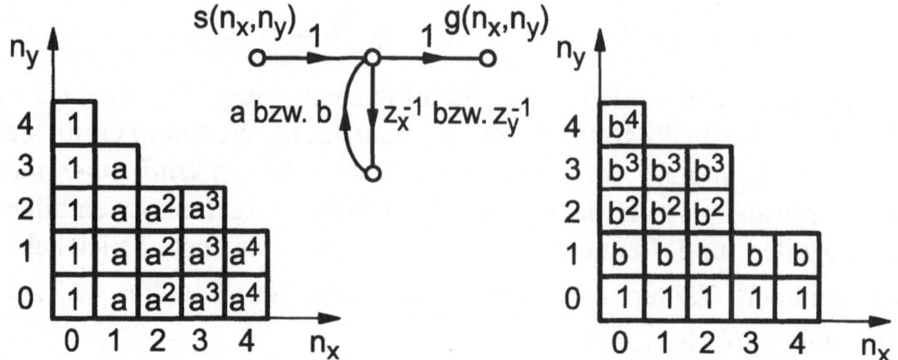

Bild 5.31: Rein rekursives Filter 1. Ordnung, Schaltung und Impulsantworten für
horizontale und vertikale Orientierung

Eine zweidimensionale Antwort läßt sich offenbar durch die Reihenschaltung beider Filter erzielen. Es entsteht ein separierbares, rekursives
2D-Filter der Ordnung $(1,1)$ entsprechend Bild 5.32.

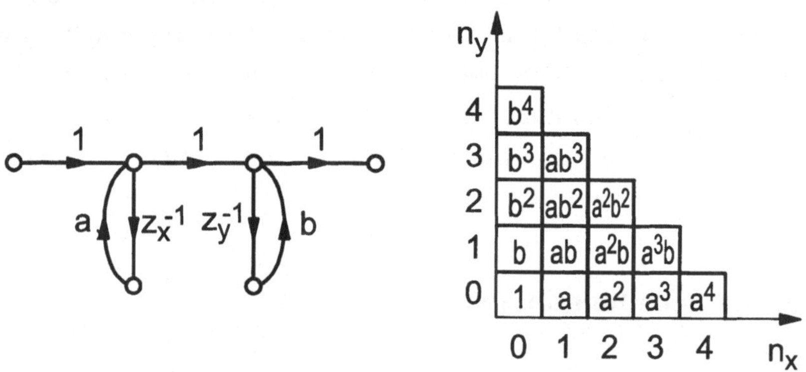

Bild 5.32: Separierbares, rekursives 2D-Filter der Ordnung (1,1), Schaltung und Impulsantwort

Die Übertragungsfunktion $H(z_x, z_y)$, die Impulsantwort $h(n_x, n_y)$ und
der Frequenzgang $H(e^{j\Theta_x}, e^{j\Theta_y})$ ergeben sich wegen der Eigenschaft der
Separierbarkeit zu

$$H(z_x, z_y) = \frac{1}{(1 - a \cdot z_x^{-1})} \cdot \frac{1}{(1 - b \cdot z_y^{-1})}$$

$$= \frac{1}{1 - a \cdot z_x^{-1} - b \cdot z_y^{-1} + a \cdot b \cdot z_x^{-1} \cdot z_y^{-1}} \qquad (5.152)$$

$$\circ\!\!-\!\!\bullet\, {}^2$$

$$h(n_x, n_y) = \begin{cases} a^{n_x} \cdot b^{n_y} & n_x, n_y \geq 0 \\ 0 & \text{sonst} \end{cases}$$

$$H(e^{j\Theta_x}, e^{j\Theta_y}) = \frac{1}{1 - a \cdot e^{j\Theta_x}} \cdot \frac{1}{1 - b \cdot e^{j\Theta_y}} \qquad (5.153)$$

$$\left| H(e^{j\Theta_x}, e^{j\Theta_y}) \right| = \frac{1}{\sqrt{1 + a^2 - 2a \cdot \cos(\Theta_x)}} \cdot$$

$$\cdot \frac{1}{\sqrt{1 + b^2 - 2b \cdot \cos(\Theta_y)}} \cdot \qquad (5.154)$$

Hieraus folgt unmittelbar die Differenzengleichung

$$G(z_x, z_y)\left(1 - a \cdot z_x^{-1} - b \cdot z_y^{-1} + a \cdot b \cdot z_x^{-1} \cdot z_y^{-1}\right) = S(z_x, z_y)$$

$$g(n_x, n_y) = s(n_x, n_y) + a \cdot g(n_x - 1, n_y) \qquad (5.155)$$

$$+ b \cdot g(n_x, n_y - 1) - ab \cdot g(n_x - 1, n_y - 1) \; .$$

Offensichtlich ist der Bereich für Konvergenz gegeben durch (siehe Bild 5.33)

$$|z_x| > a \qquad |z_y| > b \; . \qquad (5.156)$$

Für ein kausales stabiles System muß $|z_x| = |z_y| = 1$, (das ist in logarithmischer Darstellung der Ursprung) im Konvergenzgebiet liegen.

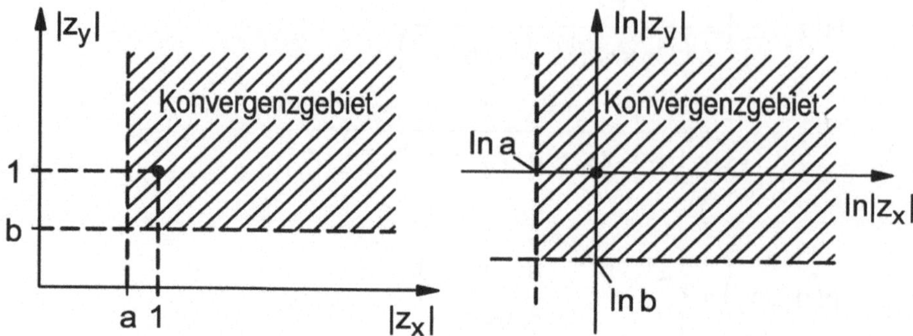

Bild 5.33:   Konvergenzgebiet für ein separierbares rekursives Filter der Ordnung (1,1)

Bild 5.34 zeigt für den Spezialfall $a = b < 1$ Impulsantwort und Frequenzgang (inhaltfreies System für n_x, $n_y < 0$ angenommen). Ersichtlich ist in der Impulsantwort und im Frequenzgang längs der Diagonalen

$$n_y = n_{yi} - n_x$$
$$z_y = z_{y0} - z_x \tag{5.157}$$

konstant aufgrund der Separierbarkeit.

Ein *richtungsabhängiges 1D-Filter* läßt sich *mit beliebiger Richtungsorientierung* durch eine geeignete Kombination von Verzögerungselementen $i \cdot z_x^{-1}$ und $j \cdot z_y^{-1}$ realisieren (siehe Bild 5.35).

Für den Spezialfall $i = j = 1$ z.B. entsteht ein Diagonalfilter mit der Impulsantwort bzw. Übertragungsfunktion

$$h\left(n_x, n_y\right) = \begin{cases} b^n & \text{für} \quad n_x = n_y = n \qquad n \geq 0 \\ 0 & \text{sonst} \end{cases} \tag{5.158}$$

$$H\left(z_x^{-1}, z_y^{-1}\right) = \frac{1}{1 - b \cdot z_x^{-1} \cdot z_y^{-1}} \quad . \tag{5.159}$$

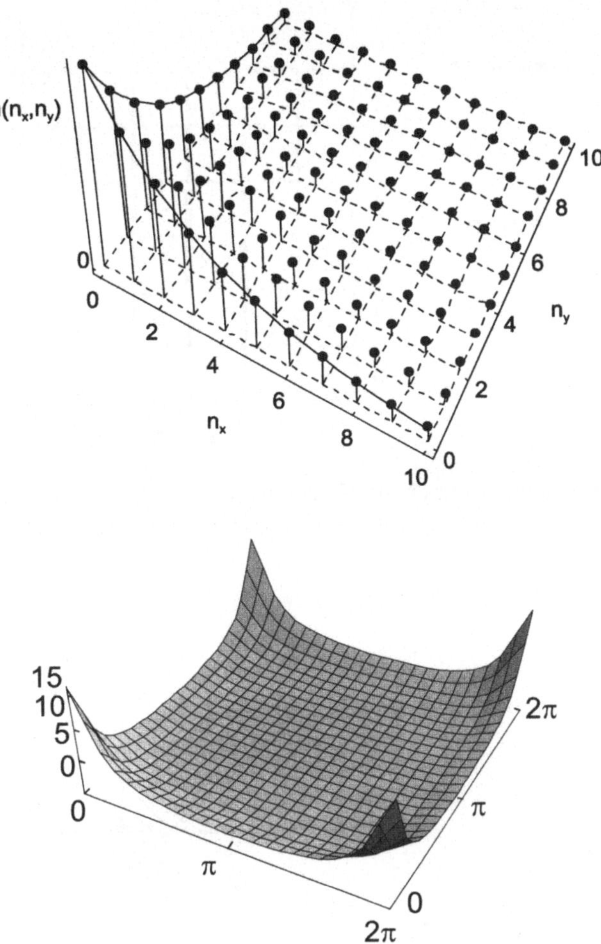

Bild 5.34: Impulsantwort und Frequenzgang des separierbaren rekursiven Filters der Ordnung (1,1) für gleiche Koeffizienten $a = b < 1$

Der Konvergenzbereich für die Übertragungsfunktion dieses Filters ist ablesbar gegeben mit (vgl. Bild 5.36)

$$|z_x| \cdot |z_y| \geq b \qquad \text{bzw.}$$

$$\ln|z_x| + \ln|z_y| \geq \ln(b) \quad .$$

$$(5.160)$$

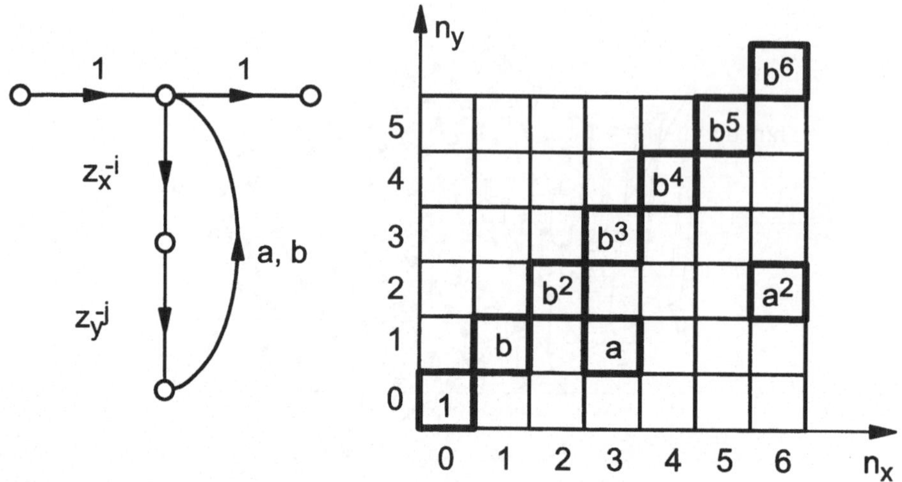

Bild 5.35: Rekursives Filter mit einem Koeffizienten und mit i bzw. j Verzögerungs-
elementen in x- bzw, y-Richtung und zugehörige Impulsantwort für
$i = j = 1$ und $i = 3, j = 1$

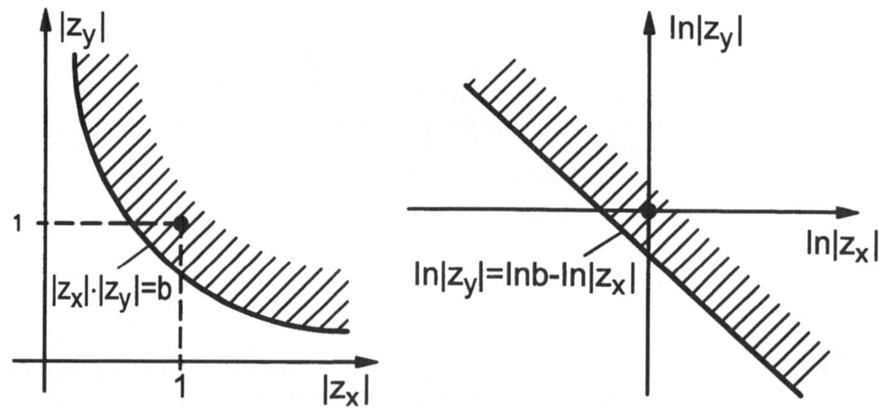

Bild 5.36: Konvergenzbereich für ein Diagonalfilter (richtungsabhängiges 1D-Filter)

Auch Stabilität ist gewährleistet (vgl. Bild 5.36), sofern

$$b \le 1 \quad , \tag{5.161}$$

ein Ergebnis, das vollständig der Stabilitätsbedingung des entsprechenden horizontalen (bzw. vertikalen) Filters entspricht.

Als letztes Beispiel sei hier ein nicht separierbares, rekursives 2D-Filter derselben Ordnung $(1,1)$ betrachtet (Bild 5.37).

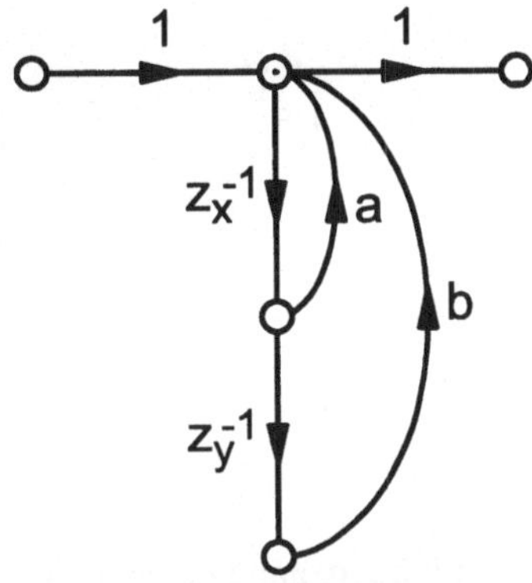

Bild 5.37: Nicht separierbares, rekursives 2D-Filter der Ordnung $(1,1)$

Die Differenzengleichung kann unmittelbar angegeben werden, hieraus folgt die Übertragungsfunktion $H(z_x, z_y)$ bzw. (z.B. durch Entwicklung der Differenzengleichung) die Impulsantwort

$$g(n_x, n_y) = s(n_x, n_y) + a \cdot g(n_x - 1, n_y) + b \cdot g(n_x - 1, n_y - 1) \quad (5.162)$$

$$G(z_x, z_y) = S(z_x, z_y) + a \cdot G(z_x, z_y) \cdot z_x^{-1}$$
$$+ b \cdot G(z_x, z_y) \cdot z_x^{-1} \cdot z_y^{-1} \quad (5.163)$$

$$H(z_x, z_y) = \frac{1}{1 - a \cdot z_x^{-1} - b \cdot z_x^{-1} \cdot z_y^{-1}} \quad (5.164)$$

$$h(n_x, n_y) = \begin{cases} \binom{n_x}{n_y} a^{n_x - n_y} \cdot b^{n_y} & \text{für} \quad n_x \geq 0, n_y \leq n_x \\ 0 & \text{sonst} \end{cases}$$

Offensichtlich entsteht ein *Filter mit Sektorenverhalten* (Bild 5.38). Die Impulsantwortkoeffizienten sind Binomialkoeffizienten.

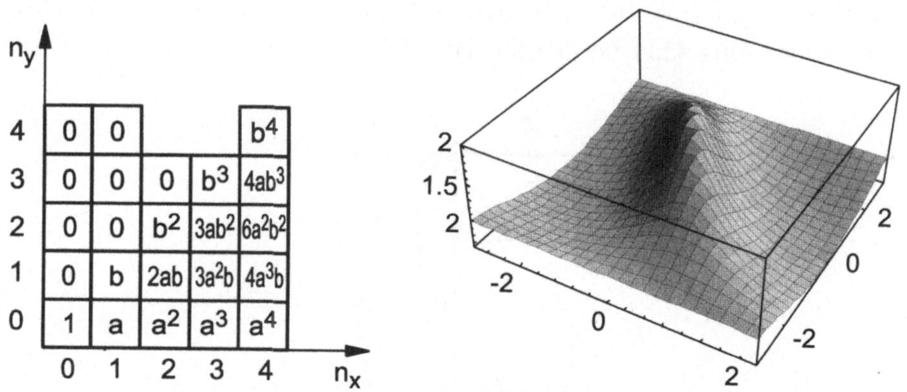

Bild 5.38: Impulsantwort und Frequenzgang eines nicht separierbaren 2D-rekursiven Filters der Ordnung (1,1)

Offenbar läßt sich durch Einfügen eines zweiten Koeffizienten b mit Verzögerung $z_x^{-1} \cdot z_y^{-1}$ (d.h. in diagonaler Richtung) in Verbindung mit dem ersten Koeffizienten a mit Verzögerung z_x^{-1} (d.h. in horizontaler Richtung) der untere Sektor des 1. Quadranten auffüllen. Den anderen oberen Sektor des 1. Quadranten erhält man durch Vertauschen von z_y^{-1} und z_x^{-1}. Eine Stabilitätsprüfung des Filters läßt die plausible Bedingung erkennen, daß $|a| + |b| < 1$ sein muß.

6 Diskrete Fouriertransformation

6.1 Eindimensionale diskrete Fouriertransformation

Die diskrete Fouriertransformation (DFT) beschreibt eine umkehrbar eindeutige Beziehung zwischen einem diskreten periodischen Signal (periodische Originalsequenz) und einem diskreten periodischen Spektrum (periodische Spektralsequenz).

Die Bedeutung der DFT ist durch viele Anwendungsmöglichkeiten in der digitalen Signalverarbeitung gegeben, u.a.

- approximative Darstellung der kontinuierlichen Fouriertransformation insbesondere als ein rechnergerechtes Werkzeug,

- Spektralanalyse für diskrete Signale und die zugehörigen Verarbeitungstechniken,

- Realisierung digitaler Filter anstelle der diskreten Faltung,

- Codierungsprozedur (insbesondere in der Weiterentwicklung zur diskreten Cosinustransformation) zur Datenreduktion in der Sprach- und Bildsignalverarbeitung.

In den meisten Fällen wird dabei die diskrete Fouriertransformation mit Hilfe schneller Algorithmen in der Form der FFT (Fast Fourier Transform) realisiert, die in einem späteren Abschnitt beschrieben wird.

Die diskrete Fouriertransformation wird hier in drei Schritten entwickelt (siehe z.B. [Achilles85], [RobMull87], [OppSchaf95]) :

(1) Diskretisierung der Zeitfunktion, d.h. Bildung einer Sequenz mit einem periodischen Spektrum.

(2) Ausschnittbildung bei der diskretisierten Sequenz.

(3)   Diskretisierung des Spektrums, d.h. Bildung einer spektralen (periodischen) Sequenz und damit periodische Fortsetzung der Sequenz im Originalbereich.

(1) Diskretisierung der Zeitfunktion

Die Multiplikation der Zeitfunktion $s_0(t)$ mit einem Dirackamm liefert das abgetastete Signal

$$s_1(t) = s_0(t) \cdot \text{III}_{\Delta t}(t)$$

$$= \sum_{m=-\infty}^{\infty} s_0(m \cdot \Delta t) \cdot \delta(t - m \cdot \Delta t) \quad . \tag{6.1}$$

Für das periodische Spektrum gilt dabei mit $s(t) \circ\!\!-\!\!\bullet\, S(\omega)$

$$S_1(\omega) = S_0(\omega) * \Omega \cdot \text{III}_\Omega(\omega) \cdot \frac{1}{2\pi}$$

$$\Omega = \frac{2\pi}{\Delta t} \tag{6.2}$$

$$S_1(\omega) = \frac{\Omega}{2\pi} \sum_{m=-\infty}^{\infty} S_0(\omega - m\Omega) \quad .$$

Bild 6.1 zeigt diese Diskretisierung. Durch eine *zu niedrige Abtastfrequenz* kann es ersichtlich zur *spektralen Überlappung* kommen. Eine eindeutige Signaldarstellung des kontinuierlichen Signales durch die Sequenz (Aliasfehler durch Verletzung des Abtasttheorems) ist dann nicht mehr möglich.

Mit Glg. (6.1) wurde der Übergang bei der Zeitfunktion in eine diskrete Darstellung vollzogen. Es kann die abgetastete Funktion durch die Sequenz ihrer Gewichte (Abtastwerte) repräsentiert

$$\{s_1(n)\} = \{s(n \cdot \Delta t)\} \tag{6.3}$$

und das zugehörige Spektrum entsprechend mit normierter Frequenz $\Theta = \omega \cdot \Delta t$ dargestellt werden. $S_1(\omega)$ bzw. $S_1(e^{j\omega})$ geht dann über in $S_1(\Theta)$ bzw. $S_1(e^{j\Theta})$, vgl. Bild 6.2.

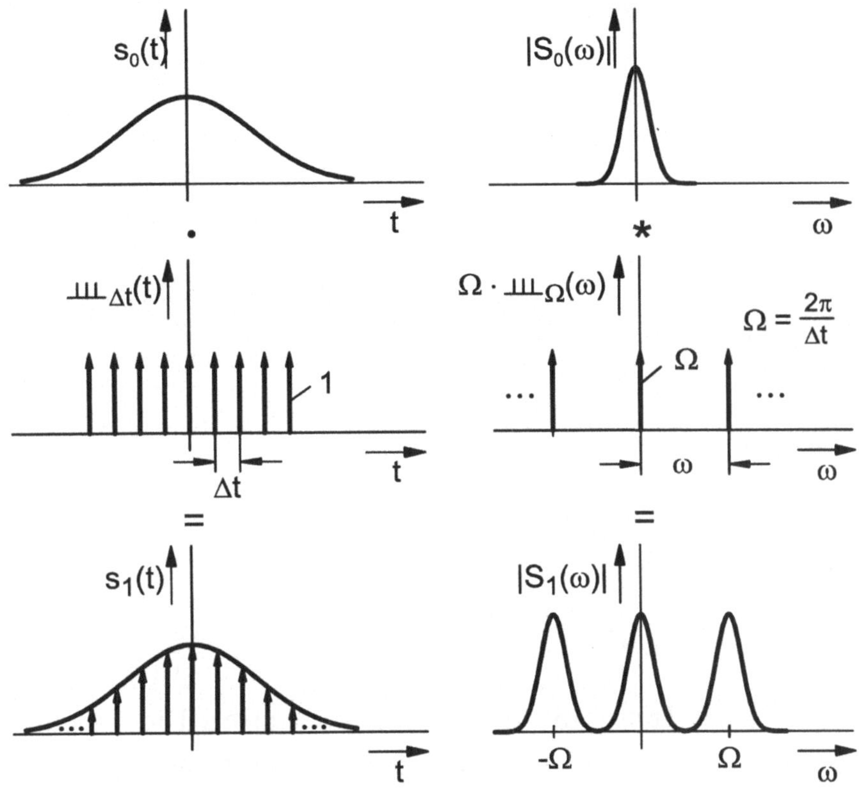

Bild 6.1: Diskretisierung der Zeitfunktion (Fehlermöglichkeit: Überlappung der Spektren, "aliasing")

(2) Ausschnittbildung bei der Sequenz

Die diskrete Folge $s_1(n)$ wird nun mit einer diskreten Rechteck-Fensterfunktion $f_N(n)$ multipliziert, womit genau N Werte ausgeblendet werden. Es entsteht

$$s_2(n) = s_1(n) \cdot f_N(n) \quad , \tag{6.4}$$

mit

$$f_N(n) = \begin{cases} 1 & \text{für } 0 \le n \le N-1 \\ 0 & \text{sonst} \end{cases} \quad , \tag{6.5}$$

und es folgt

$$s_2(n) = \begin{cases} s_1(n) & \text{für } 0 \le n \le N-1 \\ 0 & \text{sonst} \end{cases} \quad , \tag{6.6}$$

bzw. in der äquivalenten Darstellung für $s_2(t)$

$$s_2(t) = \sum_{n=0}^{N-1} s(n \cdot \Delta t) \cdot \delta(t - n \cdot \Delta t) \quad . \tag{6.7}$$

Das zugehörige Spektrum erhält man wegen des Produktes in (6.4) durch die Faltung

$$\begin{aligned} S_2\!\left(e^{j\Theta}\right) &= \frac{1}{2\pi} S_1\!\left(e^{j\Theta}\right) * F_N\!\left(e^{j\Theta}\right) \\[2mm] &= \frac{1}{2\pi} \int_{-\pi}^{\pi} F_N\!\left(e^{j(\Theta-\Phi)}\right) \cdot S_1\!\left(e^{j\Phi}\right) d\Phi \end{aligned} \tag{6.8}$$

mit $F_N\!\left(e^{j\Theta}\right)$ der Transformierten der Fenstersequenz. Diese ergibt sich wie gezeigt (siehe Abschnitt 4.4) über deren z-Transformierte zu

$$\begin{aligned} F_N(z) &= \sum_{n=0}^{N-1} z^{-n} = \frac{1 - z^{(N-1)+1}}{1 - z} \\[2mm] &= \frac{1 - z^N}{1 - z} = \frac{z^{N/2} \cdot \left(z^{-N/2} - z^{N/2}\right)}{z^{1/2} \cdot \left(z^{-1/2} - z^{1/2}\right)} \quad , \end{aligned} \tag{6.9}$$

$$F_N\!\left(e^{j\Theta}\right) = e^{j\Theta(N-1)/2} \cdot \frac{\sin\!\left(N\frac{\Theta}{2}\right)}{\sin\!\left(\frac{\Theta}{2}\right)} \quad , \tag{6.10}$$

und damit wird (6.8) zu

$$S_2\left(e^{j\Theta}\right) = \frac{1}{2\pi} \int_{-\pi}^{\pi} e^{j[(\Theta-\Phi)(N-1)]/2} \cdot \frac{\sin\left(\frac{(\Theta-\Phi)\cdot N}{2}\right)}{\sin\left(\frac{(\Theta-\Phi)}{2}\right)} \cdot S_1\left(e^{j\Phi}\right) d\Phi \quad . \qquad (6.11)$$

Praktisch führt diese Faltung im Spektrum, abgesehen von einer Verzögerung, zu einer Verbreiterung der einzelnen periodisch wiederholten Spektren und zu einer *Welligkeit im gesamten Bereich*, auch da, wo zuvor das Spektrum gleich Null war (leakage-Fehler). Bild 6.2 zeigt diesen Vorgang der Ausschnittbildung.

(3) Diskretisierung des Spektrums

Für die Diskretisierung des Spektrums wird, um die Werkzeuge aus der Abtasttheorie leicht verwenden zu können, wiederum die äquivalente Darstellung in ω, t gewählt. Die Diskretisierung ergibt sich durch Multiplikation mit einem spektralen Dirackamm

$$S_3(\omega) = S_2(\omega) \cdot \text{Ш}_{\Delta\omega}(\omega) \quad , \qquad (6.12)$$

so daß sich im Zeitbereich (Sequenzbereich) eine überlappfreie periodische Sequenz ergibt

$$s_3(t) = s_2(t) * \frac{T}{2\pi} \cdot k_T(t) \quad ,$$

$$T = \frac{2\pi}{\Delta\omega} \overset{!}{=} N \cdot \Delta t \quad , \qquad (6.13)$$

$$s_3(t) = \frac{T}{2\pi} \sum_{m=-\infty}^{\infty} s_2(t - m \cdot T)$$

$$= \frac{T}{2\pi} \sum_{m=-\infty}^{\infty} \sum_{n=0}^{N-1} s(n \cdot \Delta t) \cdot \delta(t - m \cdot T - n \cdot \Delta t) \quad . \qquad (6.14)$$

Das Resultat dieser spektralen Diskretisierung zeigt Bild 6.3.

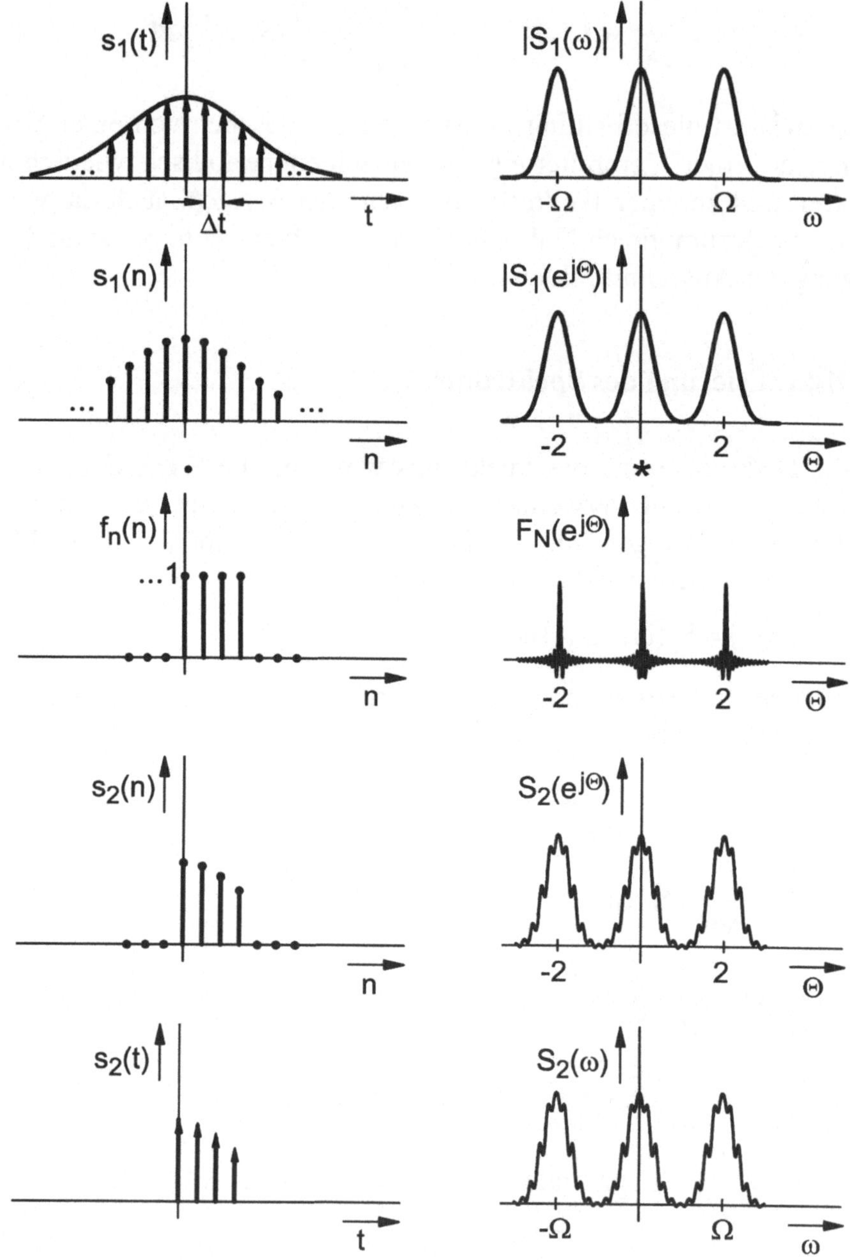

Bild 6.2:   Ausschnittbildung bei einer diskreten Sequenz

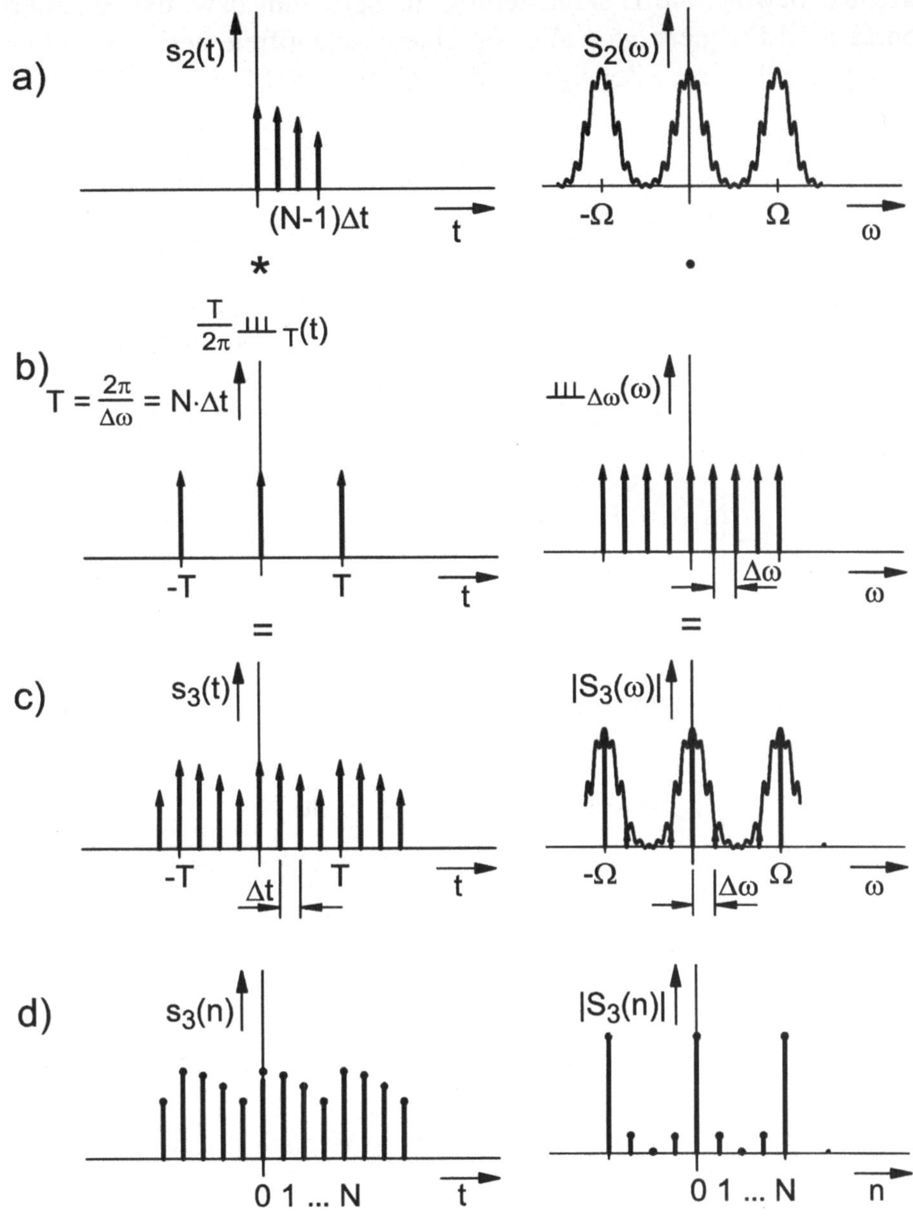

Bild 6.3:   Diskrete Fouriertransformation

Offenbar bewirkt die Diskretisierung im Spektrum bzw. die Einteilung von Ω in N Frequenzintervalle $\Delta\omega$ eine überlappfreie periodische Fortsetzung des diskreten Zeitsignals, das seinerseits N Zeitintervalle Δt für T enthält.

Ableitung der Transformationsgleichungen

Bild 6.3 d) zeigt schematisch die DFT-Korrespondenz: eine *diskrete periodische Originalsequenz* wird in eine *diskrete periodische Bildsequenz* überführt. Ausgehend von der ausschnittbegrenzten (Zeit-) Sequenz nach (6.3) bzw. (6.7) läßt sich deren Fouriertransformierte auch direkt ermitteln

$$s_2(n) = \begin{cases} s_1(n) & \text{für } 0 \le n \le N-1 \\ 0 & \text{sonst} \end{cases}$$

$$S_2(\omega) = \int\limits_{-\infty}^{\infty} s_2(t) \cdot e^{-j\omega t}\, dt$$

$$= \int\limits_{-\infty}^{\infty} \sum_{n=0}^{N-1} s_0(n \cdot \Delta t) \cdot \delta(t - n \cdot \Delta t) \cdot e^{-j\omega t}\, dt \tag{6.15}$$

$$= \sum_{n=0}^{N-1} s_0(n \cdot \Delta t) \cdot \underbrace{\int\limits_{-\infty}^{\infty} \delta(t - n \cdot \Delta t) \cdot e^{-j\omega t}\, dt}_{e^{-j\omega n \Delta t}}$$

$$= \sum_{n=0}^{N-1} s_0(n \cdot \Delta t) \cdot e^{-j\omega n \Delta t} \quad .$$

Die Abtastung im Spektralbereich liefert im Bereich $0 \le \omega \le \Omega$ eine Sequenz von N Werten an den Stellen $k \cdot \Delta\omega$, mit $k = 0,1,\dots,N-1$,

$$S_2(k \cdot \Delta\omega) = \sum_{n=0}^{N-1} s_0(n \cdot \Delta t) \cdot e^{-jk \cdot \Delta\omega \cdot n \cdot \Delta t} \quad . \tag{6.16}$$

Mit

$$\Omega = N \cdot \Delta\omega = \frac{2\pi}{\Delta t} \qquad \text{und} \qquad T = N \cdot \Delta t = \frac{2\pi}{\Delta\omega} \qquad (6.17)$$

folgt

$$\Delta\omega \cdot \Delta t = \frac{2\pi}{N} \quad . \tag{6.18}$$

Gleichung (6.16) als Sequenzdarstellung verallgemeinernd (und die Indizes fortlassend) liefert die DFT-Transformationsgleichung

$$S(k) = \sum_{n=0}^{N-1} s(n) \cdot e^{-j\frac{2\pi}{N} \cdot kn} \qquad k = 0,1,\ldots,N-1 \tag{6.19}$$

mit N Werten des Grundbereiches $0 \le k \le N-1$ des diskreten periodischen Spektrums.

Die zugehörige Rücktransformation der DFT also die inverse DFT[1] ist mit

$$s(n) = \frac{1}{N} \sum_{k=0}^{N-1} S(k) \cdot e^{j\frac{2\pi}{N} \cdot kn} \qquad n = 0,1,\ldots,N-1 \quad . \tag{6.20}$$

gegeben. Die Rücktransformationsgleichung (6.20) läßt sich über die Orthogonalitätsrelation entwickeln. Zu setzen ist (6.20) in (6.19)

$$\begin{aligned}
S(k) &= \sum_{n=0}^{N-1} \frac{1}{N} \sum_{r=0}^{N-1} S(r) \cdot e^{j\frac{2\pi}{N} \cdot rn} \cdot e^{-j\frac{2\pi}{N} \cdot kn} \\
&= \frac{1}{N} \sum_{r=0}^{N-1} S(r) \sum_{n=0}^{N-1} e^{j\frac{2\pi}{N} \cdot (r \cdot n - k \cdot n)} \quad .
\end{aligned} \tag{6.21}$$

Hierin ist die *Orthogonalitätsrelation*

$$\sum_{n=0}^{N-1} e^{j\frac{2\pi}{N}(r-k)n} = \begin{cases} N & \text{für} \quad r = k + \ell \cdot N \qquad \ell \in N_0 \\ 0 & \text{sonst} \end{cases} \quad , \tag{6.22}$$

---

[1] auch als IDFT bezeichnet

beweisbar über

$$\sum_{n=0}^{N-1} z^n = \begin{cases} N & \text{für} \quad z = 1, \text{d.h.} \; r - k = 0 \\[2mm] \frac{1-z^N}{1-z} = 0 & \text{sonst} \end{cases} , \tag{6.23}$$

wegen

$$z^N = 1 \quad \text{für} \quad r - k \neq 0 \; . \tag{6.24}$$

Also gilt die Rücktransformationsgleichung, denn es folgt die Identität

$$S(k) = S(k + \ell \cdot N), \qquad \ell \in N_0 \; . \tag{6.25}$$

Auch für die diskrete Fouriertransformation gelten Eigenschaften und Sätze (wie z.B. Linearität, Symmetrie, Verschiebungssatz etc.) wie für die anderen Formen der Fouriertransformation.

Es sei noch bemerkt, daß die N DFT-Spektralwerte sich in der z-Transformation als *Abtastwerte auf dem Einheitskreis* ergeben (z.B. [OppSchaf95]), denn der Zylinderschnitt längs des Einheitskreises repräsentiert ja die Grundperiode eines periodischen Spektrums (siehe auch Bild 6.4).

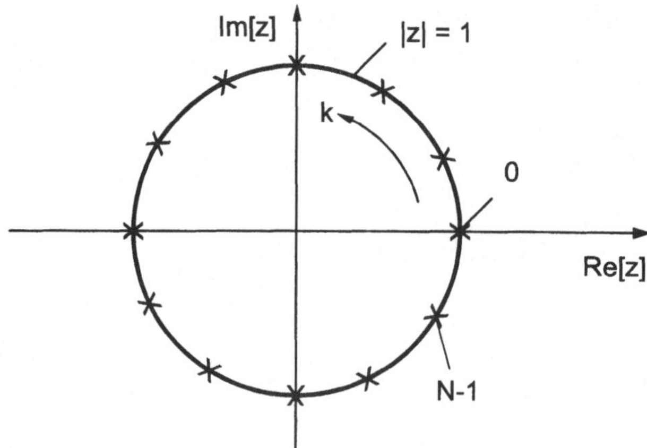

Bild 6.4:   z-Transformation und DFT-Spektralwerte

Man kann prinzipiell vier verschiedene Formen der Fouriertransformation erkennen (siehe Tabelle 6.1).

Tabelle 6.1:   Formen der Fouriertransformation

kontinuierliches Signal ↕ kontinuierliches Spektrum	kontinuierliches, periodisches Signal ↕ diskretes Spektrum
diskretes Signal ↕ kontinuierliches, periodisches Spektrum	diskretes, periodisches Signal ↕ diskretes, periodisches Spektrum

In Tabelle 6.2 sind diese Formen mit Signalverläufen und Gleichungen zusammengestellt.

Matrix-Vektor-Produkt der DFT

Für die DFT und die IDFT (inverse DFT) gilt das abgekürzt geschriebene Transformationspaar

$$S(k) = \sum_{n=0}^{N-1} s(n) \cdot W_N^{-kn}$$

$$s(n) = \frac{1}{N} \sum_{k=0}^{N-1} S(k) \cdot W_N^{kn} \quad ,$$

(6.26)

mit den Drehfaktoren

$$W_N = e^{j\frac{2\pi}{N}} \quad .$$

(6.27)

Tabelle 6.2: Signalverläufe und Gleichungen der kontinuierlichen und diskreten Fouriertransformation

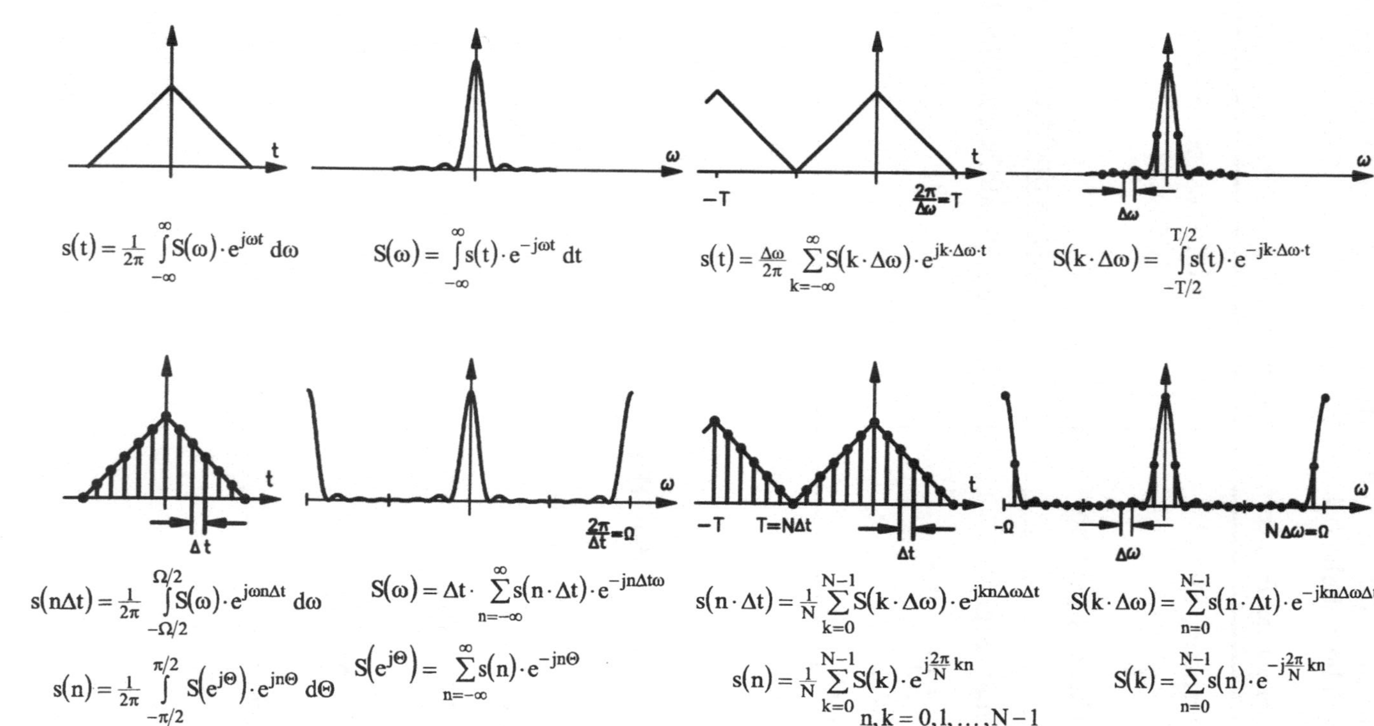

Die beiden Folgen $S(n)$, $s(k)$ sind periodisch in N und können durch die N-dimensionalen Spaltenvektoren

$$\vec{s} = \begin{bmatrix} s(0) \\ s(1) \\ \vdots \\ s(N-1) \end{bmatrix} \quad , \qquad \vec{S} = \begin{bmatrix} S(0) \\ S(1) \\ \vdots \\ S(N-1) \end{bmatrix} \tag{6.28}$$

vollständig beschrieben werden.

Es sei z.B. $N = 4$, dann sind für die DFT $N = 4$ Gleichungen zu lösen:

$$\begin{aligned}
S(0) &= s(0) \cdot W_N^0 + s(1) \cdot W_N^0 + s(2) \cdot W_N^0 + s(3) \cdot W_N^0 \\
S(1) &= s(0) \cdot W_N^0 + s(1) \cdot W_N^{-1} + s(2) \cdot W_N^{-2} + s(3) \cdot W_N^{-3} \\
S(2) &= s(0) \cdot W_N^0 + s(1) \cdot W_N^{-2} + s(2) \cdot W_N^{-4} + s(3) \cdot W_N^{-6} \\
S(3) &= s(0) \cdot W_N^0 + s(1) \cdot W_N^{-3} + s(2) \cdot W_N^{-6} + s(3) \cdot W_N^{-9}
\end{aligned} \tag{6.29}$$

Ersichtlich kann die DFT als Matrix-Vektor-Multiplikation ausgeführt werden

$$\begin{bmatrix} S(0) \\ S(1) \\ S(2) \\ S(3) \end{bmatrix} = \begin{bmatrix} W_N^0 & W_N^0 & W_N^0 & W_N^0 \\ W_N^0 & W_N^{-1} & W_N^{-2} & W_N^{-3} \\ W_N^0 & W_N^{-2} & W_N^{-4} & W_N^{-6} \\ W_N^0 & W_N^{-3} & W_N^{-6} & W_N^{-9} \end{bmatrix} \begin{bmatrix} s(0) \\ s(1) \\ s(2) \\ s(3) \end{bmatrix} \quad , \tag{6.30}$$

$$\vec{S} = \underline{V} \cdot \vec{s} \quad . \tag{6.31}$$

Mit $\underline{V}$ der $N \times N$-Matrix, bestehend aus den Elementen

$$V_{nk} = W_N^{-kn} \quad , \qquad 0 \le k \le N-1 \quad . \tag{6.32}$$

Entsprechend ergibt sich die Rücktransformationsgleichung zu

$$\vec{s} = \underline{V}^{-1} \cdot \vec{S} \quad . \tag{6.33}$$

DFT für finite Sequenzen, Interpolationstheorem

Obgleich die DFT für periodische Sequenzen angewendet wird, kann sie auch auf finite, d.h. endlich lange Sequenzen angewendet werden. Es sei die finite Sequenz $s(n)$ gegeben, mit

$$s(n) \circ\!\!-\!\!\bullet\; S\!\left(e^{j\Theta}\right)$$

$$s(n) = \begin{cases} s(n) & 0 \le n \le N-1 \\ 0 & \text{sonst} \end{cases} \quad .$$

$$\text{(6.34)}$$

Dann kann $s(n)$ periodisch fortgesetzt werden durch

$$s(n + m \cdot N) = s(n) \qquad \text{für alle m} \quad \text{und } 0 \le n \le N-1, \quad \text{(6.35)}$$

und es ergeben sich die Abtastwerte der (periodischen) Fouriertransformierten der endlichen Sequenz aus der DFT

$$S(n) = S\!\left(e^{j\frac{2\pi}{N}n}\right) = S\!\left(W_N^n\right) \quad . \tag{6.36}$$

Will man eine *dichtere Abtastung im Spektralbereich*, d.h. mehr Werte des periodischen Spektrums im Sinne einer genaueren spektralen Darstellung, so kann man *an die endliche Sequenz Nullen anfügen*. Bild 6.5 zeigt am Beispiel einer Dreieck-Sequenz die Möglichkeit, durch Einfügung von Nullen in die periodisch fortgesetzte finite Sequenz die Abtastdichte im DFT-Bereich zu erhöhen.

Faltungsgesetz der DFT, zyklische Faltung

Gegeben seien zwei periodische Sequenzen derselben Periode

$$s(n) = s(n + N) \circ\!\!-\!\!\bullet\; S(k)$$
$$h(n) = h(n + N) \circ\!\!-\!\!\bullet\; H(k) \quad .$$

$$\text{(6.37)}$$

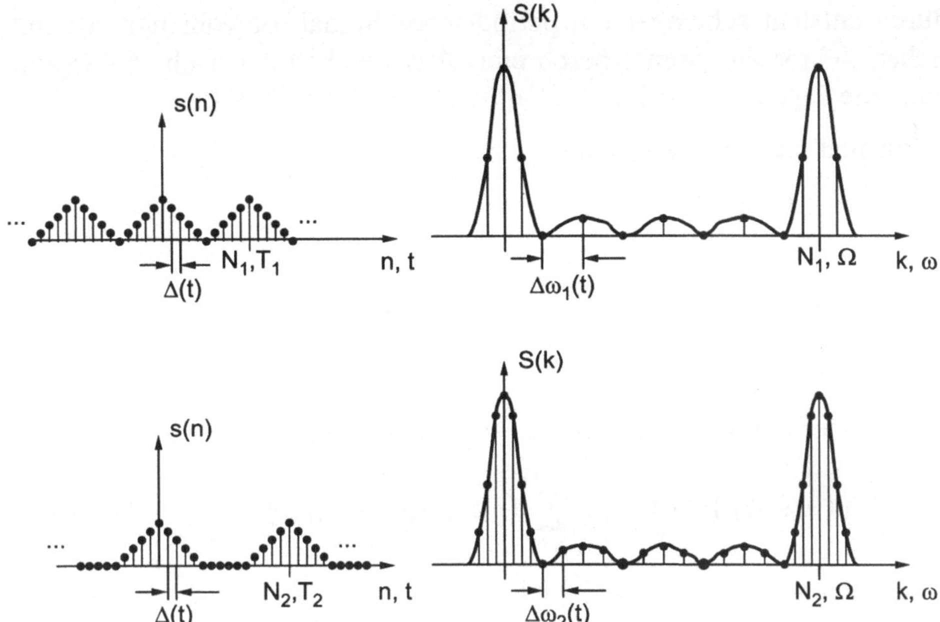

Bild 6.5:　Verlängerung finiter Sequenzen durch Nullen für eine höhere Abtastwert-
dichte des Spektrums

Dann gilt das Faltungsgesetz der DFT, das sich leicht über die Orthogo-
nalitätsbeziehung (6.22) zeigen läßt.

$$g(n) = \sum_{m=0}^{N-1} s(m) \cdot h(n-m) \circ\!\!-\!\!\bullet S(k) \cdot H(k) \tag{6.38}$$

und entsprechend

$$s(n) \cdot h(n) \circ\!\!-\!\!\bullet \frac{1}{N} \sum_{m=0}^{N-1} S(m) \cdot H(n-m) \quad . \tag{6.39}$$

Operationen von DFT-Paaren erfordern grundsätzlich N-periodische
Sequenzen zu ihrer korrekten Durchführung. Dies kann man leicht z.B.
für den Verschiebungssatz und für den erwähnten Faltungssatz (6.38)
zeigen. Praktisch wird aber stets nur ein N-dimensionaler Vektor ermittelt und gespeichert, so daß zur Ermittlung der Werte außerhalb des
Grundbereiches eine geeignete Index-Rechnung erforderlich ist. Hier-

durch entsteht scheinbar ein periodisches Signal, obwohl nur ein endlicher Vektor das Signal beschreibt. Aus der Faltung nach (6.38) wird dann die sogenannte zyklische Faltung (z.B. [Schüßler94]).

Betrachtet man die Beziehung

$$m = n \bmod N \quad , \tag{6.40}$$

so ist stets $0 \le m < N$ und $(n - m)$ ist stets ein Vielfaches von N. Für ein N-periodisches Signal gilt somit

$$s(n) = s(n \bmod N) \qquad \forall n \quad , \tag{6.41}$$

und aus der Faltung ergibt sich die zyklische Faltung (Operator $\otimes$)

$$g(n) = s(n) \otimes h(n) = \sum_{m=0}^{N-1} s(m) \cdot h\big[(n - m) \bmod N\big] \quad . \tag{6.42}$$

Betrachtet sei hierzu ein Beispiel mit $N = 4$, es ergeben sich nach (6.42) folgende Gleichungen für $g(n)$

$$\begin{aligned}
g(0) &= s(0) \cdot h(0) &+ s(1) \cdot h(3) &+ s(2) \cdot h(2) &+ s(3) \cdot h(1) \\
g(1) &= s(0) \cdot h(1) &+ s(1) \cdot h(0) &+ s(2) \cdot h(3) &+ s(3) \cdot h(2) \\
g(2) &= s(0) \cdot h(2) &+ s(1) \cdot h(1) &+ s(2) \cdot h(0) &+ s(3) \cdot h(3) \\
g(3) &= s(0) \cdot h(3) &+ s(1) \cdot h(2) &+ s(2) \cdot h(1) &+ s(3) \cdot h(0)
\end{aligned} \tag{6.43}$$

Hieraus kann eine Matrix-Vektor-Produktdarstellung gefunden werden

$$\begin{bmatrix} g(0) \\ g(1) \\ g(2) \\ g(3) \end{bmatrix} = \begin{bmatrix} h(0) & h(3) & h(2) & h(1) \\ h(1) & h(0) & h(3) & h(2) \\ h(2) & h(1) & h(0) & h(3) \\ h(3) & h(2) & h(1) & h(0) \end{bmatrix} \begin{bmatrix} s(0) \\ s(1) \\ s(2) \\ s(3) \end{bmatrix} \quad , \tag{6.44}$$

$$\vec{g} = \mathrm{Zykl}\,\underline{h} \cdot \vec{s} = \mathrm{Zykl}\,\underline{s} \cdot \vec{h} \quad , \tag{6.45}$$

Mit "Zykl" dem Bildungsgesetz einer Matrix entsprechend (6.46)

$$\big[\mathrm{Zykl}\,h\big]_{nm} = h\big[(n - m) \bmod N\big] \quad . \tag{6.46}$$

Zur Veranschaulichung der Indexrechnung der zyklischen Faltung kann man ein Kreisdiagramm entsprechend Bild 6.6 skizzieren (siehe auch [Schüßler94]).

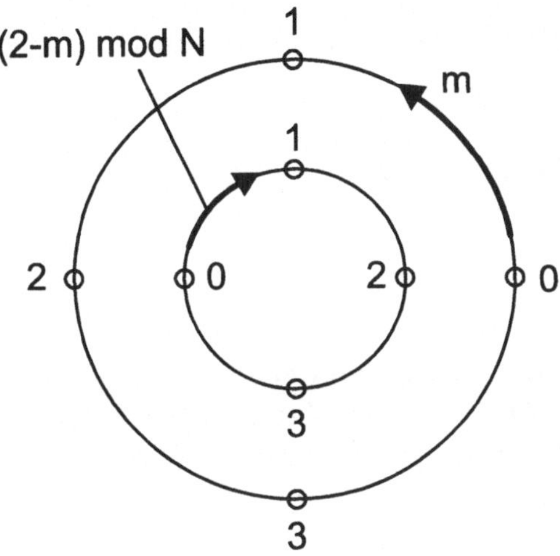

Bild 6.6: Indizes bei der zyklischen Faltung (n=2)

Dieses Diagramm zeigt bei den verschiedenen Winkelpositionen die zueinander gehörenden Indizes entsprechend Gleichung (6.42) für s(m) und $h\bigl[(n-m) \bmod N\bigr]$.

6.2 Schnelle Fouriertransformation

Für die Durchführung der diskreten Fouriertransformation sind eine Reihe von Algorithmen bekannt, die im Prinzip darauf basieren, die beschriebene Matrix-Vektor-Multiplikation, die wegen der $N \cdot N$-Matrix N^2 Multiplikationen erfordert, zu vereinfachen. Die Bedeutung für die digitale Signalverarbeitung liegt dabei

- in der Verfügbarkeit eines mächtigen Handwerkzeuges beim Entwurf von Algorithmen und Modulen zur digitalen Signalverarbeitung,

- aber auch in der unmittelbaren Filterrealisierung durch Hin- und Rücktransformation und Produktbildung im DFT-Bereich. Dies kann bei genügend großer Koeffizientenzahl effektiver sein, als eine direkte diskrete Faltung zu realisieren.

Für die DFT war als Matrix-Vektor-Produkt (6.31) abgeleitet worden

$$\vec{S} = \underline{V} \cdot \vec{s} \quad ,\tag{6.47}$$

mit $\underline{V}$ der DFT-Matrix und seinen Elementen

$$V_{nk} = W_N^{-nk} = e^{-j\frac{2\pi}{N}nk} \quad .\tag{6.48}$$

Prinzipiell erfordert die in (6.47) beschriebene Matrix-Vektormultiplikation N^2 (komplexe) Multiplikationen. *Jedoch können aufgrund von Symmetrien in der Matrix Algorithmen entwickelt werden, die diese Anzahl drastisch reduzieren.* Die Symmetrie wird an folgender Überlegung deutlich: In der n-ten Reihe und k-ten Spalte ergibt sich die N-te Wurzel von $\left(e^{j2\pi}\right)$ in der nk-ten Potenz:

$$W_N^{-nk} = \left(e^{2\pi j}\right)^{-\frac{nk}{N}} \quad ,\tag{6.49}$$

und da $W_N^N = 1$ ist, folgt

$$W_N^{-nk} = W_N^{-i} \qquad \text{mit} \quad i = (nk) \bmod N \quad .\tag{6.50}$$

Hieraus ergeben sich die Potenzen von W_N wie aus der folgenden "Drehzeigermatrix" für ein Beispiel mit $N = 8$ hevorgeht.

Ersichtlich gibt es hier vielfältige Symmetrien (insbesondere auch, wenn man nur die Exponenten -i betrachtet), die zur Bildung schneller Algorithmen, herangezogen werden können. Diese werden unter dem Begriff FFT (**F**ast **F**ourier **T**ransform) beschrieben (siehe hierzu etwa [OppSchaf95], [RobMull87]).

$$\underline{V} = \begin{bmatrix} 1 & 1 & 1 & 1 & 1 & 1 & 1 & 1 \\ 1 & e^{-j\frac{\pi}{4}} & e^{-j\frac{\pi}{2}} & e^{-j\frac{3\pi}{4}} & -1 & e^{j\frac{3\pi}{4}} & e^{j\frac{\pi}{2}} & e^{j\frac{\pi}{4}} \\ 1 & e^{-j\frac{\pi}{2}} & -1 & e^{j\frac{\pi}{2}} & 1 & e^{-j\frac{\pi}{2}} & -1 & e^{j\frac{\pi}{2}} \\ 1 & e^{-j\frac{3\pi}{4}} & e^{j\frac{\pi}{2}} & e^{-j\frac{\pi}{4}} & -1 & e^{j\frac{\pi}{4}} & e^{-j\frac{\pi}{2}} & e^{j\frac{3\pi}{4}} \\ 1 & -1 & 1 & -1 & 1 & -1 & 1 & -1 \\ 1 & e^{j\frac{3\pi}{4}} & e^{-j\frac{\pi}{2}} & e^{j\frac{\pi}{4}} & -1 & e^{-j\frac{\pi}{4}} & e^{j\frac{\pi}{2}} & e^{-j\frac{3\pi}{4}} \\ 1 & e^{j\frac{\pi}{2}} & -1 & e^{-j\frac{\pi}{2}} & 1 & e^{j\frac{\pi}{2}} & -1 & e^{-j\frac{\pi}{2}} \\ 1 & e^{j\frac{\pi}{4}} & e^{j\frac{\pi}{2}} & e^{j\frac{3\pi}{4}} & -1 & e^{-j\frac{3\pi}{4}} & e^{-j\frac{\pi}{2}} & e^{-j\frac{\pi}{4}} \end{bmatrix} \tag{6.51}$$

FFT-Algorithmen mit Potenzen zur Basis 2

Gegeben sei eine Sequenz mit $N = 2^\nu$ Werten. Zur Ableitung der sogenannten "Decimation in time"-FFT wird die Sequenz im ersten Schritt in ihre Werte mit ungeraden und geraden Indizes aufgeteilt

$$S(n) = \sum_{k=0}^{\frac{N}{2}-1} \left[s(2k) \cdot W_N^{-2kn} + s(2k+1) \cdot W_N^{-(2k+1)n} \right]$$

$$= \sum_{k=0}^{\frac{N}{2}-1} s(2k) \cdot W_N^{-2kn} + W_N^{-n} \cdot \sum_{k=0}^{\frac{N}{2}-1} s(2k+1) \cdot W_N^{-2kn} \quad . \tag{6.52}$$

$$n = 0, 1, \ldots, N-1$$

Man kann nun für W_N^{-2kn} setzen

$$W_N^{-2kn} = \left[e^{j\frac{2\pi}{N}} \right]^{-2kn} = \left[e^{j\frac{2\pi}{N/2}} \right]^{-kn} = W_{N/2}^{-kn} \quad , \tag{6.53}$$

und hiermit ergibt sich für $n = 0, 1, \ldots, \frac{N}{2}-1$

$$S(n) = G(n) + W_N^{-n} \cdot H(n)$$

$$= \sum_{k=0}^{\frac{N}{2}-1} s(2k) \cdot W_{N/2}^{-kn} + W_N^{-n} \cdot \sum_{k=0}^{\frac{N}{2}-1} s(2k+1) \cdot W_{N/2}^{-kn} \quad . \tag{6.54}$$

Das bedeutet, daß man die beiden Anteile in (6.52) zur Bildung von $S(n)$ jeweils als eigene DFT-Operationen mit $N/2$ Stützwerten auffassen kann. Dabei dient $G(n)$ zur Bildung des Teiles, der den geraden Indizes und $H(n) \cdot W_N^{-n}$ zur Bildung des Teiles, der den ungeraden Indizes zugeordnet ist.

Somit gilt für die Werte von $S(n)$ mit $n = \frac{N}{2}, \frac{N}{2} + 1, \ldots, N-1$:

$$S(n) = G\left(n - \tfrac{N}{2}\right) + W_N^{-n} \cdot H\left(n - \tfrac{N}{2}\right) \quad . \tag{6.55}$$

Für eine Stützstellenzahl $N = 8$ zeigt Bild 6.7 eine schematisierte Darstellung als Signalflußgraph. Neben den beiden $\frac{N}{2}$-DFT-Operationen sind noch die Wichtungen mit W_N^{-n} zu berücksichtigen. Es ergibt sich schon in diesem Schritt eine Reduktion der Anzahl der auszuführenden Operationen. Im Wesentlichen besteht die $\frac{N}{2}$-DFT aus $\left(\frac{N}{2}\right)^2$-Multiplikationen, die Gewichtungen mit W_N^{-n} erfordern N Multiplikationen. *Insgesamt ergeben sich* $N + 2 \cdot \left(\frac{N}{2}\right)^2 = N + \frac{N^2}{2}$ *Multiplikationen* gegenüber N^2 Multiplikationen bei der direkten Ausführung der N-Punkt-DFT[1].

Da N eine Potenz von 2 ist, kann der beschriebene Dezimationsalgorithmus auf die Sequenzen wiederholt angewendet werden

$$
\begin{aligned}
g(i) &= s(2i) \\
h(i) &= s(2i+1) \qquad \text{für} \quad i = 0,1,\ldots,\tfrac{N}{2}-1 \quad .
\end{aligned}
\tag{6.56}
$$

---

[1]gemeint sind hier stets komplexe Multiplikationen, d.h. es sind jeweils vier reelle Produkte zu bilden

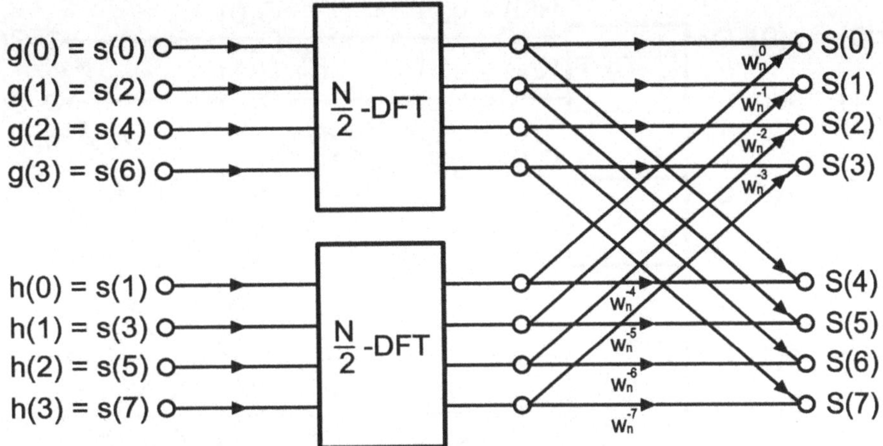

Bild 6.7:   Signalflußgraph für die erste Stufe einer "Decimation in Time" $N = 2^3$-FFT

Hieraus ergibt sich für $G(n)$

$$G(n) = \sum_{k=0}^{\frac{N}{2}-1} g(k) \cdot W_{N/2}^{-kn}$$

$$= \sum_{k=0}^{\frac{N}{4}-1} \left[g(2k) \cdot W_{N/2}^{-2kn} + g(2k+1) \cdot W_{N/2}^{-(2k+1)n} \right] \tag{6.57}$$

$$= \sum_{k=0}^{\frac{N}{4}-1} g(2k) \cdot W_{N/4}^{-kn} + W_{N/2}^{-n} \cdot \sum_{k=0}^{\frac{N}{4}-1} g(2k+1) \cdot W_{N/4}^{-kn} \quad ,$$

$$G(n) = \begin{cases} R(n) + W_{N/2}^{-n} \cdot Q(n) & n = 0,1,\ldots,\frac{N}{4}-1 \\ R\left(n-\frac{N}{4}\right) + W_{N/2}^{-n} \cdot Q\left(n-\frac{N}{4}\right) & n = \frac{N}{4},\frac{N}{4}+1,\ldots,\frac{N}{2}-1 \end{cases} \cdot \tag{6.58}$$

Entsprechend kann $H(n)$ ausgedrückt werden. Beide werden jetzt als Summe zweier $\frac{N}{4}$-DFT-Operationen gebildet. Der zugehörige Signalflußgraph hat prinzipiell dieselbe Struktur wie oben und ist für $N = 8$ in Bild 6.8 gezeigt. Zu bemerken ist wiederum, daß die Beziehung $W_{N/2}^{-2nk} = W_{N/4}^{-nk}$ die Basis für diese Aufteilung bildet.

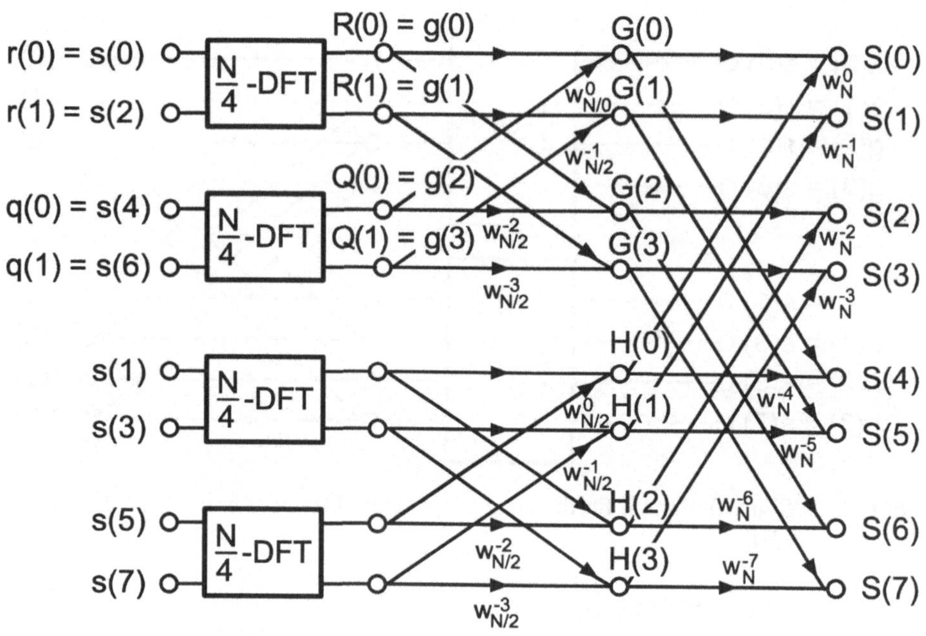

Bild 6.8:   Signalflußgraph für die zweite Stufe einer "Decimation in Time" $N = 2^3$-FFT

Die zweite Stufe ermöglicht eine entsprechende Reduktion der Operationenanzahl und zeigt das Bildungsgesetz für diese stufenweise Reduktion. Es sind jetzt 4 $\frac{N}{4}$-DFT-Operationen mit jeweils $\left(\frac{N}{4}\right)^2$ Multiplikationen auszuführen. Die Multiplikationen mit $W_{N/2}^{-n}$, $n = 0, 1, \ldots, \frac{N}{2}$ erfordern N Multiplikationen für $G(n)$ und $H(n)$ zusammen. Zur Bildung von $S(n)$ sind $G(n)$ und $H(n)$ zu verknüpfen. Dies erfordert N Multiplikationen, wie oben ausgeführt. In Summe (zusammen mit dem ersten Schritt) ergeben sich also jetzt $2 \cdot N + 4 \cdot \left(\frac{N}{4}\right)^2 = 2 \cdot N + \frac{N^2}{4}$ *Multiplikationen*, verglichen mit N^2 Multiplikationen für eine direkte DFT-Berechnung.

Der beschriebene Reduktionsvorgang kann offensichtlich in $ld(N) = ld(2^v) = v$ Schritten durchgeführt werden. Der letzte Schritt ist eine 2-Punkt-DFT, die keine Multiplikationen mehr benötigt (im übrigen treten nur noch Faktoren der Form $W_N^{-0} = 1$ bzw. $W_N^{-N/2} = -1$ auf). Den Signalflußgraphen mit dieser "Butterfly"-Operation zeigt Bild 6.9.

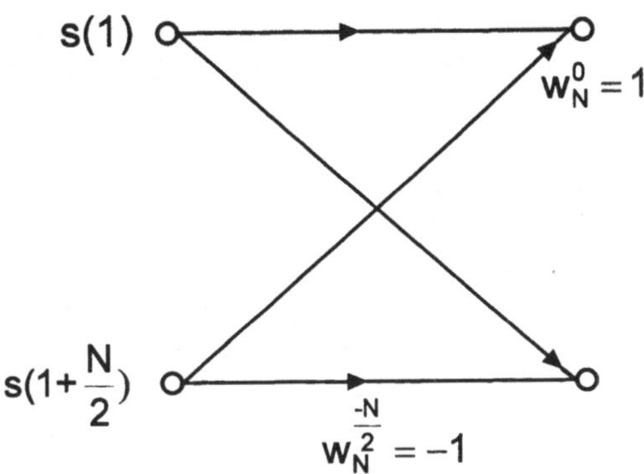

Bild 6.9: Signalflußgraph für eine 2-Punkt-DFT ("Butterfly") als letzte Stufe einer "Decimation in Time" $N = 2^3$-FFT

Grundsätzlich ergeben sich also für eine N-Punkte-DFT $ld(N)$ Schritte. Jeder Schritt erfordert, wie oben gezeigt, N Multiplikationen, *insgesamt sind also* $N \cdot ld(N)$ *Multiplikationen verglichen mit* N^2 *bei der direkten Methode notwendig!* Dieser Vergleich läßt noch außer Acht, daß viele Multiplikationen mit 0 oder 1 stattfinden. Berücksichtigt man dies, so ergeben sich $\frac{N}{2}ld(N)$ Multiplikationen.

Den vollständigen Signalflußgraphen für das Beispiel $N = 8 = 2^3$ zeigt Bild 6.10.

Neben der beschriebenen "Decimation in Time"-FFT gibt es auch die Möglichkeit einer "Decimation in Frequency"-FFT. Basis hierfür ist die Überlegung, daß natürlich eine Aufteilung in zwei Hälften ausgehend von S(n) für gerade und ungerade n (anstelle gerader und ungerader k) möglich ist. Den zugehörigen Signalflußgraphen, ohne Ableitung, zeigt Bild 6.11. Offenbar wird jetzt das Ausgangssignal S(n) in der Reihenfolge permutiert. Der gesamte Algorithmus erfordert genau dieselbe Anzahl an Operationen wie der zuerst beschriebene.

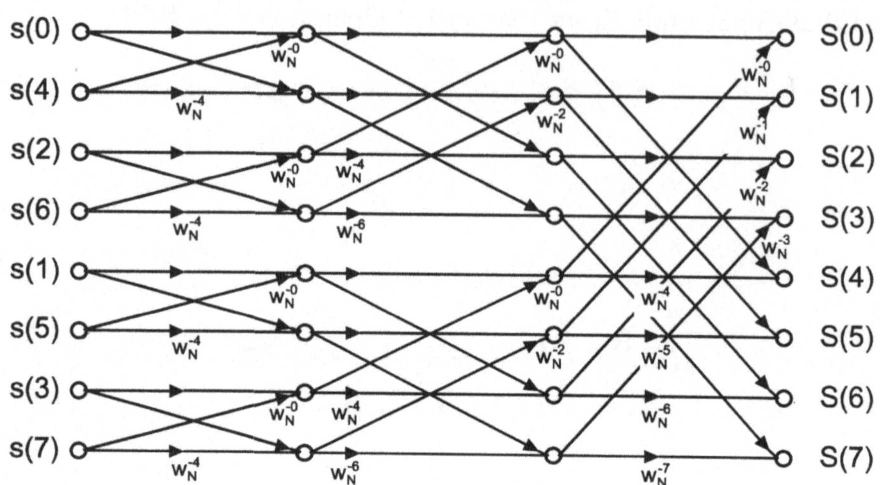

Bild 6.10:   Vollständiger Signalflußgraph einer "Decimation in Time" FFT für $N = 2^3$

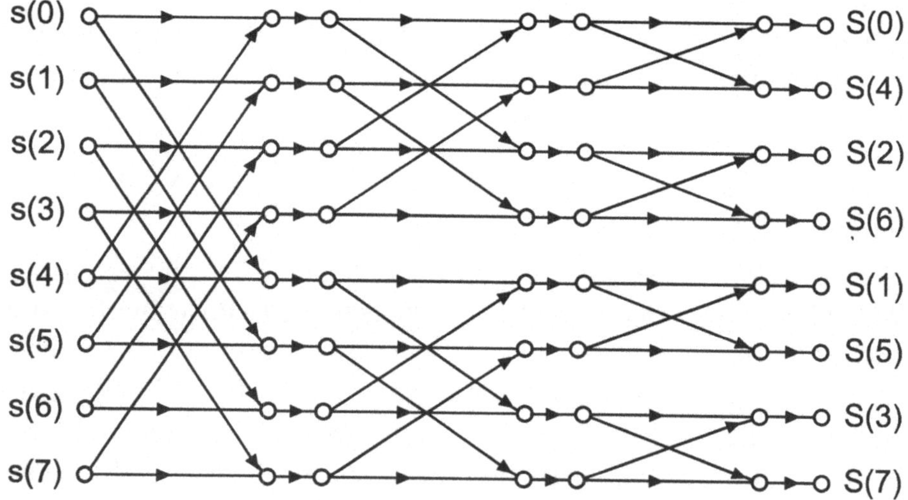

Bild 6.11:   Signalflußgraph einer "Decimation in Frequency"-FFT für $N = 2^3$

Neben diesen beschriebenen Algorithmen gibt es noch eine ganze Reihe weiterer, die hier nicht im Einzelnen behandelt werden [OppSchaf95]. Ziel ist es dabei, zum einen die Anzahl der Operationen (Multiplikationen) noch weiter zu reduzieren und zum anderen von Zweierpotenzen abweichende Stützstellenanzahlen zu realisieren.

FFT-Algorithmen zur Faltung finiter Sequenzen

Gegeben seien zwei finite Sequenzen s(n) und h(n) der Länge N, die miteinander zu falten sind

$$s(n) = \begin{cases} s(n) & \text{für } n = 0,1,\dots,N-1 \\ \\ 0 & \text{sonst} \end{cases} \quad ,$$

$$h(n) = \begin{cases} h(n) & \text{für } n = 0,1,\dots,N-1 \\ \\ 0 & \text{sonst} \end{cases} \quad , \tag{6.59}$$

$$g(n) = \sum_{m=0}^{2N-2} s(m) \cdot h(n-m) \ .$$

Die Faltungssequenz hat eine Länge von 2N-1 Werten. Man erkennt, daß bei einer direkten Umsetzung der Faltung N^2 Multiplikationen erforderlich sind. Anstelle dieser direkten Möglichkeit kann man mit Hilfe der DFT und einem FFT-Algorithmus falten.

Betrachtet man die finiten Sequenzen s(n), h(n) als Grundperioden periodisch fortgesetzter Sequenzen, so führt das Produkt ihrer DFT's und deren Rücktransformation zu N Ausgangswerten. Da aber 2N-1 Ausgangswerte zu ermitteln sind, sind $N-1$ Nullen an jede Sequenz s(n), h(n) anzuhängen.

$$s(n) = \begin{cases} s(n) & 0 \le n \le N-1 \\ 0 & N \le n \le 2N-2 \end{cases}$$

$$(6.60)$$

$$h(n) = \begin{cases} h(n) & 0 \le n \le N-1 \\ 0 & N \le n \le 2N-2 \end{cases} \quad .$$

Ist im übrigen eine der Sequenzen fortlaufend und nicht finit, so läßt sich durch *Aufteilung dieser Sequenz in finite Blöcke* dieselbe Überlegung durchführen. Diese Aufteilung ist zweckmäßig überlappend ("overlap and add") und mit weichem komplementären Übergang benachbarter Blöcke zur Vermeidung von Abbruchfehlern auszuführen, siehe hierzu z.B. [OppSchaf95])

Betrachtet man beispielsweise zwei Sequenzen der Länge $N = 4$, so ergibt sich eine Faltungslänge von sieben, so daß zur Anwendung einer 2^n-FFT die Eingangssequenzen um vier Werte, also auf $M = 8$, aufgefüllt werden müssen. Es ergibt sich ein Netzwerk nach Bild 6.12.

Interessant ist jetzt ein *Rechenaufwandvergleich der beiden Methoden*. Für eine einzelne DFT mit M Punkten waren (unter Berücksichtigung von vereinfachten Multiplikationen mit ± 1) $\frac{M}{2} \cdot \mathrm{ld}(M)$ Multiplikationen erforderlich. Insgesamt sind für das Netzwerk nach Bild (6.12) drei Transformationen[1] und zusätzlich M Multiplikationen nötig, also insgesamt $M + 3 \cdot \frac{M}{2} \cdot \mathrm{ld}(M)$ Multiplikationen. Bezogen auf die ursprüngliche Sequenzlänge $N = \frac{M}{2}$ folgen $2 \cdot N + 3 \cdot N \cdot \mathrm{ld}(2N)$ Multiplikationen. Demgegenüber ist bei der direkten Faltung ein quadratisches Gesetz wirksam, so daß ersichtlich die DFT-Methode erst ab einer bestimmten Sequenzlänge (d.h. Koeffizientenzahl) überlegen ist. Genauere Betrachtungen zeigen, daß *ab etwa 25...30 Koeffizienten* dies der Fall ist. Bis dahin überwiegt der Aufwand, der durch die zwei- bzw. dreifache DFT/FFT-Struktur vorgegeben ist.

---

[1] bzw. nur zwei wenn man transformierte Filterkoeffizienten speichert

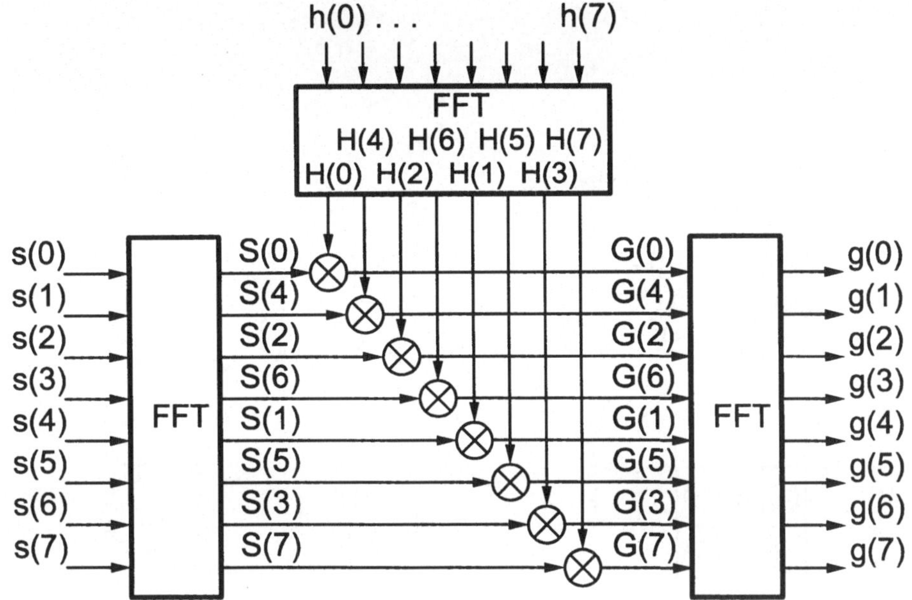

Bild 6.12:   FFT-Algorithmus in einem Netzwerk zur schnellen Faltung

6.3 Zweidimensionale diskrete Fouriertransformation

Wie im eindimensionalen Fall beschreibt die 2D-DFT eine umkehrbar eindeutige *Fourier-Korrespondenz zwischen einer 2D-periodischen Originalsequenz und einer 2D-periodischen Bildsequenz.* Entsprechend wie im eindimensionalen Fall lassen sich grundsätzlich wiederum vier Formen der 2D-Fouriertransformation definieren (vgl. Tabelle 6.1).

Die zugehörigen Beschreibungsgleichungen und illustrierenden Skizzen sind in Tabelle 6.3 zusammengestellt.

Tabelle 6.3:   Gleichungen und Skizzen zu den Formen der 2D-Fouriertransformation

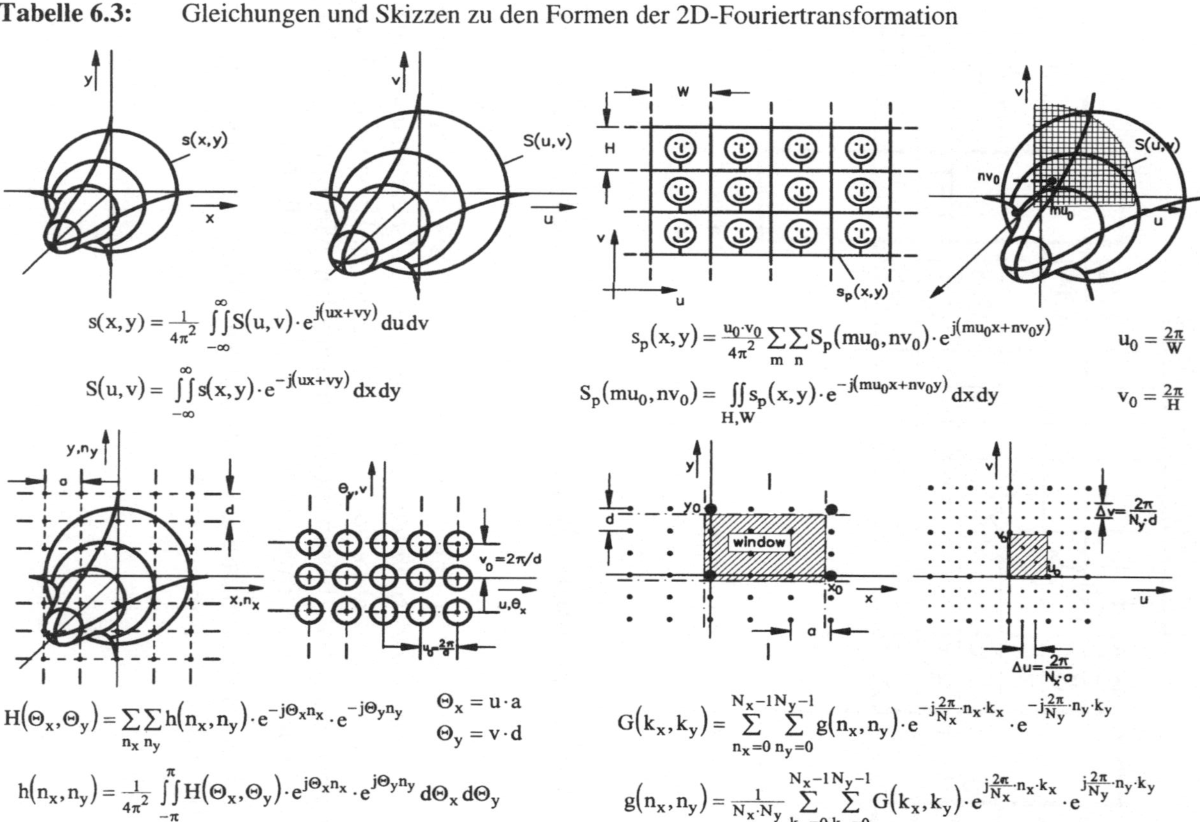

$$s(x,y) = \frac{1}{4\pi^2} \iint\limits_{-\infty}^{\infty} S(u,v) \cdot e^{j(ux+vy)}\, du\, dv$$

$$S(u,v) = \iint\limits_{-\infty}^{\infty} s(x,y) \cdot e^{-j(ux+vy)}\, dx\, dy$$

$$s_p(x,y) = \frac{u_0 \cdot v_0}{4\pi^2} \sum_m \sum_n S_p(mu_0, nv_0) \cdot e^{j(mu_0 x + nv_0 y)}$$

$$S_p(mu_0, nv_0) = \iint\limits_{H,W} s_p(x,y) \cdot e^{-j(mu_0 x + nv_0 y)}\, dx\, dy$$

$$u_0 = \frac{2\pi}{W}$$

$$v_0 = \frac{2\pi}{H}$$

$$H(\Theta_x, \Theta_y) = \sum_{n_x} \sum_{n_y} h(n_x, n_y) \cdot e^{-j\Theta_x n_x} \cdot e^{-j\Theta_y n_y}$$

$$h(n_x, n_y) = \frac{1}{4\pi^2} \iint\limits_{-\pi}^{\pi} H(\Theta_x, \Theta_y) \cdot e^{j\Theta_x n_x} \cdot e^{j\Theta_y n_y}\, d\Theta_x\, d\Theta_y$$

$$\Theta_x = u \cdot a$$

$$\Theta_y = v \cdot d$$

$$G(k_x, k_y) = \sum_{n_x=0}^{N_x-1} \sum_{n_y=0}^{N_y-1} g(n_x, n_y) \cdot e^{-j\frac{2\pi}{N_x} \cdot n_x \cdot k_x} \cdot e^{-j\frac{2\pi}{N_y} \cdot n_y \cdot k_y}$$

$$g(n_x, n_y) = \frac{1}{N_x \cdot N_y} \sum_{k_x=0}^{N_x-1} \sum_{k_y=0}^{N_y-1} G(k_x, k_y) \cdot e^{j\frac{2\pi}{N_x} \cdot n_x \cdot k_x} \cdot e^{j\frac{2\pi}{N_y} \cdot n_y \cdot k_y}$$

Natürlich kann auch im zweidimensionalen Fall die DFT aus der kontinuierlichen Fouriertransformation in drei Schritten entwickelt werden:

- 2D-Abtastung eines kontinuierlichen 2D-Signals (es entsteht ein kontinuierliches, periodisches Spektrum),

- 2D-Ausschnittbildung der 2D-Sequenz, wodurch eine finite 2D-Sequenz gebildet wird,

- 2D-Abtastung des kontinuierlichen und periodischen Spektrums, wodurch die finite 2D-Sequenz in zwei Richtungen periodisch fortgesetzt wird.

Hierzu sind zur Beschreibung der 2D-Abtastung die in Abschnitt 3.1 definierten 2D-Distributionen (2D-Delta, Delta-Feld) zu verwenden.

Orthogonale 2D-Abtastung[2]

Eine zweidimensionale Orthogonalabtastung kann einfach mit Hilfe des eingeführten Diracfeldes (3.7) beschrieben werden

$$g_{\perp}(x,y) = g(x,y) \cdot \text{Ш}_{a,d}(x,y)$$

$$= \sum_{n_x=-\infty}^{\infty} \sum_{n_y=-\infty}^{\infty} g(n_x a, n_y d) \cdot \delta(x - n_x a, y - n_y d) \ . \tag{6.61}$$

Das zugehörige Spektrum ergibt sich aus der Fouriertransformation als ein 2D-periodisch fortgesetztes Spektrum mit entsprechendem orthogonalen Wiederholraster (Bild 6.13)

$$G_{\perp}(f^x, f^y) = G(f^x, f^y) \overset{2}{*} \frac{1}{ad} \text{Ш}_{1/a,1/d}(f^x, f^y)$$

$$= \frac{1}{ad} \sum_{k=-\infty}^{\infty} \sum_{i=-\infty}^{\infty} G\left(f^x - \frac{k}{a}, f^y - \frac{i}{d}\right) \ . \tag{6.62}$$

---

[2]Neben der orthogonalen Abtastung sind für die DFT andere Abtastmuster möglich und manchmal zweckmäßig: hexagonale Raster, sogenannte "quincunx"-Raster, diagonale Raster etc. [DudgeMers84].

Ersichtlich kommt es darauf an, im zweidimensionalen Sinne das Abtasttheorem zu erfüllen, d.h. keine Überlappung der periodisch fortgesetzten Spektren (Aliasfehler) zuzulassen. Dies gelingt durch eine entsprechende zweidimensionale Bandbegrenzung bzw. durch eine genügend hohe Abtastfrequenz.

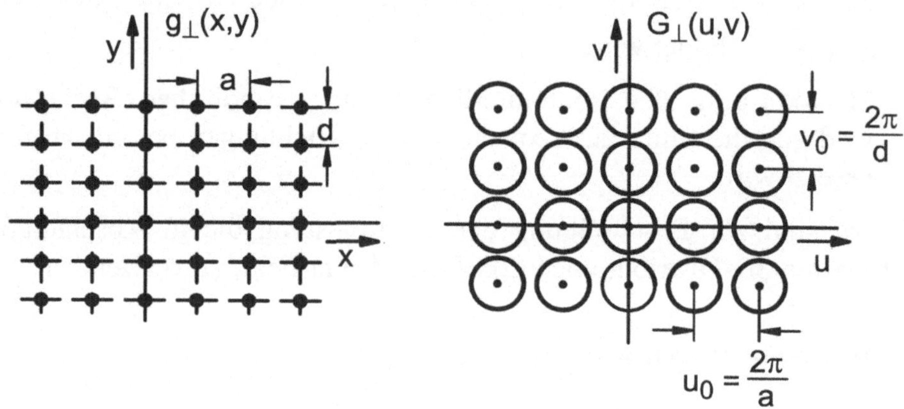

Bild 6.13:   Orthogonale 2D-Abtastung, korrespondierendes Spektrum

2D-Ausschnittbildung

Mit Hilfe einer zweidimensionalen Ausschnittbildung läßt sich eine geeignete finite (d.h. auch periodisch fortsetzbare) Sequenz mit $N_x \cdot N_y$ Werten erzeugen (Bild 6.14). Diese Ausschnittbildung läßt sich z.B. durch eine *Multiplikation mit einer kontinuierlichen rechteckig begrenzenden Fensterfunktion* beschreiben[3]

$$g_{1\perp}(x,y) = g_\perp(x,y) \cdot x_0 \sqcap_{x_0}\left(x - \frac{x_0}{2}\right) \cdot y_0 \sqcap_{y_0}\left(y - \frac{y_0}{2}\right) \quad . \qquad (6.63)$$

---

[3]Natürlich ist auch eine Ausschnittbildung mit einem diskreten Fenster wie in Abschnitt 6.1 möglich. Dies führt im Frequenzbereich wegen der Periodizität der Fouriertransformierten des diskreten Fensters über die zyklische 2D-Faltung prinzipiell zu demselben Ergebnis.

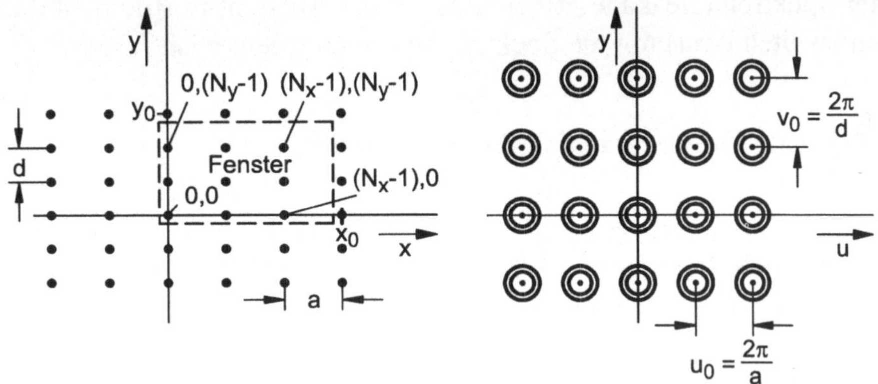

Bild 6.14: Zweidimensionale Ausschnittbildung der abgetasteten 2D-Sequenz

Es folgt für die ausgeschnittene Sequenz

$$g_{1\perp}(x,y) = g(x,y)\cdot x_0 \sqcap_{x_0}\left(x - \frac{x_0}{2}\right)\cdot y_0 \sqcap_{y_0}\left(y - \frac{y_0}{2}\right)\cdot \mathrm{III}_{a,d}(x,y)$$

$$= \sum_{n_x=0}^{N_x-1}\sum_{n_y=0}^{N_y-1} g\left(n_x\,a, n_y\,d\right)\cdot \delta\left(x - n_x\,a, y - n_y\,d\right)\ .$$

$$(6.64)$$

Die Ausschnittbildung bedeutet für das Spektrum eine Faltung mit der Fouriertransformierten der (hier kontinuierlich gewählten) Fensterfunktion

$$G_{1\perp}(u,v) = u_0\cdot v_0 \sum_{k=-\infty}^{\infty}\sum_{i=-\infty}^{\infty} G\left(u - k\,u_0, v - i\,v_0\right)$$

$$\overset{2}{*}\ x_0\cdot y_0\cdot \mathrm{si}\left(\frac{u x_0}{2}\right)\cdot \mathrm{si}\left(\frac{v y_0}{2}\right)\cdot e^{-j\frac{x_0}{2}u}\cdot e^{-j\frac{y_0}{2}u}\ ,$$

$$(6.65)$$

$$\text{mit}\quad u_0 = \frac{2\pi}{a}\quad,\quad v_0 = \frac{2\pi}{d}\quad.$$

Aufgrund dieser Faltung mit der welligen si-Funktion entsteht eine Welligkeit der periodischen Spektren und auch ein Übersprechen benachbarter Spektren ("leakage-effect"), das in der Aufsicht in Bild 6.14 durch einen zweiten Kreis um die Spektren herum angedeutet ist.

2D-Diskrete Fouriertransformation (2D-DFT)

Das Spektrum der ausgeschnittenen 2D-Originalsequenz kann selbstverständlich auch durch eine 2D-Summe von Exponentialfunktionen dargestellt werden (Fouriersumme für periodische Funktionen)

$$G_{1\downarrow}(u,v) = \sum_{n_x=0}^{N_x-1}\sum_{n_y=0}^{N_y-1} g\left(n_x\,a, n_y\,d\right)\cdot e^{-j\left(un_x a + vn_y d\right)} \ . \qquad (6.66)$$

Dieses kontinuierliche Spektrum wird zweidimensional mit den Abtastintervallen $\Delta u, \Delta v$ abgetastet

$$u = k_x\cdot\Delta u \qquad , \qquad v = k_y\cdot\Delta v$$

$$G_{1\perp}\left(k_x\Delta u, k_y\Delta v\right) = \sum_{n_x=0}^{N_x-1}\sum_{n_y=0}^{N_y-1} g\left(n_x\,a, n_y\,d\right)\cdot e^{-j\left(k_x\Delta un_x a + k_y\Delta vn_y d\right)} \ , \qquad (6.67)$$

um auch hier eine diskrete Signaldarstellung zu finden. Die Abtastintervalle sind dabei so zu wählen, daß die korrespondierende periodische Fortsetzung im Originalbereich lückenlos aber auch überlappfrei ist:

$$x_0 = \frac{2\pi}{\Delta u} = N_x\cdot a \quad , \quad y_0 = \frac{2\pi}{\Delta v} = N_y\cdot d$$

$$u_0 = \frac{2\pi}{a} = N_x\cdot\Delta u \quad , \quad v_0 = \frac{2\pi}{d} = N_y\cdot\Delta v \ . \qquad (6.68)$$

Für das abgetastete Spektrum ergibt sich hiermit

$$G_{1\perp}\left(k_x\Delta u, k_y\Delta v\right) = \sum_{n_x=0}^{N_x-1}\sum_{n_y=0}^{N_y-1} g\left(n_x\,a, n_y\,d\right)\cdot e^{-j(2\pi/N_x)n_x k_x}\cdot e^{-j(2\pi/N_y)n_y k_y}$$

$$\text{mit}\quad k_x = 0,1,\ldots,N_x-1 \qquad \text{und} \qquad k_y = 0,1,\ldots,N_y-1 \ .$$

$$(6.69)$$

Wie Bild 6.15 zeigt, beschreibt die 2D-DFT eine Fourierkorrespondenz zweier diskreter und 2D-periodischer Sequenzen. Die allgemeine Darstellung der 2D-DFT Gleichungen folgt aus (6.69) durch Substitution und Übergang auf eine reine Sequenzdarstellung und durch Weglassen der Frequenz- bzw. Ortsvariablen $(\Delta u, \Delta v, a, d)$. Die Rücktransformationsgleichung kann auch hier durch Anwendung von Orthogonalitätsrelationen abgeleitet werden (siehe 1D-Fall in Abschnitt 6.1)

$$G\left(k_x,k_y\right) = \sum_{n_x=0}^{N_x-1}\sum_{n_y=0}^{N_y-1} g\left(n_x,n_y\right)\cdot e^{-j(2\pi/N_x)n_x k_x}\cdot e^{-j(2\pi/N_y)n_y k_y}$$

$$\circ\!\!-\!\!\bullet\; 2$$

$$g\left(n_x,n_y\right) = \frac{1}{N_x N_y}\sum_{k_x=0}^{N_x-1}\sum_{k_y=0}^{N_y-1} G\left(k_x,k_y\right)\cdot e^{j(2\pi/N_x)n_x k_x}\cdot e^{j(2\pi/N_y)n_y k_y}$$

$$\text{mit}\quad n_x,k_x = 0,1,\ldots,N_x-1 \qquad \text{und} \qquad n_y,k_y = 0,1,\ldots,N_y-1.$$

$$(6.70)$$

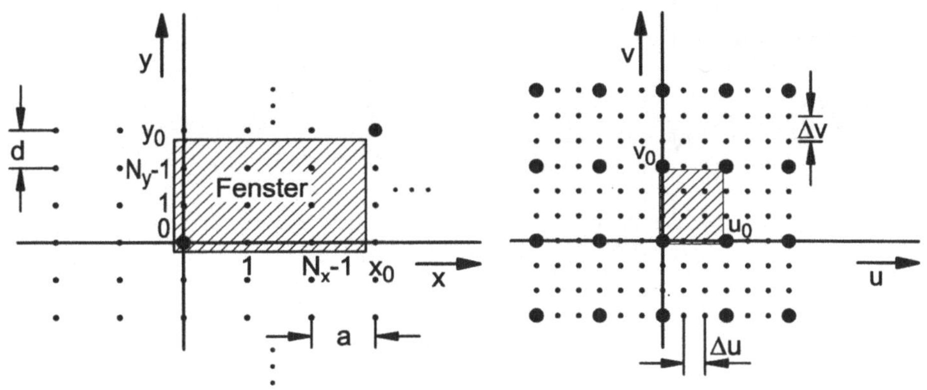

Bild 6.15:   2D-DFT-Korrespondenz

Ein einfaches Beispiel zur 2D-DFT (Bild 6.16) sei anhand eines idealen Tiefpasses mit N_x, $N_y = 32$ und einem idealen Durchlaßbereich mit konstanter Amplitude mit M_x, $M_y = 4$ skizziert.

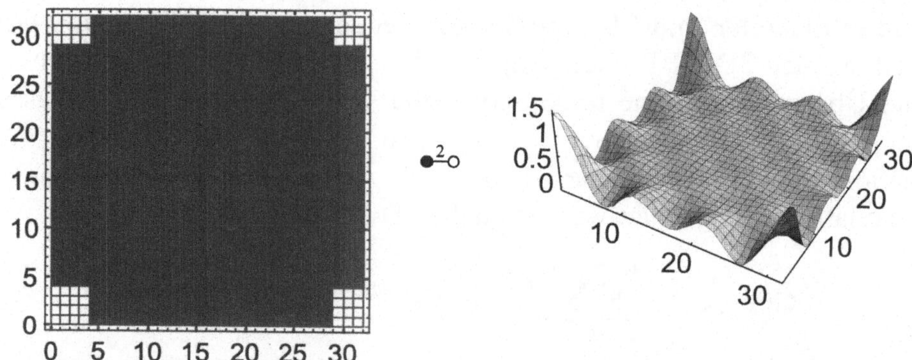

Bild 6.16:   Idealer Tiefpaß, Beispiel zur 2D-DFT: Frequenzgang (links) und
                  Impulsantwort (rechts)

$$G\left(k_x, k_y\right) = \begin{cases} 1 & 0 \le \left|k_x\right| \le M_x - 1 \quad 0 \le \left|k_y\right| \le M_y - 1 \\ 0 & \text{sonst} \end{cases} \qquad (6.71)$$

mit $N_x \ge M_x$ und $N_y \ge M_y$.

Die zugehörige Impulsantwortsequenz (diskret, periodisch) ergibt sich
aus der inversen DFT zu[4]

$$g\left(n_x, n_y\right) = \frac{1}{N_x \cdot N_y} \sum_{k_x=0}^{N_x-1} \sum_{k_y=0}^{N_y-1} W_{N_x}^{n_x k_x} \cdot W_{N_y}^{n_y k_y}$$
$$= \frac{1}{N_x} \sum_{k_x=0}^{N_x-1} W_{N_x}^{n_x k_x} \cdot \frac{1}{N_y} \sum_{k_y=0}^{N_y-1} W_{N_y}^{n_y k_y} \quad , \qquad (6.72)$$

$$W_{N_x} = e^{j\frac{2\pi}{N_x}} \qquad \text{und} \qquad W_{N_y} = e^{j\frac{2\pi}{N_y}} \quad , \qquad (6.73)$$

und unter Anwendung der Summenformel für endliche Potenzreihen

---

[4] offensichtlich eine separierte Darstellung

$$g\left(n_x,n_y\right)=\frac{1}{N_x}\frac{1-W_{N_x}^{-n_xM_x}}{1-W_{N_x}^{-n_x}}\cdot\frac{1}{N_y}\frac{1-W_{N_y}^{-n_yM_y}}{1-W_{N_y}^{-n_y}}$$

$$=\exp\left[-j2\pi\left(\frac{n_x\cdot\left[M_x-1\right]}{2N_x}+\frac{n_y\cdot\left[M_y-1\right]}{2N_y}\right)\right]\cdot\frac{1}{N_x\cdot N_y}\cdot \qquad (6.74)$$

$$\cdot\frac{\sin\left(\dfrac{\pi n_xM_x}{N_x}\right)\cdot\sin\left(\dfrac{\pi n_yM_y}{N_y}\right)}{\sin\left(\dfrac{\pi n_x}{N_x}\right)\cdot\sin\left(\dfrac{\pi n_y}{N_y}\right)}$$

Ersichtlich ergibt sich eine wellige periodische Impulsantwort entsprechend der gegebenen funktionalen Abhängigkeit. Zu beachten ist hierbei, daß der Ursprung jeweils in der unteren linken Ecke liegt. Hieraus resultiert eine graphische Verteilung sowohl des Durchlaßbereiches des Tiefpasses in den vier Ecken des Basisbereiches, als auch der 2D-Impulsantwort. Oft findet man aber auch eine graphische Darstellung, bei der der Ursprung in die Bildmitte verschoben ist, wie in Bild 6.17.

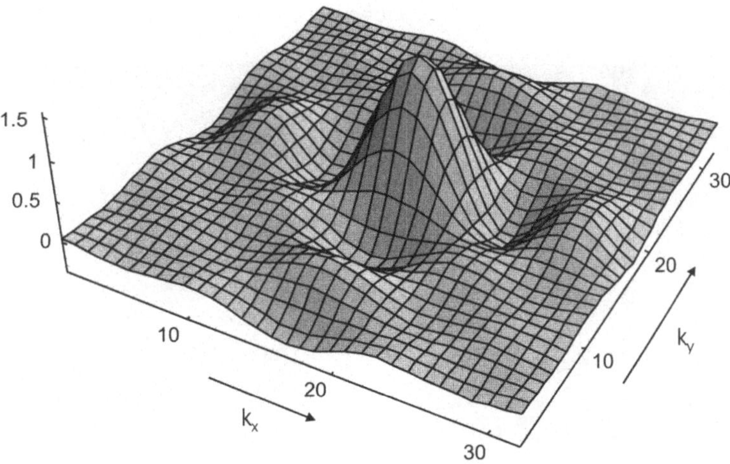

Bild 6.17: Zentrierte Darstellung der 2D-Impulsantwort

Harmonische Analyse bei der DFT

Ähnlich wie in den anderen Fouriertransformationsdarstellungen ermöglicht die DFT eine spektrale Analyse und Interpretation eines Signals als eine Summe abgetasteter und periodisch fortgesetzter harmonischer Funktionen. Bild 6.18 zeigt vergleichend zwei elementare abgetastete und als $32 \cdot 32$ Feld periodisch fortgesetzte diagonale Cosinusschwingungen,.

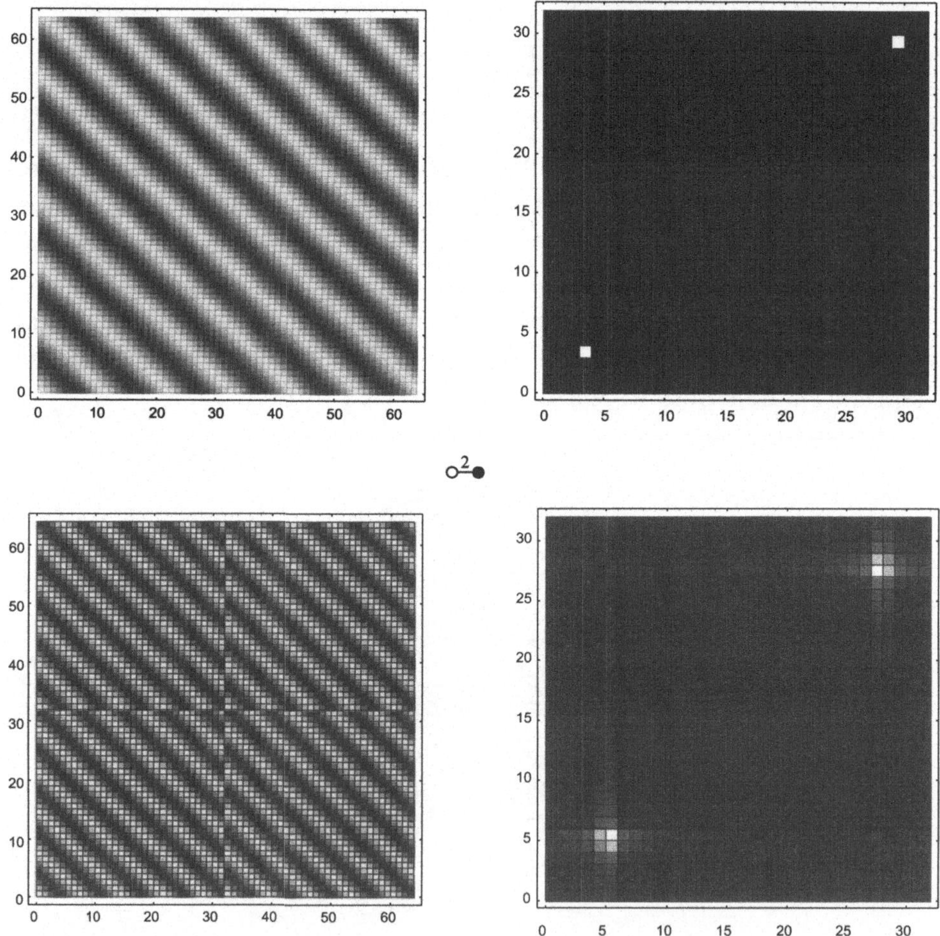

Bild 6.18:   Cosinusschwingungen, $32 \cdot 32$ DFT oben mit sprungfreier periodischer Fortsetzung, unten mit Übergang

Im Falle einer phasensprungfreien periodischen Fortsetzung entsteht keine Fensterwirkung und die Spektralkomponenten repräsentieren die reine abgetastete Cosinusschwingung mit zwei periodisch fortgesetzten Spektralkomponenten. Im Falle einer in den Phasen springenden periodischen Fortsetzung wirkt sich die Ausschnittbildung im Spektralbereich als Faltung mit der Fenstertransformierten aus. *Es entstehen um die Cosinusspektralkomponenten herum zusätzliche Komponenten.* Man beachte an dieser Stelle noch einmal, daß $N_x \cdot N_y$ Abtastwerte jeweils eine Basisperiode im Original- und im Frequenzbereich definieren, bei denen im obigen Beispiel allerdings viele den Wert Null annehmen.

Linearität der DFT

Die Eigenschaft der Linearität, d.h. der Überlagerung der Teilspektren für überlagerte Teilsignale ist aus der DFT-Definition offensichtlich

$$a \cdot g_1\big(n_x, n_y\big) + b \cdot g_2\big(n_x, n_y\big) \circ\!\!-\!\!\bullet\ a \cdot G_1\big(k_x, k_y\big) + b \cdot G_2\big(k_x, k_y\big).$$

$$(6.75)$$

Natürlich ist diese Eigenschaft nur anwendbar bei gleichem Bereich und Raster der Basisperiode. Gegebenenfalls können Nullen aufgefüllt werden, um dies zu erreichen. Bild 6.19 zeigt als Beispiel die Überlagerung zweier (sprungfrei periodisch fortsetzbarer) Rechteckschwingungen, so daß die Überlagerung der Spektren für diesen Spezialfall keinen "leakage"-Fehler ergibt.

Die resultierende 2D-Schwingung ist in Bild 6.20 zur Veranschaulichung als 3D-Plot für den 32·32 Basisbereich der DFT dargestellt.

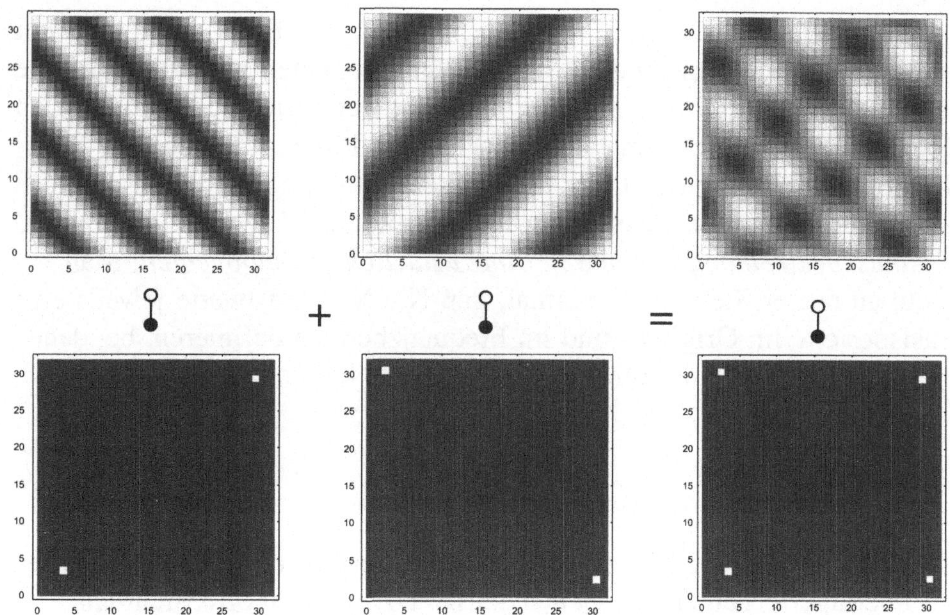

Bild 6.19: Überlagerung zweier Rechteckschwingungen, 2D-DFT-Spektrum (zur
Vereinfachung der Darstellung sind die Rechteckschwingungen so gewählt, daß sich eine sprungfreie Fortsetzung der Schwingungen ergibt)

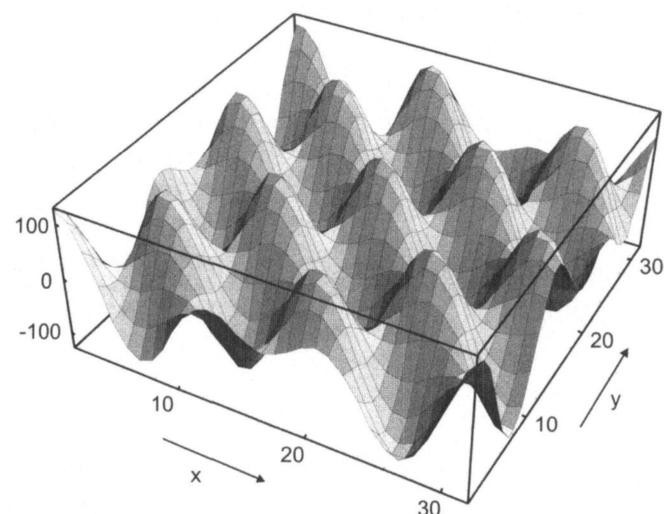

Bild 6.20: Resultierende 2D-Schwingung

Bildbeispiele für die DFT

Für einige natürliche Bilder sind im folgenden die zugehörigen DFT-Spektren (in ihrer zentrierten Form) dargestellt (siehe Bild 6.21). Insbesondere im ersten Bild ergeben sich Fehler im Spektralbereich, die zu einer Ausdehnung der Spektralkomponenten in u- und v-Richtung führen. Diese Fehler entstehen durch die Ausschnittbildung im Ortsbereich, wobei unterer und oberer, sowie linker und rechter Bildrand sich nicht entsprechen, d.h. also, daß die Annahme einer periodischen Fortsetzung, die der DFT zugrunde liegt, zu Abbruchfehlern (Einfluß des Fensters) führt.

Verschiebungssatz der DFT

Gegeben sei eine 2D-DFT Korrespondenz

$$g\left(n_x, n_y\right) \circ\!\!-\!\!\bullet\, G\left(k_x, k_y\right) \quad . \tag{6.76}$$

Dann ist das Spektrum der räumlich um $\left(m_x, m_y\right)$ verschobenen Sequenz mit Hilfe des bekannten Fourier-Verschiebungsoperators zu ermitteln

$$g\left(n_x - m_x, n_y - m_y\right) \circ\!\!-\!\!\bullet\, G\left(k_x, k_y\right) \cdot e^{-j2\pi\left(m_x k_x / N_x + m_y k_y / N_y\right)} \quad . \tag{6.77}$$

Entsprechend kann eine spektral verschobene Sequenz behandelt werden

$$g\left(n_x, n_y\right) \cdot e^{-j2\pi\left(m_x n_x / N_x + m_y n_y / N_y\right)} \circ\!\!-\!\!\bullet\, G\left(k_x - m_x, k_y - m_y\right) \quad . \tag{6.78}$$

Dieser spektrale Verschiebungssatz ist die Basis für eine zweidimensionale Modulation, die u.a. in der Fernsehübertragungstechnik Anwendung findet [WendSchrö91].

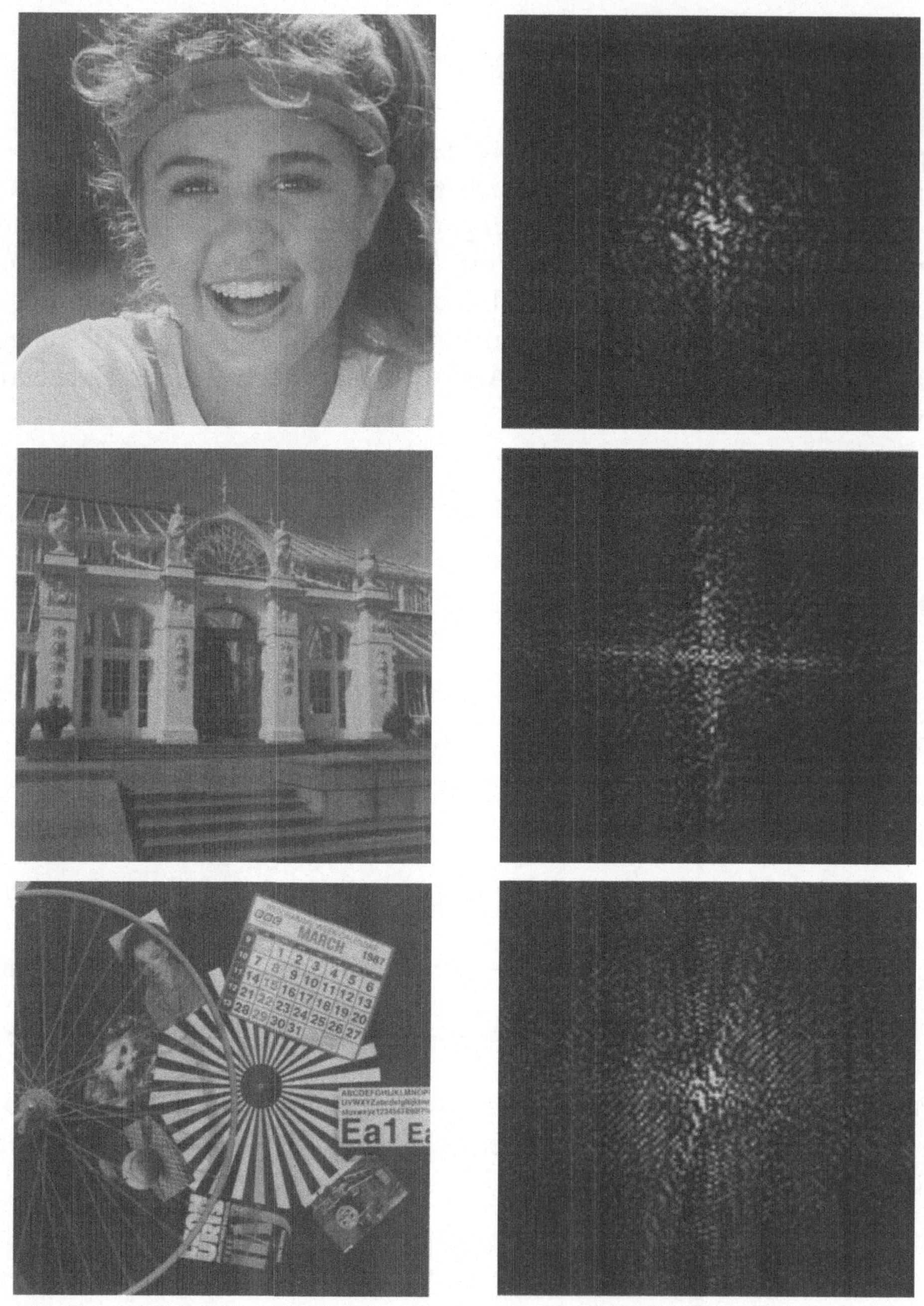

Bild 6.21:　　DFT-Spektren natürlicher Bilder, 512 · 512 Pixel DFT

DFT für separierbare 2D-periodische Sequenzen

Gegeben sei eine 2D-periodische Sequenz als Produkt zweier 1D-periodischer Sequenzen

$$g(n_x,n_y)= g_x(n_x) \cdot g_y(n_y) \quad . \tag{6.79}$$

Dann ist offensichtlich auch das 2D-DFT-Spektrum separierbar und es gilt

$$G(k_x,k_y)= \sum_{n_x=0}^{N_x-1} g_x(n_x) \cdot e^{-j(2\pi/N_x)n_x k_x} \cdot \sum_{n_y=0}^{N_y-1} g_y(n_y) \cdot e^{-j(2\pi/N_y)n_y k_y}$$

$$G(k_x,k_y)= \qquad G_x(k_x) \qquad \cdot \qquad G_y(k_y) \quad , \tag{6.80}$$

so daß eine zweifach eindimensionale Signalverarbeitung in diesen Fällen möglich ist.

Produkttheorem, Dualität, Reflexion bei der DFT

Die zweidimensionale zyklische Faltung wird beschrieben durch

$$g_p(n_x,n_y)= s_p(n_x,n_y) \overset{2}{\circledast} h_p(n_x,n_y)$$

$$= \sum_{\xi=0}^{N_x-1} \sum_{\eta=0}^{N_y-1} s_p(\xi,\eta) \cdot h(n_x-\xi,n_y-\eta) \quad . \tag{6.81}$$

Eine solche zyklische Faltung kann z.B. als Approximation einer allgemeinen Faltung finiter Sequenzen betrachtet werden. Die 2D-DFT Repräsentation dieser zyklischen Faltung liefert den *Produktsatz*

$$G_p(k_x,k_y)= S_p(k_x,k_y) \cdot H_p(k_x,k_y) \quad . \tag{6.82}$$

In ähnlicher Weise wie für die anderen Formen der Fouriertransformation können auch hier bei der 2D-DFT weitere Sätze und Eigenschaften z.B. Symmetrie, Skalierung, Interpolation, Differentiation, Dualität,

Reflexion etc. definiert werden. Es gelten z.B. für die Eigenschaften Dualität und Reflexion:

Dualität:

$$g\left(n_x,n_y\right) \circ\!\!-\!\!\bullet^2 G\left(k_x,k_y\right)$$

$$G\left(n_x,n_y\right) \circ\!\!-\!\!\bullet^2 N_x \cdot N_y \cdot g\left(k_x,k_y\right)$$

(6.83)

Reflexion: (Austausch der Variablen $n_x \leftrightarrow n_y$,
    Spiegelung an der Winkelhalbierenden)

$$g\left(n_y,n_x\right) \circ\!\!-\!\!\bullet^2 G\left(k_y,k_x\right)$$

(6.84)

Realisierung der 2D-DFT durch Separierung

Offensichtlich kann die 2D-DFT in zwei Schritten realisiert werden, die gerade jeweils eine 1D-DFT realisieren

$$G\left(k_x,k_y\right) = \sum_{n_x=0}^{N_x-1}\left[\sum_{n_y=0}^{N_y-1} g\left(n_x,n_y\right) \cdot e^{-j\left(2\pi/N_y\right)n_y k_y}\right] \cdot e^{-j\left(2\pi/N_x\right)n_x k_x} \quad . \quad (6.85)$$

Hieraus folgt für die Realisierung

$$g\left(n_x,n_y\right) \underset{n_x}{\circ\!\!-\!\!\bullet^2} G\left(k_x,n_y\right) \underset{n_y}{\circ\!\!-\!\!\bullet^2} G\left(k_x,k_y\right)$$

$$g\left(n_x,n_y\right) \underset{n_y}{\circ\!\!-\!\!\bullet^2} G\left(n_x,k_y\right) \underset{n_x}{\circ\!\!-\!\!\bullet^2} G\left(k_x,k_y\right) \quad .$$

(6.86)

Das bedeutet, daß eine *2D-DFT als Folge zweier 1D-Transformationen* entlang der Reihen und der Spalten der Originalsequenz ausgeführt werden kann. Die 1D-DFT wird dabei zweckmäßig mit Hilfe der FFT realisiert, wodurch die Zahl der komplexen Multiplikationen von n^2 auf (mindestens) $N \cdot ld(N)$ reduziert wird. Das bedeutet für eine $N_x \cdot N_y$ 2D-DFT, daß

- die direkte Realisierung $N_x^2 \cdot N_y^2$ Multiplikationen erfordert,

- schnelle Algorithmen (FFT) bei N_x Spalten und N_y Reihen zu

$$N_y\left(N_x \cdot \mathrm{ld}\left(N_x\right)\right) + N_x\left(N_y \cdot \mathrm{ld}\left(N_y\right)\right) = N_x \cdot N_y \cdot \mathrm{ld}\left(N_x \cdot N_y\right)$$ Multipli-

kationen führen.

Man erhält z.B. für eine $1024 \cdot 1024$ Sequenz (z.B. für ein Bild)

- $\approx 10^{12}$ komplexe Multiplikationen bei direkter Realisierung,

- $\approx 2 \cdot 10^7$ komplexe Multiplikationen bei Anwendung der FFT.

Weitere nicht mehr so erhebliche Reduktionen des Aufwandes sind möglich durch spezifische 2D-FFT Algorithmen [DudgeMers84].

6.4 Beziehungen zwischen der 2D-DFT und der diskreten Cosinus-Transformation

Wie im vorhergehenden Abschnitt schon ausgeführt wurde, ist die DFT für viele Anwendungen ein wichtiges Werkzeug der digitalen Signalverarbeitung.

Daneben ist die DFT auch eine Basistransformation, die mit der sogenannten **D**iskreten-**C**osinus-**T**ransformation (DCT) eng verwandt ist. Die DCT ist ein sehr wichtiges Verfahren zur *Quellencodierung* von Nachrichtensignalen, da eine *starke Energiekonzentration* auf wenige niederfrequente Komponenten mit der DCT verbunden ist. Das bedeutet, daß eine Datenreduktion durch Weglassen bzw. grobe Quantisierung der höherfrequenten Komponenten möglich ist. Wegen dieser Bedeutung wird die DCT hier in Verbindung mit der DFT dargestellt.

Für die eindimensionale DFT bzw. IDFT gelten Transformationsgleichungen wie in (6.19) und (6.20) gezeigt, mit Vorfaktoren 1 bzw. 1/N.

Eine "orthonormale" Version der DFT ist im folgenden gegeben

$$S(k) = \frac{1}{\sqrt{N}} \sum_{n=0}^{N-1} s(n) \cdot W_N^{-kn} \qquad k = 0,1,\ldots,N-1$$

$$s(n) = \frac{1}{\sqrt{N}} \sum_{k=0}^{N-1} S(k) \cdot W_N^{kn} \qquad n = 0,1,\ldots,N-1 \quad . \tag{6.87}$$

Orthonormale oder unitäre Transformationen haben verschiedene Eigenschaften, die auf der Basis ihrer Matrixdarstellungen (siehe z.B. [Jain89]) abgeleitet werden können.

Bezeichnet man die jeweilige Transformationsmatrix mit M und sind sie regulär (det(m)$\neq$0), so wird sie als *orthonormale Matrix* bezeichnet, wenn

$$M^T = M^{-1} \tag{6.88}$$

gilt. Hierbei bezeichnet M^T die Transponierte der Matrix M. Als unitär wird demgegenüber eine Transformationsmatrix bezeichnet, wenn

$$M^T = M^{*-1} \tag{6.89}$$

gilt. M^{*-1} bezeichnet dabei die Inverse der konjugiert komplexen Matrix. *Eine unitäre Matrix ist somit eine Erweiterung einer orthonormalen Matrix von reellen auf komplexe Matrixelemente.*

Wichtige Eigenschaften orthonormaler Transformationen sind

- symmetrische Darstellung, die eine Realisierung der Transformation und Rücktransformation mit ein und demselben Prozessor gestattet,

- Energiegleichheit $\|s(n)\| = \|S(k)\|$ in beiden Bereichen, wodurch eine gleiche Rechengenauigkeit bei gleichen Wortlängen für beide Transformationsrichtungen möglich wird.

In ähnlicher Weise gelten für die 2D-DFT Grundgleichungen in der vorne abgeleiteten Form mit Vorfaktoren 1 bzw. $1/(N_x N_y)$ für DFT bzw. IDFT, die in der orthonormalen Version mit einem Wurzelausdruck symmetrisch erscheinen.

$$S\left(k_x, k_y\right) = \frac{1}{\sqrt{N_x \cdot N_y}} \sum_{n_x=0}^{N_x-1} \sum_{n_y=0}^{N_y-1} s\left(n_x, n_y\right) \cdot e^{-j(2\pi/N_x)n_x k_x} \cdot e^{-j(2\pi/N_y)n_y k_y}$$

$$= \frac{1}{\sqrt{N_x \cdot N_y}} \sum_{n_x} \sum_{n_y} s\left(n_x, n_y\right) \cdot W_{N_x}^{-n_x k_x} \cdot W_{N_y}^{-n_y k_y}$$

$$\text{mit} \quad n_x, k_x = 0,1,\dots,N_x-1 \qquad \text{und} \qquad n_y, k_y = 0,1,\dots,N_y-1$$

$$(6.90)$$

$$s\left(n_x, n_y\right) = \frac{1}{\sqrt{N_x \cdot N_y}} \sum_{k_x=0}^{N_x-1} \sum_{k_y=0}^{N_y-1} S\left(k_x, k_y\right) \cdot e^{j(2\pi/N_x)n_x k_x} \cdot e^{j(2\pi/N_y)n_y k_y}$$

$$(6.91)$$

$$= \frac{1}{\sqrt{N_x \cdot N_y}} \sum_{k_x} \sum_{k_y} S\left(k_x, k_y\right) \cdot W_{N_x}^{n_x k_x} \cdot W_{N_y}^{n_y k_y}$$

Die eindimensionale Diskrete Cosinus-Transformation (DCT) ist als orthonormale Transformation definiert durch

$$S_{DCT}(k) = \alpha(k) \cdot \sum_{n=0}^{N-1} s(n) \cdot \cos\left[\frac{\pi(2n+1)k}{2N}\right] \quad , \qquad (6.92)$$

$$k = 0,1,\dots,N-1$$

$$s(n) = \sum_{k=0}^{N-1} \alpha(k) \cdot S_{DCT}(k) \cdot \cos\left[\frac{\pi(2n+1)k}{2N}\right] \quad , \qquad (6.93)$$

$$n = 0,1,\dots,N-1$$

mit $\alpha(k)$ als Normalisierungsfaktor

$$\alpha(k) = \begin{cases} \sqrt{\dfrac{1}{N}} & k = 0 \\[2mm] \sqrt{\dfrac{2}{N}} & 1 \le k \le N-1 \end{cases} \quad . \qquad (6.94)$$

Offenbar ist die DCT eine umkehrbar eindeutige Transformation, die als Basisfunktion Cosinusschwingungen verwendet. Entsprechend gilt für die (orthonormale) 2D-DCT (hier vereinfacht mit $N_x = N_y = N$):

$$S_{DCT}(k_x,k_y) = \alpha_{k_x} \cdot \alpha_{k_y} \cdot \sum_{n_x=0}^{N-1}\sum_{n_y=0}^{N-1} s(n_x,n_y) \cdot \cos\left[\frac{\pi(2n_x+1)k_x}{2N_x}\right] \cdot$$

$$\cdot \cos\left[\frac{\pi(2n_y+1)k_y}{2N_y}\right]$$

$$k_x,k_y = 0,1,\ldots,N-1$$

$$(6.95)$$

$$s(n_x,n_y) = \sum_{k_x=0}^{N_x-1}\sum_{k_y=0}^{N_y-1} \alpha_{k_x} \cdot \alpha_{k_y} \cdot S(k_x,k_y) \cdot \cos\left[\frac{\pi(2n_x+1)}{2N_x}\right] \cdot$$

$$\cdot \cos\left[\frac{\pi(2n_y+1)k_y}{2N_y}\right]$$

$$n_x,n_y = 0,1,\ldots,N-1$$

$$(6.96)$$

$$\alpha_{k_x},\alpha_{k_y} = \begin{cases} \sqrt{\dfrac{1}{N}} & k_x = k_y = 0 \\[2ex] \sqrt{\dfrac{2}{N}} & 1 \le k_x,k_y \le N-1 \end{cases}$$

$$(6.97)$$

Wesentliche Merkmale der Diskreten-Cosinus-Transformation für den ein- und zweidimensionalen Fall sind:

- es ist mit der DCT eine Spektralanalyse möglich,

- eine reelle Transformation (DFT: komplex) wird realisiert,

- eine vollständige spektrale Darstellung ist möglich, mit Hilfe einer reellen Spektralfunktion (nicht wie bei der DFT durch Betrag- und Phasenfunktion),

- schnelle Algorithmen sind anwendbar (FFT),

- direkte Hardware-Realisierung ist möglich mit Hilfe sehr regulärer Schaltungsstrukturen,

- es sind nur reelle Multiplikationen nötig,

- Hin- und Rücktransformation mit ein- und derselben Prozessorarchitektur ist möglich,

- sehr gute Energiekonzentration ist im niederfrequenten Spektralbereich entlang der horizontalen und vertikalen Frequenzachse für Bildsignale gegeben, hierdurch ergibt sich eine effiziente Datenreduktion durch eine geeignete diagonale bzw. zonale Filterung.

Gerade mit Blick auf die erwähnte Eigenschaft der Energiekonzentration ist die signaltheoretische *Verbindung zwischen den beiden Transformationen DFT und DCT von Interesse* (vgl. [Jain89]).

Bildet man das DFT-Spektrum $S_r(k)$ für eine 2N-Sequenz $s_r(n)$, die aus der Basisperiode (N-Werte) nicht durch periodische Fortsetzung, sondern durch Reflexion erzeugt wird, so erhält man (Bild 6.22).

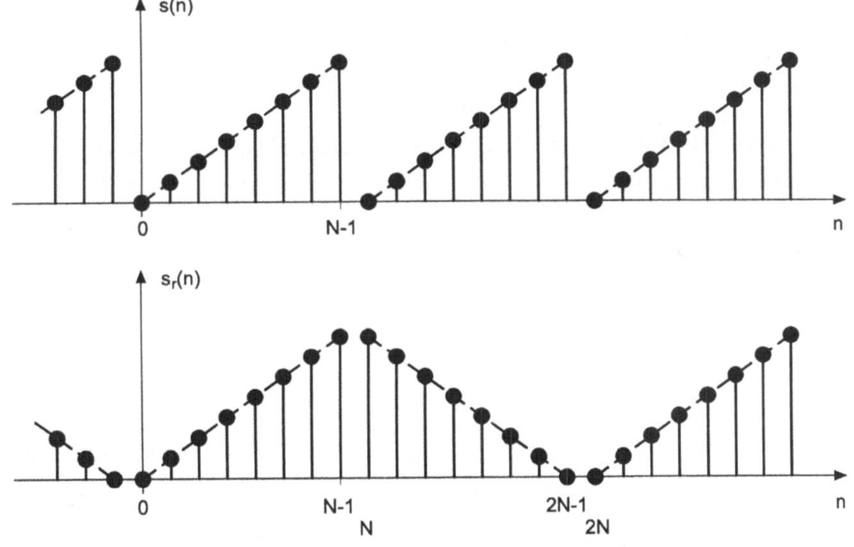

Bild 6.22:   1D-periodische Fortsetzung und Reflexion der Basissequenz zur Bildung der DFT und der DCT

$$s_r(n) = \begin{cases} s(n) & n = 0,1,\ldots,N-1 \\ s(2N-1-n) & n = N, N+1, \ldots, 2N-1 \end{cases}, \tag{6.98}$$

$$S_r(k) = \frac{1}{\sqrt{2N}} \sum_{n=0}^{2N-1} s_r(n) \cdot e^{-j(2\pi/2N)kn} \quad k = 0,1,\ldots,2N-1 \;, \tag{6.99}$$

$$\begin{aligned} \sqrt{2N} \cdot S_r(k) = \quad & s(0) \cdot \left[e^{-j(2\pi/2N)\cdot k\cdot 0} + e^{-j(2\pi/2N)\cdot k\cdot(2N-1)} \right] + \cdots \\ & + s(1) \cdot \left[e^{-j(2\pi/2N)\cdot k\cdot 1} + e^{-j(2\pi/2N)\cdot k\cdot(2N-2)} \right] + \cdots \\ & + s(N-1) \cdot \left[e^{-j(2\pi/2N)\cdot k\cdot(N-1)} + e^{-j(2\pi/2N)\cdot k\cdot N} \right] \;, \end{aligned} \tag{6.100}$$

$$\begin{aligned} \sqrt{2N} \cdot S_r(k) &= \sum_{n=0}^{N-1} s_r(n) \cdot \left[e^{-j(2\pi/2N)\cdot kn} + e^{-j(2\pi/2N)\cdot k\cdot(2N-1-n)} \right] \\ &= e^{+j(\pi k/2N)} \cdot 2 \cdot \sum_{n=0}^{N-1} s_r(n) \cdot \cos\left[\frac{\pi(2n+1)k}{2N} \right] \;. \end{aligned} \tag{6.101}$$

Es ergibt sich, daß abgesehen von dem Normalisierungsfaktor und abgesehen von einer Verschiebung das DFT-Spektrum $S_r(k)$ gleich dem DCT Spektrum der Originalsequenz ist

$$S_r(k) \hateq S_{DCT}(k) \;. \tag{6.102}$$

Ersichtlich wirkt sich die Reflexion (vgl. auch Bild 6.23 für die entsprechende zweidimensionale Darstellung) zur Bildung der DCT im Sinne einer Energiekonzentration günstig aus, da höherfrequente Abbrucheinflüsse der DFT-Periodisierung fortfallen.

Anwendungsbeispiel: 2D-Interpolation

Gegeben sei eine 2D-Sequenz $s(n_x, n_y)$ und die korrespondierende 2D-DFT-Sequenz $S(k_x, k_y)$ mit gleichen Basisausschnitten in x- und y-Richtung (siehe Bild 6.24 für eine $8 \cdot 8$ Sequenz).

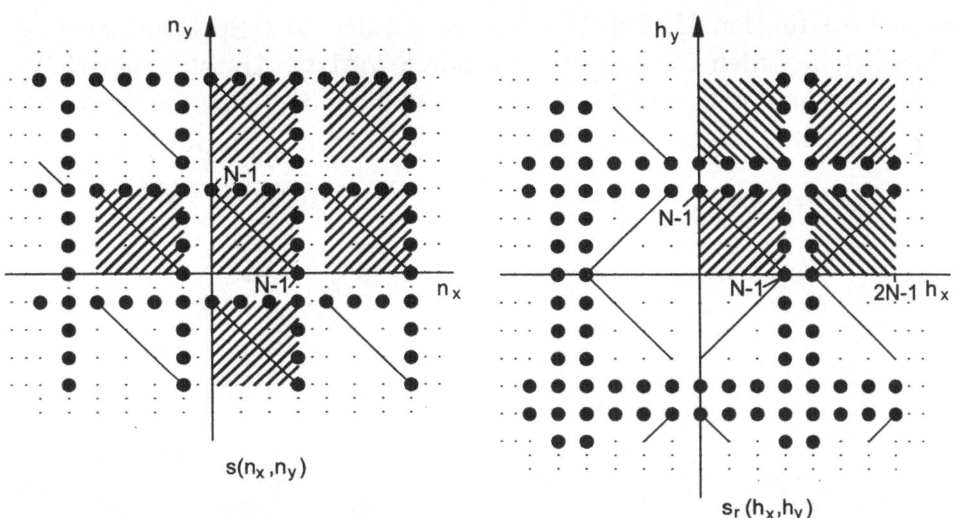

Bild 6.23:   2D periodische Fortsetzung und Reflexion der Basissequenzen zur Bildung der 2D-DFT und der 2D-DCT

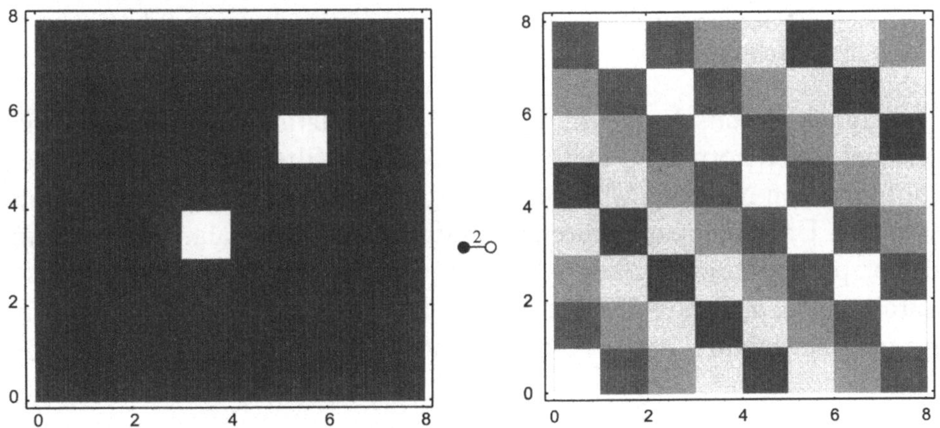

Bild 6.24:   8 · 8-DFT Korrespondenz, Spektralwerte (links) für eine diagonale Schwingung (rechts)

Um ein dichteres Abtastwertraster zu erhalten, besteht einerseits die Möglichkeit, Nullen zwischen die Abtastwerte einzufügen und durch geeignete Tiefpaß-Interpolation (linear, sin(x)/x, spline etc.) die Zwischenwerte zu errechnen. Andererseits ist es auch möglich, wie in Ab-

schnitt 6.1 für den 1D-Fall beschrieben, an das DFT-Spektrum entsprechend viele Nullen anzuhängen. Hierdurch wird die Abtastwertanzahl im
Basisausschnitt entsprechend vergrößert und bei der Transformation entstehen automatisch entsprechend mehr Abtastwerte (vgl. Bild 6.25).

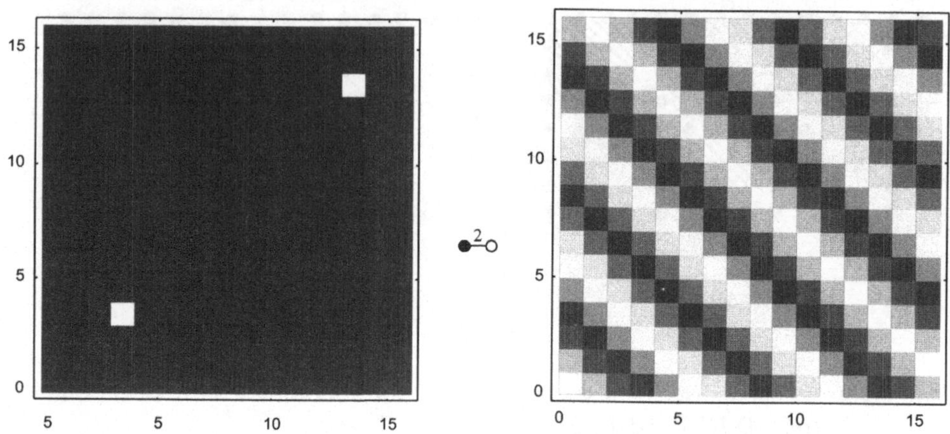

Bild 6.25: Interpolation zusätzlicher Abtastwerte durch spektrale Verlängerung
(Nullen anfügen), Spektralwerte (links) für eine diagonale Schwingung
(rechts)

Die signaltheoretische Wirkung dieser Interpolationstechnik ergibt sich
wie bei einer normalen Tiefpaß-Interpolationsfilterung mit vorherigem
Einfügen von Nullen. Dabei bedeutet die Tiefpaßfilterung zur Interpolation eine Unterdrückung störender periodischer Spektralanteile aufgrund
der ursprünglich geringeren Abtastfrequenz. Dies wird hier automatisch
durch Anwendung der DFT erreicht, was dann besonders interessant ist,
wenn eine entsprechende Transformation ohnehin ausgeführt werden
muß.

7 Entwurf von IIR-Filtern

IIR-Filter sind Filter mit "infiniter" Impulsantwort, d.h. die Impulsantwort klingt nur asymptotisch ab. Bei solchen Netzwerken sind stets rekursive Anteile enthalten. Die Übertragungsfunktion eines IIR-Filters kann, wie vorne beschrieben, dargestellt werden in der Form

$$H_i(z) = \frac{\displaystyle\sum_{m=0}^{M} b_m \cdot z^{-m}}{1 + \displaystyle\sum_{n=1}^{N} a_n \cdot z^{-n}} \quad , \quad N > 0 \text{ und } M \le N . \tag{7.1}$$

Die Entwurfsaufgabe bei einem solchen Filter besteht dann darin, die Koeffizientensätze $\{a_n\}$, $\{b_m\}$ so zu bestimmen, daß z.B. die Übertragungsfunktion $H_i(z)$ vorgegebene, gewünschte Toleranzvorschriften erfüllt.

Für diese Aufgabenstellung gibt es eine Reihe von Lösungsmöglichkeiten. Eine gebräuchliche Methode (siehe Bild 7.1) ist es, von analogen bzw. zeit- und wertkontinuierlichen Approximationen (d.h. z.B. von Approximationsprogrammen mit geeigneten Optimierungsalgorithmen oder Filterkatalogen) für $H_i(\Theta)$ auszugehen und (ggf. nach einer geeigneten Frequenztransformation) die *Ergebnisse in eine diskrete Übertragungsfunktion* $H_i(z)$ *zu überführen*. Dabei ist $H_{as}(p)$ als Sollübertragungsfunktion in p vorgegeben. Diese wird durch ein kontinuierliches bzw. analoges Netzwerk mit $H_{ai}(p)$ approximiert. Es wird dann $H_i(z)$ durch eine geeignete Transformation aus $H_{ai}(p)$ gewonnen. Dieses Verfahren ist besonders für frequenzselektive Filterfunktionen zweckmäßig, denn hier existieren analytisch beschreibbare Filterfunktionen (bzw. ausführliche Entwurfstabellen).

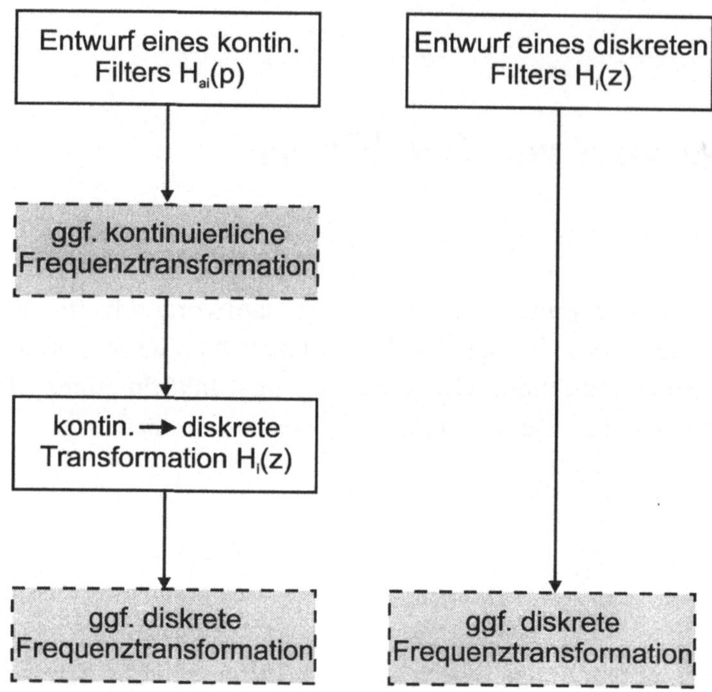

Bild 7.1:   Entwurfswege für digitale IIR-Filter

Die zuvor beschriebene Transformation $H_i(z)$ aus $H_{ai}(p)$ zu gewinnen, ist
z.B. durch eine Abbildungsvorschrift

$$z = \Psi(p) \tag{7.2}$$

erreichbar. Diese wird nach bestimmten Invarianzeigenschaften zwischen
diskreten und kontinuierlichen Netzwerken gewählt und damit kann dann

$$H_i(z) = H_{ai}\big(p = \Psi^{-1}(z)\big) \tag{7.3}$$

ermittelt werden. Unter Umständen ist bei einer solchen Transformation
eine Transformation der Toleranzeigenschaften zu beachten bzw. in der
Wahl von $H_{ai}(p)$ zu berücksichtigen.

Aufgrund der verfügbaren Vielfalt analytischer Filterfunktionen bei kontinuierlichen frequenzselektiven Systemen ist die beschriebene Vorgehensweise zweckmäßig und wird häufig angewendet. In den Abschnit-

ten 7.3 und 7.4 werden zwei typische Methoden hierzu dargestellt: die *Impulsinvarianzmethode und die bilineare Transformation*, nachdem in Abschnitt 7.2 zunächst Grundlagen ausgewählter Analogfilter zusammengestellt werden.

Auf der anderen Seite gibt es aus einer allgemeineren Sicht nicht immer Entwurfsvorschriften, die sich aus der Schar der verfügbaren kontinuierlichen Filterfunktionen lösen lassen. Zumindest dann ist ein direkter Entwurf ohne Verwendung einer kontinuierlichen Filterfunktion zweckmäßig und es wird eine gewünschte Übertragungsfunktion $H_s(z)$ vorgegeben und entsprechend einem Fehlerkriterium approximiert.

7.1   Zum direkten IIR-Filterentwurf im z-Bereich

Entwurfsverfahren

Das prinzipielle Vorgehen sei für die Realisierung einer Kaskadenschaltung aus Teilfiltern 2. Ordnung skizziert. Es gilt

$$H_i(z) = k_0 \prod_{n=1}^{N} \frac{1 + b_{1n} z^{-1} + b_{2n} z^{-2}}{1 + a_{1n} z^{-1} + a_{2n} z^{-2}} \ . \tag{7.4}$$

Soll $H_i(\Theta)$ nun einen vorgegebenen Amplitudenfrequenzgang $H_s(\Theta)$ annähern, so läßt sich z.B. die Summe der Quadrate der Abweichungen für M Frequenzen bilden und minimieren

$$E = \sum_{m=1}^{M} \left| H_s(\Theta_m) - H_i(\Theta_m) \right|^2 \overset{!}{=} \text{Minimum} \ . \tag{7.5}$$

$$\Theta_m : m = 1,2,...,M$$

Die Variablen bezüglich derer minimiert werden kann, sind

$$\{ k_0, b_{1n}, b_{2n}, a_{1n}, a_{2n} \} \ ; \ n = 1,2,...,N \ .$$

Eine notwendige Bedingung für die Minimierung von E ist das Verschwinden der partiellen Ableitungen

$$\frac{\partial E}{\partial k_0}, \frac{\partial E}{\partial b_{1n}}, \frac{\partial E}{\partial b_{2n}}, \frac{\partial E}{\partial a_{1n}}, \frac{\partial E}{\partial a_{2n}} = 0 \; ; \; n = 1,2,...,N \quad . \tag{7.6}$$

Hieraus ergibt sich ein nichtlineares Gleichungssystem mit 4N + 1 Gleichungen und ebenso vielen Unbekannten. Die Lösung kann z.B. mit Hilfe des iterativen *Fletcher-Powell-Verfahrens* (siehe [FletchPow63], [OppSchaf95]) erfolgen. Dieses algorithmische Vorgehen ist dadurch gekennzeichnet, daß H(z) als rationale Übertragungsfunktion mit festen Zähler- und Nennergraden als Approximation eines gewünschten Frequenzganges im Sinne eines geeigneten Fehlerkriteriums entsteht. Dabei werden die variablen Parameter so verändert, daß das Fehlerkriterium erfüllt ist.

Eine *Erweiterung des Fehlerkriteriums ist von Deczky* vorgeschlagen worden [Deczky72], [OppSchaf95]. Dabei geht er aus von konjugiert komplexen Nullstellen und Polpaaren (für eine reellwertige Impulsantwort) und einer Kaskadenschaltung von biquadratischen Teilfiltern 2. Ordnung:

$$H_i(z) = k_0 \prod_{n=1}^{N} \frac{\left(1 - z_{0n} z^{-1}\right)\left(1 - z_{0n}^* z^{-1}\right)}{\left(1 - z_{\infty n} z^{-1}\right)\left(1 - z_{\infty n}^* z^{-1}\right)} \quad . \tag{7.7}$$

Um während der algorithmischen Optimierung eine einfache Stabilitätskontrolle zu erhalten, werden Polarkoordinaten (r,φ) für Pole und Nullstellen verwendet

$$H_i(z) = k_0 \prod_{i=1}^{N} \frac{\left(1 - r_{0n} e^{j\varphi_{0n}} \cdot z^{-1}\right)\left(1 - r_{0n} e^{-j\varphi_{0n}} \cdot z^{-1}\right)}{\left(1 - r_{\infty i} e^{j\varphi_{\infty n}} \cdot z^{-1}\right)\left(1 - r_{\infty n} e^{-j\varphi_{\infty n}} \cdot z^{-1}\right)} \quad . \tag{7.8}$$

Es kann ebenfalls ein quadratisches Fehlerkriterium verwendet werden (oder ein Kriterium höherer Ordnung), das den Amplitudengang $\left|H(e^{j\omega})\right|$

und die Gruppenlaufzeit τ kontrolliert[1].

Bezeichnet man mit $H_i(\Theta)$ den reinen Amplitudenfrequenzgang (der abgesehen von seinem Vorzeichen keine Phaseninformation enthält), so kann man die frequenzabhängigen Phaseninformation über die Gruppenlaufzeit angeben

$$\tau_i(\Theta) = -\frac{d}{d\Theta}\arg\left[H_i\left(z = e^{j\Theta}\right)\right] \quad . \tag{7.9}$$

Die Approximationsfehler für beide werden in Form einer geradzahligen Potenz des frequenzabhängigen gewichteten Betrages der Abweichung des Wunschverlaufes vom Istverlauf an M Frequenz-Stützstellen angegeben

$$E_H = \sum_{m=1}^{M} W_H\left(\Theta_m\right)\left|H_i\left(\Theta_m\right) - H_s\left(\Theta_m\right)\right|^p$$

$$E_\tau = \sum_{m=1}^{M} W_\tau\left(\Theta_m\right)\left|\tau_i\left(\Theta_m\right) - \tau_s\left(\Theta_m\right) - \tau_0\right|^q \quad . \tag{7.10}$$

Die Gewichtungen mit W_H, W_τ gestatten eine frequenzabhängige Berücksichtigung der Abweichungen, die ihrerseits durch p, q potenziert sind, um größere Abweichungen stärker in die Approximation eingehen zu lassen. Die Approximation wird an M Stützstellen Θ_m vorgenommen. Der Gesamtapproximationsfehler

$$E_{total} = \lambda \cdot E_H + (1 - \lambda) \cdot E_\tau \tag{7.11}$$

kann über λ zwischen einem reinen Amplitudenfehler ($\lambda = 1$) und einem reinen Gruppenlaufzeitfehler ($\lambda = 0$) kontrolliert werden.

---

[1] Die Gruppenlaufzeit τ ist ein Maß für die in realen Systemen nichtnegative Verzögerung einer Gruppe von beieinander liegenden Frequenzkomponenten. Ihre Konstanz ist mit linearer Phase verbunden und ist für Daten- und Bildübertragungskanäle eine oftmals wichtige Forderung. Bei einer Entzerrung kann sie mit einer gewissen Restwelligkeit um einen Mittelwert τ_0 ausgeglichen werden.

Der Parametervektor hat 4N+2 Komponenten $\{r_{0i}, \varphi_{0i}, r_{\infty i}, \varphi_{\infty i}, k_0, \tau_0\}$ mit $i=1...N$, die sich für minimale Fehler (Φ_m die jeweilige Komponente an der Frequenz Θ_m) ergeben mit Hilfe der Beziehung

$$\frac{\partial E_{total}}{\partial \Phi_m} = \lambda \cdot \frac{\partial E_H}{\partial \Phi_m} + (1-\lambda) \cdot \frac{\partial E_\tau}{\partial \Phi_m} \quad . \tag{7.12}$$

Es ergibt sich ein nichtlineares Gleichungssystem mit 4N+2 Gleichungen, das über ein *iteratives Lösungsverfahren* gelöst werden muß [Deczky72].

Diskrete Frequenztransformation

Der Gedanke der Frequenztransformation ist eine Substitution (siehe hierzu etwa [OppSchaf95], [RobMull87])

$$z^{-1} = \left[F(z)\right]^{-1} \quad , \tag{7.13}$$

d.h. den Ersatz der Einheitsverzögerung z^{-1} durch eine geeignete (Allpaß-) Übertragungsfunktion $\left[F(z)\right]^{-1}$ so vorzunehmen, daß aus einer gegebenen (Tiefpaß-) Übertragungsfunktion $H_{TP}(z)$ eine neue

$$H_p(z) = H_{TP}\left[F(z)\right] \quad , \tag{7.14}$$

mit veränderten Frequenzeigenschaften entsteht.

$F(z)$ ist die betrachtete Transformation. Für diese gelten folgende Eigenschaften:

- $F(z)$ bildet den Einheitskreis (evtl. mehrfach) auf sich selbst ab

$$F\left(e^{j\varphi}\right) = e^{j\Theta(\varphi)} \tag{7.15}$$

und

$$H_P\left(e^{j\varphi}\right) = H_{TP}\left(e^{j\Theta(\varphi)}\right) \quad . \tag{7.16}$$

- Für einen stabilen *minimalphasigen* Tiefpaß (Pole *und* Nullstellen im Einheitskreis) soll das neue Filter dieselben Eigenschaften haben, d.h. ein Pol (eine Nullstelle) λ von $H_P(z)$ ist ein Pol (eine Nullstelle) $F(\lambda)$ von $H_{TP}(z)$. Ist $|\lambda| < 1$, so folgt $|F(\lambda)| < 1$.

Für eine Frequenztransformation muß daher gelten

$$
\begin{aligned}
|z| < 1 \quad &\rightarrow \quad |F(z)| < 1 \\
|z| = 1 \quad &\rightarrow \quad |F(z)| = 1 \\
|z| > 1 \quad &\rightarrow \quad |F(z)| > 1
\end{aligned}
\tag{7.17}
$$

Offensichtlich bedeutet eine solche Abbildung, daß die Frequenzskala, die auf dem Einheitskreis gegeben ist, durch die Transformation dort in sich selbst abgebildet und verzerrt wird. Man bezeichnet daher eine solche Transformation als *Allpaßtransformation*[2]. $[F(z)]^{-1}$ ist eine stabile Allpaßübertragungsfunktion.

Ersichtlich ist, daß z.B. $F_1(z) \cdot F_2(z)$, das Produkt zweier solcher Frequenztransformationen, aber auch $F_2\big(F_1(z)\big)$ ebenfalls zu einer solchen Allpaß-Frequenztransformation führt.

Als Beispiel sei eine Tiefpaß-Hochpaß-Transformation betrachtet. Diese erreicht man mit Hilfe der Transformation

$$
F(z) = -\frac{z + \alpha}{1 + \alpha \cdot z} \quad , |\alpha|^2 \ll 1 \ .
\tag{7.18}
$$

Für diese läßt sich zeigen, daß eine Frequenzverzerrung von der Form

$$
\Theta(\varphi) = 2 \arctan\left[\frac{\alpha + 1}{\alpha - 1} \frac{1}{\tan(\varphi/2)} \right]
\tag{7.19}
$$

wirksam ist.

---

[2] Ein Allpaß hat einen konstanten Amplitudenfrequenzgang für alle Frequenzen und nur eine frequenzabhängige Phasendrehung.

Bild 7.2 zeigt die Frequenzverzerrung und die zugehörige Abbildung. Wie man sieht, wird der TP-Durchlaßbereich $-\Theta_D \leq \Theta \leq \Theta_D$ in den HP-Durchlaßbereich $-\varphi_D \leq |\varphi| \leq \pi$ überführt.

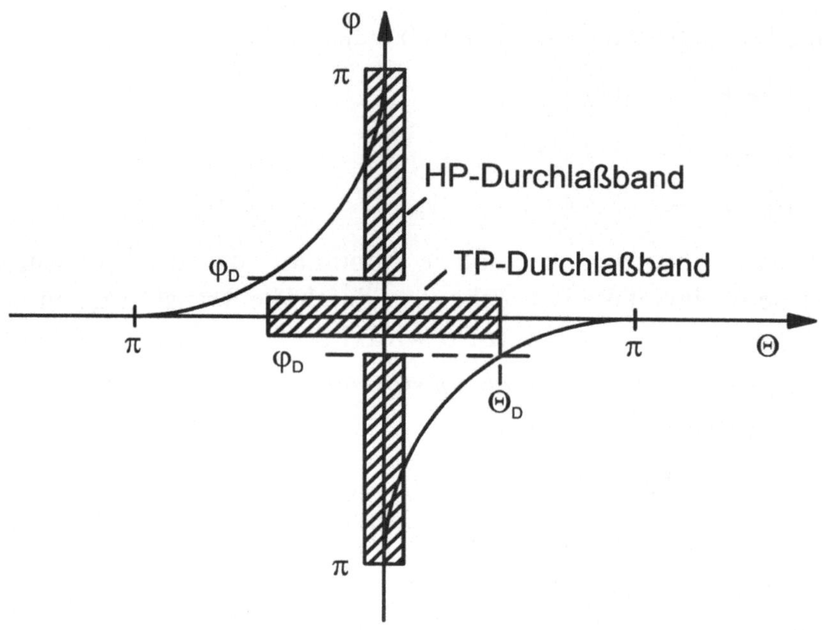

Bild 7.2: Frequenzverzerrung bei der Tiefpaß-Hochpaß-Transformation

In ähnlicher Weise lassen sich weitere Allpaßtransformationen für die Erzeugung von Bandpässen, Hochpässen, Tiefpässen etc. finden. Auch die Erzeugung von *Mehrbandfiltern* ist möglich, durch mehrfache Abbildung des Einheitskreises in sich selbst und geeignete Frequenzverzerrung. Die mit 2π periodischen Wiederholungen der Durchlaßbänder werden dann mehrfach in den Einheitskreis, d.h. in das Band $-\pi \leq \varphi \leq \pi$ abgebildet.

7.2 Ausgewählte Analogfilter bei Toleranzvorgaben im Frequenzbereich

Wie bereits erwähnt, ist in vielen Fällen ein kontinuierliches Filter mit einer Übertragungsfunktion $H_{ai}(p)$ die Ausgangsbasis beim Entwurf digitaler Filter. In diesem Abschnitt werden daher einige Typen und Eigenschaften und Typen kontinuierlicher Filter behandelt. Angenommen sei in dieser Betrachtung ein gewünschter vorgegebener Tiefpaß-Frequenzgang mit einer Grenzfrequenz $\Omega_g=1$. Vier klassische Filtertypen werden in diesem Zusammenhang hier kurz skizziert (siehe z.B. [OppWill83], [OppSchaf95], [RobMull87]):

- Butterworth-Filter mit einem Amplitudenfrequenzgang, der bei $\Omega=0$ maximal flach ist und mit steigender Frequenz monoton abfällt.

- Tschebyscheff-Filter mit konstanter Welligkeit im Durchlaßbereich und monotonem Abfall oberhalb der Grenzfrequenz.

- (Inverse) Tschebyscheff-Filter mit monotonem Abklingen im Durchlaßbereich und konstanter Welligkeit im Sperrbereich.

- Cauer-Filter (elliptische Filter) mit konstanter Welligkeit im Durchlaß- und Sperrbereich.

Für das ideale Tiefpaßfilter gelte die Frequenzgangdefinition

$$\left|H_{as}(j\Omega)\right|^2 = \begin{cases} 1 & |\Omega| < 1 \\ 0 & |\Omega| > 1 \end{cases}. \tag{7.20}$$

Dabei wird die Leistungsverstärkung verwendet, bei der die Amplitudengänge der erwähnten Filtertypen als Quadrate der Betragsfunktionen definiert sind.

Dieser Frequenzgang ist durch Approximation mit einem Frequenzgang $H_{ai}(j\Omega)$ des zu realisierenden Filters näherungsweise zu erfüllen. Die Frequenzachse kann für die Festlegung von Toleranzen in drei Bereiche eingeteilt werden.

Tabelle 7.1:   Definition von Toleranzbereichen für den Filterentwurf

Durchlaßbereich	Übergangsbereich	Sperrbereich
$0 \leq \Omega \leq \Omega_d$	$\Omega_d \leq \Omega \leq \Omega_s$	$\Omega_s \leq \Omega < \infty$
Sollwert: $$\left\|H_{as}(j\Omega)\right\|^2 = 1$$ Toleranz: $$1 - \varepsilon \leq \left\|H_{ai}(j\Omega)\right\|^2 \leq 1$$	$$\left\|H_{ai}(j\Omega)\right\|$$ fällt monoton ab	Sollwert: $$\left\|H_{as}(j\Omega)\right\|^2 = 0$$ Toleranz: $$\left\|H_{ai}(j\Omega)\right\|^2 \leq \delta$$

Bild 7.3 zeigt ein mögliches Toleranzschema für $\left|H_{ai}(j\Omega)\right|^2$ entsprechend diesen Ausführungen.

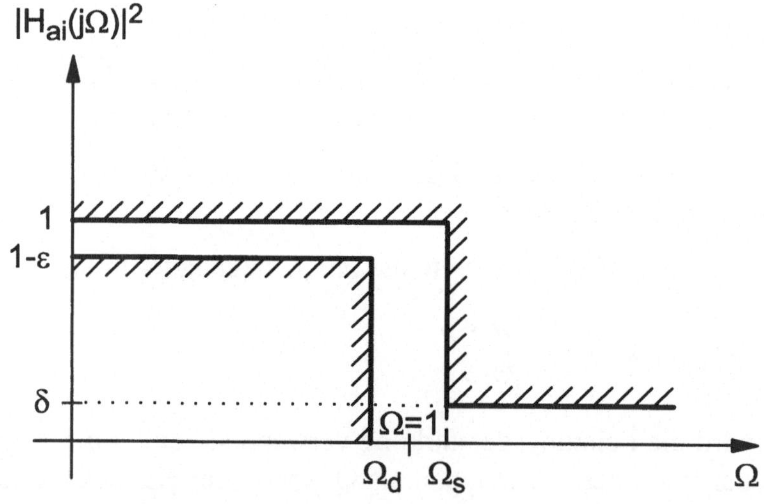

Bild 7.3:   Toleranzschema für $\left|H_{ai}(j\Omega)\right|^2$

Ersichtlich sind die Toleranzen beschrieben durch die Parameter:

$$\varepsilon > 0 \quad , \quad \delta > 0 \quad , \quad \Omega_d \leq 1 \quad , \quad \Omega_s \geq 1 . \tag{7.21}$$

Diese Toleranzen lassen sich durch die Entwurfsgleichungen für die verschiedenen Filtertypen festlegen und sind von der Ordnung des Filters abhängig. Bei gegebenem Filtergrad läßt sich häufig nur noch ein Parameter abhängig von den anderen, z.B. Steilheit gegen Welligkeit, eintauschen.

Butterworth-Filter

Es gilt für den Frequenzgang $\left| H_{ai}(j\Omega) \right|$, der in Bild 7.4 für verschiedene Grade dargestellt ist, die Gleichung

$$\left| H_{ai}(j\Omega) \right|^2 = \frac{1}{1 + \Omega^{2n}} . \tag{7.22}$$

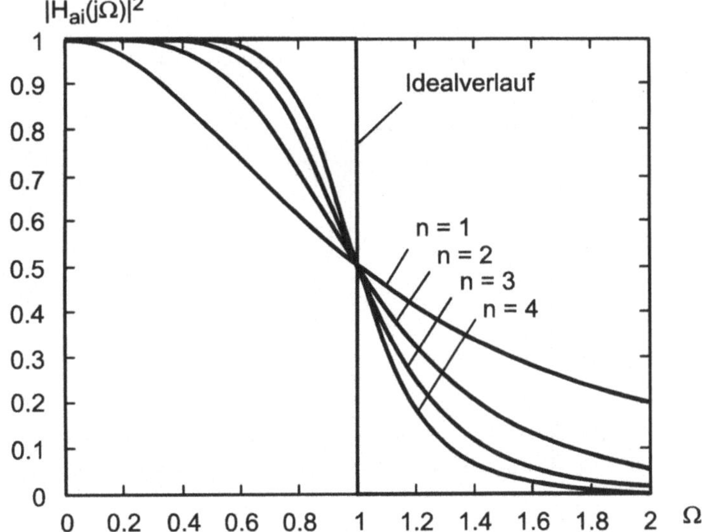

Bild 7.4:   Frequenzgang eines Butterworth-Filters

Die Charakterisierung *"maximal flach"* im Durchlaßbereich wird deutlich, wenn man den Verlauf bei $\Omega = 0$ betrachtet. Die Taylorentwicklung für (7.22) ist

$$\left|H_{ai}\left(j\Omega\right)\right|^2 = 1 - \Omega^{2n} + \Omega^{4n} + \ldots \quad , \quad \Omega^2 < 1 \; . \tag{7.23}$$

Ersichtlich sind alle Ableitungen von $\left|H_{ai}\right|^2$ bezüglich Ω bei $\Omega = 0$ gleich Null bis zur Ordnung $2n - 1$. Der *Verlauf des Frequenzganges ist mit steigender Frequenz monoton abnehmend.* Es ergibt sich eine Amplitude gleich eins bei $\Omega = 0$ und an der Grenzfrequenz ein Wert von 0,5. Für $\Omega \to \infty$ klingt der Frequenzgang asymptotisch auf Null ab. Für das Toleranzschema bei einem Butterworth-Filter gelten die folgenden Beziehungen (vgl. Bild 7.5)

$$\left|H_{ai}\left(j\Omega_d\right)\right|^2 = 1 - \varepsilon \quad \Rightarrow \quad \Omega_d = \left[\frac{1}{1-\varepsilon}\right]^{\frac{1}{2n}} , \tag{7.24}$$

$$\left|H_{ai}\left(j\Omega_s\right)\right|^2 = \delta \quad \Rightarrow \quad \Omega_s = \left[\frac{1-\delta}{\delta}\right]^{\frac{1}{2n}} . \tag{7.25}$$

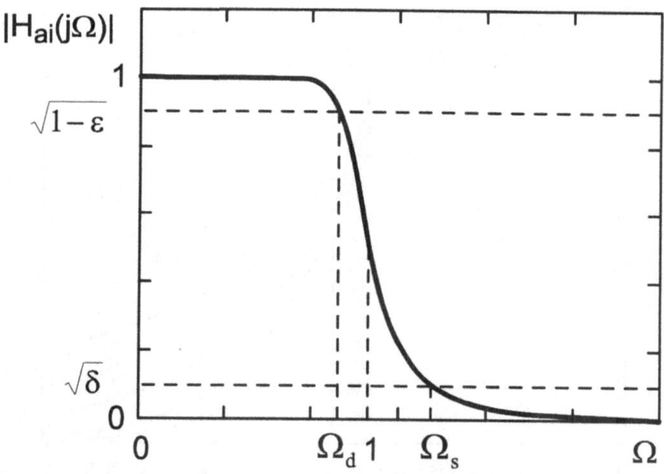

Bild 7.5:   Toleranzschema bei einem Butterworth-Filter

Das Butterworth-Filter ist ein "Allpol-Netzwerk".

Die Pole für $H_{ai}(p) \cdot H_{ai}(-p)$ liegen auf dem Einheitskreis und ergeben sich an den Positionen

$$p_i = e^{j\varphi_i} \quad , \quad \varphi_i = \frac{\pi}{2}\left(1 + \frac{2i-1}{n}\right) \quad , \quad 1 \le i \le n \; . \tag{7.26}$$

Filter mit Tschebyscheffschem Verhalten im Durchlaßbereich

Die Entwurfsgleichung für ein solches Filter lautet

$$\left|H_{ai}\left(j\Omega\right)\right|^2 = \frac{1}{1 + \dfrac{\varepsilon}{1-\varepsilon}\,T_n^2(\Omega)} \quad , \tag{7.27}$$

mit $T_n(\Omega)$ den Tschebyscheff-Polynomen n-ter Ordnung, für die gilt

$$T_n(\Omega) = \begin{cases} \cos\left(n \cdot \arccos(\Omega)\right) & |\Omega| \le 1 \text{ bzw. } T_n(\cos\Omega) = \cos n\Omega \\ \cosh\left(n \cdot \operatorname{arcosh}(\Omega)\right) & |\Omega| \ge 1 \text{ bzw. } T_n(\cosh\Omega) = \cosh n\Omega \end{cases} \quad .$$

$$\tag{7.28}$$

Tschebyscheff-Polynome lassen sich mit $T_0(\Omega) = 1$ und $T_1(\Omega) = \Omega$ mit Hilfe der Rekursion

$$T_{n+1}(\Omega) = 2\,\Omega \cdot T_n(\Omega) - T_{n-1}(\Omega) \tag{7.29}$$

berechnen. Es gilt damit

$$\begin{aligned} T_0(\Omega) &= 1 \\ T_1(\Omega) &= \Omega \\ T_2(\Omega) &= 2\Omega^2 - 1 \\ T_3(\Omega) &= 4\Omega^3 - 3\Omega \\ T_4(\Omega) &= 8\Omega^4 - 8\Omega + 1 \\ T_5(\Omega) &= 16\Omega^5 - 20\Omega^3 + 5\Omega \quad . \end{aligned} \tag{7.30}$$

Der Verlauf dieser Polynome ist in Bild 7.6 dargestellt. Ersichtlich sind die Koeffizienten für Ω^n stets 2^{n-1}, ist das Maximum $\mathrm{Max}\{|T_n(\Omega)|\} = 1$ im Intervall $-1 \le \Omega \le 1$ und sind n+1 Berühr- und Schnittpunkte mit $|T_n(\Omega)| = 1$ gegeben.

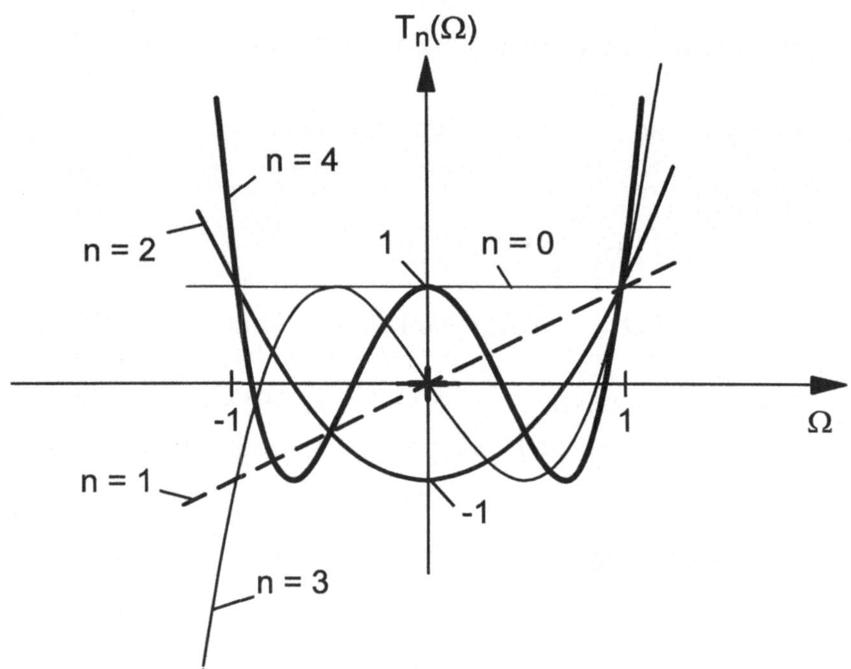

Bild 7.6:   Verlauf der Tschebyscheff-Polynome 1. - 4. Ordnung

Der *konstante Welligkeitsverlauf im Durchlaßbereich* und der *monotone Abfall im Übergangs- und Sperrbereich* ist auf die Eigenschaften in (7.28) zurückzuführen.

Da offensichtlich $T_n(1) = 1$ ist, folgt $|H_{ai}(j1)|^2 = 1 - \varepsilon$, die Durchlaßfrequenz ist daher $\Omega_d = 1$. Die Sperrfrequenz ergibt sich aus

$$|H_{ai}(j\Omega_s)|^2 = \delta \quad \text{bzw.} \quad |T_n^2(\Omega_s)|^2 = \frac{(1-\varepsilon)\cdot(1-\delta)}{\varepsilon-\delta} \quad . \tag{7.31}$$

Hieraus folgt für die Sperrfrequenz

$$n \cdot \operatorname{arcosh}(\Omega_s) = \operatorname{arcosh}\left[\sqrt{\frac{(1-\varepsilon)\cdot(1-\delta)}{\varepsilon - \delta}}\,\right] . \qquad (7.32)$$

Auch das Tschebyscheff-Filter ist ein Allpolnetzwerk mit Polen bei

$$p_i = \sinh(\mu) \cdot \cos(\Theta_i) + j \cdot \cosh(\mu) \cdot \sin(\Theta_i) , \ 1 \le i \le n \qquad (7.33)$$

$$\text{mit} \quad \Theta_i = \frac{\pi}{2}\left(1 + \frac{2i-1}{n}\right) \quad \text{und} \quad \mu = \frac{1}{n}\operatorname{arsinh}\left[\sqrt{\frac{1-\varepsilon}{\varepsilon}}\,\right]. \qquad (7.34)$$

Den typischen Frequenzgang zeigt Bild 7.7.

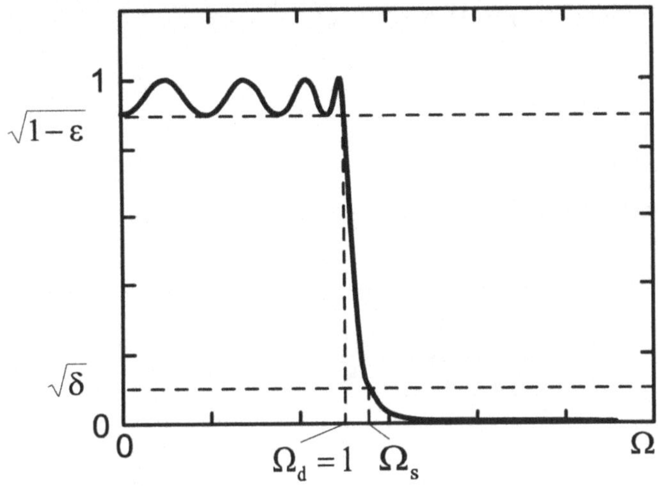

Bild 7.7:   Toleranzschema des Tschebyscheff-Filters

Tschebyscheff-Approximation im Sperrbereich

Die zugehörige Entwurfsgleichung ist

$$\left|H_{ai}\left(j\Omega\right)\right|^2 = \frac{\dfrac{\delta}{1-\delta}\,T_n\!\left(\Omega^{-1}\right)^2}{1+\dfrac{\delta}{1-\delta}\,T_n\!\left(\Omega^{-1}\right)^2} \quad . \tag{7.35}$$

Der Frequenzgang hat *konstante Welligkeitsamplitude im Sperrbereich* und weist Pole und Nullstellen (letztere auf der $j\Omega$-Achse) auf. Die Durchlaßfrequenz Ω_d ergibt sich aus

$$\left|H_{ai}\left(j\Omega_d\right)\right|^2 = 1-\varepsilon \quad , \quad T_n\!\left(\Omega_d^{-1}\right) = \frac{(1-\varepsilon)\cdot(1-\delta)}{\varepsilon\cdot\delta} \quad . \tag{7.36}$$

Hieraus folgt für die Durchlaßfrequenz

$$n\cdot\operatorname{arcosh}\!\left(\Omega_d^{-1}\right) = n\cdot\operatorname{arcosh}\!\left[\sqrt{\frac{(1-\varepsilon)\cdot(1-\delta)}{\varepsilon\cdot\delta}}\,\right] \quad . \tag{7.37}$$

Für Tschebyscheff-Verhalten im Sperrbereich ist wegen $\left|H_{ai}\left(j\Omega_s\right)\right|^2 = \delta$ die Sperrfrequenz $\Omega_s = 1$. Auch hier liegen die Pole auf einer Ellipse. Den typischen Frequenzgang zeigt Bild 7.8.

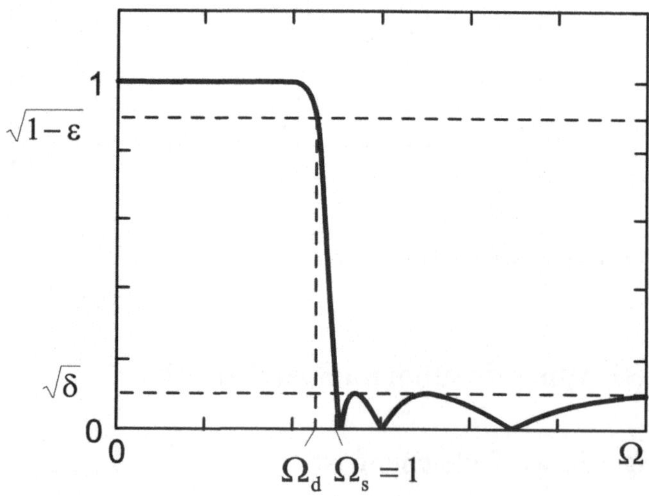

Bild 7.8:   Tschebyscheff-Approximation im Sperrbereich

Cauer-Filter

Cauer-Filter (oder *Elliptische Filter*, siehe z.B. [OppSchaf95]) haben einen *Tschebyscheff'schen Verlauf im Durchlaß- und Sperrbereich.* Die Entwurfsgleichungen existieren in ähnlicher Form wie bei den anderen Filtertypen, so daß ein vergleichbar direkter Entwurf möglich ist. Der typische Frequenzgang ist in Bild 7.9 skizziert.

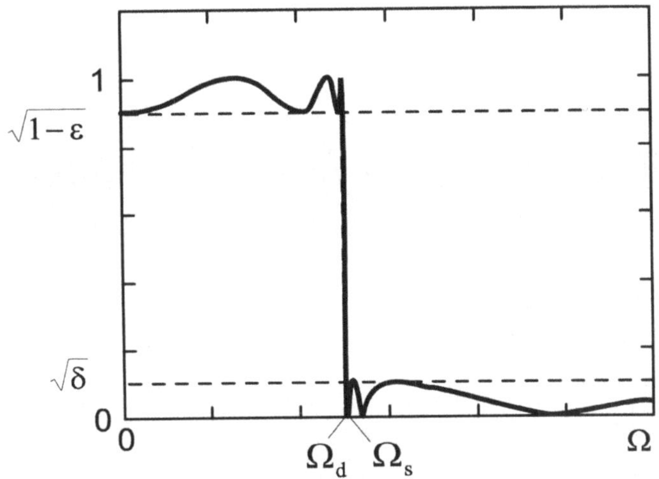

Bild 7.9:   Frequenzgang des Cauerfilters

Cauerfilter liefern einen maximal steilen Übergang zwischen Durchlaß- und Sperrbereich. Die Auswahl eines der beschriebenen Filtertypen hängt aber nicht nur hiervon ab, sondern häufig auch vom zugehörigen Phasen- oder Gruppenlaufzeitgang. Dieser ist bei steilflankigen Filtern in der Regel wegen des unmittelbaren Zusammenhangs zwischen Dämpfung und Phase bei minimalphasigen Filtern[1] besonders verzerrt, was im Entwurf insbesondere für die Filterung von Bildsignalen geeignet beachtet werden muß.

---

[1] Minimalphasige analoge Filter haben nur Pole und Nullstellen in der linken Laplace-Ebene

7.3 Filterentwurf mit der Impulsinvarianz-Methode

Der Grundgedanke dieses Verfahrens ist, aus einer vorgegebenen kontinuierlichen Impulsantwort $h_{ai}(t)$ die diskrete Impulsantwort des digitalen Netzwerkes durch eine Abtastung an den Stellen $k \cdot T$ zu gewinnen (siehe hierzu z.B. [OppSchaf95], [Jackson96]). Es gilt dann

$$\{h_i(k)\} = T \cdot \{h_{ai}(k \cdot T)\} \ , \tag{7.38}$$

mit T dem Abtastintervall.

Die Laplacetransformierte von $h_{ai}(t) \,\circ\!\!-\!\!\bullet\, H_{ai}(p)$ approximiert die vorgegebene Laplacetransformierte $H_{as}(p) \,\bullet\!\!-\!\!\circ\, h_{as}(t)$. Beispielsweise kann $H_{ai}(p)$ die Tschebyscheff-Approximation eines idealen Tiefpasses sein.

Gegeben sei aus einem solchen analogen Filterentwurf $H_{ai}(p)$ die rationale Übertragungsfunktion

$$H_{ai}(p) = \frac{\alpha_0 + \alpha_1 \cdot p + \ldots + \alpha_m \cdot p^m}{1 + \beta_1 \cdot p + \ldots + \beta_n \cdot p^n} \ , \quad n > m \ . \tag{7.39}$$

Durch Partialbruchzerlegung zerlegt man $H_{ai}(p)$ in Teilbrüche

$$H_{ai}(p) = \frac{c_1}{p - p_1} + \frac{c_2}{p - p_2} + \ldots + \frac{c_n}{p - p_n} \ , \tag{7.40}$$

mit p_i, $i = 1, 2, \ldots n$, den Polen von $H_{ai}(p)$, die hier der Einfachheit halber als nicht mehrfach angenommen werden.

Die (kontinuierliche) Impulsantwort erhält man bekanntlich über die gliedweise inverse Laplacetransformation von $H_{ai}(p)$. Die Impulsantwort sei dabei kausal angenommen.

$$h_{ai}(t) = \begin{cases} c_1 \cdot e^{p_1 t} + c_2 \cdot e^{p_2 t} + \ldots + c_n \cdot e^{p_n t} & t \geq 0 \\ 0 & t < 0 \end{cases} \ . \tag{7.41}$$

Die impulsinvariante Transformation liefert dann entsprechend (7.38) die diskrete Impulsantwort

$$h_i(k) = \begin{cases} T \cdot c_1 \cdot e^{p_1 Tk} + T \cdot c_2 \cdot e^{p_2 Tk} + \ldots + T \cdot c_n \cdot e^{p_n Tk} & t \geq 0 \\ 0 & \text{sonst} \end{cases} \quad .$$

(7.42)

Hieraus leitet sich die z-Transformierte ab, wegen $b_1^k \circ\!\!-\!\!\bullet \frac{1}{1-b_1 z^{-1}}$ folgt

$$H_i(z) = \sum_{v=1}^{n} \frac{T \cdot c_v}{1 - e^{p_v T} \cdot z^{-1}} \quad .$$

(7.43)

Demgegenüber war $H_{ai}(p)$ gegeben durch

$$H_{ai}(p) = \sum_{v=1}^{n} \frac{c_v}{p - p_v} \quad .$$

(7.44)

Für die Impulsantwort nach (7.42) kann auch geschrieben werden

$$h_i(k) = \sum_{v=1}^{n} T \cdot c_v \cdot e^{p_v Tk} = \sum_{v=1}^{n} T \cdot c_v \cdot z_v^k \quad .$$

(7.45)

Offenbar überführt die Transformation $z_v = e^{p_v T}$ die Pole p_v im p-Bereich (Laplacebereich) in die Pole z_v im z-Bereich.

Ist im übrigen $\text{Re}\{p_i\} < 0$, d.h. handelt es sich um ein stabiles kontinuierliches System, dann ist $|e^{p_i T}| < 1$. In diesem Fall werden die Pole aus der linken Halbebene der p-Ebene in den Einheitskreis der z-Ebene abgebildet, und es ergibt sich ein stabiles diskretes System (siehe Bild 7.10). Die einzelnen Streifen in der linken p-Halbebene werden jeweils auf die Fläche des Einheitskreises, die $j\omega$ -Achse wird auf die Peripherie des Einheitskreises $|z| = 1$ und die rechte Halbebene auf den außerhalb des Einheitskreises liegenden Bereich abgebildet.

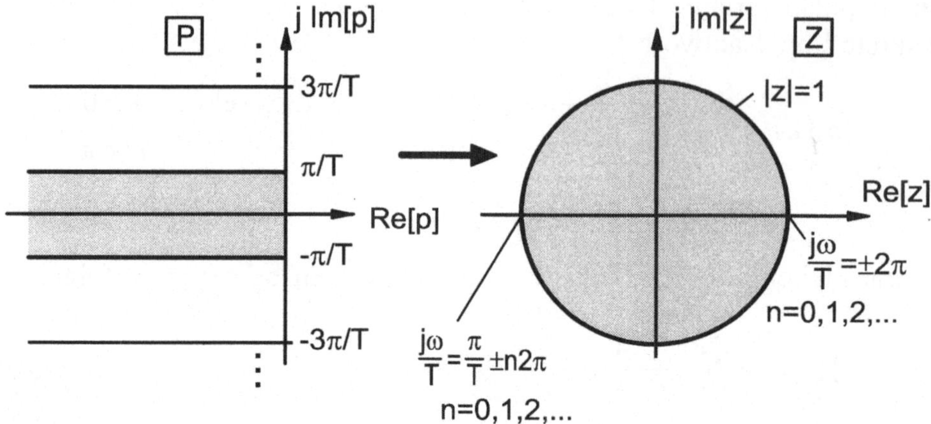

Bild 7.10:   Abbildung bei der impulsinvarianten Filtertransformation

Interessant ist noch ein Blick auf die Mängel dieses Approximationsverfahrens. Der Frequenzgang ergibt sich zu

$$H_i\left(e^{j\omega T}\right) = \sum_{k=0}^{\infty} h_i(k)\cdot e^{-j\omega Tk} = \sum_{k=0}^{\infty} T\cdot h_{ai}(kT)\cdot e^{-j\omega Tk} \tag{7.46}$$

und es ist zu vergleichen, inwieweit $H_i\left(e^{j\omega T}\right)$ mit seinem kontinuierlichen Ursprung $H_{ai}(j\omega)$ übereinstimmt. Die Unterschiede werden aus der Überlegung deutlich, daß eine Abtastung eine spektrale periodische Fortsetzung mit der Abtastfrequenz $\omega_0 = \frac{2\pi}{T}$ bedeutet, d.h. es gilt

$$H_i\left(e^{j\Theta}\right) = H_i\left(e^{j\omega T}\right) = \sum_{n=-\infty}^{\infty} H_{ai}\left(j\omega + jn\omega_0\right)$$

$$= \sum_{n=-\infty}^{\infty} H_{ai}\left(j\omega + jn\tfrac{2\pi}{T}\right) = \sum_{n=-\infty}^{\infty} H_{ai}\left(j\tfrac{\Theta}{T} + jn\tfrac{2\pi}{T}\right) \ . \tag{7.47}$$

Offensichtlich liefert (7.47) eine periodische Wiederholung von $H_{ai}(j\omega)$ in $j\omega$ -Richtung. Dies ist nur fehlerfrei, sofern $H_{ai}(j\omega)$ im Basisstreifen zu den Spiegelfrequenzen $\pm\frac{\pi}{T}$ hinreichend abgeklungen ist. Ist das nicht der Fall, so ergibt sich ein Aliasfehler durch Überlappung der periodischen Wiederholungen von $H_{ai}\left(j\omega + jn\frac{2\pi}{T}\right)$.

Wie ersichtlich ist, muß also für ein gegebenes kontinuierliches Filter die Abtastfrequenz *bei der impulsinvarianten Transformation* hinreichend hoch gewählt werden (Abtasttheorem), bzw. es muß der *Frequenzgang hinreichend schmalbandig* sein.

Erwähnt werden soll noch, daß sich in ähnlicher Weise wie beim beschriebenen impulsinvarianten Entwurf auch z.B. eine sprunginvariante Transformation finden läßt.

Beispiel zum impulsinvarianten Filterentwurf

Als einfaches Beispiel sei ein LR-Netzwerk nach Bild 7.11 betrachtet.

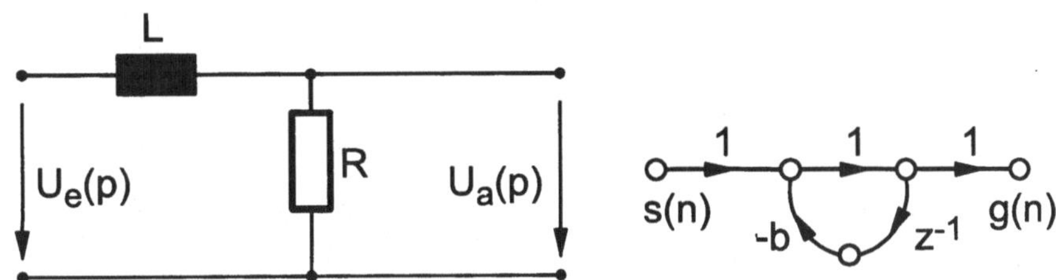

Bild 7.11:   LR-Netzwerk zum impulsinvarianten Filterentwurf, Signalflußgraph des korrespondierenden Digitalfilters

Übertragungsfunktion und Impulsantwort ergeben sich zu

$$H_{ai}(p) = \frac{U_a(p)}{U_e(p)} = \frac{\dfrac{1}{T_1}}{p + \dfrac{1}{T_1}} \qquad T_1 = \frac{L}{R} \; , \qquad (7.48)$$

$$h_{ai}(t) = \begin{cases} \dfrac{1}{T_1} \cdot e^{-\frac{t}{T_1}} & t \geq 0 \\[2mm] 0 & \text{sonst} \end{cases} \quad . \tag{7.49}$$

Hieraus ergeben sich die Koeffizienten der diskreten Impulsantwort zu

$$h_i(k) = \frac{T}{T_1} \cdot e^{-\frac{1}{T_1}kT} \quad . \tag{7.50}$$

Bild 7.12 zeigt die (normierten) Impulsantworten, die an den Ab-tastpunkten exakt übereinstimmen.

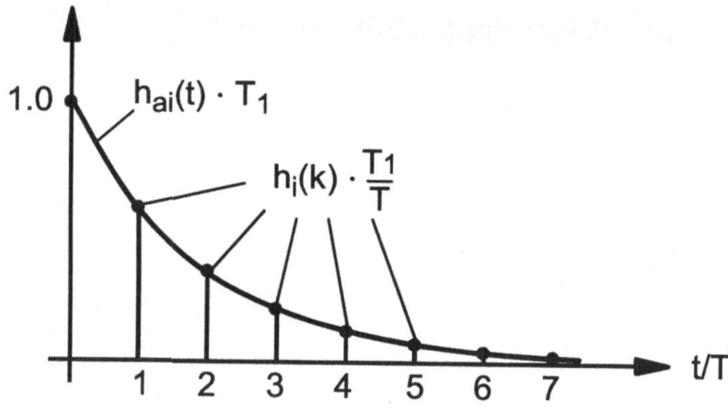

Bild 7.12:   Impulsantwort bei der impulsinvarianten Entwurfsmethode

Der Frequenzgang des kontinuierlichen Netzwerkes ist gegeben durch

$$\left|H_{ai}(\omega)\right| = \frac{1}{\sqrt{1 + \left(\omega T_1\right)^2}} \tag{7.51}$$

und ist zusammen mit dem sich durch periodische Wiederholung erge-benden Frequenzgang des Digitalfilters in Bild 7.13 dargestellt.

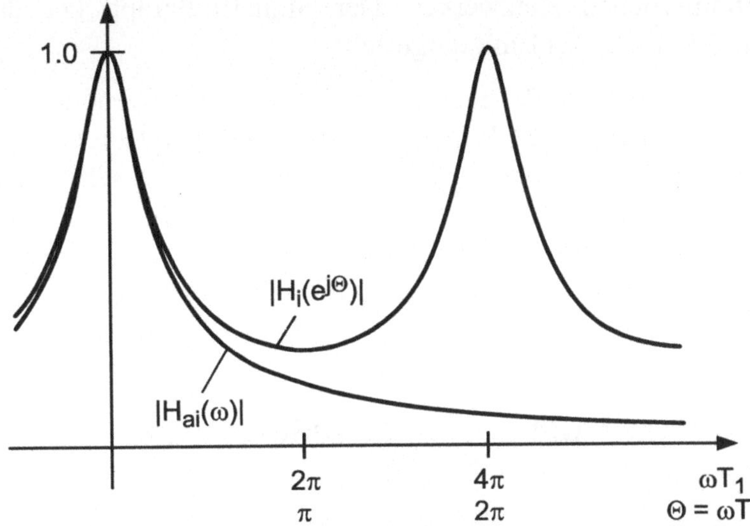

Bild 7.13: Frequenzgänge bei der impulsinvarianten Entwurfsmethode für ein LR-Filter 1. Ordnung, $T_1 = \frac{L}{R} = 2T$

Wählt man als Spiegelfrequenz der Abtastung gerade

$$\omega T_1 = 2\pi = 2\omega T \quad , \quad T: \text{Abtastintervall} \quad , \tag{7.52}$$

so überlappen sich die periodisch wiederholten Spektren gerade bei einer Amplitude von noch ca. 16 %. Das entspricht einer Abtastfrequenz, die etwa vier bis fünf mal so groß ist wie die 3dB-Grenzfrequenz des LR-Tiefpasses.

Die zugehörige Übertragungsfunktion in z und der entsprechende Frequenzgang ermitteln sich zu (vgl. Bild 7.13)

$$H_i(z) = \frac{T/T_1}{1 - e^{-T/T_1} \cdot z^{-1}} = \frac{a}{1 - b \cdot z^{-1}} \quad , \tag{7.53}$$

$$H_i(e^{j\Theta}) = \frac{T/T_1}{1 - e^{-T/T_1} \cdot e^{-j\Theta}} \quad . \tag{7.54}$$

Deutlich sind bei der gewählten, relativ geringen Abtastfrequenz die entstehenden Abweichungen vom eigentlich gewünschten Frequenzgang des kontinuierlichen Netzwerkes. Der Signalflußgraph der diskreten Schaltung ist in Bild 7.11 mit dargestellt.

Grundsätzlich zeigt das Beispiel nochmals, daß die Anwendung von Zeitbereichskriterien (Sprung-, Impulsinvarianz) und den dadurch gegebenen den angestrebten Frequenzgang verfälschenden Aliasstörungen, unter dem Gesichtspunkt einer Approximation bei Vorgabe von Frequenzbereichsforderungen unbefriedigend ist. Die bilineare Transformation ist hierfür besser geeignet und überwindet diese Problematik.

7.4 Filterentwurf durch die bilineare Transformation

Bei der impulsinvarianten Entwurfsmethode wurde ein Streifen aus der komplexen p-Ebene, dessen Ausdehnung in $j\omega$-Richtung von der gewählten Abtastfrequenz abhängig ist, auf die ganze z-Ebene abgebildet. Hierdurch entstehen die diskutierten Alias- oder Überlappfehler. Bei der bilinearen Transformationsmethode wird ein digitales Filter mit der Übertragungsfunktion $H(z)$ und einem Frequenzgang $H_i\left(e^{j\omega T}\right)$ aus einem analogen Filter mit $H_{ai}\left(jv(\omega)\right)$ so gewonnen, daß

$$H_i\left(e^{j\omega T}\right) = H_i\left(e^{j\Theta}\right) = H_{ai}\left(jv(\omega)\right) \tag{7.55}$$

gilt. Dabei ist $v(\omega)$ eine nichtlineare Verzerrungsfunktion, die den gesamten Frequenzbereich $-\infty < v < \infty$ auf den Bereich $-\pi \leq \Theta = \omega T \leq \pi$ abbildet. v ist die Kreisfrequenzvariable zu der komplexen Frequenz

$$w = u + jv \quad . \tag{7.56}$$

Diese wird hier anstelle von

$$p = \sigma + j\omega \tag{7.57}$$

verwendet, um die nichtlineare Verzerrungseigenschaft durch $v = v(\omega)$ zu berücksichtigen. Durch diese "nichtlineare" Stauchung der Frequenzachse kann dann kein Aliasfehler mehr auftreten.

Eine derartige Transformation soll durch eine Abbildungsvorschrift erreicht werden,

$$H_i(w) = H_i\big(w = \Psi^{-1}(z)\big) \ , \tag{7.58}$$

$$\Psi(w) = z \ , \tag{7.59}$$

die die folgenden Eigenschaften besitzt:

- Die jv-Achse soll in den Linienzug des Einheitskreises abgebildet werden, d.h.

$$\Psi(jv) = e^{j\omega T} = e^{j\Theta} \ . \tag{7.60}$$

- Die Abbildung $\Psi(w)$ muß eindeutig umkehrbar sein, d.h. es läßt sich die Übertragungsfunktion $H_i(z)$ des digitalen Filters aus der des kontinuierlichen ermitteln

$$H_i(z) = H_{ai}\big(\Psi^{-1}(z)\big) \ . \tag{7.61}$$

- Stabiles Verhalten des kontinuierlichen Filters führt zu stabilem digitalen Filter, d.h. die linke w-Halbebene wird in den Einheitskreis abgebildet

$$\mathrm{Re}\{w\} < 0 \quad \Rightarrow \quad |\Psi(w)| < 1 \ . \tag{7.62}$$

- Für unveränderte Gleichanteilverstärkung muß gelten

$$\Psi(0) = 1 \ . \tag{7.63}$$

Diese Eigenschaften werden durch die bilineare Transformation

$$z = \Psi(w) = \frac{1 + \left(w \cdot \dfrac{T}{2}\right)}{1 - \left(w \cdot \dfrac{T}{2}\right)} \quad \text{mit} \quad w = u + jv \tag{7.64}$$

erfüllt. Die dazu inverse Transformation lautet

$$w = \Psi^{-1}(z) = \frac{2}{T} \cdot \frac{z-1}{z+1} \ . \tag{7.65}$$

Die sich ergebende Frequenzverzerrungsfunktion erhält man für $|z| = 1$, d.h. $z = e^{j\omega T}$ zu

$$jv(\omega) = \frac{2}{T} \cdot \frac{e^{j\omega T} - 1}{e^{j\omega T} + 1} = \frac{2}{T} \cdot \frac{e^{\frac{j\omega T}{2}} - e^{-\frac{j\omega T}{2}}}{e^{\frac{j\omega T}{2}} + e^{-\frac{j\omega T}{2}}} = j\frac{2}{T} \cdot \frac{\sin\left(\frac{\omega T}{2}\right)}{\cos\left(\frac{\omega T}{2}\right)} \tag{7.66}$$

$$v(\omega) = \frac{2}{T} \cdot \tan\left(\frac{\omega T}{2}\right) \ .$$

Diese Frequenzverzerrungsfunktion ist in Bild 7.14 dargestellt.

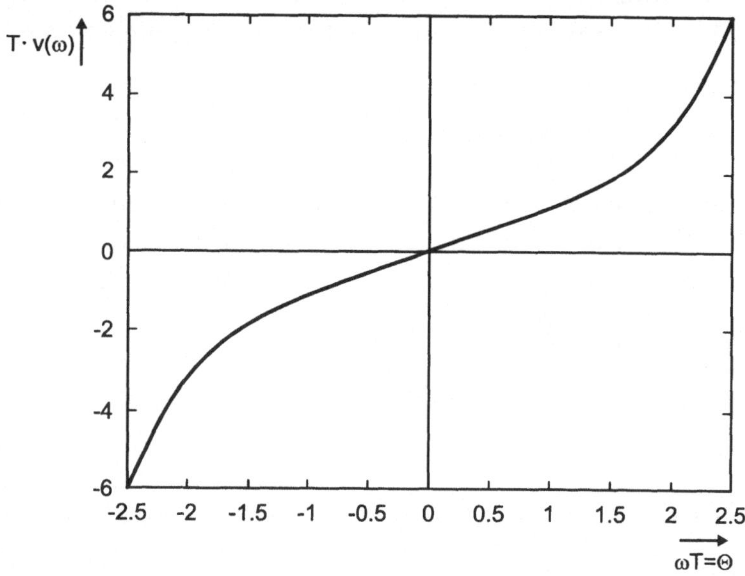

Bild 7.14:   Nichtlineare Frequenzverzerrungsfunktion zur bilinearen z-Transformation

Mit $-\pi \leq \omega T = \Theta \leq \pi$ bewegt sich $T \cdot v(\omega)$ kontinuierlich über $-\infty < v < \infty$. Offensichtlich muß ein Filterentwurf über die bilineare Transformation die diskutierte Verzerrung durch eine *geeignete vorhaltende Vorverzerrung* berücksichtigen.

Bild 7.15 zeigt die Abbildung, die jetzt hier vorgenommen wird: Die gesamte linke w-Halbebene des Laplace-Bereiches wird in den Einheitskreis im z-Bereich überführt.

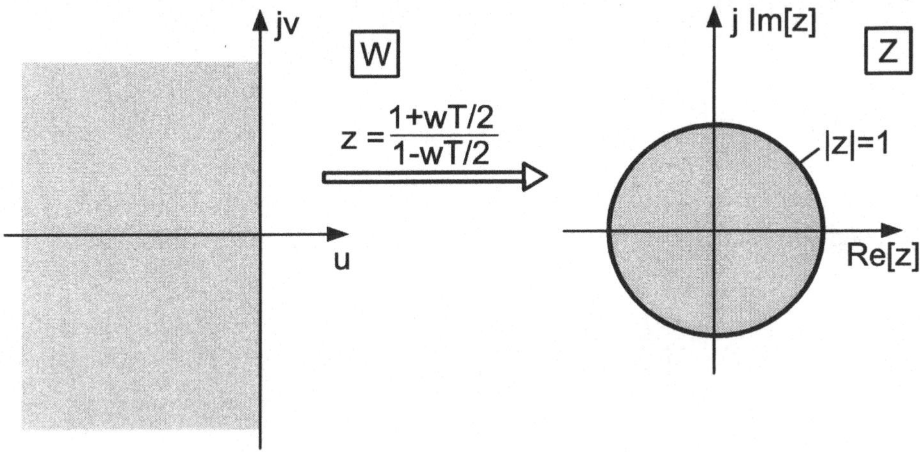

Bild 7.15: Abbildung bei der bilinearen Filtertransformation

Bei einem Filterentwurf für rekursive Filter sind häufig die Toleranzvorschriften im Frequenzbereich, z.B. durch Sperrfrequenzen, Durchlaßfrequenzen und "Toleranzschläuche" für maximale Welligkeit der Amplitude in bestimmten Bereichen vorgegeben (vgl. Abschnitt 7.2). Für solche Anwendungen ist die bilineare Transformation besonders gut geeignet. Es ergibt sich folgender Entwurfsablauf:

1. Positionierung der Kennfrequenzen (Durchlaß-, Sperrfrequenz etc.) auf dem Einheitskreis, d.h. Definition des gewünschten Verhaltens.

2. Abbildung des Toleranzschemas in die w-Halbebene mit Hilfe der Verzerrungsvorschrift

$$v(\omega) = \frac{2}{T} \cdot \tan\left(\frac{\Theta}{2}\right) = \frac{2}{T} \cdot \tan\left(\frac{\omega T}{2}\right) \quad . \tag{7.67}$$

3. Entwurf eines kontinuierlichen Filters im w-Bereich $\left(w = u + jv\right)$ mit dem (vorverzerrten) Toleranzschema nach 2.

4. Überführung des kontinuierlichen Filters mit $H_{ai}(w)$ in ein digitales mit $H_i(z)$

$$H_i(z) = H_{ai}\left(\frac{2}{T} \cdot \frac{z-1}{z+1}\right) = H_{ai}\left(\Psi^{-1}(z)\right) \; , \tag{7.68}$$

$$H_i\left(e^{j\Theta}\right) = H_{ai}\left[j\frac{2}{T} \cdot \tan\left(\frac{\Theta}{2}\right)\right] \; . \tag{7.69}$$

Zur Veranschaulichung ist im Bild 7.16 der notwendige Schritt der Frequenzachsenvorverzerrung am Beispiel eines Bandpasses dargestellt.

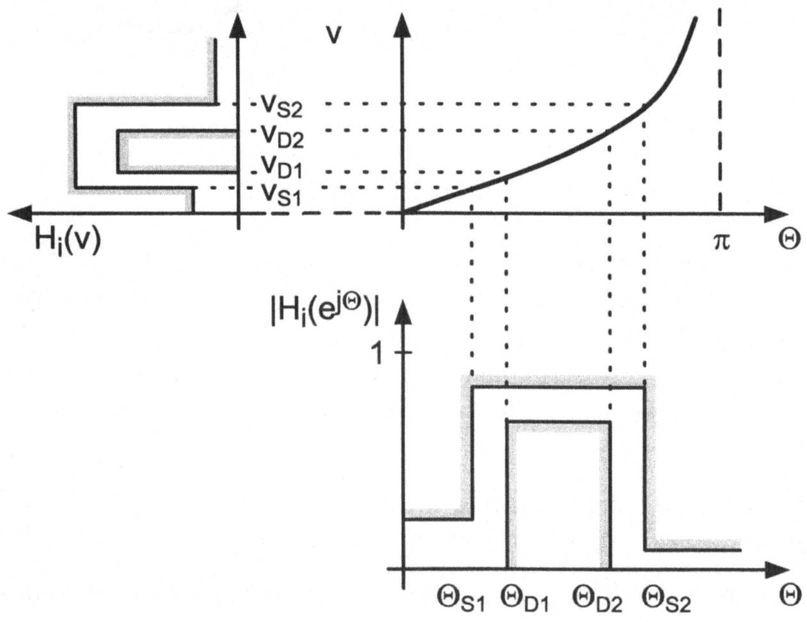

Bild 7.16:   Toleranzschemaverzerrung bei der bilinearen Transformation

Die Kennfrequenzen Θ_{S1}, Θ_{S2}, Θ_{D1}, Θ_{D2} werden in die vorverzerrten Kennfrequenzen v_{S1}, v_{S2}, v_{D1}, v_{D2} überführt, und die bereichsweise konstanten Welligkeitstoleranzen werden längs der Frequenzachse gestaucht. Man erkennt, daß für den *Filterentwurf mit Frequenzgangvorschriften* die bilineare Transformation besonders geeignet ist. Allerdings ist ersichtlich die Verzerrungspräzision - und damit die spätere Genauigkeit der Erfüllung des Toleranzschemas - zu höheren Frequenzen wegen der größeren Steilheit der tan-Funktion schlechter. Abhilfe erreicht man nur durch eine höhere Abtastfrequenz und entsprechende Nutzung des stärker linearen tan-Bereiches.

Beispiel zum Filterentwurf mit der bilinearen Transformation

Es soll ein Filter mit Tschebyscheff-Verhalten im Durchlaßbereich mit Hilfe der bilinearen Transformation gemäß dem vorgegebenen Toleranzschema in Bild 7.17 entworfen werden.

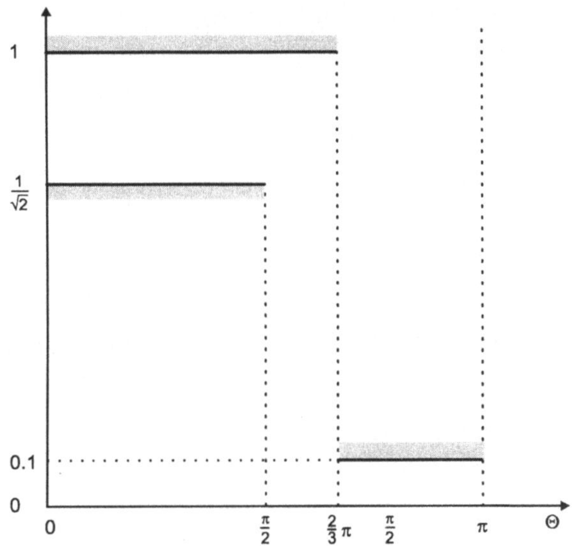

Bild 7.17: Toleranzschema des zu entwerfenden Filters

Für das Filter werden die Grenzfrequenzen $\Theta_D = \frac{\pi}{2}$ und $\Theta_S = \frac{2\pi}{3}$ festgelegt. Erster Schritt bei der bilinearen Transformation ist die Bestimmung der transformierten Kennfrequenzen. Daraus ergeben sich die folgenden vorverzerrten Grenzfrequenzen

$$v_D = \frac{2}{T} \cdot \tan\left(\frac{\Theta_D}{2}\right) = \frac{2}{T} \qquad\qquad (7.70)$$

$$v_S = \frac{2}{T} \cdot \tan\left(\frac{\Theta_S}{2}\right) \approx \frac{2 \cdot 1{,}73}{T} \qquad . \qquad\qquad (7.71)$$

Die Normierung auf die Durchlaßfrequenz führt zu einem Wert

$$\frac{v_S}{v_D} \approx 1{,}73 \qquad . \qquad\qquad (7.72)$$

Aus Bild 7.17 und mit Hilfe der Beziehungen (7.27) und (7.31) lassen sich weiterhin die Kennwerte zu $\varepsilon = 0{,}5$ und $\delta = 0{,}01$ bestimmen. Aus diesen Vorgaben kann nun die Filterordnung für ein Filter, das die Toleranzvorgaben erfüllt, gemäß der Ungleichung

$$\left| H\left(\frac{v_S}{v_D}\right) \right| = \frac{1}{\left[1 + \dfrac{\varepsilon}{1-\varepsilon}\, T_n^2\left(\dfrac{v_S}{v_D}\right) \right]^{1/2}} \leq \delta \qquad\qquad (7.73)$$

berechnet werden.

Im vorliegenden Fall ist die Ungleichung für n=3 erfüllt, d.h. damit das Filter die Vorgaben erfüllen kann, muß es die Filterordnung drei besitzen.

Ein kontinuierliches Tschebyscheff-Filter vom Grad drei wird im Laplace-Bereich durch die Gleichung (7.74) beschrieben

$$H_a(p) = \frac{B \cdot \Omega_C^3}{\left(p + c_0 \cdot \Omega_C^2\right) \cdot \left(p^2 + p \cdot b_1 \cdot \Omega_C + c_1 \cdot \Omega_C^2\right)} \qquad . \qquad\qquad (7.74)$$

Ω_C legt hierbei das Ende des Welligkeitsbereiches fest. In diesem Fall gilt $\Omega_C \, \hat{=} \, v_C = \frac{2}{T}$. Die Parameter der Filterfunktion ergeben sich zu

$$b_1 \cong 0{,}298\,,$$

$$c_0 \cong 0{,}298\,,$$

$$c_1 \cong 0{,}839\,.$$

Für die Bestimmung dieser Werte sei auf die Literatur [Johnson91] verwiesen. Der resultierende kontinuierliche Frequenzgang ergibt sich schließlich zu

$$H_a(p) = \frac{B \cdot \Omega_C^3}{\left(p + c_0 \cdot \Omega_C\right) \cdot \left(p^2 + p \cdot b_1 \cdot \Omega_C + c_1 \cdot \Omega_C^2\right)}$$

$$= \frac{\Omega_C^3 \big/ 4}{\left(p - p_{\infty 1}\right) \cdot \left(p - p_{\infty 2}\right) \cdot \left(p - p_{\infty 3}\right)} \,. \tag{7.75}$$

Es ergeben sich folglich drei Polstellen dieser Funktion bei

$$p_{\infty 1} = \frac{0{,}596}{T}\,, \qquad p_{\infty 2} = \frac{-0{,}298 + j1{,}8075}{T}\,, \qquad p_{\infty 3} = p_{\infty 2}^{*} \,. \tag{7.76}$$

B wird so gewählt, daß $H_a(0) = 1$ gilt. Es ergibt sich folglich $B = \tfrac{1}{4}$.

Als nächster Schritt hierbei ist die bilineare Rücktransformation $H(p) \to H(z)$ mit der Transformationsvorschrift $p = \dfrac{2}{T} \cdot \dfrac{z-1}{z+1}$ durchzuführen. Hierbei ergibt sich

$$H_{\text{bil}}(z) = \frac{2 \big/ T^3}{\left(\dfrac{2}{T} \cdot \dfrac{z-1}{z+1} - p_{\infty 1}\right) \cdot \left(\dfrac{2}{T} \cdot \dfrac{z-1}{z+1} - p_{\infty 2}\right) \cdot \left(\dfrac{2}{T} \cdot \dfrac{z-1}{z+1} - p_{\infty 3}\right)} \,. \tag{7.77}$$

Nach längerer Rechnung ergibt sich daraus

$$H_{\text{bil}}(z) = \tfrac{1}{4} \cdot \frac{z^{-3} + 3 \cdot z^{-2} + 3 \cdot z^{-1} + 1}{-1{,}0818 \cdot z^{-3} + 2{,}2263 \cdot z^{-2} - 1{,}9182 \cdot z^{-1} + 2{,}7738} \,. \tag{7.78}$$

Beispiel zum Filterentwurf mit der impulsinvarianten Transformation

Entwirft man ebenfalls aus einem Tschebyscheff-Filter 3. Ordnung ein rekursives Digitalfilter mit Hilfe der Impulsinvarianzmethode so ergibt sich folgende Übertragungsfunktion im Laplace-Bereich:

$$H_a(p)\Big|_{\Omega_C=\frac{\pi}{2T}} = \frac{B \cdot \dfrac{\pi^3}{8T^3}}{\left(p+c_0 \cdot \dfrac{\pi}{2T}\right) \cdot \left(p^2 + p \cdot b_1 \cdot \dfrac{\pi}{2T} + c_1 \cdot \dfrac{\pi^2}{4T^2}\right)} \;. \tag{7.79}$$

Die Koeffizienten ergeben sich zu

$$b_1 \cong 0{,}298 \;; \quad c_0 \cong 0{,}298 \;; \quad c_1 \cong 0{,}839 \;; \quad B = \tfrac{1}{4} \;.$$

Eine Partialbruchzerlegung liefert folgenden Ausdruck

$$H_a(p) = \frac{A}{p-p_{\infty 1}} + \frac{B}{p-p_{\infty 2}} + \frac{C}{p-p_{\infty 3}} \;, \tag{7.80}$$

mit $A = 0{,}4681$, $\quad B = -0{,}234 - j0{,}0386$, $\quad B = -0{,}234 + j0{,}0386$,

$$p_{\infty 1} = -0{,}468 \;, \quad p_{\infty 2} = -0{,}234 + j1{,}42 \;, \quad p_{\infty 3} = -0{,}234 - j1{,}42 \;.$$

Die Überführung in den z-Bereich mit der impulsinvarianten Transformation ergibt daraus

$$H_{imp}(z) = \frac{A \cdot T}{1 - e^{p_{\infty 1}T} \cdot z^{-1}} + \frac{B \cdot T}{1 - e^{p_{\infty 2}T} \cdot z^{-1}} + \frac{C \cdot T}{1 - e^{p_{\infty 3}T} \cdot z^{-1}} \;. \tag{7.81}$$

Nach längerer Rechnung ergibt sich

$$H_{imp}(z) = \frac{0{,}2204 \cdot z^{-2} + 0{,}2977 \cdot z^{-1}}{-0{,}3922 \cdot z^{-3} + 0{,}7756 \cdot z^{-2} - 0{,}8647 \cdot z^{-1} + 1} \;. \tag{7.82}$$

Der Verlauf des Betrags der Übertragungsfunktionen der beiden Beispielfilter ist in Bild 7.18 dargestellt.

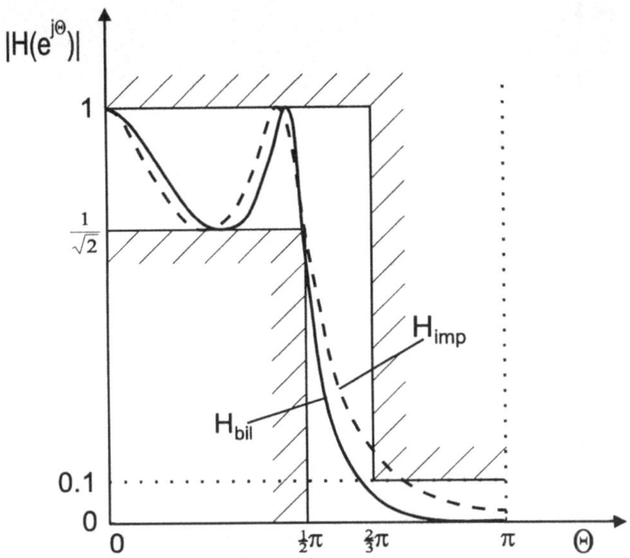

Bild 7.18: Verlauf der Frequenzgänge der beiden Filter

Deutlich zu erkennen ist, daß das mit der Impulsinvarianz-Methode entworfene Filter den geforderten Frequenzgang nicht erreicht. Ein häufiger Grund hierfür ist der Beitrag der Alias-Spektren, die bei der Spiegelfrequenz gewöhnlich nicht ganz abgeklungen sind, und somit zum Originalspektrum hinzuaddiert werden müssen. Die Addition hierbei erfolgt allerdings komplex, so daß dies nicht immer zu einer Erhöhung des Betragsverlaufes führen muß. In gewissen Fällen kann dadurch auch eine Absenkung des Betragsspektrums erreicht werden.

Beim Phasengang (Bild 7.19) weist das steilere Filter ebenfalls einen deutlich steileren Verlauf auf, was sich in einer teilweise recht hohen Gruppenlaufzeit τ für dieses Filter auswirkt, wie in Bild 7.20 zu erkennen ist.

Für verzerrungsempfindliche Signale, dies sind insbesondere Datensignale bzw. Bildsignale, die durch Nachbarimpulsinterferenzen bzw. unsymmetrische Kanten- und Linienübergänge gestört werden können, müssen diese Verläufe entzerrt, d.h. "aufgefüllt" werden. Dies erreicht man durch geeignete Allpaßnetzwerke (siehe Abschnitt 7.1 und weiterführende Literatur [OppSchaf95]).

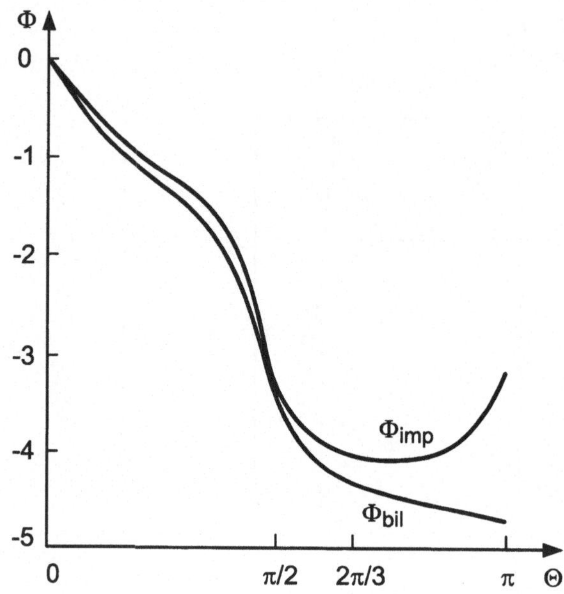

Bild 7.19:   Verlauf des Phasengangs der beiden Filter

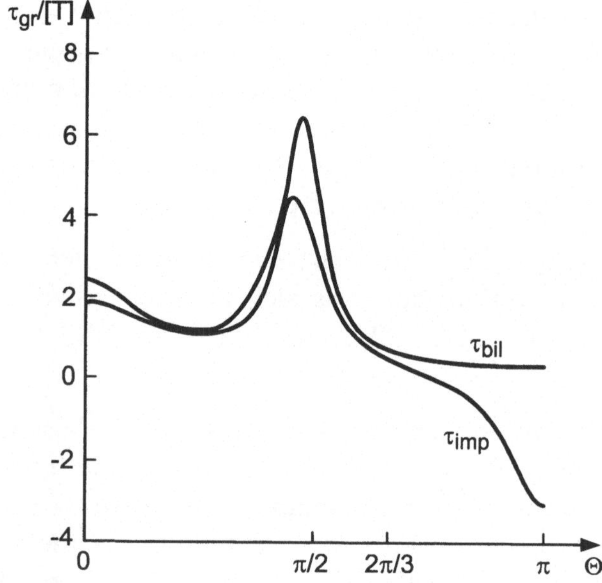

Bild 7.20:   Verlauf der Gruppenlaufzeit der beiden Filter

8 Eigenschaften und Entwurf von FIR-Filtern

8.1 Eigenschaften nichtrekursiver Filter

Wie schon in Kapitel 4 ausgeführt, lassen sich grundsätzlich zwei verschiedene Klassen von Filtern unterscheiden: die nichtrekursiven Filter mit finiter Impulsantwort (FIR-Filter) und allgemeine Filter mit rekursiven Anteilen und mit infiniter Impulsantwort (IIR-Filter). Ein FIR-Filter hat nur Nullstellen in der komplexen z-Ebene und eine Übertragungsfunktion der Form

$$H(z) = \sum_{n=0}^{N-1} h(n) \cdot z^{-n} \quad . \tag{8.1}$$

Nichtrekursive Filter haben einige wichtige Eigenschaften:

- Ein streng linearer Phasengang kann leicht realisiert werden. Ein linearer Phasengang bedeutet eine reine Signalverzögerung ohne Verzerrungen, die sich sonst z.B. in der Impulsantwort als Unsymmetrie (und Ausdehnung) der Überschwinger bemerkbar machen. Dies ist in vielen Anwendungsfällen von großer Bedeutung, so etwa bei der Datenübertragung und der Bildübertragung.

- Stabilität der FIR-Filter ist prinzipiell gegeben und es entfallen somit Stabilitätsüberprüfungen. Dies ist besonders bei variablen Filtern, z.B. adaptiven Filtern von Interesse.

- FIR-Filter sind auf einfache Weise mit Eigenschaften im Frequenz- und Zeitbereich zu entwerfen. "Fensterentwurfstechniken" ermöglichen eine rasche übersichtliche Approximation mit vertretbaren (wenn auch nicht optimalen) Koeffizientenanzahlen.

- Steilflankige Filterfrequenzgänge erfordern größere Koeffizientenan-zahlen, d.h. mehr Aufwand, als bei IIR-Filtern.

- Es existieren "schnelle" Faltungsalgorithmen auf der Basis der FFT, die den FIR-Filteraufwand drastisch reduzieren können.

Offensichtlich eignen sich FIR-Filter gut für eine unmittelbare Umsetzung von *Eigenschaften mit vorgeschriebenem Impuls- oder Sprungantwortverhalten.* Beispielsweise läßt sich eine vorgeschriebene Soll-Impulsantwort mit Koeffizienten $h_s(n)$ direkt in einem FIR-Filter des Grades (N-1) mit einer Impulsantwort $h_i(n)$ realisieren

$$h_s(n) = h_i(n) = \begin{cases} h_s(n) & 0 \le n \le N-1 \\ 0 & \text{sonst} \end{cases} . \qquad (8.2)$$

In ähnlicher Weise gilt bei vorgegebener Soll-Sprungantwort mit

$$h_{s1}(n) = \sum_{\ell=0}^{n} h_s(\ell) = \begin{cases} 0 & n < 0 \\ h_{s1}(n) & 0 \le n \le N-1 \\ \text{const} & n \ge N \end{cases} \qquad (8.3)$$

für das zu realisierende Filter mit der Sprungantwort $h_{i1}(n)$

$$h_{s1}(n) = h_{i1}(n) = \sum_{\ell=0}^{n} h_s(\ell) = \sum_{\ell=0}^{n} h_i(\ell) ,$$

$$h_{s1}(n) = \underbrace{\sum_{\ell=0}^{n-1} h_i(\ell)}_{h_{s1}(n-1)} + h_i(n) . \qquad (8.4)$$

Daraus folgt für die zu realisierende Impulsantwort des "sprungantworttreuen" FIR-Filters

$$h_i(n) = h_{s1}(n) - h_{s1}(n-1) , \qquad (8.5)$$

so daß sich die Koeffizienten des nichtrekursiven Filters aus der Differenz benachbarter Werte der vorgegebenen Sprungantwort ermitteln lassen. Ähnlich einfache Zusammenhänge lassen sich auch für andere im Zeitbereich vorgegebene Eigenschaften angeben.

Wegen ihrer Bedeutung sei im folgenden die Eigenschaft der Linearphasigkeit von FIR-Filtern noch näher erläutert.

Gegeben sei ein FIR-Filter der Länge N mit einem Frequenzgang

$$H\left(e^{j\Theta}\right) = \sum_{n=0}^{N-1} h(n) \cdot e^{-jn\Theta} \quad . \tag{8.6}$$

Ein verallgemeinerter linearer Phasengang ist dann gegeben, wenn gilt (Definition)

$$H\left(e^{j\Theta}\right) = H_1(\Theta) \cdot e^{-j(\alpha \cdot \Theta + \beta)} \quad , \tag{8.7}$$

mit $H_1(\Theta)$ einer reellen und geraden Funktion in Θ. Der Phasengang von $H\left(e^{j\Theta}\right)$ ist dann

$$\arg\left[H\left(e^{j\Theta}\right)\right] = \begin{cases} -\alpha \cdot \Theta - \beta & H_1(\Theta) > 0 \\ -\alpha \cdot \Theta - \beta - \pi & H_1(\Theta) < 0 \end{cases} \tag{8.8}$$

mit $(-\alpha \cdot \Theta)$ einer Verzögerung um α Abtastperioden und möglichen Phasensprüngen um π entsprechend dem Vorzeichenwechsel der Betragsfunktion $H_1(\Theta)$. Es läßt sich durch Ermittlung des Phasenganges in Glg. (8.6) und Vergleich mit Glg. (8.7) zeigen, daß *vier Fälle mit linearem Phasengang* bei einem FIR-Filter zu betrachten sind (vgl. Tabelle 8.1):

- Geradsymmetrie der Impulsantwort bei ungerader und bei gerader Koeffizientenanzahl,

- Ungeradsymmetrie ebenfalls bei ungerader und gerader Koeffizientenanzahl.

Beispielhaft sei hier der Fall der Gerad- und Ungeradsymmetrie der Impulsantwort bei ungerader Koeffizientenanzahl betrachtet. Es gilt bei Geradsymmetrie mit N=2M+1 Koeffizienten

$$h(N - 1 - n) = h(n) \tag{8.9}$$

Tabelle 8.1:   FIR-Filter, Impulsantworten mit linearer Phase, Filtertypen

<table>
<tr><td colspan="2" align="center">Geradsymmetrie</td></tr>
<tr><td>ungerade Koeffizientenzahl</td><td>gerade Koeffizientenzahl</td></tr>
<tr>
<td>

$N = 2M + 1$ und

$h(M + k) = h(M - k)$

$H(e^{j\Theta}) = H_1(\Theta) \cdot e^{-jM\Theta}$

$H_1(\Theta) = 2\sum_{k=1}^{M} h(M + k) \cos[k\Theta]$

</td>
<td>

$N = 2M$ und

$h(M + k - 1) = h(M - k)$

$H(e^{j\Theta}) = H_1(\Theta) \cdot e^{-j\left(M-\frac{1}{2}\right)\Theta}$

$H_1(\Theta) = 2\sum_{k=1}^{M} h(M + k - 1) \cos\left[\left(k - \tfrac{1}{2}\right)\Theta\right]$

</td>
</tr>
<tr><td colspan="2" align="center">Ungeradsymmetrie</td></tr>
<tr><td>ungerade Koeffizientenzahl</td><td>gerade Koeffizientenzahl</td></tr>
<tr>
<td>

$N = 2M + 1$ und

$h(M + k) = -h(M - k)$

$H(e^{j\Theta}) = H_1(\Theta) \cdot e^{-j\left(M\Theta+\frac{\pi}{2}\right)}$

$H_1(\Theta) = 2\sum_{k=1}^{M} h(M - k) \sin[k\Theta]$

</td>
<td>

$N = 2M$ und

$h(M + k - 1) = -h(M - k)$

$H(e^{j\Theta}) = H_1(\Theta) \cdot e^{-j\left[\left(M-\frac{1}{2}\right)\Theta+\frac{\pi}{2}\right]}$

$H_1(\Theta) = 2\sum_{k=1}^{M} h(M + k - 1) \sin\left[\left(k - \tfrac{1}{2}\right)\Theta\right]$

</td>
</tr>
</table>

und mit der Substitution $k = n - M$ folgt

$$h(M + k) = h(M - k) \quad , \tag{8.10}$$

$$H\left(e^{j\Theta}\right) = \sum_{k=-M}^{M} h(M+k) \cdot e^{-j(k+M)\cdot\Theta}$$

$$= \left[h(M) + 2 \cdot \sum_{k=1}^{M} h(M+k) \cdot \cos(k \cdot \Theta) \right] \cdot e^{-jM\Theta} \quad , \qquad (8.11)$$

$$= H_1(\Theta) \cdot e^{-j(\alpha\cdot\Theta+\beta)}$$

$$\alpha = M,$$
$$\beta = 0 \qquad\qquad\qquad\qquad\qquad\qquad (8.12)$$

$$H_1(\Theta) = h(M) + 2 \cdot \sum_{k=1}^{M} h(M+k) \cdot \cos(k \cdot \Theta) \ .$$

Entsprechend läßt sich das Übertragungsverhalten auch bei gerader (N=2·M) Anzahl von Koeffizienten und für Ungeradsymmetrie ableiten (siehe Tabelle 8.1).

8.2 FIR-Filter-Entwurf, Minimierung der mittleren quadratischen Abweichung

Als erstes Entwurfskriterium wird hier die Minimierung der mittleren quadratischen Abweichung (MQF) eines Sollfrequenzganges vom Approximationsfrequenzgang betrachtet [RobMull87]. Vorgegeben sei ein Sollfrequenzgang, der über die Koeffizienten der reellwertigen Sollimpulsantwort als Fouriertransformierte diskreter Originalsignale dargestellt werden kann

$$H_s\left(e^{j\Theta}\right) = \sum_{n=-\infty}^{\infty} h_s(n) \cdot e^{-jn\Theta} \quad , \qquad\qquad (8.13)$$

mit

$$h_s(n) = \frac{1}{2\pi} \int_{-\pi}^{\pi} H_s\left(e^{j\Theta}\right) \cdot e^{jn\Theta} \ d\Theta \quad . \qquad\qquad (8.14)$$

Es ist das Ziel, mit einem FIR-Filter endliche Länge und damit einem Frequenzgang

$$H_i\left(e^{j\Theta}\right) = \sum_{n=n_1}^{n_2} h_i(n) \cdot e^{-jn\Theta}$$

(8.15)

den vorgegebenen Frequenzgang $H_s\left(e^{j\Theta}\right)$ anzunähern. Dies soll derart erfolgen, daß die mittlere quadratische Abweichung im Intervall $[-\pi, \pi]$ minimal wird:

$$E = \frac{1}{2\pi} \int_{-\pi}^{\pi} \left|H_s\left(e^{j\Theta}\right) - H_i\left(e^{j\Theta}\right)\right|^2 \, d\Theta \overset{!}{=} \text{Minimum} \quad .$$

(8.16)

Mit der Parseval-Gleichung (*Gleichheit des Energieinhalts im Zeit- und Frequenzbereich*) ergibt sich E zu

$$E = \sum_{n=-\infty}^{\infty} \left|h_s(n) - h_i(n)\right|^2 \overset{!}{=} \text{Minimum} \quad .$$

(8.17)

Die Lösung von (8.17) führt offensichtlich auf die Wahl

$$h_s(n) = h_i(n) \qquad \text{für} \quad n_1 \leq n \leq n_2 \quad ,$$

(8.18)

d.h. es gilt

$$h_i(n) = h_s(n) = \frac{1}{2\pi} \int_{-\pi}^{\pi} H_s\left(e^{j\Theta}\right) \cdot e^{jn\Theta} \, d\Theta \quad .$$

(8.19)

Die Koeffizienten des FIR-Filters ergeben sich aus der abgebrochenen Reihe der Fourierkoeffizienten für die Übertragungsfunktion $H_s\left(e^{j\Theta}\right)$.

Beispiel: Approximation eines idealen Tiefpasses

Entworfen werden soll ein FIR-Filter mit $N = 7$ Koeffizienten, das einen idealen Tiefpaß mit der Grenzfrequenz $\Theta_g = 0{,}3\pi$ annähert. (Das heißt z.B., für einen Tiefpaß zur Filterung von Fernsehbildsignalen bei einer Abtastfrequenz von 13,5 MHz, also mit einer Systemgrenzfrequenz von

6,75 MHz, ist ein Durchlaßband mit 2,025 MHz Grenzfrequenz mit dem gewünschten Tiefpaß auszufiltern.) Der Sollfrequenzgang ist

$$H_s\left(e^{j\Theta}\right) = \begin{cases} 1 & -0,3\pi \le \Theta \le 0,3\pi \\ 0 & 0,3\pi \le |\Theta| \le \pi \end{cases} , \tag{8.20}$$

und im Sinne des MQF ist dann zu wählen

$$h_i(k) = h_s(k) = \frac{1}{2\pi} \int_{-0,3\pi}^{0,3\pi} e^{jk\Theta}\, d\Theta = 0,3 \cdot si\left(0,3k\pi\right) \tag{8.21}$$

$$k = 0, \pm 1, \pm 2, \pm 3$$

Die Filterkoeffizienten ergeben sich zu

$$\left\{h_i(k)\right\} = 0,3 \cdot \left\{0,11;\ 0,5;\ 0,86;\ 1,0;\ 0,86;\ 0,5;\ 0,11\right\} \quad . \tag{8.22}$$

Der resultierende Frequenzgang ist

$$\begin{aligned} H_i\left(e^{j\Theta}\right) &= e^{-j3\Theta}\left[\sum_{k=-3}^{3} 0,3 \cdot si\left(0,3k\pi\right) \cdot e^{-jk\Theta}\right] \\ &= e^{-j3\Theta}\left[0,3 + 0,6 \cdot \sum_{k=1}^{3} si\left(0,3k\pi\right) \cdot \cos(k\Theta)\right] \quad . \end{aligned} \tag{8.23}$$

Bild 8.1 zeigt Sollimpulsantwort und Koeffizienten des entworfenen Transversalfilters.

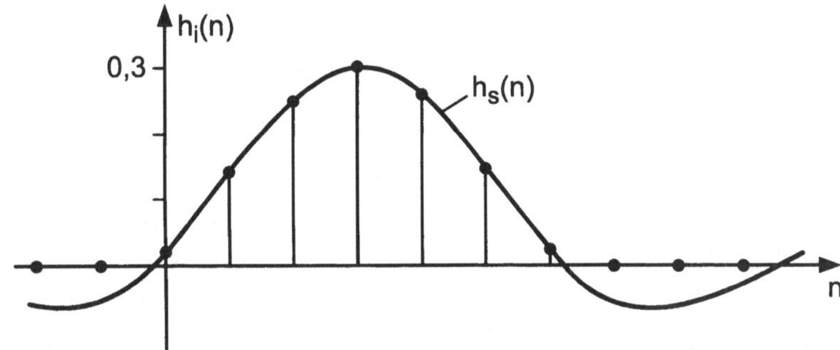

Bild 8.1:   Sollimpulsantwort und Koeffizienten des Transversalfilters, N=7

Offensichtlich entsteht die zu realisierende Impulsantwort durch Ausschnittbildung (Fensterfunktion) aus den Abtastwerten der Sollimpulsantwort. Bild 8.2 zeigt den Sollfrequenzgang und dessen Approximationen, sowie die zugehörigen Phasengänge für N=7 und N=19 Koeffizienten.

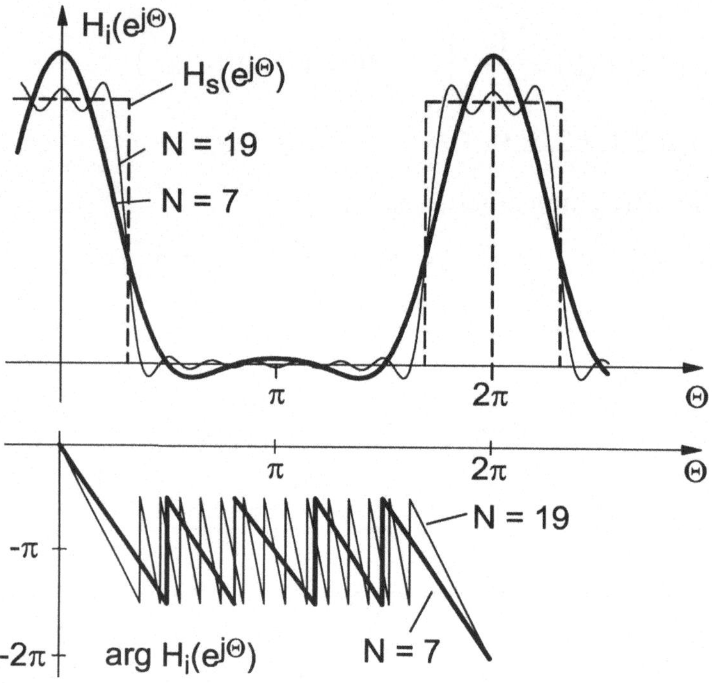

Bild 8.2:   Frequenz- und Phasengänge des Tiefpasses mit N=7 und N=19
                      Koeffizienten

Insgesamt handelt es sich hier um eine Fourierreihe für eine Rechteckschwingung mit der bekannten schlechten Approximationsgüte proportional zur Koeffizientenzahl. Bekanntlich ist die Approximationsgüte speziell an den Sprungstellen aufgrund des *"Gibb'schen Phänomens"* sehr schlecht. Auch eine verbesserte Approximation mit 19 Koeffizienten verringert zwar die Welligkeit, führt aber im Flankenbereich weiterhin zu deutlichen Abweichungen (siehe Bild 8.2).

Die zugehörige Schaltung (für N=7) zeigt Bild 8.3 in Form des Signalflußgraphen, bei dem die Symmetrien aufgrund der linearen Phase zur Reduktion der Anzahl von Multiplizierern ausgenutzt wurden.

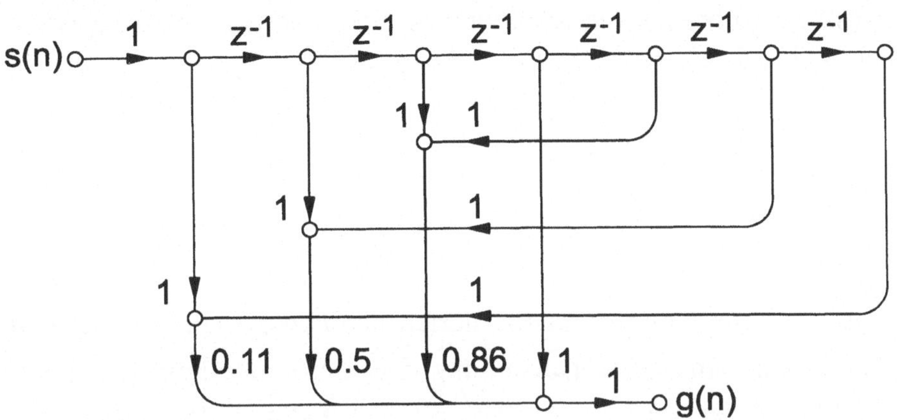

Bild 8.3:   Signalflußgraph des Tiefpasses linearer Phase mit N=7 Koeffizienten

MQF-Kriterium und Fenstersequenzen

Die Minimierung des mittleren quadratischen Fehlers nach (8.16) führt auf die der Einfachheit halber für ein nichtkausales FIR-Filter angegebene Lösung:

$$h_s(k) = h_i(k) \qquad -\frac{N-1}{2} \le k \le \frac{N-1}{2} \quad , \tag{8.24}$$

d.h. die Koeffizienten des realisierten FIR-Filters stellen einen Ausschnitt aus der Impulsantwort des vorgegebenen Filters dar. Es kann somit die realisierte Impulsantwort auch als Produkt der gewünschten Impulsantwort mit einer rechteckförmigen Fenstersequenz dargestellt werden

$$h_i(k) = h_s(k) \cdot f_N(k) \quad , \tag{8.25}$$

mit

$$f_N(k) = \begin{cases} 1 & -\dfrac{N-1}{2} \le k \le \dfrac{N-1}{2} \\ 0 & \text{sonst} \end{cases} \quad . \tag{8.26}$$

Aus (8.25) ergibt sich die resultierende Übertragungsfunktion (vgl. Abschnitt 4.4 und 6.1 zur Ausschnittbildung) zu

$$\begin{aligned} H_i\left(e^{j\Theta}\right) &= \frac{1}{2\pi} H_s\left(e^{j\Theta}\right) * F_N\left(e^{j\Theta}\right) \\ &= \frac{1}{2\pi} \int_{-\pi}^{\pi} H_s\left(e^{j\Phi}\right) \cdot F_N\left(e^{j(\Theta-\Phi)}\right) d\Phi \quad , \end{aligned} \tag{8.27}$$

mit $F_N\left(e^{j\Theta}\right)$ der Fouriertransformierten der Fenstersequenz. Gleichung (8.27) ist eine alternative Darstellung der approximierten Filterfunktion $H_i\left(e^{j\Theta}\right)$ auf der Basis einer periodischen Faltung der vorgegebenen Funktion $H_s\left(e^{j\Theta}\right)$ mit einer verfälschenden, "verschmierenden" Fenstertransformierten $F_N\left(e^{j\Theta}\right)$. Fehlerfrei wäre die Approximation nur, wenn die Fenstertransformierte zur Dirac-Impuls-Folge würde (die sich für die unendliche Abtastwerteanzahl eines unendlich großen Fenstern einstellt).

Ersichtlich besteht eine Optimierungsmöglichkeit darin, Fenstersequenzen zu suchen, die einerseits eine kurze Transversalfilterlänge garantieren, andererseits aber eine möglichst gute Frequenzapproximation bieten. Betrachtet werde hierzu nochmals die rechteckförmige Fenstersequenz nach (8.26). Ihre Fouriertransformierte war mit (4.90) angegeben worden:

$$F_N\left(e^{j\Theta}\right) = \frac{\sin\left(\dfrac{N\cdot\Theta}{2}\right)}{\sin\left(\dfrac{\Theta}{2}\right)} \quad . \tag{8.28}$$

Bild 8.4 zeigt diese Transformierte für zwei verschiedene Fensterlängen N=7 und N=19. Ersichtlich nimmt mit steigender Fenstersequenzlänge das Überschwingen ab. Jedoch gilt dies praktisch nicht für den ersten Überschwinger, der nahezu unabhängig von N seinen Wert behält. In jedem Fall führt die Faltung in (8.27) mit einer Fenstertransformierten nach (8.28) zu einer Welligkeit im Durchlaßbereich und im Sperrbereich des zu approximierenden Filters aufgrund der Überschwinger. Man bezeichnet diesen Effekt auch als "window leakage" und mißt diesen Leckeffekt z.B. als Verhältnis des Hauptwertes zum ersten Überschwinger.

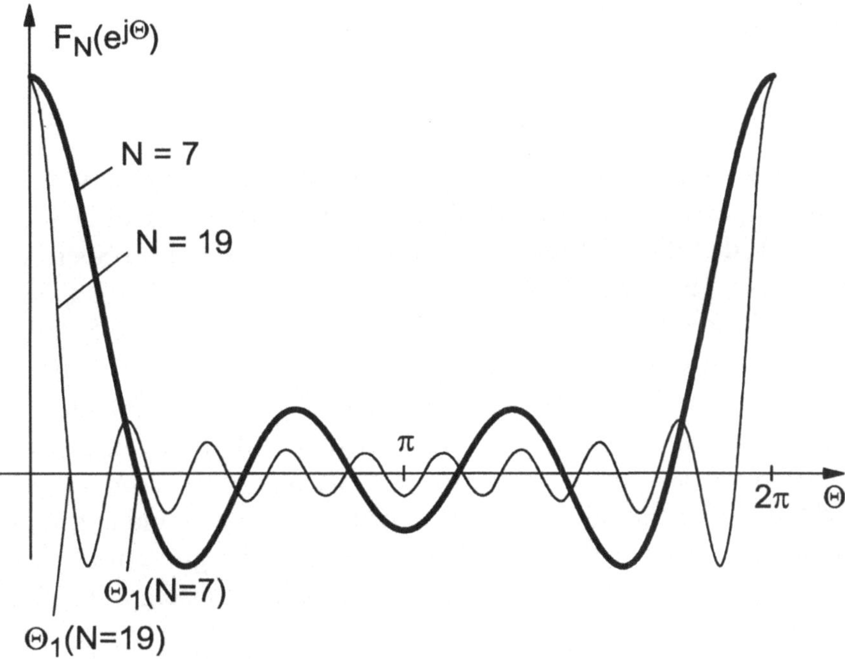

Bild 8.4:   Transformierte der Fenstersequenz für Fensterlängen N=7 und N=19

Für die oben betrachtete rechteckförmige Fenstersequenz ergibt sich ein Überschwinger-Hauptwert-Verhältnis von

$$r = \frac{\left|\text{Hauptwert}\right|}{\left|\text{1. Überschwinger}\right|} = 4{,}56 \quad . \tag{8.29}$$

Der Hauptwert ist gleich N, der erste Überschwinger tritt etwa an der Stelle $\Theta = \frac{3\pi}{N}$ auf und erreicht dort einen Wert von etwa 21%, unabhängig von N.

Die *Weite des Hauptschwingers* bestimmt die Länge des Überganges zwischen Sperr- und Durchlaßbereich. Diese Weite bestimmt gewissermaßen die Auflösung der Fenstersequenz. Für die betrachtete Fenstersequenz kann diese über den ersten Nulldurchgang angegeben werden, der sich an der Stelle $N \cdot \frac{\Theta_1}{2} = \pi$ ergibt. Dies bedeutet, daß $\Theta_1 = \frac{2\pi}{N}$ rad ist, bzw. mit $\Theta = \omega \cdot T = 2\pi \cdot f \cdot T$ (T: Abtastintervall) folgt für die entsprechende Frequenz

$$f_1 = \frac{1}{N \cdot T} \quad Hz \quad . \tag{8.30}$$

Die Faltung mit dieser Rechtecktransformierten für den Entwurf eines idealen Tiefpasses zeigte weiter vorne Bild 8.2 für $N = 7$ und $N = 19$. Erkennbar ist, daß die Welligkeit im Durchlaßbereich und im Sperrbereich zwar für $N = 19$ stark abnimmt, aber besonders der Maximalwert für $N = 19$ nicht kleiner geworden ist (Gibb'sches Phänomen). Sichtbar ist auch, daß die *Flankenausdehnung zwischen Sperr- und Durchlaßbereich abhängig von der Position der ersten Nullstelle der Fenstersequenztransformierten* sich mit $N = 19$ näherungsweise gedrittelt hat. Insgesamt gesehen ist aber das Rechteckfenster zur Filterapproximation wegen der schlechten Approximierbarkeit von steilen Übergängen und aufgrund der oszillierenden Transformierten schlecht geeignet. Es gibt eine Reihe von Fenstersequenzen mit weitaus besseren Approximationseigenschaften.

Beispiel: Approximation eines Differenzierers

Als weiteres Beispiel (mit linearer Phase, bei ungeradsymmetrischen Koeffizienten) sei ein idealer Differenzierer mit rein imaginärer Übertragungsfunktion betrachtet

$$H_s\left(e^{j\Theta}\right) = j\Theta \qquad -\pi \leq \Theta \leq \pi \quad . \tag{8.31}$$

Die (reelle) Impulsantwort ist ungerade

$$h_s(k) = -h_s(-k) \quad , \tag{8.32}$$

$$h_s(k) = \frac{j}{2\pi} \int_{-\pi}^{\pi} \Theta \cdot e^{jk\Theta}\, d\Theta = -\frac{1}{2\pi} \int_{-\pi}^{\pi} \Theta \cdot \sin(k\Theta)\, d\Theta$$

$$= \frac{\cos(k\pi)}{k} = \frac{(-1)^k}{k}$$

$$(8.33)$$

Wird wiederum eine Approximation mit einem Rechteckfenster bzw. nach dem Kriterium der Minimierung des mittleren quadratischen Fehlers mit $N = 7$ Koeffizienten vorgenommen, so ergibt sich

$$h_s(k) = h_i(k) \qquad , \qquad k = 0, \pm 1, \pm 2, \pm 3$$

$$\{h_i(k)\} = \{\tfrac{1}{3}, -\tfrac{1}{2}, 1, 0, -1, \tfrac{1}{2}, -\tfrac{1}{3}\} \quad .$$

$$(8.34)$$

Der resultierende Frequenzgang ist rein imaginär, es gilt

$$H_i\!\left(e^{j\Theta}\right) = e^{-j3\Theta}\left[\sum_{\substack{k=-3\\k\neq 0}}^{3} \frac{(-1)^k}{k} \cdot e^{-jk\Theta}\right]$$

$$= e^{-j3\Theta}\left[-2j \cdot \sum_{k=1}^{3} \frac{(-1)^k}{k} \cdot \sin(k\Theta)\right] \quad .$$

$$(8.35)$$

Bild 8.5 zeigt Impulsantworten und Frequenzgänge für den Differenzierer mit $N=7$ Koeffizienten.

Die ungeradsymmetrische Impulsantwort korrespondiert mit einer linearen Phase (und Phasensprüngen um π an den Vorzeichenwechseln). Die Approximation der "Sägezahnfunktion" als Übertragungsfunktion des Differenzierers ist besonders im Flankenbereich mäßig, jedenfalls mit $N=7$ Koeffizienten. Den zugehörigen Signalflußgraphen für $N=7$ Koeffizienten zeigt Bild 8.6.

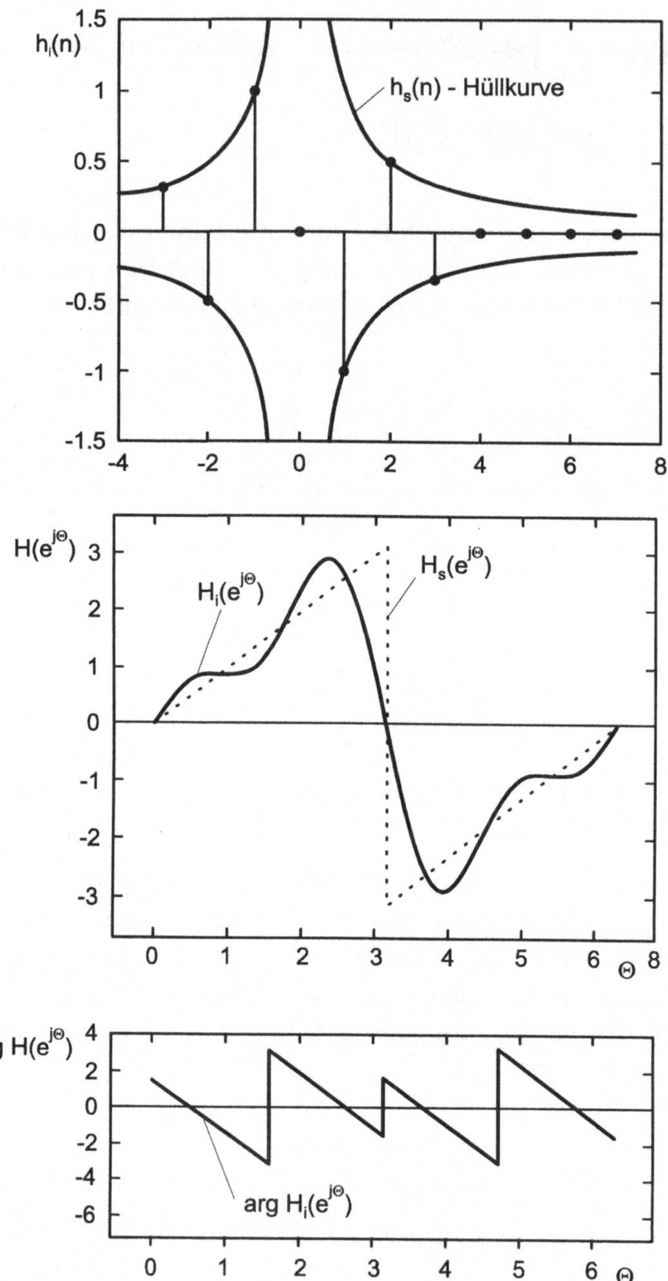

Bild 8.5:   Impulsantwort und Frequenzgänge des Differenzierers für N=7
Koeffizienten

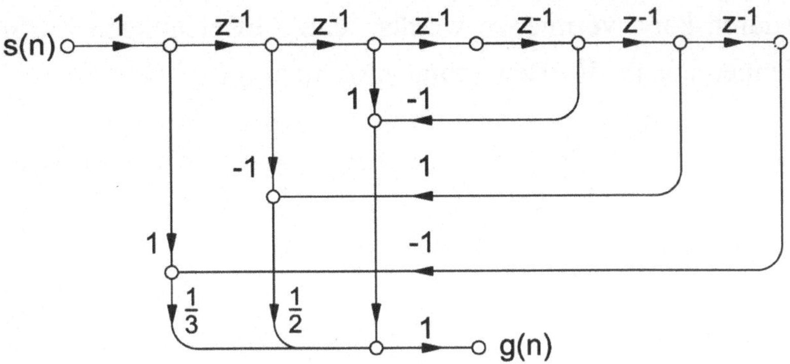

Bild 8.6:   Signalflußgraph des Differenzierers (N=7)

Eine Diskussion der Ergebnisse aus den gezeigten Beispielen zeigt, daß verbesserte Approximationsverfahren notwendig sind. Folgende Möglichkeiten sind hierzu (umfangreiche Übersicht in [ParksBurr87], [OppSchaf95]):

1. Modifikation des Sollfrequenzganges an den Unstetigkeitsstellen, um einen möglichst glatten Verlauf zu erreichen. Hierdurch kann das Gibb'sche Phänomen vermieden werden. Dies ist ein etwas indirektes Vorgehen zur Verbesserung der Approximationsgüte und wird z.B. deutlich aus der Gedankenüberlegung, den Bereich des Differenzierers in Bild 8.5 mit linearem Frequenzanstieg zu halbieren. Dann ist nicht mehr eine Sägezahnfunktion mit Koeffizientenproportionalität 1/k zu approximieren, sondern eine symmetrische Dreiecksfunktion (Koeffizientenproportionalität $1/k^2$). Offensichtlich gelingt diese Approximation besser um den Preis eines eingeschränkten Frequenzbereiches. (Natürlich ist auch eine Ausrundung mit geringerem Bandbreitenbedarf möglich und sinnvoll.)

2. Modifikation des Qualitätskriteriums (8.16) durch eine Gewichtsfunktion, d.h. also die Minimierung eines frequenzabhängig gewichteten mittleren quadratischen Fehlers [ParksBurr87]

$$E_g = \frac{1}{2\pi} \int\limits_{-\pi}^{\pi} \left| H_s\left(e^{j\Theta}\right) - H_i\left(e^{j\Theta}\right) \right|^2 \cdot G\left(e^{j\Theta}\right) d\Theta \overset{!}{=} \text{Minimum} \quad . \quad (8.36)$$

Hierdurch kann vermieden werden, daß Abweichungen im Sprungstellenbereich in die Bewertung eingehen $\left(G(e^{j\Theta_0}) = 0\right)$. Auf diese Weise kann die Approximationsgüte wesentlich verbessert werden. Die Lösung von (8.36) erfolgt über ein lineares Gleichungssystem

$$\frac{\partial E_g}{\partial h_i(\lambda)} = 0 \qquad , \qquad \lambda = 0, 1, \ldots, N-1 \quad . \tag{8.37}$$

3. Anstelle des harten Abbrechens der Impulsantwort beim zu realisierenden Filter wird die Sollimpulsantwort durch eine weicher ausklingende "Fenstersequenz" bewertet. Hierdurch kann eine hervorragende Approximationsgüte erreicht werden [ParksBurr87]. Diese Methode wird im Abschnitt 8.3 ausführlich behandelt.

4. Eine optimale Ausnutzung des Toleranzschemas läßt sich mit Hilfe einer Tschebyscheff-Approximation erreichen. Wurde beim MQF-Kriterium die Energie der Abweichung $H_s\left(e^{j\Theta}\right) - H_i\left(e^{j\Theta}\right)$ minimiert, so wird hier die Maximalabweichung minimiert [ParksBurr87].

Für diese Aufgabenstellung gibt es Lösungen in Form numerischer Verfahren auf der Basis der Tschebyscheff-Polynome. Dies wird in Abschnitt 8.4 dargestellt.

8.3   FIR-Filterentwurf mit Fenstersequenzen

Für die rechteckförmig begrenzte Impulsantwort gilt (8.25)

$$h_{ir}(n) = h_s(n) \cdot f_N(n) \quad , \tag{8.38}$$

mit $f_N(k)$ der rechteckförmig begrenzten Fenstersequenz nach (8.26).

Mit Hilfe einer allgemeinen Fenstersequenz, die die Abbruchfehler reduziert, läßt sich die Approximationsgüte wesentlich verbessern. Es wird hierzu

$$h_i(k) = h_s(k) \cdot f(k) \quad , \qquad -\frac{N-1}{2} \le k \le \frac{N-1}{2} \tag{8.39}$$

gesetzt, mit der Fenstersequenz $f(k)$, die weiterhin begrenzt sein soll:

$$f(k) = \begin{cases} f(k) & -\dfrac{N-1}{2} \le k \le \dfrac{N-1}{2} \\ 0 & \text{sonst} \end{cases} \tag{8.40}$$

Daraus erwächst die Aufgabe, f(k) so zu formen, daß der zwangsläufige Abbruchfehler aufgrund der endlichen Filterlänge sich möglichst nicht auswirkt. Die resultierende Übertragungsfunktion ergibt sich dann aus der Faltung des Sollfrequenzganges mit der Fouriertransformierten $F(e^{j\Theta})$ der Fenstersequenz

$$\begin{aligned} H_i(e^{j\Theta}) &= \frac{1}{2\pi} H_s(e^{j\Theta}) * F(e^{j\Theta}) \\ &= \frac{1}{2\pi} \int_{-\pi}^{\pi} H_s(e^{j\Phi}) \cdot F(e^{j(\Theta-\Phi)}) \, d\Phi \quad . \end{aligned} \tag{8.41}$$

Für die Auswahl von Fenstersequenzen gibt es verschiedene Gesichtspunkte (Einfluß auf Flanken, Welligkeit, etc.), die anhand einzelner ausgewählter Beispiele dargestellt werden sollen. Dabei wird auch deutlich, *daß mit solchen Fenstersequenzen ein einfacher, übersichtlicher Entwurf* mit nur wenigen durchzuführenden Berechnungen möglich ist (umfangreiche Darstellung in [OppSchaf95]).

Eine Auswahl wichtiger Fenstersequenzen ist in Tabelle 8.2 mit ihren Definitionen und für eine Fensterlänge N=19 mit den Eigenschaften Hauptwert-Überschwinger Verhältnis r und Weite Θ_1 des Hauptmaximums der zugehörigen Fouriertransformierten angegeben. Skizzen einiger Sequenzen und von einigen zugehörigen Fouriertransformierten sind in den Bildern 8.8 und 8.9 dargestellt.

Erwartungsgemäß ist für weich ausklingende Fenster deren Fouriertransformierte deutlich weniger wellig und das Hauptwert-Überschwinger-Verhältnis r entsprechend größer. Andererseits ergibt sich dann auch eine größere Hauptschwingerweite Θ_1 (1. Nullstelle der Fouriertransformierten). Dementsprechend ist das Ergebnis eines entworfenen Tiefpasses (19 Koeffizienten) mit der nominellen Grenzfrequenz bei $\Theta_g = 0{,}3\pi$. Für das Hanningfenster (Bild 8.7) ist die Welligkeit in Durchlaß- und Sperrbereich gering, aber dafür die Flanke nahezu doppelt so lang wie bei der Rechteckfensterapproximation.

Tabelle 8.2: Eigenschaften verschiedener Fenstersequenzen, Fensterweite N=2M+1, (hier N=19)

Fenstersequenz, Definition	$r = \dfrac{\text{Hauptwert}}{\text{1. Überschwinger}}$ für N= 19	Weite Θ_1 des Hauptmaximums
Rechteck $$f_N(k) = \begin{cases} 1 & |k| \le M \\ 0 & \text{sonst} \end{cases}$$	$r = 4{,}56$	$\Theta_1 = 0{,}105\pi$
Hanning[1] **(α=0.5)** **Hamming (α=0.54):** $$f_H(k) = f_N(k)\left[\alpha + (1-\alpha)\cos\left(\tfrac{2\pi}{N-1}k\right)\right]$$	**Hanning** $r = 37{,}51$ **Hamming** $r = 110{,}96$	**Hanning** $\Theta_1 = 0{,}22\pi$ **Hamming** $\Theta_1 = 0{,}24\pi$
Bartlett $$f_B(k) = f_N(k)\left[1 - \tfrac{|k|}{M+1}\right]$$	$r = 19{,}79$	$\Theta_1 = 0{,}2\pi$
Blackman $$f_B(k) = f_N(k)\left[0{,}42 + 0{,}5\cdot\cos\left(\tfrac{2\pi}{N-1}k\right) + 0{,}08\cdot\cos\left(\tfrac{4\pi}{N-1}k\right)\right]$$	$r = 826{,}14$	$\Theta_1 = 0{,}34\pi$

[1] Bei der Definition des Hanning-Fensters ist darauf zu achten, daß in der Literatur z.T. leicht unterschiedliche Definitionen existieren, die sich dadurch unterscheiden, ob die Außenwerte des Fensters zu Null gesetzt werden oder nicht.

Kaiser	für $\alpha = 2{,}12$	
	$r = 9{,}77$	$\Theta_1 = 0{,}13\pi$
$f_K(k) = f_N(k) I_0\!\left(\dfrac{\alpha \cdot \sqrt{1-\left(\frac{k}{M}\right)^2}}{I_0(\alpha)} \right)$	für $\alpha = 4{,}538$	
	$r = 59{,}6$	$\Theta_1 = 0{,}197\pi$
α: Steuerparameter für Flanken-steilheit bzw. Restwelligkeit		
Cosinus-Roll-Off-Fenster	mit $\dfrac{\Theta_x}{\Theta_g} = 0{,}45$	
$f_M(k) = f_N(k)\,\dfrac{\cos\left(\Theta_x \cdot k\right)}{1 - \left(\frac{2}{\pi}\Theta_x \cdot k\right)^2}$	$r = 23{,}81$	$\Theta_1 = 0{,}16\pi$
$2\Theta_x =$ Länge der Cosinusflanke		

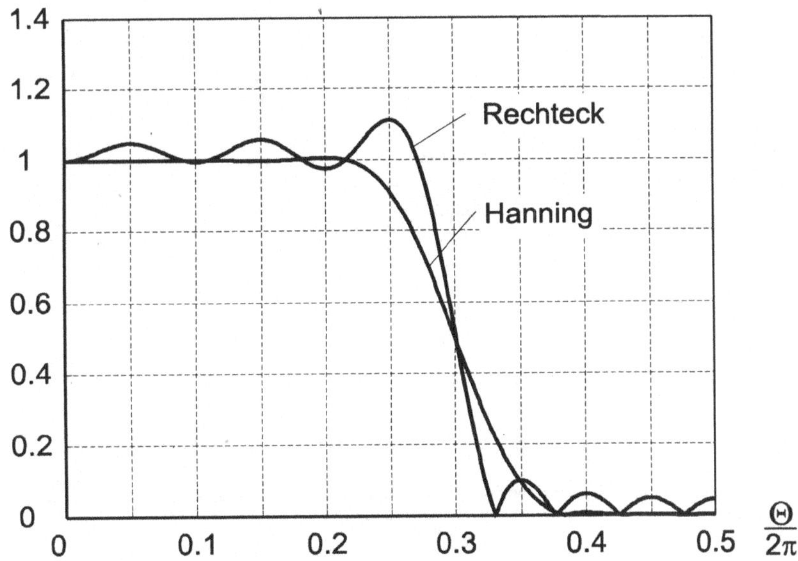

Bild 8.7: Tiefpaßentwurf mit Rechteck- und Hanning-Fenster, Grenzfrequenz $\Theta_g = 0{,}3\,\pi$, Koeffizientenanzahl N=19

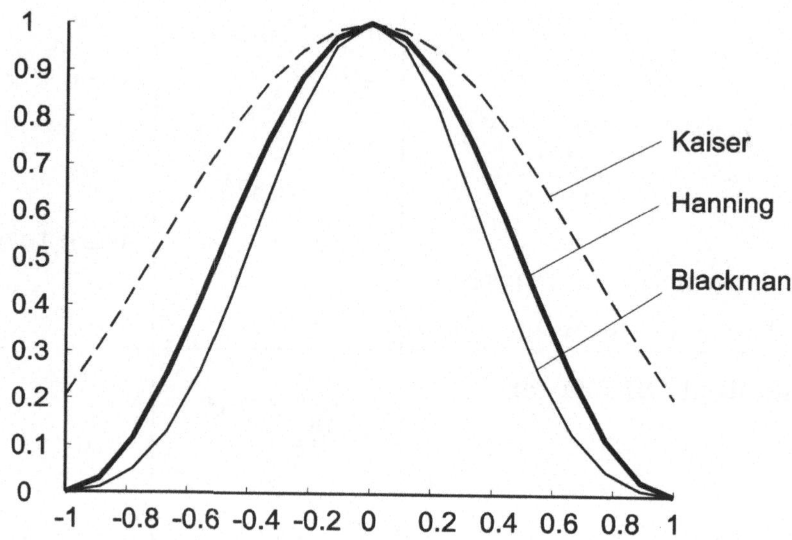

Bild 8.8: Fenstersequenzen (Kaiser, Hanning, Blackman)

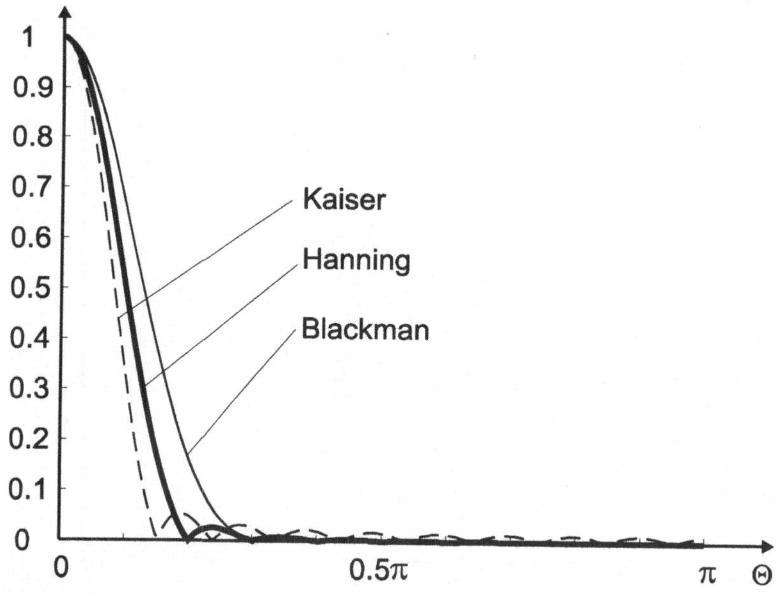

Bild 8.9: Fouriertransformierte von Fenstersequenzen (Kaiser, Hanning, Blackman)

Kaiserfenstersequenz

Das Kaiserfenster spielt eine besondere Rolle unter den Fenstersequenzen, weil es aus der Überlegung einer *maximalen Energiekonzentration in einem ausgewählten Frequenzbereich bei gleichzeitig strenger Begrenzung im Zeit- bzw. Sequenzbereich* entstanden ist. Für diese Optimierung ergeben sich spezielle Funktionen ("prolate spheroidal wave functions"), für die Kaiser, siehe z.B. [RabGold75], eine Näherung über die Besselfunktion I_0 (modifizierte Besselfunktion erster Art, nullter Ordnung) angibt

$$f_k(k) = f_N(k) \cdot \frac{I_0\left[\alpha \cdot \sqrt{1 - \left(\frac{2k}{N-1}\right)^2}\right]}{I_0(\alpha)} \; . \tag{8.42}$$

α ist hierin ein Parameter, der es gestattet, Flankensteilheit gegen Welligkeit auszutauschen. Die verwendete Besselfunktion läßt sich durch eine Potenzreihe annähern

$$I_0(x) = 1 + \sum_{j=1}^{\infty} \frac{\left(\frac{x}{2}\right)^{2j}}{(j!)^2} \; . \tag{8.43}$$

Bild 8.10 zeigt eine Kaiserfenstersequenz für $\alpha = 2{,}12$ sowie die zugehörigen Fouriertransformierten für $N = 19$ Koeffizienten. Ein Vergleich mit dem Rechteckfenster zeigt für $\alpha = 2{,}12$ eine drastische Reduzierung der Überschwinger ($r = 9{,}77$), aber die Auflösung sinkt bei weitem nicht im gleichen Maße. Die Position der ersten Nullstelle liegt bei $\Theta = 0{,}15\pi$ gegenüber $\Theta = 0{,}15\pi$ beim Rechteckfenster. Die Approximation des Tiefpasses ($N = 19$, $\Theta_g = 0{,}3\pi$) zeigt Bild 8.11.

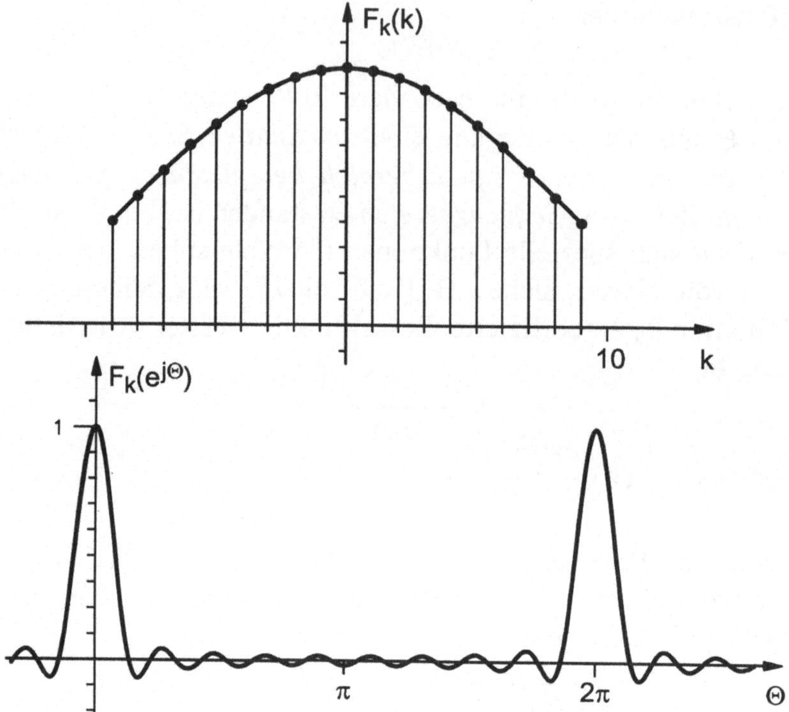

Bild 8.10:   Kaiserfenstersequenz ($\alpha = 2{,}12$) und Fouriertransformierte

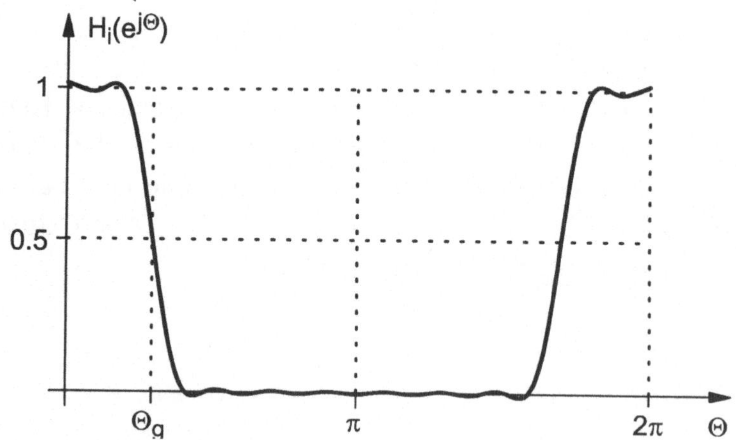

Bild 8.11:   Tiefpaßentwurf mit Kaiserfenster ($\alpha = 2{,}12$), Grenzfrequenz $\Theta_g = 0{,}3\pi$,
Koeffizientenzahl $N = 19$

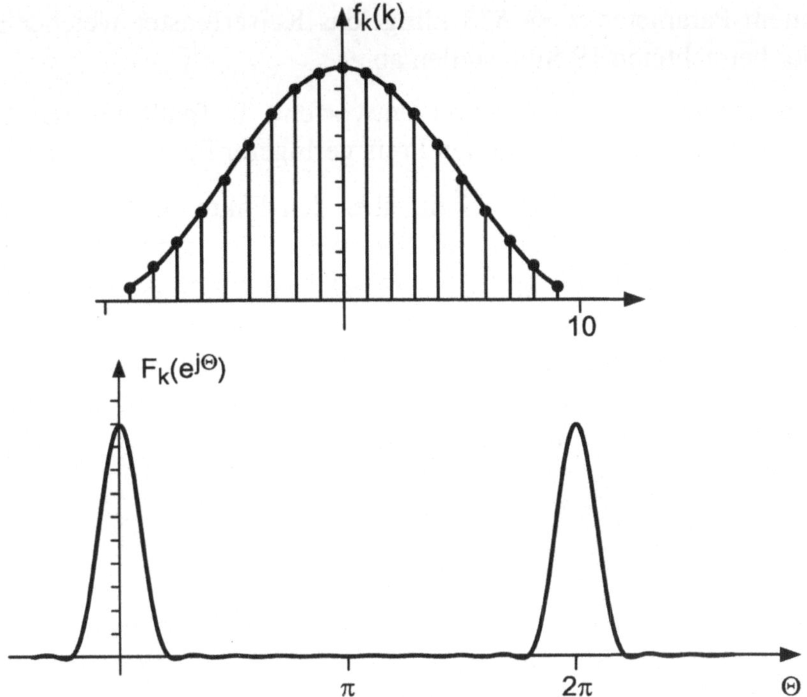

Bild 8.12: Kaiserfenstersequenz ($\alpha = 4{,}538$) und Fouriertransformierte

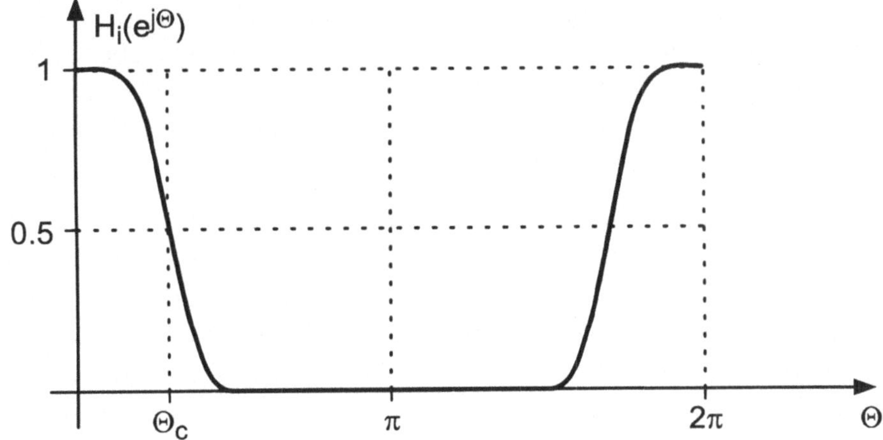

Bild 8.13: Tiefpaßentwurf mit Kaiserfenster ($\alpha = 4{,}538$), Grenzfrequenz $\Theta_g = 0{,}3\pi$, $N = 19$ Koeffizienten

Mit einem Parameter $\alpha = 4{,}538$ klingt das Kaiserfenster weicher innerhalb der betrachteten 19 Stützstellen ab.

Erwartungsgemäß ist das hiermit entworfene Tiefpaßfilter (Bild 8.13)
praktisch ohne Welligkeit, um den Preis geringerer Flankensteilheit.

Erkennbar besteht die Möglichkeit, über den Faktor α Flankensteilheit
und Welligkeit im Durchlaß- und Sperrbereich zu steuern. Kaiser gibt
hierfür Richtwerte an (für große N), so daß es möglich ist, aus einer Vorgabe der minimalen Sperrdämpfung bzw. der maximalen Welligkeit in
der Nähe der Grenzfrequenz auf die Flankenlänge zu schließen (bzw. α
festzulegen) und umgekehrt. Beides kann jedoch nicht auf einfache
Weise unabhängig voneinander vorgegeben werden.

Cosinus-Roll-Off

Ein Ansatz mit Hilfe der Definition einer Cosinusflanke nach
[Möhrmann83] gestattet *unmittelbar eine Vorgabe der Flankenlänge und
Position der Flanke im Frequenzbereich.* Der notwendige Filtergrad ergibt sich dann aus der tolerierbaren Restwelligkeit bzw. der erforderlichen Sperrdämpfung.

Ein cosinusförmiger Flankenverlauf wird analytisch vorgegeben. Dieser
kann als Faltung des Sollfrequenzganges mit einer entsprechenden Fenstersequenztransformierten interpretiert werden. Im Sequenzbereich korrespondiert dann die Faltung mit einer Multiplikation der Sollimpulsantwort mit der zugehörigen Fenstersequenz.

Da die Vorgabe der begrenzten Flanke im Frequenzbereich mit einer
theoretisch nicht begrenzten Fenstersequenz einhergeht, ergibt sich jetzt
der Filtergrad aus der zulässigen Abweichung von der cosinusförmigen
Flanke und der Restwelligkeit bzw. aus dem Abbruchfehler bei der
(schnell abklingenden) Fenstersequenz. Theoretisch läßt sich dieser Gedanke folgendermaßen darstellen:

Man definiert ein Fenster mit zunächst noch unbestimmter Länge durch

$$f_M(k) = f_{cos}(k) \cdot f_N(k) \quad , \quad -\frac{N-1}{2} \le k \le \frac{N-1}{2} \quad . \tag{8.44}$$

Hierin ist $f_N(k)$ die begrenzende (Rechteck-) Fenstersequenz mit der Fouriertransformierten $F_N(e^{j\Theta})$ und $f_{cos}(k)$ ist eine unendlich ausgedehnte Sequenz mit der Fouriertransformierten $F_{cos}(e^{j\Theta})$, die im Frequenzbereich eine Cosinusflanke erzeugt. Es gilt somit im Sequenzbereich für die resultierende Impulsantwort $h_i(k)$

$$\begin{aligned} h_i(k) &= h_s(k) \cdot f_M(k) \\ &= h_s(k) \cdot f_{cos}(k) \cdot f_N(k) \quad , \quad -\frac{N-1}{2} \le k \le \frac{N-1}{2} \quad , \end{aligned} \tag{8.45}$$

mit $h_s(k) \circ\!\!-\!\bullet\, H_s(e^{j\Theta})$ dem Sollfrequenzgang (als ideale Tiefpaßfunktion angenommen). Für den resultierenden Frequenzgang gilt dann

$$H_i(e^{j\Theta}) = \left(\frac{1}{2\pi}\right)^2 H_s(e^{j\Theta}) * F_{cos}(e^{j\Theta}) * F_N(e^{j\Theta}) \quad . \tag{8.46}$$

Der Cosinus-Roll-Off ist hier durch die beiden ersten Terme markiert, es gilt im Intervall $[0, \pi]$:

$$\hat{H}_i(e^{j\Theta}) = \frac{1}{2\pi} H_s(e^{j\Theta}) * F_{cos}(e^{j\Theta})$$

$$= \begin{cases} 1 & 0 \le \Theta \le \Theta_g - \Theta_x \\[2ex] \dfrac{1}{2}\left[1 + \cos\left(\dfrac{\pi}{2}\dfrac{\Theta - \Theta_g + \Theta_x}{\Theta_x}\right)\right] & \Theta_g - \Theta_x \le \Theta \le \Theta_g + \Theta_x \\[2ex] 0 & \text{sonst} \end{cases} \tag{8.47}$$

Dieser nun mit einer Cosinusflanke angestrebte Frequenzgang $\hat{H}_i\left(e^{j\Theta}\right)$ (siehe Bild 8.14) kann, da die Faltung mit der Rechteckfenstertransformierten noch fehlt, nur approximativ erreicht werden.

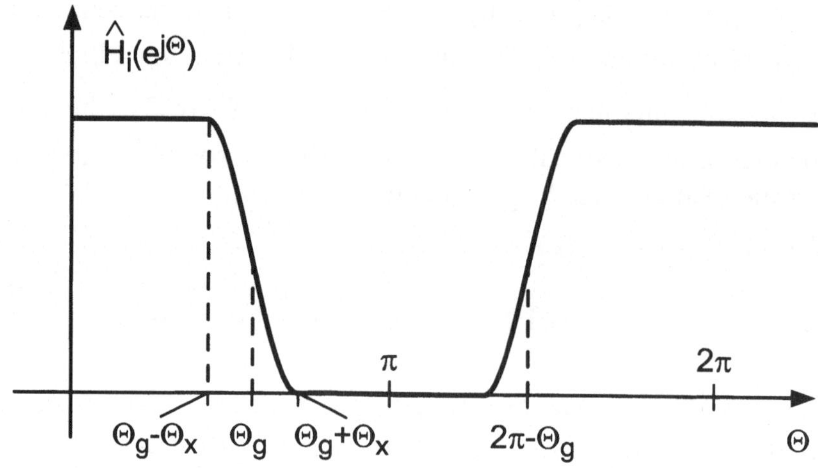

Bild 8.14: Übertragungsfunktion des zu realisierenden Filters mit cosinusförmiger Flanke

Für die verschiedenen Sequenzen gilt weiterhin

$$h_s(k) = \frac{\sin\left(\Theta_g \cdot k\right)}{\Theta_g \cdot k} \quad -\infty < k < \infty \quad , \tag{8.48}$$

$$f_{cos}(k) = \frac{\cos\left(\Theta_x \cdot k\right)}{1-\left(\dfrac{2}{\pi}\Theta_x \cdot k\right)^2} \quad -\infty < k < \infty \quad . \tag{8.49}$$

Bild 8.15 zeigt die Hüllkurve der Fensterteilsequenz $f_{cos}(k)$ nach (8.49). Ersichtlich klingt diese rasch ab und hat für den zweiten Überschwinger nur noch Amplituden $< 3\%$.

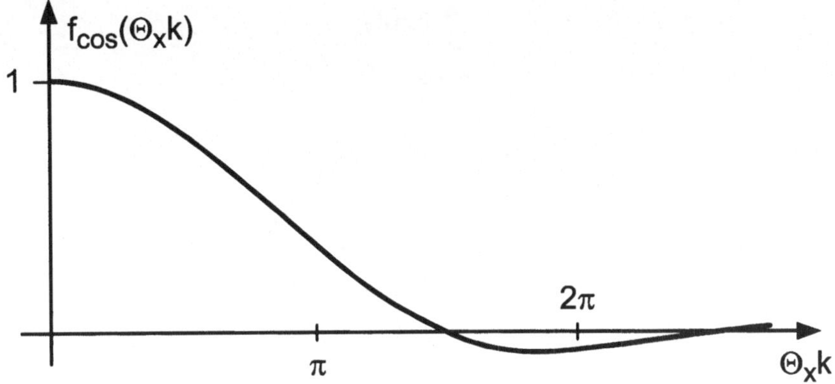

Bild 8.15:   Hüllkurve der Fenstersequenz nach (8.49)

Für eine Sperrdämpfung von ca. 40 dB kann nach [Möhrmann83] als ungefährer Richtwert angenommen werden, daß

$$\left| h_i\left(\frac{N-1}{2} \right) \right| \le 0,005 \tag{8.50}$$

zu wählen ist und keine größeren Amplituden der Impulsantwort vernachlässigt werden. Bild 8.16 zeigt eine Fenstersequenz mit $N = 19$ Koeffizienten und deren Fouriertransformierte für einen Flanken-Rolloff-Faktor $k_r = \dfrac{\Theta_x}{\Theta_g} = 0,45$.

Die Approximation eines Tiefpaß ($N = 19$, Grenzfrequenz $\Theta_g = 0,3\pi$) zeigt Bild 8.17. Ersichtlich sind die Approximationseigenschaften für diese Koeffizientenzahl bezüglich Flankensteilheit und Welligkeit mit den Ergebnissen nach Kaiser vergleichbar. Gleichzeitig ist wie ausgeführt die Flankenposition auf der Frequenzachse in einem Entwurfsschritt festlegbar.

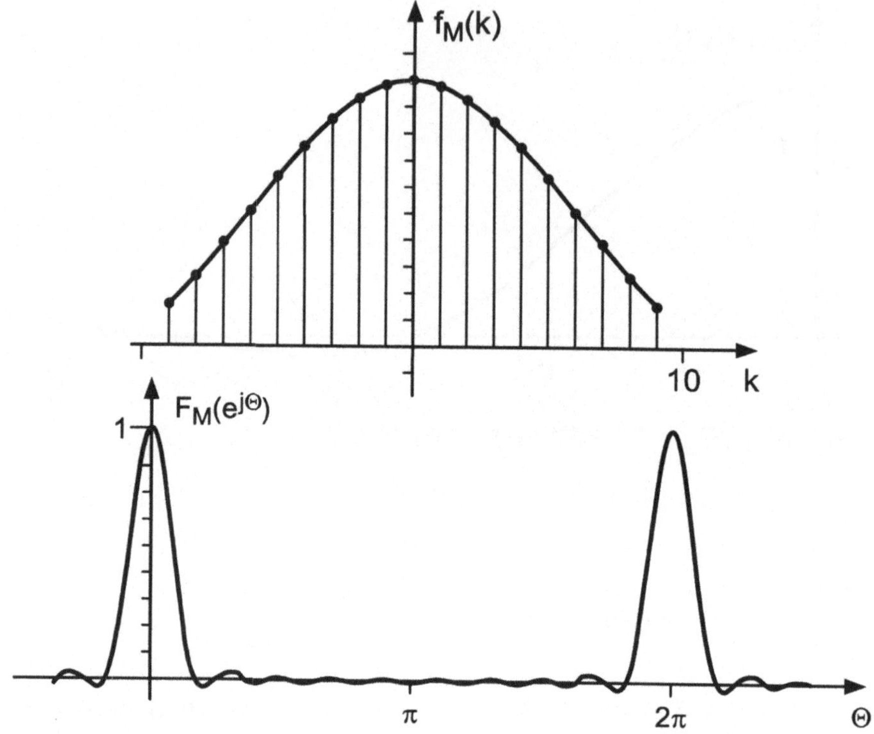

Bild 8.16:   Cosinus-Roll-Off-Fenster ($\Theta_x/\Theta_g = 0{,}45$) und Fouriertransformierte

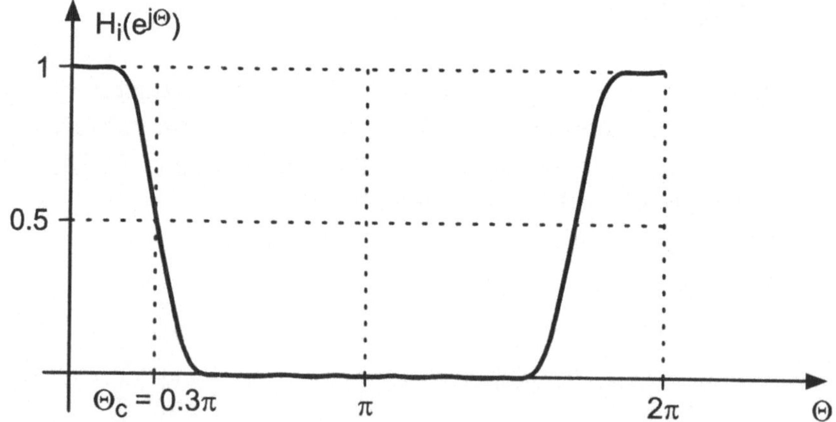

Bild 8.17:   Tiefpaßentwurf mit Cosinus-Roll-Off nach Möhrmann, Grenzfrequenz
$\Theta_g = 0{,}3\pi$, Koeffizientenzahl N = 19, Rolloff-Faktor $\Theta_x/\Theta_g = 0{,}45$

8.4 FIR-Filter mit Tschebyscheff-Verhalten

Eine optimale Nutzung des Toleranzschemas bei gegebenen Frequenzselektionsforderungen im Durchlaß- und Sperrbereich läßt sich mit Hilfe
der Tschebyscheff-Approximation (Minimax-Design) erzielen.

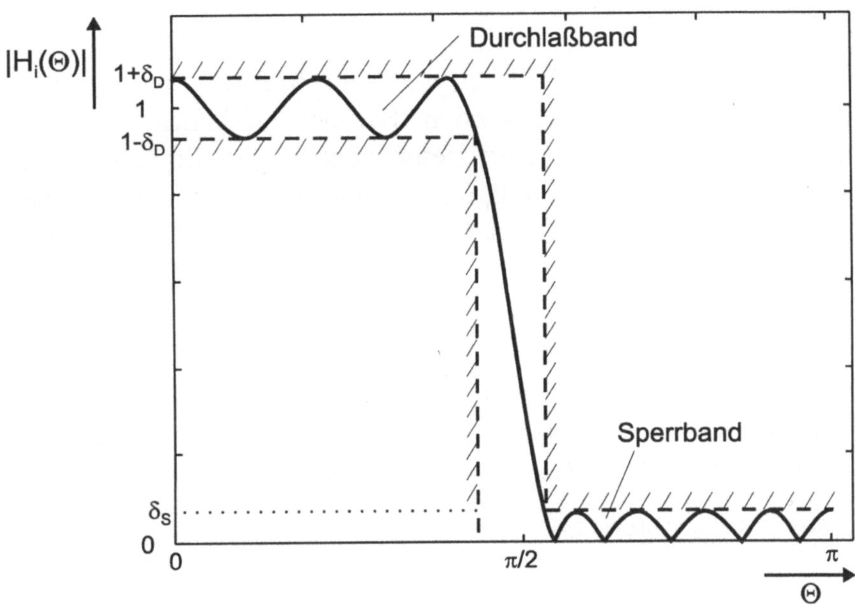

Bild 8.18:   Amplitudengang eines Tschebyscheff FIR-Filters (Grad 13)

Wurde beim MQF-Kriterium die Energie der mittleren quadratischen Abweichung minimiert, so wird hier die maximale Differenz

$$\left\| H_s - H_i \right\|_\infty = \text{Max} \left| H_s(\Theta) - H_i(\Theta) \right| \overset{!}{=} \text{Minimum} \qquad (8.51)$$

minimiert und es ist die Aufgabe,

$$H_i(z) = \sum_{k=-M}^{M} h_i(k) z^{-k}, \qquad M = \frac{N-1}{2} \qquad (8.52)$$

so zu bestimmen, daß (8.51) erfüllt ist.

Typisch für eine solche Lösung ist, daß die maximalen Amplitudenab-weichungen stets gleich sind, eine Maximalgrenze nicht überschritten und somit der Toleranzraum vollständig ausgenutzt wird. Hierzu sind *effektive Approximationsverfahren mit dem Parks-McClellan Algorith-mus (der den iterativen Remez-Exchange-Algorithmus verwendet) ver-fügbar* (siehe [ParksBurr87]). Es lassen sich hiermit eine große Klasse von linearphasigen Filtern mit Durchlaß- und Sperrbändern aber auch zur Differentiation entwerfen. Das Approximationsverfahren wird hier in Grundzügen skizziert.

Die vier verschiedenen FIR-Filtertypen mit linearer Phase waren in Tabelle 8.1 zusammengestellt worden. Für den einfachen Fall: Gerad-symmetrie mit ungerader Koeffizientenanzahl gilt für die Betrags-funktion und (nichtkausale, nullpunktsymmetrische d.h. verzögerungs-freie Impulsantwort angenommen) auch für die "Ist-Übertragungs-funktion"

$$H_i(\Theta) = h_i(0) + 2\sum_{k=1}^{M} h_i(k)\cos(k \cdot \Theta) \quad . \tag{8.53}$$

Die Cosinusfunktion $\cos(k\cdot\Theta)$ läßt sich in ein Tschebyscheff-Polynom T_k vom Grad k (vgl. Glg. (7.28), (7.29), (7.30)) entwickeln

$$\cos(k\cdot\Theta) = T_k(\cos\Theta) \tag{8.54}$$

und es folgt

$$H_i(\Theta) = h_i(0) + 2\sum_{k=1}^{M} h_i(k) \cdot T_k(\cos\Theta) = P(\cos\Theta) \quad . \tag{8.55}$$

Hierin ist $P(\cos\Theta)$ ein Polynom höchstens vom Grade k.

Ebenso läßt sich die (reelle) in 2π periodische Soll-Übertragungsfunktion in ein entsprechendes "trigonometrisches" Polynom D entwickeln

$$H_s(\Theta) = D(\cos\Theta) \quad , \tag{8.56}$$

woraus sich für die maximale Differenz als Approximationskriterium er-gibt (Normdefinition siehe Abschnitt 4.4)

$$\left\| H_s - H_i \right\|_\infty = \left\| D - P \right\|_\infty$$

$$= \underset{-1 \le \cos\Theta \le 1}{\text{Max}} \left| D(\cos\Theta) - P(\cos\Theta) \right| \quad . \tag{8.57}$$

Ersichtlich besteht die Aufgabe also darin, die bekannte Tschebyscheff-Approximation anzuwenden, d.h. ein Polynom P vom Grade M (oder geringer) zu finden, das die maximale Abweichung $\left\| D - P \right\|_\infty$ minimiert.

Die Lösung für diese Form des Filterentwurfs wurde von Parks und McClellan angegeben, bei der ausgehend vom *Tschebyscheff Alternations-Kriterium* eine iterative Suche nach der besten Approximation mit Hilfe des "Remez-Exchange"-Algorithmus erfolgt, siehe [ParksBurr87].

Für eine Linearkombination von Cosinus-Funktionen

$$H_i(\Theta) = \sum_{k=0}^{M} C_k \cos k\Theta \tag{8.58}$$

ist $H_i(\Theta)$ die bestmögliche Tschebyscheff-Approximation einer gegebenen kontinuierlichen Funktion $H_s(\Theta)$ im Intervall $[0, \pi]$, wenn die gewichtete Abweichung

$$H_{Diff}(\Theta) = \left[H_s(\Theta) - H_i(\Theta) \right] \cdot W(\Theta) \tag{8.59}$$

wenigstens M+2 alternierende Extrema

$$\left| H_{diff}(\Theta_i) \right| = \underset{[0,\pi]}{\text{Max}} \left(H_{Diff}(\Theta) \right) = \delta \tag{8.60}$$

aufweist (Equiripple-Eigenschaft). Die Wichtungsfunktion $W(\Theta)$ kann vorteilhaft für Filter mit linearer Phase nach Typ b) - d) in Tabelle 8.1 verwendet werden. Wir beschränken uns hier auf den Fall der Geradsymmetrie bei ungerader Koeffizientenzahl und es gelte $W(\Theta) = 1$. Die iterative Minimierung dieser Abweichung auf einen gegebenen Wert erfolgt nach dem Remez-Verfahren. Es gilt für die Extremalwerte

$$H_s(\Theta_i) = \sum_{k=0}^{M} C_k \cos k\Theta_i + (-1)^m \cdot \delta \quad m = 1 \ldots M + 2 \quad . \tag{8.61}$$

Folgende Schritte ergeben sich dann zur iterativen Lösung:

1. Lösung des linearen Gleichungssystems mit einem Startsatz von (z.B. gleichabständigen) Extremalfrequenzen Θ_i und einer gewünschten Abweichung δ_s. Hieraus folgen Koeffizienten C_k (Bild 8.19).

2. Interpolation um den resultierenden Frequenzgang zu finden (Lagrange Interpolation).

3. Suche im Frequenzbereich $[0,\pi]$ nach den sich ergebenden Extremalwerten mit Abweichungen $> \delta_s$ und deren Frequenzpositionen.

4. Sind die Abweichungen $\leq \delta_s$ ist das Problem gelöst, andernfalls wird mit den neuen Extremalfrequenzen das Verfahren wiederholt.

Dabei ist es möglich, daß die vorgewählte Ordnung bzw. die maximale gewünschte Abweichung δ_s nicht ausreicht und eine Anpassung gesucht werden muß.

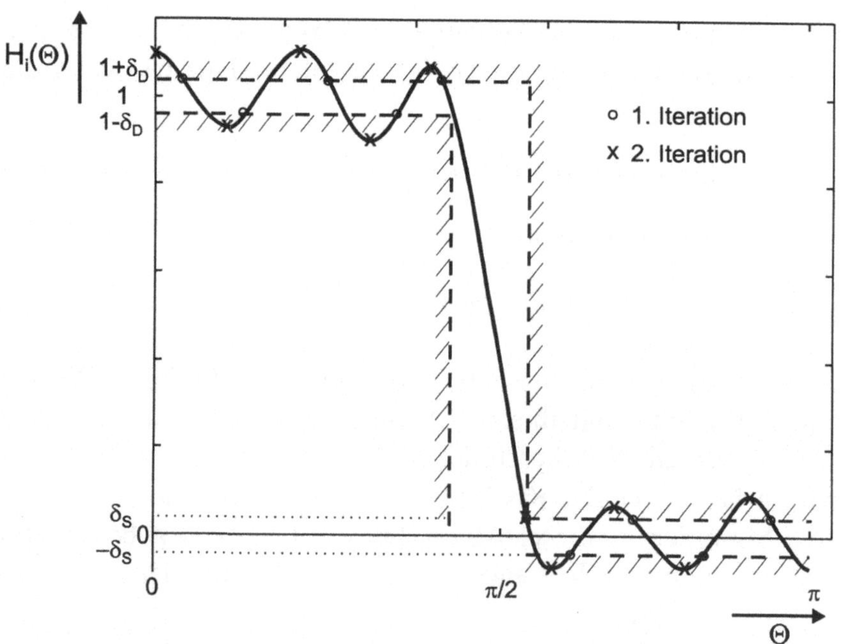

Bild 8.19:   Iterationsverfahren nach Parks-McClellan zur Tschebyscheff-Approximation von FIR-Filtern

9 Eigenschaften und Entwurf von 2D-FIR-Filtern für Bildsignale

9.1 Entwurf von 2D-FIR-Filtern mit Hilfe von Fenstertechniken

In Abschnitt 4.3 wurden die direkte Realisierung der diskreten 2D-Faltung und die Realisierung einer separierten zweidimensionalen Faltung als 2D-FIR-Filter dargestellt. Es gilt (vgl. Glg. 4.60, 4.63)

$$g\left(n_x, n_y\right) = \sum_{m_x=0}^{N_x-1} \sum_{m_y=0}^{N_y-1} h\left(m_x, m_y\right) \cdot s\left(n_x - m_x, n_y - m_y\right) \tag{9.1}$$

$$g\left(n_x, n_y\right) = \sum_{m_x=0}^{N_x-1} h_x\left(n_x\right) \sum_{m_y=0}^{N_y-1} s\left(n_x - m_x, n_y - m_y\right) \cdot h_y\left(n_y\right) \ . \tag{9.2}$$

Im ersteren wirklichen 2D-Fall (9.1) wurde eine Realisierungsstruktur mit N_y horizontalen Filtern und jeweils N_x Koeffizienten angegeben. Für jeden Ausgangswert sind dann $N_x \cdot N_y$ Multiplikationen (vgl. Bild 4.30) auszuführen.

Im separierten Fall (9.2) sind statt dessen zwei eindimensionale Faltungen mit nur $N_x + N_y$ Multipliklationen zu realisieren, um den Preis einer verringerten Beeinflußbarkeit der richtungsabhängigen (z.B. diagonalen) Filterwirkung. Diese Unterschiede werden bei den im folgenden ausgeführten Entwurfsbeispielen noch weiter gegenübergestellt.

Im übrigen kann man für 2D-FIR-Filter wie für 1D-Filter ähnliche prinzipielle Eigenschaften angeben.

- streng linearer Phasengang ist möglich,

- Stabilität ist systembedingt garantiert,

- einfache Entwurfstechniken sind verfügbar,

- höherer Aufwand für stark frequenzselektive Aufgaben (steile Flanken) ist erforderlich,

- Realisierung durch 2D-FFT möglich.

Die Eigenschaft der Linearphasigkeit ist wie im eindimensionalen Fall bei Impulsantworten mit und ohne zentralem Koeffizienten und mit gerader und ungerader Symmetrie möglich und sei hier für den Fall mit einem zentralen Koeffizienten und Geradsymmetrie dargestellt.

Gegeben sei ein kausales 2D-FIR-Filter mit $N_x \cdot N_y$ Koeffizienten entsprechend folgender Koeffizientenmatrix (Bild 9.1).

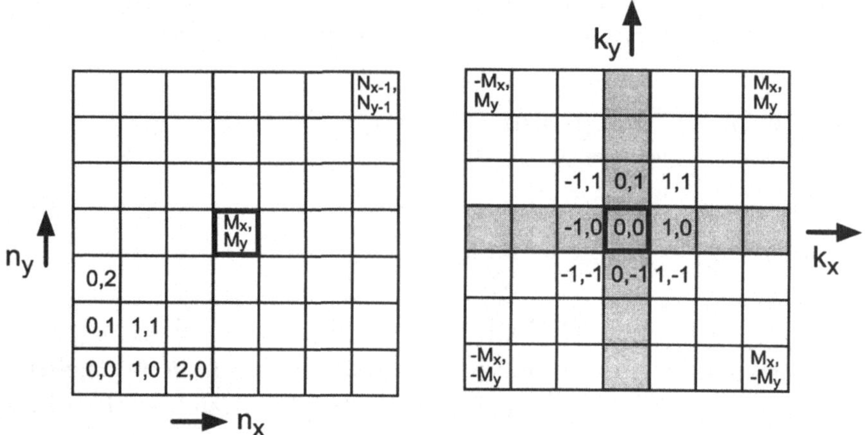

Bild 9.1:   Koeffizientenmatrix für ein kausales $N_x \cdot N_y$-Filter (links) und mit Nullpunktsymmetrie (Verschiebung um M_x, M_y)

Die Übertragungsfunktion des Filters ist offensichtlich durch

$$H\left(e^{j\Theta_x}, e^{j\Theta_y}\right) = \sum_{n_x=0}^{N_x-1} \sum_{n_y=0}^{N_y-1} h\left(n_x, n_y\right) \cdot e^{-j\left(\Theta_x n_x + \Theta_y n_y\right)}$$

$$= H_1\left(\Theta_x, \Theta_y\right) \cdot e^{-j\Phi\left(\Theta_x, \Theta_y\right)} \tag{9.3}$$

gegeben. Hierin sind $H_1(\Theta_x,\Theta_y)$ die Betragsfunktion (Frequenzgang) und $\Phi(\Theta_x,\Theta_y)$ die Phasenfunktion (Phasengang).

$$H_1\!\left(\Theta_x,\Theta_y\right)=\left|H\!\left(e^{j\Theta_x},e^{j\Theta_y}\right)\right| \tag{9.4}$$

$$\Phi\!\left(\Theta_x,\Theta_y\right)=\arg\!\left[H\!\left(e^{j\Theta_x},e^{j\Theta_y}\right)\right] \tag{9.5}$$

Für einen linearen Phasengang gilt dann beispielsweise mit einer Verzögerung um (M_x, M_y) und ohne Betrachtung möglicher konstanter Phasenverschiebungen bzw. Phasensprünge (vgl. Abschnitt 8.1):

$$\Phi\!\left(\Theta_x,\Theta_y\right)=-\Theta_x M_x-\Theta_y M_y \quad. \tag{9.6}$$

Aus einem linearphasigen Netzwerk resultiert im eindimensionalen Fall eine (un-) *geradsymmetrische* Impulsantwort. Für ein 2D-Filter heißt dies, daß die 2D-Impulsantwort eine in allen Richtungen punktsymmetrische Sequenz ist, und es folgt die Symmetriebedingung bei einer Verschiebung um (M_x, M_y) und mit $k_x=n_x-M_x$, $k_y=n_y-M_y$:

$$h\!\left(k_x,k_y\right)=h\!\left(-k_x,-k_y\right) \quad. \tag{9.7}$$

Schließlich kann hieraus unter Nutzung der obigen Symmetriebedingung für die Übertragungsfunktion folgender Ausdruck gefunden werden:

$$\begin{aligned}
H\!\left(e^{j\Theta_x},e^{j\Theta_y}\right)=e^{-j\left(\Theta_x M_x+\Theta_y M_y\right)}\cdot\Big\{ & h\!\left(M_x,M_y\right) \\
&+2\sum_{k_x=1}^{M_x}h\!\left(k_x,0\right)\cdot\cos\!\left(k_x\Theta_x\right) \\
&+2\sum_{k_y=1}^{M_y}h\!\left(0,k_y\right)\cdot\cos\!\left(k_y\Theta_y\right) \\
&+2\sum_{k_x=1}^{M_x}\sum_{k_y=1}^{M_y}h\!\left(k_x,k_y\right)\cdot\cos\!\left(k_x\Theta_x+k_y\Theta_y\right) \\
&+2\sum_{k_x=1}^{M_x}\sum_{k_y=1}^{M_y}h\!\left(-k_x,k_y\right)\cdot\cos\!\left(-k_x\Theta_x+k_y\Theta_y\right)\Big\} \quad.
\end{aligned} \tag{9.8}$$

Hieraus wird aufgrund des paarweisen Zusammenfassens punktsymmetrisch zum Zentralpunkt (M_x, M_y) liegender Koeffizienten und der entsprechenden Cosinusterme das in allen Richtungen symmetrische Verhalten des Filters deutlich.

Für den Entwurf von 2D-FIR Filtern mit Hilfe von 2D-Fenstersequenzen gilt prinzipiell derselbe Ansatz wie im 1D-Fall. ($h_i \circ\!\!-\!\!\bullet H_i$: realisierte Filterfunktion, $h_s \circ\!\!-\!\!\bullet H_s$: gewünschte Filterfunktionen und $f \circ\!\!-\!\!\bullet F$: Fensterfunktionen)

$$h_i\left(k_x,k_y\right)=h_s\left(k_x,k_y\right)\cdot f\left(k_x,k_y\right) \tag{9.9}$$

mit $f\left(k_x,k_y\right)$ einer geeignet gewählten 2D-Fenstersequenz

$$f\left(k_x,k_y\right)=\begin{cases} 1 & \text{für} \quad -\dfrac{N_x-1}{2}\le k_x \le \dfrac{N_x-1}{2} \\[2ex] 1 & \text{für} \quad -\dfrac{N_y-1}{2}\le k_y \le \dfrac{N_y-1}{2} \\[3ex] 0 & \qquad\qquad\text{sonst} \end{cases} \tag{9.10}$$

Im Frequenzbereich ergibt sich die resultierende Übertragungsfunktion durch 2D-Faltung zu:

$$H_i\left(\Theta_x,\Theta_y\right)=\frac{1}{4\pi^2}H_s\left(\Theta_x,\Theta_y\right)\overset{2}{*}F\left(\Theta_x,\Theta_y\right)$$

$$=\frac{1}{4\pi^2}\int\limits_{-\pi}^{\pi}\int\limits_{-\pi}^{\pi}H_s\left(\Phi_x,\Phi_y\right)\cdot F\left(\Theta_x-\Phi_x,\Theta_y-\Phi_y\right)d\Phi_x\,d\Phi_y\,.$$

$$\tag{9.11}$$

Selbstverständlich gibt es eine Vielzahl von Möglichkeiten, 2D-Fenster zu definieren. Insbesondere lassen sich *aus 1D-Fenstern durch Multiplikation und durch Rotieren einfache 2D-Fenstersequenzen gewinnen* (siehe z.B. [DudgeMers84], [LuAntoni92]):

- Produkt zweier 1D-Fenster, d.h. separierbare *Fenstersequenz*

$$f_R\left(n_x, n_y\right) = f_x\left(n_x\right) \cdot f_y\left(n_y\right), \tag{9.12}$$

- Rotation eines 1D-Fensters, d.h. rotationssymmetrisches Fenster

$$f_C\left(n_x, n_y\right) = f\left(\sqrt{n_x{}^2 + n_y{}^2}\right). \tag{9.13}$$

Die zugehörigen 2D-Koeffizientenbereiche sind in Bild 9.20 dargestellt.

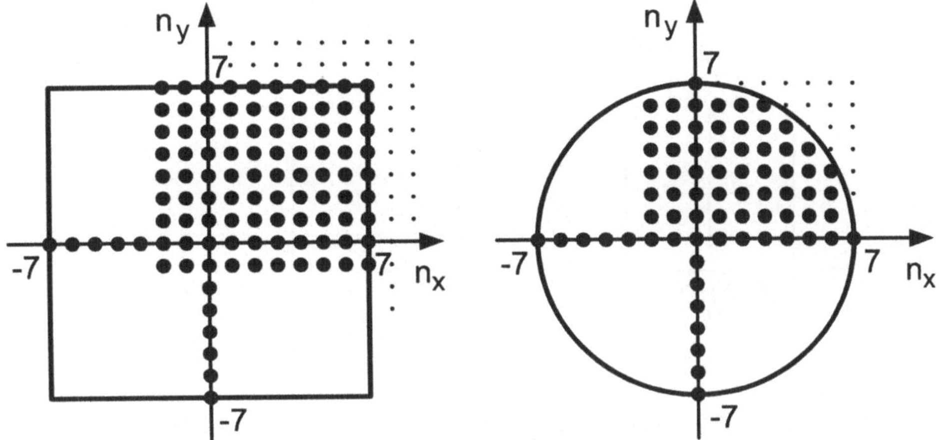

Bild 9.2:   Separierbare und rotationssymmetrische Fenstersequenz

Im ersten Fall des separierbaren Fensters ergibt sich ein Koeffizienten-bereich mit $N_x \cdot N_y$ Koeffizienten, während das rotationssymmetrische Fenster nur die Koeffizienten benötigt, die im Kreis liegen. Für z.B. 15 Koeffizienten in horizontaler und vertikaler Richtung werden im ersten Fall 225, im zweiten nur 149 Koeffizientenmultiplikationen benötigt. Inwieweit diese Reduktion jedoch in einer Hardwarerealisierung genutzt werden kann, ist eine Frage der Architektur und Ablaufsteuerung. Im folgenden wird bei den 2D-Fenstern stets ein rotationssymmetrisches Fenster verwendet.

Einige Tiefpaßentwurfsbeispiele seien im folgenden skizziert. Entworfen werden soll ein Tiefpaß mit der Grenzfrequenz $f_g/2$ ("Halfband-Filter"). Verglichen werden separierbare und echte 2D-Filter mit Durchlaß- und

Sperrbändern entsprechend Bild 9.3. Angestrebt wird dabei ein quadratischer bzw. ein rotationssymmetrischer Durchlaßbereich.

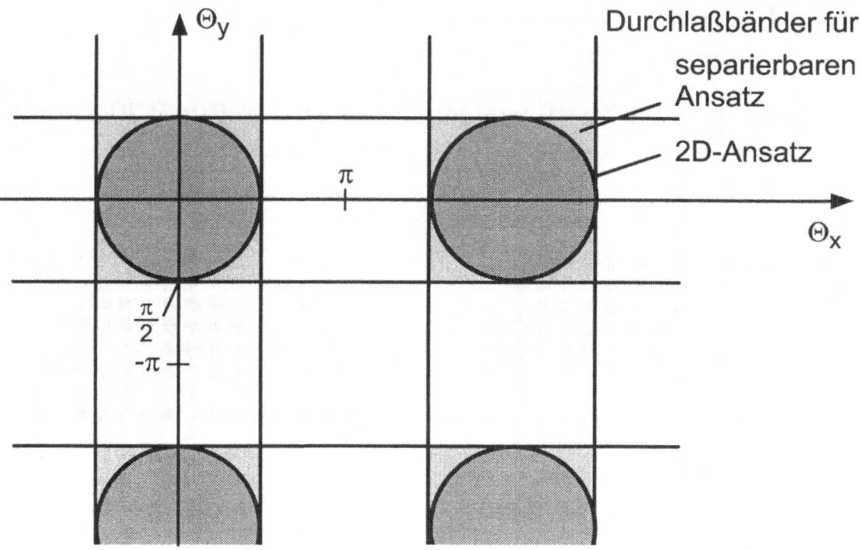

Bild 9.3:   Rotationssymmetrischer 2D-Tiefpaß und separierbarer Tiefpaß-Ansatz, Durchlaß- und Sperrbänder

Als erstes Beispiel zeigt Bild 9.4 ein *separierbares Tiefpaßfilter und ein rotationssymmetrisches Tiefpaßfilter*. Das separierbare Filter wurde durch Multiplikation zweier 1D-Tiefpaßfilter, das nichtseparierbare Filter durch Rotation eines 1D-Fensters entworfen.

Der separierbare Ansatz erfordert 29 Koeffizienten, das rotationssymmetrische Filter 149 Koeffizienten. Man erkennt in beiden Fällen die typischen Überschwingprobleme des Rechteckfensters.

Eine wesentliche Verbesserung läßt sich mit Hilfe anderer Fenstersequenzen erreichen. Beispielsweise kann man eine Cosinus-Roll-Off-Flanke nach Abschnitt 8.3 in Verbindung mit einer zirkularen Rotation verwenden, siehe Glg. (8.47).

Es gilt im Intervall $[0,\pi]$ für die radiale Frequenz Θ_r:

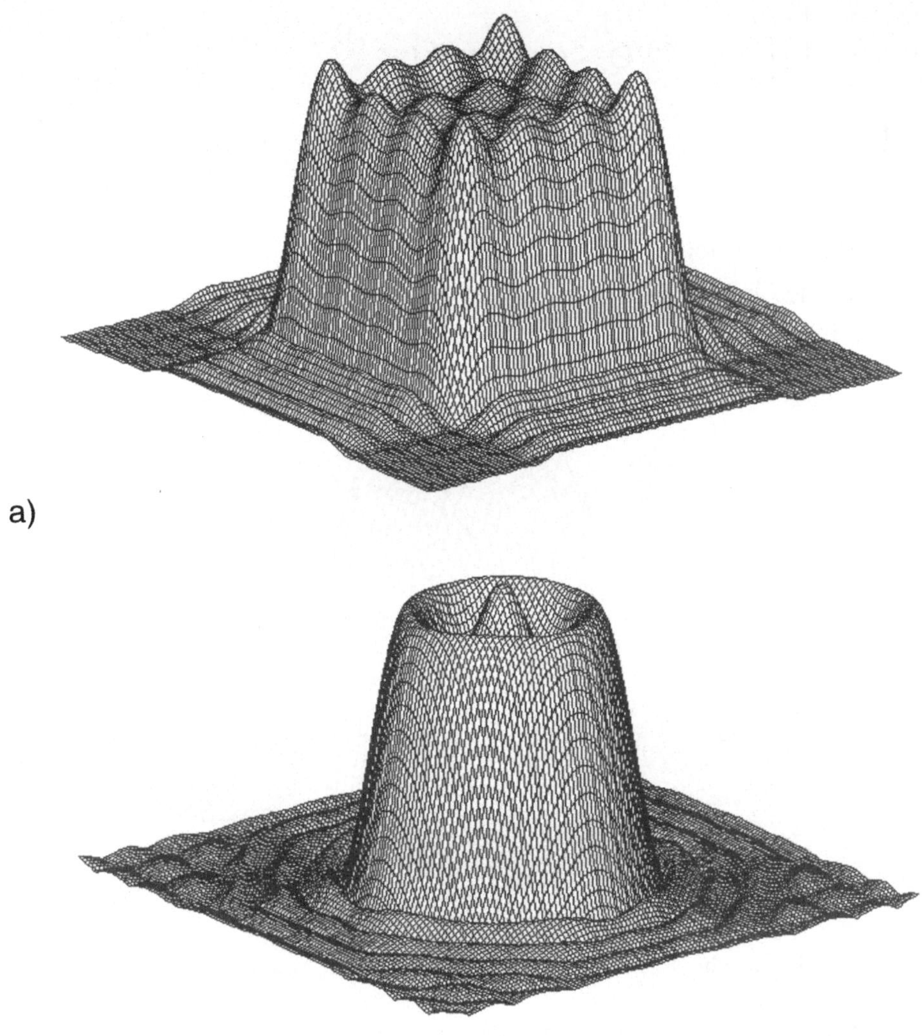

a)

b)

Bild 9.4: 2D-Halfband-Tiefpaß: (a) separierbares Filter und (b) 2D-Filter mit rotationssymmetrischem Fenster (29 bzw. 149 Koeffizienten)

$$H_i\left(\Theta_r\right) \approx \begin{cases} 1 & 0 \le \Theta_r \le \Theta_{rg} - \Theta_{rx} \\ \dfrac{1}{2}\left[1 + \cos\left(\dfrac{\pi}{2}\dfrac{\Theta_r - \Theta_{rg} + \Theta_{rx}}{\Theta_{rx}}\right)\right] & \Theta_{rg} - \Theta_{rx} \le \Theta_r \le \Theta_{rg} + \Theta_{rx} \\ 0 & \text{sonst} \end{cases}$$

$$\tag{9.14}$$

Θ_r : radiale Frequenz

Θ_{rg} : radiale Grenzfrequenz

Θ_{rx} : radiale Flankenausdehnung

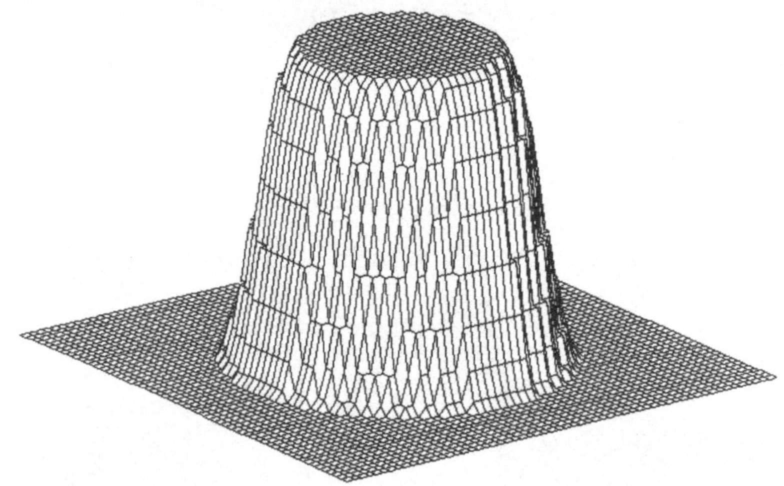

Bild 9.5:   Gewünschte Filtercharakteristik für zirkulare Cosinus-Roll-Off-Flanke

Der sich ergebende Frequenzgang ist in Bild 9.6 dargestellt. Das bessere Überschwingverhalten bei gleichzeitig günstigem Flankenverlauf ist offensichtlich. Überdies gelingt mit dem *2D-Filteransatz ein gutes rotationssymmetrisches Verhalten*, das keine Richtung gegenüber einer anderen in Bezug auf Schärfe und Detaildarstellung bevorzugt.

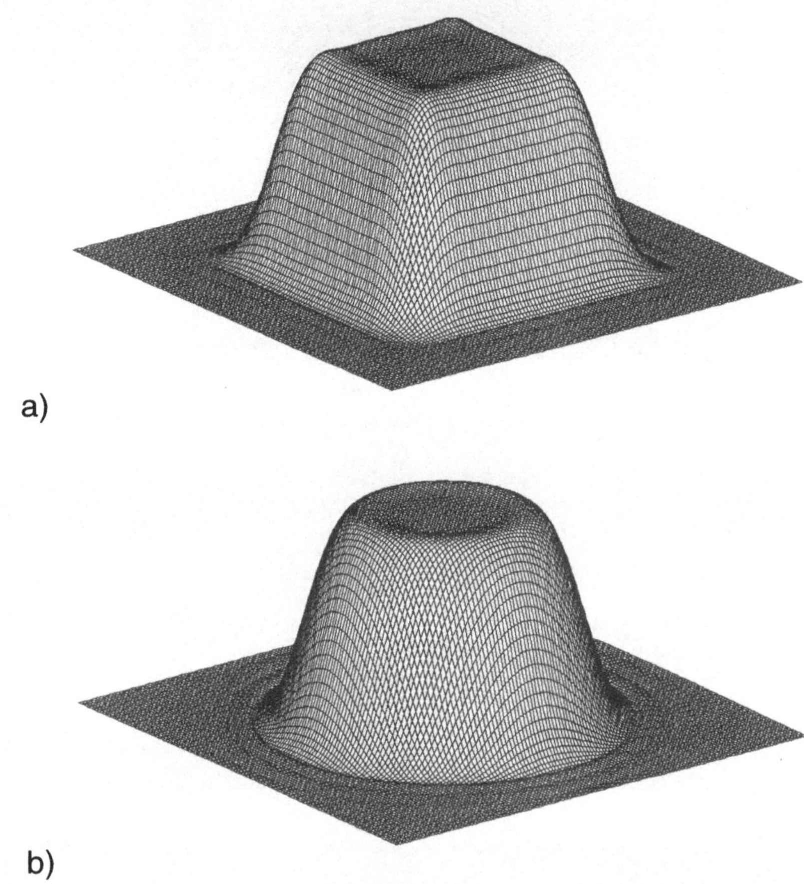

Bild 9.6:   2D-Halfband Tiefpaß mit Cosinus-Roll-Off: (a) separierbares Filter und (b) rotationssymmetrisches 2D-Filter mit rotationssymmetrischem Fenster (29 bzw. 149 Koeffizienten)

Einige typische Bildbeispiele für separierbare und nicht separierbare Tiefpaß- und Hochpaßfilterungen zeigt Bild 9.7 am Beispiel einer Zoneplate. Gewählt wurden hier Beispiele mit block- bzw. kreuzförmigen Durchlaß- bzw. Sperrbändern also mit spezifischem Diagonalverhalten (Bild 9.7 b, e), das sich nicht separierbar darstellen läßt.

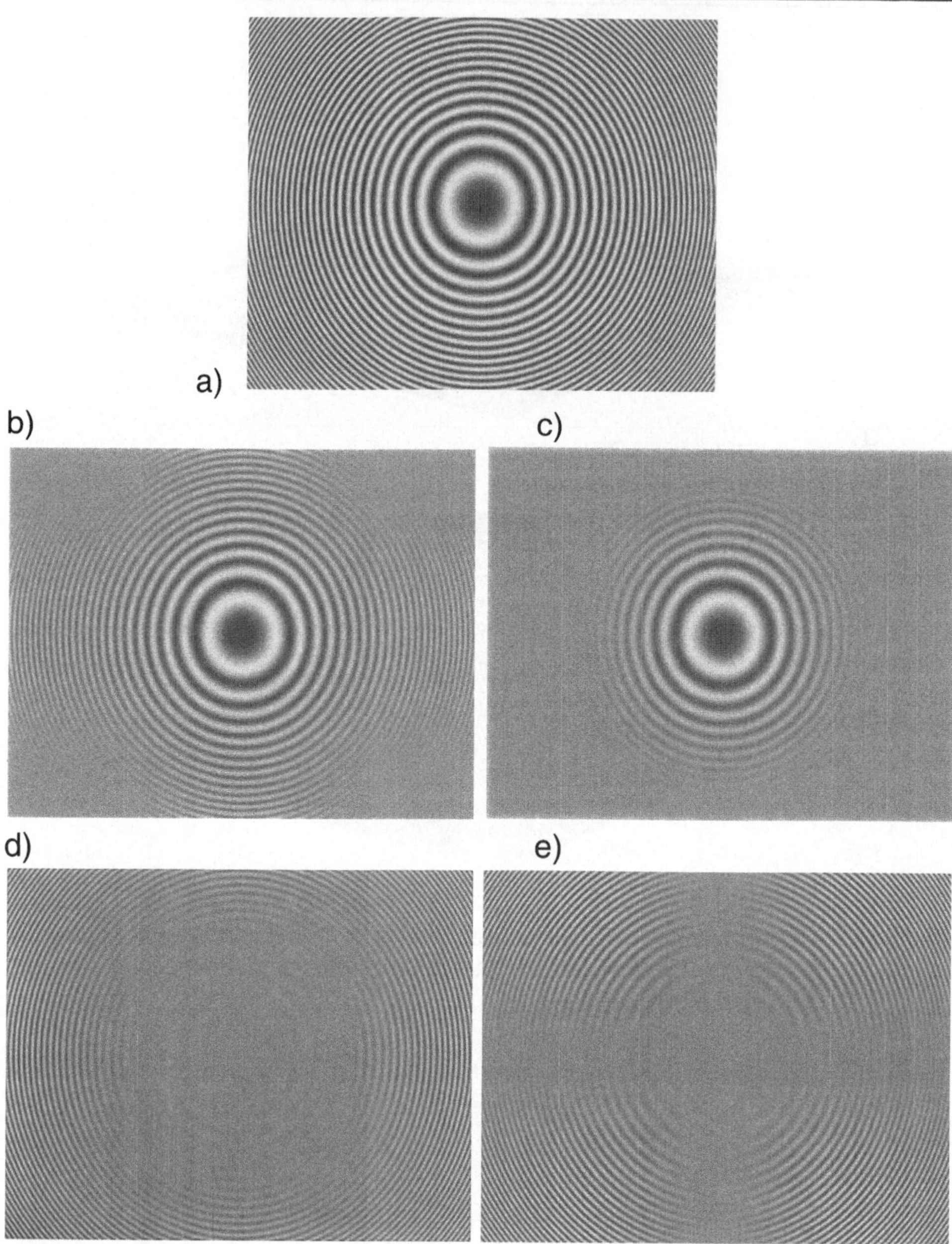

Bild 9.7:   Beispiele für separierbare und nicht separierbare 2D-Filterungen einer "Zoneplate", a) Originalbild
b) nicht separierbarer Tiefpaß   c) separierbarer Tiefpaß
d) nicht separierbarer Hochpaß   e) separierbarer Hochpaß

9.2 Entwurf von 2D-FIR-Filtern mit Hilfe der McClellan Transformation

Ein optimierter FIR-Filter-Entwurf ist für 2D-Filter prinzipiell wie im eindimensionalen Fall auf der Basis einer MQF- oder Tschebyscheff-norm möglich.

So läßt sich eine mittlere quadratische Abweichung

$$E = \frac{1}{4\pi^2} \int_{-\pi}^{\pi} \int_{-\pi}^{\pi} \left| H_s\left(\Theta_x,\Theta_y\right) - H_i\left(\Theta_x,\Theta_y\right) \right|^2 d\Theta_x, d\Theta_y \qquad (9.15)$$

definieren, deren Minimierung mit Hilfe des Parsevaltheorems auf die Fourierlösung führt. Dies entspricht einem Fenster mit konstanter Amplitude, das die Ausdehnung der realisierbaren Impulsantwort festlegt. Dies läßt sich auch wegen der unbefriedigenden Ergebnisse dieses Vorgehens (vgl. 1D-Entwurf in Abschnitt 8.2) auf einen frequenzabhängig gewichteten MQF erweitern.

Ein solches Fehlermaß kann durch Lösung eines linearen Gleichungssystems z.B. für ein linearphasiges, (nichtkausales) FIR-Filter minimiert werden mit (vgl. 8.58)

$$H_i\left(\Theta_x,\Theta_y\right) = \sum_{n_x=0}^{M_x} \sum_{n_y=0}^{M_y} C_{xy} \cdot \cos\left(\Theta_x n_x + \Theta_y n_y\right) \qquad (9.16)$$

zur Bestimmung der Filterkoeffizienten C_{xy}.

In entsprechender Weise läßt sich eine Tschebyscheffnorm

$$E_\infty = \text{Max}\left| H_s\left(\Theta_x,\Theta_y\right) - H_i\left(\Theta_x,\Theta_y\right) \right| \qquad (9.17)$$

prinzipiell mit Hilfe des zweidimensionalen Analogons des 1D-Parks-McClellan/Remez-Verfahrens minimieren (Minimax-Design), jedoch sind bekannte Verfahren hierzu *langsam in der Konvergenz und in ihren Möglichkeiten eingeschränkt* (siehe [DudgeMers84], [LuAntoni92]).

Ein u.U. zweckmäßiges Verfahren, eindimensional optimierte Filter, z.B. mit Tschebyscheff Verhalten, in den zweidimensionalen Raum zu übertragen, stellt die McClellan Transformation dar.

Gegeben sei ein linearphasiges 1D-Filter mit

$$H_i(\Theta) = h(0) + 2\sum_{k=1}^{M} h_i(k) \cdot \cos(k\Theta) = \sum_{k=0}^{M} C_k \cdot \cos(k\Theta) \quad . \tag{9.18}$$

Mit Hilfe der Tschebyscheffpolynome mit $\cos(k\Theta) = T_k(\cos\Theta)$, vgl. (Abschnitt 9.4) ist eine Minimax-Optimierung möglich:

$$H_i(\Theta) = \sum_{k=0}^{M} C_k \cdot T_k(\cos(\Theta)) \quad . \tag{9.19}$$

Substituiert man im Sinne einer zweidimensionalen Erweiterung durch Einführung einer Transformationsfunktion

$$F(\Theta_x, \Theta_y) = \cos\Theta \quad , \tag{9.20}$$

so erhält man ein zweidimensionales Filter

$$H_i(\Theta_x, \Theta_y) = \sum_{k=0}^{M} C_k \cdot T_k\left[F(\Theta_x, \Theta_y)\right] \quad , \tag{9.21}$$

wobei die Transformationsfunktion $F(\Theta_x, \Theta_y)$ das 2D-Verhalten bestimmt.

Die *McClellan Transformation* ist gegeben durch

$$\begin{aligned} F(\Theta_x, \Theta_y) &= A + B\cos\Theta_x + C\cos\Theta_y \\ &\quad + D\cos(\Theta_x - \Theta_y) + E\cos(\Theta_x + \Theta_y) \quad , \end{aligned} \tag{9.22}$$

also durch eine Übertragungsfunktion eines einfachen 3·3-Filters.

Wählt man nach McClellan nun A = -0,5; B = C = 0,5 ; D = E = 0,25 so ergibt sich für die Transformationsvorschrift (Konturplot in Bild 9.8)

$$F(\Theta_x, \Theta_y) = \frac{1}{2}\left(-1 + \cos(\Theta_x) + \cos(\Theta_y) + \cos(\Theta_x) \cdot \cos(\Theta_y)\right). \tag{9.23}$$

Dies entspricht einem 3·3 Filter mit einer Koeffizientenmatrix

$$0{,}125 \cdot \begin{bmatrix} 1 & 2 & 1 \\ 2 & -4 & 2 \\ 1 & 2 & 1 \end{bmatrix} \; .$$

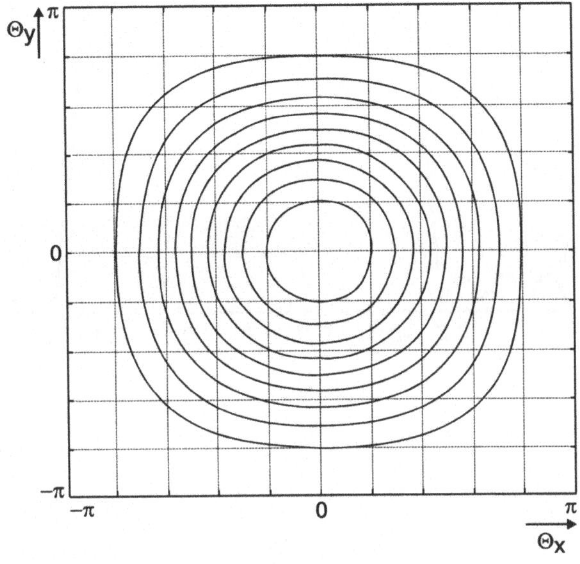

Bild 9.8:   Konturdarstellung der McClellan Transformation

Für diese Transformation läßt sich zeigen, daß gilt

$$F\!\left(\Theta_x,0\right) = \cos\!\left(\Theta_x\right) \mapsto H_i\!\left(\Theta_x,0\right) = H_i\!\left(\Theta_x\right) \; , \tag{9.24}$$

$$F\!\left(0,\Theta_y\right) = \cos\!\left(\Theta_y\right) \mapsto H_i\!\left(0,\Theta_y\right) = H_i\!\left(\Theta_y\right) \; . \tag{9.25}$$

Diese Schnitte des 2D-Frequenzgangs entsprechen somit dem vorgegebenen 1D-Frequenzgang.

Für ein Beispiel eines 1D-Tschebyscheff Prototyp Tiefpasses mit dem Grad 13 (linearphasiges Halbbandfilter) zeigt Bild 9.9 das Resultat für eine entsprechende 2D-Transformation nach McClellan.

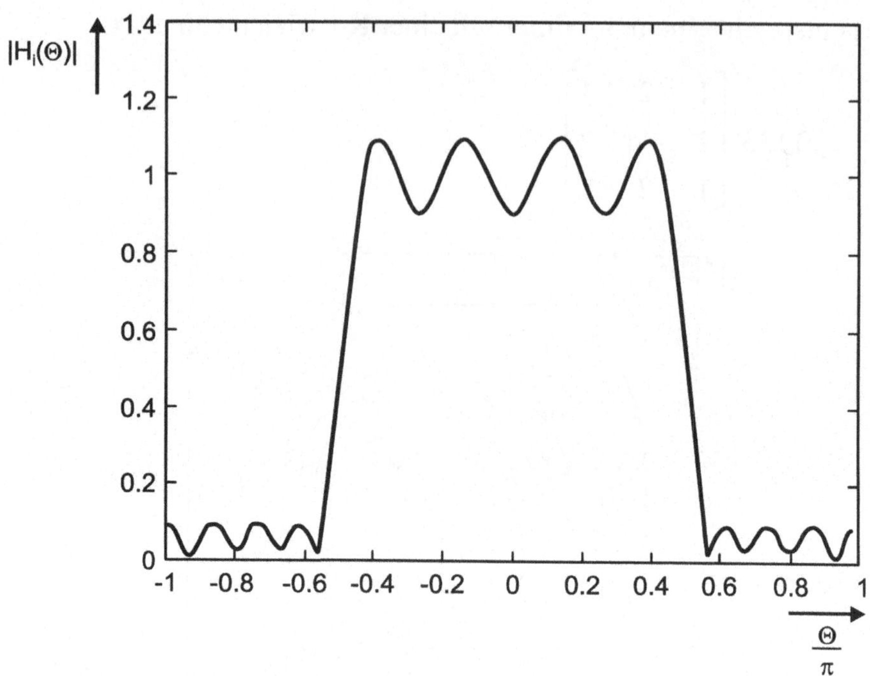

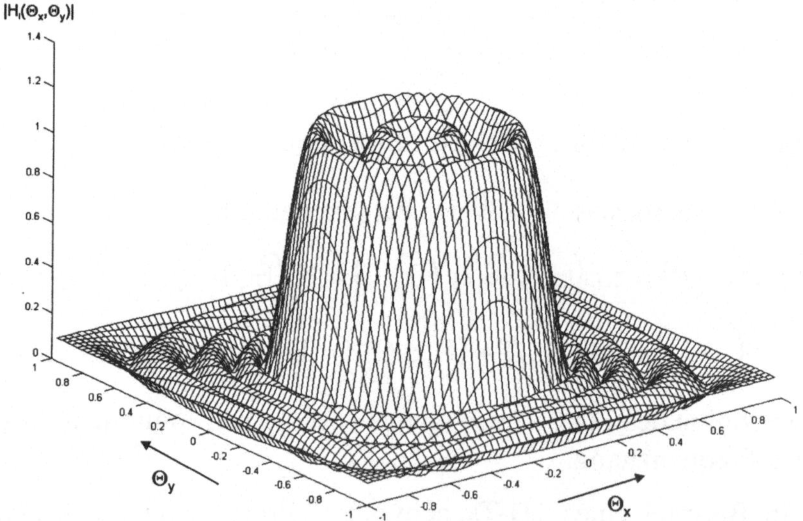

Bild 9.9: McClellan-Transformation eines 1D-Prototyp Tiefpasses der Ordnung 13

9.3   FIR-Filter für Bildsignale

Typisch bei der Filterung von Bildsignalen ist, daß zumindest teilweise die Filterparameter in ihren Auswirkungen im Ortsbereich zu betrachten sind. Von grundlegender Bedeutung sind in diesem Zusammenhang die Begriffe Auflösung und Bildschärfe.

Man bezeichnet als *Auflösung die Eigenschaft, feine Details* (Striche, Punkte etc.) *wiederzugeben* bzw. wahrnehmbar zu machen. Diese Eigenschaft kann gut über die frequenzabhängige Übertragungsfunktion und geeignete Bandbreitedefinitionen charakterisiert werden.

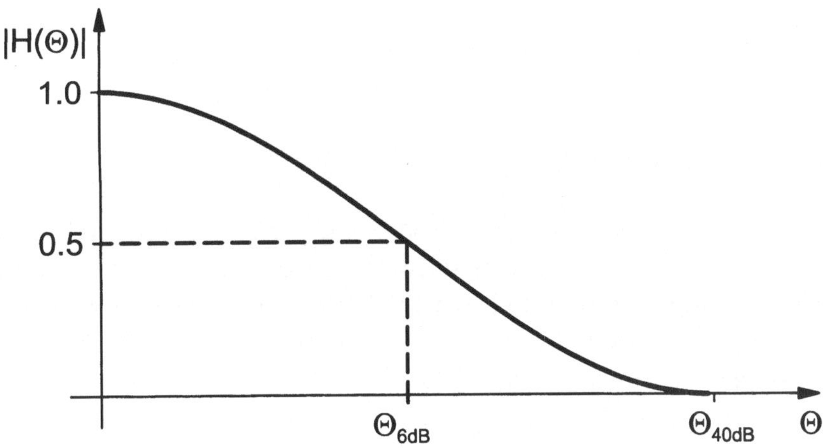

Bild 9.10:   Bandbreitedefinitionen

Üblich sind dabei verschiedene Bandbreiteangaben z.B. für 3dB, 6dB, 20dB, 40dB (siehe Bild 9.10).

Bildschärfe ist die Qualität eines Bildes, die der Betrachter als *Übergangsbereich zwischen Helligkeitssprüngen* wahrnimmt. Die Eigenschaft der Bildschärfebeeinflussung eines Filters kann besser im Ortsbereich, d.h. durch Impuls- und Sprungantwort, beschrieben werden. Dabei können vorteilhaft Kennwerte der Impuls- und Sprungantwort zur Charakterisierung der Schärfebeeinflussung herangezogen werden.

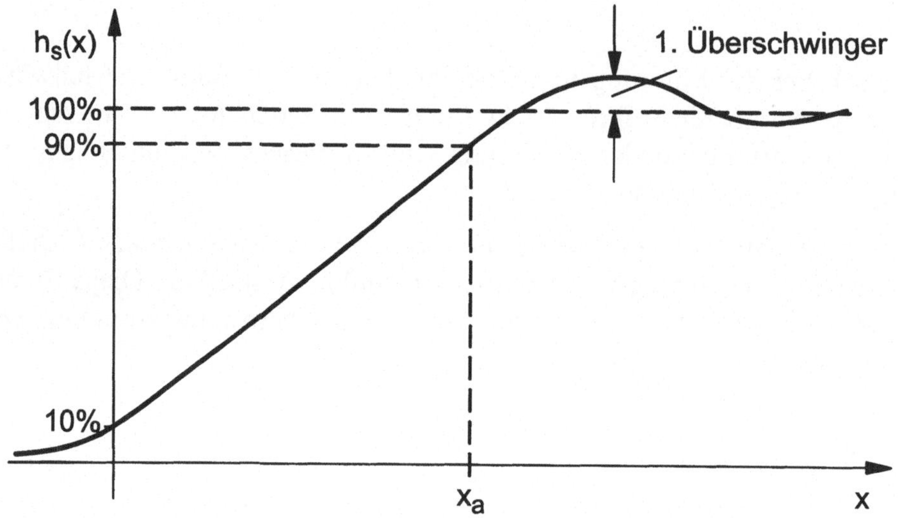

Bild 9.11:   Sprungantwort $h_s(x)$

Die Anstiegslänge x_a, z.B. gemessen als Differenz zwischen 10%- und 90%-Ortskoordinate der Sprungantwort, kann dabei als ein mögliches Schärfemaß dienen. Ersichtlich wird jedoch die *wahrgenommene Schärfe eines Überganges auch vom 1. Überschwinger* abhängen. Dieser wirkt schärfesteigernd, soweit er sich vom Übergang nicht wahrnehmbar ablöst. Alle weiteren Überschwinger wirken als Echos ("ringing"), die möglichst nicht wahrnehmbar sein sollten.

Für die Toleranzdefinition von Echos und Überschwingern sind sogenannte *"Einschwingmasken"* gebräuchlich. Bild 9.12 zeigt eine Einschwingmaske für einen $\cos^2$-Testimpuls mit 2T-Halbwertsbreite ($T = \frac{1}{2}f_g$, f_g - Bandbreite des Kanals) und für einen Sprung mit Anstiegszeit T.

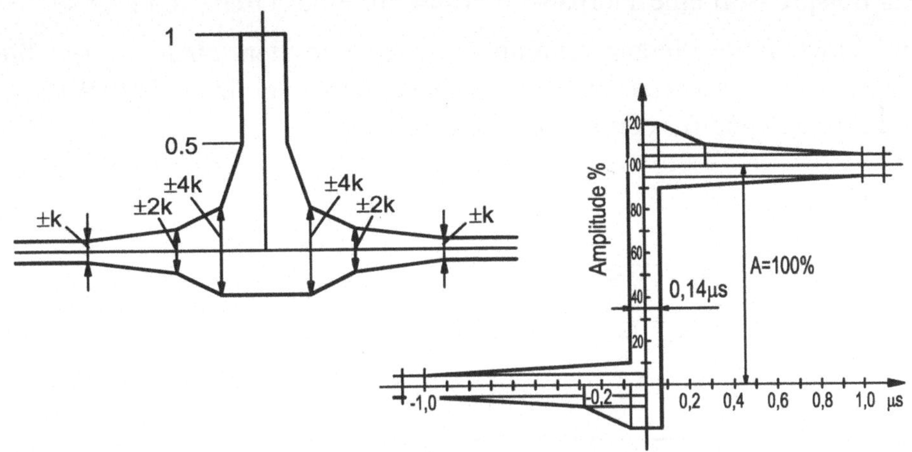

Bild 9.12: Einschwingmasken für 2T-Testimpuls und für T-Sprung

Auf diesem Hintergrund können die Toleranzforderungen beispielsweise für eine Bildsignalfilterung mit kombinierten Frequenzbereichs- und Ortsbereichstoleranzen folgendermaßen formuliert werden:

1. Selektion eines einzelnen Frequenzbandes $\leq f_g$ und Unterdrückung von Nachbarkanälen mit hinreichender Sperrdämpfung (z.B. ≤ 40dB).

2. Maximierung der Detailauflösung im Durchlaßbereich unter Beachtung der Ortsbereichsforderungen.

3. Optimierung der Bildschärfe durch minimale Anstiegslänge und durch Überschwingen ($\approx 10...20\%$) in unmittelbarer Nachbarschaft zur Sprungflanke.

4. Unterdrückung nachfolgender Echos im Sinne der skizzierten Einschwingmasken.

5. Die Forderung nach Echounterdrückung bzw. kontrolliertem 1. Überschwinger bestimmt die Forderung nach linearer Phase. Eine lineare Phase ist mit symmetrischen Einschwingmasken verbunden und gewährleistet somit maximales Restüberschwingen auf beiden Seiten, also ein Ausnutzen der Einschwingmasken.

Als Beispiel soll eine Tiefpaß-Filterung mit einer Grenzfrequenz $\Theta_g = \frac{\pi}{2}$ und einer Filtertoleranzformung entsprechend den oben aufgestellten Forderungen entworfen werden. Ausgangspunkt sei das in Bild 9.13 dargestellte Schema für den Frequenzbereich.

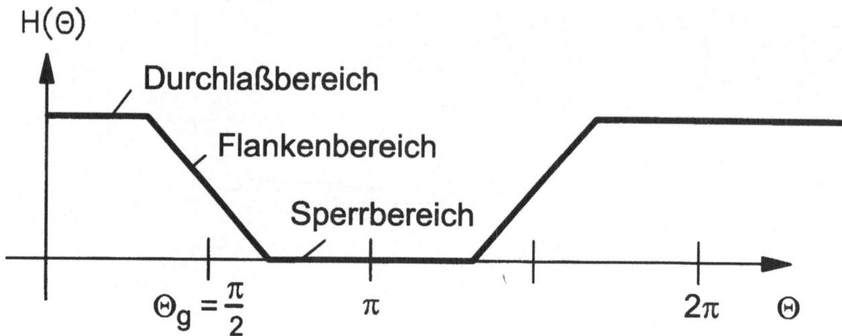

Bild 9.13:   Bildsignalfilterung, Durchlaß- und Sperrbereich

Für eine vereinfachte Netzwerkapproximation kann ein Modell [SchröEls82] bestehend aus der Reihenschaltung eines Tiefpasses mit der Übertragungsfunktion $H_{TP}(z)$ und eines Anhebungsnetzwerkes dienen (Bild 9.14).

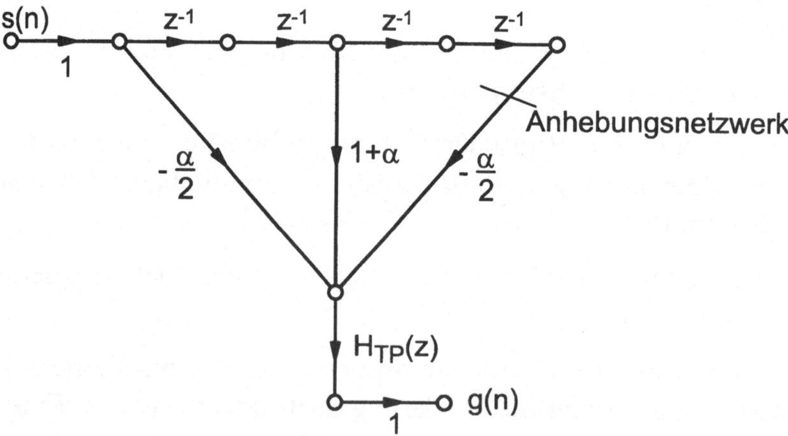

Bild 9.14:   Modell zur Approximation einer Bildsignalfilterung

Dabei dient der Tiefpaß mit der Übertragungsfunktion $H_{TP}(z)$ zur Einstellung der Sperrbereichsdämpfung und zur groben Übergangsflankenformung, während das Anhebungsnetzwerk hauptsächlich das Überschwingen im Ortsbereich beeinflußt.

Bis hierher sind die Überlegungen nicht auf FIR-Filter mit linearer Phase beschränkt, sondern können ohne weiteres auf phasenentzerrte IIR-Filter übertragen werden. Der Einfachheit halber sei aber die Darstellung auf der Basis phasenlinearer FIR-Filter fortgesetzt.

Zur Gewinnung von $H_{TP}(z)$ kann beispielsweise ein FIR-Filter-Entwurf nach dem Cosinus-Roll-Off-Verfahren dienen. Gewählt werden als Beispiel $k_r = \frac{\Theta_x}{\Theta_g} = 0,45$ und $\Theta_g = \frac{\pi}{2}$, und damit $\Theta_x = 0,225\pi$. Bild 9.15 zeigt den Verlauf des gewählten Frequenzganges $H_{TP}\left(z = e^{j\Theta}\right)$.

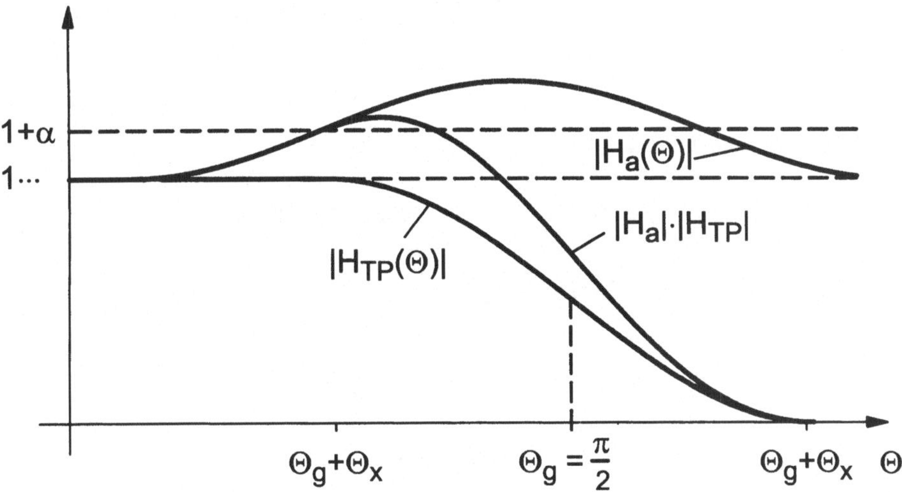

Bild 9.15:   Gewählter Tiefpaß-Frequenzgang $H_{TP}(\Theta)$ und Anhebungsnetzwerk $H_a(\Theta)$ mit $\alpha = 0,2$

Die aus der Fensterapproximation entstehende Impulsantwort ist in Bild 9.16 gezeigt. Sie ist gegeben durch

$$h_{TP}(k) = \frac{\cos(\Theta_x \cdot k)}{1 - \left(\dfrac{2}{\pi}\Theta_x \cdot k\right)^2} \cdot \frac{\sin(\Theta_g \cdot k)}{\Theta_g \cdot k} \quad . \tag{9.26}$$

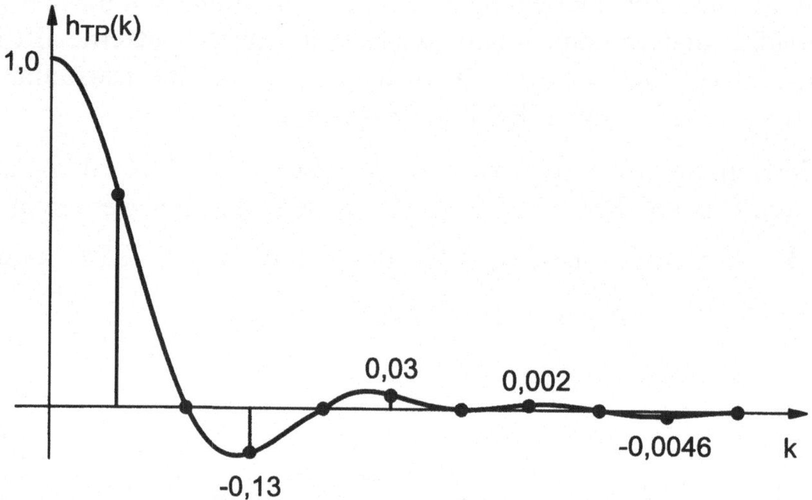

Bild 9.16:   Impulsantwort $h_{TP}(k)$

Im Frequenzbereich kann das Anhebungsnetzwerk durch

$$
\begin{aligned}
H_a(\Theta) &= -\frac{\alpha}{2} + (1+\alpha)\cdot e^{-j2\Theta} - \frac{\alpha}{2}\cdot e^{-j4\Theta} \\
&= e^{-j2\Theta}\left[-\frac{\alpha}{2}\cdot e^{j2\Theta} + (1+\alpha) - \frac{\alpha}{2}\cdot e^{-j2\Theta}\right] \\
&= e^{-j2\Theta}\left[1+\alpha - \alpha\cos(2\Theta)\right]
\end{aligned}
\tag{9.27}
$$

beschrieben werden. Für ein $\alpha = 0{,}2$ ist in Bild 9.15 $\left|H_a(\Theta)\right|$ eingetragen, ebenso $\left|H(\Theta)\right| = \left|H_a(\Theta)\right| \cdot \left|H_{TP}(\Theta)\right|$ der resultierende Gesamtfrequenzgang. Ersichtlich muß bei dem Entwurf von $\left|H_{TP}(\Theta)\right|$ zur Einstellung der Sperrbereichsdämpfung eine *Reserve* vorgesehen sein, damit auch nach der Anhebung, die ja auch im Sperrbereich wirksam ist, die Toleranzen nicht überschritten werden.

Betrachtet man die Koeffizienten der Impulsantwort von $h_{TP}(k)$ allein (siehe Bild 9.16), so ist hier schon ein näherungsweise zweckmäßiger Verlauf gegeben: erster negativer Überschwinger ca. 13 %, zweiter positiver Überschwinger ca. 3 %.

Interessant ist ein Blick auf die Wirkung des Anhebungsnetzwerkes im Ortsbereich. Hierzu ist die Faltungssumme der Sequenzen zu betrachten (siehe Bild 9.17).

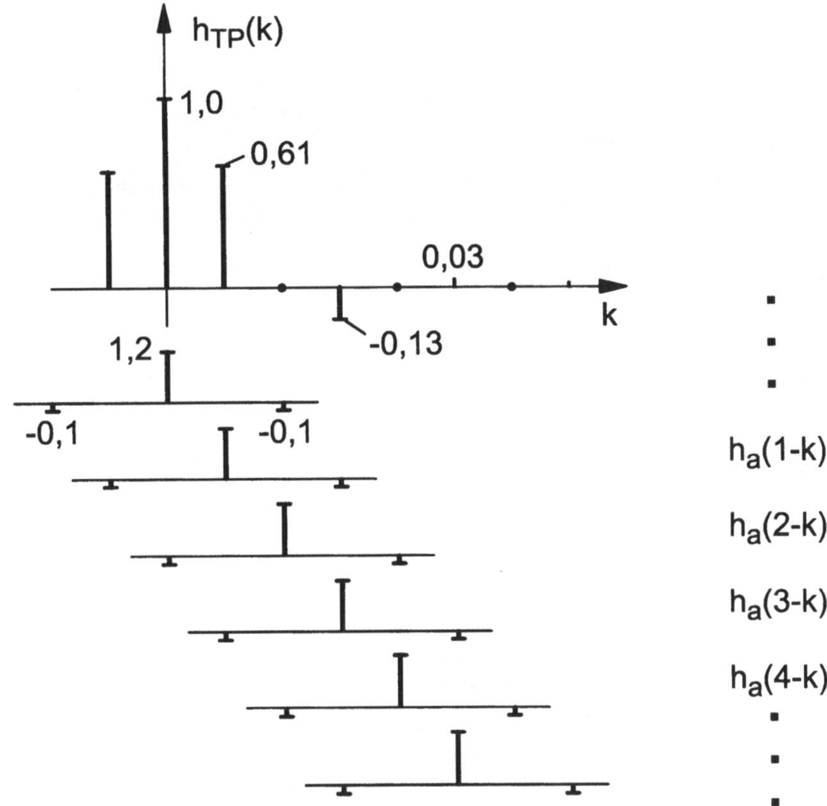

Bild 9.17:   Faltung der Anhebungssequenz mit der Tiefpaßsequenz

Ersichtlich wird durch diese Faltung der *erste negative Überschwinger deutlich verstärkt, während gleichzeitig die anderen Überschwinger nur geringfügig verändert werden* [SchröEls82]. Dieser Zusammenhang ist in Bild 9.18 dargestellt. Es zeigt den ersten und den zweiten Überschwinger in Abhängigkeit vom Koeffizienten α des Anhebungsnetzwerkes. Über α hinweg läßt sich $ü_1$ weitgehend flexibel einstellen, ohne große Nebenwirkung auf $ü_2$ und alle anderen weiteren Echos.

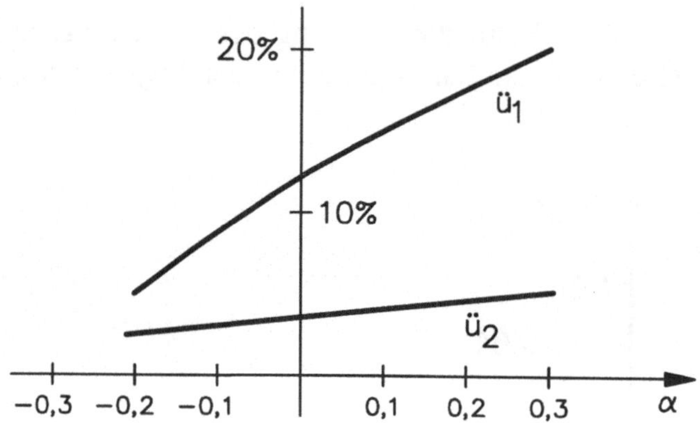

Bild 9.18:   Überschwingen $ü_1$, $ü_2$ in Abhängigkeit vom Anhebungskoeffizienten α

Die zweidimensionale Realisierung mit separierten Filterungen in zwei orthogonalen Richtungen zeigt Bild 9.19 für *vertikale und horizontale Filterung*.

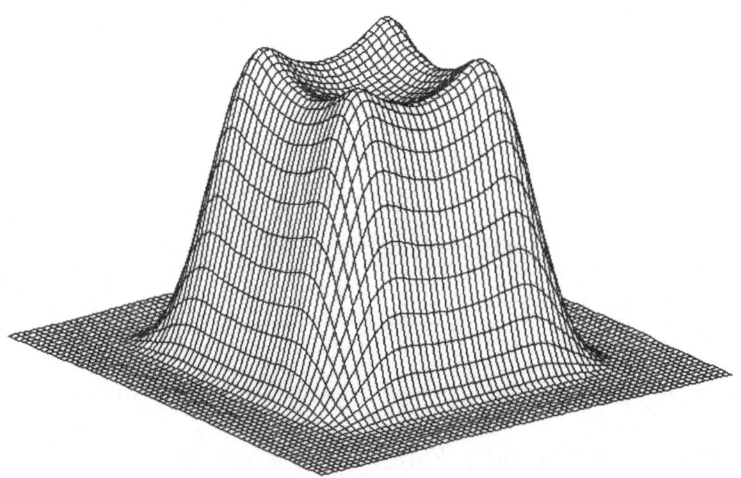

Bild 9.19:   2D-Übertragungsfunktion (separiert) für optimale Bildsignalfilterung, horizontale und vertikale Filterung

Bild 9.20 zeigt als Beispiel eine bildschärfeoptimierte Tiefpaßfilterung im Vergleich zu einem nicht optimierten Tiefpaßfilter ohne Überschwingen und einem Tiefpaßfilter mit zu starkem Überschwingen (deutlich störende Ringing-Artefakte sind erkennbar).

a)   b)   c)

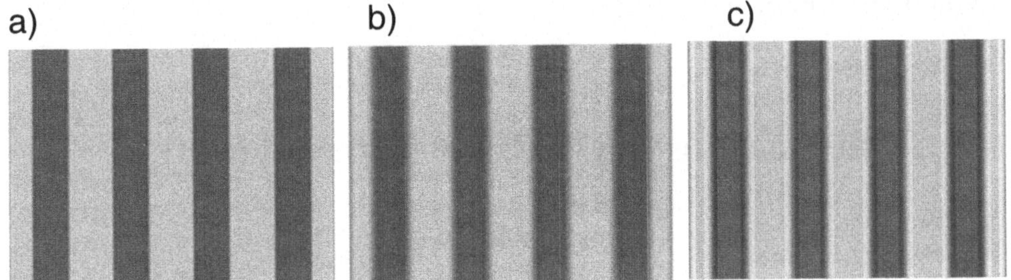

Bild 9.20: Vergleich von Tiefpaßfilterungen für Bildsignale a) bildschärfeoptimiert
b) nicht optimiert ohne Überschwingen c) Überschwingen (Ringing)

Offensichtlich unterliegen Filter, die eine für Bildsignale optimale Signalformung vornehmen sollen, *Toleranzvorschriften sowohl im Frequenzbereich als auch im Orts- (bzw. Zeit-) Bereich*. Eine allgemeine Kostenfunktion, die im Sinne einer optimalen Approximation minimiert werden soll, muß daher aus Kostenanteilen beider Bereiche zusammengesetzt werden:

$$E_{total} = E_{Freq}(u,v) + E_{Ort}(x,y) \quad . \tag{9.28}$$

Eine Entwurfsoptimierung führte z.B. bei FIR-Filtern unter Verwendung eines (gewichteten) MQF (mittlerer quadratischer Fehler) - Kriteriums auf ein lineares Gleichungssystem. Bei IIR-Filtern führt eine entsprechende Vorgehensweise auf nichtlineare Gleichungssysteme, die z.B. mit Hilfe des Fletcher-Powell-Verfahrens gelöst werden können. Jedoch ist schon hier sorgfältig zu prüfen, inwieweit die erzielte Minimierung der Kostenfunktion ein globales oder ein (suboptimales) lokales Minimum enthält, denn z.B. eine global konvexe Abhängigkeit der Kostenfunktion in Abhängigkeit der Entwurfsparameter kann nur in Ausnahmefällen nachgewiesen werden. Dennoch bestehen Möglichkeiten, z.B. mit Hilfe eines "*Simulated annealing*" Parametersprünge entlang der Kostenfunktion vorzunehmen, die mit einer gewissen Wahrscheinlichkeit verhindern helfen, wie bei einer rein gradientenorientierten Kostenminimierungen im lokalen Minimum "hängen" zu bleiben. Dieses Konzept wurde in [KonRadDub96] auf den Entwurf von 2D-IIR-Filtern für Bildsignale angewendet. Dieser grundlegende Ansatz wird im nächsten Abschnitt für die Optimierung von Bildsignalfiltern bei Verwendung von sogenannten Evolutionsstrategien erweitert.

9.4 Optimierung von Bildsignalfiltern durch Evolutionsstrategien

Wie schon im Abschnitt zuvor diskutiert, unterliegen Filter, die eine für Bildsignale optimale Signalformung vornehmen sollen, Toleranzvorschriften sowohl im Frequenzbereich als auch im Orts- (bzw. Zeit-) Bereich. Nach (9.28) ergibt sich eine allgemeine Kostenfunktion, die im Sinne einer optimalen Approximation minimiert werden soll

$$E_{total} = E_{Freq}(u,v) + E_{Ort}(x,y) \quad . \tag{9.29}$$

Dabei stellt sich heraus, daß beide Kostenanteile nicht unabhängig voneinander sind. Bei linearen Systemen bedeutet dies, daß z.B. eine stärkere Bandbegrenzung des Frequenzgangs eine Ausdehnung in der Impulsantwort (und umgekehrt) bewirkt. Es liegt hier also ein *nichtlineares komplexes Approximationsproblem* vor.

Bekannte klassische Entwurfsmethoden erfüllen eine solche Kostenminimierung nicht, so daß auf dieser Basis nur suboptimale Lösungen insbesondere mit Blick auf die Bildschärfe möglich sind. Auch der beschriebene Ansatz mit Hilfe eines Anhebungsnetzwerkes gestattet zwar eine rasche und einfach durchzuführende Lösung aber letztlich auch nur einen Kompromiß zwischen den verschiedenen Kriterien (vgl. Abschnitt 9.3).

Bild 9.21 zeigt hierzu den Einfluß des Anhebungskoeffizienten α auf die Verschiebung der 6 dB-Grenzfrequenz zu höheren Frequenzen hin.

Damit sind etwa präzise Festlegungen von Sperr-/Durchlaßbereichsfrequenzen sofort verletzt. In ähnlicher Weise ist auch ein gewisser Resteinfluß auf die Überschwinger höherer Ordnung und nicht nur eine Einstellung des ersten starken Überschwingers durch α gegeben (vgl. Bild 9.18). Die *Technik der Evolutionsstrategien* gestattet auf der Basis einer wohldefinierten Kostenfunktion eine Optimallösung des vorliegenden nichtlinearen mehrdimensionalen Optimierungsproblems.

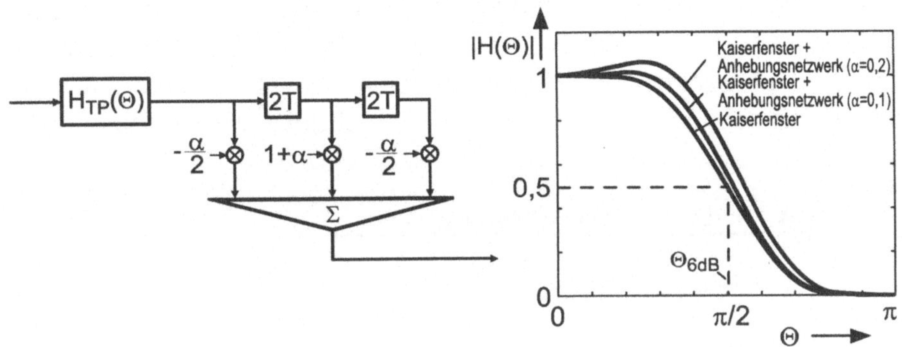

Bild 9.21: Frequenzgangvariation durch Anhebungsnetzwerk

Ausgehend von Arbeiten zur "Linearen Programmierung" [OuvrSioha92] und zum "Simulated Annealing"[1] [KonRadDub96] wurde eine zusammengesetzte Kostenfunktion (Fehlerfunktion) in [FraBluSchrö97] zur Lösung des Problems auf der Basis einer Summe von mit λ_i gewichteten Teilfehlerfunktionen E_i gebildet

$$E_{total} = \sum_{i=1}^{l} \lambda_i \cdot E_i \quad . \tag{9.30}$$

Der Einfachheit halber werde ein FIR-Filter mit ungerader Koeffizientenanzahl und mit Geradsymmetrie für lineare Phase angenommen, d.h. es gilt (f_s: Abtastfrequenz):

---

[1] Dies ist eine Optimierungsstrategie auf der Basis von z.B. Gradientenmethoden, um zu einem Minimum (Tal) in einem Kostengebirge zu kommen, dies mit künstlichen Schrittweiteveränderungen und Sprüngen, um die Wahrscheinlichkeit zu reduzieren, in einem lokalen Optimum zu bleiben.

$$h(n) = h(L - 1 - n)$$

$$H(\Theta) = h(N) + 2 \cdot \sum_{n=1}^{N} h(n + N) \cdot \cos(n \pi \Theta) \quad . \tag{9.31}$$

1) Frequenzgangabweichung

Zur Optimierung wird der Frequenzgang ähnlich wie bei der Frequenz-abtastmethode [RabGold75] mit seinem Gitter von M Stützstellen m=0...M-1 überzogen, so daß die Abweichung vom gemeinsamen Soll-wert an diesen Stützstellen numerisch gebildet werden kann (siehe Bild 9.22).

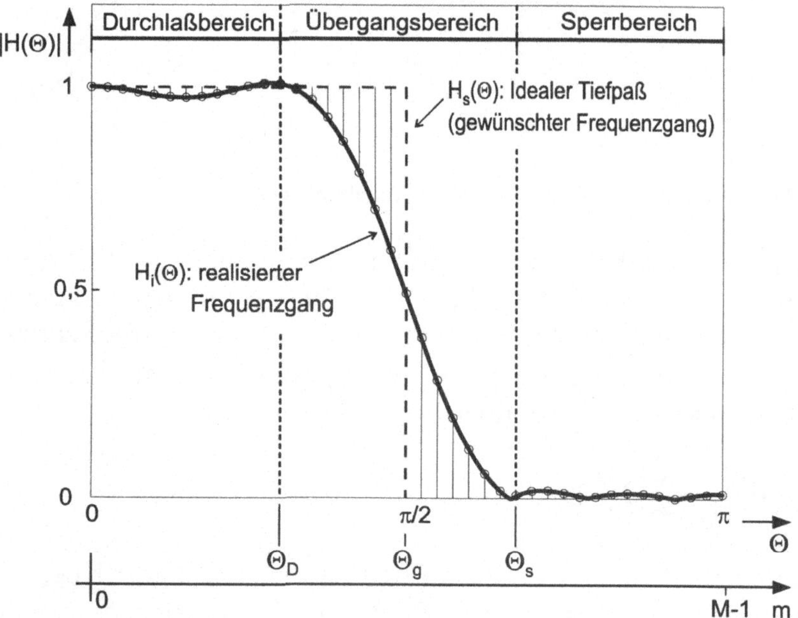

Bild 9.22:   Abweichung zwischen gewünschtem und realisiertem Frequenzgang an den Stützstellenpositionen (Filterlänge L=11, Stützstellenanzahl M=41)

Die zugehörige erste Teilfehlerfunktion wird als Maximum der gewich-teten Abweichung der beiden Frequenzgänge definiert. Als Sollwert wird dabei ein idealer Tiefpaß gefordert

$$E_1 = \underset{m=0\ldots M-1}{\text{Max}}\left[W(\Theta)\cdot\left|H_s(\Theta)-H_i(\Theta)\right|\right] \quad . \tag{9.32}$$

Dabei kann eine frequenzabhängige Gewichtungsfunktion $W(\Theta)$ (z.B. mit konstanten Werten im Durchlaß- und Sperrbereich und einem monotonen Absinken von beiden Seiten zur Grenzfrequenz hin [FraBluSchrö97]) verwendet werden.

2) Flankenweite zwischen Durchlaß- und Sperrbereich

Die Flankenweite ist bei einem Filter mit Frequenzselektionsforderungen ein sehr wichtiges Kriterium. Dabei werden Durchlaß- und Sperrfrequenzen entsprechend Bild 9.22 für den Übergang zwischen $H_s(\Theta)=1$ bzw. 0 gewählt. Die zugehörige Kostenfunktion ist mit E_2 gegeben. Zusätzlich wird auch der Flankenbereich mit der 6 dB-Grenzfrequenz in zwei Teile gegliedert

$$\begin{aligned}
E_2 &= \left|\Theta_{\text{Stop}}-\Theta_{6\text{dB}}\right|+\left|\Theta_{\text{Pass}}-\Theta_{6\text{dB}}\right| \\
&= \left|\Theta_s-\Theta_g\right|+\left|\Theta_D-\Theta_g\right| \quad .
\end{aligned} \tag{9.33}$$

3) Gleichanteilverstärkung

Für Bildsignalfilter ist insbesondere mit Blick auf die Aussteuerung bei digitaler Realisierung der Erhalt der mittleren Helligkeit eines Bildes ein wichtiges Kriterium. Als Teilfehlerfunktion wird die Abweichung $H_i(\Theta=0)$ gegenüber dem Sollwert 1 gewählt:

$$E_3 = \left|H_i(\Theta=0)-1{,}0\right| \quad . \tag{9.34}$$

4) Amplitude an der Grenzfrequenz

Es wurde in Abschnitt 9.3 ausgeführt, daß die Amplitude an der Grenzfrequenz als Maß zur Definition der Detailauflösung verwendet werden kann. Hieraus resultiert eine weitere Teilfehlerfunktion:

$$E_4 = \left| H\!\left(\Theta_g\right) - 0,5 \right| \quad . \tag{9.35}$$

5) Amplitude des ersten Überschwingers der Sprungantwort

Zur Analyse wird hier die wegen der Phasenlinearität symmetrische Sprungantwort des Filters mit $u_1(n)$ der Sprungsequenz nach (4.11) verwendet

$$g_s(n) = h(n) * u_1(n) \quad . \tag{9.36}$$

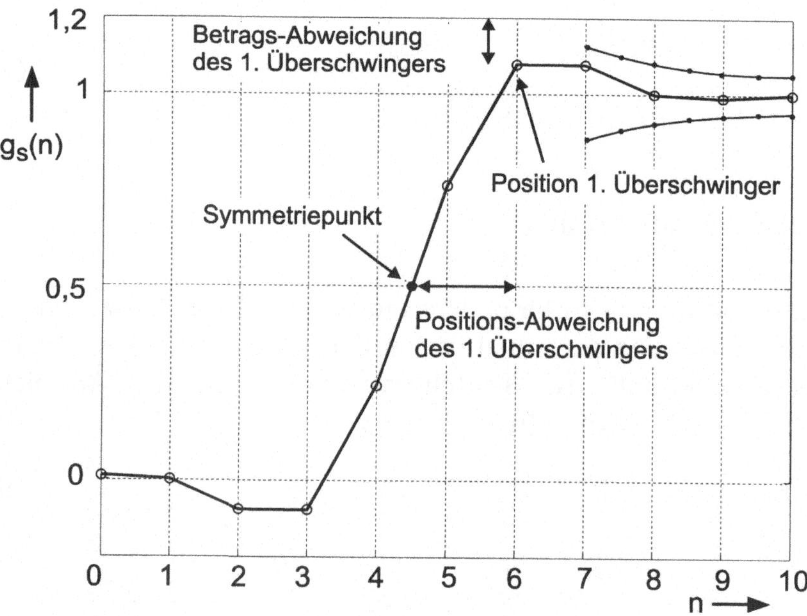

Bild 9.23:   Abweichungen der Überschwinger der Sprungantwort

Der erste Überschwinger ist dann durch das Maximum der Sprungantwort gegeben und es gilt für die Teilkostenfunktion

$$E_5 = \left| g_s(n_{max}) - g_{opt} \right| \quad . \tag{9.37}$$

Dabei bezeichnet n_{max} die Abtastwertposition für das Sprungantwortmaximum und g_{opt} das vorgegebene Optimum des ersten Überschwingers für maximale Bildschärfe z.B. $g_{opt}=1,2$ wie in Bild 9.23.

6) Position des ersten Überschwingers der Sprungantwort

Der erste Überschwinger kann die Bildschärfe deutlich verbessern, sofern seine Position möglichst dicht am Symmetriepunkt der Sprungantwort liegt. Hieraus resultiert die Teilfehlerfunktion E_6 (mit L: Filterkoeffizientenanzahl):

$$E_6 = n_{max} - \frac{L-2}{2} \quad . \tag{9.38}$$

7) Abweichung der weiteren Überschwinger der Sprungantwort

Die weiteren Überschwinger sollten zur Vermeidung von "ringing" so klein wie möglich ausfallen. Entsprechend den Einschwingmasken in Bild 9.12 ist darüber hinaus noch eine *abstandsproportionale Gewichtung der Überschwinger* entsprechend ihrer Position zur Erfassung ihrer Störwirkungen zweckmäßig. Dabei können Amplitudenschwankungen unterhalb einer (Sichtbarkeits-) Schwelle vernachlässigt werden. Es resultiert eine weitere Teilkostenfunktion, die die größte Abweichung der weiteren Überschwinger vom Sollwert 1 bewertet

$$E_7 = \underset{n=n_{max}\cdots L-1}{Max}\left[c(n) \cdot \left| g_s(n) - 1 \right| \cdot \left(n - \frac{L-2}{2} \right) \right] \quad , \tag{9.39}$$

hierbei ist c(n) eine geeignet zu wählende Schwellwertfunktion unter Berücksichtigung der Sichtbarkeit der weiteren Überschwinger.

8) Relativer Sprunggradient

Eine hohe Sprungsteilheit ist zur Erzielung maximaler Bildschärfe von
großer Bedeutung. Sie wird wie in Abschnitt 9.3 zwischen dem 10 % und
90 %-Wert der Sprungantwort bewertet, wobei für die diskrete Sprungantwort die Abtastwerte gerade unterhalb 10 % und gerade oberhalb
90 % verwendet werden (n_{10} bzw. n_{90}):

$$E_8 = \frac{n_{90} - n_{10}}{g_s(n_{90}) - g_s(n_{10})} \quad . \tag{9.40}$$

Minimierung der Kostenfunktion durch eine Evolutionsstrategie

Die Approximationsqualität des Filterentwurfes ist durch die gewichtete
Summe der Teilfehlerfunktionen angegeben. Die Minimierung dieser
Gesamtfehlerfunktion ist analytisch nicht möglich, denn das W-dimen-
sionale Optimierungsproblem (W: Anzahl der frei wählbaren Koeffizienten, wegen Phasenlinearität: $\frac{L-1}{2}$) ist hochgradig nichtlinear. Weiterhin gibt es verschiedene lokale Minima im W-dimensionalen Parameterraum, so daß eine Gradientenmethode im allgemeinen fehlschlägt, wenn
das globale Minimum gesucht wird. Eine Lösung ist möglich auf der
Basis von Evolutionsstrategien.

Solche Optimierungsstrategien verwenden *Mechanismen der biologischen Evolution*, um technische Parameter zu optimieren, in der Annahme, daß wegen der optimalen Anpassung biologischer Kreaturen an
ihre Umgebung die Resultate und ihre strategischen Evolutionsmecha-
nismen optimal sind [Schwefel95].

Evolutionsstrategien werden seit Ende der 60er Jahre zur Optimierung
einer Vielzahl von technischen Aufgabenstellungen verwendet
[Rechenberg73]. Die Vorteile dieser Strategien zeigen sich prinzipiell bei
komplexen Optimierungsproblemen, die aufgrund der Größe und Struktur des Parameter- und Güteraumes keine analytische Optimierung erlauben, oder bedingt durch den großen Simulationsaufwand jeder einzelnen

Realisierung kein vollständiges Absuchen des Parameterraumes erlauben. Genau diese Randbedingungen sind bei der Optimierung des oben ausgeführten Filterproblems (aber auch bei vielen anderen Algorithmen der Videosignalverarbeitung) gegeben.

Optimierungsmethoden, die die Mechanismen der biologischen Evolution verwenden, um technische Probleme zu optimieren, werden als "Evolutionäre Algorithmen" und eine Methode als "Evolutionsstrategie" (ES) [Schwefel95] bezeichnet.

Bei einer ES wird eine potentielle Lösung im Suchraum als Individuum in einer künstlichen Umwelt angesehen. Dieses Individuum wird gemäß des Grades seiner Anpassung an die künstliche Umwelt durch eine sogenannte Fitneßfunktion bewertet. Faßt man mehrere Individuen zu einer Population zusammen, so kann man verschiedene Mechanismen der biologischen Evolution modellieren.

Die drei modellierten Grundmechanismen der Evolution sind die

- Mutation,

- Rekombination,

- Selektion.

Mutation

Die Mutation ist eine willkürliche Änderung des genetischen Materials eines Individuums. Angewendet auf das Problem einer technischen Optimierung bedeutet dies, daß Zufallswerte zu den Parametern eines Systems hinzuaddiert werden.

Die Verteilungsfunktion dieser Zufallszahlen (mit einem Mittelwert von Null) wird als geometrische Verteilung für diskrete Parameter und als Normalverteilung für kontinuierliche Parameter gewählt [Schwefel95].

Um eine *hohe Konvergenzgeschwindigkeit der Evolutionsstrategie* sowie eine große Anzahl geeignet mutierter Individuen zu erzielen, werden die Parameter p(i), (die "Objektvariablen") mit einem jeweils zugehörigen

Streuwert $\sigma(i)$ ("Strategieparameter") korreliert, mit der die Objektvariablen additiv modifiziert werden.

Diese Streuwerte $\sigma(i)$ werden ebenfalls mutiert, und zwar durch Multiplikation der alten Streuwerte mit dem Exponentialfunktionswert einer normalverteilten Zufallszahl [Schwefel95].

Die Streuwerte werden mit den korrespondierenden Parametern an die nächste Generation vererbt. Hierdurch entsteht ein Selbstadaptionsprozeß der Streuwerte während der Parameteroptimierung. Im Verlaufe des Optimierungsprozesses setzen sich die Individuen durch, deren Streuwerte ein möglichst schnelles Fortschreiten in Richtung des Optimums ermöglichen.

Die Mutation eines Individuums wird bei kontinuierlichen Parametern mit (9.41) beschrieben, wobei $N(0,x)$ eine normalverteilte Zufallszahl mit einem Mittelwert von Null und einer Standardabweichung x ist. W stellt die Dimension des Optimierungsproblems dar und c ist eine Konstante.

$$\tau_0 = N\left(0, \tfrac{c}{\sqrt{2W}}\right)$$

$$\left.\begin{array}{l} \sigma(i) = \sigma(i) \cdot e^{\left(\tau_0 + N\left(0, \frac{c}{\sqrt{2\sqrt{W}}}\right)\right)} \\[2mm] p(i) = p(i) + \sigma(i) \cdot N(0,1) \end{array}\right\} \text{ für } i = 1..W \qquad (9.41)$$

Die Mutation der Streuweiten enthält je einen für alle Streuweiten gemeinsamen Anteil τ_0 sowie einen spezifischen Anteil für jeden einzelnen Parameter. Mit diesen Streuweiten werden anschließend die Objektvariablen mutiert.

Rekombination

Mit Rekombination wird die Schaffung eines neuen Individuums (Kind-Individuum, engl. "offspring") unter Verwendung der Gene zweier anderer Individuen ("Eltern") bezeichnet. Dieser Mechanismus korrespondiert mit der sexuellen Fortpflanzung in der Natur. *Durch die Rekombination*

können Distanzen im Parameterraum überbrückt werden, die die Streuweiten der Mutation weit überschreiten.

Es werden zwei Methoden der Rekombination unterschieden: die diskrete und die intermediäre Rekombination.

Im Falle der diskreten Rekombination werden die Parameter p(i) sowie
deren Streuweiten σ(i) für ein neues Individuum zufällig mit der gleichen
Wahrscheinlichkeit entweder von dem einen oder von dem anderen
Eltern-Individuum ausgewählt.

Bei der intermediären Rekombination wird jeder Parameter eines neuen
Individuums als arithmetischer Mittelwert der jeweiligen Parameter der
Eltern berechnet. Weitere Rekombinationsmöglichkeiten sind denkbar
und werden in der Literatur vorgeschlagen (globale Rekombination etc.,
siehe z.B. [Schwefel95]).

Selektion

Mutation und Rekombination sind Mechanismen, um neue Individuen zu
erzeugen. Um einen Fortschritt beim Optimierungsprozeß zu erzielen, ist
die Selektion der besten Individuen einer Generation in jedem Optimie-
rungsschritt erforderlich. Hierdurch wird die Populationsgröße, d.h. die
Anzahl von Eltern- und Kind-Individuen in einer Generation während
der Optimierung konstant gehalten. Die am häufigsten verwendeten
Evolutionsstrategien sind die sogen. $(\mu+\lambda)$- und (μ,λ)-Strategien
[Schwefel95].

Bei diesen Strategien bestehen die Generationen jeweils aus μ Eltern und
λ Kindern. Jedes der λ Kind-Individuen wird durch Rekombination
zweier zufällig ausgewählter Eltern-Individuen und anschließende Mutation des rekombinierten Individuums erzeugt. Die Qualität des neuen
Individuums wird durch eine Fehlerfunktion (bzw. Gütefunktion)
bewertet.

Verwendet man eine *$(\mu+\lambda)$-Strategie* zur Selektion, so werden als Eltern-
Individuen für die nächste Generation die μ besten Individuen der ins-

gesamt $\mu+\lambda$ Eltern- und Kind-Individuen der aktuellen Generation ausgewählt. Bei einer *(μ,λ)-Strategie* werden nur die besten Individuen der λ Kinder der aktuellen Generation als Eltern-Individuen für die nächste Generation ausgewählt.

Ein erster Schritt bei einer Verwendung von Evolutionsstrategien ist stets, die Stabilität des Optimiervorganges zu überprüfen. Hierzu werden Optimierungsläufe von willkürlich gewählten (schlechten) Initialwerten aus gestartet und die Ergebnisse mit Lösungen von Standardverfahren verglichen. Ergeben sich bei diesen Optimierungsläufen jeweils sinnvolle Ergebnisse, so ist dies ein Hinweis auf die Stabilität des Optimierungsprozesses.

Beim 1D-Filterentwurf wurden daher z.B. Zufallskoeffizienten als Startparameter gewählt. Das sich aus diesen Initialwerten ergebende Filter besitzt Eigenschaften, die in keiner Weise die Vorgaben erfüllen (siehe Bild 9.24), so daß beim Optimiervorgang große Distanzen im Parameterraum überwunden werden müssen.

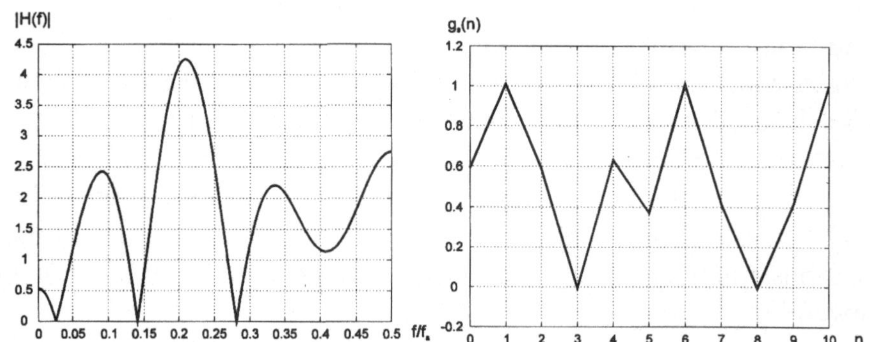

Bild 9.24:   Frequenzgang |H(f)| und Sprungantwort $g_s(n)$ eines FIR-Filters mit Zufallskoeffizienten

Als weitere Initial-Parametersätze wurden die Koeffizienten eines reinen Mittelwertfilters sowie die mittels eines Kaiserfenster-Entwurfes gewonnenen Parameter verwendet, die Nebenoptima im Parameterraum darstellen.

Ausgehend von diesen Initialsätzen wurden Filter mit L=11 und L=19 Koeffizienten unter Verwendung von $(\mu+\lambda)$- und (μ,λ)-ES sowie unter Verwendung von herkömmlichen Gradientenstrategien entworfen.

Die ES können offenbar die Gesamtfehlerfunktion minimieren. Sowohl von Zufallswerten als auch von mit anderen Entwurfstechniken entworfenen Initial-Koeffizienten ausgehend können Verbesserungen erzielt werden. Bild 9.25 stellt das Ergebnis der Optimierung ausgehend von zufälligen Initialwerten unter Verwendung einer (10,200)-Strategie dar.

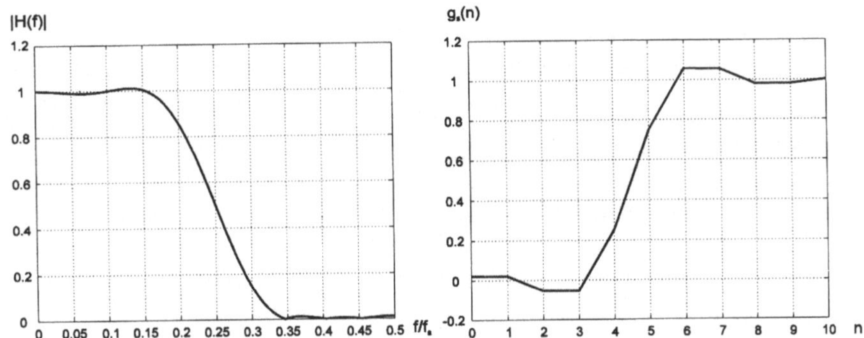

Bild 9.25:   Frequenzgang |H(f)| und Sprungantwort $g_s(n)$ eines FIR-Filters, der mit einer (10,200)-ES entworfenen wurde (11 Koeffizienten)

Die Optimierungsläufe mit Gradientenstrategien erbringen demgegenüber keine deutlichen Ergebnisse bzw. keine Verbesserungen der Fehlerfunktion, was ein Hinweis auf die Multimodalität[2] des Fehlergebirges ist.

Die Simulationen mit ES erforderten durchschnittlich 300.000 Bewertungen der Fehlerfunktion, was ca. 1500 Generationen entspricht[3]. Im Gegensatz zu Standardverfahren zum Filterentwurf ermöglichen ES durch Wahl der Gewichtungswerte λ dedizierte Filterfunktionen direkt zu beeinflussen.

---

[2] Multimodalität bezeichnet die Ausprägung (Struktur) eines Güte- bzw. Fehlergebirges, das viele Extremalwerte besitzt.

[3] Die Simulationszeit betrug ca. 5 Minuten auf einem Pentium PC mit einem 233 MHz Prozessor.

Sind die Korrespondenzen zwischen subjektiver Bildqualität und dedizierten Filtereigenschaften bekannt, kann eine detaillierte Anpassung der Filtereigenschaften vorgenommen werden, um eine hohe resultierende Bildqualität zu erzielen. Dabei ist zu beachten, daß auch wenn die *Stabilität der Konvergenz der Evolutionsstrategie* offenbar gegeben ist, diese doch prinzipiell nicht garantiert werden kann. Grundsätzlich kann nicht ausgeschlossen werden, daß es Gewichtskombinationen λ_i der Teilkostenfunktionen oder Startparameter gibt, die zu einer Nichtkonvergenz führen.

Von besonderem Interesse ist bei der Optimierung ein Vergleich mit Standardentwurfsverfahren. Exemplarisch sind für ein 19-Tap-Filter die Ergebnisse verschiedener Verfahren zusammengestellt (Tabelle 9.1) [FraBluSchrö97].

Tabelle 9.1:   Eigenschaften der mit unterschiedlichen Entwurfstechniken entworfenen Filter (jeweils 19 Koeffizienten)

Eigenschaft	(10,200)-Strategie	Kaiser-Fenster	Anhebungs-Netzwerk	Remez-Exchange[4]
1. Überschwinger	7,51 %	5,38 %	7,51 %	7,51 %
2. Überschwinger	1,82 %	2,12 %	2,47 %	2,11 %
max. Durchlaßband Ripples	0,61 dB	0,11 dB	0,46 dB	0,64 dB
min. Sperrband-dämpfung	38,00 dB	38,57 dB	37,26 dB	40,78 dB
f_{6dB}/f_s	0,25	0,25	0,26	0,25
Gesamtfehler E_{total}	1,02	1,12	1,18	1,05

---

[4] Durch *nachträglichen* Entwurf eines FIR-Filters mit Hilfe des Remez-Exchange Verfahrens *nach* Kenntnis der Ergebnisse der ES läßt sich ein bzgl. der Sperrdämpfung deutlich besseres Filter finden. Der Gesamtfehler bleibt aber vor allem wegen der Größe des zweiten Überschwingers deutlich größer als bei der ES [FraBluSchrö97].

Der ES-Entwurf mit einer (10,200)-Strategie ermöglicht eine günstigere Einstellbarkeit des ersten und zweiten Überschwingers der Sprungantwort wogegen die minimale Sperrbanddämpfung beim Kaiserfenster etwas höher liegt. Das Anhebungsnetzwerk (in Verbindung mit dem Kaiserfensterentwurf) ermöglicht zwar eine Variation des ersten Überschwingers, vergrößert aber den zweiten Überschwinger, verschiebt die Grenzfrequenz und reduziert die Sperrdämpfung.

In Bild 9.26 ist der Verlauf der Optimierung über den Generationen sowie die Differenz der verglichenen Optimierungsverfahren aufgetragen. Ersichtlich übertreffen die Evolutionsstrategien die verfügbaren herkömmlichen Verfahren [FraBluSchrö97] ab etwa der 400. Generation.

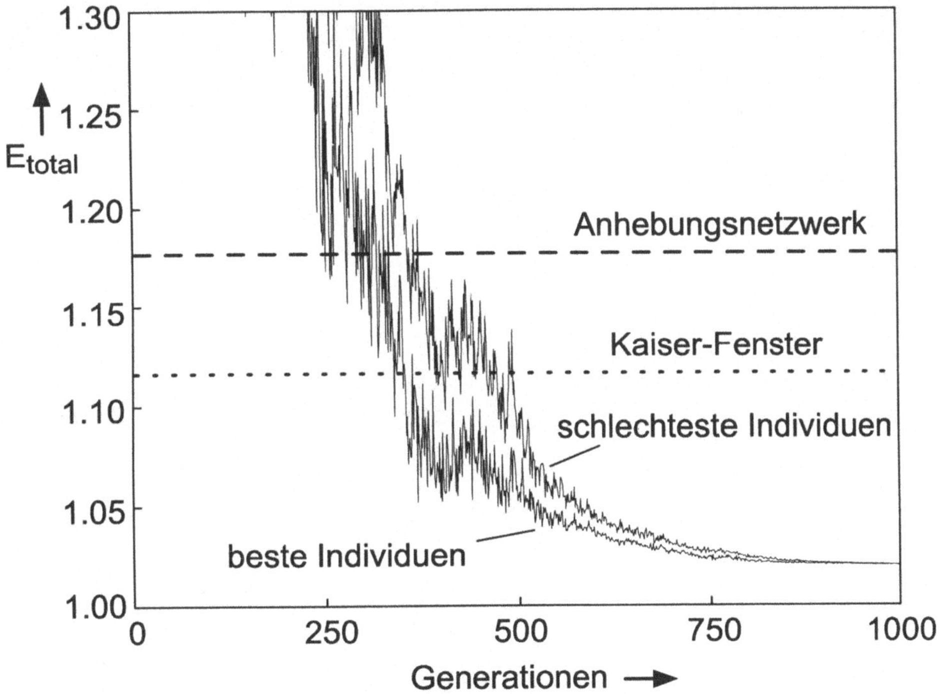

Bild 9.26: Verlauf der Fehlerfunktion E_{total} über den Generationen für einen Filterentwurf mit einer (10,200)-ES

10 Operatoren zur Bildbearbeitung

10.1 Generelle Konzepte der Bildsignalverarbeitung

Zwei prinzipiell unterschiedliche Aufgabenstellungen in den klassischen Anwendungsbereichen der Bildsignalverarbeitung (Mustererkennung in der Medizin und in industriellen Anwendungsgebieten zur Werkstück- oder Fahrzeugerkennung, bildgestützte autonome Robotersteuerungen etc.) lassen sich unterscheiden [Wahl84]:

- Verbesserung der bildlichen Information zur Verbesserung der visuellen Wahrnehmung und Steigerung der menschlichen Interpretation,

- Verarbeitung von Daten einer Bildszene zur automatischen Weiterverarbeitung in einem maschinellen System.

Diese Verarbeitungskette beginnend bei der Bildaufnahme bis hin zur Generierung einer Ergebnisliste aus den gewonnenen Bilddaten ist in Bild 10.1 dargestellt.

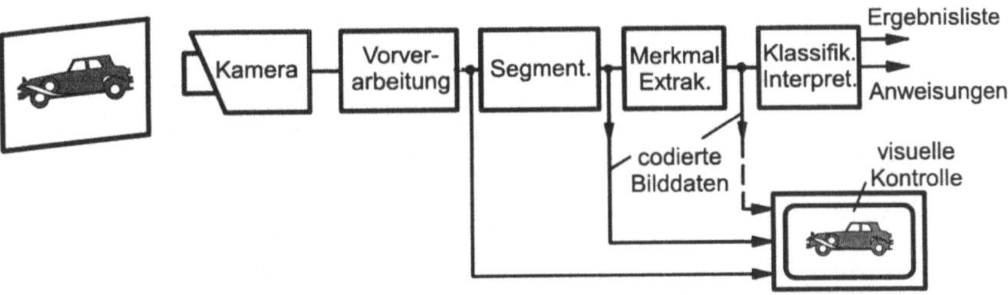

Bild 10.1: Blockdiagramm einer typischen Bildsignal-Verarbeitungskette

Einen ersten Verarbeitungsschritt nach der Bildaufnahme kann eine Vorverarbeitung zur *Restauration* des Bildmaterials darstellen, etwa:

- Reduktion von Bewegungsverschleifung (Deblurring),

- Reduktion von Rauschstörungen,

- Kontrastanhebung.

Ziel dieses Verarbeitungsschrittes ist es, eine visuelle Beurteilung zu ermöglichen, bzw. eine Weiterverarbeitung zu unterstützen.

Typische Algorithmen, die zur Vorverarbeitung von Bilddaten verwendet werden, sind *Grauwerttransformationen* (siehe Kapitel 10.2) mit beliebigen Grauwertcharakteristiken zur Kontrastanhebung, lineare oder nichtlineare Filter zur Bildschärfeverbesserung oder Verfahren zur Artefakt- und Rauschreduktion (siehe z.B. [Wahl84], [Jain89], [Lim90], [Jähne89]).

Eine *Bildsegmentierung* kann sich als weiterer Verarbeitungsschritt in einer solchen Verarbeitungskette anschließen. Hier ist die Aufgabe gegeben, die Bilddaten in signifikante Untermengen aufzuteilen. Diese Untermengen können sich anhand ihrer Hintergrundinformation, ihrer Texturmerkmale, aber auch der ihnen zugeordneten Bewegungsinformation unterscheiden.

Eine Bildsegmentierung kann wiederum als ein Vorverarbeitungsschritt zur *Merkmalsextraktion* verstanden werden. Einige häufig verwendete Methoden zur Bildsegmentierung basieren auf einer Kantendetektion, die lokale Grauwertgradienten bestimmt (siehe Kapitel 10.4), andere Segmentierungskriterien sind etwa Amplitudenschwellen, Bewegung o.ä..

Der nachfolgende Verarbeitungsschritt der Merkmalsextraktion ist für jede Art von Klassifikations- oder Interpretationsprozeß erforderlich. Die Ergebnisse einer Merkmalsextraktion können z.B. codierte Daten sein, um die Bilddaten z.B. in Form einer Objekt- und/oder Merkmalsliste mit stark reduzierter Datenmenge abzulegen [Jain89].

Stellt man einem derartigen Bildverarbeitungsmodell das typische Verarbeitungskonzept bei einer Bildübertrgung (siehe Bild 10.2) gegenüber, so sind bestimmte Verwandtschaften erkennbar.

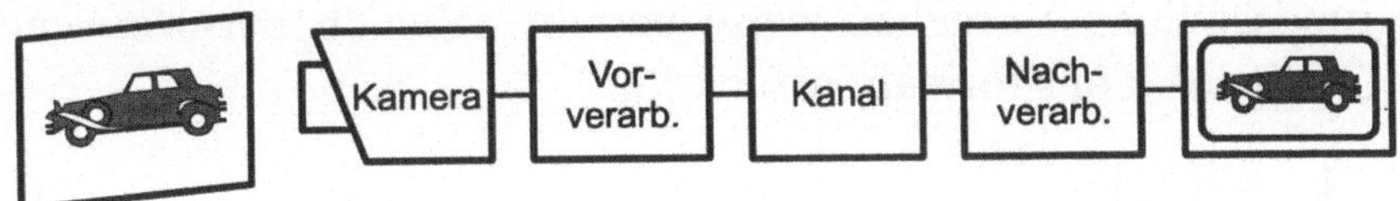

Bild 10.2:   Blockdiagramm einer TV-Videosignalverarbeitungskette

In einer TV-Signalverarbeitungskette ist es die Aufgabe, für eine gegebene Kanalkapazität des Übertragungskanals die vorgesehenen Vor- und Nachverarbeitungsmodule (vor und nach dem Übertragungskanal) so zu gestalten, daß eine maximale Bildqualität erzielbar ist. Die Aufgabe der Vor- und Nachverarbeitung ist es also:

- das zu übertragende Bild bzw. die Bildsequenz optimal an die Anforderungen des Übertragungskanals anzupassen,

- das empfangene Signal optimal den Anforderungen des Displays und der menschlichen visuellen Wahrnehmung entsprechend zu formen.

Bedingt durch die immer weiter steigenden Möglichkeiten der Mikroelektronik sind heute sehr *komplexe Algorithmen der Videosignalverarbeitung zur Vor- und Nachverarbeitung* realisierbar geworden (z.B. Algorithmen zur Rauschreduktion, Bewegungsschätzung, Zwischenbildinterpolation, siehe auch Band II dieser Buchreihe).

Viele der Algorithmen, die heute und in Zukunft in diesem Bereich angewendet werden, sind Algorithmen, die ursprünglich aus der klassischen Bildsignalverarbeitung stammen. Methoden der mehrdimensionalen Signalverarbeitung sind erforderlich, um solche Algorithmen zu entwerfen und zu analysieren.

10.2 Grauwerttransformationen

Das Werkzeug der Grauwerttransformation wird in vielen Bereichen der Bild- und Videosignalverarbeitung eingesetzt, um z.B. eine Verbesserung des Kontrastes im Bild zu erzielen.

Die grundsätzliche Vorgehensweise besteht dabei in der Verwendung einer Luminanz-Transformationsfunktion

$$L_0 = f(L_i) \quad , \tag{10.1}$$

wobei die Ausgangsluminanz L_0 eines Bildpunktes eine Funktion der Eingangsluminanz L_i ist. Durch diese Methode wird eine Grauwerttransformation (Grauwertabbildung) erzielt.

Beispiele für eine Grauwerttransformation und die sich daraus ergebenden Folgen für ein Bildsignal sind:

- lineare Amplituden-Transformationen $\Rightarrow$ lineare Amplituden-verstärkung

- quadratische Charakteristiken $\Rightarrow$ gedehnte Charakteristik für helle Bildteile

- wurzelförmige Charakteristiken $\Rightarrow$ gedehnte Charakteristik für dunkle Bildteile

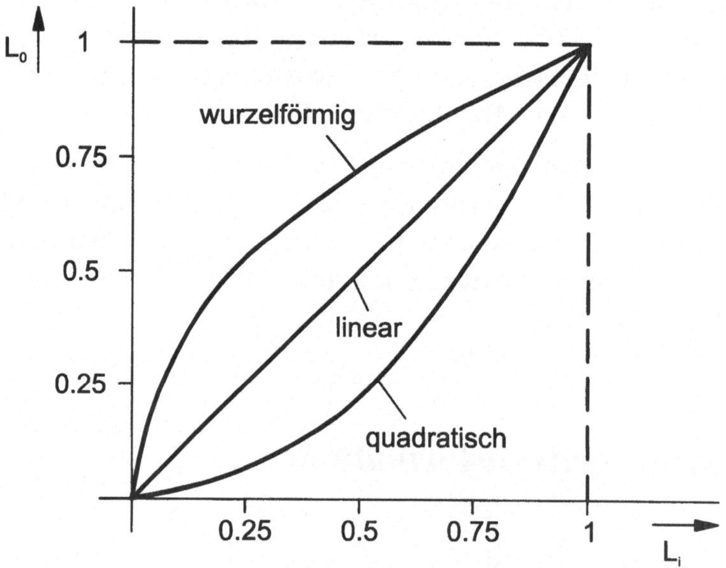

Bild 10.3:   Häufig verwendete Charakteristiken für Grauwerttransformationen

Einige weitere Grauwerttransformationen sind diskontinuierlich, d.h. abschnittsweise linear definiert (siehe Bild 10.4).

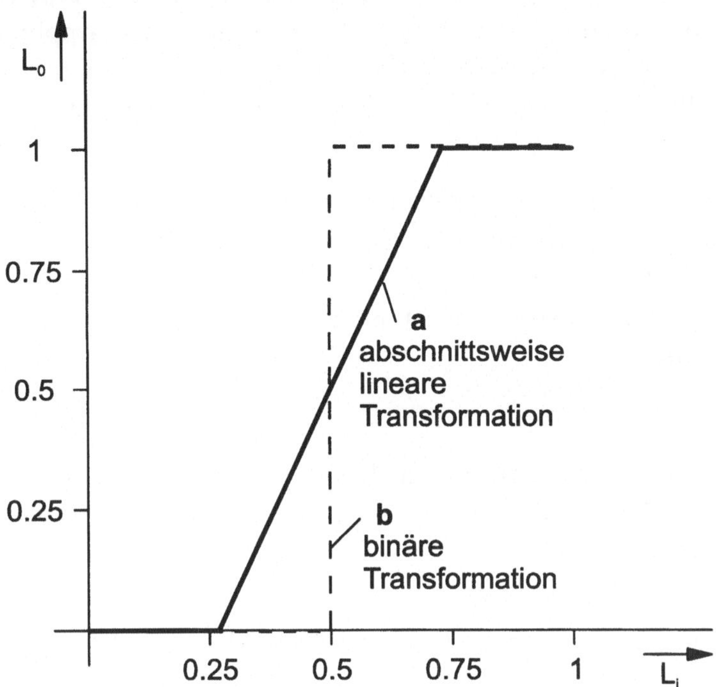

Bild 10.4:   Beispiele für diskontinuierliche Grauwerttransformationen

Eine binäre Transformation kann z.B. dazu verwendet werden, bei hinreichend großem Luminanzunterschied zwischen Objekt und Hintergrund ein Eingangsbild grob in Klassen aufzuteilen. Es dient somit als grobes Segmentierungsverfahren.

Wie bereits zuvor erwähnt, werden Grauwerttransformationen häufig zur Kontrastverbesserung verwendet. Ein weiteres Verfahren, das hier verwendet wird, ist der sogenannte *Histogramm-Ausgleich*. Hierbei wird die Wahrscheinlichkeitsdichte der einzelnen Grauwerte in der Weise transformiert, daß nach der Transformation alle Grauwerte mit nahezu gleicher Wahrscheinlichkeit auftreten, d.h., daß der Dynamikbereich der Luminanzamplituden ganz ausgeschöpft werden soll.

Dies wird dadurch erreicht, daß die Wahrscheinlichkeitsdichteverteilung
der einzelnen Grauwerte (Luminanzamplituden) gemessen wird, was
einer Bestimmung des Grauwert-Histogramms eines Bildes entspricht,
und anschließend durch Streckung oder Stauchung der Amplitudenberei-
che ein näherungsweise konstantes Amplituden-Histogramm erzielt wird.
Eine detailliertere Beschreibung eines Histogramm-Ausgleichs ist z.B.
[Wahl84] oder [Jain89] zu entnehmen.

Ein Beispiel für Grauwerttransformationen ist auch die *γ-Verarbeitung* in
TV-Geräten bzw. in Fernsehkameras. Eine γ-Verarbeitung ist in Video-
signalverarbeitungssystemen erforderlich, da die Luminanz-Charakte-
ristik von Kathodenstrahlröhren nichtlinear ist und eine Exponential-
charakteristik nach

$$L_a \approx c_a \cdot U^{\gamma_a} \tag{10.2}$$

besitzt. Hierbei bezeichnet L_a die Display-Luminanz, U die Videospan-
nung, c_a einen den Abeitspunkt beschreibenden Proportionalitätsfaktor
und γ_a einen Exponenten, der normalerweise (gerätespezifisch) im
Wertebereich 2,0 ... 2,7 liegt.

Eine hierzu inverse Signalverarbeitung wird in einer Kamera angewen-
det. Die Aufgabe dieser Signalverarbeitung ist es, durch eine inverse
Charakteristik die γ-Charakteristik des Monitors auszugleichen. Diese
Kamera-Charakteristik kann durch

$$U \approx c_e \cdot L_e^{\gamma_e} \tag{10.3}$$

beschrieben werden. Hierbei ist L_e die Luminanz der aufzunehmenden
Szene, c_e ist wiederum eine willkürliche Proportionalitätskonstante und
γ_e ein Exponent, der im Wertebereich 0,45 ... 1,0 gewählt wird.

Berücksichtigt man das Verhalten dieser Signalverarbeitungskette bei
additivem Rauschen, so erkennt man, daß kleinere Amplituden in der
Kamera auf Grund der γ_e-Exponentialcharakteristik relativ angehoben
werden (Komprimierungsvorgang). Wird dann etwa durch die Übertra-
gung des Videosignals additives Kanalrauschen (mit geringer Amplitude)
hinzuaddiert, und werden auf der Empfängerseite anschließend Signal-
und Rauschamplituden dekomprimiert (γ_a-Charakteristik), so erzielt man

ein verbessertes Signal-Störverhältnis als ohne γ-Verarbeitung. Dieses Konzept einer γ-Verarbeitung ist insbesondere zur Unterdrückung von Quantisierungsrauschen, das durch eine Digitalisierung der Signale entstanden ist, geeignet. Zur weiteren Beschreibung einer γ-Verarbeitung in TV-Geräten siehe [WendSchrö91].

10.3 Lokale Operatoren

Generell ist eine Signalverarbeitung, die einem Bildelement (Pixel oder Block) durch einen lokalen (Fenster-) Operator $f(\cdot)$ einen neuen Wert zuweist, nicht nur von der ursprünglichen Luminanz dieses Bildpunktes, sondern auch von allen Pixel-Parametern, die in einem vordefinierten Fensterbereich um das aktuelle Pixel herum gegeben sind, abhängig. Diesen Zusammenhang verdeutlicht Bild 10.5 (vgl. [Zamperoni89]).

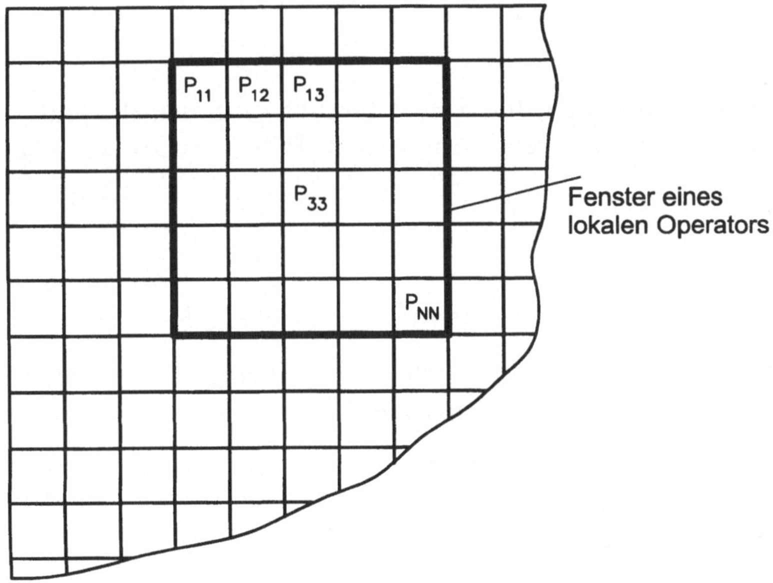

Bild 10.5:   Fenster eines lokalen Operators zur Berechnung von P_{33}

In Bild 10.5 bezeichnet p_{ij} das ursprüngliche unverarbeitete Pixel und das korrespondierende Ausgangspixel p_{lk} wird durch die lokale Operatorfunktion

$$q_{lk} = f\left(p_{ij}\right) \qquad \text{mit } i = 1 \dots N, \, j = 1 \dots N \;, \qquad (10.4)$$

bezeichnet. Dieses Ergebnis wird somit unter Verwendung des Operatorfensters der Größe $N \cdot N$ berechnet. Der Wert jedes weiteren Bildpunktes ergibt sich dann durch eine spalten- und zeilenweise Verschiebung des Operatorfensters.

Operatorfunktionen können nun in beliebiger Weise definiert werden, etwa durch

- eine lineare oder nichtlineare Beziehung,

- eine in analytischer Form oder tabellarisch gegebene Beziehung,

- eine Logik-Funktion für binäre Elemente.

Lokale lineare Operatoren

Lineare Operatoren sind durch eine zweidimensionale Faltung mit der Impulsantwort eines zweidimensionalen Filters zu beschreiben. Die Beziehung

$$q_{lk} = f\left(p_{ij}\right) \qquad (10.5)$$

beschreibt somit eine lineare Superposition von Pixelwerten.

Hier kann dann die bereits in Kapitel 4 bzw. 9 eingeführte Theorie linearer mehrdimensionaler Filter angewendet werden und die lineare Operatorfunktion ist durch die Faltung

$$q(l,k) = \sum_{i=1}^{i=N} \sum_{j=1}^{j=N} p(i,j) \cdot h(l-i,k-j) \qquad (10.6)$$

bzw. die zugehörige örtlich-spektrale Übertragungsfunktion beschreibbar.

Als Beispiel für einen häufig verwendeten linearen Operator soll hier eine einfache eindimensionale Gradientenfunktion nach

$$h_x(x) = \{-0.5, 0, 0.5\} \tag{10.7}$$

aufgeführt werden. Dieser eindimensionale Operator approximiert die Bildung eines eindimensionalen Gradienten für die Eingangssequenz s(x) durch Bildung der Ausgangsbeziehung

$$g(x) = s(x) * h_x(x) = \frac{s(x-1) - s(x+1)}{2} \quad . \tag{10.8}$$

Dieser Operator kann leicht zu einem zweidimensionalen Gradientenoperator erweitert werden, indem die separierbaren Teilfunktionen $h_x(x)$ und $h_y(y)$ nach

$$h(x, y) = h_x(x) \cdot h_y(y) \tag{10.9}$$

miteinander multipliziert werden. Mit

$$h_y(y) = \begin{pmatrix} -0.5 \\ 0 \\ 0.5 \end{pmatrix} \tag{10.10}$$

ergibt sich ein resultierender zweidimensionaler Operator mit der Filtermaske

$$h(x, y) = \begin{pmatrix} -0.25 & 0 & 0.25 \\ 0 & 0 & 0 \\ 0.25 & 0 & -0.25 \end{pmatrix} \quad . \tag{10.11}$$

Hierzu kann dann mit den in Kapitel 4.5 erarbeiteten Beziehungen eine korrespondierende zweidimensionale Übertragungsfunktion nach

$$H(\Theta_x, \Theta_y) = \sin\Theta_x \cdot \sin\Theta_y \tag{10.12}$$

berechnet werden. Bei dieser Übertragungsfunktion handelt es sich um eine Funktion, die höhere Frequenzen anhebt.

Ähnliche lineare Operatoren (mit vergrößerten Filtermasken und besserer spektraler Charakteristik) können entworfen werden und werden häufig zum Zwecke der Bildverbesserung (Versteilerung, Kontrastanhebung, Aperturkorrektur etc.) eingesetzt. So wurde z.B. in Abschnitt 4.5 ein Beispiel zur Bildschärfeverbesserung durch eine Bildsensorkorrekturapertur (vgl. Bild 4.33) dargestellt.

Hier wurden durch eine Hochpaßfilterung die hohen Frequenzen aus dem Bildsignal (nach der Aperturfilterung durch die Kamera-Apertur) herausgefiltert. Diese hohen Frequenzanteile werden anschließend mit einem Faktor linear verstärkt und dann wieder zum Bildsignal hinzuaddiert.

Einerseits kann mittels dieses Verfahrens der Kontrast angehoben werden und es sind Kanten und Konturen besser zu erkennen, aber andererseits wird auch das im Bild enthaltene Rauschen verstärkt. Daher ist offensichtlich, daß z.B. für eine *Kontrastanhebung in einer hochqualitativen Bildsignalverarbeitung eine einfache Hochpaßfilterung sicherlich kein ausreichendes Verfahren darstellt.*

Auf ähnliche Weise können Operatoren entworfen werden, die Rauschen durch eine lineare Tiefpaßfilterung unterdrücken. Dieses Verfahren wird häufig angewendet, da man häufig von der Annahme ausgeht, daß Bildmaterial zumeist eine spektrale Verteilung aufweist, die mehr niederfrequente als hochfrequente Anteile besitzt, während Rauschen zumeist als weißes Rauschen, d.h. als Rauschen mit konstanter (oder sogar ansteigender) Rauschleistungsdichte über den gesamten Frequenzbereich angenommen wird. Durch eine lineare Tiefpaßfilterung kann nun zumindest das hochfrequente Rauschen unterdrückt werden. Wiederum ist diese einfache lineare Filtertechnik kein Verfahren von ausreichender Qualität, *da mit der Tiefpaßfilterung auch eine Auflösungsreduktion* einher geht.

Für die zuvor diskutierten Anwendungen der Kontrastanhebung und der Rauschreduktion werden wegen der zuvor genannten Nachteile häufig nichtlineare Operatoren verwendet.

Lokale nichtlineare Operatoren

Wie in Kapitel 11 noch ausführlicher dargestellt werden wird, können nichtlineare Filter ebenfalls zweidimensional, d.h. abhängig von einem lokalen Filterfenster definiert werden (z.B. zweidimensionale Median- oder Rangordnungsfilter). Diese Filter besitzen besondere Eigenschaften und werden daher in der Bildsignalverarbeitung ebenfalls zur Kontrastanhebung, Rauschreduktion (insbesondere zur Unterdrückung von Impulsrauschen) etc. verwendet.

Weitere Formen von nichtlinearen bzw. kombinierten linear-/ nichtlinearen Operatoren werden z.B. zur Kantendetektion und Lokalisation (siehe Kapitel 10.4) und zur Bildsegmentierung und Texturerkennung (siehe Kapitel 10.5 morphologische Operatoren) verwendet.

Die in den folgenden beiden Abschnitten diskutierten Operatoren (Kantendetektoren und Kantenlokalisatoren sowie morphologische Operatoren) stellen nur eine beispielhafte Auswahl von Operatoren in der Bildsignalverarbeitung dar. Sie wurden ausgewählt, da diese Operatoren in den letzten Jahren auch eine immer größere Bedeutung in der mehrdimensinalen Verarbeitung von Bewegtbildsignalen (TV-Signalverarbeitung, Codierung, Bildsequenzanalyse etc.) gewonnen haben.

10.4 Kantendetektion und Kantenlokalisation

Verfahren zur Bildsignalverarbeitung, die Kanteninformationen benötigen, gewinnen eine zunehmende Bedeutung in vielen Anwendungsbereichen, etwa:

- Bildrekonstruktion und Interpolation,

- Bildverbesserung (Kantenversteilerung),

- Bildsegmentierung (z.B. für die Bildcodierung oder für Klassifizierungsaufgaben),

- zeitlich-räumliche Bildformatkonversion etwa für eine flimmerfreie Bildwiedergabe.

Aus diesem Grunde werden in diesem Abschnitt ausgewählte nichtlineare Kantendetektoren und Kantenlokalisatoren vorgestellt.

Die Detektion einer Kante entspricht dabei der Detektion einer Diskontinuität im Bild. Nach [RosenKak76] werden die folgenden Definitionen für Kanten und Linien bei Bildsignalen verwendet.

- Eine *ideale Kante* trennt Bildbereiche mit unterschiedlichen Grauwert-Amplituden.

- Eine *Linie* ist ein feiner Strich, der unterschiedliche Luminanzen auf beiden Seiten der Linie besitzt.

Eine Kantendetektion wird durch die folgenden Probleme erschwert:

- additives Rauschen verhindert eine perfekte Kantendetektion,

- eine Bandbegrenzung verhindert eine ideale Detektion durch eine Glättung der Kantenverläufe.

Werden die Kanteninformationen für eine weitere Signalverarbeitung zur Bildverbesserung wie z.B. eine Kantenversteilerung verwendet, ist besonderes Gewicht darauf zu legen, daß keine Fehldetektionen auftreten. Schwankt die Position von detektierten Kanten von Bild zu Bild in einer Bildsequenz, was als *"Busy Edges"* bezeichnet wird, so führt die weitere auf diese Information aufsetzende Signalverarbeitung zu deutlichen Artefakten. Ein robustes Kantendetektionssystem muß daher geeignete Methoden zur Rauschunterdrückung beinhalten, um eine für hochqualitative Systeme hinreichende Genauigkeit zu erzielen.

Es existieren sehr viele Verfahren zur Kantendetektion wie z.B. lokale und globale Operatoren und Transformationen (siehe z.B. [Wahl84], [Zamperoni89]). Aus der Vielzahl von Algorithmen sollen hier nur lokale Operatoren betrachtet werden, da diese insbesondere für die Realisierung von Echtzeitanwendungen besonders interessant sind. So werden bereits einige lokale Kantendetektoren in TV-Endgeräten zur Bildqualitätsverbesserung eingesetzt [Siemens94].

Gradientenoperator

Der Gradient eines Bildes f(x,y) an der Koordinatenposition (x,y) wird durch den zweidimensionalen Vektor

$$g\big[f(x,y)\big]=\begin{bmatrix}g_x\\[4pt]g_y\end{bmatrix}=\begin{bmatrix}\dfrac{\partial f}{\partial x}\\[6pt]\dfrac{\partial f}{\partial y}\end{bmatrix} \tag{10.13}$$

definiert, was auch durch

$$\nabla f\big(x,y\big)=\frac{\partial f\big(x,y\big)}{\partial x}e_x+\frac{\partial f\big(x,y\big)}{\partial y}e_y \tag{10.14}$$

ausgedrückt werden kann. In Glg. (10.14) bezeichnet ∇ den sogen. Nabla-Operator [BronSem89] und e_x, e_y Einheitsvektoren in x- und y-Richtung.

Aus der Vektor-Analysis ist bekannt, daß der Vektor g in Richtung der maximalen Änderung von f an der Koordinate (x,y) weist. Der Betrag von g ist dabei durch

$$g\big[f(x,y)\big]=\sqrt{\big[g_x^2+g_y^2\big]} \tag{10.15}$$

gegeben. Dieser Betrag kann für einige Anwendungen in hinreichend guter Näherung durch die Summe der Einzelbeträge approximiert werden

$$g\big[f(x,y)\big]\approx\big|g_x\big|+\big|g_y\big| \quad . \tag{10.16}$$

Bei einem digitalen Bild werden die Ableitungen von f(x,y) durch Differenzen approximiert, was zu

$$g\big[f(x,y)\big]\approx\big|f(x,y)-f(x+1,y)\big|+\big|f(x,y)-f(x,y+1)\big| \tag{10.17}$$

führt. Glg. (10.17) gibt den Betrag des Gradienten auf Grund der horizontalen und vertikalen Differenzen an. Dieser als *"diskreter Summen-Gradient"* bezeichnete Operator ist in Bild 10.6 a) dargestellt.

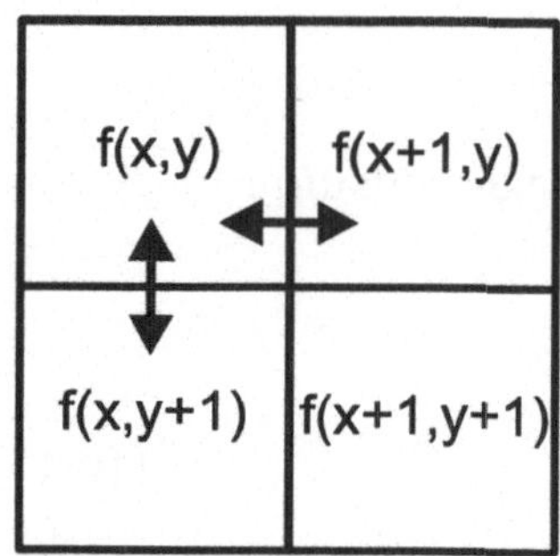

a) Diskreter Summen-Gradient

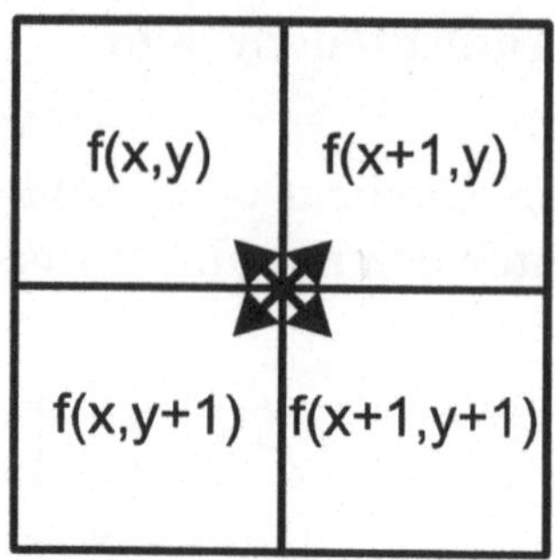

b) Roberts-Gradient

Bild 10.6:   a) Zweidimensionaler diskreter Summen-Gradient b) Roberts-Gradient

Die Leistungsfähigkeit dieses Kantendetektors bei verrauschten Bildsignalen kann durch Einführung einer Gradientenschwelle (engl. gradient level GL) entscheidend verbessert werden. Formal läßt sich diese Schwellwertabhängigkeit durch

$$g\big[f(x,y)\big] \ge GL \quad , \qquad \text{mit} \qquad 0 \le GL \le GL_{max} \tag{10.18}$$

ausdrücken. Durch die Einführung dieses Schwellwertes kann das Verhältnis zwischen einer fehlerhaften Detektion von Kanten (*Falschalarmwahrscheinlichkeit*) und der Detektion von korrekten Kanten (*Erkennungswahrscheinlichkeit*) optimiert werden [Wu93].

Eine weitere Approximation eines diskreten Summen Gradienten stellt der sogenannte Roberts-Operator dar (siehe Bild 10.6 b). Beim Roberts-Gradienten werden die diagonalen Differenzen gebildet, wodurch eine einfache diagonale Vorfilterung eingeführt wird. Mathematisch wird der Roberts-Gradient durch

$$g_{Rob}(x,y) = \max\!\big(\big|g_{Rob,d1}(x,y)\big|, \big|g_{Rob,d2}(x,y)\big|\big) \tag{10.19}$$

beschrieben. Hierbei bezeichnen

$$g_{Rob,d1}(x,y) = d_{Rob,d1}(x,y) ** f(x,y) \quad \text{und} \tag{10.20}$$

$$g_{Rob,d2}(x,y) = d_{Rob,d2}(x,y) ** f(x,y) \tag{10.21}$$

Faltungsergebnisse mit den Masken $d_{Rob,d1}$ und $d_{Rob,d2}$,

$$d_{Rob,d1}(x, y) = \begin{bmatrix} 1 & 0 \\ 0 & -1 \end{bmatrix}, \quad d_{Rob,d2}(x, y) = \begin{bmatrix} 0 & 1 \\ -1 & 0 \end{bmatrix}. \tag{10.22}$$

Die im vorangegangenen eingeführten Operatoren können insofern modifiziert werden, daß jeweils die Maximalwerte der einzelnen Gradienten gebildet werden. So werden z.B. beim zuvor diskutierten Roberts-Gradient zwei diagonale Gradienten nach

$$g_{Rob}(x, y) = \max\left(\left|f(x, y) - f(x+1, y+1)\right|, \left|f(x+1, y) - f(x, y+1)\right|\right)$$

$$\tag{10.23}$$

gebildet.

Die jeweilige Richtung des Gradientenvektors, deren Bestimmung für viele Anwendungen erforderlich ist, kann durch

$$\alpha(x, y) = \arctan\left(\frac{g_y}{g_x}\right) = \tan^{-1}\left(\frac{g_y}{g_x}\right) \tag{10.24}$$

berechnet werden.

Qualitätskriterien, die zur Beurteilung der Leistungsfähigkeit eines Kantendetektions-Operators verwendet werden sind:

- die Leistungsfähigkeit bei verrauschtem Bildmaterial,

- die Positionsgenauigkeit bzw. Breite der ermittelten Kanten.

Bei den zuvor diskutierten Gradienten-Operatoren findet keine der Gradienten- (Differenzen-) Bildung vorangehende Mittelwertbildung statt. Daher ist das Verhalten bei verrauschtem Bildmaterial sehr schlecht, was bedeutet, daß diese Operatoren eine sehr große Falschdetektionswahrscheinlichkeit aufweisen. Andererseits ist die Linienstärke der detektierten Kanten pixelgenau bzw. subpixelgenau. Dies erlaubt eine sehr gute Kantenlokalisierung.

Generell können die meisten lokalen Gradienten-Operatoren im Sinne von Bild 10.7 erweitert werden [Wahl84]. In parallelen Zweigen werden hier lokale Mittelwerte und lokale Differenzen verarbeitet.

Diese richtungsabhängigen Filterprozesse werden orthogonal zueinander ausgeführt. Nach diesem Verarbeitungsschritt werden ein nichtlinearer Absolutwert, das Maximum oder eine Summe berechnet. Der Sinn der orthogonalen Vorfilterung ist, *den Einfluß des Rauschens aus Richtungen, die nicht der aktuellen Detektionsrichtung entsprechen, zu minimieren*. Diese aktuelle Detektionsrichtung wird durch eine lineare Hochpaßfilterung (durch die Bildung von Differenzen) gefolgt von einem nichtlinearen Detektionsschritt bestimmt.

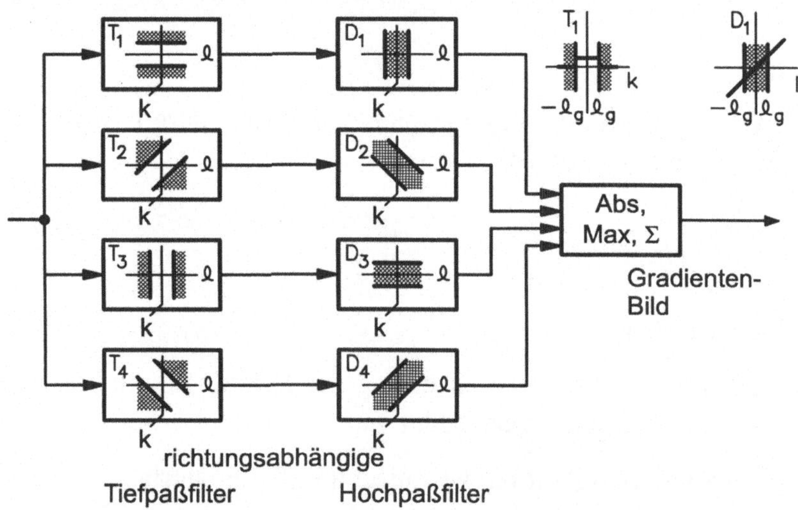

Bild 10.7:   Kantendetektion mit orthogonaler Rauschreduktion

Laplace-Operatoren

Laplace-Operatoren verwenden die zweite Ableitung anstelle der ersten Ableitung, wie dies bei den zuvor diskutierten Gradienten-Operatoren der Fall ist. In ihrer diskreten Approximation führt dies dann zur Verwendung der zweiten Differenzen anstelle der ersten Differenzen.

Der *lineare Laplace-Operator* ist definiert als

$$L[f(x, y)] = \Delta f(x, y) = \frac{\partial^2 f(x, y)}{\partial x^2} + \frac{\partial^2 f(x, y)}{\partial y^2} \quad . \tag{10.25}$$

Durch diesen Operator wird der Ort der maximalen Steigung (der maximale Gradient) bestimmt. Ähnlich wie im Fall der einfachen Gradienten-Operatoren kann der Laplace-Operator durch die Faltungsmatrix

$$d_{Lap}(x, y) = \begin{bmatrix} 0 & -1 & 0 \\ -1 & 4 & -1 \\ 0 & -1 & 0 \end{bmatrix} \tag{10.26}$$

diskret approximiert werden. Hierbei werden die zweiten Differenzen (anstelle der zweiten Ableitungen) jeweils in horizontaler und vertikaler Richtung gebildet.

Es gibt einige Erweiterungen des Laplace-Operators wie z.B. den *positiven Pseudo-Laplace-Operator*, der durch

$$L_{PosLap}[f(x, y)] = \max(0, L_{PosLap1}(x, y), L_{PosLap2}(x, y)) \tag{10.27}$$

definiert ist. $L_{PosLap1}$ und $L_{PosLap2}$ bezeichnen dabei wiederum die Ergebnisse der horizontalen und vertikalen Faltung des Bildsignals nach

$$L_{PosLap1}(x, y) = \begin{pmatrix} 1 & -2 & 1 \end{pmatrix} * f(x, y), \tag{10.28}$$

$$L_{PosLap2}(x, y) = \begin{pmatrix} 1 \\ -2 \\ 1 \end{pmatrix} * f(x, y) \quad . \tag{10.29}$$

Ein entscheidender Nachteil von Laplace-Operatoren ist die hohe Empfindlichkeit gegen Rauschstörungen, die auf Grund der Bildung der zweiten Differenzen gegeben ist. Die Linienbreite der detektierten Kanten ist demgegenüber mit ein bis zwei Bildpunkten sehr gering. Wegen der zuvor erwähnten Empfindlichkeit des Laplace-Operators gegen Rauschstörungen wird er selten alleine zur Kantendetektion verwendet. Laplace-Operatoren werden vielmehr in Verbindung mit weiteren Operatoren verwendet, um deren Positionsgenauigkeit zu erhöhen.

Eine deutliche Verbesserung des Rauschverhaltens ist durch eine Kombination mit einem vorangehenden gaußschen Tiefpaßfilter erzielbar, vgl. Bild 10.7. Dieser kombinierte Operator wird dann als *LoG (Laplacian of Gaussian) Operator bzw. als Marr-Mildreth-Operator* bezeichnet.

Dieser Operator setzt sich somit aus zwei Bestandteilen zusammen:

- einem Hochpaß-Anteil zur Kantendetektion,

- einem Tiefpaß-Anteil zur Rausch-Unterdrückung.

Somit realisiert der LoG-Operator eine Bandpaßfilterung, deren resultierende Impulsantwort durch

$$d_{LoG}(x, y) = -\frac{1}{2\pi\sigma^4}\left(2 - \frac{x^2 + y^2}{\sigma^2}\right) \cdot e^{\left(-\frac{x^2+y^2}{2\sigma^2}\right)} \tag{10.30}$$

beschreibbar ist (σ entspricht dabei der Streuung des gaußschen Tiefpasses).

Das Entscheidungskriterium für die Existenz einer Kante ist in diesem Fall die Detektion eines Nulldurchgangs nach der vorangegangenen Faltung mit der Tiefpaßmaske.

Neben den guten Eigenschaften bzgl. verrauschten Signalen besitzt der LoG-Operator weiterhin auch sehr gute Eigenschaften zur *Kantenlokalisierung*. Durch eine Einstellung der gaußschen Vorfilterung kann das Verhältnis der beiden zuvor erwähnten Eigenschaften abhängig vom vorliegenden Störabstand, einem Maß für die Größe der Rauschstörung im Bild, optimiert werden.

Bei der Einstellung der Vorfilterung muß darauf geachtet werden, daß die Nulldurchgänge dicht aufeinander folgender bzw. paralleler Kanten mit hohem Kontrast nicht verschoben bzw. durch eine zu starke Vorfilterung sogar Kantenamplituden ausgelöscht werden.

Kombinationen von Gradienten- und Laplace-Operatoren können verwendet werden, um sowohl die Robustheit gegen Rauschstörungen als auch die Genauigkeit der Kantenlokalisierung zu optimieren. Ein mögliches Konzept für eine rauschrobuste und sehr präzise Kantendetektion nach [Wu93] ist in Bild 10.8 dargestellt.

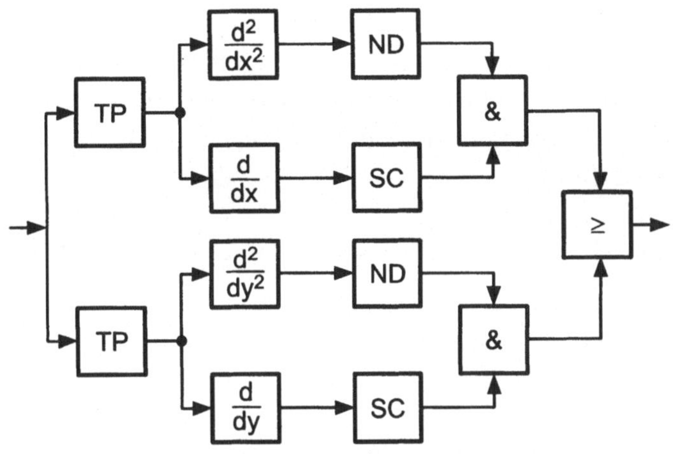

Bild 10.8:   Kombinierter Gradienten-Laplace-Operator nach [Wu93] (TP=Tiefpaß-
filterung, ND=Nulldurchgangsdetektor, SC=Schwellwert-Komparator)

Dieser *kombinierte Kantendetektor* weist die folgenden Eigenschaften auf:

- Separierte Detektion von Kanten in x- und y-Richtung, wobei zwei separate Detektionszweige verwendet werden, deren Ausgangssignal logisch ODER verknüpft wird.

- Verwendung von 2D-Vorfiltern in den separaten Zweigen, wobei eine begrenzte Filterung in Detektionsrichtung der einzelnen Zweige und eine starke Vorfilterung (Rauschreduktion) in der orthogonalen Richtung des aktuellen Zweiges erfolgt.

- Bestimmung des Nulldurchgangs der zweiten Differenzen, was zwei Differenzoperationen aufeinanderfolgender Bildpunkte erfordert.

- Bestimmung der Beträge des Gradienten (der ersten Differenzen) und Vergleich dieser Beträge mit einem Schwellwert.

- Verknüpfung dieser beiden Teilergebnisse in den einzelnen Zweigen durch eine logische UND-Verknüpfung.

Sobel-Operator

Einer der in der Mustererkennung am häufigsten verwendeten Operatoren zur Kantendetektion ist der sogenannte *Sobel-Operator*. Bei diesem Operator wird die Idee einer vorangehenden Tiefpaßfilterung (Mittelung in orthogonaler Kantenrichtung) berücksichtigt, indem der Sobel-Operator durch

$$g_{Sob}(x, y) = \frac{1}{2}\left(\left|g_{Sob,h}(x, y)\right| + \left|g_{Sob,v}(x, y)\right|\right) \tag{10.31}$$

gegeben ist. Hierbei bezeichnen $g_{Sob,h}(x, y)$ und $g_{Sob,v}(x, y)$ die Faltungsergebnisse

$$g_{Sob,h}(x, y) = d_{Sob,h}(x, y) ** f(x, y) \quad \text{und} \tag{10.32}$$

$$g_{Sob,v}(x, y) = d_{Sob,v}(x, y) ** f(x, y) \tag{10.33}$$

mit den Masken $d_{Sob,h}$ und $d_{Sob,v}$, die durch

$$d_{Sob,h}(x, y) = \begin{bmatrix} -1 & 0 & 1 \\ -2 & 0 & 2 \\ -1 & 0 & 1 \end{bmatrix} \quad \text{und} \quad d_{Sob,v}(x, y) = \begin{bmatrix} 1 & 2 & 1 \\ 0 & 0 & 0 \\ -1 & -2 & -1 \end{bmatrix} \tag{10.34}$$

definiert sind.

Die Vorteile des Sobel-Operators liegen in seinem sehr rauschrobusten Verhalten wegen der vorhergehenden orthogonalen Tiefpaßfilterung. Andererseits ist dieser Operator wegen der zwei Pixel breiten Kanten (siehe auch Bild 10.9 und Bild 10.10), die auf Grund seiner $3 \cdot 3$ Faltungsmasken erzeugt werden, nicht für Anwendungen geeignet, bei der eine hohe Genauigkeit der Kantenlokalisierung gefordert wird.

In Bild 10.9 sind die Ausgangssignale verschiedener Kantendetektoren bei Vorliegen einer idealen horizontalen bzw. einer vertikalen Kante angegeben. Es ist zu erkennen, daß der Gradienten- und der positive Pseudo-Laplace-Operator Kanten liefern, die nur ein Pixel breit sind, während der Sobel-Operator zwei Pixel breite Kanten liefert.

Dieses unterschiedliche Verhalten der einzelnen Operatoren ist in Bild 10.10 noch einmal für eine nur ein Pixel breite Linie sowie für einen einzelnen Bildpunkt dargestellt.

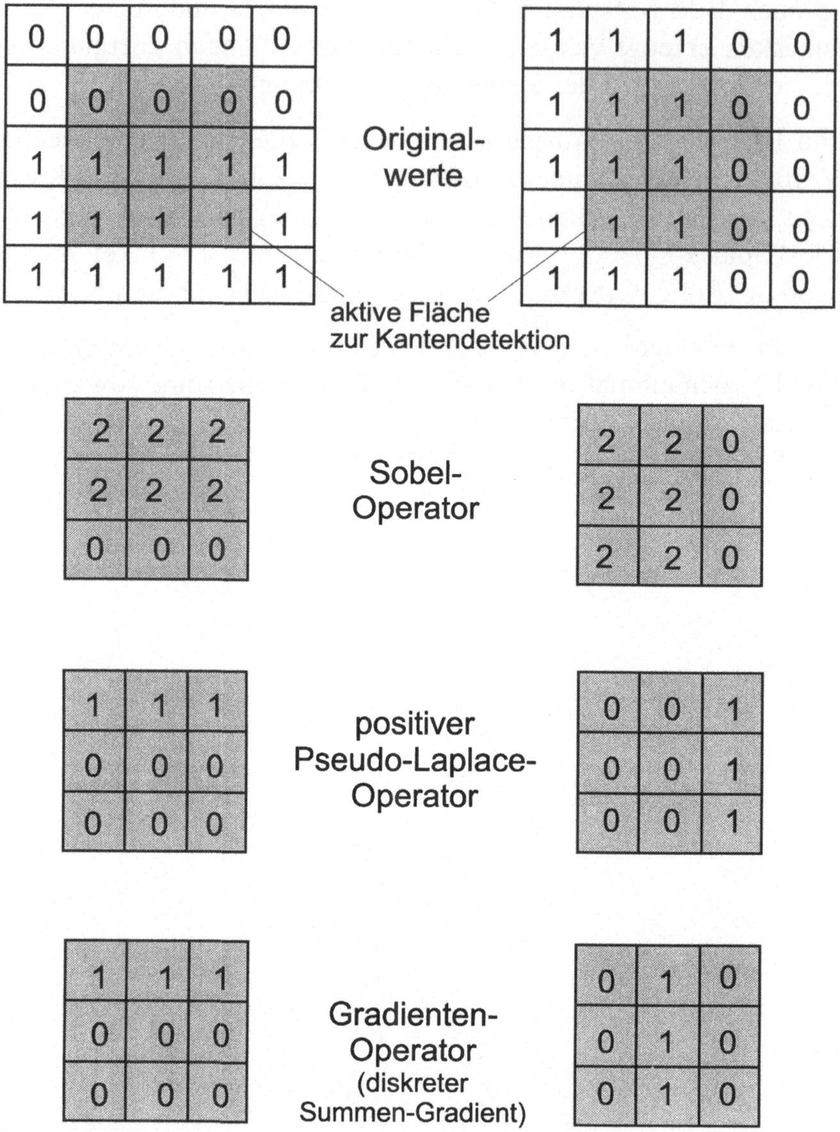

Bild 10.9: Ergebnisse der Kantendetektion mit unterschiedlichen Kantendetektoren für ideale horizontale (links) und vertikale (rechts) Kanten

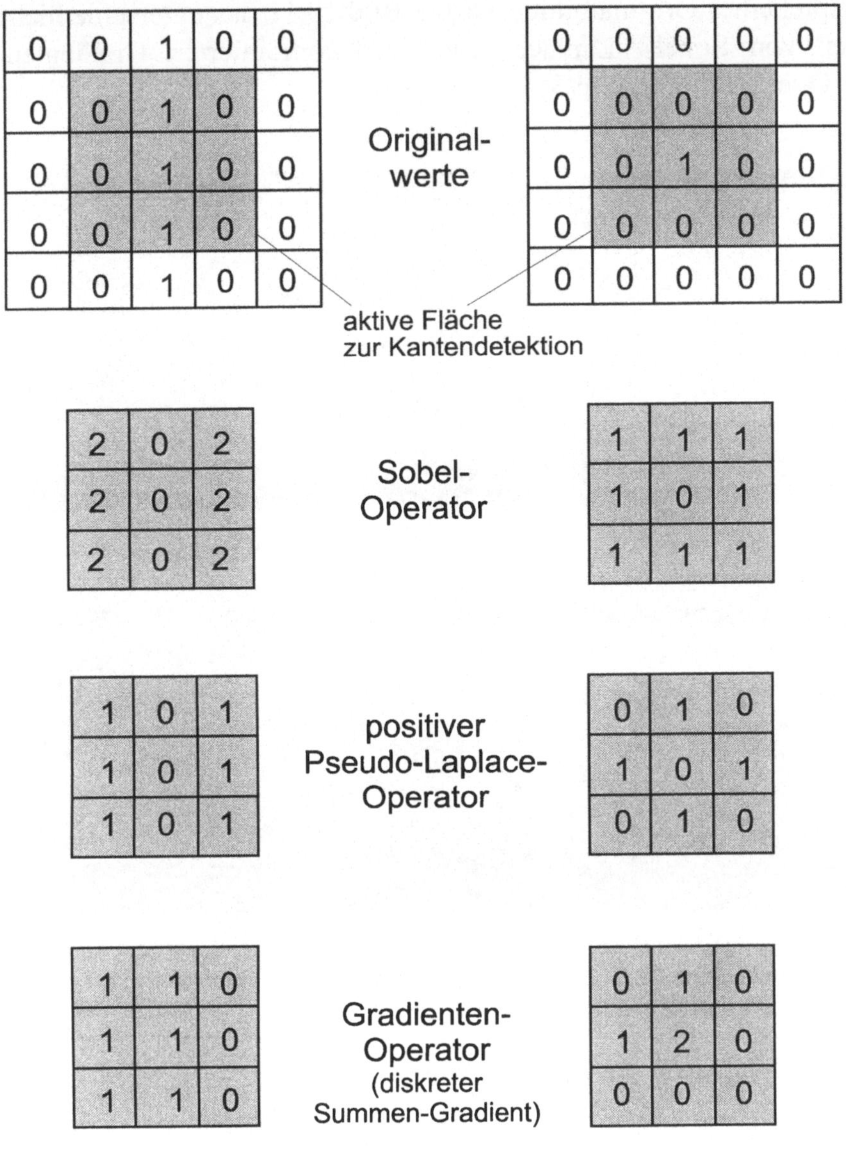

Bild 10.10: Ergebnisse der Kantendetektion mit unterschiedlichen Kantendetektoren für eine vertikale Linie (links) und einen einzelnen Bildpunkt (rechts)

Am Beispiel eines Originalbildes wird in Bild 10.11 das unterschiedliche Verhalten von Sobel-, Laplace- und dem kombinierten Gradienten-Laplace-Operator nach [Wu93] verglichen.

a)   b)

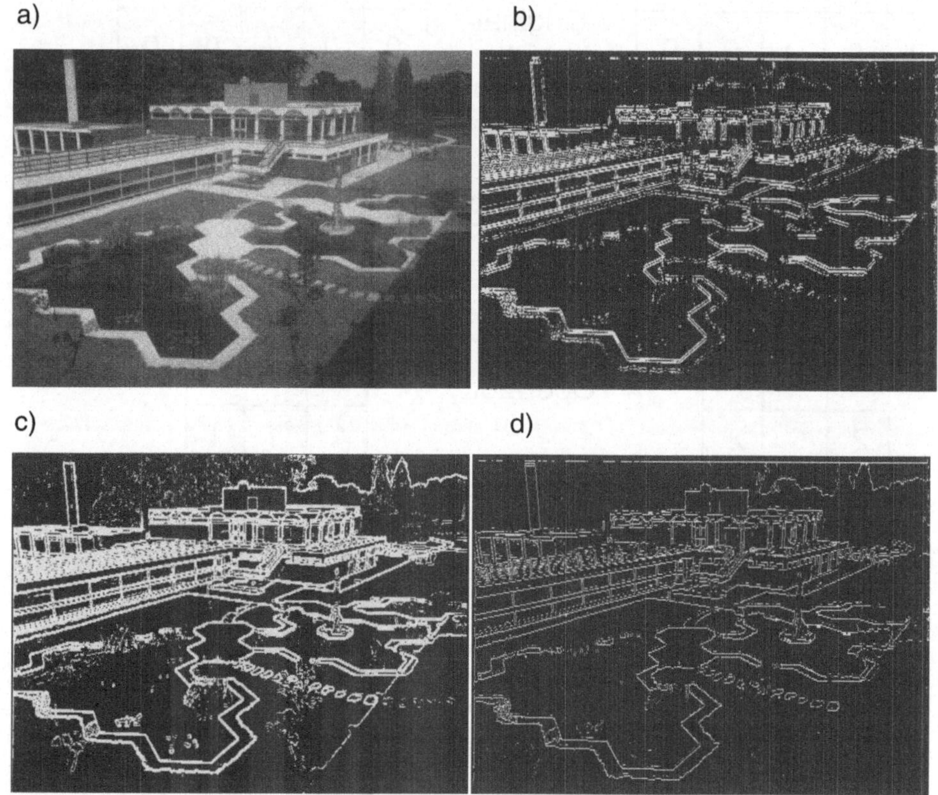

c)   d)

Bild 10.11: Ergebnisse der Kantendetektion mit unterschiedlichen Kantendetektoren für eine reale Bildvorlage a) Originalbild b) Laplace-Operator c) Sobel-Operator d) kombinierter Operator nach [Wu93]

Deutlich zu erkennen ist die Robustheit des Sobel-Operators gegen Rauschstörungen, aber auch die Dicke seiner detektierten Kanten. Der Laplace-Operator liefert demgegenüber deutlich feinere Kanten, ist aber auch erheblich rauschsensitiver. Das beste Ergebnis kann hier mit einem kombinierten Gradienten-Laplace-Operator nach [Wu93] erzielt werden. Dieser Operator erzeugt hier sowohl feine nur ein Pixel breite Kanten und ist dabei gleichzeitig sehr robust gegen Rauschstörungen.

Eine gute Übersicht zu weiteren Operatoren zur Kantendetektion wie z.B. dem Kirsch- oder dem Prewitt-Operator wird in [Zamperoni89] gegeben.

Kantenlokalisierung

Für viele Anwendungen wie z.B. eine nichtlineare Kantenversteilerung ist es erforderlich, die Position einer Kante hochgenau (subpixelgenau) zu bestimmen. Generell wird dies durch die Bestimmung des Nulldurchgangs der zweiten Ableitung bzw. approximativ der zweiten Pixeldifferenz bestimmt (siehe Bild 10.12).

Eine einfache lineare Approximation kann erreicht werden, wenn anstelle nach der Nullstelle der "wahren" zweiten Ableitung nach der Nullstelle der linearen Verbindung zwischen zwei Werten $s(x_1)$ und $s(x_2)$ gesucht wird. Somit kann man eine grobe Abschätzung der Kantenposition durch

$$K_{pos} \approx K'_{pos}{}' = \frac{\left|s(x_1)\right|}{\left|s(x_1)\right| + \left|s(x_2)\right|} \tag{10.35}$$

vornehmen.

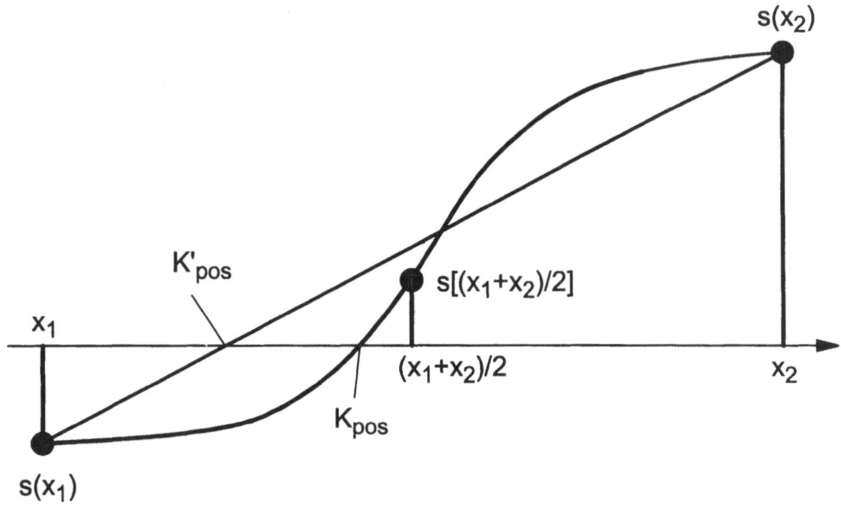

Bild 10.12: Kantenlokalisierung durch Berechnung des Nulldurchgangs

Diese Beziehung ist durch einfache geometrische Beziehungen herleitbar. Die Genauigkeit der Kantenlokalisierung ist durch eine Einbeziehung von Interpolationen höherer Ordnung (si- und Spline-Interpolationen) natürlich verbesserbar.

Iterative Interpolationsverfahren besitzen demgegenüber Vorteile, da Divisionen vermieden werden können und bei einer Implementierung iterative oder parallele Architekturen verwendet werden können. Bild 10.13 stellt den zuvor in Bild 10.12 dargestellten *Algorithmus zur iterativen Kantenlokalisierung* an einem Flußdiagramm dar.

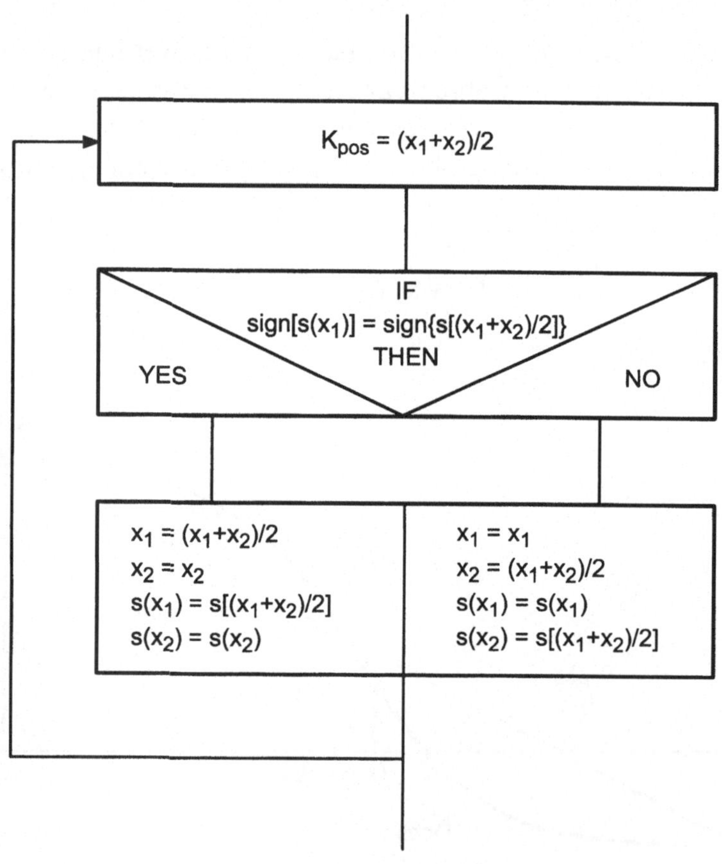

Bild 10.13: Algorithmus zur iterativen Kantenlokalisierung

Die einzelnen Verarbeitungsschritte bestehen dabei aus

- einer fortlaufenden Intervallhalbierung,

- einer Approximation der Kantenposition durch Suche des Intervalls, in dem sich der Nulldurchgang der 2. Ableitung (Differenz) befindet,

- einer Auswahl des weiterzuverwendenden und wiederum zu halbierenden Teilintervalls durch Bestimmung des Signalwertes in der Intervallmitte.

Der in Bild 10.13 beschriebene Ablauf besteht aus verschiedenen Entscheidungsstufen und für jede Iteration aus einer Berechnung von $s[(x_1+x_2)/2]$. Die Berechnung dieses Wertes kann durch eine Interpolation bzw. eine Faltung mit verschiedenen Interpolationsfunktionen (lineare, si, Spline-Interpolation) erfolgen.

10.5 Morphologische Operatoren zur Bildbearbeitung

Die mathematische Morphologie und die daraus abgeleiteten Operatoren zur Bildbearbeitung entstammen einem gänzlich anderen mathematischen Hintergrund als die bisher diskutierten Verfahren zur Bildsignalverarbeitung. Die mathematische Morphologie wurde in den 60er Jahren begründet, als Georges Matheron [Matheron75] geometrische Strukturen im Bild zu einer Bildanalyse mit heranzog. Diese Verfahren und Operatoren haben seit dieser Zeit eine große Bedeutung in Anwendungsbereichen erhalten, in denen insbesondere die *Beschreibung geometrischer und topologischer Informationen von Bilddaten* erforderlich ist. Solche Anwendungsbereiche finden sich insbesondere im Bereich der Bildanalyse (siehe Bild 10.1). Weiterhin haben morphologische Verfahren auch ihren Einzug in viele weitere Anwendungen der Bildsignalverarbeitung gehalten (z.B. Filterung von Konturen bei MPEG 4 [Salembier95], Dezimation und insbesondere Interpolation [PeiChen94]). Die Basis für die Bearbeitung von Bilddaten mit der mathematischen Morphologie bildet die Bearbeitung binärer Bilddaten (binäre Morphologie). Die Zahl der Anwendungen morphologischer Verfahren konnte jedoch deutlich gesteigert werden, indem diese Methoden von einer binären Morphologie hin zu einer mehrwertigen Morphologie weiterentwickelt wurden (Grauwert-Morphologie).

Ein weiterer Grund für die Popularität, die die Morphologie in den letzten Jahren erhalten hat, ist, daß z.T. relativ einfache mathematische Operatoren verwendet werden, die leicht programmiert und sehr schnell und effizient ausgeführt werden können. Weiterhin existieren zu diesen Operatoren bereits parallele und effiziente Hardwareimplementierungen (siehe Band II), die die Ausführung morphologischer Operatoren dann dramatisch beschleunigen.

Die *formale Beschreibung morphologischer Operatoren erfolgt mit Begriffen der mathematischen Mengenlehre.* Die Mengen stellen in der mathematischen Morphologie die Form und Struktur, die ein Signal beinhaltet, dar. In der Bildsignalverarbeitung ist ein Signal im allgemeinen zweidimensional, so daß die Mengenelemente 2-Tupel sind, die Pixelkoordinaten beinhalten. Die Koordinaten liegen hierbei gewöhnlich in diskreten Werten vor, obwohl die Operatoren auch in kontinuierlichen euklidschen Räumen, speziell in der kontinuierlichen Ebene angewendet werden können (vgl. [Hara87]).

Ein binäres Bild wird mathematisch durch die Menge aller Objektpixel, gewöhnlich die Pixel mit dem Wert "1", vollständig beschrieben, die übrigen Pixel besitzen dann den Wert "0".

Vor der Beschreibung der Grundoperatoren Dilatation und Erosion müssen zunächst die Begriffe des Strukturelementes und dessen Translation definiert werden.

Strukturelement

In der Bildverarbeitung mit binären morphologischen Operatoren ist das Strukturelement eine matrixförmige Anordnung von "1"- und "0"-Pixeln. Es stellt also ein binäres Bild dar.

Häufig verwendete Formen von Strukturelementen sind Quadrate, Kreisscheiben, die auf kartesischen Rastern allerdings nur angenähert werden können, und diamantförmige Anordnungen.

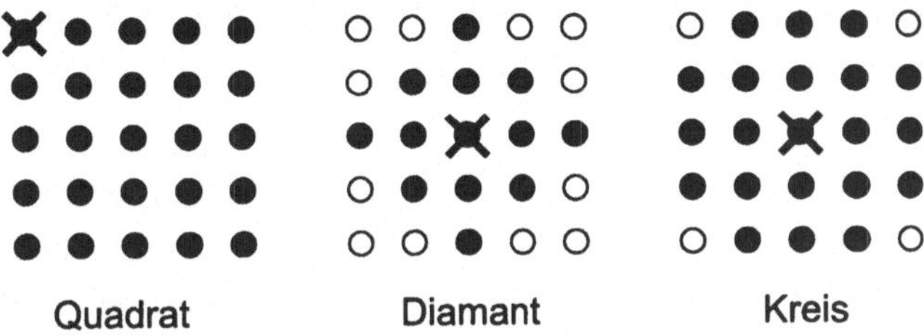

Bild 10.14: Häufig verwendete Strukturelemente

Die in Bild 10.14 schwarz markierten Punkte bezeichnen gesetzte ("1") Pixel, die weiß markierten nicht gesetzte ("0") Pixel. Bei einfachen morphologischen Grundoperationen sind nur die "1" Pixel relevant, die "0" Pixel werden als "don't care" Felder interpretiert. Das durch ein Kreuz markierte Pixel kennzeichnet den Ursprung des Strukturelementes, der meistens in dessen Zentrum gelegt wird, aber auch jede andere Position einnehmen kann, beispielsweise in einer Ecke oder auch außerhalb des Elementes. *Form und Größe des verwendeten Strukturelementes* müssen in der Regel auf die jeweilige Operation und die zu bearbeitenden Bilddaten abgestimmt werden, da sie entscheidenden Einfluß auf das Ergebnis der morphologischen Operation besitzen.

Translation

Bei allen morphologischen Operatoren wird das Strukturelement über das Bild geschoben und die Beziehung der Pixel des Strukturelementes zu denen des Bildes untersucht. Das Schieben des Strukturelementes über das Bild wird mit Hilfe des Begriffes der *Translation einer Menge* erklärt.

Die Translation der Menge S durch den Vektor p = (a,b) ist definiert als (vgl. [DoughAsto94]):

$$S + p = \left\{ x | x = s + p; s \in S \right\} \; . \tag{10.36}$$

Anschaulich ist dies also eine Verschiebung aller Elemente s aus dem Strukturelement S (s $\in$ S) um den Vektor P, wobei der Ursprung des Strukturelementes dann im Punkt P liegt, wenn er zuvor im Ursprung des Koordinatenkreuzes lag (siehe Bild 10.15).

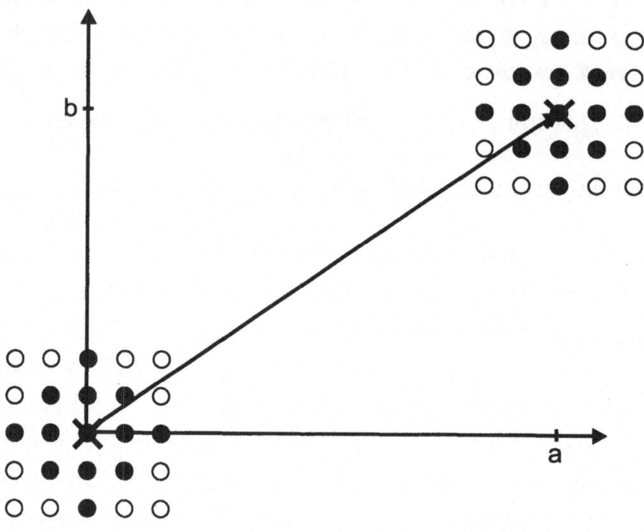

Bild 10.15: Translation eines Strukturelementes

Dilatation

In der Literatur existieren sowohl für die Dilatation, als auch die komplementäre Operation, die Erosion, verschiedene Definitionen, die jedoch alle zu nahezu gleichen Resultaten führen. Von diesen Definitionen werden hier einzelne, die in der Literatur am häufigsten verwendet werden, vorgestellt.

Die Dilatation des Bildes A durch das Strukturelement S kann definiert werden als (vgl. [GodbAmin95]):

$$A \oplus S = \left\{ x \mid S + x \cap A \neq 0 \right\}. \qquad (10.37)$$

Nach dieser Definition werden alle Pixel x gesetzt, wenn die Schnittmenge der Menge der um x translatierten Pixel des Strukturelementes mit
der Menge der Bildpixel A nicht leer ist. Anschaulich bedeutet dies, daß
alle Pixel gesetzt werden, die der Ursprung des translatierten Strukturelementes überdeckt, während es noch mit mindestens einem "1" Pixel
das Objekt überdeckt. Dies führt zur Ausdehnung aller Objekte im Bild.

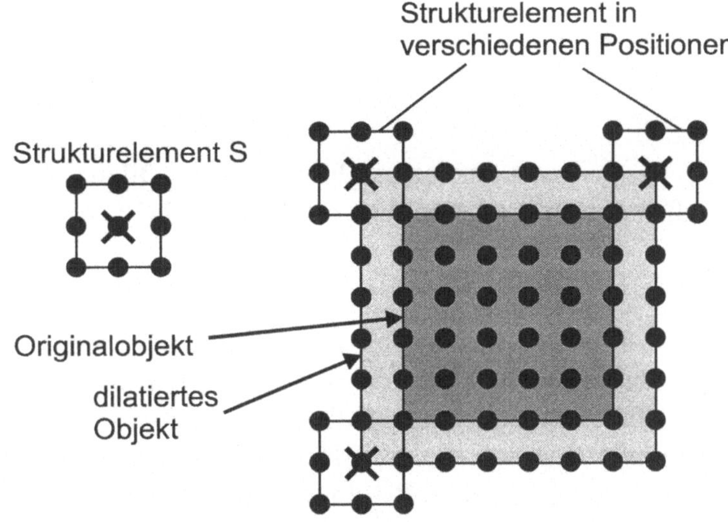

Bild 10.16: Dilatation nach (10.37)

Man erkennt in Bild 10.16 in dem hellgrau dargestellten Bereich alle
Pixel, die der Ursprung des Strukturelement erreicht, während irgend-
eines seiner Pixel sich innerhalb der Grenzen des dunkler dargestellten
Originalobjektes befindet.

Eine weitere Definition der Dilatation lautet (vgl. [DoughAsto94]):

$$A \oplus S = \bigcup \left\{ A + x \quad \forall x \in -S \right\} . \qquad (10.38)$$

Hier wird im Gegensatz zu (10.37) nicht das Strukturelement über das
Bild bewegt, sondern es werden die Bildobjekte aus A zu allen Punkten
des an seinem Ursprung gespiegelten Strukturelementes ($x \in -S$) verscho-

ben und es wird die Vereinigungsmenge dieser translatierten Bilder gebildet. Die Definition (10.38) wird in der Literatur (siehe z.B. [PitVen90]) z.T. auch als *"Minkowski-Addition"* bezeichnet.

Eine dritte Möglichkeit die Dilatation darzustellen, ist das gespiegelte Strukturelement (-S) mit seinem Ursprung zu allen Objektpixeln (für alle $x \in A$) zu translatieren und die Vereinigungsmenge zu bilden (vgl. [DoughAsto94]):

$$A \oplus S = \bigcup \left\{ -S + x \quad \forall\, x \in A \right\} \ . \tag{10.39}$$

Erosion

Die Erosion ist die komplementäre Operation zur Dilatation und kann folgendermaßen definiert werden (vgl. [DoughAsto94]):

$$A \ominus S = \left\{ x \,\middle|\, S + x \subset A \right\} \ . \tag{10.40}$$

Hierbei werden alle Pixel gesetzt, für die gilt, daß die Menge der Strukturelementpixel, die um x translatiert wurden, eine Teilmenge der Bildmenge A ist. Anschaulich bedeutet dies, daß diejenigen Pixel gesetzt werden, *die der Ursprung des translatierten Strukturelementes überdeckt*, während es sich mit allen Pixeln innerhalb des Objektes befindet. Es findet also eine Schrumpfung der Objekte statt.

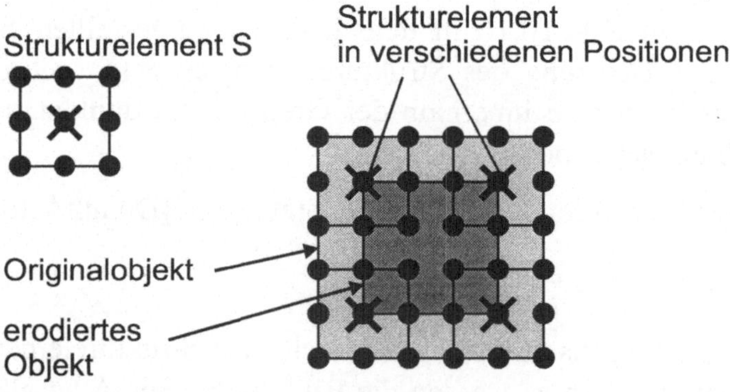

Bild 10.17: Erosion nach (10.40)

In Bild 10.17 ist das Strukturelement in den äußersten Positionen dargestellt, in denen es noch komplett im Eingangsobjekt liegt. Daraus ergibt
sich die dunkelgrau dargestellte Fläche als Erosionsergebnis.

Auch die Erosion läßt sich über die Translation der Objektmenge beschreiben (vgl. [DoughAsto94]):

$$A \ominus S = \bigcap \left\{ A + b \qquad \forall\, b \in -S \right\} \tag{10.41}$$

Man bildet hier die Schnittmenge der zu den Punkten des gespiegelten
Strukturelementes (-S) translatierten Objektmengen. Analog zu der Definition in (10.38), die als "Minkowski-Addition" bezeichnet wird, wird
die durch (10.41) beschriebene Operation in der Literatur [PitVen90] z.T.
auch als "Minkowski-Subtraktion" bezeichnet.

Die Grundoperationen Erosion und Dilatation wurden in den bisher aus-
geführten Beispielen stets an diskreten Datensätzen (Bildern) dargestellt.
Bild 10.18 verdeutlicht die unterschiedlichen Ergebnisse der Erosion und
Dilatation noch einmal an einem kontinuierlichen Bildbeispiel.

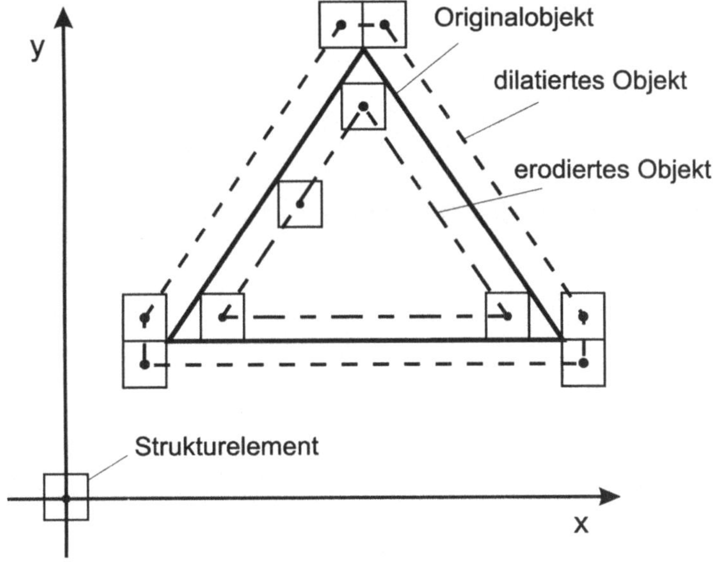

Bild 10.18: Beispiele zur Dilatation und Erosion auf kontinuierlichen Bildern

An diesem Beispiel ist deutlich zu erkennen, daß die Dilatation eine Expansion und die Erosion eine Schrumpfung der bearbeiteten Objekte bewirken.

Sätze zur Dilatation und Erosion

An dieser Stelle sollen die wichtigsten Eigenschaften und Sätze bei der Verwendung der Dilatation und Erosion angegeben werden. Für eine umfangreichere Auflistung und detaillierte Herleitung dieser Sätze wird auf die weiterführende Spezialliteratur [DoughAsto94] verwiesen.

Kommutativität der Dilatation

$$A \oplus B = B \oplus A \tag{10.42}$$

Assoziativität der Dilatation

$$A \oplus (B \oplus C) = (A \oplus B) \oplus C \tag{10.43}$$

Translations-Invarianz der Dilatation und Erosion

$$A_z \oplus B = (A \oplus B)_z$$
$$A_z \ominus B = (A \ominus B)_z \tag{10.44}$$

Hierbei bezeichnet der Index z jeweils eine Translation eines Elementes (Objektes) um den Vektor z.

Distributivität zwischen Dilatation und Erosion

$$A \ominus (B \oplus C) = (A \ominus B) \ominus C \qquad (10.45)$$

Dualität von Erosion und Dilatation

Eine interessante Eigenschaft binärer morphologischer Operatoren speziell im Hinblick auf ihre Hardwareimplementierung ist ihre Austauschbarkeit durch Komplementierung der Eingangsdaten (vgl. [Hara87]). Für die morphologischen Grundoperatoren Dilatation und Erosion gilt:

$$
\begin{aligned}
A \oplus S &= \left(A^{C} \ominus (-S)\right)^{C} \\
A \ominus S &= \left(A^{C} \oplus (-S)\right)^{C} \;,
\end{aligned}
\qquad (10.46)
$$

wobei A^{C} das Komplement des Eingangsobjektes darstellt. Die Bildung des Komplements eines Objektes bedeutet in diesem Zusammenhang, daß die "1" Pixel des Eingangsbildes zu "0" Pixeln werden, alle "0" Pixel darin zu "1" Pixeln.

Bild 10.18 zeigt die Vorgehensweise bei Nutzung des Satzes (10.46). Zunächst werden die Pixel des Eingangsobjekts invertiert (Schritt 1), anschließend wird das neu entstandene Objekt dilatiert, in diesem Beispiel durch Verschieben des Strukturelementes und Bilden der Vereinigungsmenge (10.40) (Schritt 2). Abschließend wird das Ergebnis dieser Dilatation wieder invertiert und man erhält das Erosionsergebnis (Schritt 3).

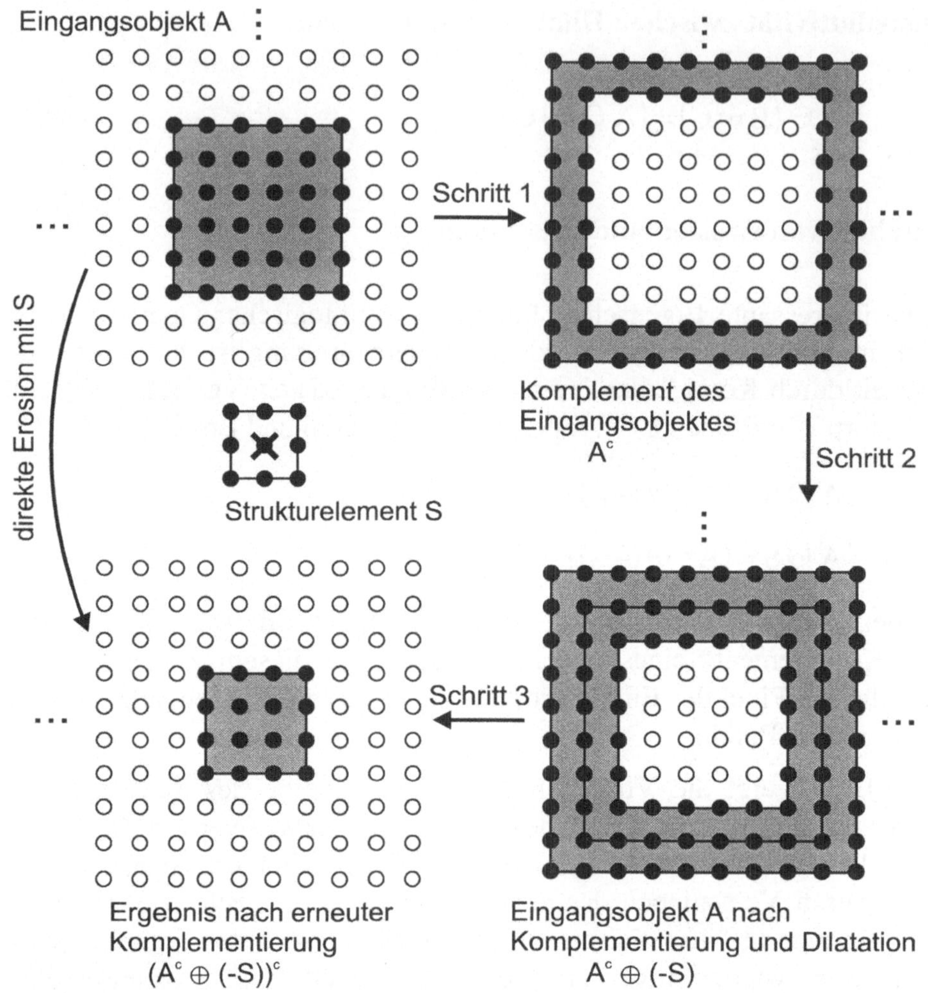

Bild 10.19: Dualität zwischen Erosion und Dilatation

Zerlegung von Strukturelementen

Innerhalb einer morphologischen Operation läßt sich ein Strukturelement
großer Ausdehnung oft durch eine Kaskadierung mehrerer kleinerer
ersetzen

$$A \oplus S = (\cdots(A \oplus S_1) \oplus S_2)\cdots S_n)$$
$$\text{mit } S = S_1 \oplus S_2 \oplus \cdots \oplus S_3 \qquad (10.47)$$

$$A \ominus S = (\cdots(A \ominus S_1) \ominus S_2)\cdots S_n)$$
$$\text{mit } S = S_1 \oplus S_2 \oplus \cdots \oplus S_3 \quad . \qquad (10.48)$$

Da die Anzahl der Rechenoperationen von der Größe des verwendeten Strukturelementes abhängt, ermöglichen diese Sätze die Operation bezüglich des Rechenaufwandes effizienter zu gestalten, wenn es möglich ist, das Strukturelement in eine Reihe von Dilatationen zu entwickeln.

Dies ist im allgemeinen immer für *punktsymmetrische Strukturelemente mit konvexen Hüllen* gegeben. Im allgemeinen müssen die Teilelemente immer so gewählt werden, daß sie aneinandergefügt genau eine Hälfte der Hülle des zu bildenden Strukturelementes ergeben. Diese Teilelemente sind immer linienförmig und lassen sich generell durch Sequenzen von Dilatationen mit linienförmigen Strukturelementen von zwei Pixeln Ausdehnung darstellen (vgl. [Zhuang94]).

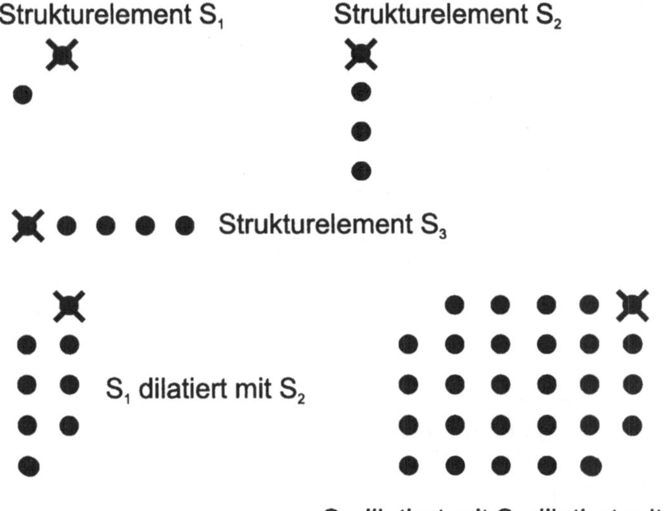

Bild 10.20: Zerlegung eines Strukturelementes

Bild 10.20 zeigt, wie sich das Strukturelement S durch die verkettete
Dilatation der Elemente S_1, S_2 und S_3 darstellen läßt. Die mit einem
Kreuz markierten Punkte deuten die jeweilige Lage des Strukturelement-
ursprungs an.

In Bild 10.21 ist dargestellt, wie sich ein linienförmiges Strukturelement
in x-Richtung wiederum durch eine Dilatationsreihe mit einem Basis-
strukturelement S_B erzeugen läßt. Im allgemeinen gilt dabei, daß N-1
Dilatationen eines zwei Pixel großen Elementes nötig sind, um ein resul-
tierendes Strukturelement der Länge N zusammenzusetzen.

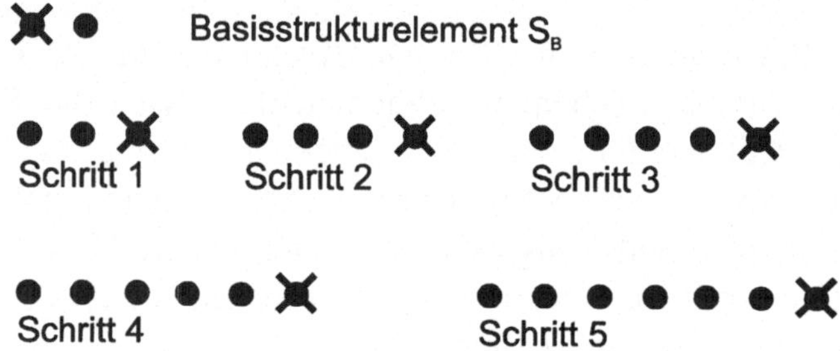

Bild 10.21: Linienförmiges Strukturelement als Dilatationskette eines Basiselementes

Opening und Closing, Operatoren höherer Ordnung

Die beiden vorgestellten Grundoperatoren bilden die Basis für alle weiteren morphologischen Operatoren. Die bekanntesten sind das *Opening
und Closing*, die man als Operatoren zweiter Ordnung bezeichnen kann,
da sie aus einer Verkettung zweier morphologischer Grundoperatoren
bestehen.

Das Opening besteht aus der Verkettung einer Erosion mit einer Dilatation und ist definiert als (vgl. [DoughAsto94]):

$$A \circ S = (A \ominus S) \oplus S \quad . \tag{10.49}$$

Das Closing ist der komplementäre Operator und beinhaltet die Verkettung einer Dilatation mit einer Erosion (vgl. [DoughAsto94]).

$$A \bullet S = (A \oplus S) \ominus S \quad . \tag{10.50}$$

Die Reihenfolge der Operationen beeinflußt stark das Endergebnis, da aufgrund des nichtlinearen Charakters der Erosion und Dilatation, diese im allgemeinen nicht umkehrbar sind.

Ein mit einem Strukturelement S erodiertes Bild läßt sich durch eine anschließende Dilatation mit dem gleichen Strukturelement S dann nicht mehr rekonstruieren, wenn bei der Erosion kleinere Objekte oder nach außen gerichtete Objektstrukturen komplett entfernt wurden. Beim Opening werden diese Teile komplett gelöscht, also Objektpixel zu Hintergrundpixeln, wobei ansonsten die Ausdehnung größerer Objekte kaum verändert wird. Der Effekt ist über die Form und Größe des Strukturelementes steuerbar.

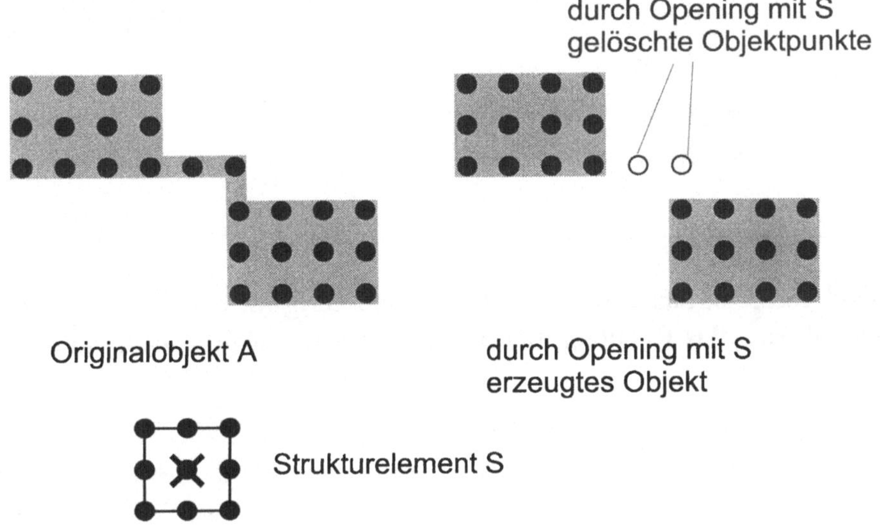

Bild 10.22: Löschen einer Objektstruktur durch den Opening-Operator, A ∘ S

In Bild 10.22 ist zu erkennen, wie die Brücke zwischen den beiden Hauptelementen des Originalobjektes durch den Opening-Operator gelöscht wurde, während die Rechtecke in ihrer Ausdehnung sonst nicht verändert wurden.

Beim Closing werden Risse, Lücken und Öffnungen innerhalb der Objekte geschlossen, Hintergrundpixel werden zu Objektpixeln. Auch bei dieser Operation bleibt die Ausdehnung größerer Objekte im wesentlichen konstant.

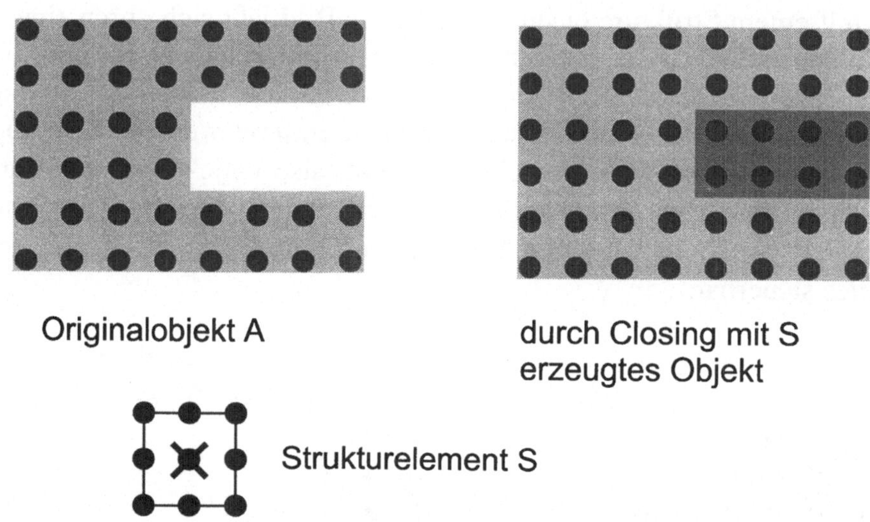

Bild 10.23: Schließen einer Objektlücke durch den Closing-Operator, A • S

In Bild 10.23 ist das Schließen der Ausbuchtung im Objekt zu erkennen, ohne daß sich das Rechteck bei dieser Operation weiter nach außen ausdehnt.

Die morphologischen *Grundoperationen Erosion, Dilatation, Opening und Closing* sind in Bild 10.24 an einem realen Bild dargestellt. Das Originalbild wird zuerst binarisiert (durch ein Schwellwertverfahren) und anschließend (in den Teilbildern c-d) jeweils unterschiedlichen morphologischen Operationen unterzogen. Gut zu erkennen ist z.B. die Detailauslöschung bei der Erosion und die Erweiterung von Details bei der Dilatation. Es wurden jeweils 3 · 3 Pixel große quadratische Strukturelemente verwendet.

Bild 10.24: Morphologische Grundoperationen, reales Bildbeispiel a) Originalbild
b) Binarisierung c) Erosion d) Dilatation e) Opening f) Closing

Weitere morphologische Operatoren, die auch als Operatoren höherer Ordnung bezeichnet werden, sind Open-Close und Close-Open Operatoren (vgl. [DoughAsto94]). Wie ihr Name schon andeutet, entstehen sie aus einer Verkettung eines Opening- und eines Closing-Operators bzw. entsprechend umgekehrt. Sie benutzen also insgesamt vier Grundoperationen und werden somit als Operatoren vierter Ordnung bezeichnet.

Anwendungsbeispiel: Morphologische Kantendetektion

Wie bereits in Abschnitt 10.4 diskutiert, kommt einer Kantendetektion für viele Anwendungen der Bildverarbeitung eine große Bedeutung zu. Morphologische Operatoren eröffnen hier eine einfache Möglichkeit, Kanten insbesondere aus binären Bildern zu extrahieren. Dies geschieht durch Anwendung eines Erosions- oder Dilatationsoperators auf das Eingangsbild und einer anschließenden Subtraktion des Ergebnisbildes vom Eingangsbild mit einer XOR (Exclusive OR) Verknüpfung (siehe Bild 10.25 und vgl. [AmReich97], [DoughAsto94], [GodbAmin95]).

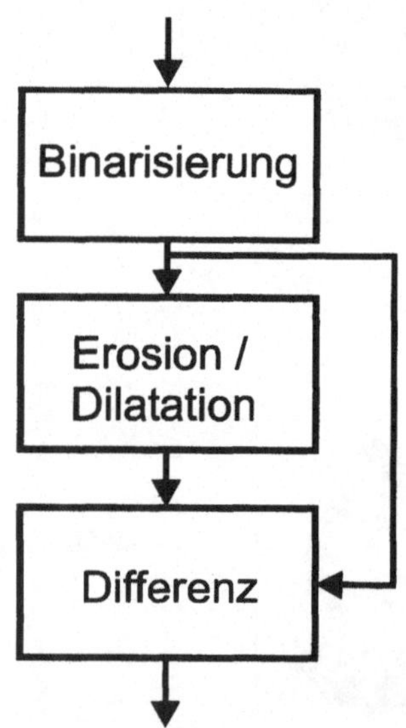

Bild 10.25: Prinzip der morphologischen Kantendetektion

Durch die Anwendung der Dilatation dehnen sich die Objekte im Bild aus, oder ziehen sich bei Verwendung der Erosion zusammen. Nach der Subtraktion (bzw. XOR-Verknüpfung) bleiben die gegenüber dem Eingangsbild vergrößerten oder reduzierten Objektteile übrig.

Bei Verwendung der Erosion liegen die detektierten Kanten innerhalb des Objektes, bei der Dilatation liegen sie außerhalb. Die Breite der detektierten Kanten hängt vom verwendeten Strukturelement ab und ist um so größer, je größer die Ausdehnung des Strukturelementes ist. Vorteilhaft verwendet man ein möglichst kleines Strukturelement mit im Zentrum gelegenen Ursprung, um möglichst dünne Kanten zu detektieren. Das kleinstmögliche Strukturobjekt, das diese Bedingungen erfüllt, ist ein quadratisches $3 \cdot 3$ Strukturelement, das im folgenden Beispiel in Bild 10.26 verwendet wird.

Bei der Verwendung eines $2 \cdot 2$ Elementes ist keine Zuordnung eines zentrischen Ursprungspixels möglich, was zu Fehldetektionen führt.

Um diesen Operator zur Kantendetektion auf Grauwertbildern verwenden zu können, muß dieses zunächst auf zwei Graustufen reduziert werden. Dazu wird eine Schwellwertentscheidung verwendet, die allen Pixelwerten oberhalb des Schwellwertes den Wert "1" zuordnet, Pixelwerte unterhalb des Schwellwertes erhalten den Wert "0".

Die per Schwellwertentscheidung ermittelten "1" Pixel werden häufig als Objektpixel bezeichnet, die "0" Pixel als Hintergrundpixel.

Dabei stellt die *Bestimmung eines geeigneten (für hochqualitative Verfahren zumeist adaptiven) Schwellwertes* ein besonderes Problem dar, das entscheidenden Einfluß auf die endgültige Qualität des resultierenden Kantenbildes hat [HaraShap92].

Eine Kantendetektion mit morphologischen Operatoren ist in Bild 10.27 noch einmal für eine natürliche Bildvorlage dargestellt. In Teilbild a) ist das Originalbild und in Teilbild b) das mittels eines Schwellwertverfahrens binarisierte Bild dargestellt. Die Kantendetektion in Teilbild d) erfolgt über eine Subtraktion des Binärbildes und des erodierten Bildes (c). Die Kantendetektion in Teilbild f) erfolgt über eine Subtraktion zwischen dem Binärbild und dem dilatierten Teilbild e).

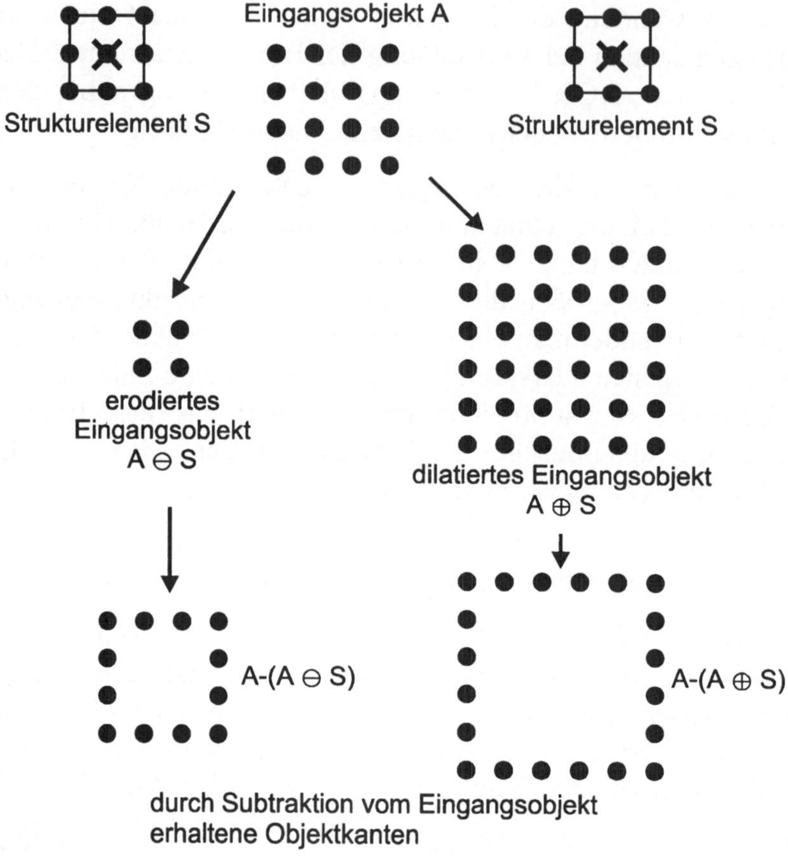

Bild 10.26: Beispiel zur Kantenextraktion bei binären Objekten mittels Erosion und
Dilatation

Es ist zu erkennen, daß die Kantendetektion in Teilbild d) Kanten innerhalb der Originalobjekte und die Kantendetektion in Teilbild f) Kanten
außerhalb der Originalobjekte liefert.

Basierend auf den zuvor dargestellten Grundlagen ist die Bildbearbeitung
mit morphologischen Operatoren ein stetig wachsendes Gebiet mit einer
großen Vielzahl von Anwendungen z.B. in der Objekterkennung, der
Mustererkennung, der automatischen Schrifterkennung, der Konturver-
folgung [Salembier95], der Vor- und Nachfilterung bei einer vorhergehenden Offsetabtastung [PeiChen94] oder der Artefaktreduktion von

Bilddaten. Für diese Anwendungen wird auf die weiterführende Literatur verwiesen [HaraShap92], [PitVen90], [DoughAsto94], [Heijmans94].

Eine weitere wichtige Entwicklung im Bereich der morphologischen Operatoren ist die *Grauwertmorphologie*. Hierbei werden die morphologischen Grundoperatoren auch auf Grauwertbilder übertragen und hierdurch werden noch weitere Anwendungsbereiche für morphologische Operatoren eröffnet. Einen ausführlichen Überblick zur Grauwertmorphologie liefert [Heijmans91].

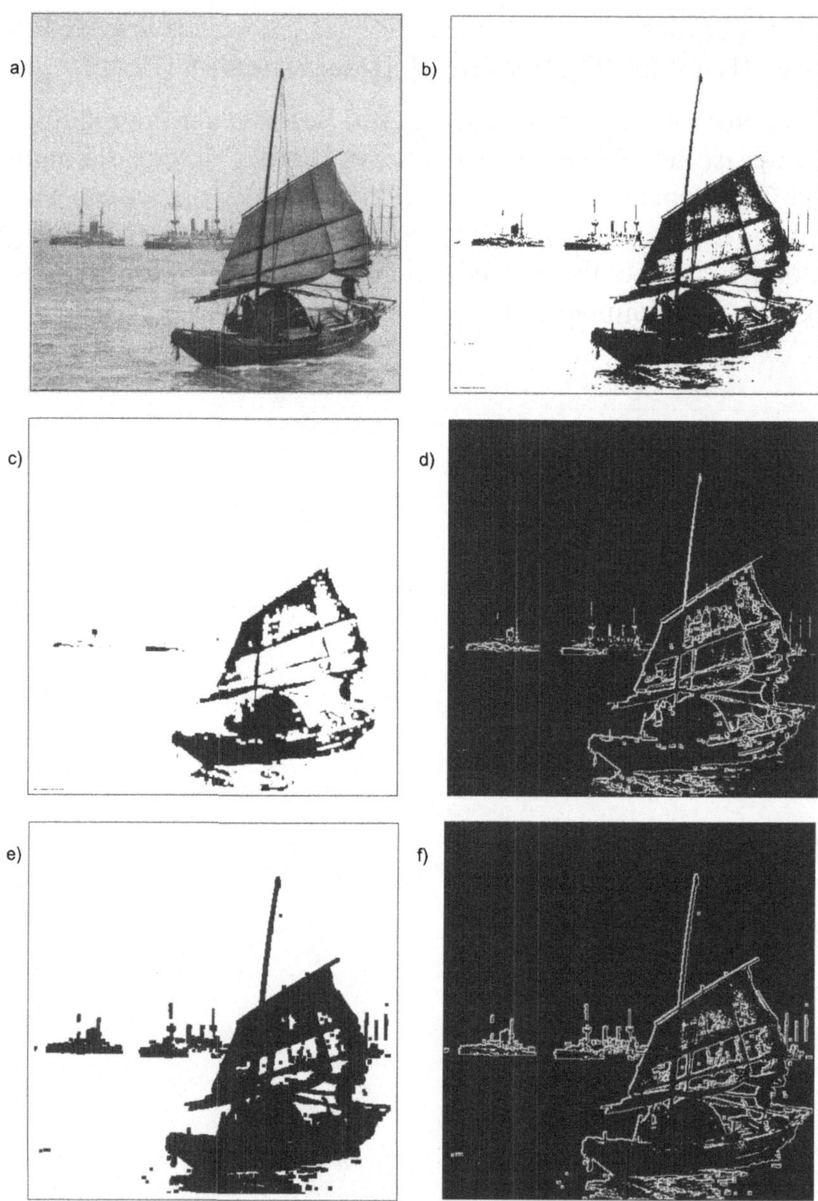

Bild 10.27: Morphologische Kantendetektion an einem realen Bildbeispiel
a) Originalbild b) Binarisierung c) Erosion d) Subtraktion Binärbild-
Erosionsbild e) Dilatation f) Subtraktion Binärbild-Dilatationsbild

11 Grundlagen nichtlinearer Filter

Wie in den vorhergehenden Kapiteln bereits eingeführt, kann ein Filter im mathematischen Sinne durch einen Operator $f(\cdot)$ beschrieben werden, der ein Signal x auf ein Signal y in Form der folgenden Beziehung abbildet:

$$y = f(x) \quad . \tag{11.1}$$

In Kapitel 4 wurde bereits diskutiert, daß bei einem linearen Operator $f(\cdot)$ das Superpositions-Prinzip gilt. Ist dieser Operator weiterhin auch verschiebungsinvariant bzw. zeitinvariant, so bezeichnet man ein solches System als LVI- (Lineares Verschiebungsinvariantes) bzw. LTI- (Lineares Zeitinvariantes) System.

Die im vorangegangenen bereits eingeführten Werkzeuge zur Beschreibung von LVI-Systemen sind die Faltung zur Ermittlung einer Systemantwort im Orts- bzw. Zeitbereich, bzw. die Übertragungsfunktion zur Darstellung im Frequenzbereich.

Nichtlineare Filter können ebenfalls durch die Beziehung (11.1) beschrieben werden. Für diese Art von Filter ist der Operator $f(\cdot)$ aber dann nichtlinear. Weil das Superpositionsgesetz hier nicht gilt, ist es nicht möglich, die Antwort eines nichtlinearen Filters auf ein Eingangssignal durch eine Faltung zwischen dem Eingangssignal und der Impulsantwort des Filters zu berechnen. Aus diesem Grund werden die vielen verschiedenen Formen von nichtlinearen Filtern jeweils durch unterschiedliche Methoden beschrieben. Wie groß diese Vielfalt nichtlinearer Filter ist, deutet Bild 11.1 an.

In diesem Kapitel werden die Grundlagen und Beschreibungsmöglichkeiten nichtlinearer Filter und hier insbesondere einiger Formen von Rangordnungsfiltern erarbeitet.

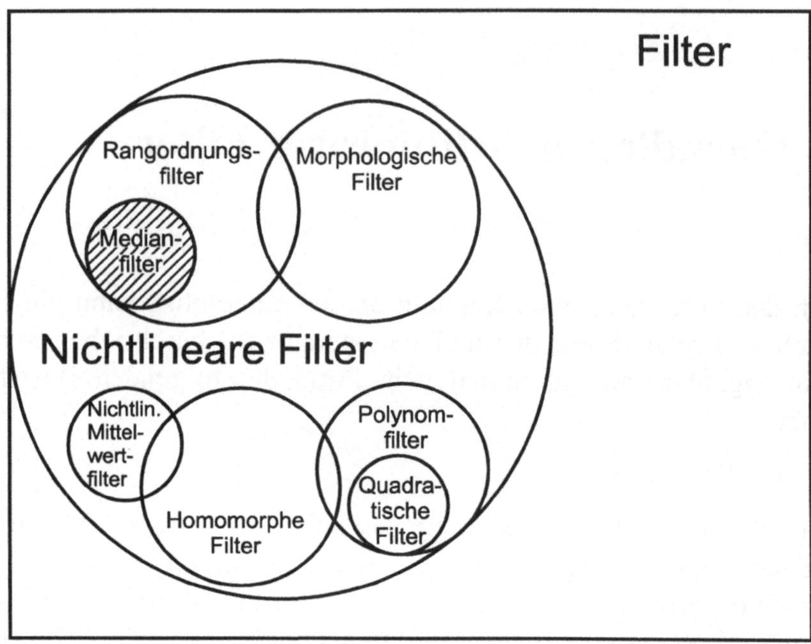

Bild 11.1:   Überblick über die Familie der nichtlinearen Filter (entnommen aus [PitVen90])

Eine Beschreibung und Analyse von Rangordnungsfiltern ist dabei prinzipiell durch

- deterministische oder durch

- statistische Methoden

möglich. Diese beiden Beschreibungsformen sollen daher in den nächsten Abschnitten betrachtet werden.

Ein besonderes Augenmerk liegt dabei auf verschiedenen Varianten von Medianfiltern, da diese für die mehrdimensionale Signalverarbeitung von Bildern und Bildsequenzen eine immer größere Bedeutung erhalten.

11.1 Medianfilter

Entwicklung der Medianfilter

Viele Formen von nichtlinearen Filtern entstanden aus der Schätzertheorie und aus Rangordnungsbetrachtungen diskreter Datenserien (siehe z.B. [Tukey71], [PitVen90]).

Einer der wichtigsten Ansätze zur Analyse stochastischer Daten ist die *modellbasierte parametrische Datenanalyse*. Hier werden Annahmen für das Modell, das der Datenserie x zugrunde liegen soll, vorgenommen. Solch ein Modell ist normalerweise eine Wahrscheinlichkeitsverteilung der zu untersuchenden Daten (z.B. die Annahme einer gaußschen Verteilung). Häufig werden diese Modelle durch einen Parametervektor θ mit n Dimensionen beschrieben. Für eine gaußsche Verteilung können diese Parameter durch den Mittelwert μ und die Standardabweichung σ angegeben werden. Die Schätzung des Mittelwertes μ und der Standardabweichung σ einer Datenserie entsprechen einer Schätzung der Lage (engl. location) und der Spannbreite (engl. scale). Die Verwendung parametrischer Modelle zur Beschreibung einer Datenserie besitzt sehr große Vorteile, da hierdurch eine erhebliche *Datenreduktion* der Werte der Eingangsdatenfolge auf die n Werte des parametrischen Modells vorgenommen werden kann.

Das größte Problem bei einer parametrischen Schätzung ist die Kenntnis der genauen Wahrscheinlichkeitsverteilungsfunktion $F(x,\theta)$ einer Datenserie x. Diese Kenntnis von $F(x,\theta)$ ist zumeist nicht gegeben. Gründe hierfür liegen in Extremwerten, die in einer Datenserie auftreten, in Rundungsfehlern und insbesondere darin, daß $F(x,\theta)$ nur eine Approximation der technischen Realität ist. $F(x,\theta)$ kann die Realität nur so gut approximieren, wie das zugrundeliegende physikalische Modell die Realität approximiert.

Die Ursprünge einer nichtlinearen Signalverarbeitung liegen in der sogenannten "robusten Schätzertheorie". In [Hampel86] wird eine Definition
für eine robuste Schätzung aufgestellt:

> *"Eine robuste Schätzung ist eine Schätzertheorie, die auf*
> *approximativen parametrischen Modellen beruht"*

Ziel einer solchen Schätzung ist es also, diejenigen Parameter zu finden,
die am besten zu einer Datenserie x passen (d.h. sie approximieren) und
gleichzeitig Extremwerte (falsche Meßwerte) dieser Datenserie zu elimi-
nieren. In den frühen 60er Jahren zeigte Tukey, daß herkömmliche lineare Methoden, wie z.B. die Bestimmung des Mittelwertes keine robusten
Schätzergebnisse für statistische Datenserien lieferten. Hieraus entstand
dann ein neues Gebiet der Statistik, das sich mit der Entwicklung
robuster Schätzer für statistische Datenserien beschäftigte. Es wurden
Schätzer entwickelt, die alle auf Rangordnungstests beruhten. Hieraus
entwickelten sich dann auch die Medianfilter und lineare Kombinationen
von Rangordnungsfiltern. Die erste Erwähnung von Medianfiltern zur
Analyse von zeitabhängigen Vorgängen findet sich zu Beginn der 70er
Jahre bei Tukey [Tukey71].

Seit dieser Zeit findet der Median außer in der Schätzertheorie auch eine
Vielzahl von weiteren Anwendungen z.B. in der Verarbeitung von
Audiosignalen [JayNoll84], der Codierung [Salo88], der digitalen Bildverarbeitung [Zamperoni89] und in der Verarbeitung von TV-Signalen
[Wischer90]. Ursachen für den Erfolg von Medianfiltern liegen sowohl
in der Stabilität dieser Filter in Gegenwart von Störungen, als auch in der
guten Berechenbarkeit des Medians.

Definition eines Medianfilters

Der Median einer Folge von n Werten x_i, i = 1, ... n wird mit Med(x_i)
bezeichnet und dabei durch die folgende Definition angegeben:

$$\mathrm{Med}(x_i) = \begin{cases} x_{(v+1)} & n = 2v+1 \\ \dfrac{1}{2}(x_{(v)} + x_{(v+1)}) & n = 2v \end{cases} \tag{11.2}$$

Hierbei bezeichnet $x_{(i)}$ die i-te Rangordnung innerhalb der nach aufsteigender Ordnung geordneten Werte von x_i.

Der Median $x_{(3)}$ einer Eingangssequenz $\{7, 3, 2, 9, 7\}$ mit $n = 5$ Elementen entspricht also der mittleren Rangordnung der geordneten Eingangssequenz, in diesem Beispiel also der 7.

Das folgende Bild veranschaulicht den Vorgang der Bestimmung eines Medians an dem zuvor eingeführten Beispiel.

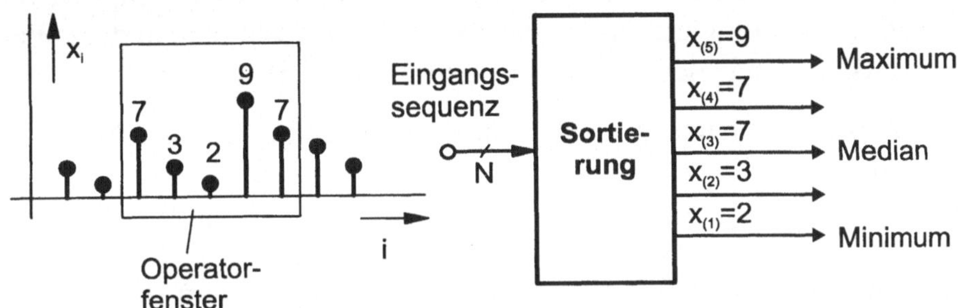

Bild 11.2:   Beispiel zur Medianbestimmung

Es existieren sowohl Definitionen des Medians für ungerade als auch für gerade Werte von n. Für gerade Werte von n existieren weiterhin geringfügig unterschiedliche Definitionen in der Literatur, hier soll allerdings die am häufigsten zitierte nach (11.2) verwendet werden (siehe auch [PitVen90]).

Die Beziehung zwischen Eingangs- und Ausgangssignal einer eindimensionalen Medianfilterung kann folgendermaßen beschrieben werden (y_i= Ausgangsfolge, x_i= Eingangsfolge):

$$y_i = \mathrm{Med}\,(x_{i-v}, \ldots, x_i, \ldots, x_{i+v}). \qquad i \in \mathbf{Z}. \tag{11.3}$$

Ein Beispiel für eine eindimensionale Medianfilterung ist in Bild 11.2 dargestellt.

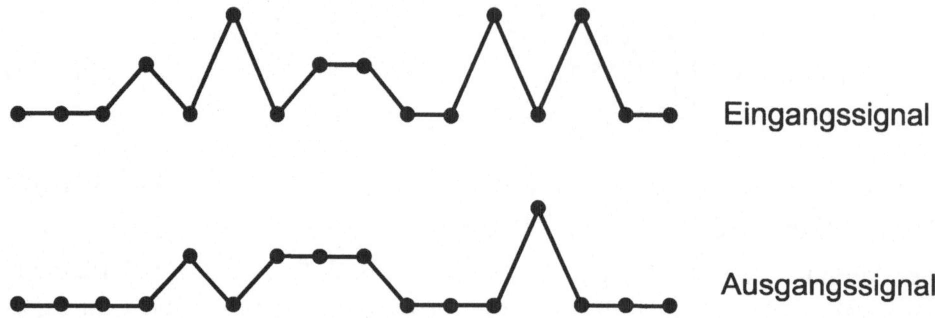

Bild 11.3:   Eindimensionale Medianfilterung

Das Eingangssignal wird hierbei mit einem Medianfilter der Länge n = 3 gefiltert. Wie in Bild 11.3 zu erkennen ist, werden manche Impulse zwischen zwei Werten gleichen Niveaus ausgelöscht, während andere Werte (siehe z.B. am Ende der Eingangssequenz) invertiert werden.

Ein zweidimensionaler Median kann über die folgende Beziehung definiert werden:

$$y_{ij} = \text{Med}\,(x_{i+r,\,j+s})\; ; \qquad (r, s) \in A, (i, j) \in \mathbf{Z}^2 . \qquad (11.4)$$

Die Menge $A \in \mathbf{Z}^2$ bezeichnet hierbei die Nachbarschaft des zentralen Pixels (i, j) und diese Nachbarschaft wird als das Filterfenster bezeichnet. Einige Fensterformen sind in Bild 11.4 dargestellt.

Geht man von einem Eingangsbild endlicher Größe N · M aus, so gilt mit $1 \leq i \leq N$ und $1 \leq j \leq M$ die Def. (11.4) nur für einen Innenbereich des Ausgangsbildes und zwar für einen Bereich

$$1 \leq i + r \leq N \quad \text{und} \quad 1 \leq j + s \leq M \qquad \text{mit } (r,s) \in A . \qquad (11.5)$$

Am Bildrand wäre die Definition des zweidimensionalen Medians somit nicht gültig. Es gibt mehrere Möglichkeiten, um die Def. (11.4) wieder gültig werden zu lassen. Diese Möglichkeiten sind:

- Das Filterfenster A wird am Bildrand jeweils so beschnitten, daß (11.5) wieder gilt

- Die Eingangssequenz wird mit einer genügenden Anzahl von Abtastwerten am Rande ergänzt. Hierbei wird entweder der Randwert wiederholt oder der Bildrand gespiegelt. Somit gilt (11.4) wieder für den ganzen Bildbereich.

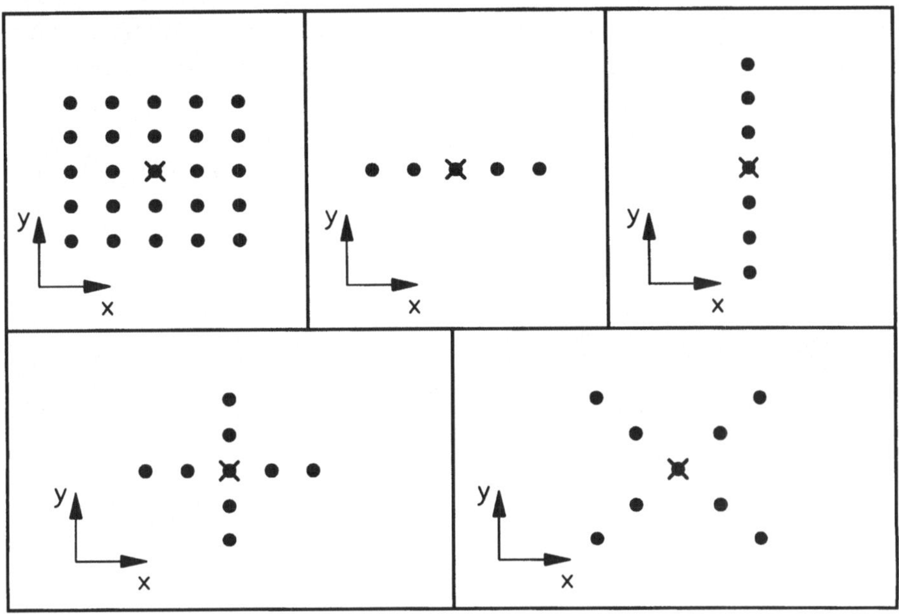

Bild 11.4: Fensterformen für Medianfilter

11.2 Kantenerhaltung durch Medianfilter

In diesem und dem folgenden Abschnitt soll nun ausgehend von einfachen Modell-Signalen wie z.B. Kanten eine deterministische Analyse der Wirkungsweise von Medianfiltern dargestellt werden.

Kanten sind für die Wahrnehmung von Bildern von entscheidender Bedeutung (siehe hierzu z.B. [Hauske94]). Man unterscheidet ideale, scharfe Kanten und reale rampenförmige Kanten, bei denen die Luminanz innerhalb einiger Pixel ansteigt. Bei der Filterung von Bildsignalen, die Kanten enthalten, treten deutliche Unterschiede zwischen linearen und nichtlinearen Filtern zutage. Während nichtlineare Filter *und hier insbesondere Medianfilter Kanten vollständig erhalten können*, werden die hochfrequenten Anteile einer Kante von linearen Tiefpaß-Filtern unterdrückt. Diese Unterdrückung der hochfrequenten Anteile bewirkt, daß die Kante verschliffen wird und unscharf erscheint. Ein Beispiel hierfür zeigt Bild 11.5.

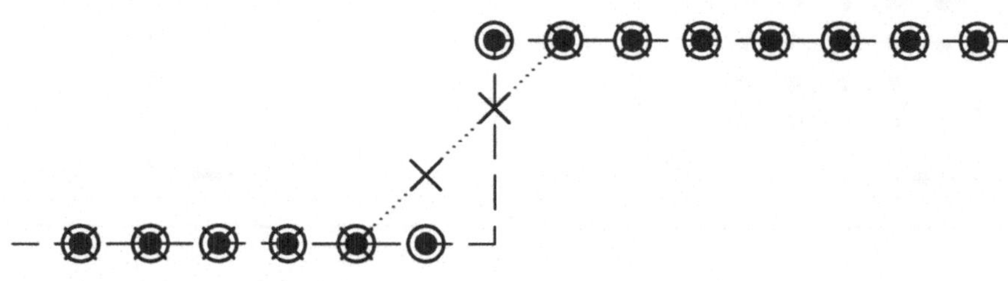

Bild 11.5:   Filterung einer idealen Kante mit einem 3-Tap Median und einem linearen Filter

Der gleiche Effekt tritt bei *rampenförmigen Kanten* auf, die durch eine Medianfilterung nicht verändert werden, während sie durch eine lineare Filterung weiter verschliffen werden.

Lediglich bei Kanten, die Überschwinger aufweisen, besitzen die Medianfilter einen Einfluß auf das Bildsignal. Da diese Überschwinger wie Impulse betrachtet werden können, werden sie teilweise von Medianfiltern unterdrückt.

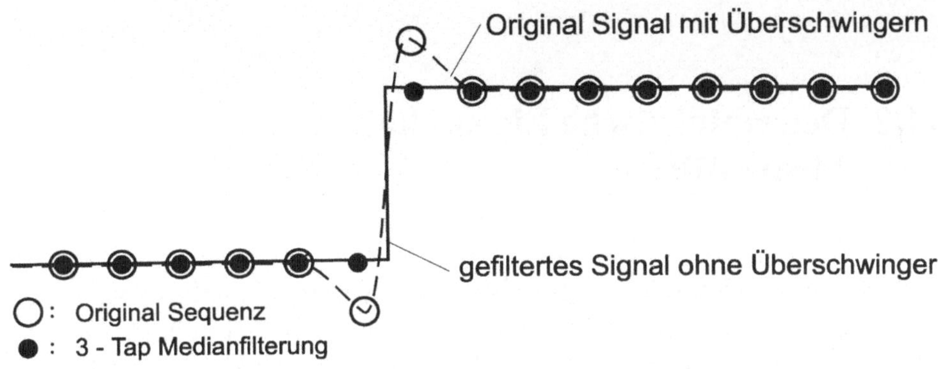

Bild 11.6: Unterdrückung von Überschwingern durch einen Medianfilter

Die Eigenschaft der Kantenerhaltung gilt nicht nur für eindimensionale Kanten, sondern ist auch auf zweidimensionale Kanten erweiterbar. Hierbei erhält die Form der verwendeten Medianmasken (siehe Bild 11.4) eine besondere Bedeutung. In [Bovik87] wird gezeigt, daß bei verrauschtem Bildsignal *kreuzförmige Filtermasken die besten Ergebnisse an horizontalen oder vertikalen Kanten* liefern. X-förmige Masken schneiden demgegenüber an diagonalen Kanten am besten ab. Quadratische Masken weisen keinerlei Präferenzen gegenüber einer bestimmten Kantenrichtung auf. Allgemein gilt, daß die Filterung dann besonders effektiv ist, wenn die Hauptachsrichtung der verwendeten Masken orthogonal zur Ausrichtung der Kante ist. Da reale Bilder zumeist Kanten in allen Richtungen besitzen, stellen quadratische Masken zumeist einen guten Kompromiß bei der Filterung von Bildsignalen dar.

Insbesondere diese Eigenschaft der Kantenerhaltung macht Medianfilter für manche Anwendungen in der Bildverarbeitung wie z.B. die Auswertung von Luftbildern, besonders interessant, da es hierdurch möglich wird, Rauschen zu reduzieren, aber die Informationen, die ausgewertet werden sollen (z.B. Kanten, die Bildregionen voneinander trennen) zu erhalten.

11.3 Deterministische Eigenschaften von Medianfiltern

Eine wichtige Methode zur Beschreibung linearer Systeme sind Eigenfunktionen (siehe Kapitel 2). Diese zeichnen sich dadurch aus, daß sie durch ein lineares System in ihrer Frequenz nicht verändert, sondern nur in ihrer Amplitude gewichtet werden. So wird z.B. die komplexe Eingangsfunktion c (eine komplexe sinusförmige Anregung eines Systems) durch ein lineares zeitinvariantes System mit der Impulsantwort $h(t)$ und der zugehörigen Übertragungsfunktion $H(j\omega)$ in ihrer Frequenz nicht verändert, sondern nur mit der Übertragungsfunktion gewichtet, es ergibt sich für die Ausgangsfunktion also $G(j\omega) = e^{j\omega t} \cdot H(j\omega)$.

Bei nichtlinearen Filtern wird das Analogon zu den Eigenfunktionen durch sogenannte *Root-Signale*[1] dargestellt. Root-Signale sind Signale, die durch die Filterung mit einem nichtlinearem Filter nicht weiter verändert werden, d.h. die invariant gegenüber einer weiteren Filterung mit diesem Filter sind. Root-Signale werden in der englisch sprachigen Literatur auch als "*fixed point sequences*" bezeichnet.

Bild 11.7 zeigt ein Eingangssignal, das nach zwei Filterungen mit einem 3-Tap Medianfilter in sein Root-Signal konvergiert ist.

Die deterministische Analyse von Medianfiltern beschäftigt sich hauptsächlich mit drei Fragen zu den Root-Signalen:

- der Bestimmung der Form eines Root-Signals,

- der Bestimmung aller möglichen Root-Signale bei vorgegebener Länge des Signals,

---

[1]Da in der deutschsprachigen Literatur kein analoger Begriff für Root-Signale gebräuchlich ist, wird hier weiterhin der engl. Begriff "Root" verwendet.

- der Bestimmung der erforderlichen Anzahl von Filterschritten, damit ein Signal in sein Root-Signal konvergiert, also der Bestimmung der Konvergenzgeschwindigkeit.

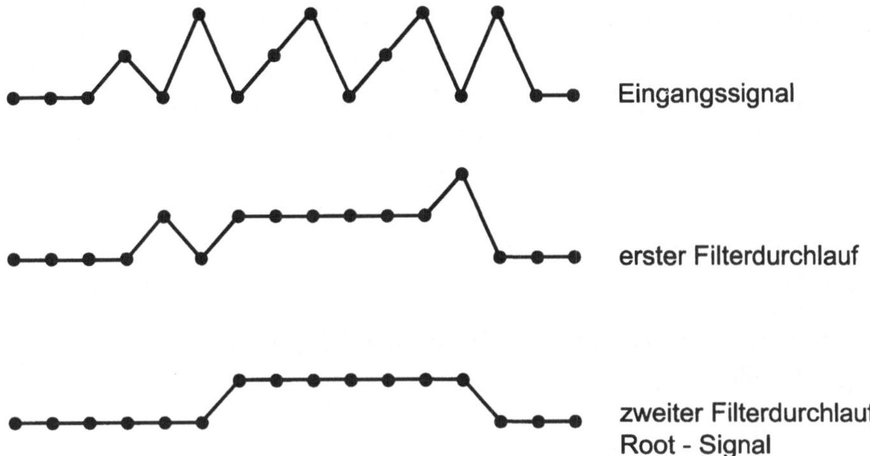

Bild 11.7:   Root eines eindimensionalen 3-Tap Medianfilters nach zwei Durchläufen

Einige Definitionen, die bei der deterministischen Analyse eines Medianfilters von Bedeutung sind, sollen hier angegeben werden. Zu einer vollständigeren Beschreibung der deterministischen Analyse siehe z.B. [PitVen90], [Tyan81]. Betrachtet wird wiederum ein Medianfilter der Länge $n = 2v + 1$. Dann gilt:

- Eine Sequenz x_i ist monoton, wenn gilt $x_i \leq x_j$ oder $x_i \geq x_j$ für jedes $i < j$.

- Eine Sequenz x_i ist lokal monoton für die Länge m, wenn gilt ($x_i,...,x_{i+m-1}$) ist monoton für jedes i. Diese Eigenschaft wird als lomo(m) bezeichnet.

- Eine konstante Nachbarschaft (engl. "constant neighborhood") besteht aus mindestens $v + 1$ aufeinanderfolgenden identischen Werten.

- Eine Kante ist eine monotone Region zwischen zwei konstanten Nachbarschaften mit unterschiedlichen Werten.

Formen von Root-Signalen

Die Form eines Root-Signals zu einem gegebenen Medianfilter hängt entscheidend von der Länge dieses Filters ab. So ist das Root-Signal zu einem Filter der Länge n durchaus nicht gleichzeitig Root zu einem Filter mit einer Länge größer n. Es existiert bisher noch keine generelle Beschreibung, wie ein Signal beschaffen sein muß, damit es ein Root-Signal ist. Es existieren lediglich für einige Signalformen Beweise, daß diese Root-Signale sind. An dieser Stelle sollen nur einige anschauliche Theoreme zu Formen von Root-Signalen angegeben werden. Für die zugehörigen Beweise wird auf die weiterführende Literatur verwiesen [Tyan81].

1. Ist eine Sequenz monoton, so ist sie Root für jedes Medianfilter beliebiger Größe.

2. Ist $g(x)$ eine monotone Funktion, so gilt

$$\text{Med}(g(x_1),...,g(x_n)) = g(\text{Med}(x_1,...,x_n)) \quad . \tag{11.6}$$

Dies bedeutet z.B., daß ein Skalierungsfaktor für die Eingangswerte keinen Einfluß auf das Ergebnis einer Medianfilterung besitzt.

3. Eine Sequenz, die monoton für m aufeinanderfolgende Abtastwerte ist (lomo(m)), ist ein Root-Signal für ein Medianfilter der Länge $n = 2v + 1$ wenn gilt $v \leq m - 2$. Das bedeutet: Eine hinreichende Bedingung für ein Root-Signal ist eine *lokale Monotonie* für

$$m \geq \frac{3 + n}{2} \tag{11.7}$$

Pixel. Ändert ein Signal seine Steigung, so muß es für mindestens (m-1) Werte konstant bleiben, damit das Signal weiterhin ein Root-Signal ist. Hieraus folgt, daß z.B. eine Kante ein Root-Signal ist.

4. Eine zweiwertige Sequenz, die von Abtastwert zu Abtastwert alterniert (eine Oszillation) ist ein Root-Signal, da sie durch eine Medianfilterung nur in ihrem Vorzeichen verändert wird, d.h. die zweiwertige Sequenz wird invertiert. Diese Situation ist im folgenden Bild dargestellt.

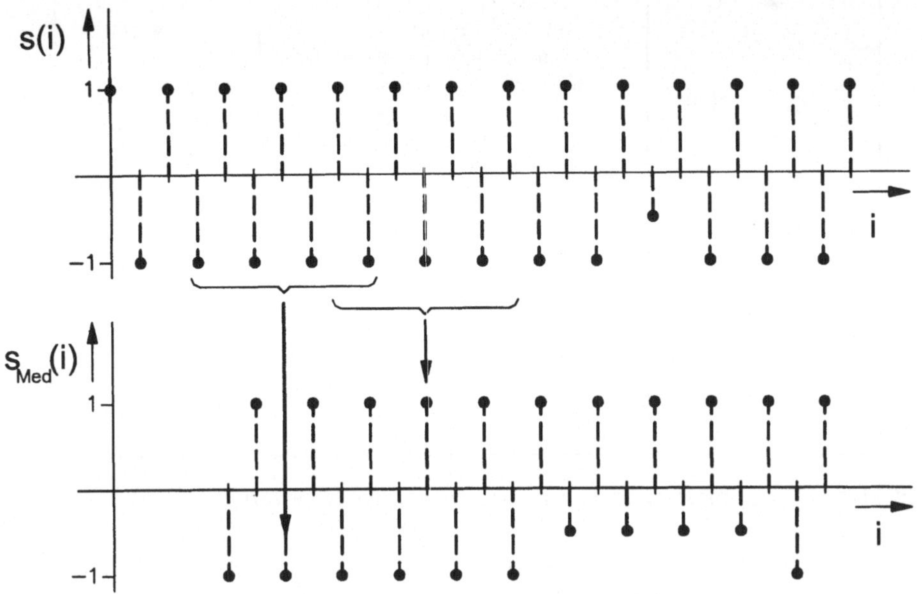

Bild 11.8: Medianfilterung einer zweiwertigen Sequenz mit einem Medianfilter der Länge n=7

Wie in Bild 11.8 zu erkennen ist, wird die Eingangsfolge $s(i)$ durch die Medianfilterung invertiert, d.h. es gilt $s_{Med}(i) = - s(i)$.

Zu berücksichtigen ist, daß durch die Veränderung eines einzigen Abtastwertes der Eingangsfolge die Ausgangssequenz nicht mehr alternierend zweiwertig ist und deshalb auch keine Root-Sequenz mehr ist (siehe rechter Teil der alternierenden Sequenz in Bild 11.8).

Zweidimensionale Root-Signale

Die Beschreibung der Eigenschaften zweidimensionaler Root-Signale ist komplexer als im eindimensionalen Fall, da der Einfluß verschiedener Fensterformen berücksichtigt werden muß. In Bild 11.9 sind einige Fensterformen und die zugehörigen Root-Signale dargestellt. Zur Vereinfachung wird wiederum ein binäres Eingangssignal vorausgesetzt.

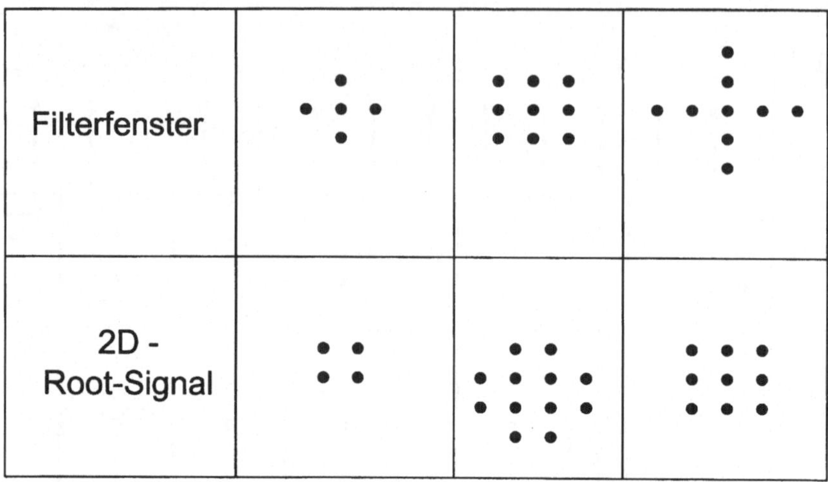

Bild 11.9:   Zweidimensionale Fenster und zugehörige Root-Strukturen

In Bild 11.9 sind lokal monotone Root-Signale dargestellt. Im zweidimensionalen Fall existieren aber ebenso zweiwertige alternierende Root-Signale wie im eindimensionalen Fall. Diese Signale erfüllen nicht die Anforderung einer lokalen Monotonie, werden aber trotzdem durch eine Medianfilterung nicht verändert. In Bild 11.10 sind einige zweidimensionale Root-Strukturen dargestellt, die z.T. nicht lokal monoton sind.

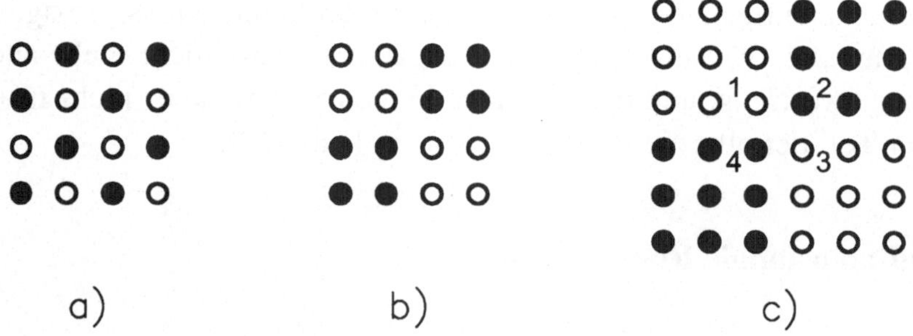

Bild 11.10:   Zweidimensionale nicht monotone Root-Strukturen für ein quadratisches 3·3 Filter

Die beiden Root-Signale a) und b) sind an keiner Stelle monoton, während das Signal c) bis auf die Sattelpunkte 1 - 4 überall monoton ist.

Zur weiteren Beschreibung von Eigenschaften mehrdimensionaler Root-Signale wird hier auf die weiterführende Literatur verwiesen [Tyan81].

Entwurf von Root-Signalen

Es existieren bereits Verfahren, um zu einem gegebenen eindimensionalen Medianfilter alle existierenden Root-Signale zu konstruieren. Die Anzahl der Root-Signale einer gegebenen Sequenz der Länge 1 ist für k-wertige Eingangssignale begrenzt. In [ArceGall82] wird gezeigt, daß mit Hilfe von *Baumdiagrammen* alle existierenden Root-Signale abgeleitet werden können. Das folgende Beispiel aus [ArceGall82] verdeutlicht dies für ein zweiwertiges Signal.

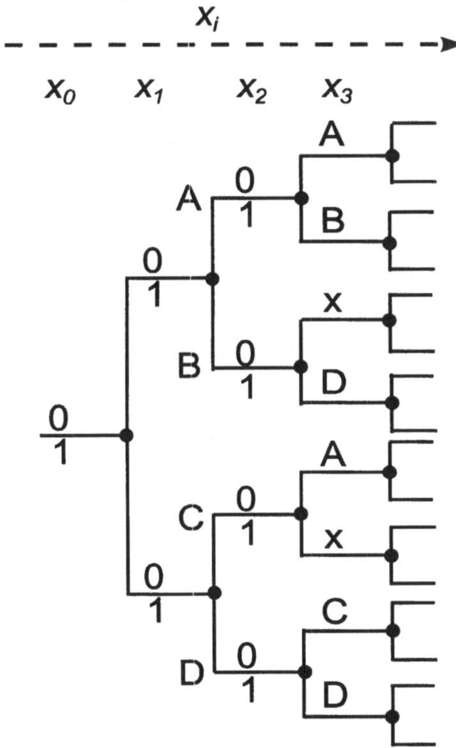

Bild 11.11: Baumdiagramm zum Entwurf von Root-Signalen (nach [ArceGall82])

Es wird dabei von einem Medianfilter mit drei Abtastwerten ausgegangen. Im vorherigen Abschnitt wurde bereits erwähnt, daß solch ein Filter Root-Signale besitzt, die mindestens eine konstante Nachbarschaft von 2 Werten aufweisen müssen (Impulse werden ausgelöscht und ein Signal, das einzelne Impulse enthält, kann kein Root-Signal sein). Geht man nun von einer Startsequenz x_0, x_1 mit zwei Nullen $x_0 = 0$, $x_1 = 0$ aus, wobei diese konstante Nachbarschaft der Länge 2 besteht, um Randeffekte zu vermeiden, so kann der folgende Wert x_2 entweder eine 0 oder eine 1 sein. Handelt es sich bei x_2 um eine 0, so wird diese konstante Nachbarschaft auf die Länge 3 ausgedehnt $\{000\}$. Der folgende Wert x_3 kann einen beliebigen Wert annehmen. Ist x_2 dagegen gleich 1, so findet ein erster Signalsprung statt $\{001\}$, und um ein Root-Signal zu erhalten, muß der folgende Wert x_3 gleich 1 sein, damit wieder eine konstante Nachbarschaft der Länge 2 auftritt und es sich nicht um einen einzelnen Impuls handelt, der einem Root-Signal widersprechen würde. Diesen Vorgang kann man beliebig oft wiederholen und man erhält für die verschiedenen möglichen Kombinationen das Baumdiagramm aus Bild 11.11. Die Anzahl der möglichen Wege und damit der Root-Signale ist hierbei beschränkt.

In Bild 11.11 sind die Pfade im Baumdiagramm, die zu verbotenen Zuständen führen, mit einem **x** markiert worden. Bei dem zweiwertigen Signal aus diesem Beispiel können nur vier unterschiedliche Fälle (A-D) für eine Aufeinanderfolge von Nullen und Einsen entstehen:

A) Zwei aufeinanderfolgende Werte besitzen den Wert 0 $\{00\}$. Somit kann der folgende Wert entweder eine 0 oder eine 1 sein $\{000\}$, $\{001\}$.

B) Zwei aufeinanderfolgende Werte besitzen die Werte $\{01\}$. Somit muß der folgende Wert eine 1 sein.

C) Zwei aufeinanderfolgende Werte besitzen die Werte $\{10\}$. Somit muß der folgende Wert eine 0 sein.

D) Zwei aufeinanderfolgende Werte besitzen den Wert 1 $\{11\}$. Somit kann der folgende Wert entweder eine 0 oder eine 1 sein $\{110\}$, $\{111\}$.

Diese Anzahl der möglichen Root-Signale wächst nun mit der Länge 1 der Root-Signale und der Anzahl der Graustufen k drastisch an. In [ArceGall82] wird eine Tabelle angegeben, um den Einfluß von k und 1 auf die Anzahl der möglichen Root-Signale anzugeben.

Tabelle 11.1:   Anzahl der Root-Signale der Länge 1 in Abhängigkeit von k (nach [ArceGall82])

Länge des Root-Signals 1	Anzahl der Grauwerte k	
	k = 2	k = 8
	Anzahl der Root-Signale	
2	4	64
3	6	232
4	10	932
5	16	3704
6	26	14932
7	42	60112
8	68	241718

Dieser Entwurf aller existierenden Root-Signale der Länge 1 zu einem gegebenen Medianfilter läßt sich auch sehr gut durch ein *Zustandsdiagramm* beschreiben. In Bild 11.12 ist dies für das bereits erwähnte Beispiel mit einem 3-Tap Medianfilter dargestellt.

Aus jedem Zustand führen zwei Pfade heraus (der nächste Wert ist gleich 0 oder 1). Somit erzeugen die Zustände A und D sich jeweils selbst wieder oder sie führen in die Zustände B und C. Aus B und C ist ein Übergang in einen verbotenen Zustand möglich, da einzelne Impulse geformt werden könnten (z.B. 010) die einem Root-Signal widersprechen würden.

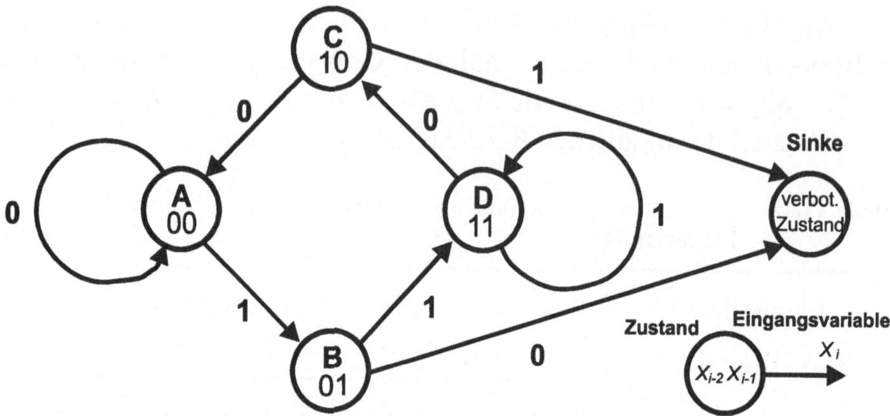

Bild 11.12: Zustandsdiagramm für den Entwurf von Root-Signalen [ArceGall82]

Dieses Beispiel verdeutlicht, daß der Entwurf von Root-Signalen zu einem gegebenen Filter möglich ist. Die Anzahl der möglichen Root-Signale zu einer gegebenen Länge l läßt sich schließlich als Summe der möglichen Zustände nach Anhängen des l-ten Wertes angeben, d.h. es werden alle erlaubten Pfade durch das in Bild 11.11 beispielhaft angegebene Baumdiagramm gesucht. Es ergibt sich somit eine *Differenzenglei-chung*, deren Lösung die gesuchte Anzahl ergibt [ArceGall82].

Konvergenzverhalten von Medianfiltern

Eine ähnliche Problematik wie der Entwurf von Root-Signalen bei der deterministischen Beschreibung des Verhaltens von nichtlinearen Filtern ist die Untersuchung des Konvergenzverhaltens. Mit *Konvergenzverhalten* werden in diesem Zusammenhang die Eigenschaften des Prozesses bezeichnet, um bei gegebenem Filter aus einer Eingangssequenz, die kein Root-Signal zu diesem Filter darstellt, ein solches zu formen. Ein wichtiges Merkmal des Konvergenzverhaltens eines Filters ist die Anzahl der erforderlichen Filterungen um aus einem Signal, das kein Root-Signal darstellt, in ein Root-Signal zu konvergieren. Ein Konvergenzverhalten einer Eingangssequenz gegen ein Root-Signal ist nur dann gegeben, wenn eine mehrfache aufeinanderfolgende Filterung der gleichen Sequenz erfolgt.

Allgemein kann eine obere Grenze für die Konvergenz gegen ein Root-Signal angegeben werden, indem jeweils die Länge der Abschnitte im Signal, die durch eine Medianfilterung verändert würden, betrachtet werden. Dies ist bei zweiwertigen Signalen z.B. durch die alternierende Aufeinanderfolge von Nullen und Einsen gegeben. Hierbei gilt dann als obere Grenze für die Konvergenzrate:

Jede Eingangssequenz mit der Länge l, die kein Root-Signal darstellt, wird nach maximal (l-2) / 2 Filterschritten in ein Root-Signal konvergieren. Zur weiteren Erläuterung zum Konvergenzverhalten nichtlinearer Filter wird auf die weiterführende Literatur [PitVen90] verwiesen.

11.4 Statistische Beschreibung von Rangordnungs- und Medianfiltern

Nach dieser eher anschaulichen Betrachtungsweise nichtlinearer Filter in den vorhergehenden Abschnitten sollen in diesem Abschnitt statistische Analysemethoden vorgestellt werden. Hierbei wird dargestellt, wie nichtlineare Filter auch bei komplexeren Bildsituationen für die keine einfachen Signalmodelle mehr angesetzt werden können, analysiert und entworfen werden können.

Um zu einer statistischen Beschreibung der Wirkungsweise eines allgemeinen Rangordnungsfilters und hier dann insbesondere eines Medianfilters zu gelangen, ist es erforderlich, die aus der Wahrscheinlichkeitsrechnung bekannten Formeln für Rangordnungsfilter bei Zufallsvariablen zu betrachten. Ein ausführlicher Überblick zu den Wahrscheinlichkeitsbeziehungen bei Rangordnungsfiltern wird in [Justusson81] und [PitVen90] gegeben.

Hierbei setzt man n unabhängige, identisch verteilte Zufallsvariablen x_i (engl. iid = *independent identical distributed*), mit i = 1, ... n voraus, die alle einer Verteilungsfunktion $F(x)$ mit $F(x) = P\{\eta \mid x(\eta) \leq x\}$ gehorchen, und die die Wahrscheinlichkeitsdichtefunktion $f(x)$ mit $f(x) = dF(x)/dx$ besitzen. Diese Ableitung existiert jedoch nur für Zufallsvariablen mit stetiger Wahrscheinlichkeitsverteilung. Mit Hilfe der Distributionentheorie (siehe Kapitel 2) können jedoch bei diskreter Wahrscheinlichkeitsverteilung an Stellen, an denen $F(x)$ Sprünge aufweist, die Ableitungen als verallgemeinerte Ableitungen aufgefaßt werden. An solchen Stellen treten dann Distributionen auf, die mit einem Faktor gleich der Sprunghöhe von $F(x)$ an der jeweiligen Stelle gewichtet sind [Papoulis91].

Anschaulich kann somit die Wahrscheinlichkeit, daß ein Rangordnungswert $x_{(r)}$ in einem Fenster mit n Elementen einem bestimmten Wert x_0 entspricht, folgendermaßen berechnet werden:

- Es muß (r-1) Werte im betrachteten Fenster geben, die kleiner oder gleich x_0 sind.

- Es muß (n-r) Werte im betrachteten Fenster geben, die größer x_0 sind.

- Es muß genau einen Wert geben, der dem Wert x_0 entspricht.

Das n - Tupel der Werte im Filter besteht also aus drei Teilmengen, die

- (r-1) mal mit der Wahrscheinlichkeit $P(x \leq x_0)^{r-1} = F(x_0)^{r-1}$,

- (n-r) mal mit der Wahrscheinlichkeit $P(x > x_0)^{n-r} = [1-F(x_0)]^{n-r}$,

- 1 mal mit der Wahrscheinlichkeit $P(x = x_0)$

vorkommen.

Die Wahrscheinlichkeit $P(x = x_0)$ ist dabei gleich der Sprunghöhe von $F(x)$ an der Stelle $x = x_0$. Sie ist der Gewichtungsfaktor a_i der Deltadistribution für die Wahrscheinlichkeitsdichte $f(x)$ an dieser Stelle. Die Wahrscheinlichkeitsdichte kann bei einer diskreten Zufallsvariablen mit den Werten x_i, $i = 1,... M$ (z.B. 256 mögliche Graustufen für einen Bildpunkt) durch

$$f(x) = \sum_{i=1}^{M} a_i \cdot \delta(x - x_i) = \sum_{i=1}^{M} P(x = x_i) \cdot \delta(x - x_i) \qquad (11.8)$$

angegeben werden. Mit Hilfe der Deltadistributionentheorie kann man also

$$f\left(x = x_0\right) = P\left(x = x_0\right) \cdot \delta(0) \tag{11.9}$$

annehmen.

Am Beispiel einer annähernd gaußförmigen Wahrscheinlichkeitsdichteverteilung f(x) nach Bild 11.13 werden die drei zur Bestimmung der Auftrittswahrscheinlichkeit eines Rangordnungswertes $x_{(r)}$ mit einer bestimmten Größe x_0 also zur Bestimmung von $P(x_{(r)} = x_0)$ erforderlichen Teilmengen sowie die zugehörigen Teilmengen-Wahrscheinlichkeiten verdeutlicht. Diese Wahrscheinlichkeiten müssen bei mehrfachem Auftreten eines Ereignisses (z.B. (r-1) Werte $x < x_0$) potenziert werden, da die Wahrscheinlichkeiten einzelner voneinander unabhängiger Ereignisse bei gleichzeitigem Auftreten miteinander multipliziert werden müssen [Papoulis91].

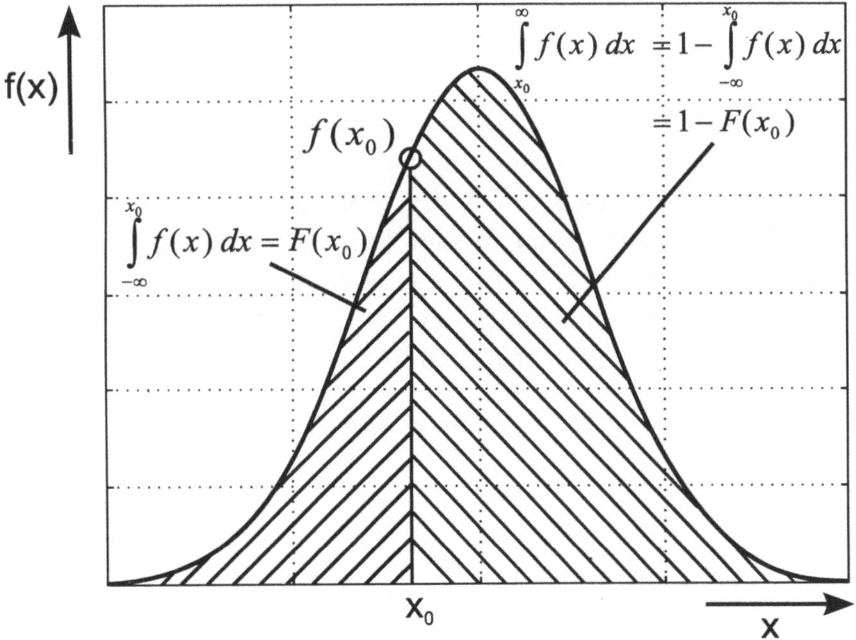

Bild 11.13: Beispiel zur Berechnung der Verteilungsfunktion eines Rangordnungswertes

Zur Bildung der resultierenden Gesamtwahrscheinlichkeit muß nun noch die Anzahl der möglichen Konstellationen berücksichtigt werden.

Nach den Gesetzen der Kombinatorik gibt es bei n Elementen n! verschiedene Permutationen. Berücksichtigt man, daß die Anordnung innerhalb der drei oben erwähnten Teilmengen für das Auftreten des gesuchten Ereignisses $\{x(\eta) = x_0\}$ nicht von Bedeutung ist, so reduziert sich die Anzahl der Möglichkeiten auf

$$\frac{n!}{(r-1)!\,(n-r)!\,1!}$$ verschiedene n - Tupel (siehe hierzu [Papoulis91]).

Hieraus folgt, daß die Wahrscheinlichkeitsdichtefunktion $f_r(x)$ für das Auftreten des allgemeinen Ereignisses $\{x_{(r)}(\eta) = x\}$ durch

$$f_r(x) = P(x_{(r)} = x) \cdot \delta(0) =$$

$$\frac{n!}{(r-1)!\,(n-r)!} F(x)^{r-1} \left[1 - F(x)\right]^{n-r} f(x) \tag{11.10}$$

gegeben ist.

Die Wahrscheinlichkeitsverteilungsfunktion für den Rangordnungswert $x_{(r)}$ also $F_r(x)$ kommt der Wahrscheinlichkeit gleich, daß $x_{(r)} \le x$ ist, also $P(x_{(r)} \le x)$. Dies kann auch durch die Wahrscheinlichkeit ausgedrückt werden, daß *mindestens* r von n Werten *höchstens* den Betrag x besitzen. Eine weitere (äquivalente) Ausdrucksmöglichkeit ist, daß $F_r(x)$ der Summe der Wahrscheinlichkeiten über alle i mit $i \ge r$ entspricht, daß *genau* i von n Werten x_i *höchstens* den Betrag x besitzen.

Mathematisch läßt sich dies folgendermaßen ausdrücken:

$$F_r(x) = P(x_{(r)} \leq x)$$

$$= P(\textbf{mindestens } r \text{ der } x_1, \ldots x_n \text{ entsprechen höchstens } x)$$

$$= \sum_{i=r}^{n} (\textbf{genau } i \text{ der } x_1, \ldots x_n \text{ entsprechen höchstens } x)$$

$$= \sum_{i=r}^{n} \binom{n}{i} F(x)^i \left[1 - F(x)\right]^{n-i} \quad .$$

$$(11.11)$$

Wie man an Glg. (11.11) erkennen kann, ist $F_r(x)$ mit $1 \leq r \leq n$ die rechte Randfläche (beginnend bei r) einer Binomialverteilung mit $F(x)$ als Erfolgswahrscheinlichkeit und n als Anzahl der Versuche.

Man kann die Glg. (11.11) auch dadurch herleiten, daß man die Glg. (11.10) über x integriert, bzw. um (11.10) aus (11.11) herzuleiten, die Verteilungsfunktion nach x ableitet (siehe hierzu [Arnold92]).

Um die oben hergeleiteten Beziehungen an einem ersten Beispiel anzuwenden, sollen an dieser Stelle die Wahrscheinlichkeitsdichten und Verteilungsfunktionen für den kleinsten Rangordnungswert $x_{(1)}$ bzw. den größten Rangordnungswert $x_{(n)}$ durch Einsetzen in (11.10) ermittelt werden. Für die Wahrscheinlichkeitsdichten ergibt sich

$$f_1(x) = n \left[1 - F(x)\right]^{n-1} f(x) \quad , \tag{11.12}$$

$$f_n(x) = n \left[F(x)\right]^{n-1} f(x) \quad . \tag{11.13}$$

Die Verteilungsfunktionen für den kleinsten und größten Rangordnungswert im betrachteten Fenster können durch eine Integration der Verteilungsdichten aus (11.12) und (11.13) zu

$$F_1(x) = 1 - \left[1 - F(x)\right]^n . \tag{11.14}$$

$$F_n(x) = F(x)^n , \tag{11.15}$$

bestimmt werden. Ebenso ist dies durch Einsetzen von $r = 1$ bzw. $r = n$ in (11.11) ableitbar.

Häufig werden die statistischen Beziehungen insbesondere für Medianfilter verwendet. Deshalb sollen hier die Verteilungsdichte und die Verteilungsfunktion eines Medianfilters mit einem Fenster mit $n = 2\nu+1$ Werten, also die Beziehungen für einen Rangordnungswert $x_{(\nu+1)}$ vom Range $r = \nu+1$ angegeben werden:

$$f_{\nu+1}(x) = P(x_{(\nu+1)} = x) \cdot \delta(0)$$

$$= \frac{n!}{((\nu+1)-1)!\,(n-(\nu+1))!} F(x)^{(\nu+1)-1} \left[1 - F(x)\right]^{n-(\nu+1)} f(x)$$

$$= \frac{n!}{\nu!\,(n-\nu-1)!} F(x)^{\nu} \left[1 - F(x)\right]^{n-\nu-1} f(x) \qquad (11.16)$$

$$= n \binom{n-1}{\nu} F(x)^{\nu} \left[1 - F(x)\right]^{\nu} f(x) \quad ,$$

$$F_{\nu+1}(x) = \sum_{i=\nu+1}^{n} \binom{n}{i} F(x)^{i} \left[1 - F(x)\right]^{n-i} \quad . \qquad (11.17)$$

An einem einfachen Beispiel soll die Anwendung der statistischen Beziehungen erläutert werden.

Betrachtet werde der Ausschnitt eines Bildes für den ein einfaches binäres Bildmodell (z.B. helle und dunkle Bildpunkte), die voneinander jeweils unabhängig sind, zu Grunde gelegt werden kann (iid Abtastwerte). Es wird also angenommen, daß in diesem Bildausschnitt keine örtlichen Korrelationen vorliegen.

Unter Anwendung der Verteilungsfunktion nach (11.17) ist am Graphen in Bild 11.14 ablesbar, wie sehr die ursprüngliche Verteilung der Pixelsorten durch Anwendung von Medianfiltern unterschiedlicher Größe verändert wird. Betrachtet man z.B. für die Eingangsverteilung F(x) den Anteil heller Bildpunkte in einer dunklen Umgebung, so gibt der Graph nach Bild 11.13 an, wie groß der Anteil der hellen Bildpunkte im betrachteten Bildausschnitt nach der Filterung mit einem entsprechenden Medianfilter ist.

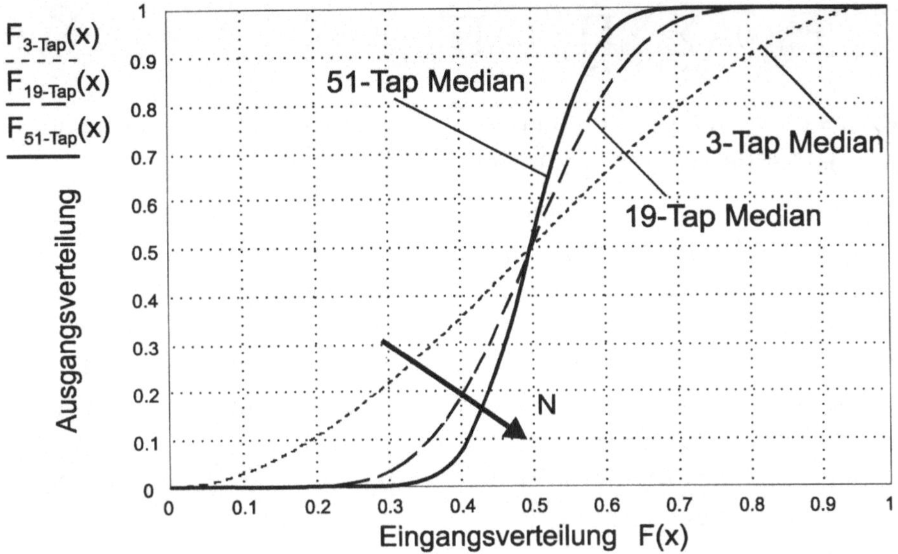

Bild 11.14: Verteilungsfunktionen von Medianfiltern unterschiedlicher Maskengröße

Da ein Medianfilter keine neuen Helligkeitswerte erzeugt, ergibt sich der zugehörige Anteil dunkler Bildpunkte als komplementärer Wert zu 1-Anteil{hell}.

Bei einer 3-Tap-Medianfilter, wie in Bild 11.14 dargestellt, sind bei einer Eingangsverteilung mit 20 % hellen und 80 % dunklen Bildpunkten nach der Filterung nur noch ca. 11 % helle und 89 % dunkle Bildpunkte enthalten. Vergrößert man die Anzahl der Eingangswerte N des Medianfilters, so nimmt die Eigenschaft, unkorrelierte Bildpunkte zu unterdrücken, weiter zu, was an der deutlichen Versteilerung der Graphen der Verteilungsfunktionen mit der Anzahl der Eingangswerte ablesbar ist.

In den Glg. (11.16) und (11.17) geht man davon aus, daß es sich bei den Zufallsvariablen x_i um unabhängige, identisch verteilte Variablen (iid) handelt. Dies ist eine Voraussetzung, die z.B. für reale Bilddaten zumeist nicht gegeben ist. Wenn die Zufallsvariablen x_i jeweils eine eigene Verteilungsfunktion $F_i(x)$ besitzen, so ergibt sich die folgende Verteilung für den Median (siehe [PitVen90]):

$$F_{v+1}(x) = \sum_{i=v+1}^{n} \sum_{S_i} \prod_{k=1}^{i} F_{j_k}(x) \prod_{k=i+1}^{n} \left[1 - F_{j_k}(x)\right].$$
(11.18)

Hier erstreckt sich die Summation S_i über alle möglichen Permutationen $(j_1, ..., j_n)$ für die gilt $j_1 < j_k < j_i$ und $j_{i+1} < j_k < j_n$.

Betrachtet man ein Rangordnungsfilter, dessen Fenster mit n zu berücksichtigen Abtastwerten über ein Bild geschoben wird und dessen Filterungsergebnisse direkt in das Bildsignal eingefügt werden (rekursive Medianfilter, siehe Kapitel 11.8), so ist eine besondere Situation gegeben, die bei der Bildung der Ausgangsverteilungsfunktion berücksichtigt werden muß. Es sind somit k Zufallsvariablen x_i mit $i=1,...k$ nach $F_1(x)$ verteilt und n-k Variablen x_i mit $i=k+1,...n$ nach $F_2(x)$. Die Wahrscheinlichkeitsdichte des Medians für diese Situation kann dann durch die folgende Formel angegeben werden:

$$f_{v+1}(x) = P_1(x) \cdot \delta(0) + P_2(x) \cdot \delta(0)$$

$$P_1(x) = \sum_j k \binom{k-1}{j}\binom{n-k}{v-j} f_1(x) F_1(x)^j F_2(x)^{v-j}$$

$$\left[1 - F_1(x)\right]^{k-j-1}\left[1 - F_2(x)\right]^{n-k-v+j}$$
(11.19)

$$P_2(x) = \sum_j (n-k) \binom{k}{j}\binom{n-k-1}{v-j} f_2(x) F_1(x)^j F_2(x)^{v-j}$$

$$\left[1 - F_1(x)\right]^{k-j}\left[1 - F_2(x)\right]^{n-k-v+j-1}$$

Hierbei erstreckt sich die Summation über alle j, für die die beteiligten Binomialkoeffizienten $\binom{p}{q}$ der Bedingung $p \geq q \geq 0$ genügen.

11.5 Rauschreduktion durch Medianfilter

Filterung von weißem Rauschen mit Medianfiltern

Eine der ersten Anwendungen für nichtlineare Filter in der Bildverarbeitung war eine Filterung zur Rauschreduktion in Bildern [Justusson78].

Rangordnungsfilter wurden, wie in 11.1 bereits erwähnt, eingeführt, weil sie effiziente Schätzer für viele Arten von Verteilungen darstellen. Hier soll nun anhand zweier Verteilungen gezeigt werden, für welche Arten von Rauschen nichtlineare Filter und hier insbesondere Medianfilter besonders geeignet sind.

Da ein Medianfilter ein nichtlinearer Operator ist, erschwert dies seine mathematische Beschreibung. Um dennoch zu einer quantitativen Beschreibung des Einflusses eines Medianfilters zu gelangen, kann man ein sehr einfaches Modell zugrunde legen. Es wird von einer homogenen Bildumgebung mit einer konstanten Luminanz s ausgegangen, wobei die Pixel x_i in dieser Bildumgebung eine Luminanz besitzen, die sich aus $x_{ij} = s + n_{ij}$ zusammensetzt. Es handelt sich also um additives Rauschen, für das mehrere Verteilungen betrachtet werden sollen. Der Median (in diesem Zusammenhang häufig abgekürzt als $\tilde{x}$) sowie ein lineares Mittelwertfilter, welches den arithmetischen Mittelwert $\bar{x}$ in einem betrachteten Fenster liefert, werden als Schätzer für z.B. den Zentralwert einer Verteilung betrachtet und in ihrer Wirkungsweise verglichen.

Das wichtigste Mittel zur Beurteilung einer Schätzfunktion ist der mittlere quadratische Fehler (MQF). Er ist ein Maß dafür, mit welchem (quadratischen) Abstand im Mittel zwischen zu schätzendem Parameter Q und Schätzwert $\hat{Q}$ zu rechnen ist. Hierbei entspricht $E\{\,\cdot\,\}$ dem Erwartungswert

$$\mathrm{MQF}(\hat{Q}, Q) = E\left\{\left(\hat{Q}(x_1, \ldots x_n) - Q\right)^2\right\}$$

$$= \underbrace{\left(E\{\hat{Q}\} - Q\right)}_{\text{Bias}}^2 + \underbrace{V(\hat{Q})}_{\text{Varianz}} \quad . \tag{11.20}$$

Der mittlere quadratische Fehler setzt sich dabei aus zwei Komponenten zusammen: dem *Quadrat der Verschiebung* (engl. Bias) und der *Varianz* (siehe hierzu [Schlittgen93]). Einen Schätzer bezeichnet man als unverzerrt bzw. erwartungstreu, wenn sein Bias Null ist. Ist dies der Fall, kann man die Effizienz zweier Schätzer alleine anhand ihrer Varianzen vergleichen.

Betrachtet man eine Filterung mit einem linearen Mittelwertfilter und einem Medianfilter mit jeweils gleicher Fenstergröße, so kann für symmetrische Verteilungen gezeigt werden [Justusson81], daß es sich sowohl beim arithmetischen Mittel als auch beim Median um erwartungstreue Schätzer handelt. Man kann diese beiden Schätzer also alleine aufgrund ihrer Varianzen vergleichen.

Zuerst soll die Zufallsvariable x als normalverteilt angenommen werden. Hierbei ergibt sich nach [Justusson81] eine Varianz für den Median von

$$V(\tilde{x}) = \left(\frac{1}{\sqrt{n} \cdot 2 \cdot \dfrac{1}{\sqrt{2\pi\sigma^2}}}\right)^2 = \frac{2\pi\sigma^2}{n \cdot 4} = 1{,}57 \frac{\sigma^2}{n} \quad . \tag{11.21}$$

Berechnet man diese Varianz ebenso für den arithmetischen Mittelwert, so erhält man

$$V(\bar{x}) = \frac{\sigma^2}{n} \quad . \tag{11.22}$$

Da $\bar{x}$ und $\tilde{x}$ beide den Erwartungswert μ besitzen, ist der mittlere quadratische Fehler (hier also nur die Varianz) für einen Median als Schätzer etwa 1,5 mal so groß wie der mittlere quadratische Fehler des arithmetischen Mittelwertes. Berücksichtigt man nun das zugrunde liegende

Modell der homogenen Bildumgebung mit additivem Rauschen, so kann man an diesem Ergebnis ablesen, daß bei additivem weißem gaußschem Rauschen ein lineares Filter bessere Ergebnisse liefert als ein Medianfilter. Dies kann man auch dadurch ausdrücken, daß man - um mit einem Medianfilter bei gegebener Varianz die gleiche Effizienz in der Rauschunterdrückung zu erzielen - ein Filterfenster verwenden muß, das 1,57 mal so viele Abtastwerte besitzt wie ein vergleichbares lineares Filter.

Betrachtet man allerdings andere Verteilungsfunktionen, so ändert sich dies. Besitzt x z.B. eine Laplace-Verteilung, mit einer Wahrscheinlichkeitsdichte f(x) von

$$f(x) = \frac{1}{2\lambda} \, e^{\frac{-|x-\mu|}{\lambda}} \quad , \tag{11.23}$$

so gilt wegen der Symmetrie der Laplace-Verteilung wieder $E(x) = \mu = \tilde{\mu}$ und die beiden Schätzer können wiederum anhand ihrer Varianzen verglichen werden. Man erhält nun

$$V(\tilde{x}) = \left(\frac{1}{\sqrt{n} \cdot 2 \cdot \frac{1}{\sqrt{2\lambda}}} \right)^2 = \frac{\lambda^2}{n} \tag{11.24}$$

und

$$V(\overline{x}) = \frac{2\lambda^2}{n} \quad . \tag{11.25}$$

Bei dieser Verteilung ist der Median als Schätzer für μ also *doppelt so effizient wie das arithmetische Mittel.* Daß sich dieses Ergebnis für die Laplace-Verteilung herausstellt, rührt daher, daß bei dieser Verteilung große Werte (Ereignisse mit einer hohen Amplitude) mit einer größeren Wahrscheinlichkeit vorkommen. Solch extreme Werte beeinflussen eine lineare Filterung aber erheblich mehr als eine Medianfilterung. Also streut $\overline{x}$ mehr als $\tilde{x}$.

Für eine Laplace-Verteilung gilt sogar, daß der Median der sogenannte Maximum Likelihood Schätzer für diese Verteilung ist, da kein Schätzer ein besseres Ergebnis in der Minimierung des Ausdruckes

$$\min_{a} = \sum_{i=1}^{n} |x_i - a| \qquad (11.26)$$

liefert als für $a = \text{Med}(x_1,...x_n)$ [Justusson81].

Man kann für ein Medianfilter generell zusammenfassen, daß es sehr effektiv für weit ausgedehnte Verteilungen (engl. "long tailed distributions") wie z.B. die Laplace-Verteilung, aber nicht effektiv für konzentriertere Verteilungen (Gleichverteilung, Normalverteilung) ist.

Filterung von Impulsrauschen mit Medianfiltern

Mit Impulsrauschen in einem Bildsignal wird das Auftreten von sehr großen (positiven oder negativen) Werten kurzer Dauer bezeichnet. Medianfilter sind ausgezeichnet geeignet, um diese Art von Rauschen effektiv zu unterdrücken. Vorausgesetzt werden muß dabei, daß das Fenster des Medianfilters mindestens doppelt so groß ist wie der Störimpuls, d.h. bei $n = 2v+1$ Werten im betrachteten Fenster darf der Störimpuls nur maximal v Werte verfälschen. In diesem Fall werden Störimpulse vollständig ausgelöscht, wenn sie genügend weit auseinander liegen. Bild 11.15 verdeutlicht diese Situation und stellt gleichzeitig das Ergebnis einer linearen Filterung dar, bei der Impulse nicht ausgelöscht sondern nur verschliffen werden.

Impulsrauschen tritt in der Bildverarbeitung z.B. bei der Decodierung auf, aber auch bei Funkenentladungen auf dem Übertragungskanal oder als Filmkornrauschen bei der Kinofilmabtastung. Impulsrauschen (engl. "salt and pepper noise") tritt besonders störend in sehr dunklen oder sehr hellen Bildbereichen zu Tage.

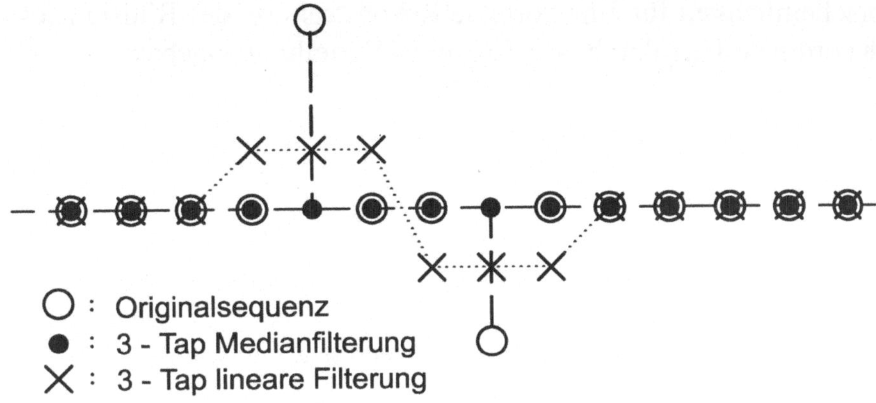

Bild 11.15: Impulsunterdrückung durch Medianfilter

Für diese Bildteile kann ein sehr einfaches Modell verwendet werden, um die Wahrscheinlichkeit für korrekte Rekonstruktion des Bildsignals zu berechnen. Geht man von einer konstanten Impulshöhe für alle gestörten Impulse aus, so läßt sich das Bildsignal x_{ij} wie folgt angeben:

$$x_{ij} = \begin{cases} d & \text{mit der Wahrscheinlichkeit p} \\ s_{ij} & \text{mit der Wahrscheinlichkeit } (1-p) \end{cases} \quad . \qquad (11.27)$$

Hierbei bezeichnet s_{ij} den Grauwert des ursprünglichen (unverrauschten) Bildes und d den Wert eines Störimpulses. Man nimmt nun zur Vereinfachung an, daß der Bildpunkt mit den Koordinaten $\{i,j\}$, d.h. der Zentralwert des Filterfensters an einer Stelle liegt, an der alle ursprünglichen Grauwerte s_{ij} innerhalb des Filterfensters A einen konstanten Grauwert c besitzen. Es gilt also

$$s_{i+r,\,j+s} = s_{ij} = c \neq d , \qquad\qquad \text{mit } (r,s) \in \mathbf{A} \ . \qquad (11.28)$$

Man kann somit die Wahrscheinlichkeit, daß bei Anwendung eines Medianfilters mit der Fenstergröße A und $n = 2\nu+1$ Werten in diesem Fenster für die verrauschten Bilddaten x_{ij} der korrekte Wert geliefert wird, also die Impulse unterdrückt werden, durch eine Bilanzbildung angeben. Das Resultat dieser Medianfilterung y_{ij} wird genau dann korrekt sein, d.h. den Wert c liefern, wenn im betrachteten Fenster höchstens ν Werte durch Impulse verrauscht sind. Man kann nun die

Wahrscheinlichkeit für eine korrekte Rekonstruktion des Bildsignales an der Koordinate {i,j} durch eine Binomial-Verteilung angeben:

$$P\big[\text{korrekte Rekonstruktion bei } \{i,j\}\big] = \sum_{k=0}^{v} \binom{n}{k} p^k \big[1-p\big]^{n-k} \tag{11.29}$$

$$= Q(n,p) \quad .$$

In Tabelle 11.2 ist für verschiedene Impulswahrscheinlichkeiten p und verschiedene Fenstergrößen n die Wahrscheinlichkeit für eine fehlerhafte Rekonstruktion, die sich aus 1-Q(n,p) berechnet, angegeben.

Tabelle 11.2:   Wahrscheinlichkeit einer fehlerhaften Rekonstruktion [Justusson81]

Fehlerrate p	n = 3	n = 5	n = 9	n = 25
0,01	0,0003	0,0000099	0	0
0,1	0,028	0,0086	0,00089	0,0000002
0,2	0,104	0,058	0,0196	0,00037
0,3	0,216	0,163	0,099	0,017
0,5	0,5	0,5	0,5	0,5

Aus Tabelle 11.2 ist zu erkennen, daß ein Medianfilter schon für kleine Fenstergrößen eine gute Rauschunterdrückung liefert, d.h., daß die Fehlerwahrscheinlichkeit sehr gering ist. Weiterhin nimmt die Fehlerwahrscheinlichkeit mit der Fenstergröße ab.

Für Impulsrauschen existieren neben dem hier ausgeführten Beschreibungsmodell noch weitere Modelle, bei denen eine *variable Impulshöhe* anstelle der festen Impulshöhe verwendet wird. Auch für dieses erweiterte Modell läßt sich zeigen, daß ein Medianfilter Impulse sehr gut unterdrücken kann. Hierzu wird auf die Literatur [Justusson81] verwiesen.

Bild 11.15 verdeutlicht die hervorstechende Eigenschaft der Impulsunterdrückung von Medianfiltern. Es ist ein durch Impulse mit einer sehr hohen Auftrittswahrscheinlichkeit (p=0,2) sehr stark gestörtes Bild b) sowie das fehlerfreie Original a) dargestellt. Anhand der beiden mit einem Medianfilter gefilterten Bilder ist zu erkennen, daß die Störimpulse sehr gut unterdrückt werden können. Das Filter in Bild d) ist durch das vergrößerte Filterfenster dabei besser zur Unterdrückung der Störimpulse geeignet.

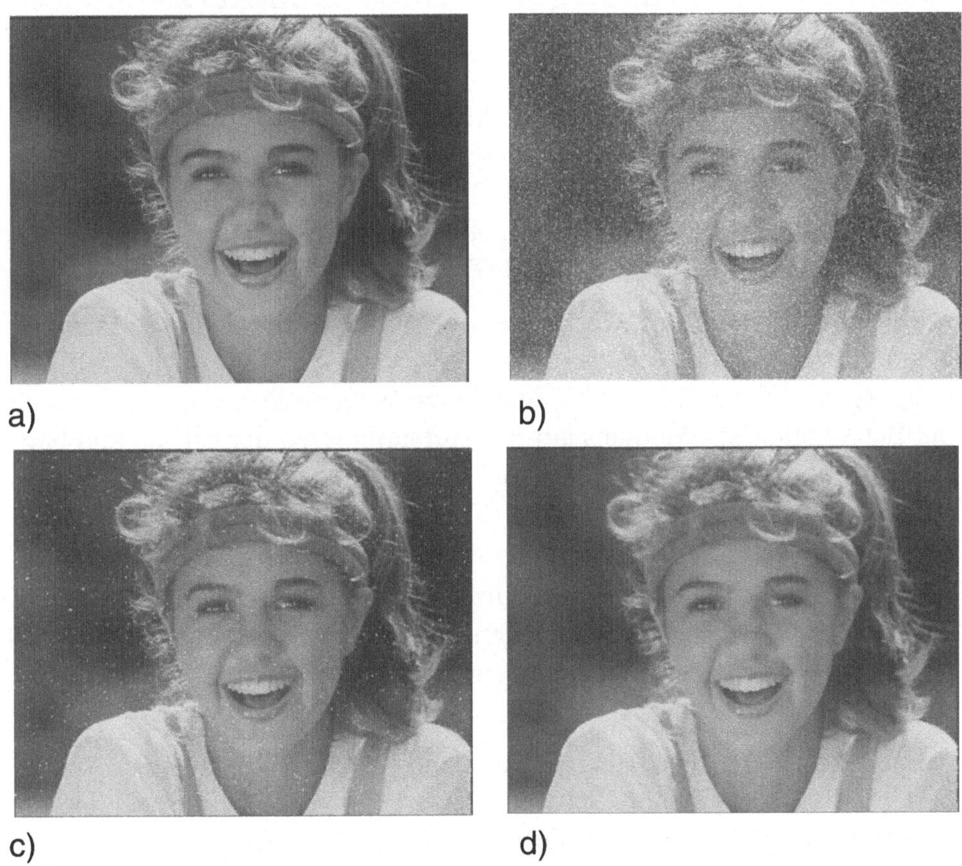

a)

b)

c)

d)

Bild 11.16: Impulsunterdrückung eines Medianfilters a) Originalbild, b) Bild mit Impulsen verrauscht (p=0.2), c) mit einem Medianfilter gefiltertes Bild mit n=9 (3·3), d) mit einem Medianfilter gefiltertes Bild mit n=25 (5·5)

In Bild 11.16 ist ein durch Impulse mit einer sehr hohen Auftrittswahrscheinlichkeit (p=0,2) sehr stark gestörtes Bild b) sowie das fehlerfreie Original a) dargestellt. Anhand der beiden mit einem Medianfilter gefilterten Bilder ist zu erkennen, daß die Störimpulse sehr gut unterdrückt werden können. Das Filter in Bild d) ist durch das vergrößerte Filterfenster dabei besser zur Unterdrückung der Störimpulse geeignet.

11.6 Schwellwertzerlegung bei Medianfiltern

Die Schwellwertzerlegung (engl. "threshold decomposition") und die damit verbundene sogenannte stacking property[1] ist eine sehr wichtige Eigenschaft von Medianfiltern und führt dazu, daß sich z.T. Algorithmen zur Berechnung des Medians ergeben, die sehr günstige VLSI-Implementierungen besitzen (siehe Band II).

Bei der Berechnung des Medians ergibt sich eine starke Vereinfachung, wenn es sich bei den Eingangssignalen um binäre Signale handelt, die lediglich die Werte "0" und "1" annehmen können. Dann beschränkt sich die Berechnung des Medians auf das Aufsummieren der Einsen und Nullen im betrachteten Filterfenster. Bei einem Filter mit $n = 2v + 1$ Werten ist der Median eine 1, wenn die Summe der Einsen im Filterfenster größer $v + 1$ ist, bzw. eine 0, wenn die Summe der Nullen im Filterfenster größer $v + 1$ ist. Aus diesem Grunde ist es naheliegend, die Berechnung eines Medians aus k-wertigen Eingangswerten auf eine Berechnung aus zweiwertigen Eingangswerten zurückzuführen.

Diese Reduktion erzielt man durch die *Schwellwertzerlegung*. Hierbei werden bei k-wertigen Eingangssignalen x_i, die jeweils einen Wertebereich $[0; k-1]$ abdecken, Schwellwertzerlegungen $g_j(x_i)$ verwendet, die für einen Schwellwert j folgendermaßen definiert sind

---

[1]Für den Begriff "stacking property", der in diesem Kapitel erläutert wird, gilt ebenso wie für "Root", daß es keinen gebräuchlichen deutschen Begriff hierfür gibt, wehalb er hier weiterhin verwendet wird.

$$g_j(x_i) = \begin{cases} 1 & \text{für } x_i \geq j \\ 0 & \text{für } x_i < j \end{cases} \quad . \tag{11.30}$$

Es werden nun k-1 Funktionen $g_j(x_i)$ mit $1 \leq j \leq k\text{-}1$ zur Schwellwertzerlegung verwendet, so daß jeder Abtastwert x_i in k-1 binäre Werte $x_i^{(j)}$ umgesetzt wird. Somit gilt also

$$x_i^{(j)} = g_j(x_i) \quad . \tag{11.31}$$

Die k-wertigen Werte x_i können nun aus den binären Werten $x_i^{(j)}$ durch eine Summation zurückgewonnen werden:

$$x_i = \sum_{j=1}^{k-1} x_i^{(j)} \quad . \tag{11.32}$$

Der Median der Eingangsfolge

$$y_i = \text{Med} \, (x_{i-v}, ..., x_i, ..., x_{i+v}) \tag{11.33}$$

ist ebenfalls in k-1 binäre Werte $y_i^{(j)}$ zerlegbar. Jeden dieser Werte kann man nun über einen Median der binären Eingangswerte aus der zerlegten Eingangsfolge berechnen

$$y_i^{(j)} = \text{Med} \, (x_{i-v}^{(j)}, ..., x_i^{(j)}, ..., x_{i+v}^{(j)}) \quad . \tag{11.34}$$

Wie bereits zuvor erwähnt, sind diese Teil-Mediane binärer Werte sehr einfach durch eine Aufsummation der Einsen in den Eingangswerten zu berechnen. Den resultierenden Gesamtmedian erhält man dann wieder durch eine Aufsummation der Teilwerte

$$y_i = \sum_{j=1}^{k-1} y_i^{(j)} \quad . \tag{11.35}$$

Das folgende Bild stellt die Vorgehensweise bei der Berechnung eines Medians durch eine Schwellwertzerlegung dar (siehe hierzu [Wendt86]).

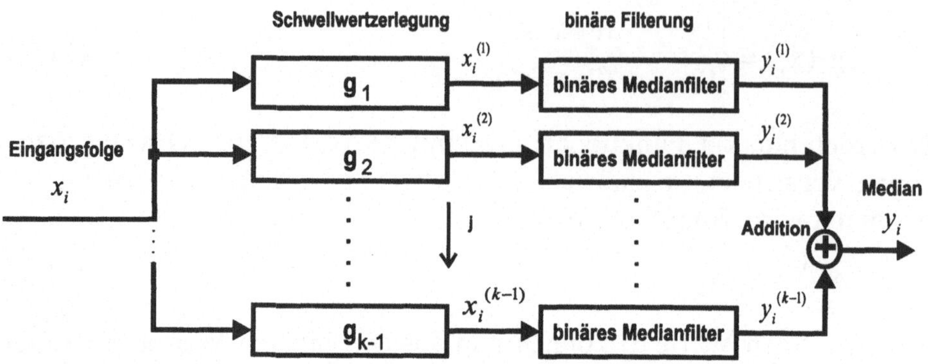

Bild 11.17: Schwellwertzerlegung eines Medianfilters

Die Eingangswerte x_i werden jeweils in k-1 binäre Sequenzen umgesetzt. Jede dieser binären Sequenzen kann nun mit einem Medianfilter gefiltert werden und der resultierende Median wird anschließend durch eine Aufsummation der Teilmediane bestimmt. Das folgende Beispiel verdeutlicht dies an einer Sequenz konkreter vierwertiger Eingangswerte.

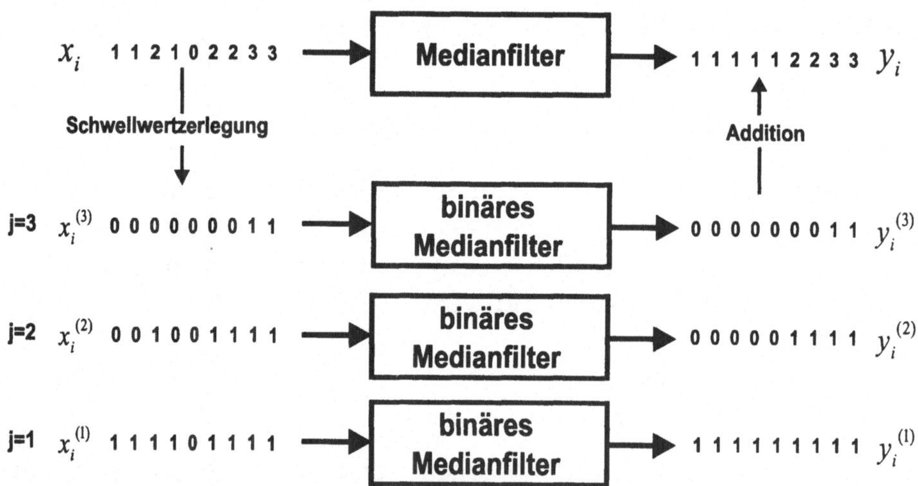

Bild 11.18: Beispiel einer Medianfilterung bei einer vierwertigen Eingangsfolge

Die Methode der Schwellwertzerlegung ist ein sehr wichtiges Hilfsmittel bei der Beschreibung allgemeiner nichtlinearer Filter, da sie nicht nur sehr günstige Implementierungen (insbesondere für Filter mit vielen Eingangswerten) ermöglicht, sondern auch zur Herleitung einiger Eigenschaften von Medianfiltern verwendet werden kann [PitVen90].

Die bereits beschriebene Bestimmung des Medians bei binären Eingangssignalen, also z.B. nach einer Schwellwertzerlegung durch Aufsummation der Einsen kann auch über eine Boolesche Funktion beschrieben werden. So kann man z.B. bei drei binären Eingangsvariablen x_i den zugehörigen Median über die Boolesche Funktion

$$y_i = x_{i-1} x_i \vee x_i x_{i+1} \vee x_{i-1} x_{i+1} \tag{11.36}$$

berechnen. Diese Funktion gibt die verschiedenen Möglichkeiten dafür an, daß zumindest zwei der drei Eingangswerte - also die Majorität der Eingangswerte - den Wert Eins besitzen. Ein Median einer Eingangsfolge bestehend aus k-wertigen Abtastwerten kann durch k-1 Boolesche Funktionen, angewendet auf die durch die Schwellwertzerlegung erhaltenen Werte $x_i^{(j)}$, berechnet werden. Der gesuchte mehrwertige *Ausgangswert* kann zum einen durch eine *Superposition der einzelnen binären Werte* nach Glg. (11.35) gebildet werden. Daneben ist es auch möglich, die Ausgangswerte über die "*stacking property*" zu berechnen. Mit "stacking property" bezeichnet man dabei die folgende Eigenschaft der Schwellwertzerlegung:

Da die Indizes j der binären Sequenzen $x_i^{(j)}$ den jeweiligen Schwellwertpegeln entsprechen, genügt es festzustellen, bei welcher binären Sequenz, bzw. bei welchem Schwellwertpegel j für ein bestimmtes Element x_i mit der Position i der Wechsel von 1 nach 0 stattfindet. Der höchste Pegel j, bei dem dieses Element gerade noch 1 ist, ist gleichzeitig der Wert dieses Elements in dem gefilterten Ausgangssignal. Anschaulich kann man sich die in den binären Ausgangssequenzen übereinanderstehenden Einsen als "Stapel" von Einsen (stacks) vorstellen, deren "Höhe" (in Schwellwertpegeln) dem gesuchten Wert der Ausgangssequenz entspricht. Die Rekombination des Ausgangssignals kann deshalb auch über die Beziehung

$$y_i = \max\left\{0, \ j : y_i^{(j)} = 1\right\} = \sum_{j=1}^{k-1} y_i^{(j)} \tag{11.37}$$

angegeben werden (siehe hierzu auch [Gabbouj92], [Wendt86]).

Hieraus leitet sich dann auch eine weitere Klasse von nichtlinearen Filtern ab, die sogenannten "stack Filter" für die gilt, daß sie sowohl die Eigenschaft der Schwellwertzerlegung besitzen, als auch die stacking property. Aus diesem Grund ist die Bestimmung von sogenannten "stackable" Booleschen Funktionen sehr wichtig. In [Wendt86] wird gezeigt, daß eine Boolesche Funktion "stackable" ist, wenn sie kein Komplement einer Eingangsvariablen $\bar{x}_i$ besitzt, weshalb man diese Funktionen dann auch als positive Boolesche Funktionen bezeichnet. Wie aus Glg. (11.36) zu erkennen ist, ist der binäre Median eine positive Boolesche Funktion, da er keine Komplemente enthält. Die Anzahl der positiven Booleschen Funktionen für eine begrenzte Filterlänge n ist ebenfalls begrenzt. Aus [Wendt86] kann man entnehmen, daß für $n = 3$ und $n = 5$ die Anzahl der positiven Booleschen Funktionen gleich 20, resp. 7581 ist. Als Beispiele seien hier noch die positiven Booleschen Funktionen für $n = 3$ für das Minimum und das Maximum angegeben

$$y_i = x_{i-1} x_i x_{i+1} \qquad \text{Minimum},$$

$$y_i = x_{i-1} \vee x_i \vee x_{i+1} \qquad \text{Maximum}. \tag{11.38}$$

11.7 Gewichtete Medianfilter

Bei einem Standard-Medianfilter ist das Ausgangssignal der Median aller Abtastwerte innerhalb des Filterfensters. Dies bedeutet, daß alle Abtastwerte den gleichen Einfluß auf das Ausgangssignal besitzen. Um erweiterte Filtereigenschaften (wie z.B. spezifische Root-Signale bestimmter Form und Größe zu einem gegebenen Filterfenster) zu erzielen, ist es naheliegend, einigen Abtastwerten an bestimmten Positionen des Filterfensters (z.B. am Zentralwert des Fensters) mehr Gewicht zu verleihen.

Aus diesem Grund wurden gewichtete Medianfilter eingeführt.

Die erste Erwähnung gewichteter Medianfilter[1] erfolgte in [Justusson81]. Heute werden in vielen Anwendungen wie z.B. der Interpolation von Zwischenbildern [Blume97a/b] oder der Störungs- und Artefaktreduktion gewichtete Medianfilter eingesetzt.

Zur Definition eines gewichteten Medianfilters existieren zwei äquivalente Definitionen.

Definition 1:

Für eine zeitdiskrete und wertekontinuierliche Eingangsfolge X bestehend aus n Eingangswerten x_i

$$X = \left\{ x_1, ..., x_n \right\} \tag{11.39}$$

gilt, daß das Ausgangssignal eines gewichteten Medianfilters (WM) mit n Abtastwerten und dem Gewichtungsvektor W, der aus n ganzzahligen Werten w_i besteht,

$$W = \left\{ w_1, ..., w_n \right\} \tag{11.40}$$

durch den Ausdruck

$$y_i = \text{Med}\left\{ w_1 \Diamond x_1, w_2 \Diamond x_2, ..., w_n \Diamond x_n \right\} \tag{11.41}$$

gegeben ist. Hierbei bezeichnet $\Diamond$ den Vervielfachungsoperator mit

$$n \Diamond x = \underbrace{x, ..., x}_{n-\text{mal}} \quad . \tag{11.42}$$

Diese Filterung besteht aus einer Sortierung der Eingangswerte in aufsteigender Reihenfolge (wie bei einem Standard-Median), einer anschließenden Vervielfachung der Werte x_i entsprechend ihres Gewichtungsfaktors w_i und einer anschließenden Bildung des Medians über diese erweiterte Eingangssequenz.

---

[1] In der engl. Literatur wird für "gewichtetes Median Filter" meist die Abkürzung WM "Weighted Median" verwendet. Daher soll dieser Begriff hier ebenfalls verwendet werden.

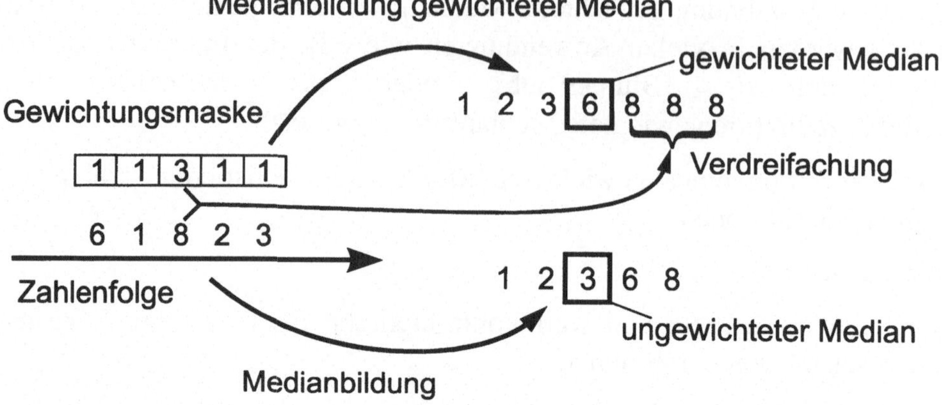

Bild 11.19: Beispiel zur gewichteten Medianfilterung

Dieser Sachverhalt ist an einem Beispiel in Bild 11.19 dargestellt. Die
Eingangsdatenfolge {6, 1, 8, 2, 3} wird in diesem Beispiel sowohl mit
einem ungewichteten 5-Tap Medianfilter als auch mit einem gewichteten
Medianfilter mit einem Zentralgewicht von drei gefiltert. Durch die *zusätzliche Gewichtung des zentralen Abtastwertes* mit dem Gewichtungs-
wert drei verändert sich auch das Ergebnis der Filterung. Während der
ungewichtete Median den Wert "drei" als Ergebnis liefert, ergibt der gewichtete Median den Wert "sechs" als Ausgangssignal.

Wie schon an diesem einfachen Beispiel zu erkennen ist, verändert die
Einführung einer zusätzlichen Gewichtung die Charakteristik des Filters.

Die zweite gebräuchliche Definition erweitert den Begriff des gewichteten Medians (WM) für positive nicht-ganzzahlige Gewichte.

Definition 2:

Während der Standard-Median für eine Eingangsfolge X bestehend aus n
Eingangswerten x_i den Ausdruck

$$\sum_{i=1}^{n} |x_i - \beta| \to \text{Minimum} \tag{11.43}$$

minimiert (vergl. [PitVen90]), gilt für den gewichteten Median, daß er
den Ausdruck

$$\sum_{i=1}^{n} w_i \left| x_i - \beta \right| \rightarrow \text{Minimum} \qquad (11.44)$$

minimiert. Hierbei ergibt sich, daß β einer der Original-Abtastwerte x_i ist [Yang95a]. Der Ausgangswert eines gewichteten Medianfilters mit positiven reellen Gewichten kann nun auch auf folgende Weise berechnet werden:

Die Eingangswerte im Filterfenster werden wiederum in aufsteigender Reihenfolge sortiert. Dann werden die jeweils korrespondierenden Gewichte beginnend vom oberen Ende der sortierten Reihenfolge von Eingangswerten aufaddiert, bis die Partialsumme $\geq \dfrac{1}{2} \sum_{i=1}^{n} w_i$ ist.

Der resultierende Ausgangswert des WM-Filters ist dann derjenige Wert, der zu dem letzten aufaddierten Gewicht korrespondiert.

Zur Beschreibung der Eigenschaften gewichteter Medianfilter werden die Parameter M_i eingeführt [Yang95a], [Yang95b], [Yin96], die eine Beschreibung der statistischen Eigenschaften von WM-Filtern sowie ihren Entwurf unter strukturellen Randbedingungen erleichtern.

Bei einem WM-Filter mit dem Gewichtungsvektor $W = \left(w_1, w_2, .., w_n \right)$, bezeichnet man mit w die Menge der Gewichte

$$w = \left\{ w_1, w_2, .., w_n \right\} \quad . \qquad (11.45)$$

Mit $| \cdot |$ wird die Mächtigkeit einer Menge (Kardinalität), mit A eine beliebige Teilmenge von w und mit $\Gamma^{[i]}$ die Menge aller Untermengen von w, die die Mächtigkeit i haben, also

$$\Gamma^{[i]} = \left\{ A \,\middle|\, A \subseteq w, |A| = i \right\}, \qquad i = 0,1,...,n \quad , \qquad (11.46)$$

bezeichnet. Mit $\Omega^{[i]}$ wird dann die Menge der Untermengen mit der Mächtigkeit i bezeichnet, deren Elementsummen mindestens den Schwellwert T ergeben, also

$$\Omega^{[i]} = \left\{ A \Big| A \in \Gamma^{[i]}, \sum_{W_j \in A} W_j \geq T \right\}, \qquad i = 0,1,...,n. \tag{11.47}$$

Die so erhaltenen Mengen heißen positive Untermengen. Der Schwellwert T ist die Hälfte der Summe aller Gewichte. Für eine ungerade Summe der Gewichte ergibt sich

$$T = \frac{1}{2}\left(1 + \sum_{i=1}^{n} W_i\right) \quad . \tag{11.48}$$

Weiterhin bezeichnet man mit M_i die Mächtigkeit (Anzahl der Elemente) von $\Omega^{[i]}$, also

$$M_i = \left| \Omega^{[i]} \right| \quad , \qquad i = 0,1,...,n. \tag{11.49}$$

Die Parameter M_i werden auch als "Kardinalitätsparameter" bezeichnet. Für diese so erhaltenen Parameter M_i gelten die folgenden Eigenschaften:

1.) Für ein WM-Filter mit einer Fenstergröße $n = 2\nu+1$ gilt

$$M_i + M_{n-i} = \binom{n}{i} \quad , \qquad i = 0,1,...,n. \tag{11.50}$$

2.) Die Sequenz $M_1, M_2,..., M_\nu$ ist für steigende i monoton steigend, also

$$M_{i+1} \geq M_i \quad , \qquad i = 0,1,...,\nu \quad . \tag{11.51}$$

3.) Für binäre Eingangsvektoren

$$X = \left(x_1,...,x_N\right) \in \{0,1\}^n \tag{11.52}$$

lassen sich die M_i bestimmen zu

$$M_i = \left| \left\{ X \in \{0,1\}^n \big| Y(X) = 1, \ \omega(X) = i \right\} \right| \quad , \tag{11.53}$$

wobei $\omega(X)$ das Hamming-Gewicht bezeichnet. Das Hamming-Gewicht ist definiert als die Anzahl der von Null verschiedenen Werte. Diese Eigenschaft läßt sich dadurch beschreiben, daß die M_i als die Anzahl der

Eingangskombinationen aus i Einsen und n-i Nullen, für die der Ausgang des WM-Filters Eins wird, bestimmbar sind.

Mit Hilfe dieser M_i kann man die Ausgangsverteilungsfunktion eines WM-Filters mit der Fensterlänge $2v+1$ bei unabhängig und identisch verteilten Eingangswerten (iid), die alle die Verteilungsfunktion $F(x)$ besitzen, zu

$$F_{WM}(x) = F_{v+1}(x) + \sum_{i=1}^{v} M_i \cdot \left(F^i(x) \cdot (1 - F(x))^{n-i} - F^{n-i}(x) \cdot (1 - F(x))^i \right),$$

(11.54)

bestimmen, wobei $F_{v+1}(x)$ die Ausgangsverteilungsfunktion eines Standard-Medianfilters mit derselben Fensterlänge bezeichnet siehe Glg. (11.17). Zur Herleitung dieser Beziehung wird auf die Literatur verwiesen [Yang95a], [Yin96], [Sun94].

Zentral gewichtete Medianfilter (engl. "Center Weighted Medians", CWM) sind eine Untermenge der allgemeinen gewichteten Medianfilter (WM). Bei CWM-Filtern wird jedem Abtastwert im Filterfenster bis auf den zentralen Abtastwert ein Einheitsgewicht von 1 zugeordnet. Der zentrale Abtastwert erhält ein Gewicht $w_0 = 2k+1$ während alle anderen Abtastwerte ein Gewicht $w_i = 1$ erhalten. Dadurch ist sichergestellt, daß die *Summe der Gewichte ungeradzahlig* ist. Es folgt für die Medianfilterung mit einem CWM-Filter der Länge $n = 2v+1$

$$y_i = \text{Med}\left\{ x_{i-v}, ..., x_{i-1}, (2k+1)\lozenge x_i, x_{i+1}, ..., x_{i+v} \right\} \ . \qquad (11.55)$$

Verschiedene Werte für k erzeugen verschiedene CWM-Filter. Diese Spanne reicht von einem Standard-Medianfilter für $k = 0$ bis zu einem Identitätsfilter für $k \geq v$ oder den Idempotentfiltern für $k = v-1$, die ein Root-Signal nach jedem Filterdurchlauf erzeugen (vergleiche hierzu [Sun94]). WM und CWM-Filter besitzen wie Standard-Medianfilter wiederum die beiden Beschreibungsmöglichkeiten über eine deterministische und eine statistische Analyse. Zur Beschreibung der Root-Signale von WM und CWM-Filtern siehe [Yin96].

Das in Bild 11.20 dargestellte Beispiel verdeutlicht den Einfluß des Zentralgewichtes auf die Ausgangsverteilungsfunktion eines CWM-Filters. Das Zentralgewicht (cw) wird in Bild 11.20 bei einem $3 \cdot 3$ Filter von cw = 1 (ungewichteter Median) bis cw = 9 (Identitätsfilter) variiert.

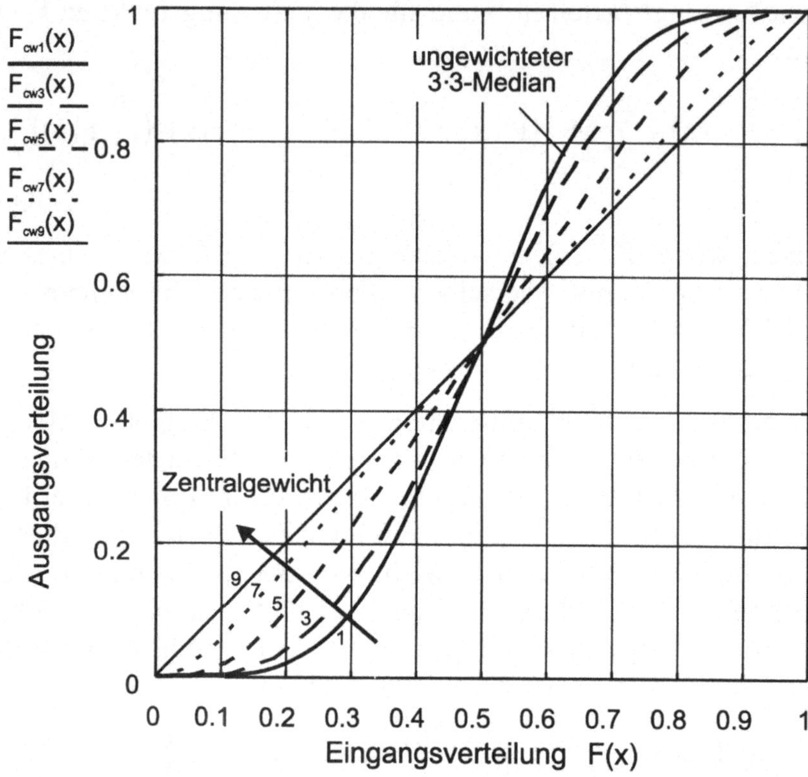

Bild 11.20: Verteilungsfunktionen zentral gewichteter Medianfilter

Es ist erkennbar, daß bei gleicher Filterausdehnung die Verteilungsfunktion des CWM-Filters mit steigendem Zentralgewicht abflacht. Für cw = 9 wird bei dem hier betrachteten $3 \cdot 3$ Filter ein Identitätsfilter erzielt, bei dem der zentrale Abtastwert unter dem höchsten Gewicht jeweils direkt erhalten bleibt, da die weiteren (ungewichteten) Abtastwerte sich bei einem binären Bildmodell nicht gegen den zentralen Abtastwert durchsetzen können.

11.8 Weitere Formen nichtlinearer Filter

In diesem Abschnitt sollen noch einige wichtige und häufig verwendete Varianten von Rangordnungsfiltern skizziert werden. Dabei existiert heute eine Vielzahl von solchen Varianten, wobei jede Variante spezielle Eigenschaften aufweist, die sie für bestimmte Anwendungen interessant macht. Einen vollständigen Überblick hierzu vermitteln [Justusson81], [PitVen90], [Hämäläinen94], [Yin96].

Separierbare Medianfilter

Bei einem quadratischen Filterfenster der Größe $n \cdot n$ benötigt man zur Berechnung eines Median-Wertes für dieses zweidimensionale Fenster alle n^2 Werte in diesem Fenster. Eine gute Approximation liefert aber auch eine *sukzessive Filterung durch zwei eindimensionale Mediane* (spaltenweise und zeilenweise), die jeweils eine Fenstergröße von n Werten besitzen. Dabei ist die Berechnung wesentlich schneller und erlaubt aufwandgünstigere VLSI-Realisierungen.

In [PitVen90] wird gezeigt, daß die Ergebnisse dieser separierbaren Filterung zwar etwas schlechter als die einer nicht separierbaren Filterung sind, aber bei deutlich reduziertem Hardwareaufwand auch schon gute Ergebnisse z.B. für die Rauschreduktion erzielen.

Rekursive Medianfilter

Eine mögliche Variation bei der Medianfilterung ist, die bereits im Schritt zuvor berechneten Filterergebnisse für die Berechnung des nächsten Ergebnisses mitzuverwenden. Für eine rekursive Medianfilterung ergibt sich somit die folgende Beziehung:

$$y_i = \mathrm{Med}\left\{y_{i-v}, ..., y_{i-1}, x_i, x_{i+1}, ..., x_{i+v}\right\} \quad . \tag{11.56}$$

Bei einer zweidimensionalen Medianfilterung hängt das Ergebnis der Filterung daher auch von der Abarbeitungsreihenfolge ab.

Rekursive Medianfilter besitzen einige sehr interessante Eigenschaften bzgl. ihrer Root-Signale. In [Boles88] wird z.B. gezeigt, daß jedes eindimensionale Signal schon nach einem Filterdurchgang mit einem rekursiven Medianfilter in sein Root-Signal konvergiert ist, wobei dieses Root-Signal nicht identisch mit dem einer nicht rekursiven Medianfilterung ist. Für zweidimensionale Signale gilt diese Eigenschaft allerdings nicht.

Das folgende Bild verdeutlicht, wie ein eindimensionales Signal nach einem Filterdurchlauf in sein (invariantes) Root-Signal konvergiert.

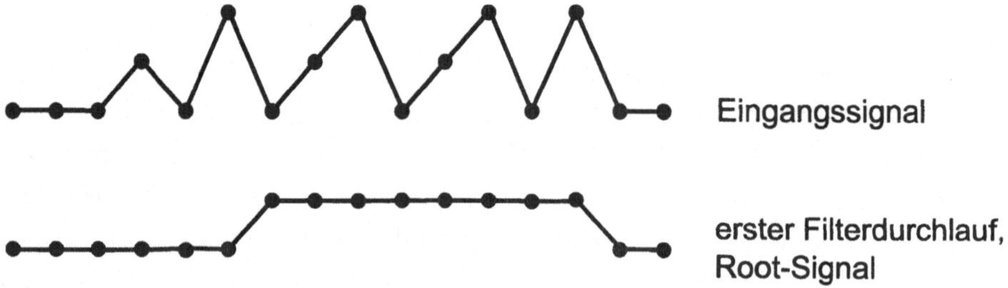

Bild 11.21: Das Root-Signal eines rekursiven Medianfilters nach einem Filterdurchlauf

Vergleicht man das erzielte Root-Signal aus Bild 11.21 mit dem aus Bild 11.7, so ist erkennbar, daß bei gleicher Eingangsfolge ein sehr ähnliches Root-Signal erzeugt wurde. Dies wurde aber schon durch nur einen einzigen Filterdurchlauf ermittelt.

Zusammengesetzte Medianfilter

Während Medianfilter ein optimales Verhalten bei der Interpolation von Kanten und in Gegenwart von Impulsstörungen zeigen, liefern sie gleichzeitig keine guten Ergebnisse bei additivem weißen gaußschen

Rauschen. Da in diesem Fall lineare FIR-Filter Vorteile besitzen, sind Filter entwickelt worden, die einen guten Kompromiß zwischen den Eigenschaften linearer und nichtlinearer Filter aufweisen. Diese zusammengesetzten Medianfilter können dann z.B. zur gleichzeitigen Störungsunterdrückung von Impulsen und gaußschem Rauschen verwendet werden (siehe z.B. [PitVen90], [Hämäläinen94]).

Zusammengesetzte Medianfilter stellen Kombinationen mehrerer linearer bzw. nichtlinearer Filter dar. Mit *"Multistage-Median"* bezeichnet man dabei Kombinationen mehrerer Mediane und mit *"Hybrid-Medianfilter"* Kombinationen linearer FIR und Medianfilter. Das folgende Bild stellt das Prinzip dieser Filter dar.

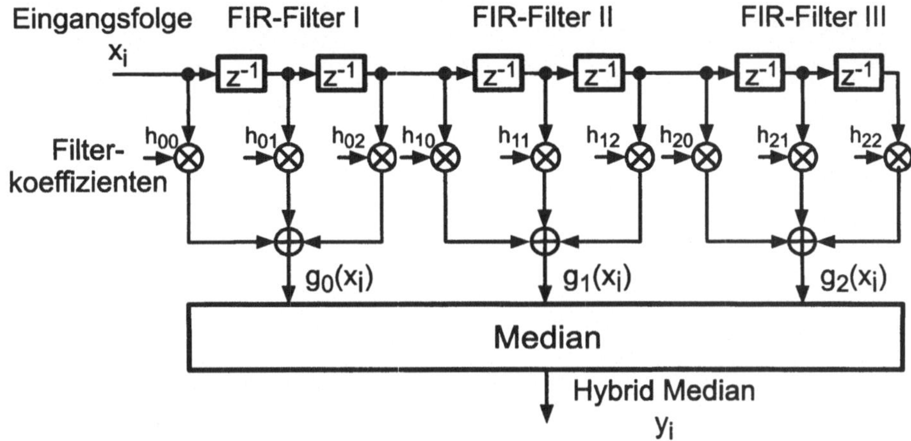

Bild 11.22: Prinzip eines Median-Hybrid-Filters

Die Beschreibung hybrider Medianfilter wird dadurch erschwert, daß einige der Methoden, wie z.B. die Schwellwertzerlegung, die für Medianfilter hergeleitet wurden, für diese Kombinationen aus linearen und nichtlinearen Filtern nicht mehr gelten.

Anhang: Verzeichnis der verwendeten Formelzeichen und Abkürzungen

Operatoren und Funktionen

$\mathrm{Max}(x_i)$ — Maximum eines Datensatzes

$\mathrm{Med}(x_i)$ — Median eines Datensatzes

$\mathrm{Min}(x_i)$ — Minimum eines Datensatzes

$*,\ \overset{2}{*},\ \overset{3}{*}$ — Faltungsoperator erster, zweiter oder dritter Ordnung

$**$ — Faltungsoperator zweiter Ordnung (ebenfalls gebräuchliche Notation)

$\circ\!\!-\!\!\bullet,\ \bullet\!\!\overset{2}{-}\!\!\circ,\ \bullet\!\!\overset{3}{-}\!\!\circ$ — Fouriertransformationssymbol erster, zweiter oder dritter Ordnung

$\circ\!\!-\!\!\bullet$ — Fouriertransformation zweiter Ordnung (ebenfalls gebräuchliches Korrespondenz-Zeichen)

$\Diamond$ — Verfielfachungsoperator

$|\cdot|$ — Mächtigkeit (Kardinalität) einer Menge

∂ — partielles Differential

$\mathrm{grad}_{x,y}(f)$ — Gradienten-Operator in x und y-Richtung

$\mathrm{III}_a(x)$ — Dirac-Kamm der Periode a

$\sqcap_T(t)$ — Rechteckfunktion

$\sqcup(t)$ — Sprungfunktion

$\oplus$ — Dilatations-Operator

$\ominus$ — Erosions-Operator

$\circ$	Opening-Operator
$\bullet$	Closing-Operator
∇	Nabla-Operator
Δ	Laplace-Operator

Griechische Buchstaben

$\Gamma^{[i]}$	Menge der Untermengen mit der Mächtigkeit i
$\delta(\ )$	Dirac-Impuls
λ	Anzahl der Kind-Individuen bei Evolutionsstrategien
μ	Anzahl der Eltern-Individuen bei Evolutionsstrategien
ν	Index innerhalb eines Filterfensters
σ	Standardabweichung
Θ	auf die Abtastfrequenz bezogene normierte Kreisfrequenz
ω	Kreisfrequenz
$\omega(X)$	Hamming-Gewicht eines Vektors X
$\Omega^{[i]}$	Menge der Untermengen mit der Mächtigkeit i zu einem Schwellwert T

Lateinische Buchstaben

$b(x,y,t)$	Bildsignal
$E(x)$	Erwartungswert
$f(x)$	Verteilungsdichte
$f_r(x)$	Verteilungsdichte eines Rangordnungswertes vom Rang r
f^t	zeitliche Frequenz
f^x, f^y	horizontale bzw. vertikale Ortsfrequenz
$F(x)$	Verteilungsfunktion

$F_r(x)$	Verteilungsfunktion eines Rangordnungswertes vom Rang r
$g(x, y)$	Ausgangsfunktion
G	Anzahl von Graustufen eines Eingangswertes
$G(u, v)$	Spektrum der Ausgangsfunktion
$h(x, y)$	Impulsantwort
$H(u, v)$	Übertragungsfunktion
i, j, k, l, m, n	Indizes
$lomo(m)$	lokal monoton für m Werte
M, N	Anzahlen von Werten
M_i	Mächtigkeit (Anzahl der Elemente) von $\Omega^{[i]}$
n_{ij}	additiver Rauschwert
$P(x)$	Wahrscheinlichkeit
r	Rangordnung
$s(x, y)$	Eingangsfunktion
$S(u, v)$	Spektrum der Eingangsfunktion
t	Zeitkoordinate
u, v	Ortsfrequenz-Koordinaten
$V(x)$	Varianz
W	Gewichtungsvektor
x, y	Ortskoordinaten
x_i	eindimensionaler Datensatz
$x_{ij}, x(i,j)$	zweidimensionaler Datensatz
$\bar{x}$	arithmetischer Mittelwert
$\tilde{x}$	Medianwert

Abkürzungen

CCD	Charge Coupled Device
CWM	Center Weighted Median
DCT	Diskrete Cosinustransformation
DFT	Diskrete Fouriertransformation
DMD	Digital Micro Mirror Device
ES	Evolutionsstrategie
FFT	Fast Fouriertransformation
FIR	Finite Impulse Response
FTDO	Fouriertransformation diskreter Originalsignale
GL	Gradient Level
HP	Hochpaß
IDCT	Inverse diskrete Cosinustransformation
IDFT	Inverse diskrete Fouriertransformation
iid	independent identical distributed
IIR	Infinite Impulse Response
LCD	Liquid Crystal Display
LSB	Least Significant Bit
LSTI	linear räumlich verschiebungsinvariant und zeitinvariant (linear, shift and time invariant)
LTI	linear und zeitinvariant (linear, time invariant)
LVI	linear und verschiebungsinvariant
md	mehrdimensional
MQF	mittlerer quadratischer Fehler
MSB	Most Significant Bit

MTF	Modulationsübertragungsfunktion (modulation transfer function)
ND	Nulldurchgangs-Detektor
pel	Pixel = Picture Element = Bildpunkt
ph	picture height
PSNR	Peak Signal to Noise Ratio
pw	picture width
RM	Running Median
SC	Schwellwert-Komparator
SDG	Standard Differenzen-Gleichung
TP	Tiefpaß
WM	Weighted Median
XOR	Exclusive-ODER-Verknüpfung

Literaturverzeichnis[1]

[Achilles85]   *Achilles, D.* : "Die Fouriertransformation in der Signalverarbeitung", Springer Verlag, Berlin, 1985

[AmReich97]   *Amer, A.; Reichert, S.* : "Ein mehrstufiges Verfahren zur robusten Objekterkennung in Videosequenzen", Proc. des 9. Aachener Kolloquiums "Signaltheorie", Aachen, März 1997, pp. 43-46

[ArceGall82]   *Arce, G.; Gallagher, N.* : "State description for the root signal set of median filters", IEEE Trans. on ASSP, Vol. 30, Nr. 6, Dezember 1982, pp. 894-902

[Arnold92]   *Arnold, B.; Balakrishnan, N.; Nagaraja, H.* : "A first course in order statistics", John Wiley and sons, New York, 1992

[Bamler89]   *Bamler, R.* : "Mehrdimensionale lineare Systeme", Springer Verlag, Berlin 1989

[Blume96]   *Blume, H.; Schröder, H.* : "Image Format Conversion - Algorithms, Architectures, Applications", Proc. of the IEEE ProRISC Workshop on Circuits, Systems and Signal Processing, Mierlo, Niederlande, 27.11.-29.11.1996, pp. 19-37

---

[1] Neben der im Text zitierten Literatur enthält diese Zusammenstellung eine Auswahl weiterer Veröffentlichungen zu den behandelten Themen. Anzumerken ist, daß die zitierten Publikationen - entsprechend der Zielrichtung dieses Buches "Lehrbuch" zu sein - häufig keine Erstveröffentlichungen sind, sondern aktuelle Arbeiten zur Ergänzung und Vertiefung des behandelten Stoffes darstellen.

[Blume97a]   *Blume, H.* : "A new algorithm for nonlinear vectorbased upconversion with center weighted medians", SPIE Journal of Electronic Imaging, Vol. 06, Nr. 03, 1997, pp. 368-378

[Blume97b]   *Blume, H.* : "Nichtlineare fehlertolerante Interpolation von Zwischenbildern", Dissertation an der Universität Dortmund, Juni 1997, VDI-Fortschritt-Berichte, Reihe 10, Nr. 503

[Boles88]   *Boles, W.; Kanewski, M.; Simaan, M.* : "Recursive two-dimensional median filtering algorithms for fast image root extraction", IEEE Trans. on Circuits and Systems, Vol. 35, Nr. 10, Oktober 1988, pp. 1323-1326

[Bonse95]   *Bonse, T.* : "Zur Konzeption einer visuell angepaßten Beschreibung und Darstellung von Bewegtbildern", Dissertation, Universität Dortmund, Shaker-Verlag, 1995

[Bovik87]   *Bovik, A.; Huang, T.; Munson, D.* : "The effect of median filtering on edge estimation and detection", IEEE Trans. on Pattern Analysis and Machine intelligence, vol. PAMI-9, Nr. 2, pp. 1073-1075, Oktober 1987

[BronSem89]   *Bronstein, I.; Semendjajew, K.* : "Taschenbuch der Mathematik", 24. Auflage Verlag H. Deutsch, 1989

[Cornsweet71]   *Cornsweet, T.* : "Visual Perception", Academic Press, New York, 1971

[Deczky72]   *Deczky, A. G.* : "Synthesis of Recursive Digital Filters Using the Minimum Error Criterion", IEEE Transactions on Audio Electroacoustics, Vol. A4-20 (1972), pp. 257-263

[Doetsch81]   *Doetsch, G.*: "Anleitung zum praktischen Gebrauch der Laplace-Transformation und der z-Transformation", Oldenbourg Verlag, München, 1981

[DoughAsto94] *Dougherty, E.; Astola, J.* : "An Introduction to Nonlinear Image Processing", SPIE Tutorial Texts in Optical Engineering, Vol. TT 16, 1994

[DoyFre86] *Doyle, T.; Frencken, P.* : "Median filtering of Television Images", ICCE Digest of Technical papers, 1986, pp. 186-187

[DudgeMers84] *Dudgeon, D. E.; Merserean, R. M.* : "Multidimensional Digital Signal Processing", Prentice-Hall, Englewood Cliffs, New Jersey, 1984

[Fitch87] *Fitch, J.* : "Software and VLSI-Algorithms for Generalized Rank Order Filtering", IEEE Trans. on Circuits and Systems, Vol. 34, Nr. 5, Mai 1987, pp. 553-559

[FletchPow63] *Fletcher, R.; Powell, M. J. D.* : "A Rapidly Convergent Descent Method for Minimization", Computer Journal, Vol. 6 (1963), pp. 163-168

[FraBluSchr97] *Franzen, O.; Blume, H.; Schröder, H.* : "FIR-Filter Design with Spatial and Frequency Design Constraints using Evolution Strategies", zur Veröffentlichung eingereicht beim Signal Processing Journal, 1997

[Gabbouj92] *Gabbouj, M.; Coyle, E.; Gallagher, N.* : "An Overview of Median and Stack Filtering", Circuits and Systems for Signal Processing, Vol. 11, Nr. 1, 1992, pp. 7-45

[GodbAmin95] *Godbole, S.; Amin, A.* : "Mathematical Morphology for Edge and Overlap Detection for Medical Images", Real-Time Imaging 1, 1995, pp. 191-201

[Greiven90] *Greivenkamp, J. E.* : "Color dependent optical prefilter for the suppression of aliasing artifacts", Applied Optics, Vol. 29, Nr. 5, 1990

[Hämäläinen94]*Hämäläinen, M.; Lipping, T.; Neuvo, Y.* : "Trends in Nonlinear Signal Processing", Methods of Information in Medicine, Nr. 33, Schattauer Verlag, 1994, pp. 4-9

[Hampel86]   *Hampel, F.; Ronchetti, E.; Rousseeuw, W.; Stahel, W.* : "Robust Statistics", John Wiley, 1986

[Hara87]   *Haralick, R.; Sternberg, S.; Zhuang, X.* : "Image Analysis using mathematical morphology", IEEE Transactions on Pattern Analysis and Machine Intelligence, Vol. 9, No. 4, July 1987, pp. 532-549

[HaraShap92]   *Haralick, R.; Shapiro, L.* : "Computer and Robot Vision", Addison Wesley, 1992

[Hauske94]   *Hauske, G.* : "Systemtheorie der visuellen Wahrnehmung", B.G. Teubner-Verlag, Stuttgart, 1994

[Heijmans91]   *Heijmans, H. J.* : "Morphological IMage Operators", Academic Press, Boston, 1994

[Heijmans94]   *Heijmans, H. J.* : "Theoretical aspects of gray-level morphology", IEEE Transactions on Pattern Analysis and Machine Intelligence 13, 1991, pp. 568-582

[Jackson96]   *Jackson, L. B.* : "Digital Filters and Signal Processing (with MATLAB exercises)", Kluwer Academic Publ., Boston, 1996

[Jähne89]   *Jähne, B.* : "Digitale Bildverarbeitung", Springer-Verlag, Berlin, 1989

[Jain89]   *Jain, A. K.* : "Fundamentals of Digital Image Processing", Prentice Hall, Englewood-Cliffs, 1989

[JayNoll84] *Jayant, N.; Noll, P.* : "Digital Coding of Waveforms: Principles and applications to speech and video", Englewood Cliffs, NJ, Prentice Hall, 1984

[Johnson91] *Johnson, J. R.* : "Digitale Signalverarbeitung", Hanser Verlag, München, 1991 (bzw. Prentice Hall, Englewood Cliffs, New Jersey, 1989

[Justusson78] *Justusson, B. I.* : "Noise Reduction by Median Filtering", in Proc. of the 4th Int. Joint Conference on Pattern Recognition, 1978, pp. 502-504

[Justusson81] *Justusson, B. I.* : "Median Filtering: Statistical Properties", in *Two dimensional digital signal processing II*, T.S. Huang (editor), Springer Verlag, 1981, pp. 161-196

[KonRadDub96]*Konrad, J.; Radecki, J.; Dubois, E.* : "The application of Two-Dimensional Finite Precision IIR-Filters to Enhanced NTSC Coding", IEEE Transactions on Circuits an Systems for Video Technology, Vol. 6, Nr. 4, August 1996, pp. 355-374

[LevLess61] *Levy, H.; Lessmann, F.* : "Finite Difference Equations", Macmillan Inc., New York 1961

[Lim90] *Lim, J. S.* : "Two-dimensional Signal and Image Processing", Prentice-Hall, Englewood Cliffs, 1990

[LuAntoni92] *Lu, W.-S.; Antoniou, A.* : "Two Dimensional Digital Filters", Marcel Dekker, New York, 1992

[Lüke95] *Lüke, H. D.* : "Signalübertragung", Vierte Auflage, Springer-Verlag, 1995

[Matheron75] *Matheron, G.* : "Random Sets and Integral Geometry", John Wiley and Sons, New York, 1975

[Matsumoto90] *Matsumoto, S.* (Editor) : "Electronic Display Devices", John Wiley and Sons, New York, 1990

[Miyaguchi90] *Miyaguchi, H. et al* : "Digital TV with Serial Video Processor", ICCE 90, Conference Proceedings

[Möhrmann83] *Möhrmann, K. H.* : "Zur Dimensionierung phasenlinearer digitaler Filter", Frequenz 37 (1983), H. 7, pp. 166-173

[Musmann86] *H. G. Musmann, H. G.; Pirsch, P.; Grallert, H. J.* : "Advances in Picture Coding", Proc. of the IEEE, Vol. 73, Nr. 4, 1985, pp.523-548

[Ohm95] *Ohm, J. R.* : "Digitale Bildcodierung", Springer Verlag, 1995

[OppSchaf95] *Oppenheim, A. V.; Schafer, R. W.* : "Zeitdiskrete Signalverarbeitung", Oldenbourg Verlag, München, 1995 (bzw. Prentic Hall 1989)

[OppWill83] *Oppenheim, A. V.; Willsky, A. S.* : "Signals and Systems", Prentice Hall, London, 1983

[OuvrSioha92] *Ouvrard, V.; Siohan, P.* : "Design of two-dimensional video filters with spatial constraints", Proc. of Signal Processing VI, Theories and Applications, pp. 1000-1004, August 1992

[Papoulis68] *Papoulis, A.* : "Systems and Transforms with Applications in Optics", McGraw-Hill, New York, 1968

[Papoulis91] *Papoulis, A.* : "Probability, Random Variables and Stochastic Processes", McGraw-Hill, Third Edition, 1991

[ParksBurr87] *Parks, T. W.; Burrus, C. S.* : "Digital Filter Design", John Wiley and Sons, New York, 1987

[Pearson75] *Pearson, D. E.* : "Transmission and Display of Pictorial Information", Pentech Press Limites, London 1975

[PeiChen94]   *Pei, S.-C.; Chen, F.-C.* : "Image Sampling, Structure Conversion by morphological filters", Signal Processing, Image Communication 6, 1994, pp. 13-24

[Pirsch96]   *Pirsch, P.* : "Architekturen der digitalen Signalverarbeitung", B.G. Teubner-Verlag, Stuttgart, 1996

[PitVen90]   *Pitas, I.; Venetsanopoulos, A. N.* : "Nonlinear Digital Filters", Kluwer Acad. Publishers, 1990

[RabGold75]   *Rabiner, L.; Gold, B.* : "Theory and Application of Digital Signal Processing", Prentice Hall, Englewood Cliffs, New Jersey, 1975

[Rechenberg73]*Rechenberg, I.* : "Evolutionsstrategie", Friedrich Fromman Verlag, 1973

[Reimers95]   *Reimers, U.* : "Digitale Fernsehtechnik", Springer Verlag Berlin, 1995

[RobMull87]   *Roberts, R.; Mullis, C.* : "Digital Signal Processing", Addison Wesley, Reading Mass., 1987

[RosenKak76]   *Rosenfeld, A.; Kak, A. C.* : "Digital Picture Processing", Academic Press, New York, 1976

[Salembier95]   *Salembier, P.; Torres, L.; Meyer, F., Gu, C.* : "Region based video coding using mathematical morphology", Proc. of the IEEE, Vol. 83, No. 6, Juni 1995, pp. 843-857

[Salo88]   *Salo, J.; Neuvo, Y.; Hämeenaho, V.* : "Improving TV picture quality with linear median type operations", IEEE Trans. on Consumer Electronics, Vol. 34, August 1988, pp. 373-379

[Schlittgen93]   *Schlittgen, R.* : "Einführung in die Statistik", Oldenbourg Verlag, 1993

[Schönf73]   *Schönfelder, H.* : "Fernsehtechnik I/II", Justus von Liebig Verlag, Darmstadt, 1973

[Schröder83]   *Schröder, H.* : "On vertical filtering for flicker free Television Reproduction", Signal Processing II, Theories and Applications, Elsevier, 1983, pp. 167-170

[Schröder84]   *Schröder, H.* : "On Line-Free and Flicker-Free Television Reproduction", Circuits, Systems, Signal Processing, Vol. 3, 1984, No.2, pp. 161-176

[Schröder85]   *Schröder, H.* : "Zur Definition und Messung der Auflösung von Bildwiedergabegeräten", Fernseh- und Kinotechnik 39, Nr. 4/1985, pp. 163-168

[SchröEls82]   *Schröder, H.; Elsler, H.* : "Planare Vor- und Nachfilterung für Fernsehsignale", NTZ-Archiv 4 (1982), Nr. 10, pp. 302-312

[Schüßler94]   *Schüßler, H. W.* : "Digitale Signalverarbeitung 1", Springer Verlag, Berlin, 1994

[Schwefel95]   *Schwefel, H. P.* : "Evolution and Optimum Seeking", John Wiley&Sons, New York, 1995

[Siemens94]   SIEMENS AG : "IC's for Consumer Electronics, Dig-TV 100 Hz, Flicker-Free Television", Data Book, 1994

[Sun94]   *Sun, T.; Gabbouj, M.; Neuvo, Y.* : "Center Weighted Median Filters: Some properties and their applications to image processing", Signal Processing, Vol.35, Nr. 3, Februar 1994, pp. 213-229

[SVP94]   Texas Instruments : "SVP - Scan-line Video Processor for digital video signal processing, TMC 57102", Data Book, Texas Instruments, 1994

[Tonge84]   *Tonge, G. J.* : "The Television Scanning Process", SMPTE Journal, July 1984, pp. 657-666

[Tukey71]   *Tukey, J. W.* : "Exploratory Data Analysis", Menlo Park CA Addison Wesley, 1971

[Tyan81]   *Tyan, S. G.* : "Median Filtering: Deterministic Properties", in *Two dimensional digital signal processing II*, T.S. Huang (editor), Springer Verlag, 1981, pp. 196-217

[Wahl84]   *Wahl, F. M.* : "Digitale Bildsignalverarbeitung", Springer Verlag, Berlin, 1984

[Wendland82] *Wendland, B.* : "Zur Theorie der Bildabtastung", NTZ-Archiv, Bd. 4 (1982), Nr. 10, pp. 293-301

[Wendland88] *Wendland, B.* : "Fernsehtechnik", Hüthig-Verlag Heidelberg, 1988

[WendSchrö91] *Wendland, B.; Schröder, H.* : "Fernsehtechnik - Band II: Systeme und Komponenten zur Farbbildübertragung", Hüthig, Heidelberg, 1991

[Wendt86]   *Wendt, P.; Coyle, E.; Gallagher, N.* : "Stack Filters", IEEE Trans. on ASSP, Vol. 34, Nr. 4, August 1986, pp. 898-911

[Wiener58]   *Wiener, N.* : "Nonlinear problems in random theory", New York, Technol. Press, 1958

[Wischer90]   *Wischermann, G.* : "Medianfilterung in Videosignalen - eine wirkungsvolle Alternative", Tagungsband der FKTG-Jahrestagung, Kassel, 1990, pp. 161-177

[Wu93]   *Wu, X.* : "Synthetische Kantenversteilerung zur Verbesserung der Bildschärfe", Dissertation an der Universität Dortmund 1993, VDI-Fortschritt-Berichte, Reihe 10, Nr. 272

[Yang95a]   *Yang, R.; Gabbouj, M.; Neuvo, Y.* : "Fast algorithms for ana-
               lyzing and designing weighted median filters", Signal proces-
               sing 41, 1995, 55 135-152

[Yang95b]   *Yang, R.; Yin, L. Gabbouj, M.; Astola, J.; Neuvo, Y.* : "Optimal
               weighted Median Filtering under structural constraints", IEEE
               Trans. on signal processing Vol. 43, Nr. 3, March 1995

[Yin96]   *Yin, L.; Yang, R.; Gabbouj, M.; Neuvo, Y.* : "Weighted Median
               Filters: A Tutorial", IEEE Trans. on Circuits and Systems, Vol.
               43, Nr. 3, März 1996, pp. 157-192

[Younse93]   *Younse, J.* : "Mirrors on a chip", IEEE Spectrum, Nov. 1993,
               pp. 27-31

[Zamperoni89] *Zamperoni, P.* : "Methoden der digitalen Bildsignalverarbei-
               tung", Vieweg-Verlag Braunschweig, 1989

[Zhuang94]   Zhuang, X. : "Decomposition of Morphological Structuring
               Elements", Journal of Mathematical Imaging and Vision, Nr. 4,
               1994, pp. 5-18

Stichwortverzeichnis

Schröder/Blume
Mehrdimensionale Signalverarbeitung

**Band 2
Architekturen und
Anwendungen**

Von Prof. Dr.-Ing.
Hartmut Schröder
und Dr.-Ing.
Holger Blume
Universität Dortmund

1998. ca. 400 Seiten.
16,2 x 22,9 cm.
Geb. ca. DM 89,–
ÖS 650,– / SFr 80,–
ISBN 3-519-06197-X

Nachdem im ersten Band dieser zweibändigen Darstellung zur mehrdimensionalen Signalverarbeitung die algorithmischen Grundlagen für Anwendungen der Bildsignalverarbeitung beschrieben wurden, ist der zweite Band den zugehörigen Architekturen und Anwendungen gewidmet.

Es werden im zweiten Band zunächst die Grundlagen für Arithmetikbausteine und Architekturen integrierter Schaltungen der digitalen Signalverarbeitung erläutert. Dabei wird auf Architekturen linearer und nichtlinearer Filter sowie Prozessorarchitekturen für mehrdimensionale Anwendungen eingegangen. Bei den Anwendungen werden z. B. Verfahren zur Bewegungsschätzung und zur räumlich-zeitlichen Formatkonversion von Bildsequenzen (100Hz-, 75Hz-, Proscan-Konversion) dargestellt. Dabei wird auch auf Anwendungen mit stereoskopischen Bildern eingegangen. Weiterhin werden Methoden zur Rausch- und Störungsreduktion und zur kantenadaptiven Bildschärfeverbesserung beschrieben. Beispiele für Anwendungen aus den Bereichen Bild- und Videokommunikation sind enthalten. Die dargestellten Methoden sind auch für andere Anwendungsfelder, beispielsweise der industriellen Bildsignalverarbeitung, geeignet.

Aus dem Inhalt
Arithmetische Grundlagen der Signalverarbeitung – Zahlendarstellungen und elementare Bausteine zur Addition und Multiplikation – Architekturen linearer und nichtlinearer Filter – Prozessorarchitekturen für die mehrdimensionale Signalverarbeitung – Bewegungsschätzung und Bewegungskompensation – räumlich-zeitliche Bildformatkonversion – Zwischenbildinterpolation für stereoskopische Bildsignale – kantenadaptive Bildschärfeverbesserung – Rausch- und Störungsreduktion für Bilder und Bildsequenzen

Preisänderungen vorbehalten.

B. G. Teubner Stuttgart · Leipzig